立憲主義と
安全保障法制

同盟戦略に対応する
ドイツ連邦憲法裁判所の判例法形成

Matsuura kazuo
松浦 一夫

三和書籍

目　次

序　章 ··· 3

Ⅰ ドイツ再軍備過程と防衛憲法の形成 ······················ 3

　1 軍隊の民主的・法治国家的統制 ― 第 4 次・第 7 次基本法改正 ··· 3

　　(1) 最初の防衛憲法導入までの経緯 ······················ 3

　　(2) 初期防衛憲法の特徴 ································· 4

　2 軍隊国内出動の制限と緊急権限発動への議会関与の重視
　　― 第 17 次基本法改正（緊急事態憲法）················· 5

　　(1) 軍隊国内出動の制限 ································· 5

　　(2) 緊急権限発動への議会関与 ·························· 6

　　　① 対外的緊急事態（防衛緊急事態）················· 6

　　　　(a) 防衛事態 ··································· 7

　　　　(b) 緊迫事態 ··································· 7

　　　　(c) 同盟事態 ··································· 8

　　　② 対内的緊急事態（国内緊急事態・災害緊急事態）····· 8

　　　　(a) 国内緊急事態 ······························ 8

　　　　(b) 災害緊急事態 ······························ 9

**Ⅱ 冷戦後の安全保障にかかわる改憲論議の停滞と
連邦憲法裁判所の役割** ·································· 9

　1 冷戦後の防衛憲法改正論議の停滞 ····················· 9

　2 政治的権力ファクターとしての連邦憲法裁判所 ·········· 10

Ⅲ 本書の構成 ··· 12

　図表　ドイツ基本法が定める緊急事態類型（事態認定と効果）········· 19

第 1 部　NATO 同盟域外派兵をめぐる改憲論議と憲法訴訟
司法判断による専守防衛政策からの脱却

第 1 章　冷戦後の安全保障環境の変化と
同盟域外派兵をめぐる改憲問題 ····················· 23

Ⅰ 冷戦後の安全保障環境と同盟戦略の変化 ················ 24

　1 対立的勢力均衡システムから協調的危機管理システムへ········· 24

iii

目　次

2 集団防衛同盟（NATO・WEU）の戦略転換 ・・・・・・・・・・・・・・・・・ 26

　(1) 北大西洋条約機構（NATO）・・・・・・・・・・・・・・・・・・・・・・・・・・・・・ 26

　　① NATO の特徴 ・・ 26

　　② 冷戦後の変質 ・・ 27

　　　(a) 北大西洋協力会議（NACC）・・・・・・・・・・・・・・・・・・・・・・ 28

　　　(b) 新「同盟の戦略概念」・・・・・・・・・・・・・・・・・・・・・・・・・・・・・ 29

　(2) 西欧同盟（WEU）・・・・・・・・・・・・・・・・・・・・・・・・・・・・・・・・・・・・・ 30

　　① WEU の特徴 ・・ 30

　　② 冷戦後の変質 ・・ 31

　(3) NATO と WEU との関係強化 ・・・・・・・・・・・・・・・・・・・・・・・・・・ 32

II 同盟戦略の転換に対応するためのドイツ基本法改正論議 ・・・・・・ 32

　1 NATO 同盟域外派兵を違憲とする政府見解 ・・・・・・・・・・・・・・・ 32

　2 各政党の基本的立場 ・・・・・・・・・・・・・・・・・・・・・・・・・・・・・・・・・・・・ 33

　(1) キリスト教民主・社会同盟（CDU/CSU）・・・・・・・・・・・・・・ 33

　(2) 自由民主党（FDP）・・・・・・・・・・・・・・・・・・・・・・・・・・・・・・・・・・ 35

　(3) 社会民主党（SPD）・・・・・・・・・・・・・・・・・・・・・・・・・・・・・・・・・・ 37

　3 各政党の改憲案と調整過程 ・・・・・・・・・・・・・・・・・・・・・・・・・・・・・・ 39

　(1) 改憲への圧力 ・・ 39

　(2) SPD の改憲案 ・・・・・・・・・・・・・・・・・・・・・・・・・・・・・・・・・・・・・・ 40

　(3) キンケル外相（FDP）の改憲素案 ・・・・・・・・・・・・・・・・・・・・ 41

　(4) CDU/CSU と FDP の立場の相違 ・・・・・・・・・・・・・・・・・・・・・ 43

　4 憲法問題解決への国際的圧力と連立政府内合意の成立：
　　CDU/CSU・FDP 改憲案 ・・・・・・・・・・・・・・・・・・・・・・・・・・・・・・・・ 44

　(1) ソマリア PKO（UNOSOM II）と旧ユーゴ制裁への参加問題・・・ 44

　(2) CDU/CSU・FDP 連立与党改憲案 ・・・・・・・・・・・・・・・・・・・・ 46

III 連邦政府による派兵強行と連邦議会会派による差止申立 ・・・・・・・・ 48

　1 ボスニア・ヘルツェゴビナ上空監視活動への参加と
　　SPD・FDP 会派による差止仮命令申立 ・・・・・・・・・・・・・・・・・・・・ 48

　(1) 連邦政府による AWACS 派遣決定と
　　　SPD・FDP 会派による差止仮命令申立 ・・・・・・・・・・・・・・・・ 48

　(2) 1993 年 4 月 8 日第二法廷判決 ・・・・・・・・・・・・・・・・・・・・・・・・ 50

　2 第 2 次国連ソマリア活動（UNOSOM II）の開始とドイツの対応・・・ 53

iv

(1) 連邦軍ソマリア派遣計画 ······················· 53

(2) SPD 会派によるソマリア派兵差止仮命令申立と
1993 年 6 月 23 日第二法廷判決 ············· 55

①申立人（SPD 会派）と被申立人（連邦政府）の主張 ······· 55

② 1993 年 6 月 23 日第二法廷判決 ················ 56

IV 改憲論議の消滅 ······························ 59

第 2 章　1994 年 7 月 12 日連邦憲法裁判所第二法廷判決 ···· 71

I 憲法的争点と主要学説 ···························· 72

1 憲法的争点 ································· 72

(1) 同盟域外派兵の憲法上の根拠の存否 ············· 72

(2) 立法府の同意・協力の要否 ················· 73

2 学説 ····································· 74

(1) 第 87a 条 2 項の適用範囲 ················· 74

① 国内出動限定規定説 ···················· 75

② 出動全部規定説 ······················ 75

(2) 国連協力のための軍隊国外派遣の憲法上の根拠 ······· 76

① 軍隊国外「使用」説 ···················· 76

②「防衛」概念拡大解釈説 ·················· 77

③「許容上限としての防衛出動」説 ············· 78

④ 基本法第 24 条 2 項合憲説 ················ 79

II 1994 年 7 月 12 日判決の検討 ···················· 80

1 判決要旨 ································· 81

2 争点 1：連邦軍の国連協力活動への参加の憲法上の根拠 ···· 82

(1) 国連協力活動への参加の憲法上の根拠と義務性の有無 ···· 83

(2) 高権的諸権利の「移譲」と「制限」の関係 ·········· 84

(3)「相互集団安全保障機構」の要件 ·············· 85

(4) 基本法第 87a 条 2 項と第 24 条 2 項との関係 ········· 89

3 争点 2：国連協力活動への参加に際しての議会の同意・協力 ···· 91

(1) 基本法が求める軍隊出動への立法府の同意・協力 ······ 91

(2) 国連憲章同意法律の効力範囲 ················ 92

(3) NATO 条約・WEU 条約同意法律の効力範囲 ········· 93

① 条約拡大解釈是認─合憲論 ················ 94

v

　　　　② 条約拡大解釈否定—違憲論 ・・・・・・・・・・・・・・・・・・・・・・・ 96
　　　(4) 軍隊の出動決定に際しての議会の個別的同意 ・・・・・・・・・・・・・・・ 97
　　　　① 軍隊出動に関する連邦議会の個別的同意権の根拠 ・・・・・・・・・ 97
　　　　② 防衛出動の決定と「防衛事態」「同盟事態」の認定との関係 ・・・ 98
　　　　③ 議会同意留保の法的演繹の根拠と疑問点 ・・・・・・・・・・・・・・・ 100
　　　　④ 議会の派兵発案権の否定 ・・・・・・・・・・・・・・・・・・・・・・・・・・ 102
　　　　⑤ 1994 年判決が示した軍隊出動議会関与手続の基本指針 ・・・・・ 102

第 3 章　同盟の変質の法的意味と連邦憲法裁判所の評価 ・・・・・・・・ 111

I 集団防衛同盟の集団安全保障機能 ・・・・・・・・・・・・・・・・・・・・・・・・・・・・ 112

1 1994 年判決が NATO 等を「相互集団安全保障機構」とみなす根拠とその批判 ・・ 112

　　　(1) 集団防衛と集団安全保障 ・・・・・・・・・・・・・・・・・・・・・・・・・・・・・ 112
　　　(2) NATO 等を「相互集団安全保障機構」とする
　　　　1994 年判決の根拠 ・・・・・・・・・・・・・・・・・・・・・・・・・・・・・・・・・ 113
　　　(3) D. ダイセロートの批判 ・・・・・・・・・・・・・・・・・・・・・・・・・・・・・ 116
　　　(4) 基本法解釈に反映されるべき国連憲章の規範運用 ・・・・・・・・・・ 118

2 地域的取極・機関による紛争解決 ・・・・・・・・・・・・・・・・・・・・・・・・・ 120

　　　(1) 地域的取極・機関による強制行動の方式 ・・・・・・・・・・・・・・・・・ 120
　　　(2) 地域的取極・機関による域外強制行動の可否 ・・・・・・・・・・・・・ 121
　　　(3) 冷戦後の国連制裁の傾向 ・・・・・・・・・・・・・・・・・・・・・・・・・・・・ 123

II 同盟戦略の変質と連邦憲法裁判所の評価 ・・・・・・・・・・・・・・・・・・・・ 125

1 防衛地域外強制行動の同盟条約上の根拠 ・・・・・・・・・・・・・・・・・・・ 125

　　　(1) 同盟設立条約明文根拠の欠如 ・・・・・・・・・・・・・・・・・・・・・・・・・ 125
　　　(2) 同盟戦略文書改定の意義 ・・・・・・・・・・・・・・・・・・・・・・・・・・・・ 126
　　　　① 1991 年「戦略概念」・・・・・・・・・・・・・・・・・・・・・・・・・・・・・・・・ 126
　　　　② 1999 年「戦略概念」・・・・・・・・・・・・・・・・・・・・・・・・・・・・・・・・ 128
　　　　③ 1999 年「戦略概念」の採択は NATO 条約の改正か ・・・・・・・・ 130

2 連邦憲法裁判所の評価 ・・・・・・・・・・・・・・・・・・・・・・・・・・・・・・・・・・ 131

　　　(1) 1999 年「戦略概念」に関する 2001 年 11 月 22 日判決の評価 ・・・ 131
　　　　①「戦略概念」文書の法的性格 ・・・・・・・・・・・・・・・・・・・・・・・・・ 133
　　　　② 1991 年文書との相違点 ・・・・・・・・・・・・・・・・・・・・・・・・・・・・・ 133
　　　　③ 条約改正意思の否認 ・・・・・・・・・・・・・・・・・・・・・・・・・・・・・・・ 134

(2) 国連憲章第 8 章の機能としての「危機対応活動」‥‥‥‥‥‥‥135
　　　① 「危機対応活動」の法的性格 ‥‥‥‥‥‥‥‥‥‥‥136
　　　② NATO によるコソボ紛争介入との関係 ‥‥‥‥‥‥‥137
　　　③ 1999 年「戦略概念」の国際法・憲法適合性 ‥‥‥‥‥‥138
　　3 2001 年判決の意義 ‥‥‥‥‥‥‥‥‥‥‥‥‥‥‥‥‥140

第 2 部　1994 年判決以後の国外戦闘参加への政府と議会の協働
法的制約論から積極的政策論へ

第 4 章　連邦軍コソボ派遣をめぐる法と政治 ‥‥‥‥‥‥‥‥151
I 社会民主党（SPD）と 90 年連合・緑の党（B'90/Grüne）
の派兵方針の転換とコソボ紛争 ‥‥‥‥‥‥‥‥‥‥‥‥‥152
　1 1994 年判決以後の SPD および B'90/Grüne の派兵方針の変化 ‥152
　　(1) 1994 年判決以前の両党の立場 ‥‥‥‥‥‥‥‥‥‥‥152
　　(2) 1994 年判決以後のコール政権の対応 ‥‥‥‥‥‥‥‥153
　　(3) SPD および B'90/Grüne の軌道修正 ‥‥‥‥‥‥‥‥154
　　(4) 政権交代による超党派的合意へ ‥‥‥‥‥‥‥‥‥‥156
　2 コソボ紛争とドイツ外交 ‥‥‥‥‥‥‥‥‥‥‥‥‥‥156
　　(1) コソボ紛争と NATO による介入およびドイツ連邦軍派遣の経緯‥156
　　(2) 停戦へのイニシャチヴ ‥‥‥‥‥‥‥‥‥‥‥‥‥158
　　(3) 停戦後の平和維持活動への参加 ‥‥‥‥‥‥‥‥‥‥160
II 連邦軍ユーゴ空爆作戦参加承認案と憲法上・国際法上の問題点 ‥161
　1 連邦政府提出派遣承認案と趣旨説明 ‥‥‥‥‥‥‥‥‥‥161
　　(1) 派遣承認案 ‥‥‥‥‥‥‥‥‥‥‥‥‥‥‥‥‥161
　　(2) 政府趣旨説明 ‥‥‥‥‥‥‥‥‥‥‥‥‥‥‥‥163
　　　① 「国連中心主義」の原則 ‥‥‥‥‥‥‥‥‥‥‥163
　　　② 「人道的介入」論 ‥‥‥‥‥‥‥‥‥‥‥‥‥164
　2 民主社会党（PDS）の質問主意書と政府答弁書 ‥‥‥‥‥166
　　(1) コソボ派兵の法的根拠 ‥‥‥‥‥‥‥‥‥‥‥‥‥167
　　　① 憲法上の根拠の明示 ‥‥‥‥‥‥‥‥‥‥‥‥167
　　　② 国際法適合性の説明 ‥‥‥‥‥‥‥‥‥‥‥‥167
　　　③ 「人道的介入」論の是非 ‥‥‥‥‥‥‥‥‥‥‥168
　　(2) NATO の国連憲章上の地位 ‥‥‥‥‥‥‥‥‥‥‥169

vii

① NATO は国連憲章第 8 章機関か ·················· 170

② 国連統制外の同盟活動の是非 ·················· 170

3 コソボ派兵の憲法上・国際法上の争点 ·················· 171

(1) 憲法上の争点 ·················· 171

(2) 国際法上の争点 ·················· 173

① ユーゴ空爆の国連における評価 ·················· 173

②「黙示的承認」論 ·················· 175

③「人道的介入＝国際法の発展」論 ·················· 176

Ⅲ 連邦議会におけるコソボ派兵承認案審議（野党会派の対応） ·················· 181

1 分析の視点 ·················· 181

2 各会派の承認賛否の根拠 ·················· 182

(1) コソボ派兵の国際法上の根拠の欠如と国連体制弱体化を
理由とする派遣反対論 ― PDS ·················· 182

(2) 国連安保理の制度的欠陥と国際法の発展継続を
理由とする派遣賛成論 ―― B'90/Grüne ·················· 184

(3) 利益考量的派遣賛成論 ― SPD ·················· 186

3 派兵承認をめぐる対立軸の変化 ·················· 191

図表 ドイツ連邦軍の国外活動（1991 年～ 2004 年） ·················· 203

第 5 章 コソボ戦争以後の派兵決定をめぐる対立軸の変質 ·················· 211

Ⅰ 国連政策上の戦略的意図 ― 東チモール国際軍 ·················· 212

1 欧州と中国の確執 ·················· 212

(1) ユーゴ紛争対処への中国の懸念 ·················· 212

(2) 中国とドイツの思惑 ·················· 214

2 INTERFET の派遣に関するフィッシャー外相の演説 ·················· 215

(1) 中国への配慮 ·················· 215

(2)「地域主義」の原則 ·················· 217

(3) 国連安保理改革 ·················· 218

Ⅱ EU 政策上の戦略的意図 ― マケドニア平和維持活動 ·················· 219

1 NATO による平和維持活動 ·················· 219

(1) ALLIED HARBOUR 作戦 ·················· 219

(2) ESSENTIAL HARVEST 作戦 ·················· 219

(3) AMBER FOX 作戦，ALLIED HARMONY 作戦 ·················· 221

2 EU への指揮権移譲 ··· 221
　(1) 連邦議会会派の要請 ··································· 221
　(2) EU-NATO 間協力の促進 ···························· 222
　(3) EU による平和維持活動の拡大 ················· 223

Ⅲ「人道的介入」から「対テロ戦争」へ
　― アフガニスタン派兵からイラク戦争参加拒否 ··· 224
1 派兵決定への内政問題の影響 ····················· 224
2 アフガニスタン派兵 ································· 225
　(1) 派兵の政策目的 ································· 225
　　① 米国の単独行動主義への懸念 ················· 225
　　② ENDURING FREEDOM 作戦への派兵趣旨説明 ··· 226
　(2) シュレーダー首相信任案と連邦軍派遣承認案の一体処理 ··· 228
　(3) シュレーダー首相の政治手法に対する批判 ··· 230

Ⅳ イラク戦争不参加の態度決定要因 ················ 231
1 米国との距離 ································· 231
2 2002 年秋の連邦議会選挙の影響 ················ 232

Ⅴ アフガニスタン派兵後の課題 ················ 233
1「防衛」概念の定義拡大 ························· 233
2 防衛政策大綱の見直しと連邦軍の再編 ··········· 235

第 3 部　軍隊国外派遣法の制定と運用上の問題
　議会関与法の制定と連邦憲法裁判所による議会派兵承認権の拡張

第 6 章　「武装軍隊の国外出動に関する決定に際しての
議会関与に関する法律（議会関与法）」の制定 ············· 247

Ⅰ 1994 年判決以後の連邦軍国外派遣手続の慣例 ···· 248
1 1994 年判決が示した手続原則 ··················· 248
2「武装軍隊の出動」の属性 ······················· 249
3 承認対象項目 ································· 251
4 派遣承認案審査手続 ····························· 254
5 派遣期間の延長と中止 ··························· 254

Ⅱ 軍隊国外派遣法の制定に向けた各政党の対応と与野党 2 法案の提出 ··· 256
1 各政党の動向 ································· 256

ix

目　次

(1) シュレーダー首相による発案と連立与党内の対立 ············ 256
(2) CDU/CSU の提言 ································· 258
　① CDU 議員グループによる提言 ··············· 258
　②「新『議会関与法』のための CDU/CSU 要綱案」······· 259
(3) FDP の立法請求議案 ·························· 261
(4) 与野党 2 法案の提出 ························· 263
2　FDP 案と与党（SPD・B'90/Grüne）案 ·············· 264
(1) FDP「国外出動協働法」案 ··················· 264
　① 議会承認の対象 ······················· 264
　② 派遣承認案記載事項 ····················· 265
　③ 承認撤回権 ························· 265
　④ 特別国外出動委員会による承認 ·············· 266
　⑤ 報告義務その他 ······················ 268
(2) 与党（SPD・B'90/Grüne）「議会関与法」案 ········ 269
　① 総　則 ··························· 269
　② 議会承認の対象 ······················ 269
　③ 派遣承認案記載事項 ···················· 270
　④ 略式承認手続 ······················· 271
　⑤ 緊急出動の際の事後承認手続 ·············· 273
　⑥ 報告義務 ·························· 273
　⑦ 承認撤回権 ························ 274
III　議会関与法の制定 ···························· 274
1　委員会審議の経過 ··························· 274
2　本会議審議の争点 ··························· 275
(1) 承認手続合理化の方法に関する争点
　　―特別委員会の新設か承認手続簡略化か ············ 275
　① 特別国外出動委員会の設置（FDP 案）に対する批判 ······ 275
　② 略式承認手続（与党案）に対する批判 ············ 277
(2) NATO 対応軍・EU 戦闘群への参加に関する争点
　　―CDU/CSU が独自案を提出しなかった理由 ·········· 280
　① CDU/CSU の関心 ···················· 280
　② 派遣の緊急性に関する疑問 ················ 281

x

③ 対案の可能性 ······························· 282

(3) 連邦憲法裁判所 1994 年判決が示した立法指針の再確認 ···· 284

Ⅳ 議会関与法による派兵承認手続と制定後の問題 ············· 286

1 議会関与法による派兵議会承認手続 ···················· 286

2 法律制定後の問題 ································· 289

(資料1) 自由民主党（FDP）案 ······················ 302

「連邦軍の国外出動に際してのドイツ連邦議会の協働に関する法律
（国外出動協働法）」案

(資料2) 社会民主党（SPD）・90 年連合 / 緑の党（B'90/Grüne）案 ······· 305

「武装軍隊の国外出動に関する決定に際しての議会関与に関する法律
（議会関与法）」案

(資料3) 連邦軍の国外出動決定及び任務・権限付与手続 ············· 308

第 7 章　軍隊国外出動決定への議会関与の射程

（2008 年 5 月 7 日第二法廷判決） ·························· 309

Ⅰ 訴訟に至る事実過程 ····························· 310

Ⅱ FDP 会派による機関争訟と
2003 年 3 月 25 日仮命令申立棄却決定 ················ 312

Ⅲ 2008 年 5 月 7 日機関争訟本案判決 ················· 314

1 申立人（FDP 会派・同会派所属議員）と
被申立人（連邦政府）の主張 ····················· 314

(1) 申立人の主張 ······························· 314

(2) 被申立人の主張 ···························· 315

2 判決の要点 ································· 316

(1) 申立ての利益 ······························ 316

(2) NATO 条約の統合プログラムとその継続的形成における
連邦議会と連邦政府の権限関係 ···················· 318

(3) 軍隊出動決定に関する設権的議会留保の意義 ········· 320

(4) 議会関与が求められる時期 ··················· 322

(5) 派遣軍人の武装の有無と
「武装して行う作戦行動への関与」の関係 ············ 323

Ⅳ 本判決の意義 ································· 325

xi

目　次

第4部　航空テロ攻撃への武力対処をめぐる憲法訴訟
航空安全法テロ対処規定違憲判決と判例変更の意義

第8章　航空安全法テロ対処規定に関する憲法問題 ‥‥‥‥‥‥ 331

Ⅰ　航空安全法制定の背景 ‥‥‥‥‥‥‥‥‥‥‥‥‥‥‥‥ 332
1 航空テロの脅威認識 ‥‥‥‥‥‥‥‥‥‥‥‥‥‥‥ 332
2 領空警備態勢の強化 ‥‥‥‥‥‥‥‥‥‥‥‥‥‥‥ 333
3 航空安全法制定までの経過 ‥‥‥‥‥‥‥‥‥‥‥‥ 334

Ⅱ　航空安全法に基づく不審機対処の法構造 ‥‥‥‥‥‥‥ 336
1 軍隊出動の一般的要件 ‥‥‥‥‥‥‥‥‥‥‥‥‥‥ 336
2 軍隊出動決定権限と決定手続 ‥‥‥‥‥‥‥‥‥‥‥ 337
(1) 局地的災害緊急事態における軍隊出動決定 ‥‥‥‥ 337
(2) 広域的災害緊急事態における軍隊出動決定 ‥‥‥‥ 338
3 不審機への対処措置 ‥‥‥‥‥‥‥‥‥‥‥‥‥‥‥ 339
(1) 検査・警告・迂回措置（第15条）‥‥‥‥‥‥‥‥ 339
(2) 強制措置（第14条）‥‥‥‥‥‥‥‥‥‥‥‥‥‥ 340
① 針路変更・着陸の強制・武力行使の警告（警告射撃）‥ 340
② 武力行使 ‥‥‥‥‥‥‥‥‥‥‥‥‥‥‥‥‥ 341
③ 決定権者 ‥‥‥‥‥‥‥‥‥‥‥‥‥‥‥‥‥ 341
4 連邦大統領の疑義 ‥‥‥‥‥‥‥‥‥‥‥‥‥‥‥‥ 341

Ⅲ　ドイツ基本法における軍隊出動の根拠と制約 ‥‥‥‥‥ 343
1 軍隊の政治介入への危惧 ‥‥‥‥‥‥‥‥‥‥‥‥‥ 343
(1) 改憲への消極姿勢 ‥‥‥‥‥‥‥‥‥‥‥‥‥‥ 343
(2) 憲法史的背景 ‥‥‥‥‥‥‥‥‥‥‥‥‥‥‥‥ 344
2 テロ攻撃対処のための軍隊国内出動の根拠となり得る
現行憲法規定 ‥‥‥‥‥‥‥‥‥‥‥‥‥‥‥‥‥‥ 346
(1)「防衛のため」の出動 ‥‥‥‥‥‥‥‥‥‥‥‥‥ 346
(2) 基本法上「明文で許容」された出動 ‥‥‥‥‥‥‥ 347
① 災害緊急事態における出動
（第35条2項2文および3項1文）‥‥‥‥‥‥ 348
②「緊迫事態」および「防衛事態」における
民用物保護・交通規制のための出動（第87a条3項）‥‥‥ 348

xii

③ 国内緊急事態における出動
　（第87a条4項および第91条2項）‥‥‥‥‥‥‥‥‥‥ 348

(3)「使用」としての派遣および職務共助 ‥‥‥‥‥‥‥ 349

(4) 政府見解 ‥‥‥‥‥‥‥‥‥‥‥‥‥‥‥‥‥‥‥‥ 350

IV　航空安全法武力行使規定の憲法適合性への疑問点 ‥‥‥ 352

1 災害緊急事態対処規定を根拠とすることから生ずる争点‥‥ 352

(1) 災害緊急事態派遣時の軍隊の権限 ‥‥‥‥‥‥‥‥ 352

(2) 出動決定の時期の問題 ‥‥‥‥‥‥‥‥‥‥‥‥‥ 353

2「転向機」撃墜命令と乗客・乗員の人間の尊厳・生命権 ‥‥ 354

（資料）航空安全法（抄）‥‥‥‥‥‥‥‥‥‥‥‥‥‥‥‥‥ 367

第9章　2006年2月15日連邦憲法裁判所第一法廷判決と
判決後の対応 ‥‥‥‥‥‥‥‥‥‥‥‥‥‥‥‥‥‥‥‥‥‥ 369

I 武力行使規定（航空安全法第14条3項）の違憲理由 ‥‥‥ 370

1 武力行使規定に関する連邦の立法権限の不存在 ‥‥‥‥ 370

(1) 航空安全法第3章の諸規定に関する
連邦の立法権限の憲法的根拠 ‥‥‥‥‥‥‥‥‥‥‥ 371

(2) 災害緊急事態における軍隊出動決定時期の問題 ‥‥‥ 372

(3) 特殊軍事的兵器投入の違憲性 ‥‥‥‥‥‥‥‥‥‥ 373

(4) 広域的災害緊急事態対処規定への抵触 ‥‥‥‥‥‥ 376

2 人間の尊厳および生命権の侵害 ‥‥‥‥‥‥‥‥‥‥‥ 377

(1) 人間の尊厳・生命権の保障と国家の保護義務 ‥‥‥ 377

(2) 人間を客体・対象物として扱うことの禁止 ‥‥‥‥ 378

(3) 武力行使決定の基礎となる情報の不確実性 ‥‥‥‥ 379

(4)「転向機」撃墜合法論への批判 ‥‥‥‥‥‥‥‥‥‥ 381

(5) 無人航空機および航空機を攻撃に悪用しようとする者のみが
機内にある航空機に対する武力行使の評価 ‥‥‥‥‥ 383

II 判決後の対応 ‥‥‥‥‥‥‥‥‥‥‥‥‥‥‥‥‥‥‥ 385

1 違憲判決による航空テロ抑止力低下への不安 ‥‥‥‥‥ 385

2 憲法運用による対応の可能性 ‥‥‥‥‥‥‥‥‥‥‥‥ 386

(1) 防衛関連憲法規定の拡大解釈 ‥‥‥‥‥‥‥‥‥‥ 386

(2) 超法規的緊急権の主張 ‥‥‥‥‥‥‥‥‥‥‥‥‥ 386

3 改憲提案 ‥‥‥‥‥‥‥‥‥‥‥‥‥‥‥‥‥‥‥‥‥ 389

xiii

目 次

  (1) CDU/CSU 与党 4 州および同党連邦議会会派改憲案
   (2004 年 3 月 5 日)･･････････････････････････････････････ 389
  (2) CDU/CSU と SPD の連立政権協定（2005 年 11 月 11 日）････ 393
  (3) ショイブレ連邦内務大臣改憲私案（2007 年 1 月 2 日）･･･････ 394
  (4) その他の提言 ･･ 397
 4 国際的観点からの疑問 ･･･････････････････････････････････ 398

第 10 章 2012 年 7 月 3 日総会決定と 2013 年 3 月 20 日
第二法廷決定による判例変更 ････････････････････････････････ 409

I 第二法廷決定による判例変更に至る経過 ･･････････････････ 410
 1 抽象的規範統制の争点 ･･･････････････････････････････ 410
  (1) 申立人の主張 ･･････････････････････････････････････ 410
   ① 連邦の立法権限の不存在 ････････････････････････ 410
   ② 特殊軍事的兵器投入の違憲性 ････････････････････ 411
   ③ 連邦防衛大臣の緊急権限の違憲性 ･･･････････････ 411
   ④ 立法手続と航空保安任務委託撤回手続の違憲性 ････ 412
  (2) 連邦政府の主張 ･･･････････････････････････････････ 413
 2 総会への付託 ･･･ 414

II 第二法廷決定理由 ･････････････････････････････････････ 416
 1 第二法廷決定主文 ･････････････････････････････････････ 416
 2 連邦防衛大臣の緊急権限の違憲無効 ･･･････････････････ 417
 3 その他の審査対象となる法律規定の合憲性 ･････････････ 419
  (1) 連邦の立法権限の所在 ････････････････････････････ 419
  (2) 第 14 条による航空機の針路変更・着陸強制・警告射撃等の
   措置の合憲性 ･･････････････････････････････････････ 421
  (3) 第 14 条による対処措置を命じる権限の
   空軍総監への委任の合憲性 ････････････････････････ 422
  (4) 第 15 条による検査・迂回・警告措置の合憲性 ･･･････････ 423
  (5) 立法手続・航空保安任務委託撤回手続の合憲性 ･･･････ 424

III 総会付託第 2 問に関する多数意見とガイアー裁判官の反対意見 ･･･ 425
 1 第 2 問に関する多数意見 ･･････････････････････････････ 425
  (1) 災害緊急事態における特殊軍事的兵器投入の許容性 ･･･････ 426
   ① 憲法解釈上の根拠 ･････････････････････････････ 426

xiv

② 憲法改正者意思の不明瞭 ･････････････････････････ 427

(2) 特殊軍事的兵器の使用抑制 ･･････････････････････････ 428

① 軍隊の国内出動を狭く制限する基本法の構造 ･･････････ 428

② 災害と「特に重大な事故」の相関 ･･････････････････ 429

③ 軍隊出動の急迫必要性・補完性・最終性 ･･･････････ 430

④ 基本法第87a条4項による「遮断効果」 ･･･････････ 430

2 ガイァー裁判官の反対意見 ･･････････････････････････ 431

(1) 軍隊国内出動の憲法による抑制の歴史的背景 ･･･････ 432

(2) 連邦憲法裁判所の越権 ･････････････････････････ 433

(3) 憲法改正者意思の明瞭性 ･･･････････････････････ 433

(4) 軍隊出動決定権の連邦政府への帰属による制約 ･････ 435

(5) 基本法第87a条4項の「遮断効果」の不確実性 ･････ 436

Ⅳ 判例変更の意義 ････････････････････････････････ 438

終 章 ― 総括と要約 ･･････････････････････････････ 445

Ⅰ 総 括 ･･･････････････････････････････････････ 445

1 憲法典と国家 ･･････････････････････････････････ 445

2 立憲主義と国家主権 ･･･････････････････････････ 447

3 立憲主義と国民主権 ･･･････････････････････････ 448

4 国家の分断と二重性 ･･･････････････････････････ 449

5 立憲主義と安全保障法制 ･･････････････････････ 451

6 連邦憲法裁判所による防衛憲法の判例法的形成 ･･･ 452

Ⅱ 要 約 ･･････････････････････････････････････ 454

あとがき ･･ 467

ドイツ連邦共和国基本法（抄） ･････････････････････ 476

索引 ･･･ 496

xv

1. 略号一覧

(1) 新聞
FAZ ······Frankfurter Allgemeine Zeitung
FR······Frankfurter Rundschau
SZ······Süddeutsche Zeitung

(2) 雑誌
AöR······Archiv des öffentlichen Rechts
BWV······Bundeswehrverwaltung
DVBl······Deutsches Verwaltungsblatt
DÖV······Die Öffentliche Verwaltung
JZ······Juristenzeitung
NJW······Neue Juristische Wochenschrift
NZWehrr······Neue Zeitschrift für Wehrrecht
ZaöRV······Zeitschrift für ausländisches öffentliches Recht und
　　　　　Völkerrecht
ZRP······Zeitschrift für Rechtspolitik

(3) 議会文書・判例集
BGBl.······Bundesgesetzblatt
BT-Drs.······Bundestagsdrucksache
BR-Drs.······Drucksache des Bundesrats
BVerfGE······Entscheidungen des Bundesverfassungsgerichts

(4) 政党
B'90/Grüne······Bündnis 90/Die Grünen
FDP······Die Freie Demokratische Partei
CDU/CSU······Christlich Demokratische Union Deutchlands/
　　　　　Christlich-Soziale Union in Bayern
SPD······Sozialdemokratische Partei Deutschlands

2. メディア電子版（アーカイブ）一覧

Die Welt: http://www.welt.de/
Süddeutsche Zeitung: http://www.sueddeutsche.de/
Der Spiegel:http://www.spiegel.de/
Frankfurter Allgemeine: http://www.faz.net/
Frankfurter Rundschau: http://fr-online.de/

序　章

「立憲主義の歴史は，権力保持者によって行使される絶対的権力を限界づけようとする政治的人間の探求の歴史であり，現に存在する官憲の支配の事実への盲目的追従を，権威の精神的，道徳的ないし倫理的な正当化によって置き換えようとする努力の歴史にほかならない．権威の正当化根拠は，支配者による社会統制に対する権力名宛人の同意，およびこれに照応する権力名宛人の政治過程への積極的参加ということに求められた．……そして一人の権力保持者が支配権行使の全体を独占するのではなく，政治権力を多数の権力保持者に分配し，互に協働して権力の行使に当たるよう義務づけるならば，この目的は最もよく達成できるであろうと信じられたのである．……これらの諸原理と根本規則の総体が，国家社会の存在論的な憲法である．」

── K・レーヴェンシュタイン『憲法論』[1]

序　章

「元首は法律に拘束されない[2]」という法諺に簡約される絶対主義原理に対抗するため，国民主権原理と結びつき，憲法による政府権力の法的創設と権力分立的統治機構による抑制および国民の自由・権利の保障を本質内容とする近代立憲主義は，西欧諸国と政治的価値を共有する国々の基本思想である．

敗戦後の武装解除状態から再軍備を行うにあたり，近代立憲主義の理念に基づき軍事権力を憲法の制約のもとに置くためには，憲法の明文改正による軍隊の設置と軍事力の運用を規律する防衛憲法[3]を導入することが望ましい．第二次大戦敗戦国である西ドイツは，1950年代，基本法（憲法）の改正により徴兵による軍隊を設置し，「政治優位」（Das Primat der Politik）[4]の原則のもとに民主的軍事統制規定を整備し，また1960年代には多くの緊急事態規定を導入した．

Ⅰ ドイツ再軍備過程と防衛憲法の形成

1 軍隊の民主的・法治国家的統制 — 第4次・第7次基本法改正

(1) 最初の防衛憲法導入までの経緯

ドイツ基本法は当初，防衛憲法をもたなかった．第二次大戦後の数年間は，連合国によるドイツ非軍事化政策と国内の非戦主義勢力が基本法案を起草する議会評議会[5]の審議に強い影響を与えており，再軍備に向けての動きが具体化するまでには時間が必要であった．もっとも，制定当初の基本法に防衛・安全保障に関する規定がまったく存在しなかったわけではない．すでに当初より

3

序　章

「何人も良心に反して武器をもってする軍務を強制されない.」(基本法第4条3項) と規定し,良心的軍務拒否の権利が認められていた.これは将来の義務兵役制導入を想定したものとも考えられる.第24条2項には平和維持のための相互集団安全保障機構への加入に関する規定もあり,ドイツの将来の安全保障のあり方と国際平和協力への姿勢を予感させる規定は存在した[6].しかし,制定段階ではまだ,防衛憲法としての具体性を欠いていた.

　朝鮮戦争の勃発 (1950年6月) をうけて,欧州における西側陣営の通常兵力の劣勢を解消するために米英両国が西ドイツの貢献を強く求めたところから,再軍備のための最初の防衛憲法の導入が具体案として浮上することになる.西ドイツ政府は,これを主権回復と再軍備実現の契機とし,西欧諸共同体の同権をもった一員として国際社会に復帰する好機と捉えた.1952年5月には,連合国による占領を終了させるため,ドイツ連邦共和国と三国の関係に関する条約 (ドイツ条約)[7]と欧州防衛共同体設立条約[8]が署名された.この時,西ドイツの再軍備を前提とする欧州防衛共同体設立条約を批准するには,これに先立って基本法改正による防衛憲法の導入が必要であると主張する憲法訴訟が提起されたが,すべて却下されている[9].

　1953年9月の連邦議会選挙後,K. アデナウアー (Konrad Adenauer) 新政府は改憲に必要な連邦議会の3分の2の多数の支持を獲得していた.1954年3月26日には,第4次基本法補充法律[10]により,連邦の専属的立法権限を防衛分野に拡大し (第73条1号),防衛法制整備の憲法上の基礎を得た.連立与党と野党会派は,連邦議会に議席を有するすべての政党が賛成することにより軍隊の設置と義務兵役制を含む防衛憲法を導入することで合意していた[11].その間に,西ドイツは,フランス議会の反対により挫折した欧州防衛共同体にかわり設立された西欧同盟 (WEU) と北大西洋条約機構 (NATO) に加盟することになり,再軍備は既定方針となる.

(2) 初期防衛憲法の特徴

　最初の防衛憲法は,1956年3月19日の第7次基本法補充法律[12]により

導入された．軍隊の兵員数と組織大綱は予算案により明らかにされなければ
ならない（旧第 87a 条［現第 87a 条 1 項 2 文］）．軍隊命令・司令権は，平時
には内閣の分担管理原則のもとで連邦防衛大臣が保有し，戦時にはじめて連
邦首相に移行する（旧第 65a 条以下［現第 65a 条および第 115b 条］）．連邦
議会防衛委員会は調査委員会の権限を付与され（第 45a 条），防衛監察委員
(Wehrbeauftragter) [13] は軍隊内の基本権保護と軍事に対する議会統制を確保
するための連邦議会の補助機関と位置づけられた（第 45b 条）．成年男子に兵
役が義務づけられたが，軍務拒否者には兵役期間を超過しない代替役務が課せ
られる（旧第 12 条 2 項 2 文から 4 文［現第 12a 条 1 項・2 項］）．軍人の基
本権も最大限保障され，その制限は憲法上許容される若干の場合にかぎられ
る（第 17a 条）．徴兵による軍隊の設置に伴い基本権保護の重要性がいっそう
増したことから，改憲に際して，国家権力に対する基本権規定の拘束を定める
第 1 条 3 項の文言中，従来の「行政」(Verwaltung) が，これを含むより広い
「執行権」(vollziehende Gewalt) の全権限領域に拡張され，「立法，執行権，
司法」を拘束するものと改められた．

　全体的に見るとこの時期の防衛憲法は，軍隊に対する不信感を基調として
いる．軍隊の任務は積極的には規定されず[14]，軍隊の出動についても国内緊急
事態における憲法留保として消極的に定められるにとどまる（旧第 143 条）[15]．
議会による軍隊の統制および兵役義務者と軍務拒否者の権利保護に重点が置か
れ，円滑な防衛機能の発揮よりもむしろ軍隊の民主的・法治国家的統制に防衛
憲法の目的があったといえる．

2 軍隊国内出動の制限と緊急権限発動への議会関与の重視 ── 第17次基本法改正（緊急事態憲法）

(1) 軍隊国内出動の制限

　軍隊の任務と権限が憲法に積極的に明文化される方向に防衛憲法が発展し
たのは，1968 年 6 月 24 日の第 17 次基本法補充法律[16]による緊急事態憲
法（Notstandsverfassung）の導入によってであった．緊急事態憲法は，旧第

143条が定めていた軍隊の国内出動に関する憲法留保を充足することにより，対内的および対外的緊急事態対処規定を大幅に拡充し，またドイツ条約により英米仏戦勝3ヵ国がドイツに対して維持してきた駐留軍の安全確保を名目とする非常事態留保権（同条約第5条2項）を消滅させた[17].

　第87a条1項は，連邦が「防衛のため」に軍隊を設置すると定めたが，2項で「防衛のため」の出動以外については，憲法が許容するかぎりにおいてのみ出動が可能であると定めることで，連邦軍の国内での軍事活動を憲法留保のもとに置いた．緊急事態憲法による防衛憲法の改革は，軍隊の国内出動の規律に重点が置かれ，これを狭く限定するところに憲法改正者の最大の目的があった．国内出動は，国内緊急事態（第87a条3項・4項）ならびに職務共助として行われる災害緊急事態（第35条2項・3項）における出動が認められたにとどまる．

(2) 緊急権限発動への議会関与

　一方，緊急事態憲法は，多様な緊急事態の発生に備え極めて精緻な対処体制を体系的に定める点で，他国に類を見ない特徴を示している．ドイツの防衛憲法は，当初から軍事に対する議会の統制を強力に組織化する点を特徴としているが，緊急権限の発動においてもこの傾向は一貫している．緊急事態憲法規定については，この後本書の理解のために重要であるので，その概略をここで説明しておく．

　憲法上の緊急事態は，対外的緊急事態（防衛緊急事態）と対内的緊急事態（国内緊急事態・災害緊急事態）に大別される[18].

①対外的緊急事態（防衛緊急事態）

　防衛緊急事態は，ドイツの国家領域に対して外部からの武力攻撃が発生し，または，その急迫の危険がある場合に対処するため，危険の性質と程度に応じて，平常時には認められない非常措置をとり得るよう憲法体制全体を転換する緊急事態憲法の核心部分である．

　防衛緊急事態は，防衛事態（Verteidigungsfall），緊迫事態（Spannungsfall），

同盟事態（Bündnisfall）の３類型から構成される．

(a) 防衛事態

「連邦の領域が武力攻撃を受け，または，武力攻撃が直前に差し迫っている場合」に防衛事態が認定される．事態の認定は，連邦政府の発議に基づき，連邦参議院の同意を得て，連邦議会が投票数の３分の２（少なくとも構成員の過半数[19]）の賛成により行われ[20]，連邦大統領により公布される（第115a条1項・3項）．連邦議会が集会できない場合には，両院の議員48名から成る合同委員会（第53a条）[21]が，非常時議会として同じ多数決条件により事態認定を行い（第115a条2項），連邦議会・連邦参議院にかわり議会機能を担う（第115e条1項）．ただし，すでに連邦領域が武力攻撃を受けており，即時に事態認定を行えない場合には，防衛事態は認定されたものとみなされ，かつ，攻撃が開始された時点で公布されたものとみなされる（第115a条4項）．

事態認定がなされると，これに連動して軍隊命令・司令権が連邦防衛大臣から連邦首相に移行する（第115b条）ほか，連邦国境警備隊の部隊の連邦全域への出動（第115f条1項），民用物保護・交通規制のための軍隊の出動（第87a条3項），民間医療施設等における役務への女子の徴用（第12a条4項）等，憲法が定める戦時非常措置が発動される．このほか，「防衛」のため個別分野について制定されている緊急事態法に基づく法規命令により，非常措置が発動できるようになる[22]．

(b) 緊迫事態

防衛事態は，ドイツ国家領域に対する武力攻撃の発生またはその急迫が認定要件であるが，それ以前の段階においても，事態が緊迫し，防衛事態の発生が予測される場合には，防衛準備態勢を整えるため非常措置をとる必要がある．ドイツ基本法はこのような事態を緊迫事態として定める（第80a条1項）．緊迫事態の認定は，連邦議会の投票数の３分の２（防衛事態と異なり構成員の過半数である必要はない）で行われ，事態認定とともに個別緊急事態法に基づく法規命令により，防衛準備態勢確立のための措置がとられる．

序章

　緊迫事態の認定が必要なほどには危険の程度が高くないが，一定の非常措置が必要である場合には，個別緊急事態法の部分的適用を，原則として連邦議会の単純過半数の同意をもって行うことも認められる[23]．

(c) 同盟事態

　NATO 理事会等の同盟機関が，同盟条約の範囲内で，ドイツ連邦政府の同意を得て下した決定によりドイツ国内の非常措置の発動が求められる場合も，「緊迫事態」とほぼ同様の措置をとることができる（第80a条3項）．ドイツはまだ攻撃されてはいないが，他の同盟国が武力攻撃を受け，同盟条約の防衛支援条項が発動された場合に，この事態が認定され得る．この場合，非常措置をとることは同盟条約上の義務でもあるため，事態認定に連邦議会の承認は必要ないが，構成員の過半数の要求がある場合には，非常措置は終了する．

②対内的緊急事態（国内緊急事態・災害緊急事態）

　連邦の専管事項である防衛の分野とは異なり，公共の安全と秩序の維持の任務は，第一次的には各ラント（州）の任務である．したがって，対内的緊急事態における連邦の任務は，ラントによる対処では不十分な場合に，これを補完するためにとられる例外的措置である．

(a) 国内緊急事態

　治安の維持は，基本的には各ラントの任務であり，一般警察力は各ラントが保有し運用する．しかし，各ラント独力では有効に対処できない内乱騒擾等の重大事態が発生した場合，憲法の緊急事態規定が適用され，危殆に瀕するラントに対して，他のラントや連邦の警察力そして軍隊が支援を行う．

　ラントが，公共の安全および秩序の維持回復のため，特別の重要性を有する任務を遂行するにあたり支障がある場合には，連邦国境警備隊の人員・施設の提供を要請できる（第35条2項1文）．連邦およびラントの存立，または，その自由民主的基本秩序に対する急迫の危険がある場合において，ラント政府が危険防止に必要と認める場合には，他のラントの警察力や行政官庁の人員・施設，連邦国境警備隊の人員・施設の提供を要請できる（第91条1項）．ま

た，このような急迫の危険にラントが自ら対処する意思と能力を欠く場合には，連邦政府が，ラントの警察力をその指示にしたがわせたり，連邦国境警備隊を出動させることができる．さらに，ラントの警察力と連邦国境警備隊でも不十分な場合には，武装叛徒鎮圧等のために，軍隊を出動させることができる（第87a条4項，第91条2項）．

(b) 災害緊急事態

災害が発生した場合の対処も第一次的には各ラントの任務であり，連邦の役割は，被害甚大な広域災害においてラントによる措置を補完することに限定される．

あるラントで自然災害または重大事故が発生し，これに対処するために支援が必要な場合には，被災ラントは，他のラントの警察力や行政官庁，連邦国境警備隊や軍隊の支援を要請することができる（第35条2項2文：局地的災害緊急事態）．災害の危険が複数のラントに及ぶ場合，連邦政府は，これに有効に対処するために必要なかぎりにおいて，他のラントに対して被災ラントのために警察力を使用させるよう指示し，あるいは，警察力支援のために，連邦国境警備隊や軍隊を出動させることができる（第35条3項：広域的災害緊急事態）．

II 冷戦後の安全保障にかかわる改憲論議の停滞と連邦憲法裁判所の役割

1 冷戦後の防衛憲法改正論議の停滞

このように，安全保障・危機管理政策の推進にあたり憲法明文改正による対応を基本としてきたドイツではあるが，緊急事態憲法を導入して以降，冷戦終結後今日まで，重要な防衛憲法規定の改正は行われていない[24]．それは改憲の必要がなかったからではない．1990年代に多発した地域紛争への対処，および2001年9・11米国同時多発テロ事件以後の国際テロ組織への対応におい

序　章

てドイツ連邦軍の積極的貢献が求められるなかで，軍隊の任務拡大に伴う憲法改正の必要性があり，その努力がなされたにもかかわらず不調に終わった．そして，本来は政治の場で解決すべき憲法問題は，憲法訴訟に持ち込まれ，連邦憲法裁判所が判断を下すことにより政府の安保政策に法的指針を示し，解決を図ってきたのである．

　政府と議会（とくに野党会派）の間で憲法解釈に対立があり，それぞれの権利義務の境界にかかわる争訟が提起され，司法判断を仰ぐこと自体はめずらしいことではない．しかし，基本法制定時には予期しなかった安全保障環境への対応策の憲法適否を評価するにあたって，連邦憲法裁判所の裁判官は必ずしも憲法制定者意思に忠実な憲法解釈を採用していないことがこれまで指摘されており，本来の憲法改正権者に成りかわり，いわゆる「解釈改憲」により問題の収拾を図っているとの批判も多い．

2 政治的権力ファクターとしての連邦憲法裁判所

　「独裁と戦争は二度とご免だ」("Nie wieder Diktatur, nie wieder Krieg")の一念から起草作業が開始されたドイツ基本法の制定者の念頭にあったのは，ヴァイマル共和国の挫折と国家社会主義時代の恐怖政治の経験からの教訓を新憲法に活かすことであった．自由民主的統治機構のもとで「人間の尊厳」に値する国民生活を実現するため，基本的人権を直接訴訟に訴えることができる主観的権利として保障するとともに，その保護のため「憲法の番人」の役割を担うべき連邦憲法裁判所を設置した．1951 年の設立以来，同裁判所の基本権保障の分野における業績は，国際的にも高く評価されてきた．

　連邦憲法裁判所は司法機関であり，政治機関ではない．その判断基準は基本法のみであり，政治的合目的性にしたがうことはない．しかし，連邦憲法裁判所は，その裁判官任命における政治機関の影響[25]と強力な権限[26]ゆえに，その判断に政治性が伴うことは避けられない．連邦憲法裁判所の政治性は，その憲法上の地位に由来するだけではない．憲法が政治的な法であることの必然的

10

結果でもある．憲法は，その本質上，政治自体を法規範化の対象とすることによって，他の国内法分野にない特殊性を有する．憲法裁判官は，憲法解釈にあたり，この憲法の特別な性格を考慮に入れつつ，憲法の客観的な政治的意味内容を正当に評価する判決を求めなければならない．そして，その判決の政治的帰結や効果を考慮に入れることは，憲法裁判所の裁判官の責務である．この意味において，連邦憲法裁判所は，憲法を判例によって発展させ，憲法の「継続的形成」の役割を担うべきものでもある[27]．

かくして，連邦憲法裁判所は，本来は政治の場で解決すべき問題を法廷において法的に解決することを迫られ，立法府に具体的指針を示し立法を勧告することも少なくない．連邦憲法裁判所は，法的争訟の衣装を纏った政党間の政治的紛争を解決することを通じて，三権の相互作用のなかで枢要な地位を占め，政治過程において重要なアクターとして役割を演じてきたのである．それゆえ，妊娠中絶刑事処罰規定改正問題等のように，党派間の対立が先鋭化し，世論を二分するような争点を扱う裁判の判決では，連邦憲法裁判所の過剰な政治性が批判されることもあった[28]．

このような連邦憲法裁判所の政治性は，外交・防衛問題を争点とする争訟においてとくに重大な結果を生む．国家の基本的安全保障政策の変更をめぐる対立は，その高度の政治性ゆえに，本来は与野党間で政治的に解決が図られるべきものである．とくに軍隊の出動に憲法明文上の根拠を必要とする（基本法第87a条2項）ドイツにおいては，安全保障政策の変更に伴う軍隊任務の拡大は，必然的に憲法改正問題を提起する．1991年以降のユーゴスラビア紛争への対応，そして2001年9・11米国同時多発テロ事件以後の国際テロ組織への対応において，憲法明文改正によりドイツ連邦軍の新任務規定を導入すべきところ，政党間の合意形成が困難であることから従来の規定のまま対応策が強行された結果，憲法訴訟が提起され，司法判断による決着が求められた．連邦憲法裁判所は，基本法制定当初は予期しなかった新たな安全保障問題に現実的な憲法判断を求められ，憲法規定の新解釈を提示しこの要請に応えてきた．しかし，

序 章

こうした対応は，憲法制定者意思を軽視した「解釈改憲」ともいえる越権的判決を下したと批判を受けてきたのである．

連邦憲法裁判所は，1994 年 7 月 12 日第二法廷判決において，それまで政府が違憲としてきた NATO 同盟域外派兵を合憲と判断したが，これは結果としてドイツ政府の同盟政策の転換を司法が支持し推進する契機となった．また，2006 年 2 月 15 日第一法廷判決により，9・11 米国同時多発テロ型の航空機による自爆テロへの軍事的対処措置を定める航空安全法第 14 条 3 項の違憲無効を一旦は宣告したが，その後テロリズムの現実的脅威に対応するため，この判決を一部変更し軍事的対処を一部容認する可能性を残す憲法解釈を示した (2012 年 7 月 3 日総会決定および 2013 年 3 月 20 日第二法廷決定)．

本書では，冷戦後の同盟戦略に対応したこれらの事案の分析・評価を議論の柱としつつ，連邦憲法裁判所の判例法形成が，ドイツを取り巻く安全保障環境の変化に対応するための政治的関心に導かれたものであるとされる理由を検証するとともに，これらの判決がもたらした防衛憲法の変質を明らかにしようと考える．

III 本書の構成

本書は，10 章および終章から構成される．

第 1 章では，冷戦後，国連や欧州安全保障協力会議［機構］との連携を強化し，広域的な平和維持・危機対応活動に任務を拡大した集団防衛同盟 (NATO・WEU) の戦略転換とこれに対応するためのドイツの憲法政策を論じる．それまで防衛政策の基本方針としてきた NATO 同盟域外派兵違憲の立場を変更する連邦政府の政策転換とドイツ連邦軍の国際任務の拡大を可能にすべき基本法改正をめぐる各政党の論議および憲法改正の挫折の経緯，改憲を経ないで強行された派兵に対してその差止めと違憲無効を求める機関争訟が提起されるまでの経過を分析する．

12

第2章では，この憲法訴訟に決着をつけるべく下された1994年7月12日連邦憲法裁判所第二法廷判決（以下「1994年判決」とする．）の判決理由を論じる．同判決は，平和維持のための「相互集団安全保障機構」への加入を定める基本法第24条2項が同盟の新任務に連邦軍を参加させる根拠となることを認める一方で，政府による派兵決定への議会の関与を重視し，派兵実施には連邦議会の原則事前の承認が必要条件である等の重要な派兵手続の諸原則を判示した．この訴訟で争点とされた論点についての当時の学説状況を概説したうえで，判決内容を批判的に分析する．

第3章では，1994年判決により「相互集団安全保障機構」とみなされたNATO等同盟の戦略転換による変質が，いかなる法的意味をもつのかが論じられる．新戦略に基づく同盟の域外平和維持・危機対応活動の合法性は国際法的にどのように説明できるのか，それはこれらの同盟の設立条約の枠内で実施できるものと理解すべきなのか，もはや設立条約の枠組みを外れた新たな条約改正と評価すべきものなのかを検討する．

第4章と第5章では，1994年判決が設定した法的枠組みのなかで実施されたドイツの派兵政策の実行とそれに伴い明らかになった問題を検証する．とくに，コソボ紛争解決のため1999年3月末から実施されたNATOによるユーゴ空爆は，1994年判決が審査の対象とした国連決議実施のための活動とは異なり，国連決議による直接的許可のない武力行使への参加であった．参加を決定したドイツ政府とこれに承認を与えた連邦議会諸会派がどのような見解に基づき判断を下したのか（第4章）．そしてこのコソボ派兵がその後の派兵政策にどのような変化をもたらしたのか，東チモール国際軍とマケドニア平和維持活動への参加，さらにはアフガニスタン派兵からイラク戦争不参加の決定がなされた際の連邦議会での議論の分析を通じてこれを論じる（第5章）．

第6章と第7章は，1994年判決以来の立法課題であった軍隊国外派遣法の制定に至る経過と法律の内容を論じ，この法律の解釈上生じた争いについての司法判断を検討する．1994年判決後約10年間，判決が示した枠組みのなか

序 章

で積み重ねられた派遣実行から憲法慣例が形成され，これに基づき「武装軍隊の国外出動に関する決定に際しての議会関与に関する法律（議会関与法）」（2005 年 3 月 18 日）が制定された．ここでは同法の立法趣旨を連邦議会審議から明らかにするとともに，議会関与法が定める派兵決定・議会承認手続について概説する（第 6 章）．そして，同法の運用上，どのような武装軍隊の派遣にいつの時点で連邦議会が承認を与えるべきか，2003 年イラク戦争の際に実施したトルコの領空警備を目的とする派兵に関連して明らかになった問題点，およびこれを審査した 2008 年 5 月 7 日連邦憲法裁判所第二法廷判決の意義を論じる（第 7 章）．

ここまでは，冷戦終結から 9・11 米国テロ事件およびイラク戦争までの期間について，主に軍隊の国外派遣をめぐる法と政治の関係が論じられる．次の第 8 章から第 10 章では，9・11 米国テロ事件と同種の航空テロ攻撃への最終対処を定めた航空安全法（2005 年 1 月 11 日）に関連する軍隊の国内出動をめぐる憲法論議と司法の対応が論じられる．

第 8 章では，航空安全法の制定に至る経緯と同法の武力行使規定（第 14 条 3 項）の憲法適否にかかわる憲法上の争点が説明される．航空テロ攻撃対処のために連邦軍を派遣する場合の憲法上の根拠とされた災害緊急事態規定（基本法第 35 条 2 項・3 項）と災害派遣時の連邦軍の権限との関係，テロ攻撃阻止のための最終手段としてとられる航空機撃墜措置による乗客・乗員の人間の尊厳（同第 1 条 1 項）と生命権（同第 2 条 2 項）の侵害等，航空安全法第 14 条 3 項の違憲性を訴える憲法異議で問題とされた論点とともに，軍隊の国内出動に消極的な姿勢を一貫してきた憲法制定者の意思をその歴史的背景に照らしつつ確認する．

第 9 章では，航空安全法武力行使規定の違憲無効を宣告した 2006 年 2 月 15 日第一法廷判決の内容を分析する．この判決は，災害緊急事態規定により出動する空軍機に特殊軍事的兵器を使用する権限がないこと，撃墜措置はほぼ確実に乗客・乗員の死亡を結果するもので，その人間の尊厳と生命権を侵害し

14

違憲であること等を理由に問題となった法規定の無効を宣告したが，これにより乗客・乗員が内部にいる旅客機だけでなく，テロリストだけが航空機内にいる場合や無人機による攻撃の場合であっても軍事的対処は不可能となった．その結果生じたテロ抑止力の欠落を埋めるためのドイツ政府・議会の対応を併せて論じる．

　第10章は，2006年2月15日判決を一部修正する2012年7月3日総会決定と2013年3月20日第一法廷決定の意義を検討する．この判例変更により，軍隊の国内での軍事活動を厳しく制限する基本法第87a条4項を無意味化することがないかぎりにおいて，災害派遣規定による軍隊の出動においても，特殊軍事的兵器の使用は，極めて厳格な制約要件のもとで例外的にではあるが，認められる余地を残すことになった．

　終章では，これまでの論述を立憲主義の観点から総括するとともに，全体を要約する．

［注］

1　Karl Loewenstein, Verfassungslehre, 3. Aufl., J. C. B. Mohr (Paul Siebeck), 1975, S.128. カール・レーヴェンシュタイン（阿部照哉・山川雄己共訳）『新訂　現代憲法論 — 政治権力と政治過程』（有信堂，1986年），160頁以下．

2　「元首は法律から免れており，そして，元首の是認したことは法律の効力をもつ．」参照，柴田光蔵『法律ラテン語格言辞典』（玄文社，1985年），211頁．

3　ドイツの法学文献や憲法判例では，Wehrverfassung という用語がしばしば用いられる．Verfassung が多義的であるのと同様に，Wehrverfassung も様々な文脈のなかで用いられるが，一般的には，国防制度の分野における機能・権限配分を規定し，体系的関係性を有する憲法諸規範の総体を意味する用語として用いられる．Vgl. Horst Stein, Verteidigungsfunktion und Grundgesetzordnung, Peter Lang, 1990, S.33. 本書では，実定憲法典や憲法判例法が形成する国家防衛制度を意味するものとして「防衛憲法」と訳す．

4　基本法のもとでの「政治優位」制は，国民の政治的意思を代表する連邦議会が軍事の民主的統制

序　章

に広く関与する原則と理解されるが，政治の軍事に対する優位の原則自体は第二次大戦後にはじめて憲法学の課題として意識されたのではない．戦争が政治の延長であり，軍隊が対外政策の手段であった19世紀ドイツ帝国時代から，政治の軍事に対する優位をいかに確保するかが憲法学の重要課題であった．このドイツ憲政史的問題を検討する最近の研究書として，A. ディーツの著書が注目される．Vgl. Andreas Dietz, Das Primat der Politik in kaiserlicher Armee, Reichswehr, Wehrmacht und Bundeswehr — Rechtliche Sicherungen der Entscheidungsgewalt über Krieg und Frieden zwischen Politik und Militär, Mohr Siebeck, 2011.

5　議会評議会（Der parlamentarische Rat）は，第二次大戦後，憲法草案の作成を含む西ドイツの新体制の基本原則を決定するため，西側占領地区にある11のラントの首相により設置された機関であり，ラント議会議員から選任された65名の議員から構成されていた．

6　基本法第4条3項や第24条2項以外にも，侵略戦争およびその準備行為の禁止（第26条），軍隊内での司牧・牧会活動の許容（第140条［ヴァイマル共和国憲法第141条継授］）といった軍隊の存在を想起させる規定を制定当初から備えていた．

7　Vertrag über die Beziehungen zwischen der Bundesrepublik Deutschland und den Drei Mächten — Deutschlandvertrag — vom 26. Mai 1952 in der gemäß Liste zu dem am 23. Oktober 1954 in Paris unterzeichneten Protokoll über die Beendung des Besatzungsregimes in der Bundesrepublik Deutschland geänderten Fassung (BGBl. II S.305).

8　Vertrag über die Gründung der Europäischen Verteidigungsgemeinschaft vom 27. Mai 1952 (BGBl. II S.342).

9　BVerfGE1, 396; 2, 143.

10　4. Gesetz zur Ergänzung des Grundgesetzes vom 26. März 1954 (BGBl. I S.45).

11　Deutscher Bundestag, Stenografischer Bericht, 93 Sitzung, Bonn, Dienstag, den 28. Juni 1955, Plenarprotokoll II/93, 5255(B).

12　7. Gesetz zur Ergänzung des Grundgesetzes vom 19. März 1956 (BGBl. I S.111).

13　Wehrbeauftragter には，防衛監察委員のほか，国防（防衛）受託者，防衛オンブズマン等の訳語が当てられることもある．

14　当初の第87a条は，「連邦により，防衛のために設置される軍隊の兵員数とその組織大綱は，予算案により明らかにされなければならない．」と規定するのみで，設置目的のなかに任務が含まれるものと解釈されたにすぎない．

15　制定当初の第143条は「内乱罪」を定める規定であったが，1951年8月30日の第1次改正法律により削除された後，1956年3月19日の第7次補充法律により「国内緊急事態」を定める規定として復活した．そこでは，「国内緊急事態の場合に，軍隊［の出動］を要請することが許される諸条件は，第79条の要件を満たす法律［基本法改正・補充法律］によってのみこれを規律することができる．」として軍隊の国内出動を憲法留保のもとに置いていた．後述のように，その後1968年6月24日の第17次基本法補充法律（緊急事態憲法）により軍隊の国内出動に関する新規定と憲法留保の維持（第35条2項・3項，第87a条2〜4項）が定められたことにより，現在の第143条は軍隊の出動とは無関係の内容となった．

16　17. Gesetz zur Ergänzung des Grundgesetzes vom 24. Juni 1968 (BGBl. I S.709).

17 ドイツ条約第5条2項「三国により，これまで保持され，または行使されてきた連邦共和国に駐留する軍隊の安全確保に関する諸権利は，暫定的に三国により保持されているものであり，主務ドイツ当局が，ドイツ法の制定により，しかるべき包括的権限を付与され，それによりこの軍隊の安全確保のため，公共の安全と秩序の重大な攪乱に対処する能力を含め，有効な措置をとり得る能力を与えられた時，直ちに消滅する，[以下省略]」．（下線は筆者による．）

18 緊急事態憲法の概略については，章末図表「ドイツ基本法が定める緊急事態類型」参照．

19 以下，ドイツ基本法において「連邦議会構成員の過半数」(Mehrheit der Mitglieder des Bundestages) とは，「法律で定められた構成員数の過半数」を意味し（基本法第121条）絶対多数を意味する．

20 ドイツ連邦議会 (Deutscher Bundestag) は，小選挙区比例代表併用制による選挙により選出される国民代表機関である．連邦参議院 (Bundesrat) は，各ラント政府の代表69名からなる機関であり，各ラントの人口規模により表決権が配分されている．

21 合同委員会 (Gemeinsamer Ausschuß) は，連邦議会議員32名と連邦参議院議員16名から構成される．委員は，平常時からすでに任命されており，武力攻撃発生時において連邦議会が集会不能となった場合に，直ちにこれにかわる役割を果たす．

22 防衛緊急事態における国民生活の安定と補給確保のため，個別分野について制定された緊急事態法律がある．「防衛事態」や「緊迫事態」等の事態認定に連動して，以下に挙げる法律に基づく法規命令により，非常措置が開始される．
・文民たる住民の保護を含む防衛を目的とする役務確保に関する法律（役務確保法）[1968年7月9日]
・食糧・農業ならびに林業の生産物の供給確保に関する法律（食糧確保法）[1990年8月27日，最初の法律は1965年8月24日制定]
・交通確保法 [1968年10月8日，最初の法律は1965年8月24日制定]
・防衛を目的とする水資源管理の分野における供給確保に関する法律（用水確保法）[1965年8月24日]
・商業経済・金融分野の業務確保に関する法律（経済確保法）[1968年10月3日，最初の法律は1965年8月24日制定]
・郵便・通信確保法 [2011年3月24日，最初の法律は1994年9月14日制定]
　なお，防衛緊急事態以外での食糧供給の確保については，1990年8月20日の食糧準備法 (BGBl. I S.1766) が定めている．また，テロ攻撃を含む災害事態において交通を確保するために，2004年7月23日交通業務法 (BGBl. I S.1865) が制定されている．

23 ドイツの文献には，これを「同意事態」(Zustimmungsfall) として説明するものもある．法規命令が定める緊急事態対処措置をとるには，原則として投票数の過半数による連邦議会の同意が必要であるが，兵役義務者に対する非軍事的役務従事命令や職場離脱の自由の制限といった侵害度の高い措置をとるには，連邦議会の投票数の3分の2以上の賛成が必要である．

24 2000年12月19日の第48次基本法改正法律 (BGBl. I S.1755) により，それまで女性の戦闘役務への従事を全面的に禁止していた第12a条4項が改正され，男女平等待遇原則に適合するよう，志願による戦闘役務従事を可能にしたのが唯一の改憲事例である．この改正それ自体は，防衛憲法全体に大きな影響を与えるものではないが，2011年7月1日に義務兵役制の運用が停止された遠因の一つである．その意味において，防衛憲法の変化に間接的な影響を与えたこ

とは否定できない．ただし，兵役制度自体が廃止されたわけではなく，兵役関連規定は現在も保存されている．この点について，参照，松浦一夫「ドイツにおける義務兵役制停止の背景 ― その法的側面と政策的側面」『防衛法研究』第35号（2011年10月），123〜126頁．

25 連邦憲法裁判所の構成員は，それぞれ半数ずつ，連邦議会および連邦参議院が選出する（基本法第94条1項，連邦憲法裁判所法第5条1項）．裁判官選出の議会による正当化は，他の国にも例はあるが，議会が独占的に指名権を有するのは稀であるという．参照，アルブレヒト・ヴェーバー（上原周治 訳）「連邦憲法裁判所 ― その基礎と最近の発展 ―」『比較法学』41巻3号（2008年3月），60頁．また，諸外国の憲法裁判所裁判官の選任方法については，vgl. Werner Heun, Wahl der Richter des Verfassungsgerichts, in: Christian Starck, Fortschritte der Verfassungsgerichtsbarkeit in der Welt — Teil I, Nomos Verlagsgesellschaft, 2004, S.209ff.

26 後で説明する機関争訟（基本法第93条1項1号），抽象的規範統制（同第93条1項2号），憲法異議（同第93条1項4a号），具体的規範統制（同第100条1項・2項）のほかにも，連邦憲法裁判所は連邦国法上の争訟（同第93条1項2〜4号）を扱うほか，政党の違憲宣告（同第21条2項），故意に基本法や連邦法律に違反した連邦大統領の解職の宣告（同第61条），基本法の諸原則やラントの憲法秩序に違反した連邦裁判官の更迭・罷免（同第98条2項）等の重要な決定を下す権限を有する．

27 連邦憲法裁判所の政治的機能は，裁判所自らが当初から自覚するところであった．この点を連邦憲法裁判所の設立当初の覚書「地位報告」や判例に基づき指摘するものとして，参照，渡辺康行「ドイツ連邦憲法裁判所の憲法解釈方法論」，新　正幸・鈴木法日児編『憲法制定と変動の法理 ― 菅野喜八郎教授還暦記念』（木鐸社，1991年）所収，519頁以下．

28 この点について，1994年から2002年まで連邦憲法裁判所長官を務めたJ. リムバッハの以下の論文を参照．Vgl. Jutta Limbach, Das Bundesverfassungsgericht als politischer Machtfaktor, Humboldt Forum Recht (HFR) 1996/12, S.1, Rdnr. 3f. <http://www.humboldt-forum-recht.de/deutsch/12-1996/index.html>（2014年8月9日閲覧）．妊娠中絶に関する1975年の第1次判決（BVerfGE 39, 1）および1993年の第2次判決（BVerfGE88, 203）のほか，1973年の大学共同決定判決（BVerfGE 35, 79）および東西両ドイツ基本条約判決（BVerfGE 36, 1），1977年軍務拒否制度の改革に関する判決（BVerfGE48,127），1995年のキリスト磔刑像判決（BVerfGE 93, 1）および「兵士は殺人者」判決（BVerfGE 93, 226）等，連邦憲法裁判所の過剰な政治性が批判された事案は1970年代と90年代半ばに集中している．

ドイツ基本法が定める緊急事態類型（事態認定と効果）

緊急事態類型	認定	効果と廃止
対外的緊急事態		
I　防衛緊急事態		
防衛事態 （第115a条1項） 連邦領域に対する武力攻撃またはその急迫の事態	連邦政府の発議 ＋連邦参議院の同意と連邦議会の投票数の3分の2以上（少なくとも構成員の過半数）による認定 ※連邦議会が集会・議決不能の場合は合同委員会の議決	・軍隊命令・司令権の連邦防衛大臣から連邦首相への移行，連邦国境警備隊の連邦全域への出動，民用物保護および交通規制のための軍隊の出動，民間医療施設等における非軍事的役務への女子の徴用など，憲法が定める非常措置 ・文民保護を含む防衛のため制定された個別緊急事態法に基づく法規命令による非常措置（連邦参議院の同意を得た連邦議会の要求により，または，事態認定要件を欠くに至った場合は終了）
緊迫事態 （第80a条1項） 「防衛事態」の発生が予測される事態	連邦議会の投票数の3分の2以上による認定	・民用物保護および交通規制のための軍隊の出動，兵役義務者の非軍事的役務従事の義務，職場離脱の自由の制限 ・第80a条による事態認定に適用が関係づけられた個別緊急事態法に基づく法規命令による非常措置（連邦議会の要求により終了）
連邦議会の特別の同意がある場合 （同意事態）	連邦議会の投票数の過半数による同意（右記[1][2]の措置に関しては投票数の3分の2以上による同意）	・兵役義務者の非軍事的役務従事の義務 [1] ・職場離脱の自由の制限 [2] ・第80a条による事態認定に適用が関係づけられた個別緊急事態法に基づく法規命令による非常措置（連邦議会の要求により終了）
同盟事態 （第80a条3項） 同盟条約の共同防衛条項が発動される事態	同盟機関の決定 ＋連邦政府の同意	・第80a条による事態認定に適用が関係づけられた個別緊急事態法に基づく法規命令による非常措置（連邦議会構成員の過半数の要求により終了）
対内的緊急事態		
II　国内緊急事態		
ラントの公共の安全・秩序の維持回復に支障がある事態 （第35条2項1文）	ラント政府が，特別の重要性を有する任務の遂行ができず，または，著しい支障があると認める場合	ラント警察の支援のため，連邦国境警備隊の要員・施設を要請
連邦・ラントの存立またはその自由民主的基本秩序への急迫の危険のある事態 （第87a条4項，第91条）	(1) ラント政府による措置： ラント政府が，連邦・ラントの存立またはその自由民主的基本秩序への急迫の危険を防止するため必要と認める場合	他のラントの警察力，その他の行政官庁，連邦国境警備隊の要員・施設を要請
	(2) 連邦政府による措置： 連邦政府による以下の認定 ①危険が迫るラントが自ら対処する用意がなく，また対処できる状態にないこと ②ラントの警察力および連邦国境警備隊の力では十分でないこと	①の場合 ・連邦政府のラント警察に対する指図 ・連邦国境警備隊の出動（危険が除去された場合，または連邦参議院の要求により終了） ①＋②の場合 ・民用物の保護，または，組織され軍事的に武装した叛徒を鎮圧するための軍隊の出動（連邦議会または連邦参議院の要求により中止）

19

序　章

Ⅲ　災害緊急事態		
自然災害または重大な事故があり支援が必要な事態（第35条2項2文，3項）	(1)局地的災害緊急事態：被災ラント政府が独力では対処できないと認める場合	他のラントの警察力，他の行政官庁の要員・施設，連邦国境警備隊および軍隊の要員・施設を要請
	(2)広域的災害緊急事態：複数のラントに危険がおよび有効な対処のため必要であると連邦政府が認める場合	・他のラントのために，ラントに警察力を使用させる旨の連邦政府の指示 ・ラントの警察力支援のための連邦国境警備隊，軍隊の出動 （連邦参議院の要求がある場合，または，危険が除去された場合中止）

第1部

NATO同盟域外派兵をめぐる
改憲論議と憲法訴訟

司法判断による専守防衛政策からの脱却

第1章
冷戦後の安全保障環境の変化と
同盟域外派兵をめぐる改憲問題

　ドイツ連邦共和国（西ドイツ）基本法は，1956年の再軍備から1968年の緊急事態憲法の導入まで，憲法改正により着実に防衛制度を統治機構に組み入れてきた．その基礎にあるのは，米ソ二極対立構造のなかで分断国家として軍事的対立の矢面に立った西ドイツが，西側陣営共同防衛の拠点として有効に機能するとともに，西ドイツ一国がこの集団防衛体制から逸脱せず，再び周辺諸国の軍事的脅威にならないこと，そして軍隊が再び対外的侵略と国内弾圧の具とならないことを確実なものにしようとする制憲者の意思であった．冷戦時代の西ドイツの安全保障政策は，憲法の制約のもと「専守防衛」[29]を基本とし，同盟条約が定める守備範囲に軍事行動の法的可能性を制約する軍事抑制的傾向を特徴としていた．

　冷戦の終結とともに国家統一を果たし完全な主権を回復したドイツは，バルカン半島で発生した内戦への同盟の介入による平和の創設とその維持のための拠点としての役割を期待されるようになる．しかし，冷戦時代に「専守防衛」政策の基礎とされた憲法の制約が，同盟戦略の変質に対応するため安全保障政策を転換しようとする連邦政府の足枷となる．

　ドイツは，軍事権力を暴走させないため，新たに軍隊使用の可能性を広げる場合には，基本法の明文改正によることをそれまで原則としてきた．同盟防衛地域外での軍事活動に道を開くため，ドイツの諸政党は改憲を目指したが実現には至らず，結局「専守防衛」政策からの脱却を可能にしたのは，連邦憲法裁

23

判所による司法判断であった.

　本章では，ドイツが所属する同盟の冷戦後の戦略転換とこれに対応するためのドイツ政界における改憲論議の経過を追い，バルカン半島情勢の緊迫のため改憲を待たずに強行された派兵に対して憲法訴訟が提起された経緯を論じる.

I 冷戦後の安全保障環境と同盟戦略の変化

1 対立的勢力均衡システムから協調的危機管理システムへ

　冷戦の終結によりもたらされた東西二極対立構造の消滅は，世界大戦の危険を除いたが，その代償はバルカン半島や旧ソビエト連邦南部そしてアフリカに多発する地域紛争であった. その原因は，長い歴史に根ざす民族的・宗教的・領土的問題であり，短期的には解決が困難な問題である. 冷戦下で東西二極対立に集約されていた戦争の火種はむしろ拡散し，世界各地に遍在し続けることになる. こうした紛争の火種は，以前にもましてコントロールが難しい形でヨーロッパの平和と安全に影響を与えることになった.

　欧州の安全保障機構は，元来は第二次大戦後の冷戦期に東西二極対立を基本構造として成立したものである. 冷戦構造の消滅に伴い，諸機構の枠組みは新たな任務を引き受けるために変化し再編される必要がった. 国際安全保障システムの類型を一般的に述べるならば，①外部に存在する脅威に対処するための外向的システムと②内部に存在する危機を管理する内向的システムに大きく区分できる. 単純化すれば，冷戦時代の二極対立構造から冷戦後の多極的・相互依存的戦略環境への変化は，安全保障システムが①の外向的な対立的勢力均衡システムから②の内向的な協調的危機管理システムへと比重を移行させるものと捉えることができる. ①において軍事力は，勢力均衡による外交政策の最も重要な手段として位置づけられるが，相互依存が深化し，主要国間の協力による国際平和の維持管理を目指す②においては，軍事力は地域国際社会の集団安

全保障体制を維持する手段としての重要性を増すことになる[30]．もちろんこの
ような傾向は，冷戦構造崩壊後のヨーロッパ大陸全域で均等に浸透しているわ
けではなかったから，当面の間，欧州の安全保障機構はこの①②両機能を具有
する状態が続くが，協調的安全保障の領域を拡大することが地域安定化の鍵と
なる[31]．

　1991年11月7〜8日に開催されたNATO首脳会議が採択した「平和と協
力に関するローマ宣言」において，NATO諸国は，次のような表現でその基
本的立場を明らかにした．

　　「この新しいヨーロッパにおいて我々が直面する挑戦は，一つの機構によるグ
　　ローバルなアプローチを受けつけるものではなく，欧州諸国と北米諸国の統合に
　　奉仕する相互に連携する複数の機構のフレームワークのなかで解決されるべきも
　　のである．」[32]

　この「連携する諸機構の枠組」構想は，北大西洋条約機構（NATO），西欧
同盟（WEU），欧州共同体（EC，後に欧州連合（EU）），欧州安保協力会議
（CSCE，後に欧州安保協力機構（OSCE））[33]そして国連（UN）といった「国
際の平和と安全の分野において責任を負う諸制度が相互に補完・補強するフ
レームワークのなかで性質の異なる役割を果たす」ことを期待するものであっ
た[34]．

　NATOとWEU-ECおよびCSCEとの相互補完的安保構想のなかで，欧州全
域を包括する紛争予防・調停・仲裁機構の構築を目指すとすれば，中心的役割
を担い得るのは全欧的地域集団安全保障機構であるCSCEであった．CSCEだ
けが，国連憲章のもとでグローバルな国際社会とヨーロッパ地域共同体の共同
利益を代表できる協議機関であり，平和維持活動を行うに必要な法的・政治的
正当性を付与できるものであると認められる．そして，この政治的正当性こそ
が，冷戦後敵対者を失ったNATOが存続していくうえで必要なものであった．
NATOとしても，冷戦後の歴史的変革期において，ヨーロッパの安定と民主
主義の増進に極めて重要な役割を果たすCSCEプロセスを強化することに深

くかかわり続けていくことが必要であった.

　他方，冷戦時代にはNATOとの重複・対立を避けるため，軍事的機能を発揮せずにいたWEUも長い休眠状態から目覚め，後にEUの欧州共通外交・安保政策形成への過程と連動して新たな役割を期待されるようになる[35].

2 集団防衛同盟（NATO・WEU）の戦略転換

(1) 北大西洋条約機構（NATO）

① NATOの特徴

　安全保障の軍事的側面にかぎっていえば，冷戦後の欧州において平和維持・危機管理機能の実効性を保障できるのはNATOのみであった．NATOは，旧ワルシャワ条約機構を仮想敵とする対共産圏集団防衛機構として発足したが，その設立条約（ワシントン条約，1949年4月4日署名，同年8月24日発効）により，いくつかの点で他の軍事同盟にない特徴を有している.

　第一に，行動決定における各加盟国の意思の優位である．NATOは，国際機構であるが，その決定は加盟国によるコンセンサスに基づいており，決定は全会一致で行われる．決定権者は加盟国政府（冷戦終結時16ヵ国）であり，その決定の協議・調整はNATOの政治的最高機関である北大西洋理事会（NATO理事会）において行われる．その際NATO加盟国は，外交・防衛政策上の問題を各国独自の判断で決定し解決するのであって，同盟国支援義務は各締約国が「北大西洋地域の安全を回復し，及び維持するために必要と認める」かぎりで履行されるにとどまる（NATO条約第5条）[36]．その結果，同盟国支援のための派兵決定も，各締約国独自の判断によることになる.

　第二に，NATOの軍事組織の特徴として —これは第一の特徴とある意味で矛盾するのであるが— その高度の統合度が挙げられる[37]．NATOは，平時から同盟軍の統合司令システムを有し，共同防衛計画の調整が行われ，特定の同盟軍部隊については平時からNATO司令部の指揮下にある[38]．したがって，条約上はNATOの行動決定における加盟国の自律性が認められるにもかかわ

26

らず，実際上はその共同行動から一加盟国が離脱することは困難になる．この点は，たとえば1993年4月にボスニア・ヘルツェゴビナ上空飛行禁止遵守確保のための監視活動にNATO・AWACS部隊が投入された時，憲法上の理由をもってドイツ政府がAWACS部隊から要員を引き揚げることで活動全体が不可能になるところから，連立政権を犠牲にする危険を冒しても派兵を強行する必要があったことからもうかがい知ることができよう[39].

第三に，その守備範囲の地理的画定である．NATOは，国連憲章第51条（自衛権）に基づく集団防衛を目的とする機構であり，冷戦時代には憲章第52条以下に定められる集団安全保障の地域的機構としての役割を演じようとはしなかった．NATOは，少なくとも集団防衛機構としては，その守備範囲をヨーロッパ・北アメリカの締約国およびトルコの領域，地中海ならびに北回帰線以北の締約国の管轄下にある北大西洋上の島等に限定し，その地理的範囲を条約明文上具体的に画定している（NATO条約第5条および第6条）[40]．このような条約上の守備範囲の限定は，とくにドイツのように軍隊の憲法上の出動目的を厳しく「防衛」に限定する国にあっては，軍隊の軍事的活動範囲の境界線と同一視され，NATO同盟域外派兵を違憲とする見解の法的根拠とされた[41].

② 冷戦後の変質

冷戦後，敵対勢力ワルシャワ条約機構の解体とソビエト連邦の消滅により，NATOは単なる集団防衛同盟からの脱皮を図る必要に迫られた．1990年7月5～6日の首脳会議で採択されたロンドン宣言（第4節）は，NATOの新機軸を次のように謳った．

　　「新しいヨーロッパにおいて，各国の安全はその周辺諸国の安全と不可分に結びついている．NATOは，欧州諸国民，カナダ国民そしてアメリカ国民が，共同防衛のためのみならず，欧州のすべての国々とのパートナーシップを形成するために協働する機構とならねばならない．大西洋共同体（Atlantic Community）は，冷戦時代に我々の敵であった東側諸国にまで範囲を拡大し，友好の手を彼等に差し伸べなければならない．」[42]

NATO は，1990 年代に入り 2 つの新たな任務を模索することになる．第一は NATO を中核とした新たな欧州安保協力体制づくり，そして第二に NATO 同盟域外における平和維持・危機管理活動である．前者の成果として重要なのは，1991 年 11 月 7 〜 8 日のローマ首脳会議において合意され 1991 年 12 月 20 日に設立された北大西洋協力会議（North Atlantic Cooperation Council [NACC]）である．そして後者を見るうえで重要なのは，同じローマ首脳会議で採択された新たな「同盟の戦略概念」（Alliance's Strategic Concept）である．この 2 つの措置により，NATO は冷戦後流動化した欧州の安全保障環境を新たな秩序に向けて再編する役割を果たすことになる．

(a) 北大西洋協力会議（NACC）

NACC は，NATO 諸国と旧ワルシャワ条約機構加盟国および新たに独立した旧ソビエト連邦諸国をメンバーとする機関であり，構成諸国の安全保障利益を表出するフォーラムとしてソビエト連邦崩壊により生じた「力の空白」を埋め，NATO とその新たな協力国を架橋することを目的として設立された[43]．

NACC の役割の重要な点は，参加国が国連や CSCE の加盟国として負う義務を履行するうえで実効的方法を発見するための非公式の協議機関として成果をあげてきたことである．NACC は，1992 年 12 月にバルカン半島紛争に関連して国連の協賛を得た平和維持活動への協力を申し出ており[44]，翌年 6 月にはそのためのアドホック委員会を設置している．この NACC アドホック委員会が作成し 1993 年 6 月 11 日にアテネ会議に提出されたガイドラインによれば，平和維持活動は，ケース・バイ・ケースを基本として，国連安全保障理事会の権威のもとで，または 1992 年 7 月にヘルシンキで合意された文書等 CSCE 重要文書にしたがって CSCE の権威のもとでのみ実施され，国連や CSCE により決定された政治的目的と正確なマンデイトが必要であることが原則とされた[45]．

このようにして，NATO が国連およびその地域的機関である CSCE の手足となって平和維持活動を実施する基礎が具体化され，(i) 国連と CSCE にその

資源を提供すること，(ii) 国連と CSCE にかわって平和維持活動を指揮調整すること，(iii) 同盟国による個別的参加を支援することの3つの側面において作戦行動に対する責任を負うことになった[46].

(b) 新「同盟の戦略概念」

ローマ首脳会議のもう一つの重要な成果は，新しい「同盟の戦略概念」である[47]．NATO は，ワルシャワ条約機構の解消とソビエト連邦崩壊の後のヨーロッパにあって加盟国の平和と安全を保障できる唯一の軍事同盟であった．しかし，外部の敵に対する集団防衛を任務とする軍事同盟は，敵の消滅とともにその存続の意義を問われることになる．新しい「同盟の戦略概念」は，NATOの冷戦後の存在意義を鮮明にする新任務の基礎を示すものであった[48]．そこでは，従来の軍事同盟としての NATO の集団防衛機能の重要性が再確認されるとともに，「加盟国の安全を脅かす危機を首尾よく解決する総合的能力」の重要性が強調された．

このコンセプトは，その後の NATO 首脳・閣僚会議宣言において次第に具体化される．翌 1992 年 6 月 4 日のオスロ外相会議コミュニケでは，まずCSCE が実施する平和維持活動への NATO の支援が約束され[49]，その半年後のブリュッセル外相会議では国連にも同様の協力を約束している[50]．こうして，平和維持活動を緒として同盟域外活動の扉が開かれた．その後，1993 年 8 月9 日の NATO 理事会決議では，国連保護軍（UNPROFOR) への支援と国連決議（770 号・776 号および 836 号）実施のための「人道的目的」に限定されるとしながらも，ボスニア内のセルビア人拠点への空爆の用意があることが宣言され，同盟域外軍事介入に活動範囲が拡大された．

1994 年 1 月 11 日のブリュッセル宣言では，以上の総括として，次のように謳われている．

　　「我々大西洋諸国の共通の安全保障要求を主張することにおいて，NATOは加盟国の共同防衛という今後もその中核的機能であり続ける伝統的かつ基本的任務に加え，ますます［他の国際組織から］委託された任務を実施するよう求められ

ることになるであろう．我々は，ケース・バイ・ケースを基本として，我々の手
続にしたがって，国連安全保障理事会の権威のもとで，またはCSCEの責任のもと
で行われる平和維持活動およびその他の活動を支援する用意がある．」[51]

　平和維持活動以外の「その他の活動」が何を意味するのかは文言上明らかで
はないが，1994年2月28日にボスニア・ヘルツェゴビナ上空で4機のセル
ビア軍機をNATO空軍が撃墜し，以後同地域の地上目標への空爆が加えられ
るなど，NATO史上はじめて国連決議実施のための武力行使が行われたこと
から，軍事制裁を想定していたことは明らかである．

(2) 西欧同盟（WEU）

① WEUの特徴

　一方，ドイツが所属するもう一つの軍事同盟であるWEUも，地理的制約な
く危機管理任務に対応する同盟を志向し始める．

　WEUは，1948年3月17日のブリュッセル条約をその先駆とし，1954年
11月23日に署名された諸条約により設立された．当初のWEU加盟国は，ベ
ルギー，西ドイツ，フランス，イギリス，イタリア，ルクセンブルク，オラン
ダであった．1990年にはスペインとポルトガルがEC加盟に伴ってメンバー
となり，さらに1992年にはギリシャが加盟し，同年トルコ，アイスランド，
ノルウェーが準加盟国の地位を，アイルランドとデンマークがオブザーバーの
地位を得た．1994年5月には準パートナーという地位が新設され，東欧6ヵ
国とバルト3国がこれに加わった．カナダと米国を除けば全NATO加盟国が
WEUに密接な関係を維持していた．

　WEUもNATOと同様に集団防衛同盟であるが，いくつかの点でNATOと
は異なる特徴を有していた．第一にWEUは，ヨーロッパにおいて加盟国に対
する武力攻撃があった場合に，「できる限りの一切の軍事的及びその他の援助
と支援を与える」として最大限の援助を行う義務を締約国に課している（ブ
リュッセル条約第5条）[52]．この点で，NATO条約のような締約国の「必要と
認める」措置という主観的要素が介在する余地は少ない．第二に，締約国相互

間の紛争については，当事国は国際司法裁判所または他の調停手続の決定にしたがわなければならない（同条約第10条）．第三に，WEUはそれまで独自の軍事機構をもたず，むしろNATOと並立した軍事組織の設立を意識的に避けてきた（同条約第4条）．このため，冷戦期においては，その政治的・軍事的影響力はNATOの陰に隠れ，休眠状態にあったといえる．しかし，1990年代に入り，EU共通外交・安保政策の実施機関となる新たな機能がWEUに期待されることになる．

② 冷戦後の変質

1993年11月1日に発効した欧州連合条約（マーストリヒト条約）により，WEUは欧州統合過程のなかで「EUの軍事機構」「NATOを支える欧州側の柱」に変貌する法的基礎を得た．先に述べたように，NATOは1992年6月4日のオスロ宣言においてCSCEの平和維持活動への協力を約束したが，2週間後の6月19日，ボン近郊ペータースベルク迎賓館において開催されたWEU閣僚理事会も急ぎこれに追随する声明を発表した．いわゆるペータースベルク宣言である[53]．同宣言は，WEUが1991年12月10日のマーストリヒト声明にしたがいその作戦的能力をさらに発展させる程度に応じて，CSCEや国連安全保障理事会の平和維持活動を含め，紛争予防と危機管理活動の有効な実施を支援する用意があることを明らかにするものであった．

同時にWEUは，ペータースベルク宣言によりさらに重要な一歩を進めた．すなわち，「WEU指揮下で投入されるWEU加盟国の軍部隊は，ワシントン条約（NATO条約）第5条若しくは改正されたブリュッセル条約（WEU条約）第5条に基づいて行われるその共同防衛への貢献と並び」以下のような目的のためにも投入され得ることを明らかにしたのである[54]．

・人道的任務および救難活動
・平和維持任務
・和平達成のための措置を含む危機対処に際しての戦闘活動

こうしてWEUは，ペータースベルク宣言により，条約の改正を経ることな

く，同盟域外での平和維持活動や軍事制裁を実施できることになった．

(3) NATOとWEUとの関係強化

このように見ると NATO と WEU は，競って国連や CSCE との連携の道を探り，欧州安保再編の主導権を握ろうとしていたように映るかもしれないが，機能の競合・重複を望んでいたのではない．NATO はすでに 1991 年 11 月 8 日のローマ宣言で「NATO を支える欧州側の柱」としての WEU の役割強化を歓迎する旨述べていたし，その翌日には WEU が「WEU の役割と EC および NATO との関係に関する声明」を採択し，EC との関係強化策とともに，NATO との実務関係の強化のためにロンドンにあった WEU 事務局を NATO の事務局と最高司令部のあるブリュッセルに移転することを決定している[55]．オペレーション・レベルでも両同盟の協力が進み，1993 年 6 月 8 日にはアドリア海における禁輸措置実施に関連して統一的指揮システムのもとでの共同作戦計画を決定し，これを実施する NATO・WEU 合同部隊が NATO の欧州連合軍最高司令官（SACEUR）および南欧連合海軍司令官（COMNAVSOUTH）のもとで活動した[56]．

II 同盟戦略の転換に対応するための ドイツ基本法改正論議

1 NATO同盟域外派兵を違憲とする政府見解

ドイツ基本法において，軍隊の憲法上の主任務は「防衛」である（基本法第87a 条 1 項・2 項）．「防衛」の対象は自国のみならず同盟諸国の防衛を含むが，ドイツ連邦軍の軍事的守備範囲は同盟条約，とくに NATO 条約が第 5 条および第 6 条において防衛地域として明示的に区画する領域[57] に限定され，この地域外での軍事活動は憲法上禁じられるものと考えられてきた[58]．こうして，ドイツ一国が単独で地理的制限なく軍事活動を行う可能性は否定される．この見解は，過去にドイツに侵略された近隣諸国の不安を払拭するとともに，冷戦

32

期 NATO 東正面にあってワルシャワ条約軍と対峙する位置にあった西ドイツが自国の守備に専念することで同盟に確実な貢献をすることを可能にするものであった．しかし，冷戦終結後の欧州の安全保障環境の変化と地域紛争の多発に対応する国連平和維持活動の活性化のなかで，ドイツ政府はこれまでとってきた NATO 同盟域外派兵違憲の見解を見直さざるを得なくなる．

　防衛任務に関係しない連邦軍の同盟域外派兵については，憲法学者の間でもその憲法適否について見解が分かれており[59]，それを反映して 1991 年湾岸戦争後の改憲論議においても各政党の立場に大きな隔たりがあった．同盟域外派兵を実施するに先立って基本法の改正によりその憲法上の根拠を明確化することについては，1990 年 8 月 20 日の与野党党首会談で合意が成立していたため[60]，争点は専ら連邦軍の活動の許容範囲，すなわち国連平和維持活動のみを参加対象とするのか，NATO・WEU の同盟軍として同盟域外紛争への軍事介入を含むのかに絞られていた．ところが，政党間だけでなく各党内でも議員の間で意見は大きく割れ，とくに改憲の成否の鍵を握る社会民主党（SPD）内部に対立の火種が残されていた．

2 各政党の基本的立場

(1) キリスト教民主・社会同盟（CDU/CSU）

　「完全な主権のもとで統一を回復した後，ドイツは将来，国連の平和の維持と回復のための行動に参加するに際して，兵力を提供する用意がある．我々は，そのために国内的条件を整えるであろう．」与党 CDU/CSU を率いる H. コール（Helmut Kohl）首相は，ドイツ統一が成った 1990 年 10 月 3 日に，各国政府に宛てた書簡のなかで，このように宣言していた．当時，CDU/CSU と自由民主党（FDP）による与党連合と最大野党 SPD の間には，あらゆる種類の同盟域外派兵にはこれを可能にする憲法改正が必要であり，改憲が実現するまでは派兵は実施しないとする合意が結ばれていた．しかし与党内部には，現行基本法のもとでも国連協力のための連邦軍の同盟域外活動は可能とする見方が

第1章　冷戦後の安全保障環境の変化と同盟域外派兵をめぐる改憲問題

根強く残っていた．とくに閣僚以外の議員の間では，基本法改正不要論が支持されていた[61]．コール首相も，「法的」には同盟域外派兵は合憲であるとする有力憲法学説があることを認めつつも，国家統一に伴い必要となる他の憲法条項の改正に必要な連邦議会の3分の2の多数を確保するため最大野党SPDの同意を得るためにも，「政治的」に改憲による明瞭化が必要であるとの見解を示した[62]．

　ただ，改憲により可能にすべき同盟域外派兵の性格と範囲については，CDU/CSUとSPDとの間には大きな隔たりがあった．すなわち，SPD多数派が一貫して武力行使を伴わない国連平和維持活動に派兵の可能性を限定しようとしたのに対して，コール首相やV. リューエ（Volker Rühe）幹事長（後に連邦防衛大臣）はじめCDU/CSU首脳部は，軍事的制裁措置を行う正規の国連軍のみならず，国連制裁決議による授権のないNATO・WEU同盟軍としての派兵，さらには当時ECが設置を予定していた緊急展開部隊へのドイツ軍の参加にも道を開くことを要求したのである[63]．欧州統合の完成のためには，ECは経済・通貨統合にとどまらず共通の外交・安全保障政策を実現する政治・軍事同盟にまで到達する必要がある．このような認識は，湾岸戦争でEC各国の対応が区々であったことへの反省から，急速にコンセンサスとなりつつあった．経済統合と政治統合が表裏一体であるべきとすれば，ドイツが西欧経済の主導的役割を演じながら，欧州共通防衛政策から距離を置くことは許されない．コール首相は，1991年3月13日の連邦議会での演説でこの点を強調し，SPDの態度変更を促した[64]．

　SPDに妥協して武力行使を伴わない古典的PKOに限定する改憲案を受け入れてしまえば，現行憲法下でも許されるはずの軍事的国際平和協力の可能性をかえって縮減してしまうことになる．そこでSPDの態度変更を期待できないと考える一部の議員からは，改憲によらず当面は通常の立法措置で軍隊の派遣を実施しようとする提案がなされた[65]．この提案によれば，基本法第24条1項・2項により同盟域外軍事派兵は合憲であることを前提として，基本法第

34

24 条の規範内容を詳細化・具体化する法律を制定する．そうすれば，憲法改正がなされず，法的解決の曖昧なまま出動する事態が避けられるとともに，野党はその運用に疑義がある場合には，連邦憲法裁判所への出訴によりその違憲性を主張することができる．

しかし，当時連立与党であった FDP との間に微妙な立場の違いがあることを考えると，このような法案が成立する可能性は少なく，現実的選択肢とはならなかった．

(2) 自由民主党（FDP）

FDP は，CDU/CSU と SPD の二大政党の間で両党の連立相手としてそれまで最も長く政権内にとどまり，ドイツの外交政策の継続性を担保してきた党である．従来から FDP は，連邦軍の NATO 同盟域外派兵には消極的であり，戦闘部隊の派遣には原則反対，国連平和維持活動であっても派兵には基本法の改正が必要であるとの立場を一貫してとってきた．1987 年末，イラン・イラク戦争の際にペルシャ湾掃海作戦へのドイツ海軍の参加が要請され，連邦防衛大臣 M. ヴェルナー（Manfred Wörner, 後に NATO 事務総長）がこの要請に応えようとした時も，当時外務大臣であった H-D. ゲンシャー (Hans-Dietrich Genscher) は憲法の制約を理由にこれを拒否している[66]．しかし，1991 年湾岸戦争後，同党の立場は変化し始める．

NATO 同盟域外派兵問題について，同党の内部では，①基本法改正により湾岸多国籍軍のような国連の承認による活動の範囲内であれば連邦軍の戦闘参加を可能にすべきとする CDU/CSU 寄りの立場，②連邦軍同盟域外派遣は戦闘任務を伴わない国連平和維持活動にかぎられるべきであり，義務兵役による兵士は自国防衛と同盟義務による派遣以外に動員すべきでないとする SPD 寄りの立場を支持する者，③参加の範囲を武力行使を伴わない国連平和維持活動に限定せず，国連指揮下の軍事行動も可能にすべきであるが，安全保障理事会により組織されたものと湾岸多国籍軍のような国連制裁決議に基づくにすぎない軍事行動とは厳格に区別し，前者にかぎりドイツは参加すべきであるとして，

第 1 章　冷戦後の安全保障環境の変化と同盟域外派兵をめぐる改憲問題

SPD とも CDU/CSU とも一線を画する立場の者（党内多数派）の３つの意見
が対立していた[67].

　1991 年３月中旬，政府部内では，CDU が国連活動に限定することなく世
界全域にわたる多国籍同盟軍としての出動を可能にする憲法改正を提案したの
に対して，FDP は NATO 同盟域外では国連の指揮下でのみ活動が許されると
の立場を堅持したため折り合いがつかず，継続して検討することとされた．し
かし，同じ頃のゲンシャーの演説は，すでに FDP が CDU 寄りに態度を修正
しつつあることを示すものであった．

　　　「憲法改正により……国連の枠内での活動へのドイツ軍の協力を可能にしよう
　　　とする我々の意思は，今や可能となったより大きな責任を果たそうとする我々の
　　　意思の表明でもある．我々はこのような責任に応えるであろう．そして我々が欧
　　　州軍としてこれを行うことができれば，欧州共通安保政策への重要な一歩ともな
　　　ろう．」[68]

　ここではあえて「国連の枠内」の意味を明確にせず，平和維持活動と戦闘活
動を区別することなく，また国連指揮下の行動と国連の制裁決議をうけての多
国籍軍による行動も区別していない．また，後に EU の共通防衛政策の実施機
関となる WEU 緊急展開部隊への参加を明言しなかったものの，その含みをも
たせた表現になっている．

　だが，改憲によらず，基本法の拡大解釈により同盟域外派兵が可能であると
する CDU/CSU の改憲不要論に完全に同化してしまうことは，同党の独自性
の喪失を意味し，リスクの大きい選択となる．湾岸戦争後の 1991 年３月，ア
メリカ政府の要請に応じてペルシャ湾への掃海艇の派遣を決定した際，コール
首相が政府部内の非公開審議会で 1982 年の連邦安全保障会議 NATO 同盟域
外派兵違憲決議を見直し政府見解を変更しようとした時も，ゲンシャーはこれ
を牽制して，掃海艇派遣は停戦後の「人道的貢献」であり前決議に違反するも
のではないとして，あくまで改憲が同盟域外派兵の前提であることの確認を求
めた[69].

36

1991 年 5 月末，FDP 最高委員会（党大会が開かれない間の最高意思決定機関）は，ドイツがその主権の完全回復の後に国連安全保障理事会の決議の実施に連邦軍部隊をもって協力すべきであるとするゲンシャーの提案を圧倒的多数で採択した（400 名の委員中，賛成 395，反対 4，棄権 1）．この決議で承認された国連協力の範囲は，平和維持活動のみならず軍事制裁に及ぶものであり，派遣に際しては連邦議会の過半数の同意を必要とすることとされた．また，同委員会では，国連協力のための EC 平和維持軍の設置も提案された[70]．

(3) 社会民主党（SPD）

同盟域外活動参加に関する改憲問題で最も党内の議論が紛糾し，党首脳部が複雑な対応を迫られたのが SPD であった．

SPD 内での国連活動参加のための改憲論議は，他のどの政党よりも早くから始まっていた．1987 年末イラン・イラク戦争の際にペルシャ湾岸への掃海艇派遣要請に応じるため政府部内に派兵の具体的シナリオが存在したことについては先にも触れたが，SPD 内部にはこうした与党の策動に対する警戒感から，国連活動への積極的貢献を認めながら，国連協力以外での軍事派兵に歯止めをかけようとする動きがあった．E. バール（Egon Bahr），N. ガンセル（Norbert Gansel）等の党内右派議員グループは，この運動を党の正式方針にすべく，1988 年 9 月のミュンスター党大会において改憲案を提示した[71]．この改憲案は W. ブラント（Willi Brandt）名誉党首の支持を得たものの結局廃案となり，その後議論を詰めないまま，湾岸危機に至るまで改憲論議は中断されていた．

湾岸戦争以降，SPD が党機関として最初に改憲賛成の立場を表明したのは 1991 年 2 月末の幹部会の席上であった．そこでは 5 月末に予定されていたブレーメン党大会に提出すべくワーキング・グループ「前進 90」（"Fortschritt 90"）により作成された素案が審議されたのであるが，この文書によれば，連邦軍が国連の枠内で「平和構築のための活動」（friedensbildende Einsätze）に参加すべきであると記されていた．つまり党首脳部は，この段階では PKO

第 1 章 冷戦後の安全保障環境の変化と同盟域外派兵をめぐる改憲問題

のみならず武力行使を伴う軍事行動にも参加を促す予定だったことになる[72].

この案をうけた執行部内では，武力行使参加容認派と PKO 限定改憲派の両派の間で激論が戦わされ[73]，結果としてまとまった執行部案は党内の混乱を収拾するための妥協案として極めて曖昧な表現となった．「ドイツは，EC の政治同盟への統合拡大にあたり，欧州の防衛に相応しい貢献を果たすであろう．同時にドイツは，国連として，国連の指揮下で行われる平和保障活動（ブルーヘルメット）に参加できる状態にあらねばならない.」この文章の前段は，解釈によっては将来の EC 軍に参加の可能性を残すようにも読める．また，後段では「ブルーヘルメット」の但し書きが付いているものの先の幹部会案で用いられた「平和構築のための活動」でも「平和維持のための活動」(friedenserhaltende Einsätze) でもなく，「平和を保障する活動」(friedenssicherunde Einsätze) という中間的語句があえて用いられているため，但し書きを削除すれば軍事制裁のための国連軍にも参加可能なようにも読める．表向き「PKO 限定参加」を装いながら党大会での修正如何によっては180 度方針転換の余地を残す玉虫色のものであることは多くの議員が認めるところであった．この執行部案「平和のうちに生きる」("In Friedens leben") は，27 名中，賛成 17，反対 8，棄権 2 で採択されたが，党大会までなお多くの火種を残す結果となった[74].

1991 年 5 月 29 日に始まった SPD ブレーメン党大会では，旧東独諸州の経済再建を中心に 478 もの議案が提出されていたが，この膨大な議案のうち100 余りが連邦軍 NATO 同盟域外派兵に関するものであった．30 日に行われた PKO 参加問題の審議では，新党首 B. エングホルム（Björn Engholm）とブラント名誉党首の PKO 限定改憲案には予想どおり多くの代議員が反対にまわった．副党首に再任された O. ラフォンテーヌ（Oskar Lafontaine）は執行部案の了承を求め代議員の説得にあたった．彼は現行基本法のままでも連邦軍の平和維持軍参加は可能であるとの私見を述べる一方，与党は PKO のみならず NATO 同盟域外への戦闘出動も改憲なしで強行しようとしている点を強調

し，政府のこのような動きを阻止するためには，基本法を PKO 参加に限定して改正することは一歩前進であるとアピールした．

　しかし，31 日になっても賛否両論が平行線をたどったため，双方の歩み寄りを促すため執行部案で曖昧であった「平和保障活動」の内容を厳格に規定する試みがなされた．基本法の改正は，同盟国の防衛支援のため以外の連邦軍の出動を国連平和維持軍への参加に限定し，NATO・WEU の任務を NATO 条約地域以外には拡大しないこと，兵役義務者は平和維持活動には動員されず，志願者と職業軍人だけが参加すること，派遣には連邦議会の同意を条件とすることなどが提案された．これらの意見を考慮した後，最終的には賛成 220，反対179 で「ブルーヘルメット限定参加決議」は採択された [75]．

3 各政党の改憲案と調整過程

(1) 改憲への圧力

　ドイツ政界の改憲論議の紛糾と停滞をよそに，1992 年以降，国連の平和維持活動には派遣地域と任務の拡大にいっそう大きな期待が寄せられるようになった．ドイツ政府もこのような国際的気運のなかで孤立しないためにも，参加は避けられない段階に達した．1992 年 5 月 22 日からは，国連組織に含まれない形で約 130 人のドイツ衛生兵がカンボジア PKO（UNTAC）に派遣され，プノンペン・ドイツ病院を開設した．また前節で説明した新たな同盟戦略の実施に関連して，NATO・WEU によるアドリア海禁輸措置監視のための海軍艦艇の派遣（1992 年 7 月）が予定されていたが，憲法上の理由により違反船舶に対する強制措置には参加できなかった [76]．

　ドイツが過度の軍事抑制主義を貫くならば，国連や地域安全保障機構の発展から離反し，国際政治における信頼に足るパートナーとしての信望を疑問視されることにもなる．ドイツは NATO・WEU 加盟国として，もはや第二次大戦までの過去の歴史の反省や憲法上の理由を根拠に国際的責任を免れることはできない局面に立ち至ったのである．

こうした動きをうけ，各党もようやく具体的改憲案を取りまとめ，連邦議会に提出するようになる．

(2) SPDの改憲案

諸政党のなかで同盟域外派兵に関する改憲問題について最も早く態度を固めていたのは，最大野党 SPD であった．すでに見たように，SPD は 1987 年のイラン・イラク戦争時にペルシャ湾掃海作戦参加計画が持ち上がったのを機に，政府の独断による済し崩し的国外派兵を警戒し，1988 年の党大会から改憲問題を討議していた．その後，湾岸戦争への協力が問題となった 1991 年 5 月のブレーメン党大会で，武力行使を伴わない平和維持活動と人道援助に限定して派兵を容認する改憲方針を確認して以来，改憲前の一切の同盟域外派兵を違憲とみなし，阻止する態度を堅持してきた．

1992 年 6 月 23 日，他党に先駆け提出された SPD の改憲案は，次のようなものである．

SPD案 [77]

1 基本法第24条2項の後に3項を挿入し，現行3項を4項とする．

「(3)連邦は，戦闘任務を伴わない平和維持活動（friedenserhaltende Maßnahmen)のためにのみ軍隊構成員を国連指揮下に置くことができる．環境被害への対処，人道援助及び災害救助活動のために，要請に基づき，軍隊の非武装要員を国連または当事国に提供するものとする．」

2 基本法第87a条2項を次のように改正する．

「(2)国防のため，及び条約により合意された支援義務の範囲内での防衛のため以外では，軍隊は，この基本法が明文でそれを許容する限りにおいて出動することができる．第24条3項による平和維持活動のために，連邦は，国連事務総長の要請に基づき，かつ安全保障理事会の決議が存在し，また紛争当事国の同意を得て，自衛のために小火器のみを装備し，この活動のために職業軍人および任期付軍人として志願した軍隊構成員を，国連事務総長の指揮下に置くことができる．この種の活動への参加には，ドイツ連邦議会の同意を必要とする．」

この SPD 案の要点を整理し，法案提案理由書に基づき補足するならば，以

下の5点が重要である.

①基本法第24条2項により従来から可能であった相互集団安全保障機構への加入とこれへのドイツ国家の高権的諸権利（この場合は作戦指揮権）の移譲を，戦闘任務を伴わない国連指揮下の平和維持活動に限定すること.

②その派遣には，紛争当事国の同意，武器使用の自己防衛目的への限定，安保理決議に基づく事務総長の要請などを条件としており，古典的PKOへの参加を考えていること.

③ドイツが一般義務兵役制を採用していることを考慮し，国防に直接関係しないPKOへの派遣には，職業軍人と志願による任期付軍人のみが対象者とされること.

④これまで明文規定が存在しなかった同盟義務に基づく出動を明文化したこと.

⑤議会の承認（単純多数決）を派遣条件とすること. ただし，防衛出動と同盟国支援義務に基づく戦闘出動には，「防衛事態」の認定（基本法第115a条1項）を必要とし，連邦議会の3分の2の特別多数決による同意が必要であること. 人道支援のための非武装の出動には，議会承認は必要とはされないこと.

しかし，この案を採用した場合，国連憲章第42条・43条に基づく軍事的強制措置実施のための国連軍に参加できないばかりか，ソマリアで試行される紛争当事者の同意を得ない介入的性格を強めた「平和執行部隊」やマケドニアで実施が予定されていた紛争拡大の事前防止のための「予防展開」など，国連活動の新たな潮流（いわゆる「拡大PKO」（expanded PKO））に対応できないことになる. PKOの古い類型に基づくこの案はすでに時代遅れであるとする批判は，他党のみならずSPD党内にもあり[78]，また防衛出動・同盟国支援のための出動についても「防衛事態」の認定を条件として連邦参議院の同意と連邦議会の3分の2の多数の賛成を要求する点でもCDU/CSUとの隔たりは大きく，与野党間の対話を困難にする原因となった.

(3) キンケル外相（FDP）の改憲素案

しかし，1992年7月に連邦政府がアドリア海禁輸措置監視活動にドイツ海

第 1 章　冷戦後の安全保障環境の変化と同盟域外派兵をめぐる改憲問題

軍を派遣することを決定したことに対して SPD 会派・議員団が憲法訴訟を提起した頃（8 月 7 日）[79] から，与野党間歩み寄りの兆候が見られ始める．

　CDU/CSU と連立政権を担う FDP は，それまで同盟域外派兵には改憲が必要との見解で SPD と一致していたが，可能にすべき出動任務の内容については平和維持活動のみならず国連指揮下の軍事的強制措置への参加を含める点で意見が分かれていた．FDP は，国連の要請を伴わない同盟（NATO・WEU）を通じての軍事行動をも認めさせたい CDU/CSU とも見解の相違があったが，それまで独自の改憲案を明らかにしていなかった．

　1992 年 8 月 24 日，外務大臣 K. キンケル（Klaus Kinkel）は，法務大臣 S. L- シュナレンベルガー（Sabine Leutheusser-Schnarrenberger）とともに，基本法第 24 条に 2a 項を補充する改憲素案を FDP 幹部会に提出した．この案によると，連邦軍は，①「国連安保理決議に基づき，又は国連憲章にいう地域的取極の枠内で実施される平和維持活動および②「国連安保理決議に則った国連憲章第 7 章及び第 8 章に基づく平和創設活動（friedensherstellende Maßnahmen）」に出動を許されるとされ，さらに「詳細は連邦法律で定める」ことになっていた [80]．

　この案で注目されるのは，①の平和維持活動については，安保理決議に直接基づかずとも地域的取極（具体的には CSCE）による決定であっても派遣を可能にすることで，戦闘任務を伴わない派兵についてはより柔軟なフリーハンドを政府に与えようとしている点と，②の戦闘出動については，あくまで国連決議と国連憲章に則った措置に参加を限定していることである [81]．

　もう一点キンケル案の重要な点は，派遣決定に際しての議会の同意に関する提案である．すなわち，連邦軍の出動決定にあたっては，その軍事色の度合い，危険の程度に応じて議会の関与も変化し，戦闘参加の場合には連邦議会の 3 分の 2 の多数の同意を必要とすると提案したのである．これは軍隊派遣決定への連邦議会の関与を重視する SPD への配慮であった．SPD は，国連指揮下であっても武力行使を伴う戦闘出動は許さないとする立場にあったが，かりに

42

キンケル案を受け入れても当時の議会勢力分布のもとでは SPD の賛成なくしては 3 分の 2 の多数の同意は得られず，SPD の意思により戦闘出動を阻止することは可能である．

もともと SPD 内部にも，首脳部はじめ右派議員のなかには正規国連軍への参加を認める勢力は存在した．FDP の譲歩に呼応するかのようにエングホルム SPD 党首は，ペータースベルクでの 8 月中旬から 2 週間に及ぶ会合の後，国連の機構改革とその世界暴力独占を条件として国連指揮下の軍事行動のために連邦軍の提供を可能にする改憲に応じる用意があることを明らかにした[82]．この SPD の方針転換は，与党各党からは改憲への下地が整ったものと歓迎され，各党間協議が進捗するかに見えた．

ところが，キンケル案による SPD への譲歩（国連制裁決議実施のための戦闘参加条件としての連邦議会の 3 分の 2 の多数による承認）は O.G. ラムズドルフ（Otto Graf Lambsdorff）FDP 党首の反対にあい，結局，戦闘出動についても議会の絶対過半数で足りるものと修正されてしまう．また，SPD のペータースベルク合意も党内左派から「1991 年 5 月のブレーメン党大会決議を反古にするもの」との批判の声が上がり，1992 年 11 月 17 日のボン臨時党大会でブレーメン決議の再確認がなされ，与野党間歩み寄りの努力は結局挫折してしまう．

(4) CDU/CSU と FDP の立場の相違

一方，与党 CDU/CSU は，もともと改憲が行われずともすでに現行基本法は集団安全保障機構内でとり得るすべての軍事的措置への参加を「法的」には許容しているとの立場をとっていた．ただ，連立パートナー FDP との関係上「政治的」に改憲による法的根拠の明瞭化が望ましいと考えているにすぎなかった．したがって SPD が「ブルーヘルメット限定参加」の立場を捨てず，歩み寄りの態度を見せない場合には，改憲を断念し，通常立法により同盟域外軍事派兵を断行せよとの意見が強く主張されていた[83]．このため 1992 年 5 月以来，連立与党間には同盟域外派兵には改憲が必要との合意があったにもかか

第1章 冷戦後の安全保障環境の変化と同盟域外派兵をめぐる改憲問題

わらず，その後改憲の具体的内容について詰めの協議が行われず，SPDによるアドリア海派兵違憲訴訟に対して求められていた政府反論書の提出も，政府内意見調整の不調のため1993年1月15日まで延期を申請せざるを得ない状態であった．

CDU/CSUとFDPの間の見解の相違をもう一度要約すれば，以下の2点に集約される．

・連邦軍の同盟域外戦闘出動について，それが国連決議に基づく国連傘下の活動についてのみ許されるべき（FDP）か，国連のマンデイトがなくても国連憲章の趣旨にそう活動であればCSCEやNATO・WEUを通じての平和創設軍事行動をも可能とすべきか（CDU/CSU）．

・同盟域外派兵の憲法上の根拠について，連邦軍の出動を規定し新たな出動任務に憲法上の「明文の許容」を求める第87a条2項によるべきであり，したがって改憲による新任務規定の導入を派兵の不可欠の前提と考える（FDP）か，平和維持のための相互集団安全保障機構への加入と高権的諸権利の制限を定める第24条2項によりすでに許容されており，改憲の目的はその明瞭化にあるにすぎないと考えるか（CDU/CSU）．

政権内のこの不一致が，改憲問題について与野党協議を拒否する口実をSPDに与え，改憲論議を停滞させた最大の原因であったといえる．

4 憲法問題解決への国際的圧力と連立政府内合意の成立： CDU/CSU・FDP改憲案

(1) ソマリアPKO（UNOSOMⅡ）と旧ユーゴ制裁への参加問題

各党間の改憲論議が平行線をたどるなか，ドイツ政府は2つの国連活動に対して緊急の態度決定を迫られていた．

1992年12月9日，ソマリア解放のための国連軍事作戦（「希望回復作戦」）が開始されると，ドイツ政府はこの作戦が成功し停戦が実現した後の第2次国連ソマリア活動（UNOSOM Ⅱ）への協力について具体的支援計画を明らか

44

にする必要に迫られた．ドイツ政府は，すでに同年8月以降，ケニアからソマリア各地への援助物資の空輸のために空軍機を派遣していたが[84]，解放後，輸送・補給分野でいっそうの貢献が期待されていた．

　UNOSOM IIは，総勢30,800人というその規模ばかりでなく，国連憲章第7章に基づく武力制裁を実施し，紛争当事者の合意なしに展開する「平和執行部隊」としての性格により従来のPKOの枠を大きく超えるものであった．しかも1992年12月17日に発表された支援計画では，ソマリアに派遣されるドイツ部隊は，輸送・補給部隊等と共に，その安全を守る「目衛部隊」（Selbstschutzkomponente）約200人を随伴するものとされていた．UNOSOM IIの武力介入的性格とともに，この歩兵「自衛部隊」の派遣は，SPDはじめ野党を大いに刺激した[85]．

　もう一つドイツ政府が対応を迫られていたのは，旧ユーゴ制裁のためのNATO作戦への参加問題であった．1992年10月9日に採択されたボスニア・ヘルツェゴビナにおける人道援助の輸送の安全確保を目的とする同地域上空軍用機飛行禁止決議（決議781号）は，国連機以外の軍用機の飛行禁止とその国連保護軍による監視および監視業務に必要な手段を国連加盟国・地域的機構に要請することを内容とするものであった．この決議ではさらに，今後違反行為が続いた場合には「その禁止を実施するための必要な後続措置を速やかに考慮する」こととされ，飛行禁止の徹底のため武力行使を含む強制措置に踏み切ることが予定されていた．この飛行禁止違反に対する軍事的強制措置が決議された場合，NATO空軍がその任務を引き受けることになる．違反機の探知，そして最悪の場合には違反機の撃墜にあたっての攻撃目標への誘導には，NATO軍AWACS部隊が重要な役割を果たす．ドイツ軍人は，憲法上の制約から直接的武力行使には参加できないため，戦闘機への搭乗ははじめから問題にならなかったが，このAWACS部隊には参加を期待されていた．というのも，アーヘン郊外ガイレンキルヒェン（Geilenkirchen）に配備されているこの部隊は，司令官はじめ隊員の3分の1以上がドイツ軍人により占められていた

からである．かりにドイツ軍人が国内問題を理由にこれへの協力を拒否し撤収することになれば，国連決議実施のための NATO 作戦は重大な支障をきたす．そもそもドイツ国内にある基地の使用自体も憲法に抵触するおそれが出てきたのである．

(2) CDU/CSU・FDP連立与党改憲案

1993 年 1 月 11 ～ 12 日，国連事務総長 B. B-ガーリ (Boutros Boutros-Ghali) が訪独し，ドイツ政府に「国連活動への無制限の協力」を要請するに至ってもなお，連立与党間で改憲内容に関する合意が成立していなかった．

この段階で同盟域外派兵問題を解決する方法として考えられたのは，①基本法改正で SPD が妥協し国連協力の支障を取り除くか，②戦闘出動問題は暫時棚上げにし，ブルーヘルメット参加に限定しての改憲の方向で与党側が SPD に譲歩し協力内容を側面支援に限定するか，③政府が派遣を強行し，SPD が連邦憲法裁判所に提訴することにより憲法判断と将来の指針を得るかであった．改憲による根本的解決のため①②の方法をとるには，まずなにより CDU/CSU・FDP 共同の改憲案が示される必要がある．ガーリ事務総長訪独翌日の 1 月 13 日，連立与党間の対立が収拾され，与党改憲案が連邦議会に提出された．

CDU/CSU・FDP案[86]

新たに基本法第24条2a項を次のように定める．

「(2a)連邦の軍隊は，第87a条にもかかわらず，［以下の場合に］出動することができる．

1 ［国連］安全保障理事会の議決に基づく，又はドイツ連邦共和国が所属する国連憲章にいう地域的取極による平和維持活動

2 安全保障理事会決議に基づく国連憲章第7章及び第8章に基づく平和創設活動

3 ドイツ連邦共和国が所属する同盟及びその他の地域的取極において，他国と共同で行う国連憲章第51条に基づく集団的自衛権の行使

以上の出動は，1号及び2号の場合には，連邦議会構成員の過半数（絶対多数），3号の場合には3分の2の同意を必要とする．」

この案文のうち，1号および2号の出動形態は先に見た FDP キンケル案を
そのまま受け入れたものである．ここで注目すべきは，国連決議により有効な
紛争対処が行われるまでの間（すなわち2号の出動が許されるまでの過渡期
間）に許される国連憲章第 51 条による被害国緊急救助のための戦闘出動に関
する3号の規定である．

　この規定により企図されているのは，もちろん従来から認められている
NATO や WEU のような軍事同盟内での加盟国の相互防衛支援義務に基づく
出動を認めることではなく，それ以外（同盟域外）の軍事紛争に際して不特
定第三国支援のための世界的戦闘派遣に道を開くことである．案文では，こ
れが国連決議を伴わない戦闘行動であることから，ドイツの単独行動を禁止
するため，「ドイツが所属する同盟［NATO・WEU］及びその他の地域的取極
［CSCE］」諸国と共同で行うことを条件とし，さらに連邦議会の3分の2の特
別多数決による同意を派遣条件として，国内外の広い合意を求めている．この
派遣条件の厳格化は FDP の意見を入れたものであろう．しかしこの3号を認
めたことにより，FDP は「国連傘下」を軍事派兵の必須条件としてきた従来
の方針を放棄し，CDU/CSU に大きく譲歩することになった．

　野党側からは，この改憲案の様々な問題点が指摘された．第一に，2号で挙
げる「国連安全保障理事会決議に基づく」軍事措置にしても，国連憲章第7
章・第8章を一括的に根拠としており，あまりに概括的であり，国連指揮下
にある正規の国連軍のみならず湾岸戦争型多国籍軍にも参加が可能になること．
第二に，3号を認めた場合，地域紛争が国連の統制外で処理される逃げ道を認
めてしまうことになり得る．たとえば NATO 加盟国の安保理常任理事国（米・
英・仏）が国連の介入を嫌った場合，いつでも拒否権行使により決議を阻止し，
同盟軍による武力介入が続行することになること等が批判された．

　与党案発表後，SPD は直ちに「議会の3分の2の同意」を派兵条件とする
ことを交換条件にして「誤ったコンセプト」を受け入れることはできないとし
て，連立与党案拒否の姿勢を明らかにした．

47

第1章　冷戦後の安全保障環境の変化と同盟域外派兵をめぐる改憲問題

　結局，ドイツ政府は，ボスニア・ヘルツェゴビナ上空監視活動への参加とソマリア PKO 参加に向けて，「連邦政府による派兵強行－連邦議会会派による連邦憲法裁判所への提訴」の選択をとらざるを得なくなる．

III 連邦政府による派兵強行と連邦議会会派による差止申立

1 ボスニア・ヘルツェゴビナ上空監視活動への参加とSPD・FDP会派による差止仮命令申立

(1) 連邦政府によるAWACS派遣決定とSPD・FDP会派による差止仮命令申立

　1992 年 10 月 9 日のボスニア・ヘルツェゴビナ上空飛行禁止決議（決議 781 号）以降もセルビア軍機による違反行為は跡を絶たず，5 ヵ月の間に 500 回を超えた．翌年 2 月 13 日にボスニア東部イスラム教徒居住地区をセルビア軍機が空爆したことが直接のきっかけとなり，3 月 31 日，国連安保理はその後の違反行為について国連憲章第 7 章に基づき「あらゆる必要な措置をとる」ことを承認し，武力行使を容認する決議 816 号を採択した．その実施を委託された NATO 理事会は，加盟 16 ヵ国全会一致で飛行禁止区域の監視活動への NATO 軍 AWACS 部隊の投入を決定した．

　ドイツ政府が憲法問題を理由にこの作戦から連邦軍兵士を引き揚げるならば，同盟内でのドイツの信頼は大きく傷つき孤立することになる．しかし，政治的には派兵の必要性を認めながらも改憲を参加の必須条件とする立場を崩さない FDP の反対を無視して，首相の指導により参加の閣議決定を強行するならば[87]，連立政府解消の危機に直面する．CDU/CSU にとって，改憲問題について FDP 以外にパートナーとなり得る会派はなく，また FDP が自らの立場を貫徹し，閣僚を辞職させたとしても，SPD と CDU/CSU が大連立を組む可能性は当時の状況下では考えられなかった．

　1993 年 3 月 24 日，NATO の AWACS 部隊による監視活動の開始を前に，

この閉塞状況を打開するため連立与党が合意した方法は，次のような奇策であった．

　「国連決議［816号］が採択された場合，直ちに緊急閣議が招集され，CDU/CSU閣僚の賛成多数によりAWACS部隊へのドイツ軍人の残留・参加が決定される．FDP閣僚はこれに反対の意を表明するとともに，連邦軍の派遣が連邦議会の承認なく決定されたことにより，連邦議会の下部機関であるFDP会派の権利が内閣により侵害されたとして，派遣決定の違憲無効の確認を求める機関争訟[88]を連邦憲法裁判所に提起し，併せて閣議決定実施の差止めを求める仮命令の申立てを行う．連邦憲法裁判所がこの申立てに関する判決を下すまでは，ドイツ軍人の監視飛行への参加は実施しない．」[89]

　自らが参加する内閣を相手取り政権党が憲法訴訟を提起するというこの異常事態を，連邦憲法裁判所長官（後に連邦大統領）R. ヘルツォーク（Roman Herzog）は「放胆な解決」と呼び，連邦大統領 R.v. ヴァイツゼッカー（Richard von Weizsäcker）は「政治の責任回避」と非難した[90]．各方面の驚きと批判にもかかわらず，4月2日，NATO・AWACS 部隊へのドイツ空軍兵士の参加が閣議決定された．

　これをうけ FDP 会派と 55 名の同党連邦議会議員は，直ちにキール大学教授 E. S-ヨルツィッヒ（Edzard Schmidt-Jordzig）を訴訟代理人として連邦憲法裁判所に閣議決定実施差止の仮命令の申立てと決定の違憲無効を求める機関争訟を提起し，SPD 会派も監視飛行参加差止めの仮命令の申立てを行うとともに，前年夏のアドリア海派兵に関する機関争訟をこの問題に拡大した．訴訟代理人は，フランクフルト大学教授 M. ボーテ（Michael Bothe）であった．政府側反論書は，ヴュルツブルク大学教授の D. ブルーメンヴィッツ（Dieter Blumenwitz）が担当した．また CDU/CSU 会派は，この訴訟を担当する連邦憲法裁判所第二法廷に対し，口頭弁論に際しての聴聞を申請し，同会派の所見は，ボン大学教授 J. イーゼンゼー（Josef Isensee）とベルリン自由大学教授 A. ランデルツホファー（Albrecht Randelzhofer）により鑑定書として提出された[91]．

(2) 1993年4月8日第二法廷判決

　1993年3月31日に採択された安保理決議816号は，1週間後に発動されることになっていた．ボスニア・ヘルツェゴビナ上空からセルビア軍機を実力排除し，その地上戦への介入を阻止することを目的とするNATO空軍の作戦は，4月7日午前，NATO軍事委員会による「アクションプログラム第2段階」開始決定とともに発動し，要撃戦闘機をイタリア国内の飛行場に移動，デモ・訓練飛行が開始された．同日遅くには，NATO理事会により違反機に対する武力行使を認める「第3段階」開始が決定され，72時間後にはその発動が予定されていた．ドイツ空軍兵士が最初からNATO空軍の作戦に参加するためには，4月9日に始まるイースター休暇までに連邦憲法裁判所の判断が下される必要があった．この日程に合わせ，4月7日午後，飛行差止の仮命令申立の審理は終わり，8日夕方に判決は下された[92]．申立ては棄却された．

　第二法廷は，差止仮命令決定を行うにあたり要求される利益考量，すなわち仮命令が「重大な不利益の防止」「差迫った威力の阻止」「公共の利益」に寄与するか否かを具体的に精査し（連邦憲法裁判所法第32条1項）[93]，申立てを認めることはできないと結論を下した[94]．

　審理にあたり裁判所は，外務・内務・防衛の各省連邦大臣，内閣府長官，連邦軍総監，AWACS部隊司令官，FDPとSPDの連邦議会院内総務，そしてNATO事務総長の証言をもとに事実確認と派遣差止の効果の診断を慎重に行った．

　まず，かりに飛行差止仮命令が下され，ドイツ軍人がNATO・AWACS部隊から撤収した後，本案判決でその合憲性が明らかとなった場合，極めて重大な国益上の損失が生じると裁判所は考えた．

> 「ドイツ連邦共和国は，当初より他の11のNATO加盟国とともに，完全に統合された同盟部隊たるNATO早期警戒管制部隊（AWACS部隊）を維持・運営している．その一般任務は，統合されたNATO空域防衛の枠内で早期警戒活動を行い，防空体制の構築（Luftlageerstellung）を支援することにある．要員に占めるドイ

ツ軍人の割合は3割以上にのぼる．航空管制は，専らドイツ軍人のみによって行われている．……［ボスニア・ヘルツェゴビナ上空の］飛行禁止を確保するためには，まさにこの［AWACS］部隊の活動に枢要な役割が与えられている．先の国連安保理決議に基づくAWACS部隊の出動にあたり，徹底した訓練に基づく確かな共同作業が，……とくに重要な出動の間際になって打ち切られてしまうとすれば，それは ―ドイツ軍人の離脱を埋合わせる何らかの可能性の有無にかかわらず― 国連（Völkergemeinschaft）により授権され，NATOにより支援される活動の手痛い障害と同盟諸国には受け取られるに違いない．」[95]

判決がとくに重視しているのは，ドイツ政府が，最近の一連の外交文書（1991 年 11 月 7 ～ 8 日の NATO 新「戦略概念」，1992 年 6 月 19 日の WEU「ペータースベルク宣言」，同年 12 月 17 日のブリュッセル NATO 理事会閣僚会議コミュニケ等）のなかで，国連の権威のもとで国際機構を通じて平和維持・創設活動に参加する用意のあることを度々表明していることである[96]．安保理決議 816 号では，飛行禁止の軍事的強制を国連憲章第 7 章に依拠させ，加盟国が地域的機構を通じてこれに参加することを期待していることから見ても，国連と NATO 両方の加盟国であるドイツが，国際法上合意を得ている平和保障任務を直前になって中止することになれば，「同盟諸国および全欧州隣国の間での［ドイツの］信用失墜は避けられず，これにより生じる損失は回復不可能であろう」[97]．

このように判決は，国連および NATO の加盟国としての国際法上の義務の重要性を指摘し，政府側の見解・証言をほぼ全面的に認める形で AWACS 監視飛行への参加が差止められた場合の外交上の損害の重大性を強調している．

一方，仮命令が下されず，暫時参加が行われた後，本案判決でこれが違憲と判断され，ドイツ軍人が撤収した場合の損失はより軽微であると思料される[98]．その理由は，以下の 3 点に要約される．

・AWACSによる監視活動への参加が本案手続係属中にかぎり許される暫定的協力である旨ドイツ政府がNATO各国政府に事前に通知するならば，ドイツの信用失墜には至らないこと．

第1章　冷戦後の安全保障環境の変化と同盟域外派兵をめぐる改憲問題

・参加兵士に対する「軍事的危険状態」は，現下の出動計画のもとでは存在せ
　ず，軍事政策上その発生の可能性は低いこと（この点は口頭弁論での連邦軍
　総監K. ナウマン（Klaus Naumann）とAWACS部隊司令官の意見を入れた
　もの）．また出動の違憲性が事後的に明らかにされたとしても，軍人が「法
　的危険」を被る可能性はなく，「公共の福祉」に対する損害は生じないこと．
・差止の仮命令を下さず，AWACSによる監視活動への参加が行われても，そ
　れが既成事実となるわけではなく，ドイツ国民には，出動の憲法上の疑義に
　ついて，いずれ本案判決で明らかにされ，それが遵守されることが認めら
　れており，ドイツ国内の法意識も，憲法の拘束力も損なわれることはなく，
　よって国内秩序にも回復し難い不利益は発生しないこと．

　結論として判決は，連邦政府の主張を全面的に認めた[99]．裁判所が独自の法
的評価と予測可能な結果の考量を根拠とするにしても，政策結果の評価を行う
にあたり参考にされる情報は政治機関に依存せざるを得ないのであって，これ
にかわる情報源はかぎられている．判決は，派遣される軍人の法的危険と国家
行為の合憲性に対する国民の信頼に関して基本法の規定が内容に争いを残す場
合，自己責任においてこれを審査・解釈する権限が連邦政府にあることを強調
している．連邦憲法裁判所が「憲法の番人」としての最終的拘束力をもつ公定
解釈を行うとしても，これにより政策上困難な憲法問題を独自に解決する責任
を他の憲法機関から免除するものではない．ゆえに，本案判決までは，連邦政
府の憲法解釈に優位性が認められることになる．

　判決は5対3の僅差で下されたが，反対にまわった判事が申立てを認める
立場にあったのか，それとも申立てが適格性を欠きはじめから許されないもの
と考えていたのかは不明である．いずれにせよこの判決は，改憲問題の鍵とな
る争点，すなわちAWACSによる監視活動への参加の根拠が基本法第24条2
項にあるのか第87a条2項が求める新任務規定を必要とするのかについて何
の示唆も与えてはおらず，法的状況の明確化への指針は本案判決を待たねばな
らない．

52

2 第2次国連ソマリア活動（UNOSOM II）の開始とドイツの対応

(1) 連邦軍ソマリア派遣計画

国連は 1992 年 4 月 24 日，安保理決議 751 号によりソマリアにおける極度の飢餓状態と内乱に終止符を打ち，内政の長期的安定を実現するため人道支援を行うことを決定し，同年 12 月 3 日には国連加盟国軍隊による人道支援が可能となるよう安全な環境を確保するため憲章第 7 章に基づく必要な措置をとることを決定し，米軍を主力とする介入部隊（UNITAF）の派遣を内容とする決議 794 号を採択した [100]．

ドイツ政府がいまだ AWACS 監視活動参加問題への対応に苦慮していた 1993 年 3 月 26 日，国連安全保障理事会は，ソマリア解放作戦を終え撤退する多国籍軍と交代し，任務を引き継ぐ第 2 次国連ソマリア活動（UNOSOM II）の活動内容に関する決議 814 号を全会一致で採択していた．同決議は，UNOSOM II の規模と任務を事務総長の勧告にしたがって拡大することを決定するものであったが，その勧告によれば，新任務はソマリア全体を対象とする強制的な武装解除を含むものであり，そのため憲章第 7 章に基づく強制権限を付与するものであった．先に述べたように，ドイツ政府はすでに 1992 年 12 月 17 日に UNOSOM II への協力を約束していたが [101]，1993 年 5 月 4 日の多国籍軍からの権限移譲を前に，4 月 12 日ガーリ事務総長からの正式な協力要請を受け，派遣決定を迫られていた．

政府の派遣計画によると，派遣部隊は司令本部，本部中隊，輸送中隊（2 個），工兵中隊（2 個），派遣部隊の安全確保のための歩兵中隊［自衛部隊］(2 個)，通信中隊（1 個），保守中隊（1 個），憲兵中隊（1 個），浄水部隊（1 個），航空支援中隊（1 個）等から構成される総勢 1,700 人の大編成となった．

問題の「自衛部隊」の装備には，小銃，ライフル銃，機関銃，暗視装置付対戦車砲，装甲車（Fuchs・Luchs）が含まれていた．ただしドイツ部隊には，他の UNOSOM II 参加各国部隊に許される「武力による任務の強制実施」の

53

第1章　冷戦後の安全保障環境の変化と同盟域外派兵をめぐる改憲問題

ための武器使用は禁じられ，ドイツ人要員の正当防衛・緊急避難および自隊施設・設備の防護のための使用に限定された[102].

　ドイツに要請されていたのは強制措置そのものへの参加ではなく，紛争平定済地域での輸送・補給任務，人道支援であった．しかし，連邦軍工兵隊が，平定済地域で道路の建設・復旧を行い，それが紛争地域への武器弾薬・兵員の輸送に利用されるとすれば，戦闘への兵站面での参加であり，非軍事・人道任務と戦闘任務との境界が曖昧になり得る．ドイツ政府が UNOSOM II への協力を約束した 1992 年 12 月中旬の時点で予定していたのは，多国籍軍によりすでに紛争当事者の武装解除が終わったソマリア内の地域への派遣であったが，現実には UNOSOM II が活動を開始する時点に至ってもなお完全な武装解除と停戦合意は達成されておらず，再度紛争が拡大する危険が残っていた．また，ドイツ政府への正式協力要請を内容とする 1993 年 4 月 12 日のガーリ事務総長書簡でも，ドイツ部隊の任地について，平定済地域に「配置される」とはあったが，配置以後の活動地域については何の保証もなかった点が問題にされた[103].

　SPD は，平和維持活動や人道支援への参加を推進する立場からソマリア派遣に政治的理解は示したが，やはり派遣には改憲が必要であること，また前記のような不安が消えないかぎりは，ドイツ隊員の生命・身体への危険は大きいとして，政府が派遣を強行した場合には再度憲法訴訟をもって対抗すると牽制した．ただ，この時は，先遣隊のソマリア現地報告が提出されるまで，派遣差止の仮命令の申立ては見合わせることとされた．

　4 月 21 日，政府はソマリア派兵を閣議決定し[104]，同日連邦議会において賛成 339，反対 206 でこの決定は承認された[105]．5 月 2 日，コブレンツに駐屯する第 3 軍団の副司令官 G. ベルンハルト（Georg Bernhardt）少将率いる 25名の調査隊が現地入りし，ドイツ部隊に求められる活動内容を確認した後，同月 14 日には 145 名の先遣隊が任地となるベレトウェイン（Belet Huen）の地勢状況と活動条件等を偵察した．先遣隊の報告を受け，6 月 3 日，政府は再度

本隊派遣の正式決定を行った．

(2) SPD会派によるソマリア派兵差止仮命令申立と
1993年6月23日第二法廷判決

　ソマリア派遣計画にさらに水を差したのが，6月5日に起こったソマリア民兵による国連軍への襲撃で24人のパキスタン兵士が殺害された事件である．この事件が発端となり，国連軍とアイディド派ソマリア民兵との報復合戦がエスカレートし，多くの民間人を含む犠牲者を出した．ガーリ国連事務総長はこの襲撃を厳しく批判し，安全保障理事会も6月6日に決議837号を全会一致で採択した．この決議は，襲撃事件の責任者に対して憲章第7章に基づき「必要なあらゆる措置をとる」ことをUNOSOM IIに認め，ソマリア全土にその実効的権威を確立する権限が与えられていることを再確認するものであった．

　6月15日，当初からソマリア派兵の「純人道的」性格に疑問をもっていたSPDは，UNOSOM IIへの協力がもはや人道支援とはいえず，戦闘出動であることが明らかになったとして，当時すでに派遣済みの262人のドイツ軍人の撤収と本隊派遣の中止を求める仮命令を連邦憲法裁判所に申し立て，併せてアドリア海派兵とAWACS監視活動参加に対する機関争訟をこの問題に再度拡大した[106]．

①申立人（SPD会派）と被申立人（連邦政府）の主張

　この訴訟でもSPDの代理人となったボーテ教授によれば，申立人の主な主張は以下の諸点にある[107]．

・連邦軍軍人が国連事務総長の指揮下に入ることは，基本法第24条1項の高権的諸権利の移譲であり，法律の制定による立法府の同意を必要とし，とくにドイツ軍人の生命・身体への危険に鑑みて，国連加盟から発生する義務のみによって派兵を根拠づけることはできないこと．国連と締結する派遣協定には，基本法第59条2項による立法府の同意が必要なこと．

・ドイツ部隊の任務は，他国戦闘部隊の兵站支援であり，軍事活動の一部であること．

第1章　冷戦後の安全保障環境の変化と同盟域外派兵をめぐる改憲問題

・連邦軍がソマリアにおいて軍事的役割りを果たすとすれば，基本法第87a条2項が求める基本法による明文の許容，すなわち憲法改正が必要であること．
・したがって，政府のソマリア派兵決定により，連邦議会は基本法第24条1項，第59条2項および第87a条2項と結びつく第20条，第79条1項・2項に基づく同意権を侵害されたこと．

これに対して連邦政府側代理人ハイデルベルク大学教授 J.A. フローヴァイン（Jochen Abraham Frowein）は，ドイツ部隊の任務は武力行使を伴わない人道支援であり出動地域も平穏であるとして，以下の諸点を主張した．

・ドイツ部隊の活動なくしては中部ソマリア展開中のイタリア，インド，ナイジェリア部隊総員約6,000人への物資の補給は不可能であり，ドイツ部隊の派遣を中止した場合には代替措置は困難であること．
・派遣部隊に対する命令・司令権はドイツ政府にあり，基本法第24条1項による高権的権利の移譲はないこと．
・ドイツ部隊の提供は，基本法第59条2項による立法府の同意を要する条約の締結を伴わないこと．
・実質的な派遣決定から半年以上の時間が経過しているうえ，派遣決定には連邦議会の承認をすでに得ており，SPD会派の権利は侵害されてはいないこと．

② 1993 年 6 月 23 日第二法廷判決

1993 年 6 月 23 日，連邦憲法裁判所第二法廷は，ソマリア派兵の継続には新たな連邦議会の承認決議が必要である旨の判決を下した[108]．

ソマリア派兵差止訴訟では，AWACS 訴訟をはるかに超える膨大な量の事実関係の解明が判決に先立って行われた．裁判所は，派兵差止の結果を考慮するにあたり，連邦政府に 32 項目の質問に答えるよう要求し，口頭審理でこれを詳しく検討した．しかし，結局判決は，活動地ベレトウェインの安全が確保されているとする政府の主張と戦闘再発の危険を強調する SPD の主張のいずれにも与することなく，UNOSOM II の任務がまったく新しい性質のものであることや判断すべき危険の複雑性を一般的に指摘するにとどまり，派遣に伴う危

険状況についての立ち入った評価はなされなかった．裁判所はすでに AWACS 訴訟において，裁判所には前例のない外交・安全保障問題についての独自の情報収集能力に限界があること，それゆえに政府の見解と異なる立場を選択できる可能性が小さいことを承知していた．このため，裁判所が結果考量の際に集中的に検討したのは，議会と政府の権限紛争の問題である[109]．この論点は，機関争訟本案判決でも中心的検討課題となるものであり[110]，それを意識して力点を置いたものと考えられる．

　もっとも，この判決においても仮命令申立の適格性の審査と差止仮命令が認められた場合とそうでない場合の利益考量が中心的争点とされており，この点で AWACS 差止め判決と基本的には変わらない．先にも述べたように，連邦憲法裁判所が仮命令により現状を暫定的に規律できるのは，より重大な不利益を防除するため，差し迫った威力を阻止するため，またはその他の重大な理由から公共の利益のためにやむを得ない場合にかぎられている．連邦憲法裁判所がこのような仮命令を下した事案はこれまで稀であり，とくに仮命令の効果が国際法上・外交上の関係に影響を与える場合には，その要件の審査基準はいっそう厳格なものとなる[111]．

　仮命令の申立てのような略式手続において重要なのは，本件で争われている連邦議会の権利（軍隊出動承認権）が，本案判決が下されるまでの間に派兵の既成事実により反故にされることである．連邦議会と連邦政府の間のこのような権限紛争において，連邦政府の法的地位を犠牲にすることなく連邦議会の権利要求に応えるには，連邦憲法裁判所はいずれの機関が本案判決までの間，連邦軍の使用に関する決定権限を有するべきかについて暫定的に規律することができるにすぎない[112]．その判断にあたり必要なのが利益考量である．すなわち，仮命令が下されず，後に本案判決において主張が認められる場合の申立人（SPD 会派）の不利益が，仮命令が下され本案判決において主張が認められる場合の被申立人（連邦政府）が被る不利益よりも重大でなければ仮命令を下すことはできないのである．

第1章　冷戦後の安全保障環境の変化と同盟域外派兵をめぐる改憲問題

　この点についていえば，仮命令が下されず，必要とされたはずの連邦議会の関与がないまま実施された UNOSOM II への協力が事後に憲法違反であると判断された場合，連邦議会はソマリアへのドイツ軍人の派遣決定に関する協働権を大部分，あるいは―ソマリア任務の期間― まったく保障されないことになるであろう [113]. このような連邦議会の権利の侵害は，第一に派遣決定が国連におけるドイツの地位を決定づけるものである点，第二にソマリアでの国連任務の遂行に際してドイツ軍人がさらされる生命・身体の危険が相当に大きいと評価される点から，とくに重大なものと判決は考える．この評価は，先のAWACS 判決とは大きく異なっていることが注目される．

　連邦憲法裁判所は，このような観点から連邦議会の軍隊出動決定協働権を議会の２つの機能から演繹している．第一に，国連および国際社会におけるドイツの地位を規定する根本的決定に協力する議会の機能である．これは，連邦軍の同盟域外派兵に関する憲法上の根拠について争いが未解決の段階ではとくに重要な意味をもつ．第二は，国民の基本権の制限ないし侵害の可能性を決定する役割が連邦議会にあることである．連邦軍の派遣決定には派遣される軍人の生命・身体保全権（基本法第２条２項）への危険が伴う．それが，派遣決定に議会の関与が要求される理由となる．連邦議会の関与は，すべての政治決定に必要とされるのではなく，その決定により国民の生命・身体保全権が危うくされるおそれがある場合にかぎられる．AWACS 判決では，ボスニア・ヘルツェゴビナ上空監視活動に従事する兵士の生命・身体に対する危険は僅かであるため，この点が消極的に評価されたが，ソマリア活動は許容される危険閾を明らかに超えるものであると評価された．派遣される兵士の生命・身体保全権の保障には，派遣決定への連邦議会の事後的承認では不十分であり，事前の承認が要件とされなければならない理由がここにある．

　一方，仮命令が下され，再度の議会承認を求めることを政府に義務づけても，それにより生じる不利益はより軽微なものといえる [114]. 連邦議会が軍隊派遣決定に事前に関与することにより，連邦議会は確かに連邦政府の権限領域に属

する決定に介入することになるが，それは連邦政府が外交・安全保障政策の分野において，その決定について議会に対して責任を負う憲法機関であるという特性においてである．連邦議会がソマリア派兵に同意を拒否すれば，連邦政府にはその派兵決定に議会の支持を得られないことが明らかになる．しかし，ソマリア派兵についてはすでに4月21日に連邦議会の多数により支持されているのであるから，あらためて連邦議会の同意を派兵要件とする仮命令を下しても議会が同意を拒否する可能性は少ない．

　裁判所は，ソマリア派兵継続のため，あらためて連邦議会の「設権的行為」(konstitutiver Akt)―すなわち派兵決定の必要条件となる事前の承認決議―を行うよう要求した．これは所管の委員会により準備され，連邦議会本会議で審議のうえ議決される[115]．申立人であるSPD会派は，通常の立法手続を要求していたのであるが，この点で申立人の主張よりも条件が緩和されている．しかし，あらゆる派兵に議会の同意が必要であることを明確にするものとして，4月8日のAWACS判決よりも一歩前進であるとSPDからも評価された[116]．

　連邦憲法裁判所の要求にしたがい，7月2日，連邦議会は賛成336，反対184，棄権14をもってソマリア派兵継続を承認した[117]．

IV 改憲論議の消滅

　以上，1991年湾岸戦争勃発前後から第2次国連ソマリア活動参加に至るまでのドイツにおけるNATO同盟域外派兵をめぐる改憲論議の動向と連邦軍の国際平和協力活動参加実現の経緯を見てきた．派兵決定の度ごとに提起された憲法訴訟は，国連活動の急進展と改憲をめぐる政治論議の停滞を反映した病理現象といえる．派兵に関する基本法の規定に不備があり，その是正を行う点で各党の認識は一致しており，また国連協力推進の立場は主要政党に共通しているのであるから，同盟域外派兵問題に最終的決着をつけるべきはあくまで「政治」であり「司法」ではないはずである．

第 1 章　冷戦後の安全保障環境の変化と同盟域外派兵をめぐる改憲問題

　憲法訴訟提起後も，政界における改憲論議が中断されていたわけではない．連邦議会法務委員会は，M. ボーテ，J. イーゼンゼー，A. ランデルツホファーといった上述の憲法訴訟にかかわった憲法学者に加え，E. クライン（Eckhard Klein），U. プロイス（Ulrich Preuß），M. シュミット（Max Schmidt），E-O. ツェンピール（Ernst-Otto Czempiel）といった著名な憲法学者や政治学者が参加する公聴会を開き，各党が提出した改憲案を検討していた[118]．また，連邦議会と連邦参議院の合同憲法委員会は「国家主権と軍事的防衛」（Staatliche Souveränität und miliärische Verteidigung）というテーマのもとで同盟域外派兵の問題を審議した[119]．

　こうした経過のなかで，各党の立場の歩み寄りがまったくなかったわけではない．たとえば SPD の側からは国連指揮下の戦闘出動を許容する動き，与党側からは一定の出動決定への連邦議会の関与を拡大する提案がなされ，意見の調整が行われた．とくに，ソマリア判決以降，キンケル外相は，国連指揮下の軍事的制裁措置への参加に連邦議会の 3 分の 2 の特別多数決を条件とするよう連立政府改憲案 2 号（原案では絶対過半数）を修正する譲歩案を SPD に提示した[120]．SPD 党首 R. シャルピング（Rudolf Scharping）や H-U. クローセ（Hans-Ulrich Klose）議員等も，国連指揮下の戦闘任務への参加を容認する方向で党方針を修正する発案を度々行った[121]．しかし，軍隊出動決定に議会の 3 分の 2 の特別多数決による承認という高いハードルを設定している憲法は他国に例がない．軍隊の出動決定は，本来執行府が担うべき機能であり，これを議会，しかも実質的には野党に委ねることなど考え難いことから，キンケルの発案は賛同を得られなかった．また，SPD 内でも戦闘参加全面拒否の立場が多数を占め，1993 年 11 月 16 〜 19 日のヴィースバーデン党大会でも結局この方針が確認された[122]．連邦憲法裁判所が，本案判決において憲法の公定解釈を下す予定が定まって以後，連邦議会を舞台とする改憲論議は急速に下火になった．

［注］

29 「専守防衛」とは，他国から武力攻撃を受けた後にはじめて防衛力を行使し，侵攻してくる相手をその都度撃退する受動的防衛戦略を意味するものであるが，もちろん日本とドイツではその意味するところは異なる．ドイツが所属する北大西洋条約機構（NATO）は多国間集団防衛同盟であり，その防衛地域には全締約国の領域のほか，北回帰線以北の大西洋地域等が含まれ（NATO 条約第 5 条・第 6 条），他国からの攻撃がある場合には相互に集団的自衛権による防衛支援の義務を負う．他方，日米安全保障条約は二国間同盟であり，その防衛地域は明文上「日本の施政下にある領域」である（日米安保条約第 5 条）．このため，日本が自衛権を行使するのは，日本の領域への攻撃がある場合に限定されるものと理解され，憲法第 9 条の制限的解釈と相俟って，戦後長く個別的自衛権のみを行使できるものとされてきた．2015 年 9 月 30 日に公布された平和安全法制整備法による法改正により，集団的自衛権の行使が一部可能になったが，「我が国の存立が脅かされ，国民の生命，自由及び 幸福追求の権利が根底から覆される明白な危険がある事態」にかぎられており，その意味で「専守防衛」の原則からは逸脱していないといえる．

30 Harald Müller, Europäische Sicherheit durch Machtgleichgewicht oder kooperative Institutionen? Eine Zwischenbilanz, in: E. Forndran/H-D. Lemke (Hrsg.), Sicherheitspolitik für Europa zwischen Konsens und Konflikt: Analysen und Optionen, Nomos Verlagsgesellschaft, 1995, S.257-263. 邦文論文としては，参照，加藤 朗「冷戦後の軍事力の意義・役割」『新防衛論集』第 24 巻第 3 号（1996 年 12 月），54〜56 頁．

31 冷戦後の安全保障秩序再構築における「多国間協調主義」の効用と限界については，西原 正「多国間主義の脆弱性—移行期の安全保障体制を考える」『防衛大学校紀要（社会科学分冊）』第 68 輯（1994 年 3 月），19〜29 頁．

32 Rom Declaration on Peace and Cooperation, NATO Review, No.6 December 1991, S.19-24 (para.3).

33 CSCE は 1995 年 1 月以降 OSCE として常駐機構化し，EC は 1993 年 11 月以降 EU に再編される．本書では，適宜表記を使い分ける．

34 Interlocking Institutions: The Conference on Security and Cooperation in Europe (CSCE), Basic Fact Sheet No.6 (Brussels: NATO Office of Information and Press, September 1993).

35 Christopher W. Stoller, Europa nach Maastricht: Die Gemeinsame Außen- und Sicherheitspolitik, in: NZWehr 1992, S.224.

36 NATO 条約第 5 条の英文では以下のような表現である．"The Parties agree that an armed attack against one or more of them in Europe or North America shall be considered an attack against them all and …… each of them……will assist the Party or Parties so attacked by taking forthwith, individually and in concert with the other Parties, such action as it deems necessary, including the use of armed force, to restore and maintain the security of the North Atlantic area."（下線は筆者による）

37 NATO の高度の統合は，同盟国間のインターオペラビリティーの増進と効率的機能分担により，各国の防衛予算の節減にも貢献してきた．ドイツ駐留 NATO 軍の多国籍的編成

第1章　冷戦後の安全保障環境の変化と同盟域外派兵をめぐる改憲問題

については, vgl. Philipp Wassenberg, Das Eurokorps—Sicherheitsrechtliches Umfeld und völkerrechtliche Bedeutung eines multinationalen Großverband, 1999, Nomos Verlagsgesellschaft, S.214f.; Christian Millotat, Der Weg des deutschen Heeres in die Multinationalität, in: K. Ipsen, H. v. Arnim u.a. (Hrsg.), Wehrrecht und Friedenssicherung, Festschrift für Klaus Dau zum 65. Geburtstag, Luchterhand Verlag, 1999, S.151ff.; Stefan Lang, Wege zu einer europäischen Armee—im Spannungsfeld zwischen Tradition und Integration, in: ZRP 2000, S.268ff.

38　この点を少し詳しく述べるならば, NATO を中核とする欧州の防衛協力における同盟軍の編成は, 4つのモデルに分類される. 統合度の低い順に, ①常時ないし一時的隷属モデル (Modell ständiger oder zeitweiliger Unterstellung), ②リードネーション・モデル (Lead-Nation-Modell), ③フレームワーク・モデル (Framework-Modell), ④高度統合モデル (Modell vertiefter Integration) である. ①は NATO 創立当初からあった協力形態で, 平時には作戦計画のために常時各国軍隊が提供されるが, 欧州連合軍最高司令官が各国軍隊に指図権をもつのは有事に出動する時にかぎられる. NATO の海軍, 空軍主要部隊はこの協力形式をとっている. ②は多国籍軍が一国家 (リードネーション) により指導されるものである. 司令部は各国別に編成されるが, NATO 軍としての訓練や出動に際しては, リードネーションの指揮下に置かれ, 司令部ポストは, 若干の例外を除きリードネーションにより占められる. この場合, その他の参加国は, 兵力の提供による貢献に役割を限定される. ③は一国家が多国籍軍の枠組みを設定し, その国が総司令部の指導, 管理および兵站支援の権限を有し, 司令部の主要ポストを占め, その業務手続を定める. その他のポストは他の派遣国に割り当てられるが, 派遣部隊の規模と割り当てポスト数には相関関係はない. 各国派遣部隊は, 出動時以外は多国籍軍には隷属しない. ④は軍隊派遣国が同権的に参加するモデルである. 派遣部隊の規模に応じて司令部のポストが配分されるが, 最高ポストはローテーションで割り当てられる. 最高司令官の権限は, 参加国の合意により予め設定される. 派遣部隊は, 平時から司令部の作戦指揮権ないし作戦統制権のもとに置かれるが, 部隊服務上の指揮権 (人事権, 懲戒権) は各派遣国が保持する. 出動部隊は必ず2ヵ国以上の部隊から編成される. Vgl. Bundesministerium der Verteidigung (Hrsg.), Multinationalität, Reihe Stichworte für die Öffentlichkeitsarbeit und Truppeninformation, 1996, S.9 ff.

39　本章Ⅱ.4.(1), Ⅲ.1.(1).

40　NATO 条約は第5条で, 締約国が「ヨーロッパ又は北アメリカにおける締約国の一又は二以上に対する武力攻撃を, 全締約国に対する攻撃とみなす」ことに同意するものとし, 攻撃が発生した場合には, 各締約国は, 国連憲章第51条にしたがい個別的・集団的自衛権の行使により, 「北大西洋地域の安全を回復し及び維持するために, 兵力の使用を含めてその必要と認める行動を……とることによって右の攻撃を受けた一以上の締約国を援助する」ものと定める. そして第6条で, 第5条の適用上, 「締約国に対する武力攻撃」には, ヨーロッパ又は北アメリカの締約国の領域のほか, トルコの領域, 北回帰線以北の北大西洋地域にあるいずれかの締約国の管轄下にある島 (1号), 地中海又は北回帰線以北の大西洋地域のなか又は上空にあるいずれかの締約国の軍隊, 船舶又は航空機等 (2号) に対する攻撃も含まれるものとみなすと定める. この後説明するように, ドイツ連邦軍の設置目的と任務は「防衛」であることから, この条約規定により画定される同盟防衛地域の防衛にその活動範囲が限定されるものと理解されていた.

41 Norbert Karl Riedel, Der Einsatz deutscher Streitkräfte im Ausland － verfassungs- und völkerrechtliche Schranken, Peter Lang, 1989, S.2ff.

42 London Declaration on a Transformed North Atlantic Alliance issued by the Heads of State and Government participating in the meeting of the North Atlantic Council in London on 5th-6th July 1990, NATO Review, No.4 August 1990, S.32.

43 North Atlantic Cooperation Council. Statement on Dialogue, Partnership and Cooperation. 20. December 1991, NATO Review, No.1 February 1992, S.29-30.

44 Statement on former Yugoslavia issued by the ministerial meeting of the North Atlantic Council. Brussels, 17. December 1992, NATO Review, No.6 December 1992, S.31-32.

45 Report to Ministers by the NACC Ad Hoc Group on Cooperation in Peacekeeping, NATO Review, No.4 August 1993, S.30-35;Progress Report to Ministers by the NACC Ad Hoc Group on Cooperation in Peacekeeping, NATO Review, No.6 December 1993, S.27-30.

46 John Kriendeler, NATO's changing role—oppotunities and constraints for peacekeeping, NATO Review, No.3 June 1993, S.18.

47 The Allience's New Strategic Concept, NATO Review, No.6 December 1991, S.19-32.

48 新「同盟の戦略概念」については、小林宏晨「北大西洋条約機構 (NATO) の新戦略構想」『國防』1993 年 10 月号、76 頁以下および 11 月号、95 頁以下。同「北大西洋条約機構 (NATO) の新機能」『國防』1994 年 3 月号、38 頁以下。佐瀬昌盛「NATO の新しい役割」『新防衛論集』第 21 巻 2 号 (1993 年 9 月)、31 頁以下。岩間陽子「NATO の東方拡大」、広瀬佳一他編『ヨーロッパ変革の国際関係』(勁草書房、1995 年) 第 1 章参照。

49 「11.……我々は、ケース・バイ・ケースを基本として、我々の手続にしたがって、CSCE の責任の下で行われる平和維持活動を、同盟の資源と専門知識の提供を含めて支援する用意がある。」Communiqué of the Ministerial Meeting of the North Atlantic Council in Oslo, 4th June 1992, NATO Review, No.3 June 1992, S.30-31(31).

50 Communiqué issued by the Ministerial Meeting of the North Atlantic Council, Brussels, 17th December 1992, NATO Review, No.6 December 1992, S.28-31(29).

51 Declaration of the Heads of State and Government participating in the Meeting of the North Atlantic Council held at NATO Headquarters, Brussels, on 10-11. January 1994. <http://www.nato.int/docu/basictxt/b940111a.htm> (2004 年 6 月 27 日閲覧) 邦訳として、伊藤　努訳「首脳会議共同宣言―NATO は全欧安保に貢献する―NATO 首脳会議採択文書 (ブリュッセル) [1994 年 1 月 11 日] (ドキュメント)」『世界週報』第 75 巻 5 号 (1994 年 2 月)、62 ～ 66 頁。

52 WEU ブリュッセル条約第 5 条の英文は以下のような表現である。"If any of the High Contracting Parties should be the object of an armed attack in Europe, the other High Contracting Parties will ……afford the Party so attacked all the military and other aid and assistance in their power." (下線は筆者による)

53 Erklärung des Ministerrats der WEU vom 19. Juni 1992 zur Stärkung der operationellen Rolle der WEU ("Petersberg-Erklärung"),Bulletin der Bundesregierung 23. Juni 1992 Nr.68.

54 Petersberg-Erklärung, Abschnitt II Ziffer 4.

第1章　冷戦後の安全保障環境の変化と同盟域外派兵をめぐる改憲問題

55 欧州連合条約付属文書「西欧同盟（WEU）に関する宣言」宣言 I .B. 中村民雄「ヨーロッパ連合条約（マーストリヒト条約）試訳(1) ― 組織に関する規定と付属文書」『成蹊法学』第39号（1994年3月），177〜178（123〜124）頁．先に言及した1994年1月11日の NATO 首脳会議宣言（ブリュッセル宣言）[Fn.51]でも，NATO と WEU が共通する戦略的利益を共有しており，「WEU による同盟［NATO］を支える欧州側の柱の強化を支持」し，「NATO 理事会の協議に基づき，ヨーロッパ同盟国により，その共通外交・安保政策が追求されるなかで実施される WEU の軍事作戦のために，NATO 同盟の集団的資源を提供する用意がある」ことが言明されている．

56 WEU は，その後 EU の軍事機構として統合され解消するが，EU-NATO 間の安全保障面での協力強化を通じて，EU は独自の軍事作戦能力を獲得することになる．参照，第5章 II .2.(1)(2).

57 Vgl. Fn.40.

58 1982年11月3日に連邦安全保障会議（Bundessicherheitsrat）は，NATO 同盟域外にあるペルシャ湾における国際部隊への連邦軍の参加を完全に否定し，経済的利益を守るための出動も許容されないことを決議し，内閣もこれを正式見解とした．Vgl. Delref Bald, Der Paradigmenwechsel der Militärpolitik, in: Mittelweg 36, 5/99, S.29. 以後，NATO 同盟域外派兵違憲の立場は，冷戦末期に政府により度々確認されている．Vgl. Die Welt 24. Oktober 1987, S.8; SZ 18. Mai 1988, S.2. 1991年湾岸戦争時 ―つまり，冷戦が終わりドイツが再統一した後も― コール政権は，NATO 同盟防衛以外の連邦軍の出動は違憲であるとする見解に立っていた．Vgl. Die Zeit 14. August 1992, S.6.

59 学説の対立については，第2章 I .2.(1)(2) 参照．

60 FR 21. August 1990, S.1f.

61 F. ヴィトマン（Fritz Wittmann）議員等，安保問題や防衛法制の専門家達の間でこの見解が強く支持されていた．Vgl. FR 29. Oktober 1990, S.4; FAZ 3. März 1991, S.5. 後述するように，学界では NATO や WEU の枠内で実施されるかぎり現行憲法のままでも基本法第24条2項（平和維持のための相互集団安全保障機構への加入と高権的諸権利の制限）により法的には同盟域外派兵は可能であるとの見解があった．このほか，軍隊の出動に憲法明文根拠を求める第87a条2項の憲法留保が軍隊の国内出動にのみ関係し，国外出動については侵略戦争準備行為の禁止・処罰を定める第26条による制約以外に基本法にはとくに規律はなく，第32条1項による外交関係の処理として連邦政府の決定に委ねられるとする有力学説も主張されていた．これは1990年前後から T. シュタインが提唱し，多くの憲法学者が追随した学説である．Vgl. Torsten Stein, Die verfassungsrechtliche Zulässigkeit einer Beteiligung der Bundesrepublik Deutschland an Friedenstruppen der Vereinten Nationen , in: J. Frowein/T. Stein, Rechtliche Aspekte einer Beteiligung der Bundesrepublik Deutschland an Friedenstruppen der Vereinten Nationen, Springer-Verlag, 1990, S.26.

62 FAZ 1. März 1991, S.6.

63 FAZ 2. März 1991, S.4; FAZ 5. März 1991, S.5.

64 FAZ 14. März 1991, S.2; FAZ 15. März 1991, S.4.

65 当時のラインラント・プファルツ州首相 C-L. ワーグナー（Carl-Ludwig Wagner）等がこれを提案した．Vgl. FAZ 16. März 1991, S.4.

66 DER SPIEGEL, 49/1987, S.121ff.

67 ①の意見を支持するのは，キンケル法務大臣（当時）や G. F. ノルティンク (Günther Friedrich Nolting) 議員 (FAZ 5. März 1991, S.2; DER SPIEGEL, 20/1991, S.94.)，② は B. ヒルシュ (Burkhard Hirsch) 議員 (FAZ 20. Februar 1991, S.2.)，③ は G. バウム副党首 (Gerhart Baum) 等 (FAZ 7. Februar 1991, S.1; FAZ 28. März 1991, S.2.) が支持する意見であった．概ね③の意見が FDP の大勢を占めていた．

68 FAZ 15. März 1991, S.3. ゲンシャーは，基本法改正後に正規の国連軍に参加する決意を度々明らかにしており，日本のメディアでもこれが報じられた（『朝日新聞』1991 年 7 月 13 日付インタビュー）．9 月 25 日には国連総会の場でこれを確認している（『産経新聞』1991 年 9 月 28 日付）．

69 DER SPIEGEL, 11/1991, S.23.

70 FAZ 27. Mai 1991, S.4.

71 FAZ 2. September 1988, S.2. この時の提案「国連平和保障としての連邦軍の出動」("Bundeswehreinsätze im Rahmen der VN-Friedenssicherung") は，以下のような規定を基本法第 24 条 3 項として定めることを求めている．「連邦の軍隊は，連邦が構成国として加入している相互集団安全保障機構の範囲以外では，国連憲章第 7 章の枠内，又は安全保障理事会と紛争当事者の合意により，国連の平和保障措置の場合に限り出動を許される．」(FAZ 25. August 1988, S.1f.) これは，1987 年末のペルシャ湾への掃海艇派遣計画により済し崩しに同盟域外派兵を敢行しようとする与党に対する警戒感から提案されたものであったが，党大会では否決された．

72 FAZ 27. Februar 1991, S.2.

73 H-J. フォーゲル (Hans-Jochen Vogel) 党首はじめ N. ガンセル (Norbert Gansel)，K. フォイクト (Karsten Voigt)，H-U. クローセ (Hans-Ulrich Klose) 等の党内右派議員は，1973 年当時 SPD・FDP 政権が国連加盟にあたり国連憲章上の加盟国の義務について何の留保条件も付けてはいなかった点を強調し，幹部会案に示された国連憲章第 7 章予定の軍事的強制措置に参加の余地を残す立場から「PKO 限定改憲論」を強く牽制した (DER SPIEGEL, 20/1991, S.31f.)．一方，H. ヴィークチョレク - ツォイル (Haidemarie Wieczorek-Zeul) 等左派議員は，PKO も含め，すべての同盟域外派兵に反対する立場を終始崩さなかった．

74 FAZ 18. März 1991, S.2; FAZ 20. März 1991, S.1f.

75 FAZ 1. Juni 1991, S.1.

76 国連安保理事会は，1991 年 9 月 25 日に決議 713 号，1992 年 5 月 30 日に決議 757 号により，旧ユーゴに対する武器禁輸措置とセルビア・モンテネグロに対する禁輸措置を決定した．NATO と WEU はこれをうけ，1992 年 7 月 15 日に公海上および公海上空での同措置の監視を行うことを決定し，ドイツ政府も艦船（駆逐艦バイエルン，フリゲート艦ニーダーザクセン）と海軍飛行士の派遣を決定した．ただし，憲法問題を理由に，違反船舶に対する強制措置にはドイツ艦船は参加しないことになった．これに対して SPD 会派および同党連邦議会議員の約 3 分の 1 が議員個人として，派遣決定の違憲無効を主張し，連邦憲法裁判所に機関争訟を提起した．この際，後の AWACS 訴訟やソマリア訴訟とは異なり，派遣差止の申立ては行わなかった．

77 BT-Drs.12/2895. 提案理由については BT-Drs.12/4534. なお，SPD と前後して，他の野党もそれぞれ改憲案を提出している．90 年連合／緑の党 (B'90/Grüne) の改憲案（1992 年 7 月 2 日）は，基本法第 87a 条と第 24 条を全面改正するものであったが，連邦の軍隊設置の権限そ

65

第 1 章　冷戦後の安全保障環境の変化と同盟域外派兵をめぐる改憲問題

のものを世界平和維持のための国際機関に移譲することを認める（案第 87a 条 2 項）という徹底した超国家性を特徴としていた．国際平和協力の分野を安保理事会決議と紛争当事者の同意に基づく国連指揮下の平和維持活動に限定し，要員はこの任務に志願した職業軍人と任期付軍人のみとするほか，自衛のための小火器の携帯，隣国への派遣の禁止，連邦議会の 3 分の 2（少なくとも構成員の過半数）の同意を派遣条件とすることなどを定めていた（案第 87a 条 3 項）．加えて，PKO の国連憲章第 7 章への明記，最大派遣人員 2,000 人，連邦軍の兵力削減・機構改革などを派兵の条件として求めている（BT-Drs.12/3014）．最左翼である PDS/ 左派リスト（PDS/Linke Liste）案（1992 年 7 月 21 日）は，PKO はもとより，すでに認められている同盟国支援のための出動も認めず，自国防衛のみに連邦軍の出動の可能性を縮減するものであった（BT-Drs.12/3055）.

78　SZ 4. Februar 1993, S.6; SZ 19. März 1993, S.2.

79　Vgl. Fn.76.

80　SZ 24. August 1991, S.1.

81　なおこれと同時期，政治学者 D. ゼングハース (Dieter Senghaas) が改憲私案を発表している．それは，次のような第 24 条 3 項を補充する案であった．

第 24 条 3 項

「軍隊は，連邦が構成国として加盟する集団自衛同盟の境界外では，国連憲章第 7 章及び第 8 章の範囲内，又は国際連合若しくは国連憲章第 52 条により設立される相互集団安全保障の地域的機構のもとでのみ平和維持活動 (friedenserhaltende Maßnahmen) に出動を許される．

平和維持活動としての出動には，ドイツ連邦議会の単純過半数，集団的自衛または平和創設活動 (friedensschaffende Maßnahmen) としての出動には，ドイツ連邦議会構成員の過半数［による同意］を必要とする．人道的援助並びに災害救助及び環境保護のための軍隊の国際的出動については，ドイツ連邦議会の同意がなくても，連邦政府が決定を下すことができる．」Vgl. D. Senghaas, Vorschlag zur Grundgesetz-Ergänzung in Sachen Bundeswehr, in: Blätter für deutsche und internationale Politik 10/1992, S.1162ff.

同盟域外への戦闘派兵を国連憲章第 7 章と第 8 章が認める場合に限定している点，国連のみならずその地域的機構の平和維持活動への参加の可能性を明示する点，議会承認要件の段階づけなどキンケル案との共通点が見られるが，両案の関係は明らかではない．政治的妥協案であるキンケル案よりも，ゼングハース案の方が議会承認の条件設定が合理的であるし，非軍事派遣に議会の同意を要しないとする点もこの後説明する 1994 年 7 月 12 日連邦憲法裁判所判決を先取りするものとして興味深い．

82　SZ 24. August 1992, S.1; SZ 25. August 1992, S.2.

83　たとえば，リューエ連邦防衛大臣は，SPD が改憲に応じないならば，準備中の「派遣法」(Entsendegesetz) の制定により派兵に踏み切るとの意見を述べている（FAZ 23.November 1992, S.1f.）.

84　FAZ 7. Dezember 1992, S.6.

85　FAZ 18. Dezember 1992, S.1f. u. S.5.

86　BT-Drs.12/4107. 提案理由については BT-Drs.12/4136. 法案提出時，CDU 議員で連邦議会・連邦参議院合同憲法委員会委員長を務めていた憲法学者 R. ショルツ (Rupert Scholz) から，この改憲案を認めた場合，NATO 諸国が攻撃を受けた際の同盟義務に基づく出動にも連邦議会の 3

分の２の多数の同意を必要とすることになり不合理であるとの異議があった（FAZ 14. Januar 1993, S.1f.）. SPD とは異なり，CDU/CSU は従来から自国防衛・同盟国防衛のための出動には「防衛事態」の認定は必要ないとする立場をとっており，政府の単独決定による出動が可能であると考えていた. このため，後に第 87a 条 2 項の防衛出動には第 24 条 2a 項は影響を与えないと提案理由で説明を加えている（BT-Drs.12/4136, S.2.）.

87 基本法第 65 条が定めるように，連邦政府は「宰相原理」(Kanzlerprinzip)，「分担管理原理」(Ressortprinzip)，「合議制原理」(Kollegialprinzip) の 3 原則に基づき運営される. すなわち，「連邦首相は，政策の基本方針を定め，これに責任を負う［宰相原理］. この基本方針の範囲内において，各連邦大臣は独立して，かつ自らの責任において，自己の所轄事務を指揮する［分担管理原理］. 連邦大臣の間での意見の相違については，連邦政府がこれを決定する［合議制原理］. 連邦首相は，連邦政府が決定し，かつ連邦大統領が認可した職務規程にしたがって，連邦政府の事務を指揮する［宰相原理・合議制原理］.」首相は，政治的基本方針（政策綱領）を単独で決定することにより強力な指導力を発揮するが，各大臣の権限にある分野に直接介入することはない. 首相と連邦大臣は，一般的政策事務に関して合議により決定を下す. 意見の相違がある場合には，首相は「同輩者中の主席」(Erster unter Gleichen) として意見を調整し，最終的には内閣は多数決をもって決定を下す. したがって，派兵に一部閣僚が反対しても，首相のリーダーシップにより派兵の閣議決定を行うことは可能である.

88 機関争訟：連邦最高機関，または，基本法もしくは連邦最高機関の職務規程により固有の権利を付与されている諸機関の間において，その権利義務に関する見解の相違が存在する場合，それを質すために連邦憲法裁判所に申し立てることができる（基本法第 93 条 1 項 1 号，連邦憲法裁判所法第 13 条 5 号）.

89 FAZ 25. März 1993, S.1f.; FAZ 26. März 1993, S.1.

90 SZ 26. März 1993, S.1; FAZ 5. April 1993, S.1f.

91 両教授の鑑定書について，松浦一夫『ドイツ基本法と安全保障の再定義』(成文堂，1998 年)，70 頁以下参照.

92 BVerfG, 2 BvE 5/93, 2 BvQ 11/93 vom 8. April 1993 (BVerfGE 88, 173ff.). また，vgl. Jürgen H. Schwarz, Die Entscheidung des Bundesverfassungsgerichts vom 8. April 1993 im Streit um den AWACS-Einsatz der Bundeswehr, in: J. H. Schwarz/A. A. Steinkamm (Hrsg.), Rechtliche und politische Probleme des Einsatzes der Bundeswehr》out of area《, Nomos Verlagsgesellschaft, 1993, S.248ff.

93 連邦憲法裁判所法第 32 条 1 項「連邦憲法裁判所は，争訟事件において，重大な損害を防止するため，差し迫った威力を阻止するため，又はその他の重大な理由により公共の利益のために緊急に必要な場合には，仮命令によって事態を暫定的に規律することができる」.

94 BVerfGE 88, 173 [179].

95 BVerfGE 88, 173 [180f.].

96 BVerfGE 88, 173 [182f.].

97 BVerfGE 88, 173 [183].

98 BVerfGE 88, 173 [183ff.].

99 BVerfGE 88, 173 [181f.].

100 国連ソマリア活動の全容については，則武輝幸「国連とソマリア内戦」『外交時報』No.1306

第 1 章　冷戦後の安全保障環境の変化と同盟域外派兵をめぐる改憲問題

(1994 年 3 月), 17 〜 46 頁参照.

101 Beschluß der Bundesregierung vom 17. 12. 1992, in: Bulletin der Bundesregierung vom 29. 12. 1992, S.1315.

102 FAZ 14. Mai 1993, S.2.

103 1993 年 4 月 12 日付ガーリ事務総長書簡によると,「この［ドイツ］部隊は, 安全な地域に配置され, とくに援助・補給物資の分配網の設置・維持・安全確保を助けることとなろう. この部隊は, UNOSOM II 司令官の指揮監督のもとに置かれる.」とされていた.（SZ 20. April 1993, S.1.）

104 閣議決定の内容は, 政府発表によれば次のとおりであった.「1993 年 4 月 12 日付の国際連合からの覚書による要請にしたがい, 連邦政府は, 連邦軍の強化補給輸送大隊の派遣をもってソマリアにおける国連活動（UNOSOM II）を支援することを決定した. この大隊は, 国連の人道的努力の範囲内で, 国連事務総長の確認により紛争平定済とされたソマリア内の地域において援助・補給物資の配送網の設置・支援および確保に協力することになるであろう. ドイツ部隊は, 軍事的強制を実施すること, あるいは他の部隊がその様な強制を実施する際に協力することを任務とはしない.［しかし］これにより, ドイツ部隊の自己防衛の権利は影響を受けることはない. UNOSOM II 司令官には通常どおり『作戦指揮権』が付与されるが, 命令・司令権は連邦防衛大臣のもとにある.」Vgl. Bulletin der Bundesregierung vom 23. 4. 1993.

105 政府派遣承認案：BT-Drs. 12/4759. 連邦議会承認：Deutscher Bundestag, Stenographischer Bericht, 151. Sitzung, Bonn, Mittwoch, den 21. April 1993, Plenarprotokoll 12/151, 12976(C).

106 FAZ 15. Juni 1993, S.1f. なお, SPD 議員団は, ソマリア派兵の中止を求める動議 (BT-Drs.12/5140) を連邦議会に提出するが, 6 月 17 日否決されている. Vgl. Deutscher Bundestag, Stenographischer Bericht, 163. Sitzung, Bonn, Donnerstag, den 17. Juni 1993, Plenarprotokoll 12/163, 1411(C).

107 この点を含め, ソマリア判決に至る経緯については, Wolfgang März, Bundeswehr in Somalia － Verfassungsrechtliche und Verfassungspolitische Überlegungen zur Verwendung deutscher Streitkräfte in VN-Operationen, Dunker & Humblot, 1993. が詳しい.

108 BVerfG, 2 BvQ 17/93 vom 23. Juni 1993 (BVerfGE 89, 38). 判例評釈として, N. K. Riedel, Die Entscheidung über eine Beteiligung der Bundeswehr an militärischen Operationen der UNO—Anmerkungen zur Somalia-Entscheidung des Bundesverfassungsgerichts, in: DÖV 1993, S.994.

109 BVerfGE 89, 38 [44ff.].

110 第 2 章 II .3.

111 BVerfGE 89, 38 [43].

112 BVerfGE 89, 38 [44].

113 BVerfGE 89, 38 [45].

114 BVerfGE 89, 38 [45f.].

115 BVerfGE 89, 38 [47].

116 FAZ 25. Juni 1993, S.1f. なお, ソマリア判決は, AWACS 判決とは異なり, 反対意見もなく裁判官全員一致で下された.

117 政府派遣承認案：BT-Drs.12/5338. 連邦議会承認：Deutscher Bundestag, Stenographischer Bericht, 169. Sitzung, Bonn, Freitag, den 2. Juli 1993, Plenarprotokoll 12/169, 14608(C).

118 Stenographisches Protokoll der 67. Sitzung des Rechtsausschusses am Donnertstag, dem 11. Februar 1993.

119 Bericht der Gemeinsamen Verfassungskommission, BT-Drs.12/6000, S.101ff.; Gemeinsame Verfassungskommission Stenographische Bericht der 15. Sitzung, 21. Januar 1993, S.3ff., der 18. Sitzung, 4. März 1993, S.26ff., der 25. Sitzung, 1. Juli 1993, S.2ff

120 FAZ 24. Juni 1993, S.2; FAZ 29 Juni, S.5; FAZ 10. Juli 1993, S.1.

121 SZ 10. August 1993, S.1; SZ 14/ 15. August 1993, S.1f., 4: SZ 18. August 1993, S.2; SZ 24. August 1993, S.1; SZ 25. August 1993, S.1; FAZ 1. Juli 1993, S.1f. また, G. フェアホイゲン (Günther Verheugen), K. フォイクト等 SPD 幹部も, 同年 11 月のヴィースバーデン党大会を前に, PKO 参加の際に許される武器使用の範囲を自衛に限定せず, 任務の強制実施のための武器使用にも拡大するよう党方針の転換を迫った. Vgl. FAZ 9. August 1993, S.2; FAZ 10. August 1993, S.1.

122 Beschlußbericht des SPD-Parteitages 16.-19. 11. 1993 in Wiesbaden. その要旨については, vgl. Florian Gerster, Zwischen Pazifismus und Verteidigung. Die Sicherheitspolitik der SPD, Nomos Verlagsgesellschaft,1994, S.157. 日本国内の報道として,『朝日新聞』1993 年 11 月 20 日付 9 面参照.

第2章
1994年7月12日連邦憲法裁判所第二法廷判決

　安全保障埋事会決議に基づく国連協力活動へのドイツ連邦軍の参加の可否を
めぐっては，第1章で説明したように，ドイツ政界および学界において長く
論争の的となってきた．ドイツ政府は，1992年夏以降，アドリア海での禁輸
措置監視のための海軍艦艇の派遣（1992年7月），ボスニア・ヘルツェゴビ
ナ上空軍用機飛行禁止監視活動への参加（1993年4月），第2次国連ソマリ
ア活動（UNOSOM II）への参加（同年7月）と軍事色の強い活動に連邦軍兵
士を参加させてきたが，その度ごとに野党・社会民主党（SPD）― ボスニア・
ヘルツェゴビナでの監視活動については連立与党・自由民主党（FDP）までも
が加わる ― は，その派遣の差止と派遣決定の違憲無効を主張して機関争訟を
繰り返し申し立てた．

　1994年7月12日，連邦憲法裁判所は，一連の機関争訟に決着をつける本
案判決を下した[123]．この判決は，連邦政府が従来違憲としてきた NATO 同盟
域外へ連邦軍の派遣を一定の条件のもとで合憲と評価するもので，戦後のドイ
ツの憲法平和主義の意味を変化させ，外交・防衛政策の転轍を行う重要な意義
を有するものである．

　本章では，1994年7月12日本案判決（以下「1994年判決」とする.）の
判決理由を検討するが，その前にまず，この機関争訟の憲法的争点について整
理するとともに，関連する当時の主要学説を確認しておく．

I 憲法的争点と主要学説

1 憲法的争点

(1) 同盟域外派兵の憲法上の根拠の存否

　機関争訟で問題とされた国連決議実施のための同盟域外派兵を基本法が禁じているとすれば，当然に政府の派遣決定は基本法に抵触することになり，このような国外派兵はそれを可能にする基本法改正後にはじめて許容される．しかし，基本法の現行規定がこのような派兵を許容すると考えるのであれば，その根拠条文と解釈を明らかにしなければならない．

　軍隊の設置と出動の要件を定めるのは，基本法第87a条1項・2項である．

> **第87a条1項・2項**
>
> 「(1) 連邦は，防衛のために軍隊を設置する．軍隊の兵員数とその組織大綱は，予算案から明かになるのでなければならない．
>
> 　(2) 軍隊は，防衛のために出動する場合のほかは，この基本法が明文で許容する限度においてのみ，出動することが許される．」

　第87a条2項が軍隊の出動を包括的かつ完結的に規律し，軍隊の国内出動と国外出動のすべてに適用されるものと仮定して，憲法訴訟で問題とされた連邦軍の派遣がこの条項にいう「出動」(Einsatz) に該当するのであれば，それが合憲であるためには，「防衛のため」の出動であるか，そうでなければ基本法の他の条項に明示的根拠がなければならないことになる．

　本件機関争訟で審査の対象とされた連邦軍の派遣は，いずれも自国や同盟国の防衛のため自衛権を行使するものではない．国連決議に基づき国際平和の維持・回復のため NATO や WEU の枠組みのなかで実施される連邦軍の国外派遣が「出動」であるとして，それを「防衛のため」の出動とみなす可能性があるならば合憲と評価する余地はあるが，それが無理であるならば，第87a条1項・2項以外で根拠となる明文憲法規定が必要になる．そのような規定とし

て考えられるのは，第24条1項・2項である．

第24条1項・2項

「(1) 連邦は，法律により，高権的諸権利（Hoheitsrechte）を国際機構に移譲することができる．

(2) 連邦は，平和を維持するために，相互集団安全保障機構に加入することができる．この場合，連邦は，欧州及び世界の諸国民の間に平和で永続的な秩序をもたらし，かつ保障するために，その高権的諸権利を制限することに同意するであろう．」

もっとも，この条項には軍隊の出動を直接意味する語句は含まれず，軍隊の出動を「明文で許容」する規定といえるかどうかが問題となる．

他方，第87a条1項・2項が軍隊の派遣を完結的に規律するものではなく，とくに2項が定める軍隊出動にかかわる憲法留保が軍隊の国内出動のみを対象とし，本件争訟で問題とされたドイツ軍部隊の国外派兵には適用されないと解釈すれば，憲法上の明文の出動根拠は不要とも解釈できる．この場合，基本法に派兵を妨げる規定がないかぎり，政府は派兵を行う可能性を広く認められることになる．

また，第87a条1項・2項が軍隊の派遣全般に適用されるとしても，本件で問題とされた軍隊の派遣が「出動」には該当せず，これから区別される別のカテゴリーである「使用」（Verwendung）に分類されるとすれば，やはりその派遣には憲法明文上の根拠は不要である．

(2) 立法府の同意・協力の要否

かりに基本法第87a条2項が国連協力のための連邦軍の出動の妨げとはならず，第24条1項または2項を根拠に合憲であると評価した場合，次に問題となるのは，連邦政府が単独でこの派遣決定を下し得るのか，あるいは立法府による同意・協力を必要とするのかである．たとえば，ソマリアPKO（UNOSOM II）への参加の場合，国連活動の期間中，各国派遣部隊の作戦指揮権は本国から国連側に移行するが，これが第24条1項の定める「高権的諸

権利の移譲」に該当するのであれば，これを可能にする法律が必要になる．また，派遣の際に国連と派遣国政府の間で交わされる協定（交換公文）が第59条2項の適用対象となる「条約」であるならば，やはり立法府の法律形式による同意または協力が必要になる．

第59条2項

「(2)連邦の政治的関係を規律し，又は連邦の立法対象に関わる条約は，それぞれの連邦の立法について権限を有する機関の，連邦法律の形式での同意又は協力を必要とする．行政協定については，連邦行政に関する規定が準用される．」

さらに，基本法第24条1項または第59条2項による法律形式の同意・協力がすでに存在すると考える場合（たとえば国連憲章やNATO条約等を批准した際の同意法律により，この法律の留保が満たされていると考えられる場合）でも，これに加えてさらに個別の派遣ごとに立法府の同意が必要になるのか，必要であるとしてどのような条件による立法府の承認が行われなければならないのか（単純多数決か特別多数決か，事前承認が求められるのか，事後承認で足りるのか）という問題にも答えなければならない．

機関争訟の主たる憲法的争点を簡単に説明すれば以上であるが，とくに国連協力活動への参加の基本法上の根拠については，当時様々な学説があり，通説とみなし得る有力学説があるわけではなかった．判決内容の分析に入る前に，どのような学説の対立があったのか確認しておくことにしたい．

2 学説

(1) 第87a条2項の適用範囲

第87a条の規定の目的は，軍隊の規模と組織編成を連邦議会の予算審議権による統制のもとに置くとともに，その設置と出動の目的を「防衛」という受動的任務に限定し，さらに新たな軍隊の出動任務を追加するには改憲を必要とすることで，軍事の立憲主義的統制と政治の軍事に対する優位を確保することにある．その趣旨は明瞭である．しかし，同条2項が軍隊の出動に要求する

憲法留保が，治安出動や災害派遣のような軍隊の国内出動にのみ適用されるのか，対外的な国外出動にもかかわってくるのかという適用範囲については，当時学説に争いがあった．かりにこの規定が軍隊の国外出動を規律対象としていないのであれば，あえて改憲を行わずとも，国際的任務を拡大する余地が認められることも考えられる．ドイツ国外への軍隊の出動の許容性を論ずるにあたっては，第87a条2項の適用範囲がまず解明されなければならない．

① 国内出動限定規定説

第87a条2項は，軍隊の国内出動のみを規律するものであり，国外への出動にはこの条項の制約はかかわらないとする解釈を主張する説がある[124]．この説は，とくに同条2項が公共の秩序維持を目的とする国内出動を規定する3項・4項と密接な体系的関係にある点を強調し，軍隊の国内出動を制限列挙により規定することによって超実定憲法的根拠による軍隊の使用が惹き起こす不利益から国民を保護することを目的とするものであると主張する[125]．

第87a条は，基本法第8章「連邦法律の執行及び連邦行政」に置かれており，同条3項・4項は，防衛事態（第115a条），緊迫事態（第80a条1項）および国内緊急事態（第91条）における連邦軍の諸権限を規定しているが，これらはいずれも国内での活動を対象としたものである．第87a条2項をこれらの諸規定に関連づけて体系的に解釈するならば，軍隊の出動に関する憲法留保は軍隊の国内向けの出動にかぎられると理解すべきである[126]．

② 出動全部規定説

これに対して，第87a条2項がドイツ連邦軍のすべての出動を包括的に規定しており，その出動についての憲法留保も，国内と国外とを問わず，すべての軍隊出動に適用されると主張する学説もあった[127]．

軍事権力は，ドイツの歴史上その存在自体が常に平和と民主主義にとって潜在的脅威であった．このことから考えても，軍事に関する最も重要な権限である軍隊出動決定権に法の規律が及ばない領域を残し，政府の自由裁量の余地を広く認めることが憲法制定者の意思であったとは考え難い．連邦軍の国外出動

がドイツ国家・国民全体に及ぼすであろう重大な影響，そして国家社会主義時代のドイツ国民の経験を重く受け止めるならば，連邦軍の出動を全般的に憲法により拘束することが立憲主義の要請である．第87a条の導入の沿革はともかく，憲法政策的観点から見て国内出動限定規定説は支持し難い．

　また，かりに国内出動限定規定説が主張するように，第87a条2項が軍隊の国外出動を規律対象としていないことを確認できたとしても，防衛目的以外の軍隊の国外出動の合憲性を論証したことにはならない．軍隊の国外出動を規定していないことは，その全面肯定とともに全面否定の根拠にもなるからである．

(2)　国連協力のための軍隊国外派遣の憲法上の根拠

　1994年判決当時，連邦軍の国連協力活動への参加を違憲とする説は有力であったが[128]，合憲と評価する憲法学説も少なからずあった．ただ，その論拠は多様であった．合憲説は概ね，①軍隊国外「使用」説，②「防衛」概念拡大解釈説，③「許容の上限としての防衛出動」説，④基本法第24条2項合憲説の4説に整理することができる．

① 軍隊国外「使用」説

　第87a条2項が軍隊のすべての「出動」を規律するものであるか否かにかかわりなく，国連による軍事制裁への参加はともかく，軍事的性格の薄い連邦軍の派遣はこの規定が適用される「出動」には該当しないと主張する学説が一部にあった[129]．

　連邦軍はこれまでも，日常用語としては出動と呼ばれるが，基本法上の法概念としての意味での「出動」から区別される「使用」として，訓練・演習，農産物収穫等の民生協力，災害時の行方不明者の捜索等の技術的支援を，憲法上特別の具体的根拠によることなく数多く行ってきた．この種の「使用」は，国内のみならず，国外においても行われることがある．

　1994年判決当時の主要学説によれば，軍隊の「使用」のうち基本法第87a条2項の「出動」[130]に該当するのは，国民への侵害・強制を伴う高権的権限

の行使，そのための武器の携帯，軍事力行使の目的といった特性を備えるもの
のみであるとされた[131]．一般的には軍隊の「出動」は，軍事力行使の任務ま
たはその可能性を伴った武装軍隊の高権的使用であると定義できる．そうで
あるとすれば，軍事力の行使を目的とはせず，戦闘に巻き込まれるおそれもな
く，自己の安全確保のためにのみ武器を携帯するにすぎないような軍隊の派遣
は，第87a条2項の「出動」には該当せず，したがって，憲法上の授権を必
要とはせず，法律上の根拠を必要とするにすぎない「使用」であると解釈する
こともできる．自衛目的に武器使用が限定される平和維持活動や非武装軍人の
派遣が「使用」であるならば，第87a条2項の憲法留保の対象外であり，こ
れを許容する明文規定は不要であり，派兵は合憲と評価され得る．

　しかし，古典的平和維持活動への参加であればともかく，本件機関争訟で
問題とされる活動には，明らかに武力行使の可能性を伴う「出動」とみなす
べきものが含まれており，この説を肯定したとしても，問題の解決には至ら
ない[132]．

② 「防衛」概念拡大解釈説

　世界全域で行われる集団的軍事行動であっても，それが一般国際法の諸原
則に準拠して，国際平和と安全の維持に寄与するものであれば，基本法第87a
条の「防衛」概念に包摂できるとして，これを合憲と主張する論者もあった．
これは，かつて連邦防衛大臣を務めたこともある憲法学者R.ショルツ（Rupert
Scholz）に代表される見解である[133]．

　この説によれば，基本法第87a条にいう「防衛」とは自国領域への攻撃の
防御だけを意味するのではなく，世界のすべての国家の個別的・集団的自衛の
権利を包含するものであり，同盟国以外の被害国を支援することも，それが国
際法上自衛権行使として許容されるものであるならば「防衛」の要件を満た
すものと評価される．現代において「防衛」の概念は，国際平和の破壊に対し
て向けられる防衛措置・抑止措置のすべてを含むよう広く解釈されなければな
らない．防衛は，「国防」（Landesverteidigung）のみを意味するのではなく，

「平和防衛」（Friedensverteidigung）でもある．したがって，武力攻撃を受けた国への軍事的支援のため，とくに国連の授権・勧告をうけて実施されるドイツ連邦軍の出動は，基本法第87a条2項の「防衛のため」の出動に包含され，憲法上許される．連邦軍は，第87a条を根拠に国際平和が脅かされている世界のどの地域にも出動可能であるとこの説は主張する．基本法が前文で「世界平和に奉仕せんとする」ドイツ国民の決意を謳い，第26条で「諸国民の平和的共存」の擁護を目指すことも，この解釈を支持する根拠とされる．かりにこの説が主張するように，国連協力活動への軍事的貢献を第87a条2項の「防衛のため」の出動に含めることができるのであれば，連邦軍の参加をめぐる憲法問題は容易に解決することになる．

　しかし，この説にしたがえば，連邦軍は国際法が許すいかなる軍事活動にも地理的制約もなく出動できることになり，ドイツを国際紛争に巻き込む可能性を高めることになるため，この「防衛」概念拡大解釈説に賛同する者は少なかった[134]．

③　「許容上限としての防衛出動」説

　国連平和協力活動への参加を第87a条の「防衛」概念との関係から合憲とする説として，さらに次のような主張がある．

　基本法第87a条2項は，「防衛」を軍隊の主たる任務としており，防衛出動は他に授権規範がなくても許される．この際，連邦軍の防衛任務は国連憲章第51条により許される自衛行動であり，それは他の平和的紛争解決手段が功を奏しない場合にのみ許される最終手段である．したがって第87a条2項は，ただ軍隊の対外的任務の「上限」を設定したものであり，この「上限」に達しない軍隊の対外的使用は，それが国際法上許されるかぎり基本法により禁じられることはない．なぜなら，国際法が許容する最終手段としての自衛権に基づく軍事的国防を，憲法が最初でかつ唯一の安全保障の手段として規定しているとは考えられないからである．国際法による武力行使禁止の「例外」として認められる軍事的自衛行動がドイツ連邦軍の憲法上の任務であるならば，国連憲

章が認める平和維持の任務が憲法により禁じられているとは条理上考えられないとこの説は主張する [135].

しかしこの説は，自衛行動のための派兵と国連活動のための派兵を同次元で比較し，両者の異質性を無視している点に問題がある．大（自衛権による軍事的防衛行動の授権）が小（平和維持活動の授権）を兼ねるというこの説の根拠（"argumentum a maiore ad minus"）は，本来「異質なもの」（aliud）を大小比較の対象とするところに無理がある [136].

④ 基本法第24条2項合憲説

基本法第 24 条 2 項は，平和維持のために連邦が「相互集団安全保障機構」に加入し，欧州および世界の諸国民の間に平和で永続的な秩序をもたらし，かつ保障するために高権的権利を制限するであろうと定める．この規定は，基本法制定当初から存在した規定であり，ドイツの国際安全保障と世界平和維持への貢献の決意を明示するものである．

基本法案起草時に明確に集団安全保障機構と位置づけ得たのは国連であり，基本法第 24 条 2 項は，ドイツが将来国連に加盟することを想定し導入された規定であると考えられる．ここで憲法制定者が国連への加入の授権を行うにとどまり，その機能発揮のために必要な行動手段を提供する権限を定めなかったと考えることはできない．連邦軍創設以降は，第 24 条 2 項は単なる訓示規定とは異なる具体的貢献手段を定めたものとして理解することができる．つまり，国連集団安全保障機構の活動への軍隊の提供の授権を基本法第 24 条 2 項は含むものと解釈すべきである．国連協力活動参加「第 24 条 2 項合憲説」はこのように主張する [137].

論者のなかには，この条項にいう「相互集団安全保障機構」（ein System gegenseitiger kollektiver Sicherheit）とはまさしく国連のような域内平和維持機構を想定したものであり，NATO や WEU のような外敵に対抗する集団防衛機構はこれには該当しないと主張する者もあった [138]．しかし別の解釈によれば，この条項にいう「相互的」とは加盟国が保護の主体であるとともに客

体ともなり得るような性格を意味するのであり，外部の仮想敵からの攻撃に対して加盟国を防衛する相互援助義務を規定する同盟条約も「相互集団安全保障機構」に含まれるとする説もあった[139]．そう解釈すれば，連邦軍の兵力提供の可能性はさらに広がり，国連憲章 42 条・43 条による正規国連軍が未組織であっても国連制裁決議の実施を受託する NATO や WEU の軍事活動への参加の根拠ともなり得る[140]．

　しかし，基本法第 24 条 2 項の文言は「軍隊」「出動」といった語句を含んでおらず，第 87a 条 2 項が要求する明文性を欠くため，直接的には兵力提供の授権を読み取ることはできない[141]．また，正規国連軍への参加を考える場合でも，国連憲章第 43 条 1 項の内容は安全保障理事会の発案により特別協定に関する交渉に入る義務が加盟国にあるというにすぎず，特定内容の特別協定を受容する義務を負わせることはない[142]．したがって，基本法第 24 条 2 項が国連集団安全保障機構への貢献を想定したものであるとしても，そこから国連に兵力を提供する義務が直接的に発生することはない[143]．まして平和維持活動については，国連憲章が当初から予定した活動ではなく，国連集団安全保障機能を補強するものではあってもその中心的機能ではない．そのうえ，派遣は参加国の自主性に任され，第 24 条 2 項が要求する「相互性」の要件も満たされてはいないことから，国連協力活動参加のための派兵の根拠としては弱点が指摘されていた[144]．

Ⅱ 1994年7月12日判決の検討

　1994 年判決は，国連安保理事会決議に基づく活動への参加の憲法上の根拠は基本法第 24 条 2 項にあり，第 87a 条 2 項は第 24 条 2 項による出動の妨げとはならないことを明らかにした．また，連邦軍のソマリア派兵に関する連邦政府と国連事務総長の間の交換公文は，基本法第 59 条 2 項の適用対象ではなく，立法府による法律形式の同意・協力は不要であると判断した．ただし，武

装軍隊のすべての出動決定には，連邦議会の原則として事前の単純過半数による設権的同意（konstitutive Zustimmung）が必要である旨判示した．判決要旨は次のとおりである [145].

1 判決要旨

①基本法第 24 条 2 項による授権は，連邦に，相互集団安全保障機構への加入のみならず，これと結びついたその高権的諸権利の制限への同意権をも与えている．この授権は，このような機構への所属と典型的に結びつく任務を引き受けるとともに，この機構の枠内で，その規則にしたがい実施される活動のための連邦軍の使用にも憲法上の根拠を与えるものである．

②基本法第 87a 条［軍隊設置・出動目的の「防衛」への限定］は，相互集団安全保障機構としての武装軍部隊の出動の憲法上の根拠として基本法第 24 条 2 項を適用することの妨げとはならない．

③(a) 基本法は，武装軍部隊の出動に対するドイツ連邦議会の —原則として事前の— 設権的同意を得ることを連邦政府の義務としている．

(b) 本判決に示された最小限度の要求と武装軍部隊の出動に対する議会の留保権の限度以上に議会の協力の形式と範囲をより詳細に形成することは，立法府の責務である．

④ドイツ連邦共和国は，平和維持のため，基本法第 24 条 2 項により，基本法第 24 条 1 項の意味において高権的諸権利をこの国際組織に移譲することをせずとも，国際組織の決定に拘束されることで，その高権的諸権利の「制限」に同意することができる．

⑤(a) 基本法第 24 条 2 項にいう相互集団安全保障機構は，平和を保障する規則構造（ein friedenssicherundes Regelwerk）と独自の組織編成を通じて，各加盟国に対して，相互に平和を維持し安全を守ることを義務づける国際法に拘束された地位を創設することを特徴とする．その際，この［相互集団安全保障］機構が，専らあるいは主に，加盟国の間で平和を保障するものであるか，

外部からの攻撃に際して集団的援助を義務づけるものであるかは重要ではない.

(b) 集団自衛同盟 (Bündnisse kollektiver Selbstverteidigung) もまた, それが厳格に平和の維持を義務づけられる場合, またそのかぎりで, 基本法第24条2項の相互集団安全保障機構であり得る.

⑥立法府が, 相互集団安全保障機構への加入に同意したならば, その同意は, ［連邦軍の統合部隊への］編入や［ドイツ軍人の］参加が, ［立法府の］同意のもとに置かれた［相互集団安全保障機構の］設立条約または憲章に企図されているかぎり, その機構の統合部隊への軍隊の編入, またはその機構の軍事的指揮下での軍事行動への［ドイツ］軍人の参加をも包含する. そこに認められる高権的諸権利の制限への同意は, ドイツが法律形式による同意によりこの機構に加入したのであるならば, 安全保障機構のその時々の枠内での協力を基礎とした軍事行動へのドイツ軍人の参加をも含むものである.

⑦ (a) 基本法第59条2項1文の要件には把捉されない対外的権力の行為は, 原則的には, 政府の権限領域に分類される. 国際法上の交際における連邦政府の行為が, ［ドイツ］連邦共和国の政治的関係を規律するか, または連邦法の立法対象に該当する場合には, 常に立法府の同意を必要とする条約の形式が選ばれなければならないとの趣旨は, 第59条2項1文からは読み取ることはできない. そのかぎりでも, この規定の類推解釈または拡大解釈は考えられない.

(b) 基本法第59条2項1文による立法府の同意権の射程について.

2 争点1：連邦軍の国連協力活動への参加の憲法上の根拠

1994年判決はその判決理由において, 連邦軍の国連協力活動への参加の基本法上の根拠を論じ, それが基本法第24条2項にあるとしたうえで, 軍隊の設置目的を「防衛」に限定し, 防衛目的以外の軍隊の出動に憲法明文根拠が必要であると定める第87a条2項は, 第24条2項に基づく相互集団安全保障機構としての出動の妨げとはならないと説明する.

(1) 国連協力活動への参加の憲法上の根拠と義務性の有無

　基本法第 24 条 2 項にいう「相互集団安全保障機構」は，基本法制定当時に
西ドイツが未加盟であった国連を想定したものであることに争いはない．すで
に説明したように，これまでも基本法第 24 条 2 項を根拠として国連協力活動
への参加を合憲とする学説は少なからずあり [146]，政府与党 CDU/CSU もこの
見解に立っていた [147]．

　しかし，基本法第 24 条 2 項は，ただ平和の維持のためにドイツがとり得る
政治的選択肢を定めたものであって，その文言には軍隊出動の明文の授権まで
も読み取ることは解釈上困難であるうえ，国連加盟国として兵力を提供する国
際法上の義務もない．判決理由が国連協力活動への参加の根拠を基本法第 24
条 2 項に求める場合，この点をどのように考えているかが問題となる．

> 　「基本法第24条2項は，連邦に，平和の維持のために相互集団安全保障機構に
> 加入する権限を与えている．この授権は，そのような機構への加入の権限を連邦
> に付与するだけでなく，［機構加入に］付随するその高権的諸権利の制限に同意
> する権限をも付与する．むしろこの授権は，相互集団安全保障機構への所属と典
> 型的に結びつく任務を引き受け，また，この機構の枠内でその規則にしたがって
> 実施される活動のための連邦軍の使用にも憲法上の根拠を提供するのである．
> 　相互集団安全保障機構は，通常，機構の任務遂行に貢献し，また最終手段とし
> て平和破壊者に対して投入し得る兵力をその支えとしている．したがって，加盟
> 国は，原則として，平和の維持または回復のための安全保障組織に，軍事的手段
> をも提供する用意がなければならない．」[148]

　判決理由はこのように，「相互集団安全保障機構」への加入を連邦に授権し
たことが，同機構への「所属と典型的に結びつく任務を引き受け，また，この
機構の枠内でその規則にしたがって実施される活動のための連邦軍の使用にも
憲法上の根拠を提供する」ものとして，第 24 条 2 項が軍隊出動の授権根拠と
なり得ることを判示した．

　しかし，国連のような集団安全保障機構が，平和破壊者に対する強制を実施
するための兵力を必要とするとしても，加盟国がこれに「軍事的手段を提供す

83

る用意がなければならない」とする結論を導く論理は説得力を欠く．国連憲章第7章（第43条）は，安全保障理事会が軍事的強制措置をとる場合の兵力の提供を加盟国に要請するには個別に特別協定を締結する必要があることを定めているにすぎないのであり，加盟各国の憲法事情によりその締結に支障があることを国連も容認してきた．平和維持活動については，参加各国の自主性に基づく活動であり，義務でないことはあらためて述べるまでもない．NATOやWEUが実施主体となり国連決議をうけて活動する場合でも，同盟条約上，加盟国の防衛に関係しない活動のために兵力提供義務が生じることはない．冷戦後，国連加盟国に国連の平和維持機能強化のための貢献が求められ，それを果たすことが主要加盟国の国際的責任であり，国連協力活動への兵力提供が「政治的に」望ましいとしても，これが「憲法上」許容されるか否かの問題に積極的に答えたことにはならないのではないか．判決が論証したのは，「主要加盟国が原則として制裁決議を実施する用意をしていなければ，相互集団安全保障機構は機能しないであろう」という事実評価にすぎず，ここからドイツの兵力提供の法的許容性までもが導出されることはないはずである．

(2) 高権的諸権利の「移譲」と「制限」の関係

　判決は，NATO等の同盟や国連による平和活動への軍隊派遣の根拠を基本法第24条2項に見出したのであるが，第24条の解釈との関係でもう一点明確にされたのが，NATO等および国連の活動への兵力提供にドイツの高権的諸権利の「移譲」（同条1項）が伴うか否かである．判決がこの点を問題にしたのは，機関争訟を提起した連邦議会SPD会派とFDP会派が，欧州連合軍最高司令官（SACEUR）やUNOSOM II国連司令官への指揮権の一部委譲 ―作戦指揮権ないし作戦統制権の付与[149]― が，第24条1項が定めるドイツの高権的諸権利の「移譲」に該当し，立法府の法律形式での同意を必要とするとの立場から，この同意がないUNOSOM II等への連邦軍の派遣決定は違憲であると主張していたからである[150]．

　判決は，SPD会派・FDP会派の主張とは見解を異にし，国連協力活動中の

軍隊作戦指揮権・作戦統制権の国際組織への移行は，第24条1項にいう高権的諸権利の「移譲」ではなく，同条2項による軍隊指揮権の一部「制限」であると説明する．

> 「基本法第24条2項は，ドイツの相互集団安全保障機構への参加ならびにこれに伴う軍隊指揮権を含む高権的諸権利の制限への同意を規定している．ドイツ連邦共和国は，平和の維持のために，この規定に基づいて，基本法第24条1項にいう高権的諸権利の移譲を国際組織に行うことなく，当該組織の決定に拘束されることにより，その高権的諸権利の『制限』に同意できる．
> 相互集団安全保障機構による平和維持活動へのドイツ軍の参加は，こうした機構組織への［ドイツ軍の］編入を結果するが，しかし，［ドイツ］国家領域内への直接的効果を伴った高権的諸権利を行使する権限をこの機構に分け与えることはないため，基本法第24条1項による国際組織への高権的諸権利付与の憲法上の前提と限界に関する疑問は提起されない．」[151]

UNOSOM II 等への参加には基本法第24条1項の適用はなく，法律形式による同意は不要であるとしても，これにより連邦議会の同意・協力権が不当に制限され，軽視されたことにはならない．この後説明するように，判決はあらゆる武装軍隊の「具体的出動」に連邦議会の関与を広く認めているからである（争点2）．

(3) 「相互集団安全保障機構」の要件

国連協力活動への連邦軍の派遣根拠が第24条2項にあるとして，この条項にいうところの「相互集団安全保障機構」とはどのような国際機構を意味するのであろうか．

これについては，それまで，国連や CSCE のような加盟国間の武力の不行使と域内平和維持を目的とする本来の意味における集団安全保障機構のみを指すのか，NATO や WEU のように外部からの武力攻撃に対する加盟国の集団防衛を目的とする機構をも含むのかが争点とされてきた[152]．両者の機能的差異を厳格に峻別する立場からすれば，NATO や WEU のような軍事同盟の活動への参加は基本法第24条2項を根拠とすることはできず，国連や CSCE が

85

第 2 章　1994 年 7 月 12 日連邦憲法裁判所第二法廷判決

主体となる活動のみが憲法上許容されることになる．連邦憲法裁判所は，これ
までの判決ではこの点について慎重に判断を避けてきた[153]．

　1994 年判決でも，基本法第 24 条 2 項の制定過程からは「相互集団安全保
障機構」に NATO や WEU などの集団防衛を目的とする機構が含まれるのか
否か，はっきりとした手掛かりは得られないと述べる．

　「『相互集団安全保障機構』の要件は，基本法制定時においては国際法上様々な
　解釈がなされており……，それは今日に至るまで統一的に解釈がなされてはいな
　い……．議会評議会（Der parlamentarische Rat）［基本法制定会議］において
　も，相互集団安全保障機構の要件に関しては，明確な観念が成立してはいなかっ
　た．フォン・マンゴルト（v. Mangoldt）委員は，原則問題委員会で，相互集団
　安全保障機構とは国連の世界機構であるが，国連憲章第53条により地域的取極も
　認めるものであることを示唆している．フォン・マンゴルト委員には，カルロ・
　シュミート（Carlo Schmid）委員も同意している．『国連の枠内で創設された安
　全保障領域の唯一の真の現実は，地域的取極である』（1948年11月10日原則問
　題委員会第20回会議［口述議事録］：議会評議会1948-1949文書および議事録第
　5/2巻，1993，資料番号25，521頁［543頁］）．当時 —1947年9月2日のリオ
　条約（UNTS21, 78）に基づく米州安全保障機構と1945年に設立されたアラブ連
　盟（1945年3月22日の憲章，UNTS70, 248）と並んで— 国連憲章第52条以下の
　地域的取極又は機関として位置づけられ得る唯一の組織は，1948年3月17日のブ
　リュッセル条約（UNTS19, 51）により設立された西欧同盟［WEU］であった．
　　このような主張は，基本法第24条2項において構想された『相互集団安全保障
　機構』が，加盟国間の平和の維持のための同盟のみならず，仮想攻撃国を相互援
　助義務により脅威する安全保障同盟をも包含することを示唆しているが，他方で，
　カルロ・シュミート委員の後の意見では，この［相互集団安全保障機構の］概念
　を狭く限定するために，専ら加盟国間で平和を創設する内向的機構であることが
　［その要件として］求められている．……フォン・マンゴルトは，基本法第24条
　の最初の注釈において，この概念を不確定の要件として説明している．『国際法
　理論においては，集団安全保障機構の下に，国際平和維持の同盟機構が理解され
　ている．……その実現のためには，最近ますます認められるように，防衛同盟か
　ら中立化を経て国際連盟や国際連合のような普遍的共同体に至る様々な可能性と

多様な法形態が利用に供されている』.」[154]

　国連憲章は第8章（第52条以下）で，「国際連合の目的及び原則」に合致し，国連安全保障理事会の統制のもとで地域的に平和の維持にあたる「地域的取極又は地域的機関」の創設を予定しているが，冷戦下の米ソ対立による安保理事会の機能障害を背景として，ほとんどの地域的防衛取極は第51条の集団的自衛権と結合して国連憲章が認める本来の地域的平和維持機構とは異質なものとなった．基本法制定時の前述のような制憲意思の曖昧さは，このような事情を反映したものであろう．

　しかし1994年判決は，北大西洋条約（NATO条約）やブリュッセル条約（WEU条約）の前文が「集団的防衛」と並び「平和及び安全の維持」のために締約国がその努力を結集することを明らかにしていることから，集団防衛同盟も国際平和の維持を目的とするかぎりにおいて，「相互集団安全保障機構」としての要件を具備するものとみなす．

　　「相互集団安全保障機構は，平和を保障する規則構造と独自の組織編成により，平和を維持し，安全を守ることを義務づける国際法上拘束された地位を各加盟国に設定するものである．その場合，この機構が，専ら，あるいは主に，加盟国間で平和を保障するものか，外部からの攻撃に際して集団的支援の義務を課すものであるかは重要ではない．
　　議会評議会において，国連が［相互集団安全保障機構として］言及されたことは，基本法第24条2項の解釈について，集団安全保障と集団自衛の間に厳格な対抗関係があることの根拠となるものではない．国連憲章ですら，第51条において武力攻撃に対する個別的自衛ばかりか集団的自衛をも許容しているのである．集団自衛は，例えばNATOやWEUのような今日存在する防衛同盟を構成する国際法上の根拠を国連加盟国に与えるものである．そのかぎりにおいて，［国連］憲章は，国際平和の維持のために，構成国による攻撃が発生した場合に，すべての構成国が被攻撃国を援助する組織形態［集団安全保障］と，構成国が非構成国による攻撃を［受けた］場合に相互支援を義務づけられるもの［集団防衛］が補充しあうことを認めている．したがって，集団自衛同盟も，それが厳格に平和の維持を義務づけられる場合，またそのかぎりにおいて，基本法第24条2項の相互集団

第 2 章　1994 年 7 月 12 日連邦憲法裁判所第二法廷判決

安全保障機構であり得るのである．……」[155]

　平和破壊者に対して被害国とその同盟国が即時に自衛権を発動しこれを排除することは，被害国の自己保存という個別利益のためだけでなく，平和秩序の維持という公共利益を実現する効果を伴う．また，集団防衛同盟も国連憲章第 8 章の「地域的取極又は地域的機関」として国連集団安保機構のサブ・システムとして働く可能性があり，また判決時これが実行されつつあった状況を考えるならば [156]，国連憲章第 7 章が制度化する集団安全保障のなかでの個別的・集団的自衛権（第 51 条）の機能をシステム阻害要因とは見ず，集団安全保障と集団防衛を相互補完的なものと理解する判決の主旨は，当時の欧州の安全保障環境に照らしても十分に理解できるところである．判決は，このような認識から，NATO のような集団防衛同盟も，平和の維持に寄与するかぎりにおいて，基本法第 24 条 2 項にいう「相互集団安全保障機構」であり得るという．

> 「NATO は，加盟国が集団防衛と平和と安全の維持のための努力を……結集する安全保障機構を構成する（NATO 条約前文）．NATO は，NATO 条約第 5 条に照らして，とくに各締約国が締約国の一に対する攻撃を全締約国に対し向けられたものとみなし，同盟義務をもって対処することによりこの目的を追求するものである．その際に締約国は，同盟事態について，国連憲章第 51 条に認めた個別的または集団的自衛権の行使を求める．また，NATO は，締約国が NATO 条約第 1 条により，それが関与する紛争事態を平和的手段により解決する義務を負うことにより，平和の維持に貢献する．さらに NATO は，高度に複雑化し統合された軍事的指揮構造の開発と合同部隊の設置により，伝統的軍事同盟から際立った存在であり，またそれにより，とくに加盟国の軍隊が加盟国自体の相互間の安全を高める方法で編合される結果をもたらす．加えて，NATO 条約第 4 条は，危機事態における全同盟国の協議義務を定めている．
>
> 　ゆえに NATO は，平和を保障する規則構造と組織編成を特徴としており，基本法第 24 条 2 項にいう相互集団安全保障機構と評価されることを許されるのである．」[157]

判決理由でもこの後問題にされるように，冷戦終結後の CSCE の集団安全

保障機能の強化の動き，そして国連や CSCE との連携による NATO・WEU の同盟域外での平和維持・危機管理機能重視への戦略転換に伴い，集団防衛と集団安全保障は機能的相互浸透を起こしていた．判決が基本法第 24 条 2 項の適用対象に「平和の維持に貢献するかぎりにおいて」集団防衛同盟を含める解釈を明確に示したことにより，国連憲章第 7 章（第 42 条・第 43 条）による世界機構としての国連指揮下の集団安全保障と第 8 章（第 52 条以下）の地域的取極・機関による地域的集団安全保障そして集団的自衛権（第 51 条）による地域的集団防衛の機能連関を明らかにした点は，同盟戦略の変化に対応する現実的憲法解釈として評価されてよかろう[158]．

(4) 基本法第87a条2項と第24条2項との関係

　次に，軍隊の出動に憲法明文根拠を求める基本法第 87a 条 2 項と基本法第 24 条 2 項による相互集団安全保障機構の枠内での出動との関係が問題にされなければならない．

　基本法第 87a 条 1 項により，連邦は「防衛」のために軍隊を設置する．同条 2 項によれば，この軍隊は「防衛のため」の出動のほか，「この基本法が明文で許容する限度において」のみ「出動」させることができる．ここで「防衛」と「出動」の概念がどのように解釈されるべきか，そして基本法第 87a 条 2 項の憲法留保が軍隊の国内出動のみを対象にしているのか国外出動を含めすべての出動が対象となるのかについては，ドイツの憲法学界では様々な見解が対立していた[159]．しかし，すでに述べたように，判決においては基本法第 24 条 2 項によりドイツ連邦共和国が加入している「相互集団安全保障機構」の枠内で行うドイツ軍隊の出動は，少なくとも第 87a 条によって禁じられることはないとの立場から，このような問題に答える必要を認めない．

　緊急事態憲法（1968 年 6 月 24 日第 17 次基本法補充法律）の導入により改正された第 87a 条 2 項で防衛出動以外の軍隊の出動に要求される「明文の許容」は，この改正以前に第 143 条に置かれていた「内乱罪，国内緊急事態，軍隊の出動」に関する規定を受け継いだものである．この旧第 143 条は，「国

内緊急事態において軍隊の出動を要請することが許される諸条件は，第79条の要件［連邦各議院の3分の2の賛成］を満たす法律によってのみ規律できる」と軍隊の国内出動の要件を定める内容であった．したがって，これを継受した基本法第87a条2〜4項も，軍隊の国内出動のみを規律対象とし，その出動の憲法上の要件の厳格性を要求したものとみなすべきである．そうであるならば，基本法制定当初から存在した基本法第24条2項によりすでに認められていた相互集団安全保障機構の活動への参加のための連邦軍の出動は，後に挿入された基本法第87a条2項による影響を受けることなく認められるはずであると裁判所は理解するのである．換言すれば，基本法第24条2項は，第87a条2項と並立して，相互集団安全保障機構の枠内でのみドイツ軍隊の国外出動を許容するLex Specialisと位置づけられたのである[160]．

「基本法第24条2項は，［制定］当初から基本法の構成部分であった規定の一つである．上述のように，この規定も，相互集団安全保障機構の枠内で，かつその規則にしたがって実施される活動のための連邦軍の使用に根拠を与えるものである．とくに1954年3月26日（連邦法律公報Ⅰ，45頁）［兵役義務，防衛に関する連邦の専属的立法権限の導入］，1956年3月19日（連邦法律公報Ⅰ，111頁）［軍隊の設置］そして1968年6月24日（連邦法律公報Ⅰ，709頁［緊急事態憲法規定の導入］の法律による基本法の補充の機会に，憲法改正者がこの点について何らかの変更を施したことをはっきりと確認することはできない．それは，とくに緊急事態憲法規定の導入について該当する．［緊急事態憲法規定導入の］際には，例えば，連邦共和国が当時まだ加盟しておらず，当時の見方によれば近い将来加盟することが不可能と思われていた国際連合の枠内でのドイツの協力の可能性を縮減することは問題とはなっていなかったのである．この問題は，関係者間においてこれに関連して交渉の対象とされた事項には含まれてはいなかった．むしろ彼等の注目は，1956年3月19日の文言における基本法第143条の憲法の留保（連邦法律公報Ⅰ，111頁）を満たし，軍隊が国内緊急事態において出動を許される条件を基本法内に規定することに向けられていたのである．さらに，緊急事態憲法は，軍隊の新たな出動の可能性を創り出すことも，基本法にすでに認められていた可能性を制限することも予定してはいなかったのである．……すでに当

初からの基本法の法文により許されていた相互集団安全保障機構への加入と，それにより可能なその機構としての活動へのドイツ軍隊の参加は制限されるべきではないであろう．」[161]

3 争点2：国連協力活動への参加に際しての議会の同意・協力

　国連協力活動への参加のためのドイツ連邦軍の派遣が，基本法第24条2項を根拠として可能であるとしても，派兵の実施にあたり立法府の同意・協力が憲法上求められ，機関争訟で問題とされた国連協力活動への参加の際にこれが行われなかったとすれば，連邦議会およびその会派の憲法上の権利を侵害し，派遣決定は違憲無効と判断されることになり得る．

(1) 基本法が求める軍隊出動への立法府の同意・協力

　すでに説明したように，NATO や WEU の枠組みのなかで国連協力活動に参加する場合には，基本法第24条1項の「国際組織への高権的諸権利の移譲」は問題とはならないと裁判所は判断しており，そのかぎりで議会の連邦法律形式の同意は必要とされない．また，UNOSOM Ⅱ のような平和維持活動が国連憲章に基づく加盟国の本来的任務であり，ドイツがこれまで参加してきたアドリア海禁輸措置監視活動や AWACS によるボスニア・ヘルツェゴビナ上空監視活動等の国連決議実施のための出動任務が NATO・WEU の設立条約に基づく加盟国の本来的任務とみなし得るならば，基本法第59条2項による国連憲章や同盟設立条約への同意法律によりすでにこれら出動への議会の同意が得られたものとして，個々の派兵に関しての同意は必要ではないと理解することも可能かもしれない．

　しかし，この訴訟で問題とされた国連協力活動は，本来 NATO 条約や WEU 条約に明記された共同防衛任務とは異質なものである．新たに採択された同盟の戦略文書（NATO の「同盟の戦略概念」や WEU の「ペータースベルク宣言」）に基づき同盟条約上の任務以外の活動に加盟国軍隊が用いられることは，実質的な条約改正であり，あらためて同意法律による議会の承認が必

要ではないのかが問題とされなければならない.

　さらに，かりにこれらの活動が，国連憲章や同盟条約およびその同意法律により包摂され得るとしても，UNOSOM Ⅱのような新たな形態の平和維持活動の場合，個々の派遣に際して派遣国政府と国連事務総長との間で派遣条件と派遣部隊の地位に関する交換公文が交わされる．これが基本法第59条2項の同意法律の形式による議会承認の対象とされるかどうかも問題にされなければならない．加えて，具体的な個々の活動に連邦軍が派遣されるにあたり，その都度あらためて議会の関与が必要とされるのか否か，必要であるとしてどのような条件の多数決が必要とされるのかが憲法に照らして明らかにされなければならない.

(2) 国連憲章同意法律の効力範囲

　判決はまず，相互集団安全保障機構への加入にあたり締結された条約への同意法律の効力がどの範囲にまで及ぶのかに言及する.

　　「この同意は，［批准に議会の］同意を必要とする［同盟］設立条約や［国連］憲章に［統合部隊へのドイツ軍の］編入や［ドイツ軍人の］参加がすでに企図されているかぎりでは，当該機構の統合部隊への編入，あるいは当該機構の軍事的指揮下でのその軍事活動に軍人が参加することも含む．そこに包含される高権的諸権利の制限への同意は，ドイツが法律による同意により当該機構に加入したならば，安全保障機構それぞれの枠内での協力に基づく軍事作戦行動へのドイツ軍人の参加も含むのである.」[162]

　この前提のもとに，ドイツが国連に加盟した時点において国連平和維持活動も相互集団安全保障機構の本来的機能の一部であり，国連憲章同意法律により立法府がすでに参加を承認したものと理解し，基本法第24条2項により参加は合憲であると説明する.

　　「ドイツ連邦議会が1973年6月6日の法律（連邦法律公報Ⅱ，430頁）により同意を与えた国連憲章への加入により，すでにドイツ連邦共和国は無制限に国連の平和保障機構への協力を支持する決定を下している．『世界機構

(Weltorganisation) のすべての権限を与えられた構成国として，ドイツ連邦共和国は，国連の全加盟国と相携えて，平和の保障を求める国連の努力を支援するであろう』（国連憲章へのドイツ連邦共和国の加入のための法律案に関する連邦政府の覚書，連邦議会文書VI/154，43頁）．1973年のドイツ連邦共和国の国連加盟時点において，各国派遣部隊から構成され，国連の統一的指揮の下で行動する平和維持軍は，すでに国連の平和保障体制の確固たる構成部分であった．」[163]

　「ドイツの国連平和維持活動への参加は，基本法第24条2項により憲法上認められる．平和維持軍とその平和保障任務は，国連憲章の実践的運用のなかで発展し，1973年に法律形式の同章によりとり行なった［国連］加盟によりドイツが従うところとなった集団安全保障機構の構成要素である．権限ある国連の機関が，憲章予定の任務，権能および権限を引き受ける場合には，基本法第24条2項に基づきなされた［国連への］加入が，安全保障理事会決議により授権された国連平和維持活動へのドイツ軍の参加にも憲法上の根拠を与えるのである．」[164]

　また，国連平和維持軍の派遣に際して連邦政府と国連事務総長の間で通常交わされる派遣協定（交換公文）への立法府の同意の要否についても，この協定が基本法第59条2項1文にいう「条約」とみなし得るかについて明言を避けつつも，いずれにせよ「連邦の政治的関係を規律するものでも，連邦の立法対象に関係するものでもない」として同意法律による立法府の承認は不要であり，「国連事務総長とドイツ国連常駐代表部との間の交換公文による作戦統制権のUNOSOM II最高司令官への移譲と結びつく高権的諸権利の制限は，1973年6月6日のドイツ連邦共和国の国連憲章への加入への同意に包含されている．」と理解している[165]．

(3) NATO条約・WEU条約同意法律の効力範囲

　一方，国連安保理決議713号および757号をうけてNATOとWEUにより実施された旧ユーゴスラビアに対するアドリア海武器禁輸・通商禁止措置監視活動と安保理決議781号および816号によるボスニア・ヘルツェゴビナ上空飛行禁止監視活動への参加については，基本法第24条2項に憲法上の根拠が認められ，同盟統合部隊によるこれら軍事作戦へのドイツ軍の参加は，NATO条約，WEU条約および国連憲章への加入に関する同意法律に包含されている

第 2 章　1994 年 7 月 12 日連邦憲法裁判所第二法廷判決

と判決は理解する[166].

　NATO や WEU も，国連決議の実施を通じて国際平和の維持に寄与する場合には，国連の集団安全保障を担う地域的取極・機関（国連憲章第 8 章）としての機能を発揮するものと評価できることは先に判決も認めている．NATO や WEU の設立条約がこのような集団安全保障機能を当初より予定していたのならば，上記の諸活動への参加は条約批准の際の立法府の同意に包含され，あらためて同意法律による承認を必要としないことは明白である．しかし，国連や CSCE との連携によりこれらの同盟が集団安全保障機能を発揮することは，少なくともドイツが NATO や WEU に加盟し，立法府がこれに同意を与えた時点においては予定されておらず，加盟国の条約上の任務とは一般的に認識されていなかったことも事実である．

　NATO や WEU が，国連や CSCE の手足としての同盟域外平和維持・危機管理活動を強化する方針を打ち出したのは，1991 年 11 月 7 〜 8 日の NATO 首脳会議で採択されたローマ宣言とこれを具体化する「同盟の戦略概念」および 1992 年 6 月 19 日 WEU 閣僚理事会で採択された「ペータースベルク宣言」等によるものであり，冷戦終結後のことである．欧州における安全保障環境の大変動に直面し，CSCE，NATO，WEU そして EU は欧州の平和のための新たな「安全保障のアーキテクチャー」を模索する必要に迫られた．問題は，このような安全保障構造の再編を目的とする同盟戦略の転換を実現すべく採択された文書の累積が，各同盟の設立条約の実質的な改正にまで達する場合である．機関争訟を提起した SPD 会派は，同盟の戦略文書による新たな同盟任務の拡大は，実質上の条約改正であり，新たな立法府の同意手続を経る必要があると主張した．

　この論点については，裁判官の間で見解が大きく分かれた[167].

① 条約拡大解釈是認―合憲論

　判決法廷意見を支持した H.H. クライン（Hans Hugo Klein），K. グロスホフ（Karin Großhof），P. キルヒホフ（Paul Kirchhof）および K. ヴィンター

(Klaus Winter) の 4 裁判官の憲法解釈によれば，基本法第 59 条 2 項 1 文が求める同意の対象は，国際条約法に限定され，これ以外の淵源からの国際法の成立は，特定の条約の内容に影響するものであってもこの規定の適用は受けず，立法府の同意・協力権の対象とはならない．現行条約の内容の変更は，それが改正条約によりなされる場合にのみ，基本法第 59 条 2 項 1 文による立法府の同意を必要とするのである．この見解を主張する背景には，対外的権力行使における連邦政府の裁量を幅広く捉える 4 裁判官の立場がある．

> 「基本法第59条2項1文［条約締結への連邦法律形式による立法府の同意］は，対外的権力における重要な連邦政府の権限に影響を与えるものではない．国際法上の交際において，政府に適切と思われる行動手段を選択し，またその際，条約による拘束を回避することも，こうした権限といえる．従来の，あるいは新たに獲得されるべき締約国と同調して，いつの時点で，いかなる内容をもって新たな国際法上の義務を引き受けるべきかを決定することは，連邦政府の責務である．関係国際法主体が，条約締結交渉を開始し，協力あるいは同調の新たな形式を試行し，そしてその他の国際法主体を考慮に入れるべき局面にある場合には，条約［締結］を敢えて行わないことがとくに得策であろう．基本法第59条2項1文は，従来の条約を基礎として，一例えばまだ終わることなく，十分に見通しが利かない政治的展開を考慮して一国際条約上の拘束を意識的に回避する締約国と同調した外交政策的行動を妨げるものでもない．」[168]

国連・CSCE・NATO・WEU・EU の諸機構の連携による将来の安保構造の追求は，1990 年代前半においてはまだ最終的形態を見出せないでいた．「新たな状況にいかに対応すべきかについての参加国の考えは，今までのところ，これに条約による……法的拘束力をもつ形式を与えることを，その判断により許すまでの凝集度にまでは達してはいない」のである．「ペータースベルク宣言」においては，「条約締結の意思は表明されるには至っていない」のであり，NATO の新しい「同盟の戦略概念」も，「明かに従来の条約の枠内に留まる概念として特徴づけられて」おり「同盟の活動分野と共に北大西洋条約上の権利・義務も変更せぬままおく」ことを確認している．新「戦略概念」は，同盟

の防御的性格を確認し，これまで条約上用意されてきた平和維持のための手段によるものであることを確認しており，したがって，NATO 条約の基本的内容の変更を含んではおらず，むしろ現行条約の枠内で NATO の任務と行動手段を新たな戦略環境に適合させることを求めているものと理解されるのである．

　国際条約法は，状況の変化に応じて動態的かつ柔軟に解釈されてきた．また，締約国間で効力を得た条約慣習も条約内容に影響を及ぼし得るし，条約の前文や本文に明示された一般的条約目的も，条約規定の解釈適用にあたり参考にされる（条約法に関するウィーン条約第 31 条 1 項・2 項）．ドイツ政府の解釈による条約法の「継続的形成」（Fortbildung）と，これを基礎として展開される「条約実行」（Vertragspraxis）は，現行条約の範囲内で行われており，したがって，現行条約に関する同意法律に包含されているものと評価できる．

② 条約拡大解釈否定—違憲論

　これに対して，J. リムバッハ（Jtta Limbach），E-W. ベッケンフェルデ（Ernst-Wolfgang Böckenferde），K. クルイス（Konrad Kruis），B. ゾンマー（Bertold Sommer）の 4 裁判官は，連邦政府が「NATO 条約とブリュッセル（WEU）条約の本来の構想を，動態的で法的には明瞭に条約とはみなせないような形で拡張することに力を貸し」ており，これにより立法府の同意・協力権の効力を喪失させるおそれがあると批判し，正式の条約改正だけでなく，改正条約なく行われる条約解釈の重要な変更にも基本法第 59 条 2 項による立法府の同意が必要であると主張する．

> 「NATO も WEU も，その設立条約によれば，防衛同盟である．それは，相互支援の約束をもって一乃至二以上の加盟国に対する武力攻撃に対処するものである（WEU 条約第 5 条，NATO 条約第 5 条）．国連の指導の下に第三国国内での平和保障および平和創設活動（friedenssichernde und friedensschaffende Maßnahmen）を受託することは，条約本文には任務として定められてはいない．この種の任務は，前文とその目的規定によっても正当化されることはない．そこには，人権への信奉と国際の平和および安全のために互いに援助を行う決意が述べられている．しかし，そこには，軍事支援条約により，人間の幸福のため，そ

して平和のために働こうとする自明の望み以上のものは表現されてはいない．この輪郭のはっきりしない目的規定は，条約本文に明文で規範化されている義務の外で，新たな任務を引受けることの正当性を証明する根拠には適さない．……万一，有権解釈により条約の本質的内容ですらも変更され得るようなことになれば，そのような変更の合意も，基本法第59条2項1文による［立法府の］同意にしたがうべきである．さもなければ，条約改正に際しての立法府の協力は無意味なものとなってしまう．」[169]

対共産圏軍事同盟から国連・CSCE傘下の平和維持機構へのNATO・WEUの機能改革プロセスを跡づける決議や宣言は，同盟構成諸国の単なる政治的意思の宣言と同盟条約の有権解釈との間のグレーゾーンを揺れ動いている．NATO・WEUのような機構が集団安全保障の機能を地域的に確保すべき国連憲章第8章の地域的取極・機関としての役割を本有的に内包していたと見れば合憲説に近づくであろうし，対敵防衛同盟としての機能のみを限定的に担うものと理解すれば違憲説に立つことになる．

いずれにせよ，法廷意見は，連邦政府による同盟戦略の転換を既存条約の「継続的発展」の範囲内にあると捉え，条約運用に連邦政府の広い裁量を認めており，これは1994年7月12日の判決以後さらに拡大されるNATO同盟戦略（1999年4月の「同盟の戦略概念」改定）をも認める方向に進むことになる[170]．

(4) 軍隊の出動決定に際しての議会の個別的同意

① 軍隊出動に関する連邦議会の個別的同意権の根拠

1994年判決によれば，基本法は連邦に集団自衛および相互集団安全保障機構に加入する権限を付与し，これへの加入とともに，自国の軍隊をもってこの機構の枠内で計画され，その規則にしたがって実施される活動に参加する権限も付与している．この参加にあたっては，基本法第24条1項や第59条2項が求める法律形式による立法府の同意・協力は不要であると判決は判断した．

一方，こうした問題とは別に，軍隊の個別の出動にあたり立法府の同意が条件とされるべきか否かについても，これまで統一的見解が存在せず争いが

あった[171]．1994年判決は，この点について，武装軍隊の「具体的」出動には原則として事前の連邦議会の「設権的同意」—すなわち派遣決定権の基礎となり，その必要条件となる同意— を必要とすると判示した．しかし，基本法には軍隊の国外出動に立法府の同意を求めなければならないとする明文規定は存在しない．判決がその論拠として引くのは，実定憲法規定の解釈論ではなく，「1918年以来のドイツ憲法の伝統」である．

判決が軍隊出動議会承認権の論拠としたのは，以下のような憲法史的事実である[172]．

・1871年帝国憲法（いわゆるビスマルク憲法）第11条1項2文[173]による皇帝の宣戦布告と講和の権限の行使において連邦参議院（Bundesrat）の同意を必要としたこと．

・議院内閣制への移行を行った1918年10月28日帝国憲法改正法では，「帝国の名における宣戦の布告には，連邦参議院と帝国議会（Reichstag）の同意が必要である」（第11条2項）とされ，皇帝の宣戦布告権と講和条約締結権が立法府の同意によることとなり，皇帝大権が制限されたこと．

・1919年ヴァイマル共和国憲法が第45条2項[174]においてこの根本思想を継受し，宣戦布告と講和に際して，共和国議会（Reichstag）が「もはや単なる協賛部分（zustimmender Teil）としてではなく，事務の主体（Der Herr des Geschäfts）として現れ」，宣戦布告と講和を法律形式による議会の議決に基づき，議決の執行において行うことになったこと．

こうしたドイツ憲法史の伝統が，軍隊出動決定への議会の関与を確固たる憲法原則にまで高めたことを判決は力説する．

② 防衛出動の決定と「防衛事態」「同盟事態」の認定との関係

判決によれば，このような伝統は，1956年3月19日の基本法補充法律により新設され1968年6月24日の補充法律（緊急事態憲法）により現行第115a条に移行した「防衛事態」の規定が発展させ継受しているという．

1956年3月19日の第7次基本法補充法律で導入された「防衛事態」に関

する規定（旧第59a条1項）は，ヴァイマル共和国憲法第45条2項の伝統
を継承し，これを発展させたものである．「戦争と平和に関する運命的政治決
定」が全国民の代表機関である議会により下されるべきであるとする考えから，
「防衛事態」は原則として連邦議会が認定するものとされた．「防衛事態」の認
定をもって宣戦布告にかえたことは，近年の歴史的経験と現在通用する軍事力
行使の国際法規によってはもはや旧来の形式的な宣戦布告を想定することはで
きないという教訓を考慮に入れた結果である．

　この旧規定による「防衛事態」の認定は，連邦が防衛のために設置した軍隊
を出動させる法的条件を創出すべきものであった．同盟義務の発生に関連して
軍隊の出動決定がなされるべき場合にも，軍隊の防衛出動は，「防衛事態」の
事前の認定決議を条件とすることになっていた（法務委員会第二報告書，連邦
議会文書II/2150，4頁）．

　しかし，旧第59a条1項にかわり導入された現行の「防衛事態」に関する
規定（第115a条）については，旧規定と同様に同事態の認定が軍隊出動の
条件となるか否かについて学説上争いがあった[175]．判決は，連邦軍の防衛出
動（第87a条2項）と「防衛事態」の認定（第115a条1項）の関係および
NATO条約等の同盟国支援義務に基づく連邦軍の出動と「同盟事態」（第80a
条3項）の関係について，次のように説明する．

> 「基本法第115a条1項による防衛事態の認定は，平時憲法から緊急事態憲法への
> 移行についてのみ直接効力を発揮するものであり，とくに国家組織法を連邦領域
> への武力攻撃により惹起される対外的緊急事態に適応させるものである．すなわ
> ち，同事態の認定は，連邦軍の防衛出動のすべての前提となるものではない．し
> かし，基本法は，この防衛事態の認定に緊急事態憲法上の効果と並んで，防衛組
> 織法上の効果および対外的権力の領域に関連する効果をも結びつけている（基本
> 法第115a条5項，第115b条，第115l条3項，第87a条3項参照）．とくに第115b条
> による［軍隊］指揮権の連邦防衛大臣から連邦首相への移行は，基本法第115a条
> 1項の防衛事態の議会による認定が，同時に軍隊の軍事的出動を授権するものであ
> ることを示している．

議会の決定により生じる連邦首相の単なる政綱決定権（Richtliniekompetenz）の直接的上官関係（Vorgesetzteverhältnis）への移行は，軍事権力と対外的権力を連邦首相の権限に集中させる．そして首相は，これについて議会に対して全面的な責任を負うのである．

基本法第80a条3項の同盟条項も，行政府の単独的権限による軍隊の出動を許すものではない．この規定は，NATO-警戒システムに準拠して発動される『文民部分動員』（zivile Teilmobilmachung）に関するものであり，同盟事態における軍隊の出動に関するものではない．」[176]

このように，連邦参議院の同意を得て連邦議会が3分の2の多数（少なくとも構成員の過半数）の賛成をもって行う「防衛事態」の認定および同盟機関が連邦政府の同意を得て決定する「同盟事態」の認定と軍隊出動の直接的関係を判決は否定する．

③ 議会同意留保の法的演繹の根拠と疑問点

一方，議会の同意を軍隊出動決定の必要条件とするドイツ憲法史の伝統の連続性を論証するため，判決はこれを裏づける基本法の諸規定を引証する．

(ア)「防衛事態」において軍隊に付与される民用物保護や交通規制の権限は，連邦参議院の同意を得て連邦議会が同事態を事前に認定していることを条件としていること（第87a条3項）．

(イ)組織的かつ軍事的に武装した叛徒の鎮圧および民用物の保護に際して実施される警察力および連邦国境警備隊の支援のための軍隊の出動は，連邦議会または連邦参議院が要求する場合には中止されること（第87a条4項）．

(ウ)自然災害または大事故に際しての警察力支援のための軍隊の出動は，連邦参議院の要求によりいつでも中止しなければならないこと（第35条3項）．

判決は，これらの規定を根拠に，基本法において軍隊の出動が議会の同意にいかに密接に結びついているかを強調し，「1918年以来のドイツ憲法の伝統」を継受する基本法の諸規定は「武装軍隊の出動が連邦議会の原則として事前の設権的同意によらねばならないという防衛機構の基礎にある原理を認識させる」と主張する．

しかし，この論証は説得力を欠く．（ア）については，すでに判決理由で説明されているように，「防衛事態」の認定は平時憲法から緊急事態憲法へ国内統治機構の転換を行うものであり，その手続において議会の協働を求めるものであって，軍隊出動決定それ自体への議会の同意を定めるものではない．また，（ア）（イ）（ウ）のいずれにおいても，基本法の諸規定が軍隊の出動にかかわる議会の関与を定めているのは，軍隊の国内出動についてであり，国外出動とは性格が異なる．また，（イ）（ウ）はいずれも議会の事後の関与による軍隊の活動中止を定める規定であり，判決が主張するような軍隊の国外出動への議会の原則事前の「設権的同意」を類推させるものではない．この例示は，むしろ判決の意図するところとは逆の結論を導くことになるのではないか[177]．

判決が引くその他の防衛関連規定（第 45a 条 ［連邦議会の防衛委員会］，第 45b 条 ［連邦議会の防衛監察委員］，第 87a 条 1 項 ［軍隊の組織大綱と兵力の予算案への明記］）も，すべて軍隊出動への議会の事前同意を直接示唆するものではなく，軍事権力に対する議会の民主的統制の一般原則（政治の軍事に対する優位）を実現する制度や機関を定めるにすぎない．ここからすべての武装軍隊の出動に議会の原則事前の設権的同意が必要とされるという結論がいかにして導かれるのか，甚だ疑問であり，法的演繹が適当とはいえない[178]．

いずれにせよ，基本法には軍隊出動への連邦議会の事前承認を求める明文規定は存在しないのであり，これを他の関連憲法規定から導き出すのには無理がある．連邦憲法裁判所は，1993 年 6 月 23 日の UNOSON II 派遣差止に関する判決で，連邦軍の出動に連邦議会の承認決議が必要であるとすでに確認していたところであり[179]，1994 年判決の論証は「はじめに結論ありき」の強引さを印象づけるものである．

もっとも，論証に不備があるとはいえ，「政治の軍事に対する優位」（「政治優位」制）の原則を強化するための軍隊出動議会同意権の重視は妥当なものであるし，訴訟当事者間においてこの点で広く合意が形成されていることは連邦憲法裁判所の判事達も承知していたことである．なぜなら，基本法改正

第 2 章　1994 年 7 月 12 日連邦憲法裁判所第二法廷判決

への取り組みのなかで諸政党が連邦議会に提出していた改憲案も，多数決条件に違いはあれ，すべて軍隊出動決定手続への議会の関与を規定していたからである [180]．本件機関争訟の申立ては，本来改憲により政治のレベルで解決すべき憲法問題の裁定を司法の場に持ち込むものであった．判決にあたり，連邦憲法裁判所判事が，諸政党の改憲案に確認される合意事項を斟酌し，最大限これを判決に取り込むことに自己の役割を見出していたとすれば，軍隊派遣決定への議会の関与を重視する判断を下したことは首肯できるところではある．

④ 議会の派兵発案権の否定

ただし，ここで確認しておかなければならないのは，この軍隊出動決定への議会同意権が執行権の核心部分を侵すものであってはならないということである．それは，判決の次の箇所からも明らかである．

> 「武装軍隊の出動に関する同意の留保は，連邦議会に発案権（Initiativbefügnis）を付与するものではない（連邦憲法裁判所判例集第68巻1頁［86頁］参照）．連邦議会は，ただ，連邦政府により企図された出動にその同意を拒否するか，または例外的にその同意なくすでに出動が開始された場合にこれを停止することができるにすぎないのであって，連邦政府にそのような軍隊の出動を義務づけることはできない．憲法上，連邦政府に外交上の行為のために認められた執行府の行動権限と責任の固有の領域は，議会の［軍隊出動に関する］同意留保によって影響を受けることはないのである．この点は，とくに国際機構の機関内および国際機構機関との間で必要となる出動の方法，規模および期間に関する決定についてあてはまる．」[181]

⑤ 1994年判決が示した軍隊出動議会関与手続の基本指針

結論として，判決が認めた軍隊国外派遣手続における議会関与の諸原則は以下のとおりである [182]．

i. すべての武装軍隊の出動が議会関与の対象となる．NATO条約などの同盟国支援義務に基づく出動も，同盟条約全体に対する同意法律の制定に際して，「同盟事態」の発生時に軍隊が出動することについて議会が原則として同意していることとは別に，必ず「具体的出動」に関する事前の議会の承認が必

102

要である.

ii. 連邦議会は，派遣承認決議を，基本法第42条2項の規定にしたがい，単純多数決をもって行う．表決は，委員会における事前審査と本会議での討論の後に行われるが，正規の立法手続によることはない.

iii. このような連邦議会の関与は，「ドイツ連邦共和国の軍事的防衛能力と同盟能力」を損なうものであってはならない．このため，連邦政府は，急迫の危険がある場合に，軍隊の出動を暫定的に決定し，議会の事前の個別的授権（承認決議）なしに，同盟あるいは国際機構の決定の実施に協力し，暫時派遣を実施する権限を認められる．ただし，いかなる場合においても，連邦政府は，このように決定された出動に事後遅滞なく連邦議会を関与させなければならず，連邦議会が要求する場合には，軍隊を撤収させなければならない.

iv. 武装軍隊の出動に関する連邦議会の同意留保は，連邦議会に発案権を認めるものではない．連邦議会は，ただ，連邦政府が企図した軍隊の出動に対して同意を拒否するか，または例外的にその同意なくすでに出動が開始されている場合において，これを停止することができるにすぎないのであって，連邦政府にこのような軍隊の出動を義務づけることはできない．憲法上，外交上の行為について連邦政府に認められた執行府の行動権限と責任の固有の領域は，軍隊出動に関する議会の同意留保により影響を受けることはない．これは，とくに国際機構の機関内および国際機構機関との間で必要となる派遣の方法，規模および期間に関する決定について当てはまる.

v. 国連制裁決議をうけての武装軍隊の出動についても，国連憲章第7章による強制権限がこの軍隊に付与されるかどうか，指揮構造の形成如何とは無関係に，連邦議会の事前の承認を必要とする．この場合，伝統的平和維持軍と保安措置を伴う平和維持活動の境界線が曖昧になりつつある現状に鑑みて，平和維持軍の様々な派遣形態を異なる扱いにすることはできない.

vi. 以上の原則の例外として，連邦議会の承認なく政府の決定のみにより出動が許されるのは，(a) 連邦議会が基本法第115a条により「防衛事態」をす

でに認定している場合と，（b）武装して行う作戦行動にかかわらないかぎりでの救援活動・救助活動のための連邦軍要員の使用（非軍事的人道救援活動）にかぎられる．

vii. 軍隊出動に際しての連邦議会の承認に関する上記の憲法上の最小限度の要求より詳細な事項に関して，武装軍隊出動の原因と一般条件による種々の出動の性格を考慮しつつ，議会承認手続と議会の協力の形式と範囲の細目を形成することは，立法府の責務である．

　各政党が発表した改憲案では，出動任務の性格に応じて議会派兵同意決議の多数決の条件に違いが見られたが，判決はあえてこの点を取り上げなかった．判決はその理由を，平和維持活動と戦闘任務の境界線が曖昧になっている現状を勘案してのことであるというが，むしろそれは，立法府の裁量の余地を広く残しておく必要からであろう．

　立法府には，連邦憲法裁判所が 1994 年判決により明らかにした憲法の枠組内で，派遣手続の細目を定める責務があり，また各政党にもその責任がある．政治機関が，憲法政策的基本決定を裁判所の助けを借りなければ下せないような環境のもとでは，立憲民主主義の健全な発展は望めない．その意味でNATO 同盟域外派兵問題は，1994 年 7 月 12 日判決をもって解決されたのではなく，政治機関に新たな課題を提示するものであった．

[注]

123 BVerfG, 2 BvE 3/92, 5/93, 7/93, 8/93 vom 12. Juli 1994 (BVerfGE 90, 286ff.).

124 Knut Ipsen, Der Einsatz der Bundeswehr zur Verteidigung, im Spannungs- und Verteidigungsfall sowie im internen bewaffneten Konflikt, in: K.-D. Schwarz, Sicherheitspolitik: Analyse zur politischen und militärischen Sicherheit, Osang Verlag, 3. Aufl.,1978, S.615ff.; Ferdinand Kirchhof, in: J. Isensee/P. Kirchhof, Handbuch des Staatsrechts der Bundesrepublik Deutschland [Handbuch] Bd. Ⅲ, C. F. Müller, 1988, § 78 Bundeswehr, Rdnr.29ff. (S.993ff.); Günter Dürig in: Maunz/Dürig/Herzog/Scholz, Grundgesetz, Loseblatt-Kommentar, Stand 26. Lieferung Art.87a, Rdnr.24, Art.24 Ⅱ, Rdnr.63ff.; Klaus Kersting, Kollektive Sicherheit durch Peace-Keeping-Operations. Insbesondere: Zur Beteiligung der Bundeswehr an UN-Aktionen, in: NZWehrr 1983, S.73; Erwin Beckert, Rechtsstaat und Einsatz der Streitkräfte — Eine rechtsstaatliche Analyse des Art.87a Abs.2 GG, in: NZWehrr 1984, S.11.; Torsten Stein, Die verfassungsrechtliche Zulässigkeit einer Beteiligung der Bundesrepublik Deutschland an Friedenstruppen der Vereinten Nationen, in: J. Frowein/T. Stein, Rechtliche Aspekte einer Beteiligung der Bundesrepublik Deutschland an Friedenstruppen der Vereinten Nationen, Springer Verlag, 1990, S.22f. なお, 連邦軍の出動に関するドイツ憲法学説について, 参照, 小林宏晨『ドイツ憲法における「戦争」と「防衛」』(政光プリプラン, 1993年), 62～73頁.

125 制定当時の連邦議会法務委員会の審議でも, 同様の立法趣旨が述べられている. Vgl. BT-Drs.5/2873, S.13.

126 現行第87a条が1968年6月24日の第17次基本法補充法律により新設される際に, 国内緊急事態における軍隊の出動を定めていた旧第143条の後継規範として考えられたものであるという制定史上の事実もこの説の論拠となる. もっとも, この説に依拠したとしても, 連邦軍の出動が憲法上まったく無制約であるわけではなく, 侵略戦争およびその準備行為を禁じる第26条のほか, 第25条を介して国連憲章第2条3項・4項の武力禁止や第51条の自衛権に関する国際法の諸原則による制約を受け, また, 基本権保護等の憲法原則にも拘束されることになる. そう考えるとしても, 国連協力活動としての派兵は, 平和維持活動はもとより, 国連軍としての戦闘参加も侵略目的を伴うものではないから, 政府の執行権の作用として派遣が可能であると解する余地は残される. Vgl. T. Stein, Die verfassungsrechtliche Zulässigkeit [Fn.124], S.26.

127 Ulrich K. Preuß, Die Bundeswehr—Hausgut der Regierung?, in: Kritische Justiz 1993, S.265; Gilbert Gornig, Die Verfassungsmäßigkeit der Entsendung von Bundeswehrsoldaten zu "Blauhelm"-Einsätzen, in: JZ 1993, S.124; Eckard Klein, Rechtsprobleme einer deutschen Beteiligung an der Aufstellung von Streitkräften der Vereinten Nationen, in: ZaöRV 34/3 (1974), S.432; Joachim Wieland, Verfassungsrechtliche Grundlagen und Grenzen für einen Einsatz der Bundeswehr, in: DVBl 1991, S.1178f.

128 代表的な違憲説として, Christoph von Bülow, Der Einsatz der Streitkräfte zur Verteidigung —Eine Untersuchung zu Art.87a Ⅱ GG, Peter Lang, 1984, S.205; E. Klein, ZaöRV 34/3

105

第2章　1994年7月12日連邦憲法裁判所第二法廷判決

(1974) [Fn.127], S.443; Norbert Karl Riedel, Der Einsatz deutscher Streitkräfte im Ausland － verfassungs- und völkerrechtliche Schranken, Peter Lang, 1989, S.217ff. これらの論者は，基本法第87a条の「防衛」概念を狭く解釈し，国連協力活動が「防衛」には包含されず，2項の「明文の許容」も存在しないことをその理由としている．

129 Oskar Hoffmann, Bundeswehr und UN-Friedenssicherung. Die friedenssichernden Maßnahmen der Vereinten Nationen und die Frage einer Beteiligung deutscher Streitkräfte － völkerrechtliche, verfassungsrechtliche und politische Probleme, Peter Lang, 1991, S.271f.; E. Beckert, NZWehrr 1984 [Fn.124], S.9ff.; Dieter Walz, Zukünftige Aufgaben der Streitkräfte der Bundeswehr —Möglichkeiten und Grenzen nach geltendem Recht, in: Klaus Heinen (Hrsg.), Bundeswehr im Umbruch? Sinnfragen der inneren Führung, Hampp Verlag, 1990, S.174ff.

130 「出動」概念に関する学説整理として，vgl. Oskar Hoffmann, Bundeswehr und UN-Friedenssicherung [Fn.129], S.163ff.

131 Jörg Manfred Mössner, Bundeswehr in blauen Helmen, in: Ingo von Münch (Hrsg.), Staatsrecht-Völkerrecht-Europarecht. Festschrift für H-J.Schlochauer zum 75. Geburtstag, Walter de Gruyter, 1981, S.106 ; Wolfgang Speth, Rechtsfragen des Einsatzes der Bundeswehr unter besonderer Berücksichtigung sekundärer Verwendungen, J. Schweitzer Verlag, 1985, S.50; Ch. v. Bülow, Der Einsatz der Streitkräfte zur Verteidigung [Fn.128], S.200; G. Gornig, JZ 1993 [Fn.127], S.125 ; E. Klein, ZaöRV 34/3 (1974) [Fn.127], S.435; K. Kersting, NZWehrr 1983 [Fn.124], S.69.

132 W. メルツも，「派遣部隊が，執行権として，軍事的ないし警察的機能を伴い外国の法領域を侵害するような派遣」は軍隊の「出動」であるとする．Vgl. Wolfgang März, Bundeswehr in Somalia: Verfassungsrechtliche und verfassungspolitische Überlegungen zur Verwendung deutscher Streitkräfte in VN-Operationen, Duncker & Humblot, 1993, S.27.

133 Rupert Scholz , Einsatz der Bundeswehr für die UNO? in: Europäische Wehrkunde 1990, S.580ff.

134 Vgl. Albrecht Randelzhofer in: Maunz/Dürig/Herzog/Scholz, GG, Art.24 II , Rdnr.53f. 憲法の拡大解釈により国連協力活動への参加を合憲とすることへの賛否については，vgl. Hans Arnold, Keine Angst vor der UNO, in: Blätter für deutsche und internationale Politik 1991, S.563f. およびこれへの反論, Volker Böge, Mut zur Selbstbeschränkung, Deutsche Machtpolitik, Das Grundgesetz und die UNO, in: Blätter für deutsche und internationalke Politik 1991, S.818f.

135 Vgl. K. Ipsen, Der Einsatz der Bundeswehr zur Verteidigung [Fn.124], S.625. K. Kersting, NZWehrr 1983 [Fn.124], S.73.

136 Thomas Giegerich, The German Contribution to the Protection of Shipping in the Persian Gulf: Staying out for political or constitutional Reason?, in: ZaöRV 49/1 (1989), S.38f.; N. K. Riedel, Der Einsatz der deutscher Streitkräfte im Ausland [Fn.128], S.216; ders., Bundeswehr mit "blauen Helmen"? Völker- und verfassungsrechtliche Probleme einer Beteiligung an UN-Friedenstruppen, in: NJW 1989, S.641; ders., Deutsche als UNO-Soldaten?—Die Bundeswehr im Spannungsfeld von Politik und Grundgesetz, in: DÖV

1989, S.894.

137 判 決 前 の 代 表 的 学 説 と し て, Christian Tomuschat, Deutsche Beitrag zu den VN-Friedenstruppen, in: Außenpolitik 1985, S.280ff.; A. Randelzhofer, in: Maunz/Dürig/Herzog/Scholz, GG, Art.24 Ⅱ, Rdnr.55f.; J. Wieland, DVBl 1991 [Fn.127], S.1180.

138 伝統的な定義によれば, 集団安全保障とは加盟国間での武力の行使を禁じたうえで, これに違反して加盟国が他の加盟国を攻撃する場合に集団的に制裁を加え, 平和を回復・維持するシステムを指す. Vgl. Rüdiger Wolfrum, in: J. Isensee/P. Kirchhof (Hrsg.), Handbuch Bd. Ⅶ, 1992, §176 Die Bundesrepublik Deutschland im Verteidigungsbündnis, Rdnr.1f.,17. (S.648f., 655f.); Karl Doehring, in: Handbuch Bd.Ⅶ, 1992, §177 System kollektiver Sicherheit, Rdnr.4ff.(S.673ff.).

139 Wilhelm G. Grewe, in: Handbuch Bd.Ⅲ, 1088, §77 Auswärtige Gewalt, Rdnr.77f. (S.957f.)；A. Randelzhofer, in: Maunz/Dürig/Herzog/Scholz, GG, Art.24 Ⅱ, Rdnr.17ff. NATO・WEU の新戦略により国連や CSCE との連携による平和維持・危機管理機能が重視されるなかで, NATO・WEU も第24条2項の適用対象に含める広い解釈が優勢となっていた.

140 D. ブルーメンヴィッツと J.M. メスナーは, 第87a条2項の本来の「防衛」概念には含まれないとしても, 同条1項の「防衛」任務は第24条2項の「集団安全保障」でもあるとして派遣を合憲とする. Vgl. Dieter Blumenwitz, Der nach außen wirkende Einsatz deutscher Streitkräfte nach Staats- und Völkerrecht, in: NZWehrr 1988, S.141f.; J. M. Mössner, Bundeswehr in blauen Helmen [Fn.131], S.110f.

141 この批判点については, 第24条が基本法制定当初（連邦軍設立前）から存在する規定であるのに対して第87a条は1968年6月に新設されたという時間差があることに加え, 「平和を維持するため」という目的の実現手段をあえて軍事に限定しなかったと理解すれば, 決定的な反対論拠ともいえない. Vgl. Raimond Emde, Voraussetzungen für die Zulässigkeit eines Bundeswehreinsatzes innerhalb und außerhalb der NATO, in: NZWehrr 1992, S.138; J. Wieland, DVBl 1991 [Fn.127], S.1180.

142 Vgl. Horst Heberlein, Rechtliche Aspekte einer ständigen Mitgliedschaft Deutschlands im UN-Sicherheitsrat, in: ZRP 1994, S.364f.

143 Vgl. Claus Arndt, Bundeswehreinsatz für die UNO, in: DÖV 1992, S.622f.

144 N. K. Riedel, Der Einsatz der deutscher Streitkräfte im Ausland [Fn.128], S.197ff., 215; ders., DÖV 1989[Fn.136], S.895. ただし, 国連集団安全保障機構にとって平和維持活動が中心的役割を担うものではないとしても, この活動が冷戦時代から世界平和の維持のために多大な実績をあげてきたのも事実であり, ドイツ加盟時においてすでに定着した評価を得ていたことは過小評価すべきではないし, 「相互性」の要素を欠くといっても, 平和維持活動に関してはドイツも受入国になる可能性はあるのであるから「相互性」がないとまではいえないとする説もある. Vgl. R. Emde, NZWehrr 1992 [Fn.141], S.144.

145 BVerfGE 90, 286ff.

146 本章Ⅰ.2.(2).④.

147 第1章Ⅱ.2.(1).

148 BVerfGE 90, 286 [345].

149 作戦指揮権（operational command）とは, 配下にある軍事指揮官に任務を委任し, 部隊

107

第2章 1994年7月12日連邦憲法裁判所第二法廷判決

の移動，進発等を命じ，要員の配置を変更する等の任務を付与する権限である．作戦統制権
(operational control) は，配下の要員に種類・時間・空間的に限定された特定任務を実施さ
せる権限である．ドイツ人上官以外の国連司令官に移譲されるのは作戦指揮権ないし作戦統制
権のみであり，これはドイツ防衛大臣のもとに維持される完全指揮権 (full command) の一部
にすぎない．軍事上官（ドイツ軍人法第1条4項）としてドイツ軍人に命令を下す権限は，国
連司令官には与えられない．ドイツ軍人の服務法上の懲戒権は，国連活動中もドイツ人上官が
保持する．また，派遣時に予想されなかった状況の変化があった場合に部隊撤収権をドイツ政
府が保持することも，ドイツ側に完全指揮権が帰属することの帰結である．判決本文では，国
連司令官の限定的な命令権 (Befehlsgewalt) という表現が用いられているが，このような意味
に理解すべきであろう．Vgl. Klaus Dau, Parlamentsheer unter dem Mandat der Vereinten
Nationen － Anmerkungen zu dem Urteil des Bundesverfassungsgerichts vom 12. Juli
1994 zu den Auslandsverwendungen deutscher Streitkräfte , in: NZWehrr 1994, S.180f.

150 BVerfGE 90, 286 [323ff.].

151 BVerfGE 90, 286 [346].

152 本章Ⅰ.2.(2). ④ (Fn.138, 139).

153 Vgl. R. Wolfrum, in: Handbuch Bd. Ⅶ [Fn.138]，§176, Rdnr.15ff. (S.654ff.). 中距離核ミサ
イル・パーシングⅡ配備をめぐる憲法訴訟判決（NATO 二重決定判決）も，NATO が第24条
1項の「国際組織」であることは明言するが，2項の「相互集団安全保障機構」であるか否かは
判断を避けている (BVerfGE 68,1 [93ff]).

154 BVerfGE 90, 286 [347f.].

155 BVerfGE 90, 286 [349].

156 第3章Ⅰ.1.(4) および 2.(3).

157 BVerfGE 90, 286 [350f.].

158 もっとも，国連安保理制裁決議が個々の加盟国もしくは加盟国群により実施された場合，それ
に国連の指揮統制が及ばなくても国連集団安全保障の機能とみなすべきか，単なる集団的自衛
権の行使と見るかについては，判決の論旨は必ずしも明瞭ではない．この機関争訟で問題と
された連邦軍の活動を基本法第24条2項により合憲と判断するには，政府側が主張するよう
に（vgl. BVerfGE 90, 286 [329]），国連制裁決議実施のための加盟各国の軍事行動がすでに
国連集団安全保障の作用としての性格を有することを確認し，これをもとに NATO 等の同盟
の活動を「相互集団安全保障機構」メカニズムの機能の発現であると説明すれば足りるはずで
ある．G. ノルテはこの政府見解を支持し，「軍隊の組織法上の帰責 (Zurechnung) は，その
活動を基本法第24条2項の集団安全保障機構の活動として機能法的に位置づけるには必要な
い」として安保理決議の授権だけで，それに基づく制裁行動は国連集団安全保障の機能である
とし，国連の指揮統制が及ばない湾岸多国籍軍型の軍事行動への参加も可能であると考える．
Vgl. Georg Nolte, Bundeswehreinsätze in kollektiven Sicherheitssystemen. Zum Urteil des
Bundesverfassungsgerichts vom 12. Juli 1994, in: ZaöRV54/3-4 (1994), S.661. 一方，C. ア
ルントは，国連決議による武力行使の単なる容認では，個々の国家または国家群による行動が
国連統制外で行われることになるため，ドイツ軍人は湾岸多国籍軍のような活動には参加で
きないと判決の趣旨を理解する．Vgl. C. Arndt, Verfassungsrechtliche Anforderungen an
internationale Bundeswehreinsätze in: NJW 1994, S.2199. 同様の立場をとるものとして，

108

M. Bothe in: DER SPIEGEL vom 25. 7. 1994, S.28ff.

159 本章Ⅰ.2.(1)(2).

160 W. ホィンは，1994 年判決が国外への軍隊の出動を第 24 条 2 項にのみ基づかせ，第 87a 条 2 項との関係を絶つことにより，軍隊の出動が「防衛」のためか「明文の許容」がある場合以外は許されないとしてきた従来の憲法学界の有力説を十分な検討もなく否定し，国外派兵の可能性を拡大したと批判する．Vgl. Werner Heun, in: JZ 1994, S.1073f.

161 BVerfGE 90, 286 [356f.]．これに対して，C. アルントは，1968 年緊急事態憲法案審議に参加した当事者として，第 87a 条 2 項で軍隊出動の「明文の許容」を要求したのは，第 35 条 2 項・3 項，第 87a 条 3 項・4 項，第 115a 条以下で認められる軍隊の出動以外の出動を行うには，必ず改憲を必要とすることを明示するためであり，それは当時野党であった FDP を含む全政党の了解事項であったとして，1968 年の第 87a 条 2 項の改正により第 24 条 2 項が影響を受けなかったとする判決の論拠を批判する．Vgl. C. Arndt, NJW 1994 [Fn.158], S.2198.

162 BVerfGE 90, 286 [351].

163 BVerfGE 90, 286 [379].

164 BVerfGE 90, 286 [351f.].

165 BVefGE 90, 286 [352].

166 BVerfGE 90, 286 [353ff.].

167 BVerfGE 90, 286 [320ff.].

168 BVerfGE 90, 286 [360].

169 BVerfGE 90, 286 [372f., 375].

170 第 3 章Ⅱ.1.(2). ②および 2.(2).

171 1991 年湾岸戦争の際もこの点が問題となった．NATO 同盟国トルコ防衛支援のための空軍の出動にあたり，派遣決定を政府単独で行い得るとする与党 CDU/CSU に対して，連立パートナー FDP は，連邦政府の決定に議会の単純過半数の同意を必要とすると主張した．野党 SPD は，「防衛事態」の認定と同様に，連邦議会が 3 分の 2 の多数をもって派兵を承認するよう求めた．同盟域外派兵に関する各党改憲案においても，議会承認決議の多数決条件は様々であった．参照，第 1 章Ⅱ.3.(2)(3), 4.(2).

172 BVerfGE 90, 286 [381ff.].

173 1871 年 4 月 16 日ドイツ帝国憲法第 11 条「連邦主席の位はプロイセン国王に帰属し，プロイセン国王はドイツ皇帝の名を称する．皇帝は，国際法上帝国を代表し，帝国の名において宣戦を布告し，講和を締結し，外国との同盟及びその他の条約を締結し，外交使節を派遣し接受することができる．

　帝国の名において宣戦を布告するには，連邦参議院の同意を必要とする．ただし，帝国の領域又はその沿岸に攻撃がなされるときは，この限りではない．［以下省略］」参照，高田　敏・初宿正典編訳『ドイツ憲法集（第 6 版）』(信山社，2010 年)，91 頁以下．

174 1919 年 8 月 11 日ヴァイマル共和国憲法第 45 条「ライヒ大統領は，国際法上ライヒを代表する．ライヒ大統領は，ライヒの名において，諸外国と同盟及びその他の条約を締結する．ライヒ大統領は，使節を信任し，および接受する．宣戦および講和は，ライヒ法律によってこれを行う．諸外国との同盟及び条約で，ライヒの立法事項に関わるものについては，ライヒ議会の同意を必要とする．」(参照，高田・初宿，前掲書，123 頁.)

109

第 2 章　1994 年 7 月 12 日連邦憲法裁判所第二法廷判決

175　詳しくは，松浦一夫『ドイツ基本法と安全保障の再定義』（成文堂，1998 年）第 4 章．
176　BVerfGE 90, 286 [385f.].
177　Henning Schwarz, Die verfassungsrechtliche Kontrolle der Außen- und Sicherheitspolitik. Ein Verfassungsvergleich Deutschland-USA, Duncker & Humblodt, 1995, S.341.
178　K. Dau, NZWehrr 1994 [Fn.149], S.182.
179　第 1 章Ⅲ .2.(2). ②．
180　第 1 章Ⅱ .3.(2)(3), 4(2)．
181　BVerfGE 90, 286 [389].
182　BVerfGE 90, 286 [387ff.].

第3章
同盟の変質の法的意味と
連邦憲法裁判所の評価

　1994年7月12日連邦憲法裁判所第二法廷判決（以下「1994年判決」とする.）以降，ドイツ政府は同盟域外への連邦軍の派遣を拡大するとともに，参加する活動の性格も多様なものとなっていく．1999年3月にはコソボ紛争への「人道的介入」，2001年11月には9・11米国テロ事件以後の「テロ掃討作戦」のためアフガニスタンに派兵した．いずれの派兵においてもドイツは同盟の枠組みのなかでこれを実施したのであり，ドイツ単独で行動を決定したのではない．それは，同盟域外派兵を合憲とした1994年判決が，その憲法上の根拠を平和維持のための「相互集団安全保障機構」への加入と高権的諸権利の制限を定める基本法第24条2項にあると認めたからである．ドイツの派兵政策は，多国間同盟の枠組みのなかでのみ実施を許され，派兵にあたって連邦議会の原則事前の同意が求められる．これが1994年判決が設定した「憲法による制約」であった．

　しかし，コソボで行われた空爆作戦は，国連安保理事会の許可を得ないNATO独自の行動であったし，アフガニスタン派兵は米国国内で起こったテロ攻撃を直接原因とする集団的自衛権による行動であるだけでなく，国際テロ組織との「新たな戦争」という従来にない意義を伴うものであった．1994年判決以降，NATO自体もその戦略を変化させ，1999年4月には「同盟の戦略概念」を改定し，同盟任務の拡大を継続している．1994年判決時点で連邦憲法裁判所がNATO等の同盟を「相互集団安全保障機構」とみなした理由と条

111

件は何であり，それは判決後の同盟戦略の変化にあっても維持されているのか
が問われなければならない．同盟の活動への参加であれば派兵はすべて合憲と
認められるものではないはずである．そもそも，1994 年判決で NATO 等を
「相互集団安全保障機構」と評価したことについては，有力な反対学説もあっ
た．

NATO 等の戦略の転換による変質がどのような法的意味を有するのか，ある
いは新戦略に基づく同盟の活動がどのように法的に説明できるのか．それは
これら同盟の設立条約の枠内で実施されたものと理解できるのか，もはや設立
条約の許容する活動範囲を踰越する条約改正と捉えるべきものなのか．本章で
は，こうした諸点について，ドイツ連邦憲法裁判所がどのような評価をしてい
るのかを検討することにしたい．

I 集団防衛同盟の集団安全保障機能

1 1994年判決がNATO等を「相互集団安全保障機構」とみなす 根拠とその批判

(1) 集団防衛と集団安全保障

1994 年判決が同盟域外派兵の憲法上の根拠として認めた基本法第 24 条 2
項の規範目的は，「欧州および世界の諸国民の間に平和で永続的な秩序をもた
らし，かつ保障する」ことにある（同項 2 文）．ドイツ政府は，1994 年判決
により，いわば司法の「お墨付き」を得て NATO や WEU による同盟域外平
和維持・危機管理活動に参加することで，まさに欧州平和秩序の構築とその拡
大に積極的に貢献することが可能になった．それは「統一欧州における同権
を有する一員として世界平和に奉仕せんとする」（基本法前文）制憲者の意思
とも合致するものであった[183]．その意味で 1994 年判決の主旨は，基本法制
定当初の制憲者意思に沿うものであると考えられる．だが，国連や CSCE が

112

第24条2項の適用対象であることに異論はないとしても，NATOやWEUといった集団防衛のための軍事同盟までも「相互集団安全保障機構」と裁判所が認定したことについては批判も多い．

　集団防衛 (kollektive Verteidigung) と集団安全保障 (kollektive Sicherheit) の機能の相違は，第1章および第2章の随所で説明してきたところであるが[184]，ここであらためて要約しておく．同盟関係にある国に外部から武力攻撃が生じた場合に，それを自国に対する攻撃とみなし同盟国が共同してこれを阻止するのが集団防衛である．これに対して，集団安全保障は，多数国間条約で締約国間の武力行使を禁じたうえで，違反国には締約国が一致して制裁を加え，域内平和を維持する仕組みである．前者は，構成国の固有の権利である集団的自衛権に基づく措置であり，自己保存という個別利益にかかわるものであるのに対して，後者は国際平和という公共利益の実現のためのシステムである．集団防衛は，各国独自の決定による個別的措置であるが，集団安全保障は，その国際機構の発意によってのみ実施され得る．集団防衛のための同盟は—それを具体的に明示することはないとしても— 外部の特定の敵対国家（群）を想定して設立されることが多いのに対して，集団安全保障機構は創設時には未知の不特定の平和破壊者に向けられるものである．このため，集団安全保障機構は，潜在的敵対者を排除せず，その規約の資格要件を満たす国家すべてに加入の可能性を開く[185]．

(2) NATO等を「相互集団安全保障機構」とする1994年判決の根拠

　NATOもWEUも，その設立条約から見て集団防衛のための軍事同盟であることは明らかである（ワシントン条約第5条，ブリュッセル条約第5条）．しかし，1994年判決で問題とされたセルビア・モンテネグロに対する禁輸措置監視活動のためのアドリア海への海軍艦艇の派遣やボスニア・ヘルツェゴビナ上空飛行禁止監視活動のためのAWACSの派遣は，国連安保理決議実施のための同盟域外活動であり，本来は同盟条約に明記された共同防衛任務とは異質なものである．NATOやWEUの新たな活動を評価するにあたり，連邦憲法

113

第3章　同盟の変質の法的意味と連邦憲法裁判所の評価

裁判所がこれらの同盟を「相互集団安全保障機構」とみなした根拠は何か，ここで再確認しておく．

　1994年判決は，上述のような集団防衛と集団安全保障の機能的相違を踏まえつつも，両者が一つの国際機構のなかで融合し，相互補完的に作用する可能性を認め，次のように述べる．

> 「相互集団安全保障機構は，平和を保障する規則構造と独自の組織編成により，平和を維持し，安全を守ることを義務づける国際法上拘束された地位を各加盟国に設定するものである．その場合，この機構が，専ら，あるいは主に，加盟国間で平和を保障するものか，外部からの攻撃に際して集団的支援の義務を課すものであるかは重要ではない．
> 　議会評議会において，国連が［相互集団安全保障機構として］言及されたことは，基本法第24条2項の解釈について，集団安全保障と集団自衛の間に厳格な対抗関係があることの根拠となるものではない．国連憲章ですら，第51条において武力攻撃に対する個別的自衛ばかりか集団的自衛をも許容しているのである．集団自衛は，例えばNATOやWEUのような今日存在する防衛同盟を構成する国際法上の根拠を国連加盟国に与えるものである．そのかぎりにおいて，［国連］憲章は，国際平和の維持のために，構成国による攻撃が発生した場合に，すべての構成国が被攻撃国を援助する組織形態［集団安全保障］と，構成国が非構成国による攻撃を［受けた］場合に相互支援を義務づけられるもの［集団防衛］が補充しあうことを認めている．したがって，集団自衛同盟も，それが厳格に平和維持を義務づけられる場合，またそのかぎりにおいて，基本法第24条2項の相互集団安全保障機構であり得るのである．」[186]

　加盟国に武力攻撃が発生した場合に国連安全保障理事会が必要措置をとるまでの間，その「固有の権利」である自衛権の行使を認め，かつこれを憲章第7章（第51条）に定めているのは，国連集団安全保障の例外を認める趣旨ではなく，その機能を補完することを意味する．その意味において，集団的自衛権に基づく「集団防衛（集団自衛）」は，国連の「集団安全保障」に組み込まれ，「平和維持」を目的とするかぎりにおいて前者は後者の性質を共有するものと理解される．

114

「NATOは，加盟国が集団防衛と平和と安全の維持のための努力を……結集する安全保障機構を構成する（NATO条約前文）．NATOは，NATO条約第5条に照らして，とくに各締約国が締約国の一に対する攻撃を全締約国に対して向けられたものとみなし，同盟義務をもって対処することによりこの目的を追求するものである．その際に締約国は，同盟事態について，国連憲章第51条に認められた個別的または集団的自衛権の行使を求める．また，NATOは，締約国がNATO条約第1条により，それが関与する紛争事態を平和的手段により解決する義務を負うことにより，平和の維持に貢献する．さらにNATOは，高度に複雑化し統合された軍事的指揮構造の開発と合同部隊の設置により，伝統的軍事同盟から際立った存在であり，またそれにより，とくに加盟国の軍隊が加盟国自体の相互間の安全を高める方法で編合される結果をもたらす．加えて，NATO条約第4条は，危機事態における全同盟国の協議義務を定めている．

ゆえにNATOは，平和を保障する規則構造と組織編成を特徴としており，基本法第24条2項にいう相互集団安全保障機構と評価されることを許されるのである．」[187]

一方，このように集団防衛同盟と集団安全保障機構の区別を相対的なものと理解する論拠として，1994年判決は，基本法制定当時においては「相互集団安全保障機構」の概念に国際法上多様な定義が与えられており，統一的解釈がなされていなかったことを指摘していた．

「議会評議会においても，相互集団安全保障機構の要件に関しては，明確な観念が成立していなかった．フォン・マンゴルト委員は，原則問題委員会で，相互集団安全保障機構とは国連の世界機構であるが，国連憲章第53条により地域的取極も認めるものであることを示唆している．フォン・マンゴルト委員にはカルロ・シュミート委員も同意している．『国連の枠内で創設された安全保障領域の唯一の真の現実は，地域的取極である．』……当時 ―1947年9月2日のリオ条約（UNTS21, 78）に基づく米州安全保障機構と1945年に設立されたアラブ連盟（1945年3月22日の憲章，UNTS70, 248）と並んで― 国連憲章第52条以下の地域的取極又は機関として位置づけられ得る唯一の組織は，1948年3月17日のブリュッセル条約（UNTS19, 51）により設立された西欧同盟であった．……フォン・マンゴルトは，基本法第24条の最初の注釈において，この［相互集団安全保

障機構の〕概念を，不確定の要件として説明している．『国際法理論においては，
集団安全保障機構の下に，国際平和維持の同盟機構が理解されている．……その
実現のためには，最近ますます顕著に認められるように，防衛同盟から中立化を
経て国際連盟や国際連合のような普遍的共同体に至る様々な可能性と多様な法形
態が利用に供されている』．」[188]

(3) D.ダイセロートの批判

　このように 1994 年判決は，基本法制定当時，起草者が集団防衛同盟と集団
安全保障機構を明確に区別していなかったと主張することで，NATO や WEU
を基本法第 24 条 2 項にいう「相互集団安全保障機構」に含め得る根拠とする
のであるが，この見解には有力な反論がある．連邦行政裁判所判事を務めた
経験もある D. ダイセロート（Dieter Deiseroth）は，基本法案審議過程を詳
細に分析したうえで，「相互集団安全保障機構」の概念が基本法案審議時にお
いてすでに集団防衛とは原理的に異なる加盟国間の域内平和維持のための国
際組織のみを指す国際法の専門用語として定着しており，それが「基本法第
24 条 2 項に関する『制憲者』すなわち議会評議会の規範的決断」であったと
主張する[189]．

　基本法制定当時において「相互集団安全保障機構」の定義が明確であったこ
とを裏づける論拠としてダイセロートが挙げるのは，以下の諸点である[190]．
①ヘーレンキームゼー会議[191]第一小委員会において，ノルトライン・ウェス
トファーレン州代表 T. コルト（Theo Kordt）委員が，後に第 24 条 1 項に規
定される「高権的諸権利の移譲」には「集団安全保障」の観点も考慮に入れら
れるのかを質した．その際，当時武装解除され実質上自衛権を放棄していたド
イツ国民を保護するための方策として普遍的・超国家的安全保障機構の意義を
力説する彼の意見に，カルロ・シュミート委員（SPD）は賛成していた．
②その後この考えは，「連邦が，平和の維持のためにその領域を集団安全保障
機構に編入し，かつ，その際，相互性を条件として，ヨーロッパの状況に平和
的で永続的な秩序を樹立し確保できるよう，高権的権利の制限に同意できる．」

とする草案第 24 条 2 項に継承された．その起草理由として，政策の手段として の戦争を放棄したドイツ国民が他国の武力の犠牲になることがないよう，ド イツ国民に平和を保障する集団安全保障機構にドイツの領域を受容させること が必要である旨説明されていた．

③審議が進むなかで，上記案文中の「相互性を条件として」の字句が「集団 安全保障機構は常に相互的なものであるから不要」との理由から削除された． この削除に伴って，原則問題委員会の提案により「集団安全保障機構」の語 が「相互集団安全保障機構」に変更されたが，その語義に変更はない．その際， F. エーベルハルト（Fritz Eberhart）委員（SPD）から「集団」安全保障とい う用語に疑義が提起されたが，「集団安全保障」の概念が国際法において「確 固たる法概念」として確立されているという理由から維持された．その後，議 会評議会中央委員会で「相互集団安全保障」の語を「共同安全保障」に置換す べきとの W. メンツェル（Walter Menzel）委員（SPD）の提案に対してカルロ・シュミート委員が反対し，「相互集団安全保障」が確立された専門用語で あるとの理由からこの概念が維持された．このことからも，「相互集団安全保障」の概念が当時すでに国際法学の分野で定着したものであったことは明らか である [192]．

④草案第 24 条 2 項末尾にあった「ヨーロッパの状況」（europäische Verhältnisse）の字句を「世界の状況」（Weltverhältnisse）に変更すべきとの F. ナディク（Friederike Nadig）委員（SPD）の提案に対し反対意見を述べる なかで，フォン・マンゴルト委員（CDU）は，この規定のなかの「相互集団 安全保障機構」とは「国連という世界機構」であると説明している．また，彼 は，世界安全保障内部での「地域的安全保障」の役割が重要であり，このため 国連憲章第 52 条において「地域的取極」が許容され，その下で「欧州連合」 （Europa Union）[193] が重要な役割を果たすであろうと主張していた．したがっ て，「相互集団安全保障機構」とは国連であり，あるいはさらに発展を遂げた 「総合的国際安全保障機構で，法的命令を定立し，法的拘束力をもってこれを

第3章　同盟の変質の法的意味と連邦憲法裁判所の評価

執行できるもの」が理解されていた[194].

　NATO 条約は第 1 条で，国際法が求める武力行使禁止を加盟国の義務としてはいるが，仮想敵に対抗する軍事同盟であり，潜在的敵国に対する開放性を備えてはいない．また，NATO 加盟国が惹き起こした平和破壊行為について，紛争解決や集団制裁のメカニズムを備えていない．かりに NATO が国連憲章第 8 章の「地域的取極又は地域的機関」であるとすれば，軍事的措置をとる場合には国連安全保障理事会の許可が必要であり（国連憲章第 53 条），「国際の平和及び安全の維持」のため開始し，または企図した活動は，国連安保理に常に充分に通報する必要がある（同第 54 条）．しかし，潜在的敵対国（旧ソ連）を常任理事国とする安保理に NATO が企図する措置を「充分に通報する」ことは考えられないため，NATO は冷戦時代には憲章第 8 章の地域的取極・機関とみなされることを拒否してきたのである[195].

　ダイセロートはこうして，基本法制定当時すでに確立していた「集団安全保障」の概念定義に基づき基本法第 24 条 2 項を解釈するならば，NATO 等の集団防衛同盟は「相互集団安全保障機構」の要件を満たすものではないと断定する[196].

(4) 基本法解釈に反映されるべき国連憲章の規範運用

　基本法制定時に遡りヘーレンキームゼー会議や議会評議会の審議録の詳細な調査に裏づけられたダイセロートの批判には説得力がある．憲法解釈において制憲者の意思が規範目的を特定するうえで重要な要素であることはいうまでもない．ただし，それは憲法規範の解釈の唯一の規準ではなく，むしろ―ダイセロート自らが正しく指摘するように[197]― 補充的に引証され得るにすぎない．

　国連憲章第 8 章が当初予定した地域的取極・機関も，冷戦下の安全保障理事会の機能障害を背景として第 51 条の集団的自衛権と結びつき，本来の平和維持機能を発揮することはなかった．ダイセロートが言うように基本法制定当時の国際法学説や制憲者の規範意思が明確であったとしても，現実の国際法秩序が当初の目論見どおりに機能しないなかで，国際社会は正当性（国連当初の

制度理念）と実効性（その実現のための柔軟な規範運用）の均衡を図りながら最善の方法を模索してきたのである．基本法第24条2項の解釈にあたって国連憲章の制度理念を基礎とすべきであるとしても，その国連憲章の解釈・適用自体がこれまで一貫していたわけではない．

とくに冷戦終結後の国連は，憲章の規定を柔軟に解釈することにより，実効力ある地域紛争解決方法を模索していた．B. ブトロス - ガーリ（B. Boutros-Ghali）が国連事務総長時代の1992年1月31日，安全保障理事会首脳会議の要請に応え作成したレポート「平和への課題」（Agenda for Peace, 同年6月18日採択）[198] は，紛争解決のための「地域的取極又は地域的機関」の役割を重視するものであった．この文書は，1990年代の国連中心の紛争解決の実行に大きな影響を与えたが，国連憲章上の地域的取極・機関の定義については「完結的定義は不可能」であるとし，憲章の起草者は，運用の柔軟性を確保するため，厳密な定義を意識的に避けていると理解していた[199]．

一方，NATO条約も，条約発効から10年経過後は，いつでも締約国の要請により「国際連合憲章に基づく国際の平和及び安全の維持のための世界的及び地域的取極の発展を含め，その時に北大西洋地域の平和及び安全に影響を及ぼしている諸要因を考慮して，この条約を再検討するためにともに協議する．」（第12条）と規定していることから，国連集団安全保障の発展に連動してその機能を変化させることを締結当初から予定していたとも考えられる．このような文脈のなかで考えるならば，基本法第24条2項の解釈にあたっては，国連憲章の当初の制度理念のみを規準にすることは適当ではなく，むしろ冷戦後の欧州の安全保障環境の変化に照らし，地域紛争処理のための地域的取極・機関の効果的運用を求める国際的合意を憲法解釈に反映させることが求められていたといえよう．

冷戦終結後の地域紛争の多発をうけ，国連安全保障理事会は，その平和維持活動や軍事的強制措置を地域的安全保障機構に委託する傾向を強めた．憲章第51条に基づく「集団防衛」に分類される同盟機構（NATO・WEU）も，国連

の委託をうけ，防衛対象地域外部の紛争に対する強制措置を実施するように
なった．このような新しい動向は，必ずしも十分な平和執行能力を備えてい
るとはいえない伝統的な「第8章機関」[200] とは異なり，集団防衛同盟とくに
NATO が冷戦時代に蓄えた軍事的能力を平和強制に転用できるという実利的
な動機に促されたものである．集団防衛同盟による平和強制の国連憲章上の根
拠を議論する過程で，国連憲章第8章の諸規定も次第にこの現実に適合する
よう目的論的に解釈されるようになる．本来，地域的取極・機関による地域紛
争処理は，国連憲章上どのように位置づけられているのか．冷戦後の NATO
や WEU の周辺地域危機対応活動への任務拡大の法的意味を検討する前に，ま
ずはこの点を確認しておく必要がある．

2 地域的取極・機関による紛争解決

(1) 地域的取極・機関による強制行動の方式

国連憲章第8章の「地域的取極又は地域的機関」は，国連の集団安全保障
システムの一部を構成するものである．平和的紛争解決の分野においては地域
的取極・機関に比較的大きな独自行動の余地が認められるのに比して，強制措
置の分野においてはより厳格な国連安保理の統制のもとに置かれる．

地域的取極・機関は，地方的紛争を安全保障理事会に付託する前に，この紛
争を平和的に解決するようあらゆる努力をしなければならない（国連憲章第
52条2項）．つまり，平和的紛争解決については，地域的取極・機関による解
決に原則的優先性が認められるのであるが，それは紛争が「地方的」なもので
あり，かつ解決手段が「平和的」なものであることが条件となる[201]．地方的
紛争解決が実効性を失った場合にはじめて，紛争解決の権限は安保理に帰属す
ることになる．

これに対して，地域的取極・機関が強制措置をとる場合には，国連安保理の
授権により，かつその統制のもとでのみ許される．憲章第53条によれば，こ
れには二つの選択肢がある．すなわち安保理がその権威のもとにおいて強制行

動のために地域的取極・機関を「利用」するか（同条1項1文），あるいは安保理がこのような強制行動を「許可」するか（同条1項2文前段）である．

　安全保障理事会の「利用」による場合，安保理は憲章第7章により強制措置を実施するにあたり，いわば補助機関として地域的取極・機関を利用するのであり，そのためにその構成国を動員するものである．ただし，構成国の強制行動への参加は，憲章第43条2項による特別協定の留保のもとに置かれる．構成国と安保理の間に特別協定が存在しない場合には，安保理の「利用」による強制行動への参加は，地域的取極・機関構成国に対して法的拘束力をもたない．地域的取極・機関が予め参加の用意を表明している強制行動への参加を求めることができるにとどまる[202]．このような方式は，この後説明するように，実際に旧ユーゴ制裁にかかわる一連の安保理決議において採用されたものである．この場合とられる措置は，国連安保理の統制のもとでの強制行動とみなし得るとしても，安保理に兵力を提供するか否かは地域機構側の完全な自由意思に委ねられる．また，地域機構は，その構成国の兵力を利用して強制措置を実施する権限を安保理に移譲することになるが，地域機構は自らが本来有している権限以上のものを移譲することはできないのであるから，地域的取極にこのような強制措置の実施を可能にする規定を保有していなければならない[203]．

　一方，安保理の「許可」による強制行動の実施は，大抵は地域機構側の発意により行われることになる．その具体的行動計画の策定も地域機構に委ねられるが，その前提として安保理による平和破壊行為等の認定（憲章第39条）が必要である．強制行動は，安保理が付与したマンデイトを遵守しなければならず，また安保理に対して報告義務を負う（憲章第54条）．「利用」の場合とは異なり，「許可」による強制措置権限の法的根拠は各地域的取極にあり，これに伴う責任も地域機構に帰属し，過剰な介入があった場合にはその責任を負うことになる[204]．

(2) 地域的取極・機関による域外強制行動の可否

　地域的取極・機関が外部の非加盟国に対しても国連憲章第53条に基づく強

121

第 3 章　同盟の変質の法的意味と連邦憲法裁判所の評価

制行動をとり得るか否かに関しては，見解が分かれる．

　有力説は，域内平和維持という内向的機能を本質とする地域的取極・機関と外部の敵に対する集団防衛を目的とする同盟との機能の峻別を根拠に，憲章第8章が地域機構の内部関係にのみ適用され，非加盟国に対する強制行動をオーソライズすることはないと主張する．国連憲章第52条2項が地域的取極・機関に自律的な紛争の平和的解決の権限を認めるのは「地方的紛争」に関してのみであることからも，域外第三国に対する強制行動は第53条による「許可」の対象とはならないというのが主たる理由である[205]．

　ただ，この論拠に対しては異論がある．憲章第53条は明文上，強制行動に関する安保理の「許可」を地域機構加盟国間の紛争に限定してはいない．また，「地方的紛争」と地域機構加盟国間の紛争は同義ではない．地域外の勢力が当該地域の平和と安全を害するような場合でも，地域的取極・機関による紛争処理が適当と考えられる場合がある[206]．また，旧敵国条項では，旧敵国に対する措置が，憲章第107条にしたがい規定されるか，または旧敵国の侵略政策の再現に備える地域的取極において規定されるものは，第53条1項2文による安保理の「許可」を免除されることになっている．この「許可」の免除を除けば，旧敵国に対抗する地域的取極も他の地域的取極と憲章上異なる扱いを受けることはない．そうであるとすれば，地域的取極・機関は一般的に非加盟第三国に対する強制行動を許されると解釈されるべきであろう．地域的取極・機関が自らの発意により安保理の「許可」を受け非加盟国に対する強制行動をとり得るのであれば，安保理の「利用」による域外強制行動もまた許されるべきである．そうでなければ，憲章第53条1項1文に基づく安保理の「利用」は殆んど無意味なものとなってしまう[207]．いずれにせよ，地域的取極・機関の機能にかかわりなく，国連安保理は憲章第48条を介して個々の国家（または国家群）に強制行動の実施を要請することができるのであるから[208]，地域的取極・機関の域外強制行動を認めない理由はないといえよう．

122

(3) 冷戦後の国連制裁の傾向

国連憲章第8章の地域的取極・機関の概念に地域的集団防衛同盟を含めるよう広義に解釈し，その同盟防衛地域外の紛争解決のために国連が同盟機構に強制行動を授権する方式は，上述のように，国連事務総長 B. ブトロス - ガーリが作成した「平和への課題」で提唱したものである[209]．このレポートは，「地域的取極と国連の間の公式の関係のあり方を定めたり，特定の任務の分担を提唱したりすることを目的とするものでない．」と前置きしつつも，国連と地域的取極の連携強化が「憲章の精神に沿って，また第8章で想定されたように発展させるならば，国際の平和と安全の維持という課題では，すべての段階で民主化が奨励されるという意識を広く強化することができる．[210]」としてその促進を提唱した．これをうけ，安保理議長は，国連憲章第7章の枠内で平和維持機能強化のための手段や国連との調整改善のための方策を優先的に検討するよう地域的取極・機関に要請し，国連への回答を求め[211]，NATO や WEU もこの要請に応えた[212]．国連総会も，国連と地域的取極・機関の間の緊密な協力と調整を促す方法を検討するよう要請した[213]．

地域紛争対処における国連安保理と地域的取極・機関の連携は，すでに 1992 年夏以降，一連の旧ユーゴ紛争関連決議において実施されていた[214]．これら安保理決議においては「地域的機構又は取極」(regional organizations or arrengements) あるいは「地域的機関又は取極」(regional agencies or arrengements) が行動主体として明記されている．実際これら決議を実施したのは NATO や WEU であり，実行上これら同盟が憲章第8章の「地域的取極又は地域的機関」とみなされ，これに域外強制行動の役割を与え得ることが黙示的に認められたと見ることもできる[215]．セルビア・モンテネグロに対する禁輸措置を授権した 787 号決議では，「国連憲章第7章及び第8章の下で行動する」(Acting under Chapters Ⅶ and Ⅷ of the Charter of the United Nations) と明記されていることから，このような見解にも理由がある．

しかし，この 787 号決議も含め，すべての決議のなかで制裁実施の要請

を受けているのは「加盟国」（Member States）であり，これが「各国で」
（nationally），あるいは「地域的機関［機構］又は取極を通じて」（through
regional agencies [organizations] or arrangements）行動を求められている
のである．この点を重視するならば，一連の旧ユーゴ制裁決議は憲章第53条
1項の適用事例ではなく，1991年湾岸戦争の際に行われた強制措置の授権[216]
と同様に，憲章第48条の適用事例と評価すべきかもしれない[217]．

　ただ，バルカン半島紛争処理において強制行動が事実上委託されたNATO
と国連安保理の関係は，湾岸戦争の際の多国籍軍以上に緊密なものであったこ
とも看過してはならない．バルカン半島紛争処理においては，NATOによる
制裁実施と国連による平和維持活動とが並行して進行した．このため，安保理
決議の文言においても，国連の統制とNATOと安保理との協調がとくに強調
されている．たとえば，ボスニア・ヘルツェゴビナ上空飛行禁止監視活動に関
する安保理決議816号は，次のような表現を用いている．

> 　「［国連安保理は］加盟国に対して，本決議採択の7日後に，各国により，あるい
> は地域的機構又は取極を通じて，安全保障理事会の権威の下で，かつ［国連］事
> 務総長およびUNPROFORとの緊密な調整に従うことを条件として，今後更なる
> 違反が発生した場合において，第1パラグラフで言及した飛行禁止の順守を確保す
> るため，ボスニア及びヘルツェゴビナ共和国の空域において，……必要となる一
> 切の措置をとる権限を認める．」[218]（下線は筆者による．）

　作戦実行上も，空爆実施の決定は，国連ユーゴスラビア特別代表と
UNPROFOR司令官の勧告をうけて国連事務総長が下すことになっていた．国
連は，軍事行動をとる前に紛争当事者との協力による解決を試み，これが不調
に終わる最悪の場合に軍事的強制措置を実施することになった．このため，飛
行禁止区域の監視とUNPROFOR支援のためのNATOの行動命令は，実質
的に国連側が下す結果となった．しかし，国連の統制を重視したこのような
対処方針は，軍事的強制措置の実効性を犠牲にする結果となった．国連ユー
ゴスラビア特別代表とUNPROFOR司令官は，平和維持活動に対する報復攻

撃を恐れ，セルビア人居住地区への攻撃を遅延させ，実施を断念させるなど，UNPROFOR の利益を優先させ，NATO の軍事的活動範囲を制約し，その効果を大きく減じることとなったのである[219].

　バルカン半島紛争対処において試行された国連と NATO の分業と協力は，国連が決定する個々の任務を NATO に委託するものであり，この点で湾岸多国籍軍以上に国連の統制が発揮された—この点で憲章第 53 条 1 項 1 文による「利用」に近似する—といえるが，欧州の防衛同盟を国連平和保障システムに組み入れる方法としては，その有効性に疑問を残す結果となった．

II 同盟戦略の変質と連邦憲法裁判所の評価

1 防衛地域外強制行動の同盟条約上の根拠

(1) 同盟設立条約明文根拠の欠如

　バルカン半島における一連の国連決議に基づく制裁実施が国連憲章第 48 条を介して加盟国に要請されたものと見るとして，制裁実施参加国が所属する地域機構を利用するか否かは各国の自由である[220]．しかし，制裁実施の実効性と国連による統制確保を重視するならば，加盟国がその所属する地域機構の枠組みを離れ個別に活動することは合理的ではない．B- ガーリ事務総長の「平和のための課題」が憲章第 8 章の柔軟な運用を試みたのも，地域機構による制裁の実効性と国連による統制のバランスを重視したためである．ドイツ連邦憲法裁判所の 1994 年判決も，国連安保理決議の実施が —上記のような旧ユーゴ関連安保理決議の文言にもかかわらず— 各加盟国ではなく，NATO や WEU に要請されているものと理解しており，国連憲章第 48 条ではなく第 8 章によるものと評価している[221].

　すでに説明したように，地域的取極・機関が国連の集団安全保障の枠内で強制行動をとるには，安保理による「利用」（国連憲章第 53 条 1 項 1 文）によ

るか，その「許可」（同条1項2文）によることになるが，いずれの場合も地域的集団安全保障にかかわる強制行動を地域的取極自体が予定し，その内部法に規定していなければならない．しかし，NATO も WEU も，少なくともその設立条約にはこのような規定はない．両同盟は，外部からの攻撃に対する集団防衛を目的とする機構であり，加盟国間の紛争や同盟防衛地域外の紛争解決のための軍事的強制措置を予定してはいない[222]．

　設立条約に域外強制行動の根拠となる規定を保有しないにもかかわらず，NATO・WEU は，冷戦後，国連や CSCE との連携による地域的集団安全保障機能を積極的に担ってきたし，また国連や CSCE の側もこれら同盟の軍事的能力を利用することなく有効な平和維持活動を実施できなかったことも事実である．冷戦後，同盟の設立条約自体は改正されてはいないものの，加盟国の全会一致の決定により，地域的集団安全保障機能を新たな任務として明確化する戦略文書が数多く採択されている．その法的意味をどう評価するかを検討しないかぎり，NATO や WEU を「相互集団安全保障機構」と認めた連邦憲法裁判所 1994 年判決の根拠の当否を評価することはできないし，判決後さらに変化を継続する同盟戦略への司法の対応を理解することもできない．

(2) 同盟戦略文書改定の意義

　冷戦後の集団防衛同盟と国連集団安全保障の提携関係の模索は，B. ガーリ事務総長の「平和のための課題」発表後に開始されたのではない．NATO や WEU による同盟戦略の再検討作業がむしろこれに先行している．冷戦後の欧州の安全保障環境の変化と国連や CSCE との連携のなかで進行した同盟戦略の変質については，すでに第1章で説明したところであるが，ここでは戦略転換を記した文書の法的意味を考えるうえで重要な点をより詳しく検討することにしたい．

① 1991年「戦略概念」

　NATO において冷戦後の戦略見直しの動きはすでに 1990 年 7 月 6 日の NATO 首脳会議ロンドン宣言[223] から始まっていたが，戦略文書としてこれが

明示されたのは 1991 年 11 月 7 〜 8 日ローマ首脳会議で採択された「同盟の戦略概念」（The Alliance's Strategic Concept）（以下「戦略概念」とする.）であった[224]. この文書は，冷戦後の新たな戦略が「同盟の目的も任務も変更するものではなく，むしろこれが今後も継続して有効であることを強調するものである[225]」とし，「同盟の活動分野とともに，NATO 条約から生じる権利及び義務を変更するものではない[226]」ことを確認しており，同盟設立条約を変更するものではないことを繰り返し強調している.

　しかし一方で，NATO が国連や CSCE の冷戦後の役割を重視し，これとの連携による平和維持・危機管理活動の重要性を強く打ち出している箇所が随所に見られた.「危機管理と紛争予防」（Management of crisis and conflict prevention）と題する節では，NATO の同盟政策の成功が効果的な予防外交や危機管理の成否にかかっているとして，「この目的のために，同盟国は，CSCE プロセスの役割やその組織を支援する」予定であり，また「欧州共同体や西欧同盟および国連といったその他の組織も，ここで同じように重要な役割を果たすことができる」と述べ、国際組織の連携による紛争解決の重要性を強調している[227].「同盟軍のミッション」（The mission of Alliance Military Forces）に関する節では，同盟国が「国連のミッションにその軍隊を提供することにより，世界の安定と平和に貢献するため招集され[228]」，「同盟構成国の安全に対する軍事的脅威となり得る危機がある場合には，広く設定された安保政策的アプローチのなかで，同盟の軍隊が政治的対処を補完し，これを補強する」ことができ，そうすることで，「この種の危機の克服とその平和的解決のため貢献することができる.[229]」としている.

　1991 年「戦略概念」の主旨に基づき，1994 年 1 月 11 日のブリュッセル首脳会議宣言において，総括的に次のように宣言された.

　　「我々大西洋諸国の共通の安全保障要求を主張することにおいて，NATOは，加盟国の共同防衛という今後もその中核的任務であり続ける伝統的かつ基本的任務に加え，ますます［他の国際組織から］委託された任務を実施するよう求められ

ることになるであろう．我々は，ケース・バイ・ケースを基本として，我々の手
続にしたがって，国連安全保障理事会の権威のもとで，またはCSCEの責任のもと
で行われる平和維持活動およびその他の活動を支援する用意がある．」[230]

1991年「戦略概念」による同盟の戦略変化は，国連側からの憲章第8章の
運用の変化に呼応するものであり，国際法上の整合性にも問題は指摘されな
かった．

② 1999年「戦略概念」

その後NATOは，1999年3月24日に開始されたコソボへの「人道的介入」
という新たな局面に立ち，1991年の「戦略概念」を改定する必要に迫られた．
1999年4月23～24日のワシントン首脳会議で「戦略概念」は改定された
が[231]，この新「戦略概念」は，テロリズムやサボタージュ，組織犯罪など非
国家主体によっても同盟の安全保障利益が侵害されるおそれがあることを確認
し，これに対処するためNATOの任務をさらに拡大するものであった．

1999年新「戦略概念」は，21世紀に向けての同盟の新方針を提示するも
のではあるが，基本的には1991年の「戦略概念」を基礎としている．国際の
平和と安全の維持に対する第一次的責任が国連安保理にあること，危機管理
を含めNATOの活動がすべて国際法と国連憲章に合致した形で行われること，
国連やOSCE[232]のマンデイトの実施に協力する用意があること等の基本的原
則は，ここでもあらためて強調されている．

> 「NATOは他の機構と協力しながら，紛争を予防し，あるいは，万一危機が発生
> した場合には，国際法に則って，その効果的解決に貢献するよう努力するであろ
> う．これには，[NATO]条約第5条には該当しない『危機対応活動』（crises
> response operation）を実施する可能性によるものも含まれる．……ケース・バ
> イ・ケースを基本として，我々の手続にしたがい，国連安全保障理事会の権威の
> もとで，またはOSCEの責任のもとで，平和維持活動およびその他の活動を，同
> 盟の資源と専門知識の提供を含め支援する用意があることは，すでに1994年にブ
> リュッセルで申し出たことであるが，NATOはこれを再度確認する．この文脈に
> おいてNATOは，バルカン半島における『危機対応活動』に関する一連の決定を

想起する．このような活動または任務への参加は，同盟の連帯と結束の必要性を考慮しながら，各構成国の憲法に適合した決定にしたがう．」[233]

　国連や OSCE との連携を強調する既定の方針は再確認されたが，1999 年の新「戦略概念」の特徴が明らかになるのは，新たな危機に備え，加盟国の防衛支援義務が発生する「同盟事態」の定義に新傾向が示される点である．

　　「同盟国の領域に対する武力攻撃が発生した場合には，それがいかなる方向から生じたものであっても，ワシントン［NATO］条約第5条および第6条が適用される．しかし，同盟の安全は，グローバルな文脈も考慮しなければならない．同盟の安全保障利益は，他のより幅広い性質の危機により影響を受けることもあり得る．［このような危機には］テロリズム，サボタージュ，組織犯罪といった行為ならびに生活必需資源の補給途絶が含まれる．また，とくに武力紛争の結果生じる大量の人々の無統制な移動も，同盟の安全と安定に問題を提起する可能性がある．同盟内では，ワシントン条約第4条のもとで同盟国間の協議のため，そして適当とあらば，この種の危機への対処を含め，同盟国の努力を調整するための準備がなされている．」[234]（傍点は筆者による．）

　冷戦後の安全保障環境にあっては，武力攻撃の主体は国家であるとはかぎらない．国際テロ組織により同盟地域内部から加盟国に攻撃が加えられる可能性もある．攻撃主体の脱国家化・紛争の非対称化は攻撃の主体と客体の位置関係を相対化する．「いかなる方向から生じたものであっても」(from whatever direction) 同盟国領域に対する武力攻撃があれば防衛支援条項が適用されるということは，同盟地域外部からの攻撃だけでなく，域内で生じた攻撃も防衛支援条項の適用対象となるとも解釈できる．そうであるならば，NATO は域内平和維持・強制機能（地域的集団安全保障）を自覚したとも考えられる．上記パラグラフの引用部分冒頭の一文はこれを示唆している．

　他方，これに続く部分は，テロリズムや難民の大量発生に対するグローバルな危機対処をも NATO が軍事的に対応すべき事態に含めているように解釈できる．「危機対応活動」には，別のパラグラフで「欧州 - 大西洋地域の安定」という目的の限定はあるものの [235]，派遣地域の範囲は明記されておらず，し

かも 一国連憲章の諸原則の遵守と安保理の世界平和維持への第一次的責任が繰り返し言及されているにもかかわらず [236]— 国連によるマンデイトの付与が必ずしも軍事活動の要件とされてはいない．そうであれば，加盟国が武力攻撃を受けた場合に認定される条約本来の「同盟事態」以外でも，国連による統制を離れ，危機対応を理由に実質上無制限に NATO 軍の域外派遣が可能になるのではないか [237]．国連への従属が NATO の意思決定と指揮構造の完結性を損なうおそれがあることは，バルカン半島における国連との協力の経験から NATO が得た教訓であった．1999 年新「戦略概念」の目的が，国連の授権を待たず NATO 諸国が全会一致で必要と考える軍事措置をとる権利を主張することにあるとすれば，1991 年の「戦略概念」からまた大きく条約運用の枠組みを変更することになる [238]．

③ 1999年「戦略概念」の採択はNATO条約の改正か

　安全保障環境の急速な変化に同盟戦略のダイナミックな対応が必要であるとしても，加盟国にこれが受け入れられるのは，その憲法が許す範囲においてである．同盟戦略の転換に伴うドイツの安保政策の変更の憲法適合性がここで問われなければならない．1999 年の NATO 戦略文書の改定によりドイツが新たに担うことになった同盟任務は，はたして NATO 条約が本来予定していたものであるのかが，ここであらためて問題になる．かりに新「戦略概念」が NATO 条約本来の枠組みから外れた義務を締約国に課すものであるならば，それは実質的な条約改正であるといえる．

　NATO の新戦略が，NATO 設立条約が当初から予定していた機能の発展の延長にあるものなのか，同盟そのものの本質的変更を内包するものであるのか．ドイツにおいてこの問題は，「戦略概念」の採択を連邦議会の承認を経ずに連邦政府が単独で行うことは違憲であるとする訴訟において提起され，連邦憲法裁判所の司法判断を仰ぐことになる．

　1991 年の「戦略概念」による同盟任務の変質・拡大が NATO 条約の改正とみなされるのかについては，ドイツ連邦軍の同盟域外派兵の合憲性を認めた

1994 年 7 月 12 日判決のなかですでに取り上げられていた.

　判決法廷意見は，1991 年「戦略概念」が採択された時点での欧州の安全保障の状況について，「未だ最終的な形態を見出せずにいる」過渡的段階であり，「新たな状況をいかに評価すべきかについて，関係諸国の考えは今までのところこれに条約により……法的拘束力をもつ形式を与えることを許す程度にまで凝集していない [239]」とみなし，条約改正に至らぬ既存条約の発展継続の範囲内であると評価された [240].

　1994 年判決の段階では，冷戦後の欧州の安全保障アーキテクチャーの模索はまだ緒についたばかりであり，NATO の新戦略は「法的拘束力ある約束にまで凝集する」程度にまで達していなかったかもしれない．しかし，法廷意見に対して反対意見を述べた 4 人の裁判官が指摘したように，この後「締約国により繰り返し文書化される合意と，それに続く合意に基づく行動により，条約上の任務構想の継続的発展プロセスが進行し，その過程のなかで，見通しの利かない形で，これが次第に法的拘束力のある約束に凝固していく [241]」ことも考えられる．これが連邦政府単独で行われ得るのであれば，連邦議会の条約承認権の及ばないところで実質上の条約改正が繰り返され，連邦軍の同盟域外派兵の範囲は拡大を続けることになる．1999 年の新「戦略概念」をめぐる訴訟ではこの点が問われることになった.

2 連邦憲法裁判所の評価

(1)1999年「戦略概念」に関する2001年11月22日判決の評価

　1999 年 4 月に採択された新「戦略概念」については，同年 10 月に民主社会党（PDS）連邦議会会派からその採択手続の違憲性を主張する機関争訟が連邦憲法裁判所に申し立てられた.

　PDS の主張によれば，新「戦略概念」は，米国とその同盟国の政治的，経済的および世界戦略的利益に寄与する軍事介入構想であり，加盟国を防衛する事態以外で，国連の委任のない NATO の軍事行動を是認するもので，集団防

131

第 3 章　同盟の変質の法的意味と連邦憲法裁判所の評価

衛機構としての NATO 条約本来の目的から大きく外れる実質的条約改正である．これを行うには基本法第 59 条 2 項 1 文により，連邦議会の同意が必要である．それにもかかわらず，連邦政府が連邦議会の承認なく単独で実質的条約改正（新「戦略概念」の採択）を決定したことは，連邦議会の憲法上の権利を侵害するばかりか，侵略戦争禁止の国際法原則にも抵触するもので，基本法第 24 条 2 項，第 25 条，第 26 条 1 項，第 87a 条 1 項・2 項に違反し違憲であるというのが訴えの趣旨であった [242]．

　この主張は，1991 年の「戦略概念」について当時野党であった SPD が訴えていたものと共通する部分もある．ただ，前回の訴訟で問題とされた連邦軍の同盟域外派遣は，いずれも国連制裁決議に基づくものであり，1994 年判決が合憲性を認めたのは国連安保理のマンデイトを前提とした連邦軍の活動に限定されると理解することもできる．これに対して，1999 年新「戦略概念」に関するこの訴訟は，この前提を欠くコソボにおける NATO の軍事介入が問題視されるなかで提起されたものであるため [243]，異なる評価を受ける可能性もあった．PDS はそれを求めたのである．

　しかし，2001 年 11 月 22 日の第二法廷判決（以下「2001 年判決」とする．）において，この訴えは結局棄却された．連邦憲法裁判所は，判決理由の冒頭で，1999 年新「戦略概念」の採択が基本法第 59 条 2 項の「連邦の政治的関係を規律する条約」の締結には該当せず，またこの採択の法的根拠が連邦の立法に権限を有する機関がすでに承認を与えている NATO 条約にあるとしたうえで，新「戦略概念」には既存の条約を正式に変更する加盟国の意思は認められず，その内容も既存の条約構造の客観的変更とはみなされないと評価した．新「戦略概念」には批准条項もなく，国連事務総長への寄託も予定されていない．これは条約としての性格を否定する根拠となる．したがって，NATO 条約第 5 条が認める範囲を超えた「危機対応活動」に同盟の任務を拡大する意思が表明されているとしても，このような新「戦略概念」の高度の政治的対象のみから条約改正の意思を推定することはできないと判断した [244]．

132

① 「戦略概念」文書の法的性格

2001 年判決はまず，新「戦略概念」の性格について，NATO の任務と手段をただ一般的に記述する柔軟な解釈を許容する合意文書であるとして，条約としての性格を否定する．

> 「1999年4月23〜24日の新戦略概念は，NATOの新しい任務と手段が一般的な形で記述され，それにより幅広い柔軟な解釈の可能性を有するのを特徴とする合意文書である．……とくに1999年新戦略概念の文言は，条約としての性格を否定するものである．なるほど，とくに第5条の適用を受けないミッションやその安保理による任務付与に関する中心的なパッセージには，法的構成や概念が用いられている．しかし，その文章の大半は，欧州-大西洋地域の現実の政治状況とそこから生じる新たな危険の描写と分析，ならびに企図の宣言から構成されており，それは，この概念自体から条約上の義務を導き出すにはあまりに一般的に過ぎると考えられる．」[245]

② 1991年文書との相違点

とはいえ，2001 年判決も 1991 年「戦略概念」から 1999 年のそれへの変化を軽視しているわけではない．とくに同盟域外「危機対応活動」について，その要件がいっそう具体化されていることを重視している．

> 「1991年の戦略概念においては，まだ企図の宣言の色彩が強かった．それゆえ第33節では危機対応に関連するアプローチは，（まだこれから）定められるべきものであり，適当な協議・決定手続が，（まだ存在しない）重要な条件であるとされていたのである．1991年の戦略概念はまだ，この方向に進もうという将来に向けての加盟国の政治的意思を表明したものにすぎなかった．これに対して，1999年の戦略概念においては，このアプローチが明記されている．『第5条に該当しない危機対応活動』が終始論じられているのである．……危機対応活動の概念は，要件的にすでに完成されている．……すなわち，紛争が危機的に激化し，予防措置が効果をあげる見込みがなくなったとき，場合によっては，［NATO］理事会が関係国際機関と協力しながら活動し，このために一連の行動手段をとることができるのである．」[246]

133

第3章　同盟の変質の法的意味と連邦憲法裁判所の評価

③ 条約改正意思の否認

このように 1991 年文書と 1999 年文書の相違点を認識するにもかかわらず，判決は，新「戦略概念」の内容が既存の NATO 条約の枠内で許される継続的発展の範囲内にあり，締約国の条約改正意思を推認し得るだけの既存の条約内容との矛盾や条約内容の拡大を示すものではないと判断する．「危機対応活動」における相互義務は条約第 5 条適用事態ほど明確ではなく，集団対処義務を加盟国に課すものではないからである．

> 「［1999年戦略文書の］当該内容規定は，NATO条約の開放的に定式化された規定の発展の継続および具体化として理解される．北大西洋理事会は，同盟の『目的と本質』は不変であると明示的に宣言しているのである（ワシントン宣言前文第5節）．条約上の義務の密度は，危機対応の分野では［集団防衛に比較し］より薄いものである．構成国は，『ケース・バイ・ケース』で，NATO条約第4条の協議に基づきその措置を調整する．NATO条約第5条の集団防衛とは対照的に，集団対処義務は規定されてはいない．要件の設定，措置の決定および執行に関する北大西洋理事会における政治の優位と全会一致による意思形成のメカニズムは，このNATOの新機能についても適用される（第1部第10節）．構成国は，そこで，各加盟国の憲法に基づき交渉するのである（第3部第31節）．」[247]

1999 年「戦略概念」の目的は，ただ，条約前文に記されている同盟の安全保障・平和維持任務を新たな安全保障環境に照らして補正することにすぎない．それは，同盟国に対する危機と捉えるべき対象を拡大し，欧州 - 大西洋地域内およびその周辺国の国内危機，大量破壊兵器およびその生産技術の拡散ならびに情報システムの依存性から生じる同地域の安定に対する脅威を含むものとみなし[248]，サボタージュや生活必需資源の補給途絶，組織犯罪，テロリズムや武力紛争から生じる難民の移動から発生するグローバルな危機に関係づけ[249]，NATO の行動と組織をこれに適合させるものである[250]．しかし，その場合においても，「NATO の集団防衛機能と地域的安全保障機能の区別は維持されている」[251]．同盟の集団防衛機能に変化はないのである．NATO は，これまでも条約を正規に改正することなく，何度も政治状況の重大な変化に対応してき

134

た[252]．NATO 条約は，将来の発展に対して開放的である．相互集団安全保障
機構の基礎となる条約の発展継続を許容するこのような弾力性は，同盟がその
目的に即して機能性と適応性を保つためにも必要である．それゆえに，基本法
第 59 条 2 項 1 文の解釈にあたっては，安全保障機構のこの特別の必要を考慮
しなければならない[253]．

(2) 国連憲章第8章の機能としての「危機対応活動」

国際機構の設立条約が完結的で硬直したものではなく，変化する環境に適応
する開放性・柔軟性を有するものであることは，国際法学の世界では広く是認
されている[254]．同盟の設立条約に「危機対応活動」に関する具体的任務規定
が存在しないとしても，この種の新任務を引き受けることについて NATO 理
事会が全会一致で決定し，これが法的に加盟国の行動の根拠となり得るとすれ
ば，域外「危機対応活動」が同盟条約上許容されるものと理解するのに支障は
ない．

冷戦後の同盟戦略の変質が国連集団安全保障体制とどのような関係を維持す
るかについて検証するというこの章の目的から，この訴訟の主題，すなわち
1999 年の新「戦略概念」の採択が条約改正であり基本法第 59 条 2 項 1 文の
議会承認手続を適用すべきであったか否かの問題にはこれ以上深くは立ち入ら
ない．ただ，新「戦略概念」の採択を条約改正とみなす立場から，判決に異論
を唱える論者も少なからずあることを指摘しておく必要はあるだろう．

たとえば，H. サヴァー（Heiko Sauer）は，「危機対応活動」が「基本的
には何ら新しい種類の活動ではない[255]」とする判決の評価に対して疑問を
提起し，これを「統合プログラムの重要な変更」であると主張する．かりに，
NATO 条約が将来に対して開かれた構造を備えており，締約国の合意により
柔軟な発展を遂げるべきものであるとしても，NATO 条約第 12 条の文言が示
すように，同条約の新たな安全保障環境への適応は，やはり条約改正によるべ
きであり，議会同意法律は必要であったと彼は考える[256]．

他方，G. ガィガー（Gunnar Geiger）は，新「戦略概念」を NATO 条約の

135

改正とみなしつつも，これと同様の内容を含む EU アムステルダム条約やドイ
ツ・オランダ第 1 軍団および北東多国籍軍団に関する協定の締結に伴う同意
法律により，すでに憲法上の議会承認の必要は充足されていると考える[257].

　判決理由に批判はあるものの，いずれにせよ PDS の訴えは，少なくとも政
治的には解決済みの問題であった．というのも，機関争訟を提起した PDS 以
外の連邦議会会派は，すべて PDS の申立てを理由のないものと評価してお
り[258]，かりに PDS の主張が認められ，1999 年「戦略概念」の採択に条約同
意法律による承認が必要であったとしても，これが得られるのは明白であった
からである．

①「危機対応活動」の法的性格

　むしろここで注目したいのは，連邦憲法裁判所が，1999 年「戦略概念」で
定義される同盟域外「危機対応活動」の法的性格を国連憲章第 8 章の意味に
おける地域的安全保障と評価していることである．これは，PDS が訴えのな
かで NATO が国連憲章第 52 条にいう地域的取極ではなく，憲章第 7 章第 51
条による集団防衛同盟であると主張した[259] のに対して反論するところで明言
される．

> 「1999 年新戦略概念により NATO に付与された危機対処能力は，国連憲章第 8 章
> の意味における地域的安全保障の機能を示すものである．なぜなら，これは同盟
> 地域以外での活動を予定するものだからである．……主たる内容は，そのかぎり
> において，『第 5 条に該当しない危機対応活動』，すなわち締約国領域に対する攻
> 撃を前提としない活動に書き換えることにある．……ここでいう危機対応の場合，
> 危機克服のための外交や他の非軍事的活動ではなく，軍事的活動が問題とされて
> いる．これは，主に軍事同盟としての NATO の構造に対応するものである．また
> これは，交渉の歴史や［新戦略］概念のなかでバルカン半島における危機対応活
> 動が明示的に言及されていることに呼応するものである．」[260]

　NATO の同盟域外「危機対応活動」がどのような理由から国連憲章第 8 章の
地域的安全保障機能と評価できるのか，判決文には詳しい説明はない[261]．しか

し，憲章第8章の地域的取極・機関による同盟域外強制行動としてNATO新戦略の「危機対応活動」を認めるのであれば，それは国連安保理による「利用」によるか，もしくは「許可」が必要である．そうであるとすれば，連邦憲法裁判所は，安保理決議による武力行使の授権を伴わないNATOのコソボ航空作戦をどう評価するのか．

② NATOによるコソボ紛争介入との関係

PDSは，新「戦略概念」の採択と同時期に実施されたNATO軍によるユーゴ空爆の違法性を批判し，これが国連憲章の武力不行使原則に違反するものであると主張している．これに対して判決は，1999年新「戦略概念」の内容からは，NATOが国連との結びつきを放棄し，NATO条約が定める国連憲章の遵守（NATO条約前文，第1条，第5条，第7条および第12条）を軽視したとは認められないとして次のように述べる．

　「［新戦略］概念第10節で引用されているNATO条約第7条によれば，国連憲章から［ドイツ］連邦共和国に発生する権利・義務に影響を与えるようなNATO条約の解釈の根拠として1999年新戦略概念を引くこともできない．反対に，1999年新戦略概念は，ワシントン宣言（第4節）に続いて，このようなNATOの国連への近接を明確に確認しているのである．今回の［新戦略概念による］任務設定は，NATO条約と国連憲章の結びつきを確認しながら導入されている（第Ⅰ部第10節）．これによれば，世界平和の維持に関する第一次的責任が国連安全保障理事会にあることがNATO戦略の基礎であることは変わらない（第Ⅱ部第14節）．NATO，OSCE，EUそして国連が，ヨーロッパの安全保障アーキテクチャーの中で協力するようになるべきであるとされる（第Ⅲ部第25節．また連邦憲法裁判所判例集第90巻286［350］頁参照．）．安保政策上の危機に関係する安全保障アプローチは，NATOが自己の手続にしたがい，国連安全保障理事会の権威のもとで平和維持活動およびその他の活動を支援することを予定している（戦略概念第Ⅲ部第31節，また［ワシントン首脳会議］コミュニケ第38節も参照）．すでに［NATO］理事会が空爆の根拠を示す際国連安保理決議に依拠して後，コソボに関する首脳声明が，国連安保理決議に基づきこの危機が解決され，NATOの活動を終了するよう求めていること（第6節）もこれに対応するものである．

137

第 3 章　同盟の変質の法的意味と連邦憲法裁判所の評価

　　ワシントン首脳会議についての連邦政府の声明も，以前の空爆に関する声明と
　　同様に，国連安保理事会の権限を強調している.」[262]

　判決理由のこの説明を一見すると，NATO によるユーゴ空爆も 1999 年新
「戦略概念」が導入する域外「危機対応活動」の一種であり，国連の権威のも
とで，安保理決議に基づき実施されたものと認めているようにも読める. しか
しこの箇所の記述は，ユーゴ空爆開始当時の NATO 理事会──そしてドイツ
政府──の主張を繰り返し確認しているにすぎず，明確な武力行使の授権のな
い NATO によるユーゴ空爆が国連憲章第 2 条 4 項に違反するものであるか否
かを検討するところではない. ただ 1999 年新「戦略概念」が，NATO 条約
第 7 条を引きながら国連憲章遵守を繰り返し約束し，NATO 軍の出動要件が
国際法に適合することを明記しているところから，その新任務の合法性を推論
しているにすぎない.

　NATO によるユーゴ空爆の目的が国連安保理決議の履行をミロシェヴィ
チ大統領に要求することにあり，NATO の航空作戦が国連安保理決議との
関連を有することは疑いないとしても，その指摘だけでコソボ戦争の ius ad
bellum の問題に解答を与えたことにはならない. また連邦憲法裁判所にも
ユーゴ空爆開始根拠の当否という個別問題に回答することは求められてはいな
い. 求められているのは，1999 年 NATO 新「戦略概念」が NATO 条約を逸
脱した派兵政策を追求する目的を一般的に有するか否かについての答えである.

③ 1999年「戦略概念」の国際法・憲法適合性

　この点について 2001 年判決は，NATO 軍の新任務と武力行使の要件に触
れた箇所で，基本法第 24 条 2 項と関連づけながら次のように述べている.

　　「……すでに基本法第24条2項の要件の表現からみても，ドイツ連邦共和国が，
　　平和の維持に寄与しない軍事的相互集団安全保障機構に加入することは禁じられ
　　ている. 元来は基本法第24条2項の要求を満たし［平和の維持に寄与し］ていた
　　機構が，もはや平和の維持に寄与せず，あるいは侵略戦争を準備するようなもの
　　に変化することは憲法上禁じられるのであり，基本法第59条2項1文，第24条2項

138

により制定されたNATO条約同意法律の内容から逸脱することになる.

　だが，NATOがこのように変化したことを証明する根拠を1999年新戦略概念から見出すことはできない. 同概念に具体的に示されたNATO軍の出動要件は，文面にしたがうならば，国際法に合致する形でのみ設定されることになっている（第III部第31節）. したがって，国際法上強制される武力行使禁止（国連憲章第2条4項）が軽視されることはない. 武力行使が承認される要件は，［加盟各］国（国連憲章第48条と結びつく第42条）ないしは地域機構（同第53条）への国連によるマンデイトの付与から第三国の集団防衛，そして［当事国の］要請による介入にまで及び，その行動には比例適合性［が要求される］.

　［新戦略概念は，］同盟地域の防衛のための［NATO条約］第5条に基づく活動とともに，第5条の適用を受けない活動（危機対応活動）も具体的に定めているが，このことからは，権力政治的動機，ましてや侵略的動機から平和を破壊する意図は確認できない. むしろ逆に，東西紛争終結後の変化した安保政策状況に照らし，また平和に対する新たな脅威状況に鑑みて，平和を維持していくことが主題とされているのである. 1999年新戦略概念によれば，同盟は，民主主義，人権，法治国家性といった共通の価値に基づき，ヨーロッパにおける正当かつ永続的な平和秩序を追求しているのである（第I部第6節）.」[263]

　この記述に明らかなように，連邦憲法裁判所は，国際法上武力行使が許される事例を，国連の授権による場合と自衛権の行使による場合，および当事国の要請による介入の場合に限定しており，NATOの新「戦略概念」が予定する「危機対応活動」も，この許容範囲内で実施されることを確認している.

　他方で2001年判決は，1999年新「戦略概念」が規定するNATOの新任務が，国連憲章第8章の地域的取極・機関としての性質を具備するものへの同盟の変質を顕示するものであることを再度強調している.

　「加えて，1999年の新戦略概念は，新たな加盟国による拡大（第III部39節）を21世紀における同盟の安全保障アプローチの一部として予定している. この概念はそのかぎりにおいて，ワシントン宣言に照らして読まれなければならない. ワシントン宣言は，新たな欧州の加盟国の受け入れを予定し，それにより安全保障を国連憲章第8章の評価に調和させながら担保しようとしている（ワシントン

宣言第8節，またコミュニケ第4節，第7節も参照）．中欧および東欧諸国は，と
くに1994年以降［NATOとの間に］協力を発展させてきた．この点でNATOは，
中欧および東欧諸国との間で様々な形で制度化された協力の上に建設されるので
ある．」[264]

判決文がここで参照を求めているワシントン宣言や首脳会議コミュニケの該
当箇所には，国連憲章第8章に関する言及はない．そもそも，1999年「戦略
概念」にもワシントン首脳会議関係文書のなかにも，NATOと国連憲章第8
章との関係に言及した箇所は一切ない．それにもかかわらず判決は，非加盟国
に対する開放性を理由に，NATOが ―そしてその「危機対応活動」の機能が
― 国連憲章第8章による地域的集団安全保障であると繰り返し強調するので
ある．それは，NATOの東方拡大の過程において，周辺地域紛争を同盟域内
化することが避けて通れない状況に対して，連邦憲法裁判所なりにこのプロセ
スを支援する意味があったと理解すべきかもしれない．

3 2001年判決の意義

1999年「戦略概念」は，国連安保理の許可を受けないコソボへの「人道的
介入」の最中に採択されたものである．その影響は，この文書がNATO周辺
国の国内危機や大量難民の発生を同盟の安全保障上の脅威として認識している
ことにも表れている．しかし，連邦憲法裁判所の裁判官は，新「戦略概念」を
コソボ紛争への介入を正当化する趣旨の文書とは理解しなかった．むしろ新
「戦略概念」が導入する「危機対応活動」を国連憲章第8章による活動と評価
することで，国連やOSCEの決定をうけた活動を想定した1991年「戦略概
念」との連続性を強調するのである．ここには，コソボのケースを同盟活動の
例外とすることで，「国連集団安全保障と同盟の連携」という原則からの逸脱
に歯止めをかけようとする連邦憲法裁判所の意図が推察される．

2001年11月22日判決がその後のドイツ政府の派兵政策にどのような影響
を与えたかをここで評価することはできない．しかし，連邦憲法裁判所がこ

の判決を下した 2001 年 11 月は，9・11 米国テロ事件後のアフガニスタン派
兵の是非をめぐって国内政界が動揺していた時期である．その後ドイツ政府は，
連邦軍の活動の重点を国外における対テロ活動を含む危機対応や紛争地域の復
興支援に移し，同盟域外派兵に即応できる体制整備に着手している．この時期
に司法が NATO の域外「危機対応活動」の性格を国連憲章第 8 章の機能であ
ると評価したこと，それにより「国連中心主義」を再確認したことの意義は大
きかったのではないかと考えられる．それはイラク戦争への対応において重要
な意味をもったはずである．

[注]

183 たとえば，連邦防衛省が発行した『2002 年の連邦軍―現状と展望』と題する文書は，ドイツ
の外交・安保政策の特徴について，次のように記述している．「ドイツの外交・安全保障政策
は，平和と自由のための政策である．それは『統一欧州における同権を有する一員として世界
平和に奉仕せんとする』基本法前文に提示されたドイツ国民の意思の反映である．この政策は，
われわれの憲法に明示された諸価値と人間の尊厳，ならびにドイツ国民の自由，安全，繁栄そ
して領土保全を確保することへの誓約に導かれている．」(Federal Ministry of Defense, "The
Bundeswehr in 2002. The Current Situation and Perspectives", Berlin, April 2002, S.13.)
184 第 1 章 I .1. および第 2 章 I .2.(2). ④.
185 集団防衛と集団安全保障の相違がこのようなものであるとしても，集団防衛が国連体制成立前
の旧来の軍事同盟とは異なる性格のものであることも確認しなければならない．我が国におい
ても，たとえば大平善梧教授は，多くの国際法学説が NATO 等の同盟を集団安全保障と呼ぶこ
とを誤りと断定することについて，これを批判し，旧来の軍事同盟とは異なる「集団防衛」の
概念について次のような説明をしている．「[NATO 等の] 地域的安全保障が，集団安全保障と
して不完全で不純粋なものであったにしても，第三国に対抗する意味を伴うからと言って直ち
に軍事同盟方式だと極めつけることも，歴史的視野を欠いて，不公正である．軍事同盟の範疇
に入れたとしても，甚だしく変貌した，いわば新しい同盟体制だと言わねばならない．私は地
域的安全保障体制を，集団安全保障でもなく，また軍事同盟でもない，『第三の範疇』すなわち
" 集団防衛 "collective defence" の形式として把握したいと思う．この方がむしろ，法形式の歴
史発展に即応するもので，同盟―集団安全保障―集団防衛への発展過程が表示されるのではな

第 3 章　同盟の変質の法的意味と連邦憲法裁判所の評価

いか.」（大平善梧「集団安全保障の本質」，日本国際政治学会編『集団安全保障の研究』（有斐
閣，1959 年）所収，12 頁.）国家の自衛権に基づく同盟の勢力均衡による平和維持と国連に
よる集権的平和保障の発展過程のなかに地域的安全保障（集団防衛）の機能を位置づける大平
教授の視点は，冷戦後の NATO の拡大と戦略の変質を見る時極めて示唆に富む．現実の国際
社会において，国連集団安全保障は同盟間の勢力均衡による平和維持を代替するものではなく，
両者は並存して相互に補完的関係に立っている．これは冷戦時代も現在も変わりはない．第 2
章で見たように，ドイツ連邦憲法裁判所の 1994 年判決が NATO や WEU を「相互集団安全保
障機構」の範疇に含めた判断の基礎にも，集団防衛と集団安全保障を相互補完的に捉える基本
的視座がある．なお，国連との関係において最近の NATO の変質を見る視点を提供するものと
して，参照，杉山茂雄「『同盟』への覚書」『防衛法研究』第 27 号（2003 年 10 月），117 頁以
下.

186　BVerfGE 90, 286 [349].

187　BVerfGE 90, 286 [350f.].

188　BVerfGE 90, 286 [347f.].

189　Dieter Deiseroth, Die NATO　— Ein System "kollektiver Verteidigung" oder "kollektiver
Sicherheit"? Kritische Bemerkungen zur Rechtsprechung des Bundesverfassungsgerichts,
in: Die Friedens-Warte, Bd.75 (2000), S.101ff.

190　D. Deiseroth, Die NATO [Fn.189], S.106-110.

191　議会評議会開催前に，敲き台となる草案を作成すべく南独キーム湖上の城に西独 11 州各ラント
首相により招集された憲法委員会.

192　ダイセロートは，「集団安全保障」の概念が基本法制定当時すでに国際法学において確立された
法概念であったことを裏づけるため，国際連盟憲章（1919）から国際連合憲章（1945）に至る
歴史的経緯をたどる．そのなかで彼がとくに重視しているのは，当時の国際法学者の学説である．
国際学術協力機構（Institut international de cooperation intellectuelle）[UNESCO の前身]
が 1933 年から 35 年にかけて開催した「集団安全保障」（Sécurité collective）をテーマとす
る国際会議において多くの国の国際法学者や実務家が意見を述べ，最終報告書において，総括
報告者 M. バーキン（Maurice Bourquin）が，「集団安全保障」の概念が軍事同盟において追
求される安全保障とは基本的に異なるコンセプトであると確認していること，そして，1936 〜
7 年に刊行された A. フェルドロース（Alfred Verdross）や A. マクネァー（Arnold Macnair）
といった代表的国際法学者の著書でも，集団自衛との原理的区別が強調されていたことをダイ
セロートは詳述している．Vgl. D. Deiseroth, Die NATO [Fn.189], S.115-120.

193　当時フォン・マンゴルトが国連憲章第 52 条のもとに創設すべきものとして提唱していた地域
機関であり，現在の EU を直接指すものではない．Vgl. D. Deiseroth , Die NATO [Fn.189],
S.108, Anm.31.

194　D. Deiseroth, Die NATO [Fn.189], S.108f.

195　D. Deiseroth, Die NATO [Fn.189], S.128.

196　D. Deiseroth, Die NATO [Fn.189], S.124ff.

197　D. Deiseroth, Die NATO [Fn.189], S.106.

198　U.N. Doc. A/47/277-S/24111 (Agenda for Peace).

199　「憲章は，地域的取極又は機関については意図的に明確な定義を示さず，国際の平和と安全の維

持にも役立つ地域的行動にふさわしい問題に国家集団が取り組みやすいよう，必要な柔軟性を残している．このような地域的取極ないし機関には，国連の発足以前か以後かを問わず，何らかの条約に基づいて設立された機関，相互安全保障および防衛のための地域的機関，全般的な地域開発または特定の経済的主題あるいは機能を果たすための機関，および当面の関心事である特別の政治的，経済的，社会的問題を扱うため設置されたグループなどを含むことができよう．」(Agenda for Peace, Para.61.)

200 それまで，国連憲章第8章の地域的取極・機関とみなし得るのは，米州機構（OAS），アフリカ統一機構（OAU），アラブ連盟（LAS），欧州安保協力会議（機構）（CSCE［OSCE］）であるとされてきた．その平和維持能力の可能性と限界については，Vgl. Rüdiger Wolfrum, Der Beitrag regionaler Abmachungen zur Friedenssicherung: Möglichkeiten und Grenzen, in: ZaöRV 53/3 (1993), S.576ff

201 Engelbert Theuermann, Regionale Friedenssicherung im Lichte vom Kapitel VIII der Satzung der Vereinten Nationen: Juristische und politische Probleme, in: Winrich Kühne (Hrsg.), Blauhelme in einer turbulenten Welt, Beiträge internationaler Experten zur Fortentwicklung des Völkerrechts und der Vereinten Nationen, Nomos Verlagsgesellschaft, 1993, S.242.

202 E. Theuermann, Regionale Friedenssicherung [Fn.201], S.245.

203 Danesh Sarooshi, The United Nation and the Development of Collective Security, The Delegation by the UN Security Council of its Chapter VII Powers, Oxford University Press, 1999, S.252.

204 Vgl. Andreas F. Bauer, Effektivität und Legitimität, Die Entwicklung der Friedenssicherung durch Zwang nach Kapitel VII der Charta der Vereinten Nationen unter besonderer Berücksichtigung der neueren Praxis des Sicherheitsrates, Duncker & Humblot, 1996, S.277f.

205 E. Theuermann, Regionale Friedenssicherung [Fn.201], S.248.

206 D. Sarooshi, The United Nation [Fn.203], S.250-251.

207 A. F. Bauer, Effektivität und Legitimität [Fn.204], S.269-271. ただし既述のように，国連安保理の「利用」による域外強制行動が可能であるのは，その地域的取極の内部法が安保理のためのこの種の活動を予定している場合にかぎられる．

208 国連憲章第48条「1 国際の平和及び安全の維持のための安全保障理事会の決定を履行するのに必要な行動は，安全保障理事会が定めるところにしたがって国際連合加盟国の全部又は一部によってとられる．2 前記の決定は，国際連合加盟国によって直接に，また，国際連合加盟国が参加している適当な国際機関におけるこの加盟国の行動によって履行される」．

209 Vgl. Fn.198.

210 Agenda for Peace, Para.64-65.

211 U. N. Doc. S/25184, 28. January 1993.

212 U. N. Doc. S/25996, 15. June 1993.

213 A/RES/47/120B, 20. September 1993. なお，国連の合同調査班は，国連憲章第8章の具体化として，地域紛争解決における国連と地域機構の協力・分業の可能性について提言をまとめている．Vgl. Report on Sharing Responsibilities in Peace-Keeping: The United Nations

第3章　同盟の変質の法的意味と連邦憲法裁判所の評価

      and Regional Organizations. Prepared by Fatih K. Bouayad-Agha, Boris P. Krasulin, Joint Inspection Unit, 1995.(JIU/REP/95/4) <http://unsystem.org/jiu/new/reports/1995/en95_04.pdf>（2004 年 6 月 19 日閲覧）

214　安保理決議 770 号（S/RES/770(1992), 13. August 1992），787 号（S/RES/787 (1992),16. November 1992），816 号（S/RES/816(1993), 31. March 1993），836 号（S/RES/836(1993), 4. June 1993），908 号（S/RES/908(1994), 31. March 1994).

215　Georg Nolte, Die"Neue Aufgabe"von NATO und WEU: Völker- und verfassungsrechtliche Fragen, in: ZaöRV 54/1 (1994), S.112.

216　S/RES/665 (1990), 25. August 1990; S/RES/678 (1990), 29. November 1990.

217　A. F. Bauer, Effektivität und Legitimität [Fn.204], S. 274f.; Rüdiger Wolfrum, in: J. Isensee/ P. Kirchhof (Hrsg.), Handbuch des Staatsrechts der Bundesrepublik Deutschland, Bd. Ⅷ, C. F. Müller, 1995,§192 Deutsches Mitgliedschaft in NATO, WEU und KSZE, Rdnr.41 (S.308f.).

218　S/RES/816 (1993), 31. March 1993, para. 4. Fn.214 に列記した一連の決議においても，ほぼ同様の表現が用いられている．

219　A. F. Bauer, Effektivität und Legitimität [Fn.204], S.123-135.

220　R. Wolfrum, in: Handbuch des Staatsrechts [Fn.217],§192, Rdnr.46 (S.311f.).

221　国連安保理が憲章第 7 章による強制行動を憲章第 53 条 1 項により地域的取極・機関に授権しても，第 48 条により加盟国に授権しても，その措置自体が憲章の下での集団安全保障機能であることに変わりはない．国連が基本法第 24 条 2 項の「相互集団安全保障機構」であることについて異論はないのであるから，安保理の決議を第 48 条に基づき直接各加盟国に実施を要請したものと理解するならば，NATO・WEU が「相互集団安全保障機構」であるか否かは国連制裁実施への連邦軍参加の合憲性判断に大きな影響はないはずである．NATO・WEU を「相互集団安全保障機構」に分類することに意味があるのは，それが憲章第 8 章の適用対象となり，安保理の「利用」「許可」による強制行動の実施主体たり得るか否かの判断においてである．後で説明するように，連邦憲法裁判所は，1999 年 NATO「戦略概念」に関する 2001 年 11 月 22 日の判決においても，NATO の域外危機対応活動を国連憲章第 8 章の機能であると説明している．

222　NATO 条約第 1 条が「国際紛争を，平和的手段によって国際の平和及び安全，及び正義を危うくしないように解決すること」，「それぞれの国際関係において，武力による威嚇又は武力の行使を……慎む」ことを締約国の義務とし，第 4 条が「締約国の領土保全，政治的独立又は安全が脅かされている」と認められる場合に協議を行うと定めているとしても，NATO の防衛同盟としての性格は変わらない．ブリュッセル条約第 8 条 3 項も，「いかなる地域のものであれ，平和に対する脅威又は経済的安定に脅威となるいかなる状況に際しても審議できるよう」いずれかの締約国の要請に基づき理事会が招集されると定めるが，NATO 条約第 4 条と同じく，地域的集団安全保障としての強制行動に根拠を提供するものではない．構成国相互間の紛争については，国際司法裁判所やその他の調停手続の決定にしたがうことを定めるにすぎない（ブリュッセル条約第 10 条）．NATO も WEU も，理事会の決定は全会一致で下され，条約に違反し平和破壊行為を行った構成国を決議から除外する条約規定がないことからも，米州機構やアラブ連盟等の伝統的「第 8 章機関」の設立条約との相違は明らかである（米州相互援助条約（リオ条約）第 18 条，アラブ連盟憲章第 6 条）．

144

223 Declaration on a transformed North Atlantic Alliance issued by the Heads of State and Government participating in the meeting of the North Atlantic Council ("The London Declaration") on 6 July 1990. <http://www.nato.int/docu/basictxt/b900706a.htm> （2004年6月27日閲覧）

224 The Alliance's Strategic Concept agreed by the Heads of State and Government participating in the Meeting of the North Atlantic Council, Rome, 7-8 November 1991 [Strategic Concept 1991] <http://www.nato.int/docu/basictxt/b911108a.htm> （2004年6月27日閲覧）

225 Strategic Concept 1991, I , para.14.

226 Strategic Concept 1991, II , para.22.

227 Strategic Concept 1991, III , para.33.

228 Strategic Concept 1991, IV , para.41.

229 Strategic Concept 1991, IV , para.42.

230 Declaration of the Heads of State and Government participating in the Meeting of the North Atlantic Council held at NATO Headquarters, Brussels, on 10-11. January 1994. <http://www.nato.int/docu/basictxt/b940111a.htm> （2004年6月27日閲覧）伊藤　務訳「首脳会議共同宣言—NATO は全欧安保に貢献する—NATO 首脳会議採択文書（ブリュッセル）[1994年] 1月11日（ドキュメント）」『世界週報』第75巻（1994）5号，62〜66頁．

231 The Alliance's Strategic Concept approved by the Heads of State and Government participating in the Meeting of the North Atlantic Council, Washington D.C., 23-24 April 1999 [Strategic Concept 1999]. <http://www.nato.int/docu/pr/1999/p99-065e.htm> （2004年6月27日閲覧）

232 1995年1月以降，CSCE は OSCE に改称した．本文でも，時期により名称を使い分けている．

233 Strategic Concept 1999, III , para.31.

234 Strategic Concept 1999, II , para.24. とくに人権侵害への断固たる対処やテロリズムに対する防衛の決意は，新「戦略概念」とともに発表されたワシントン宣言でも強調されている．The Washington Declaration signed and issued by the Heads of State and Government participating in the meeting of the North Atlantic Council in Washington D.C. on 23rd and 24th April 1999, I , para.7.<http://www.nato.int/docu/pr/1999/p99-063e.htm>(2004年6月27日閲覧)

235 Strategic Concept 1999, I , para.6, 10.

236 Strategic Concept 1999, II , para.14ff.

237 この後説明するように，1999年の新「戦略概念」が実質上の条約改正であるとして，政府単独でこれを採択したことの違憲性の確認を求めた民主社会党（PDS）による機関争訟でも，国連のマンデイトとの結びつきが希薄化している点をとくに問題にしていた．Vgl. BVerfGE 104, 151 [176f.].

238 問題は，この変化を「国連中心主義」からの離反と消極的に捉えるか，あるいは —コソボ介入のケースについて一部にそのような評価があるように— 国連安保理の制度的欠陥に起因する機能不全を克服する挑戦として積極的に評価できるかである．この後第4章で説明するように，ドイツ政府と連邦議会会派の多くはこれを国連改革への積極的な契機と捉えた．連邦議会会派

第3章　同盟の変質の法的意味と連邦憲法裁判所の評価

のなかでは，コソボにおける NATO 航空作戦参加承認案を審議した 1998 年 10 月 16 日の連邦議会本会議において，B'90/Grüne 所属議員が表明した意見が注目される．同党の G. ヘフナー（Gerald Häfner）議員と A.K- ロサック（Angelika Köster-Loßack）議員は，「国連と国際法をさらに発展させることが肝要」であるとの立場から，「国連は，大国・核保有国の排他的権力手段から，全世界の国民の手により平和を守り，平和を生み出す民主的手段にならなければならない．」と安保理事会における拒否権制度を批判し，NATO コソボ作戦承認決議が「緊急に必要となっている国連の改革と世界国内政策・世界平和政策の意味での国際法のさらなる発展を突き動かす」ことを期待すると発言を締めくくる（Deutscher Bundestag, Stenografischer Bericht, 248. Sitzung, Bonn, Freitag, den 16. Oktober 1998, Plenarprotokoll 13/248, 23168(C)-(D).）．学界においても国連安保理の制度的欠陥を理由にコソボへの「人道的介入」を積極的に支持する論者は少なくない．たとえば，H. ヴィルムスは，ロシア・中国の反対によりユーゴスラビア連邦共和国に対する国連制裁決議の採択が挫折したことを批判して次のように述べる．「国連安保理事会の決定は，何ら法治国家的要求に沿うものではない．安保理常任理事国のただ一国の拒否権行使により，必要な決議が完全に阻止され得るのである．すなわち，これは，最初から一度として法治国家の基準を満たしたことのない一つの国（たとえば中国）が，ある措置が国際法に適合するか否かを定義する権限を有することを意味するのである．」Vgl. Heinrich Wilms, Der Kosovo-Einsatz und das Völkerrecht, in: ZRP 1999, S.228. ドイツにおけるコソボへの「人道的介入」正当化論については，第4章でさらに検討する．

239　BVerfGE 90, 286 [365]．また参照，第2章Ⅱ.3.(3).①．

240　「[1991 年] 新戦略概念は，……ローマ宣言によれば，NATO 条約の改正ではなく，既存の条約の範囲内で NATO の任務と行動手段を新しい戦略環境に適応させようとするものである．……したがって，訴えの対象とされる宣言文はすべて，欧州における新たな『安全保障アーキテクチャー』に関する政治的言明であり，それは，この改めて拡大された協力のプロセスを進める最初の意志を明言するものであるが，政治的交渉と実際の協力の各中間段階にあって，まだ条約としての法的拘束力を設定しようとするものではない．関係する諸国および機構は，その計画と企図を今後さらに発展させることを目指す現況を書き留めたのであり，そこで概念更改の努力が終了したとは認めず，したがってこれに法的拘束力をもつ条約の形式を与えようとはしなかったのである．連邦政府が，この種の計画や了解手続に参画し，かつそれぞれの会議の結果や具体的協力の約束に個々の事例を越えた法的拘束力を付与することがないのであれば，これまでのところ NATO 条約や WEU 条約の改正は明らかに行われてはいないのである．」(BVerfGE 90, 286 [371f.]) 参照，第2章Ⅱ.3.(3).①．この判決法廷意見に対して，J. リムバッハはじめ4人の裁判官は，NATO や WEU の域外危機管理任務の拡大が既存の条約の枠を超えるものと考え，反対意見を述べた（BVerfGE 90, 286 [372ff.]）．なお，リムバッハ判事はこの後，連邦憲法裁判所長官として 1999 年の新「戦略概念」の合憲性を判断することになる．

241　BVerfGE 90, 286 [375].

242　BVerfGE104, 151 [169ff.].

243　NATO コソボ航空作戦は，1999 年 3 月 24 日から 6 月 11 日まで続いた．PDS は，作戦開始の翌日，連邦防衛大臣に対して連邦軍の派遣を中止するよう求める仮命令の申立てを連邦憲法裁判所に行ったが，却下されている (BVerfGE 100, 266).

244　BVerfGE 104, 151 [199ff.].

245　BVerfGE 104, 151 [201f.].

246　BVerfGE 104, 151 [204].

247　BVerfGE 104, 151 [205].

248　Strategic Concept 1999, Ⅱ, para.20.

249　Strategic Concept 1999, Ⅱ, para.24.

250　Strategic Concept 1999, Ⅲ, Ⅳ.

251　BVerfGE104, 151 [205f.].

252　NATO の「戦略概念」は, 1999 年の改定に至るまで, 冷戦時代に 4 度（1949 年 12 月, 1952 年 12 月, 1957 年 5 月, 1967 年 12 月), 冷戦後 2 度（1991 年 11 月, 1999 年 4 月）計 6 度改定されている.

253　BVerfGE 104, 151 [206]

254　1991 年「戦略概念」による新任務導入に関連してではあるが, vgl. G. Nolte, ZaöRV 54/1 (1994) [Fn.215], S.110; Phillipp Wassenberg, Das Eurokorps: Sicherheitsrechtliches Umfeld und völkerrechtliche Bedeutung eines multinationalen Großverband, Nomos Verlagsgesellschaft, 1999, S.191ff.

255　BVerfGE 104, 151 [210].

256　Heiko Sauer, Die NATO und das Verfassungsrecht: neues Konzept-alte Fragen, in: ZaöRV 62/1-2 (2002), S.333, 340.

257　Gunnar Geiger, Die völker- und verfassungsrechtliche wirksame Erweiterung des Aufgabenspektrums von NATO und WEU um Krisenmanagementaufgaben, in: NZWehrr 2001, S.141ff. ドイツ・オランダ第 1 軍団に関する協定は, この軍団に属するドイツ連邦軍部隊が WEU の下で危機管理任務に参加することを規定する. また, 北東多国籍軍団に関する協定は, ドイツ連邦軍を含め, 同軍団に所属する各国軍隊が国連, NATO ならびに国連憲章第 8 章の地域的取極が行う危機管理任務のために提供されることを定める（同協定第 3 条 1 項 b 号).

258　BVerfGE 104, 151 [187ff.].

259　BVerfGE 104, 151 [173f.].

260　BVerfGE 104, 151 [203f.].

261　判決文はこの箇所で, 連邦政府が 2000 年 4 月 12 日に連邦議会に提出した 1999 年度『軍縮年次報告書』の参照を求めている. Vgl. Bericht der Bundesregierung zum Stand der Bemühungen um Abrüstung, Rüstungskontrolle und Nichtverbreitung sowie über die Entwicklung der Streitkräftepotentiale (Jahresabrüstungsbericht 1999), BT-Drs.14/3233, S.6. しかし, そこに記述されているのは, 1999 年新「戦略概念」の任務を他の安全保障上重要な組織 [OSCE, EU・WEU] と協力しながら, NATO 条約の枠内で国際法と国連憲章に合致する形で果たすということだけであり, 国連憲章第 8 章との関連についての説明はない.

262　BVerfGE 104, 151 [211f.].

263　BVerfGE 104, 151 [213f.].

264　BVerfGE 104, 151 [212].

第 2 部

1994年判決以後の国外戦闘参加への政府と議会の協働

法的制約論から積極的政策論へ

第4章
連邦軍コソボ派遣をめぐる法と政治

　冷戦後のヨーロッパが必要としたのは欧州独自の地域的集団安全保障機構であり，それは基本法制定当初からドイツが追求してきたものでもあった．しかし，このような制度の完成は一朝一夕に成就し得るものではなく，既存の制度の任務・機能を変化した環境に適応させながら，段階的に実現を期すほかはない．そのため，NATO や WEU は，集団防衛同盟から欧州の地域的集団安全保障機構の統合的構成要素に変化する必要があった[265]．連邦憲法裁判所が2001年11月22日判決でNATOの1999年「戦略概念」による任務拡大を国連憲章第8章の機能であると評価したのも，このような展開を視野に入れていたからだと考えられる．

　ただ，すでに見たように，1999年のNATO「戦略概念」には国連決議が域外紛争関与の要件とはされていないかのような解釈の余地を残す部分があり，1994年判決当初の政治的前提が崩れかかっているという印象は拭いきれない[266]．新「戦略概念」採択と同時期に実施されていたNATOによるユーゴ空爆が，そのような危惧の背景にあった点も看過できないところである．そこで，本章では，ドイツ連邦軍の域外軍事活動のなかではじめて国連安保理決議による武力行使の授権や許可のない紛争介入の例となったコソボ派兵について，多くの反対にもかかわらずこれを決定したドイツ連邦政府およびそれを承認した連邦議会諸会派が，どのような見地から派兵を断行したのかを検討することにしたい．その際，ドイツ政府・議会の自己認識において，「国連中心主義」の占める地位は低下したのか，あるいは，ユーゴ空爆において国連から距離を

151

おいたのには何らかの積極的な政策的意図があるのかが問題となる.

I 社会民主党(SPD)と90年連合・緑の党(B'90/Grüne)の派兵方針の転換とコソボ紛争

1 1994年判決以後のSPDおよびB'90/Grüneの派兵方針の変化

コソボ紛争解決のため 1999 年 3 月末から実施された NATO によるユーゴ空爆への参加は,国連の明示の許可なく主権国家に対して武力を行使した点で,ドイツが 1990 年代に参加したどの活動とも異質なものであった.戦後はじめてドイツ連邦軍が戦闘活動に直接参加したことは,外交政策上の「分水嶺」というべき画期的な出来事であった.それだけでなく,これを実施した当時の政権党である SPD と B'90/Grüne が,それまでとってきた戦闘部隊の国外派遣への消極姿勢を大きく転換し,ドイツの派兵政策のスペクトルを拡大する契機となった点でも重要な事件であった.

ドイツ政府がコソボ紛争解決に向けた外交努力を重ねるなかで,連邦軍の同盟域外戦闘派兵に消極的姿勢を一貫してきた SPD と B'90/Grüne が,ユーゴ空爆参加を契機としてこの方針を転換するに至るまでの経緯をここで振り返っておくことにする.

(1) 1994年判決以前の両党の立場

1990 年 8 月イラクのクウェート侵攻に始まった湾岸危機の際,ドイツ政府は NATO 同盟域外派兵を違憲とする従来の政府方針に拘束されたため[267],国際社会が要請した軍事協力に支障をきたした.同盟域外派兵を実施するにあたり改憲を行うことについて 1990 年 8 月 20 日の与野党首脳会談で合意がなされ,以後ドイツ政界・学界では改憲論議が盛んであった[268].このなかで改憲の成否の鍵を握っていたのが,当時野党第一党であった SPD である.SPD は,1991 年 5 月 29 〜 31 日に開催されたブレーメン党大会において,戦闘任務を伴わない国連平和維持活動と人道支援に連邦軍の派遣を限定する改憲方針を

確認し，1992年6月23日には他党に先駆けて改憲案を連邦議会に提出した．この改憲案は，当時ソマリアで試行されていた平和執行型のPKOへの参加は考慮せず，停戦合意の成立を前提とした古典的PKOと人道支援への参加のみを念頭に置いたものであり[269]，国連決議に基づく軍事制裁等の戦闘任務への参加を目指す与党キリスト教民主・社会同盟（CDU/CSU）とは立場に大きな隔たりがあった[270]．

　一方，B'90/Grüneは，さらに軍事抑制的な非戦主義の立場であった．1992年7月2日に提出された同党の改憲案では，連邦の軍隊設置の権限自体を世界平和維持のための国際機関に移譲することを定めるなど，斬新な提案を含むものであった．またSPD案と同様に，参加対象を安保理決議と紛争当事者の同意に基づく国連指揮下の平和維持活動に限定するのに加え，隣国への派遣の禁止や連邦議会の3分の2（少なくとも構成員の過半数）による承認を派遣条件とするなど，いっそう要件を厳格にするものであった[271]．

(2) 1994年判決以後のコール政権の対応

　各党の改憲案は出揃ったものの改憲論議は遅々として進まず，一方ではバルカン半島の危機が深刻さを増すなかで，コール政権（CDU/CSUと自由民主党（FDP）の保守中道連立）は改憲を待つことなく，連邦軍の同盟域外派遣に踏み切った．これに対しSPDは，派遣の度ごとにその派遣差止の仮命令と派兵決定の違憲無効を求める機関争訟を繰り返した．一連の憲法訴訟は，連邦憲法裁判所1994年7月12日の判決により決着し，基本法第24条2項により平和維持のため「相互集団安全保障機構」として実施する同盟域外軍事派兵は合憲であるとの判断が下された．しかし，その後も派兵に消極的なSPD内部の非戦論者の主張は変わることはなく，B'90/Grüneも軍事制裁参加に否定的姿勢を崩さなかった．

　このためコール政権は，派兵の議会承認の際に政治的混乱が生じるのを避けるために，判決後直ぐに連邦軍を戦闘作戦に参加させることはなかった．1994年11月に国連保護軍（UNPROFOR）撤退支援をNATOが実施する際

に，ドイツに戦闘機の派遣要請があった時も，コール政権の対応は慎重であった．当初からドイツ軍は地上軍には参加しないことを明言し，戦闘機 14 機の派遣の検討が具体化したのも翌年春以降のことであった．北イタリアの空軍基地に空軍機を移動させはしたが，戦闘に巻き込まれるのを避けるため，あくまで「保護と支援」のための展開であると説明された．この派遣に関する議会承認は 1995 年 6 月 30 日に行われたが，議員 655 人中賛成は 386 人であった [272]．同年 11 月に UNPROFOR の後継活動として展開した IFOR に参加した際にも，戦闘任務には関与せず，ボスニアの外で「準パートナー」(junior partner) として NATO 部隊の後方支援を担当するにとどめた．他の NATO 諸国の軍隊と「同格のパートナー」(equal partner) として参加したのは，翌年 IFOR から SFOR に変わって以降のことである．それでも 1999 年 3 月末の NATO ユーゴ空爆作戦までドイツ軍が戦闘任務に就くことはなかった [273]．

(3) SPD および B'90/Grüne の軌道修正

このような経過のなかで，連邦軍の同盟域外派遣の必要性への理解も深まり，超党派の支持が得られるようになっていった．IFOR/SFOR への参加の際の連邦議会承認においては，与野党の垣根を越えた広範な賛成が得られた．IFOR 参加承認決議（1995 年 12 月 6 日）での賛成票は 543 票 [274]，SFOR 参加承認決議（1996 年 12 月 13 日）でも 499 票の賛成票が投じられている [275]．UNPROFOR への派遣の際の賛成票と比べると 100 票以上多いことからも，この期間に SPD や B'90/Grüne 会派のなかで派遣肯定論が力を増していたことがうかがえる．その背景には，上述のようなコール政権の漸進的アプローチが奏功したこともあるが，バルカン半島において非軍事的紛争解決策がほとんど成果を収めていなかった現実がある．また，短期的な効果に照らした派兵の是非だけでなく，より高次の問題，すなわち欧州共通外交・安保政策 (CFSP) の強化と EU 内でのドイツの信頼性の維持の必要が強く意識され始めたことも影響している．ドイツはその第二次大戦までの歴史ゆえに欧州内の平和維持への道徳的責任があり，欧州諸国の共同行動から離脱する「ドイツ独自の道」

(ein deutscher Sonderweg) を選んではならないという説明が一貫して派遣承認決議と結びついていたのである[276].

　ただ，IFOR/SFOR に参加支持を表明した後も，SPD 党内の非戦主義的勢力はコール政権の派兵政策に対して批判的姿勢を崩してはいなかった．先に述べたように，1994 年判決以前，SPD は人道支援活動と国連指揮下の古典的平和維持活動への派遣のみに限定して連邦軍の同盟域外派遣を認める立場であった．判決以後，同党が国連または OSCE の授権により同盟国と共に行う戦闘任務を含むボスニア型平和維持活動を肯定する立場に方針転換するには，なお時間を要した．この方針転換を党として確認したのは 1997 年 12 月 2 ～ 4 日に開催されたハノーファー党大会においてであった．ここでは国連の授権による軍事行動のすべてに連邦軍が使用できることを確認しており，かつての「平和維持活動は可，平和強制活動は不可」といった二分法的思考はすでに失われている[277].

　一方，後に SPD と共に政権を担うことになる B'90/Grüne も，1994 年判決以前は SPD 以上に強く非戦主義的方針を打ち出していたが，バルカン半島情勢の急速な悪化と政権担当への意欲を見せる J. フィッシャー（Joschka [Joseph] Fischer）を中心とする現実派勢力の台頭により，派兵方針の修正が目立ち始める．フィッシャーは，後にシュレーダー政権下で外務大臣に就任してからは，彼以前の歴代外相の誰よりもドイツの過去とそこから生じる責任を強調した．彼も非戦主義者ではあったが，それ以上にドイツがバルカン半島における平和維持活動に貢献する義務を負っていることを信念としていた．後に彼がコソボ紛争の際に人道目的のための武力行使を容認するに至ったのも，人権と予防外交に対する非戦主義的関心から導かれたアンビバレントな結論であったといえる[278].

　IFOR/SFOR への参加の議会承認の際には，B'90/Grüne からも相当数の議員が賛成票を投じた．しかし，派兵政策に関する非妥協的非戦主義が党の綱領方針として修正されるまでには至ってはいなかった．フィッシャーは，カッ

155

セル（1997 年 11 月 14 〜 16 日）[279]，マグデブルク（1998 年 3 月 6 〜 8 日）[280]
の 2 回の党大会で同党の安保政策の現実路線への転換を図ったが，いずれも
失敗している．1998 年秋の総選挙のための選挙綱領「緑は変革」（"grün ist
der Wechsel"）においても，同党は全欧州的平和・安保秩序構築のための
OSCE の機能強化と NATO の解体，そして連邦軍の縮小を目標として掲げて
いたのである[281]．

(4) 政権交代による超党派的合意へ

1990 年代，コール政権下では，表面上安保政策に劇的な転換が図られ，連
邦憲法裁判所の 1994 年判決以降この動きはさらに加速した．その過程におい
て国連のマンデイトや多国間の枠組みの存在，明確なミッション・ステートメ
ント，活動の人道的性格等が連邦軍を同盟域外に派遣する条件の最大公約数と
して主要政党間で承認されてはいた．ただ，武力行使に関する各党の方針はな
お分裂しており，十分なコンセンサスが確立していたわけではなかった．

最終的にコンセンサスが形成されるのは，1998 年 9 月 27 日の総選挙によ
り保守中道連立（黒黄連合）から左派連立（赤緑連合）へ政権交代がなされ，
G. シュレーダー（Gerhard Schröder）を首相とする SPD と B'90/Grüne の
連立政権が誕生し，この政権交代と同時進行していたコソボ紛争への対処にお
いてドイツ政府として一貫した外交方針を求められる過程においてである．

2 コソボ紛争とドイツ外交

(1) コソボ紛争とNATOによる介入およびドイツ連邦軍派遣の経緯

1998 年 2 月から 3 月にかけて，セルビア軍・治安部隊とアルバニア系コソ
ボ民兵組織コソボ解放軍（KLA）との間で大規模な戦闘が勃発し，この結果
約 29 万人のアルバニア系住民への迫害と追放が始まった．数ヵ月のうちに約
10 万人の住民が退去を余儀なくされ，1,500 人ほどが殺害された．この人道
的災害を停止させるべく，NATO 理事会は 10 月 13 日にセルビア軍拠点に対
する航空作戦の発動を決定した．

ドイツのコソボ問題への積極的関与は，1997年に遡る．独仏政府は，いわゆるコンタクト・グループ[282] の一員として，コソボの自治あるいは独立を求めるアルバニア系住民と大セルビアに統合しようとするセルビア人勢力との間の紛争拡大の阻止に尽力した．当初独仏政府は，ユーゴスラビア連邦共和国政府への制裁が緩和されればS. ミロシェヴィチ（Slobodan Milošević）大統領はコソボからセルビア軍を撤退させるであろうと考えていた．しかし，ミロシェヴィチの非妥協的態度は変わらず，結局NATOによる軍事制裁の警告が発せられるに至った．1998年10月8日には，NATO理事会がセルビア軍拠点に対する限定的かつ段階的な航空作戦計画を承認し，加盟各国の承認の後に作戦を発動することになった．これをうけ，ドイツ政府は作戦参加を閣議決定し，同月13日にNATO理事会により作戦発動が決定された後，16日には連邦議会において圧倒的多数の賛成をもって連邦軍の派遣を承認した[283]．

　国際社会は，軍事制裁の警告を強める一方で，ミロシェヴィチ大統領に譲歩を迫った．1998年10月7日から，バルカン半島問題米国特命全権代表R. ホルブルック（Richard Holbrooke）とミロシェヴィチ大統領との間で停戦の交渉がなされた結果，同月中旬には国連安保理決議1199号の遵守を監視するためコソボにOSCE非武装監視団（KVM）を受け入れ，その上空でNATO軍が監視飛行を実施することが決まった．この上空監視活動（EAGLE EYE）には，マケドニア派遣中のドイツ連邦軍兵士約350人が参加することになった．国連安保理も，10月24日の決議1203号[284] によりこの活動を承認した．散発的な衝突は続いたものの，コソボからのセルビア軍・治安部隊の一部撤退と難民の帰還も始まり，一時的に紛争の平和的解決の可能性に楽観論が広がった．

　しかし12月に入り事態は再び悪化，翌1999年1月15日にラチャク村（Racak）でアルバニア系住民45人がセルビア軍により虐殺された事件が発覚し，メディアを通じセルビア側の非人道性が喧伝されたこともあり，西側諸国の間に問題の早期解決の必要が認識されるようになる．コンタクト・グループが再度集会し，NATOによる武力制裁の可能性を示しながらミロシェヴィ

チ大統領に国連決議の即時完全実施を求めるべく外交を展開した．1999 年 2月 6 ～ 23 日に開催されたランブイエ会議および 3 月 15 ～ 18 日のパリ会議では，アルバニア系住民とセルビア側代表を交渉のテーブルに着かせ，コソボに自治権を認め，セルビア軍を撤退させる合意案で決着を図ったが，ユーゴスラビア代表がユーゴの領土保全と外国軍隊駐留拒否の主張を変えずこれを拒絶，ミロシェヴィチ大統領も和平案受諾に難色を示したため決裂し，紛争の平和的解決の望みは消えた．KVM1,500 人は直ちに撤退を開始し，同年 3 月 24 日，NATO は予てから警告していた軍事制裁を実施に移し，ユーゴスラビア連邦共和国への空爆を開始した（ALLIED FORCE）．ドイツは哨戒機および戦闘機合わせて 14 機（派遣上限）により空爆に参加した．また，停戦協定実施のための NATO 作戦（JOINT GUARDIAN）への参加についても，すでにランブイエ会議後の 2 月 25 日に連邦議会で承認がなされており[285]，コソボ紛争への軍事的関与を強めた．

(2) 停戦へのイニシャチヴ

国連決議による明示的な武力行使の容認を伴わないユーゴ空爆の国際法適合性に疑問が提起されるなかで，ドイツ政府は空爆開始後，地上軍投入を強く求める米英に反対する一方で，外交の最前線でコソボ戦争の早期終結を促し，広く南東欧地域の政治的安定と経済・社会的復興を実現するためのイニシャチヴをとった．とくに問題解決のプロセスにロシアを引き込み，解決策の検討の場を国連にもどすことに努力した．

ドイツの外交政策の特徴は，国連や OSCE，EU および WEU，NATO などの国際機構，あるいは G8・G7 などの国際枠組みを利用して多国間主義に基づく国際問題の解決を図るところにある．当時この分野でシュレーダー首相が指導力を発揮できたのは，偶々 1999 年前半期にローテーションによりドイツが EU と WEU そして G8 の議長国を兼任していたことによる．ドイツ政府は，空爆開始後も NATO による軍事制裁の効果的実施と停戦の早期実現のための濃密な外交交渉を結びつけるデュアル・トラック・アプローチを続けた．

1999 年 4 月 8 日にルクセンブルクで開催された EU 特別会議がミロシェヴィチ大統領に対する 5 項目要求[286] を発表した翌日，国連事務総長 K.A. アナン（Kofi Atta Annan）もジュネーヴにおいてこれとほぼ同内容の声明を発表し，国際社会の要求として再確認した．シュレーダーはこの機を捉え，EU 議長国としてケルンにおいて EU 首脳による非公式会議を主催し，これにアナン事務総長を招待して，先の声明をアナン・イニシャチヴとして支持することで国連をコソボ戦争終結のプロセスに導いた．またこの会議でドイツは，南東欧地域の広域的安定化構想を提案し，この地域の諸国が EU とより緊密な協力関係を築くことの重要性を強調した．

　他方，コソボ問題の解決にはロシアの協力が不可欠との認識から，ユーゴ空爆に反対したロシアが再び紛争解決プロセスに参加するよう尽力した．1999 年 4 月 14 日には，フィッシャー外相が 6 段階和平案を提案しているが，これはコソボからのセルビア軍の撤退を条件とする 24 時間の空爆停止に始まる完全撤兵の実現と NATO 作戦の漸次的終了を内容とするものであった．この案は，NATO のユーゴ空爆作戦を非難し続けるロシアと NATO の間の利害対立を克服し，紛争解決の政治プロセスにロシアを引き込むことに寄与した．この努力が後にアハティサーリ・チェルノムイルジン和平案に結実することになる[287]．

　この後，ミロシェヴィチ大統領への要求項目を国連安保理決議として採択するため，その草案を G8 が作成することになった．5 月 6 日のボン・ペータースベルクにおける G8 外相会合の議長声明において，コソボ紛争の政治的解決の諸原則を確認し，これを国連決議にする準備を G8 外相に付託するとともに，議長がこの会合の決定内容を中国政府に伝えるべきことが明記された[288]．

　ミロシェヴィチ大統領が和平案受諾を決定するに前後して，ドイツ政府は，ケルンにおける欧州理事会（6 月 3 〜 4 日），ボン・ペータースベルクにおける G8 外相会合（同 7 〜 8 日），そしてケルンにおける経済サミット（同 18 〜 22 日）で自らのイニシャチヴによりまとめた南東欧安定協定（Stability

159

Pact for South Eastern Europe) の採択に尽力し，コソボ紛争の解決にとどまらず，この地域の中・長期的安定化のために，EU をはじめとする主要国際機構と米国，ロシアなど主要国の役割を規定することにも成功している[289].

(3) 停戦後の平和維持活動への参加

　78 日間の空爆の後，1999 年 6 月 10 日ミロシェヴィチ大統領は，EU 公使 M. アハティサーリ（Martti Ahtisaari）フィンランド大統領とロシア連邦大統領特使 V. チェルノムイルジン（Viktor Chernomyrdin）が提示した和平案を受け入れた．セルビア軍の撤退と NATO の空爆停止により国連決議採択の障害はなくなり，同日，国際治安維持部隊の派遣を内容とする決議 1244 号が採択された[290]．6 月 12 日，国連の授権により NATO はコソボに部隊を展開（JOINT GUARDIAN II），KFOR として監視・査察・軍事実務協定の遵守確保の任務を引き受けるとともに，難民の帰還にあたり国連難民高等弁務官事務所（UNHCR）を支援し，コソボ国連暫定統治ミッション（UNMIK）の復興活動を支援した．ドイツは KFOR に約 5,000 人の軍人を派遣し[291]，英国に次ぐ第 2 位の兵員提供国となった．1999 年 10 月には KFOR の指揮権が英国からドイツに移り，ドイツ陸軍大将 K. ラインハルト（Klaus Reinhardt）が 17 の NATO 加盟国，21 の NATO 非加盟友好国から派遣された約 4 万 9,000 人を指揮した．ドイツ部隊は，プリツレン（Prizren）を中心にコソボ南部地域の治安維持を担当した．

　ドイツのコソボ紛争解決への貢献においては，早期停戦とコソボ問題を含む南東欧地域の中・長期的安定のための外交努力にその特質が顕著に示され，戦後の復興と平和維持に力点が置かれた．とはいえ，これを可能にしたのは NATO による軍事制裁の警告とその段階的実施であった．ドイツが外交交渉の面でリーダーシップをとりながら，軍事面で NATO に協力を拒むことは現実的ではなく，NATO 同盟国あるいは EU 加盟国としての信義上，ユーゴ空爆作戦への参加は不可避であった．

　ここで問題になるのは，上述のようなドイツ政府の外交努力の一方で，国内

的にはコソボ派兵の正当性と合法性をどのように説明したのかである．かりに
コソボ戦争への参加がNATOの同盟域外危機対応活動の先例となり，国連安
保理の決定を待たずにNATO理事会の決定のみにより地域紛争への介入が今
後も実施されることになれば，ドイツが冷戦後追求してきた国連との連携を基
軸とした派兵政策を大きく変質させることになる．ユーゴ空爆の国際法上・憲
法上の根拠についてドイツ政府がどのような説明を国内的に行い理解を求めた
のかを，政府が連邦議会に提出した連邦軍派遣承認案とその趣旨説明および野
党会派の質問への政府答弁書に基づいて確認しておくことにしたい．

II 連邦軍ユーゴ空爆作戦参加承認案と 憲法上・国際法上の問題点

1 連邦政府提出派遣承認案と趣旨説明

(1) 派遣承認案

　NATOによるユーゴ空爆に参加を決定した時点において，ドイツ政府はま
だコール政権であった．CDU/CSUは連邦憲法裁判所1994年判決以前から
NATO自体が基本法第24条2項にいう「相互集団安全保障機構」であり，そ
の決定に基づく同盟域外活動は武力行使を伴うものであってもこの規定を根拠
に可能であると考えていた．ただそれも，国連憲章の諸原則・諸規定に抵触し
ないかぎりにおいてであることはいうまでもない．国連決議による武力行使の
容認を伴わないユーゴ空爆作戦への参加は，保守中道連立政府にとっても従来
の立場との整合性に問題を残す決定であった．

　連邦軍を出動させる場合には，連邦政府はまず派遣理由と派遣部隊の任務，
規模等の詳細そして派遣の法的根拠を明示する承認案を提出し，連邦議会の
審査に付さねばならない[292]．コソボ派兵の承認案は，1998年10月12日に
提出された[293]．これには当然派遣の法的根拠について十分な説明があってし
かるべきであるが，以下に説明するように，ほとんど法的な説明が含まれて

161

第4章　連邦軍コソボ派遣をめぐる法と政治

いない.

　連邦軍コソボ派遣承認案はまず, 内戦により 29 万人にも及ぶ難民や被災民が生み出され, 約 5 万人が非人道的苦境に喘いでいるコソボの現状とドイツ政府の紛争解決への取り組みの経緯, ユーゴスラビア政府による国連安保理決議 1199 号不履行の背景を説明した後, NATO 理事会が 1998 年 10 月 9 日に検討した対処行動の法的根拠を列挙する.

・ユーゴスラビア連邦共和国は, 国連憲章第7章に基づく国連安保理決議1160号（1998年3月31日）および1199号（1998年9月23日）に反し, 国際社会の度重なる要求に応じていない.

・両決議に関する国連事務総長の報告は, とりわけコソボにおける人道的災害の危険を極めて明確に警告している.

・人道的窮状は, ユーゴスラビア連邦共和国が平和的解決のための措置を拒んでいることにより, 緩和することもなく続いている.

・近い将来コソボに関する強制措置を内容とする新たな国連安保理決議の採択は期待できない.

・国連安保理決議1199号は, コソボにおける状況悪化の程度がこの地域の平和と安定にとって深刻な脅威となっていることを明確に確認している.

　以上の諸点の確認後, 派遣承認案は次のように述べる.

　　「NATO事務総長は, 安保理決議1199号に記述されるこのような現下のコソボにおける危機状況という『異常事態』（außergewöhnliche Umstände）が, NATOの武力による威嚇, そして場合によっては武力の行使を正当化するものと説明した. 連邦政府は, 他のNATO加盟15ヵ国と共にこの法的見解を共有する.」[294]

　派遣承認案後半の派遣条件に関する説明のなかでも, NATO によるコソボ紛争への軍事介入が安保理決議 1160 号および 1199 号実施のためやむを得ず許される緊急避難的措置であるとし, 国連安保理がしかるべき新たな決議を採択しないかぎりにおいて, コソボにおける人道的災害の防止および重大かつ組織的な人権侵害の阻止のために実施されるものであることを強調している[295].

全体としてこの派遣承認案では，派遣の必要性について安保理決議との関係は説明されるものの，武力制裁自体の法的根拠は具体的には示されず，むしろ安保理による制裁決議が期待できないことを根拠にしており，武力行使の国際法適合性の論証も，違法性阻却の根拠も示してはいない．また，派兵の憲法上の根拠についても一切言及がない．

　この派遣承認案の連邦議会審議において行われた政府の趣旨説明では，その法的根拠は具体的に説明されているのであろうか．

(2) 政府趣旨説明

① 「国連中心主義」の原則

　派遣承認案は，1998年10月16日に連邦議会本会議において審議された．外務大臣K. キンケル（Klaus Kinkel）による派遣承認案の趣旨説明も，上述のNATO事務総長の見解を支持しながら，終始ミロシェヴィチ政権とセルビア軍・治安部隊によるアルバニア系住民への迫害がもたらす惨禍を力説する．そして，ホルブルック米国特使とミロシェヴィチ大統領の間で結ばれた和平協定も，NATOによる軍事的圧力が奏功した結果であり，その遵守を確保するには，武力による圧力の継続が不可欠であることが随所で強調されている[296]．

　キンケル外相の説明のなかでとくに注目されるのは，安保理決議1160号および1199号が，その実施のための武力行使を許可するものではないことから，あくまでこの派兵が例外的な緊急避難措置であることを確認しつつ，このNATOによる武力行使の威嚇が新たな制裁を内容とする国連決議の採択を促すものとなることへの期待を滲ませている点である．

　　「NATOは，その決定により新しい法的手段を創り出したわけではありませんし，またNATOが介入の一般的代理権（Generalvollmacht）を根拠づけ得るようなものを創り出そうとしているのでもありません．[今回の]NATOの決定は，先例とされることは許されません．[国連]安全保障理事会による暴力独占を捻じ曲げるようなことはできないのです．

　　しかし，コソボでは，重大な人道的非常事態が発生しており，迅速な行動を必

要としています．交渉の可能性は尽き，武力行使が最終手段として残されたのです．安保理決議1199号や事務総長報告を通じて国際社会は挙ってベオグラードの指導部［ミロシェヴィチ政権］の態度を厳しく非難しています．したがって，武力行使の威嚇は，最終的には全会一致の安保理決議の実現を引き寄せるものであると言えます．これにより，人道的災害の発生とコソボ内部およびその周辺地域のさらなる不安定化を阻止することになるのです．」[297]

　今後も国連と連携しつつ国連安保理決議の遵守をミロシェヴィチ大統領に求めるとともに，国連安保理に対して明確に強制措置を許可する決議を催促するためにもコソボ派兵の承認が必要である点をキンケル外相がとくに強調したのは，コール政権内でも彼が所属するFDPがCDU/CSU以上に国連決議への依拠を重視してきたことからも理解できる[298]．しかし，これとは別の国内政治面での配慮の必要があったことも考えられる．というのも，この会議の直前に実施された連邦議会総選挙で敗北した政府与党は下野することが決まっており，ここで次期政権を担うSPDの「国連中心主義」的派兵政策に対立し，SPD党内の左派勢力を刺激すれば，派遣承認を遅らせ，あるいは最悪の場合承認案否決のおそれもあった．SPDは，連邦議会選挙のため1998年4月17日に発表した選挙綱領のなかで，「集団防衛任務を超えたNATOの活動は，国連またはOSCEのマンデイトを必要とする」と明記していたことから，コソボ派兵の承認にあたり党内に微妙な問題を抱えていたのである[299]．

　一方，次期政権を担当するSPD執行部にすれば，前政権からの外交政策の一貫性維持の必要から従来の「国連中心主義」を安易に放棄すれば，党内の反発を招き，選挙公約違反の責任を追及されることにもなりかねない．キンケル外相の派兵趣旨説明は，与野党間の事前の協議と両者の妥協の結果であったと見るべきであろう．

② 「人道的介入」論

　キンケル外相はまた，NATOの出動命令には理事会の全会一致が必要であり，ドイツのみがこれから離脱することはできず，ドイツの協力なくして同盟

の軍事作戦の成功はあり得ないことから，ドイツが不参加であればミロシェヴィチ大統領に誤ったシグナルを送ることになると警告する．「ドイツの同盟能力を損なうことはできない」とする論拠は，これまでもNATOの軍事作戦に参加するにあたり常に強調され，派遣理由の柱とされたものであり目新しいものではない．むしろここで注目されるのは，いわゆる「人道的介入」論に依拠するコソボ作戦の特殊性を意識して，連邦軍派遣の憲法上の根拠について次のような言及があったことである．

> 「基本法には，侵害されることなく，また譲り渡すことのできない人権があらゆる人間社会の基礎であることに対するドイツ国民の信奉が表明されております．連邦軍も，その創設以来この価値を守ることを義務としてきました．目下，約3,000人の連邦軍軍人がボスニアにおいて平和と人権を守るために協力しております．同じ目的をもって，今，連邦軍軍人は，コソボ紛争へのNATOの関与に参加しようとするのです．……ドイツにいる人間は，近隣の平和と安定そして人権を守ろうとするときに，我が国がこれを傍観することは許されないことを理解しています．ドイツは，同盟国と共にバルカン半島においてもヨーロッパの平和を生み出そうと挑戦するのです．」[300]

国連憲章の武力行使禁止原則（第2条4項）および安保理による武力行使の集権的統制と人権保護のための武力介入の許容性の間の相剋は，連邦議会における諸会派の討論にも随所に現れるが，キンケル外相は，基本法第1条[301]が掲げる理念をもって「人道的介入」の正当性を補強しようとするのである．

コソボ派兵の「人道的介入」としての正当性は，空爆が開始された後の1999年4月15日に，シュレーダー首相がコソボの現状に関して説明するなかで再度強調されている．

> 「NATOは価値共同体であります．我々は，コソボにおいて，同盟国と共に我々の価値のため，すなわち人権，自由と民主主義のために戦うのです．我々が参加するにあたり，次世紀のヨーロッパがどのような様相を呈することになるかも問題になるのです．今世紀2度にわたる悲惨な世界戦争を経験した後，我々ヨーロッパ人は，ヨーロッパの直中で独裁者が猛り狂うにまかせることを本当に望むので

第 4 章　連邦軍コソボ派遣をめぐる法と政治

ありましょうか．

　連邦政府は，明確な考えを持ち，これを同盟国と共に追求するのです．我々は，人道的災害と重大かつ組織的な人権侵害をできるだけ早期に終わらせようとしているのです．コソボのために平和的な政治的解決を達成することを望んでいるのです．」[302]

　このように連邦政府は，コソボ派兵の人道性を強調し，基本法第 1 条が規定する「人間の尊厳」の理念との合致を主張する．しかし，この条項は軍隊出動の直接的根拠となり得る規定ではない．政府趣旨説明を見ても，派兵の憲法上の根拠は不明のままである．

2 民主社会党（PDS）の質問主意書と政府答弁書

　連邦政府が連邦議会に提出したコソボ派兵承認案と連邦議会における派遣の趣旨説明を瞥見したが，その内容にはコソボ派兵に関する憲法上・国際法上の問題についての説明はほとんど含まれず，派遣の法的根拠に関する政府の見解は十分に明らかにされているとはいえない．

　この後次節で説明するように，派遣承認の際に連邦議会の場でこの点をとくに厳しく追及したのは民主社会党（PDS）であった．PDS 会派は，ユーゴ空爆から一年後の 2000 年 3 月 22 日に「戦争総括」（Kriegsbilanz）と題する質問主意書（大質問）を提出した[303]．これはコソボ戦争に関連して 171 項目について政府の見解を質すものであった．これに対する政府答弁書（同年 3 月 28 日付）[304] は，事後の「後付け」説明であることを考慮する必要はあるものの，当時の政府見解を確認するうえで手掛かりとなる文書である．

　ユーゴ空爆作戦へのドイツ連邦軍の派遣にかかわる法的問題について，PDS の大質問は 35 項目について政府の見解を求めている[305]．ここでは，とくに国連決議によらない武力行使の合法性とこれへの参加の憲法上の根拠について質した 5 つの質問について政府見解を確認するにとどめる．

166

(1) コソボ派兵の法的根拠

① 憲法上の根拠の明示

　まず，質問主意書は，ユーゴ空爆の国際法上の根拠と連邦軍参加の憲法上の根拠を確認する．

> 「質問103：法学界やメディアにおいてユーゴスラビアに対するNATOの空爆と連邦軍のこれへの参加が国際法違反であるばかりか基本法にも違反していたとする見解があるが，連邦政府はこの見解を共有するか．共有しないとすると，その理由は何か．連邦政府はいかなる国際法的論拠に基づくのか．
> 　答弁：NATO作戦への連邦軍参加の憲法上の根拠は，基本法第24条2項である．これによれば，連邦は平和の維持のために，相互集団安全保障機構に加入することができる．それと共にこの規定は，この機構に所属することと典型的に結びつく任務を引き受けること，そしてまたこの機構の枠内で，かつその規則にしたがい実施される活動のために連邦軍を使用する根拠を提供するものである（連邦憲法裁判所判例集第90巻286［345］頁）．連邦憲法裁判所は，国連のみならずNATOもそのような相互集団安全保障機構であることを明示的に確認している（連邦憲法裁判所判例集第90巻286［350］頁以下参照）．
> 　限定的かつ段階的な航空作戦の出動命令を決定するに際しては，NATOは国際法が許容する範囲内で活動している．」[306]

② 国際法適合性の説明

　派遣承認案の段階では明示されなかったコソボ派兵の憲法上の根拠が，ここではじめて示された．だが疑問は残る．NATOは「国際法が許容する範囲内で活動している」というが，国連が許可していないユーゴ空爆は国連憲章上の義務に抵触していないのか．とくに平和的紛争解決の義務と関連づけて，次のような質問がなされる．

> 「質問104：連邦政府は，空爆およびこれへの連邦軍の参加を，国連憲章上の義務，とくに［以下に掲げる義務］とどのように適合させるのか．
> ・第2条4項の武力行使禁止．
> ・武力攻撃があった場合の自衛，および，平和に対する脅威または平和の破壊が

あった場合，あるいは侵略行為があった場合に安全保障理事会が決定する制裁としてのみ武力の行使を許容する第7章．

・ 第2条3項および第6章，とくに国際の平和と安全の維持を危うくするおそれのある紛争の当事者は，まずは交渉，審査，仲介，調停，仲裁裁判，司法的解決，地域的機関または地域的取極の利用その他の当事者が選ぶ平和的手段による解決を求めなければならないと定める第33条から生じる平和的紛争解決の要請．

答弁：国連憲章は，紛争の平和的解決の義務（第2条3項）と一般的武力行使禁止義務（第2条4項）を諸国家に課している．NATOの作戦は，紛争の平和的解決と人道的災害の除去のために利用できるすべての手段が効果を発揮しないことが明らかになった後に実施された．……NATOが行った武力による威嚇および武力の行使は，国連安保理決議1199号およびその基礎となった1998年9月4日事務総長報告に記述されるようなコソボにおける危機的状況という異常事態のもとで，最終手段として正当化されたものである．」[307]

③ 「人道的介入」論の是非

　コソボにおける人道的災害という「異常事態」において最終手段としてNATO の武力介入が許されるとする主張は，政府のコソボ派遣承認案においてすでに用いられた表現である．問題は，このような最終手段としての武力行使が許される根拠は何かである．国連憲章第42条による集団制裁でも第51条による自衛権の行使でもない武力行使が第2条4項の武力行使禁止原則の例外として認められる根拠は何か．これについて，質問主意書は次のような問いを政府に向けている．

　「質問135：国連の枠内で第二次大戦後創造された国際法秩序が，慣習法的に定着した『自然法』という意味において発展を継続すべきものであるとする意見があるが，連邦政府はこのような見解を主張するのか．誰がそうした自然法を定義するのか．いつ，どこで，どのようにして人権が無視されたことを，誰が法的拘束力をもって認定すべきか．連邦政府の見解では，最終的に，将来，人権の保護のために軍事介入がなされるべきか否か決定する権限が誰に与えられるべきであると考えるか．

答弁：連邦政府は，コソボで発生したような特別な状況との関連において，このような原則的問題について見解を述べる必要を認めない．」[308]

　以上，連邦軍コソボ派遣の法的根拠を質す PDS の３つの質問とこれに対する政府答弁書の回答を見た．各問題の大きさに対して政府の回答はあまりに簡略であり，十分な検討があったとは思えない．とくに人道的「異常事態」を理由とする武力介入正当化論は，「必要の前に法は沈黙する」といわんばかりであり，「人道的介入」論について政府にこれ以上の法的見解は期待できない．

　もっとも，上記質問 135 に対する回答からも明らかなように，「人道的介入」論を派兵の根拠としていること自体，政府自身も明言を避けている．コソボ派兵との関連において「人道的介入」の一般的是非を論じる必要を認めないということは，「コソボ介入のケースを以後の先例とはしない」という意味も含まれるのであろう．ユーゴ空爆を「人道的介入」と評価する論者は多いが，NATO やドイツはじめ加盟国政府が主張しているのは，ただ「さらなる人道的災害を回避するには武力介入が必要である」ということだけであり，これを一般的に正当化するために国際法学者が「人道的介入」論による理論構成を試みたというのが正確であろう．NATO によるコソボ紛争への介入については，この後説明するように，当時ドイツ国内で発表された法学論文においても見解が大きく分かれたところであり，政府が「人道的介入」肯定学説に依拠したとしても，各方面からの批判を受けることは避けられなかったし，コソボへの介入の意義を一般化し，これを先例化することにも疑義が提起されることになったであろう．

(2) NATOの国連憲章上の地位

　PDS の質問主意書のなかでもう一点注目すべき質問事項がある．それは NATO が国連憲章第８章の意味における地域的取極・機関に該当するか否かを連邦政府に質したところである．すでに第３章で説明したように，NATO 等の集団防衛同盟を「相互集団安全保障機構」（基本法第 24 条２項）とみなす連邦憲法裁判所 1994 年判決の論拠については学界にも批判が多かった．

169

第 4 章　連邦軍コソボ派遣をめぐる法と政治

① NATOは国連憲章第8章機関か

連邦憲法裁判所 1994 年判決では，NATO 等の集団防衛同盟も平和の維持に貢献するものであれば基本法第 24 条 2 項の「相互集団安全保障機構」であり得ると認めたが，この基本法上の概念と国連憲章第 8 章の地域的取極・機関が同義であるかについて，曖昧さを残していた．このため，次のような質問が政府に向けられた．

> 「質問128：NATOは国連憲章の意味における集団安全保障の地域的機構（regionales System kollektiver Sicherheit）ではない，とする国際法学における通説的見解に，連邦政府は同意するか．否であれば，その根拠は．
> 答弁：NATOは，基本法第24条2項にいう相互集団安全保障機構（ein System gegenseitiger kollektiver Sicherheit）である．このことは，連邦憲法裁判所により1994年7月12日判決において確認されている．「集団安全保障の地域的機構」という概念は，国連憲章では用いられてはいない．」[309]

② 国連統制外の同盟活動の是非

このように政府答弁書も，NATO が国連憲章第 8 章機関であるかについて PDS の質問に正面から答えてはいない．ただ連邦政府は，「防衛」目的の軍隊出動以外で，国連による任務付与がない場合であっても，NATO 部隊としての連邦軍の出動が可能であると考えている．質問主意書の上記質問に続き，次のような応答がなされている．

> 「質問129：NATO部隊に統合されたドイツ軍隊は，直接的な国防のため以外では，国連の活動または国連のマンデイトによる行動の範囲内でのみ出動を許されるという立場が憲法学者，そしてまた連邦憲法裁判所によっても主張されているが，連邦政府の見解はこれと同じであるか．否とすれば，その理由は．
> 答弁：否．出動の根拠となる基本法第24条2項をこのように限定的に解釈する主旨は，連邦憲法裁判所判決からも読み取ることはできない．」[310]

かりに NATO が憲章第 8 章の諸規定の適用を受ける機関であるとみなされれば，その強制行動の実施は，安保理による「利用」による場合のほか，地

170

域機構側の発案により実施する可能性もある．ただ，その場合でも安保理の「許可」が必要である（国連憲章第53条1項）．いずれにせよ，国連が承認しない強制行動を実施することはできないはずである．そうであるからこそ，NATOがユーゴ空爆を開始した時，アナン事務総長は憲章第8章が規定する地域機構の重要な役割を認めつつも，NATOが安保理の決定を迂回したことに遺憾の意を表明し，ロシアはNATOの国連憲章第53条違反を問題にしたのである[311]．国連憲章第7章と第8章が認める場合以外に軍事的強制行動が可能であるとするならば，その根拠を明らかにしなければならないが，先に述べたように政府答弁書はこれについて質問104への回答のなかで「コソボにおける危機的状況という異常事態のもとで，最終手段として正当化されたものである」と述べるだけで，詳しい論証はない[312]．

　本章の目的は「人道的介入」論の当否や連邦軍派遣の憲法適否に最終的結論を求めることにはないが[313]，PDSが提起した問題についてより踏み込んだ検討を加え，次節で検討する連邦議会各会派の派兵賛否の論拠の理論的前提を明らかにするため，当時ドイツ国内で発表された主要な法学論文に依拠し憲法上・国際法上の論点の整理をしておく．

3 コソボ派兵の憲法上・国際法上の争点

(1) 憲法上の争点

　上述のPDSの質問主意書に対する政府の答弁書は，コソボ派兵の憲法上の根拠が第24条2項であることを連邦憲法裁判所の判決を引用しつつ説明している．しかし，この見解を法的に論証することは，そう簡単ではない．

　連邦憲法裁判所1994年判決は，「防衛のため」の出動（基本法第87a条2項）以外の連邦軍の同盟域外派遣の基本法上の根拠を第24条2項に求め，「相互集団安全保障機構」として実施される派遣にかぎりその合憲性を認めている[314]ことは，これまで繰り返し説明したところである．国連や国連憲章第8章が定める地域的取極・機関であるOSCEが第24条2項にいう「相互集団安

171

第 4 章　連邦軍コソボ派遣をめぐる法と政治

全保障機構」であることはいうまでもないが，1994 年判決は本来国連憲章第
51 条に基づく NATO や WEU のような集団防衛同盟も「相互集団安全保障機
構」とみなしたのである．

　ただし，NATO 等の同盟域外活動が第 24 条 2 項を根拠に合憲の認定を受け
るのは無条件ではない．「それが厳格に平和維持を義務づけられる場合，また
そのかぎりにおいて」という条件が留保されている[315]．したがって，NATO
の決定に基づき実施される活動であればすべて合憲と評価できるわけではな
い．また，基本法第 24 条 2 項が，「相互集団安全保障機構」への加入に典型
的に結びつく任務を引き受け，そのための連邦軍の出動の根拠となるとしても，
「この機構の枠内で，かつその規則にしたがって行われる活動」にかぎられ
る[316]．つまり，NATO の決定に基づく軍事活動への連邦軍の派遣が基本法第
24 条 2 項を根拠にできるのは，それが少なくとも国際法上の義務に抵触しな
いこと，とくに国連憲章第 2 条 4 項に投錨された武力行使禁止原則に抵触し
ないこと，そしてその活動が NATO 条約により予定された任務であることが
必要条件となる．

　1994 年判決で連邦憲法裁判所が審査の対象とした NATO の活動は，いず
れも国連安全保障理事会の決議をうけ，その実施のため行ったものである．し
たがって，これらの活動は —NATO が国連憲章第 8 章の地域的取極・機関と
みなし得るか否かにかかわりなく— 少なくとも国連憲章第 41 条，第 42 条お
よび第 48 条 2 項により国際法上の根拠に問題のないものであった．しかし，
NATO によるユーゴ空爆は，国連決議による武力行使の許可がないばかりか，
NATO 条約にも明文の根拠がない措置であった．ゆえに，連邦憲法裁判所が
1994 年判決で課した要件を満たしてはおらず，連邦軍のコソボ派遣を基本法
第 24 条 2 項に依拠させることはできないとも評価できるはずである．

　ところが，コソボ派兵当時発表された論文には，このような見解をとらず，
コソボ紛争への介入が NATO 条約に明文の根拠がないことは基本法第 24 条 2
項による派遣の憲法適否の判断には重要ではないと主張するものがあった．た

とえば M. ヴィルト（Michael Wild）は，連邦憲法裁判所 1994 年判決の主旨を踏まえつつも，NATO の自己理解がその設立条約だけではなく，条約以外の共同声明やインフォーマルな国際約束そして最終的には共同行動の実行により発展的に形成されていくものであると考え，条約本文に明文の根拠がなくても，加盟国の全会一致の決定に基づく NATO の活動であるならば，基本法第 24 条 2 項により参加は可能であると主張する[317]．ただ，かりにこの主張を是認できるとしても，それはこの NATO の活動が国際法に違反せず，平和維持の目的に悖るものでないかぎりにおいてである．ユーゴ空爆が国連憲章第 2 条 4 項の武力行使禁止原則に違反するのであれば，これへの参加も当然違憲となる．

　さらに NATO によるユーゴ空爆が国際法上の「侵略」概念の要件を満たすと評価されれば，基本法第 26 条 1 項[318]にも抵触することになり，その準備行為であっても刑事処罰の対象となり得る．1999 年 3 月 24 日の安保理緊急会議でも，ユーゴスラビア連邦代表 V. ヨバノビッチ（Vladislav Jovanovic）は，NATO の攻撃を「侵略」であると主張していた[319]．またドイツ連邦議会 PDS 会派は，NATO によるコソボ紛争への介入を「侵略」とみなし，空爆開始翌日の 1999 年 3 月 25 日に連邦軍派遣差止を求め，連邦憲法裁判所に機関争訟を申し立てている[320]．コソボ派兵の合憲性を主張するには，これが国連憲章に違反せず，とくに第 2 条 4 項の武力行使禁止原則の例外であることを連邦政府は論証しなければならない．しかし，これも論証は容易ではない．

(2) 国際法上の争点

① ユーゴ空爆の国連における評価

　連邦憲法裁判所 1994 年判決は，「相互集団安全保障機構」の枠内で平和の維持のために実施されるかぎりにおいて，武力行使を内容とする活動であっても基本法第 24 条 2 項に基づき参加は可能であると認めていた．したがって，国連の意思決定による介入であれば，派兵の憲法的要件を満たすことに問題はない．しかし，NATO によるユーゴ空爆に対する当時の国際社会の評価は，積

173

第 4 章　連邦軍コソボ派遣をめぐる法と政治

極的にこれを肯定するものではなかった．アナン国連事務総長も，ユーゴ空爆開始直後（1999 年 3 月 24 日）に，次のように述べている．

> 「外交が失敗に終わったことは真に遺憾であるが，しかし，平和を追求するために武力の行使が正当化される時がある．国際の平和と安全を維持するため，国連憲章第8章は，地域的機構に重要な役割を与えている．だが，私は事務総長として，コソボに直接関係づけてではないが，国連憲章のもとで国際の平和と安全の維持に中心的責任を負うのは安全保障理事会であることを何度も指摘してきた．これはNATO条約においても明文で承認されていることである．したがって安全保障理事会は，武力行使に訴えるあらゆる決定に関与すべきである．」[321]

その国連安保理の対応であるが，空爆開始 2 日後の 3 月 26 日，ロシアはベラルーシ，インドと共に空爆停止を求める決議案[322] を安保理に提出した．この決議案は，NATO の武力行使が安保理の許可を受けておらず，国連憲章第 2 条 4 項，第 24 条および第 53 条に違反すること明白であって，世界の平和と国際の安全に対する脅威であると非難している．安保理内では，中国とナミビアがこれに賛成票を投じている．ウクライナも，法的には容認できない武力行使であるとの見解を述べている．アルゼンチン，バーレーン，マレーシアは，NATO の主張に理解を示し，ロシア等の決議案に反対票を投じたが，ただその理由は法的評価というより政治・道徳的なものであった．この決議案は，安保理では賛成 3，反対 12 で否決されはしたが，安保理の外でもロシア，中国，ウクライナ，インドはじめ多くの国がNATO を批判した．リオ・グループに属するメキシコ，ブラジル，アルゼンチン等ラテン・アメリカ諸国，スウェーデン，南アフリカ，インドネシア，イラク，タイ，ベトナムも国連の場で批判的意見を述べた．その後，1999 年 4 月 21 日に非同盟諸国が提出した議案でも，すべての戦闘行動の即時中止が求められている[323]．イスラム諸国も NATO の軍事作戦を正当とみなすことはなく，安保理が中心的責任を負うことを強調する立場を確認している[324]．

　いずれにせよ，ドイツ連邦軍のコソボ派遣が「平和の維持のため」という

憲法的要件を満たすものであるかどうか，疑義があった．

② 「黙示的承認」論

もっともユーゴ空爆も，もともとはミロシェヴィチ大統領に安保理決議の実施を促すための威嚇として決定されたものであり，国連安保理の意思とまったく無関係ではない．1998年9月23日の決議1199号[325]においては，コソボの状況が「この地域の国際の平和及び安全に対する脅威」に該当することを確認していることから，国連憲章第39条の要件が満たされ，憲章第7章による強制措置をとる権限が安保理に発生したものと考えられる．同決議およびこれに先行する同年3月31日の決議1160号[326]の2つの決議においては，「国連憲章第7章のもとで行動し」という表現が用いられており，とくに1199号決議は，「安全保障理事会は……本決議及び1160号決議（1998年）において要求された具体的措置がとられない場合には，この地域における平和と安定を維持又は回復するため，更なる行動と追加的措置を講ずることを決定した．」と軍事的強制措置の実施を暗示する表現を含んでいる[327]．NATOの作戦目的は，この決議内容をすみやかに履行するようユーゴスラビア連邦共和国政府に政治的・軍事的圧力をかけることにあった．しかし，この段階ではまだ憲章第40条に基づき，紛争当事者に対して紛争の収拾とOSCEとNATOが派遣する監視団への協力が求められたにすぎない．その後，憲章第42条による軍事的強制措置が決定されることはなかった．ロシアと中国の反対により断念されたのである．

国連憲章第7章の制裁システムは比例原則にしたがう段階的なものであり，軍事的強制措置はその最終手段である．その授権は国連決議のみが行い得る．例外的に憲章第106条により加盟国が安保理にかわり「国際の平和及び安全の維持」のため軍事的措置をとる場合でも，安保理常任理事国5ヵ国の同意が必要である．ユーゴ空爆には，このような同意も存在しなかった．

ただし，NATOの武力行使には国連による「黙示的承認」があったとする見解を主張する説もある．中国とロシアは武力行使授権決議の採択に否定的で

はあったが，実際には拒否権を行使したわけではない．むしろ上述のようにロシアが提案した空爆停止決議案が安保理により否決されたのであるし，後に採択された安保理決議 1244 号 [328] では空爆の結果が是認されてすらいるのであるから，NATO による武力行使に対して事後国連の「黙示的承認」が与えられたと推認できると主張するのである [329]．

　しかし，ロシア・中国は NATO の行動を違法とみなし停止を求めているのであるし，1244 号決議も武力行使自体の合法化を目的とするものではないのであるから，国連安保理の承認を推認することは難しい [330]．

③ 「人道的介入＝国際法の発展」論

　ユーゴ空爆以前の国際法学は個別国家（または国家群）独自の決定による「人道的介入」には概ね否定的であった．それにもかかわらず，NATO によるコソボ紛争への介入を国際法の更なる発展の契機として積極的に評価し，ユーゴ空爆を国連憲章第 2 条 4 項の武力行使禁止原則の例外とするため，「人道的介入」論を援用するものが数多く現れた [331]．

　重大な人権侵害を理由とする国内紛争への介入は，とくに冷戦後，国連決議に基づき頻繁に行われるようになった [332]．しかし，国連憲章が定める集団安全保障の目的は，「国際平和」（すなわち国家間の平和）の維持にあり，内戦に対して基本的に中立である．国家間紛争を直接の原因としない事案における安保理の強制行動は，厳密には国連憲章第 7 章の文言に沿ったものとはいえないのであるが，人権保障の普遍的実現という国連憲章の目的のため，国際社会はこのような自由な解釈を容認したのである [333]．国内紛争において発生した重大な人権侵害についても国連安保理が憲章第 39 条により「平和に対する脅威，平和の破壊」の存在を決定し，かつ第 42 条に基づき国連の権威の下で地域的取極・機関により（憲章第 53 条 1 項），あるいは国連によりオーソライズされた個別国家により（憲章第 48 条）これが実施されるかぎりでは，それは「人道的介入」というより憲章第 7 章による集団的措置の一種であると考えられ，国連による武力行使の集権的統制の原則に反することはない．コソボ

紛争への介入についても，これを授権する国連決議があれば NATO の活動に
国際法違反の疑いを向ける論者はなかった．このことからも，国連による「人
道的介入」の合法性については，国際社会は肯定的であるといえる [334]．

　しかし，重大な人権侵害を理由とする個別国家（国家群）独自の決定による
他国への武力介入は，これとは異なる．これまでもこの種の「人道的介入」を
支持する学説は一部にはあったが，そのなかで扱われる事例には自国民の保護
を主たる目的とするものも含まれており，外国人や他民族の保護を主たる目的
とする第三国の介入を一般的に肯定するところまでは学説の支持は広がっては
いない [335]．また自国民保護を目的に含む行動を「人道的介入」論に包摂する
ことにも批判があった [336]．コソボ戦争時のドイツの学界においても，NATO
の武力介入に「人道的介入」論を援用することには賛否があった．

否定論：

　ユーゴ空爆当時ドイツ国内で発表された法学論文においても，従来学説に基
づく否定的見解は有力であった [337]．重大な人権侵害があることを理由に他国
が武力介入をすることに対して被介入国がこれを不正な武力攻撃とみなせば，
自衛権による反撃が許されるのであり，「人道的介入」が国際武力紛争の原因
を創り出すことになる．その危険性は，自国民救出作戦と比較しても格段に高
い．自国民救出作戦の場合は，個々の作戦の時間的・場所的限定性と結果の計
算可能性が相当程度保障される．たとえば 1980 年の在イラン米国大使館人質
救出作戦のように，統治能力を維持している領域国政府の意思に反して行われ
る場合であっても，統制不可能な武力の乱用や紛争のエスカレートの危険は比
較的少ない．これに対して，多数の人的集団の救出・保護のため広域かつ長期
にわたり行われる「人道的介入」は，国家間武力紛争に発展する危険性が極め
て大きい [338]．

　国際武力紛争においては，国連安保理が有効な対処を行うまでは，武力攻撃
を受けた国家は個別的・集団的自衛権の行使を許されるが，国連憲章第 51 条
は非国際紛争において非国家主体にこのような自衛権を認めてはいない．かり

177

に安全保障理事会が大量殺害等の人道的被害に対してしかるべき措置をとらない場合について，被害を受けた集団に憲章第51条を類推適用し正当防衛を許す場合でも，第三国が緊急救助として武力介入により人権侵害を阻止するには，介入国に対しても併せて武力攻撃があることを要件とすべきであり，一部の人的集団の正当防衛・緊急救助のみを根拠とする個別国家（国家群）による「人道的介入」を一般的に認めるべきではない．ユーゴ空爆の違法性を主張する論者は，概ねこのような立場であった．

肯定論：

これに対して，個別国家（国家群）独自の決定による「人道的介入」を従来にもまして積極的に肯定する論者も少なからずあり，コソボ派兵の合法性を強く主張した[339]．

その論拠は以下のように要約できる．

(ア) 過去に主張された介入論はともかく，NATOによるコソボ紛争への介入に関連して今日論じられている「人道的介入」の目的は，ある国家が自国の権益のために他国の領土や政治的独立を侵害するものではなく，ましてやその政府を除去することでもないのであり，国連憲章第2条4項の適用対象ではない[340]．国連憲章の武力行使禁止原則は，国家間の戦争を防止することを目的とするものであるが，「人道的介入」は厳格に課せられた要件のもとで行われるかぎり，このような戦争を惹き起こすことはない[341]．「人道的介入」の目的は戦争ではなく，むしろ危機に瀕する人々を救出することによりこれを回避することにある[342]．

(イ) 「人道的介入」の目的は重大な人権侵害の除去であり，これは国連憲章の目的に合致する．また，憲章第2条4項による武力行使の禁止は，人権保障のための国連の集団的メカニズムが機能していることを留保条件にしていると理解すべきである．国際武力紛争における国家の自衛権行使と同様に，重大な人権侵害があるにもかかわらず国連が必要措置をとり得ない場合には，これに対する加盟国の対処は一般国際法の規則に依拠すべきものと考えるべ

きである．いうまでもなく国際法は国連創設の遥か以前から存在したものであり，国家行為の合法性・正当性は国連のみから獲得されるのではない．したがって，国連憲章によりとられる措置は現行国際法に基づいているといえるが，国連憲章に基づかない行動が，それゆえ直ちに国際法違反であるとの逆の結論を導くことはできない[343]．

(ウ) 現代国際法において基本的人権と民族自決権の保障は，ius cogensとしての効力を認められる．ius cogensに属する基本的人権を主張することに関しては，個人が国際法主体として認められるべきである．個人が基本的人権を侵害され，とくにそれが集団殺害という犯罪により侵害される場合には，国際法は個人に固有の自衛権を付与しなければならない．国家のみならず個人にも慣習国際法あるいは国際理性法（Vernunftvölkerrecht）に基づく自己保存の権利が存在するのであり，実定国際法がなくても，慣習国際法・理性法としての効力が認められる．それはすべての法秩序に内在する一般原則であり，その普遍妥当性ゆえに国際法の法源と認められるべきものである．

「国家の保護」から「個人の保護」への国際法の重点移行のなかで，個人にも国際法上の自衛権（正当防衛権）を認めるべきであるならば，重大な人権侵害を被った個人（集団）に対して国家や国際機構による緊急救助が可能でなければならない[344]．

(エ) 一般国際法は，ius cogensに対する重大な違反行為ないし国際犯罪がある場合には，国際社会のすべての法主体が同時に権利を侵害されたものと認めるerga-omnes効果を認めている．ジェノサイド条約違反は，この意味における国際犯罪であり，erga-omnes効果が認められるべきものといえる[345]．したがって，集団殺害阻止のために国連安保理が行動を起こさない場合には，すべての国家または国際機構よる被害者の緊急救助措置が許容される．もちろん，重大な法違反があるからといって，直ちに武力による対抗措置が許されることにはならない．しかし，集団殺害や民族浄化，追放といった大規模かつ組織的な人権侵害であって，侵害自体が武力による場合には，武力によ

る対抗措置が許される.

(オ) 国際武力紛争を対象とし，加盟国に対する武力攻撃を要件とする国連憲章第51条をこのような人道的緊急救助の直接的根拠とすることはできないが，一般法原則としてこれを類推適用することは可能である[346]. そのかぎりにおいて，主権国家の内政問題への干渉を国際法違反とする国連憲章第2条7項の規定も，個別国家（国家群）による「人道的介入」の妨げとはならない.

以上のような論拠により「人道的介入」肯定論が成り立ち得るとすれば，ユーゴスラビア連邦共和国内で限定的自治権を国際社会により承認されていたコソボのアルバニア系住民に対する組織的殺害や重大な人権侵害，自決権の侵害は，集団的緊急救助の要件を満たすものと評価できる. かりにNATOによるユーゴ空爆を，国連憲章第51条の類推適用によりアルバニア系住民の集団的自衛（kollektive Selbstverteidigung）あるいはNATO諸国による集団的緊急救助（kollektive Nothilfe）として許容できるのであれば[347]，それは基本法第26条にいう「諸国民の平和的共存を阻害する」ものでないばかりか，第24条2項にいう「平和の維持のため」に貢献するものとも評価できる. そうであるならば，NATOはコソボにおいて「平和の維持のための相互集団安全保障機構」として活動するのであり，これへの参加を基本法第24条2項に依拠させる可能性が開かれる. ただ，ドイツ政府が連邦軍コソボ派遣の際に連邦議会に対して行った説明には上述のような検討はないし，このような学説に依拠したことも一切言及されてはいない. ただコソボにおける非人道的「異常事態」の解決のための最終手段としてこれが許されるというにすぎない.

いずれにせよ，個別国家（国家群）の独自の決定による「人道的介入」に関する国際法学の評価はいまだ争いの多いところであり，ドイツ連邦軍のコソボ派遣の憲法上の疑問は拭いきれない. ただ，結果としてドイツ連邦議会はこの派遣を支持し，その後の派兵政策の新たな展開を促した. 法的には様々な問題を内包する政府の連邦軍コソボ派遣承認案ではあったが，これを審議した1998年10月16日の連邦議会本会議で，各会派がどのような根拠に基づきそ

の賛否を決定したのかを，会議録の分析から明らかにすることにしたい[348]．

III 連邦議会におけるコソボ派兵承認案審議（野党会派の対応）

1 分析の視点

連邦軍コソボ派遣承認案は，結果的には超党派の賛成を得て，連邦議会本会議において承認された（賛成 500，反対 62，棄権 18）[349]．連邦議会各会派の議員達は，上述のような法的問題を等閑に付したわけではないが，コソボ派兵について与野党間に広範な政治的合意が形成されたことは表決結果から見て明白である．ただ，一見圧倒的多数により超党派で支持されたように見えるものの，賛成票を投じた議員の多くは，熟慮と逡巡の末に多くの条件を課しながら，やむを得ず派遣を支持したことを表決にあたり説明している[350]．賛成票を投じた 500 人の議員は，諸手を挙げて賛成したわけではないのである．また，与党内にも反対票を投じた議員は少なからずあった．

PDS は，すでに前節で見たように，小会派ながらコソボ派兵の違法性を強く主張し，これを侵略行為であると厳しく糾弾した．この点で会派内は一致しており，その対応は明瞭であった．一方，次期政権党となることがすでに決まっていた SPD と B'90/Grüne については，対応はそう簡単ではなかった．SPD は，1990 年代初めには連邦軍の NATO 同盟域外派兵を違憲としてコール政権の派兵政策に反対し，自らが提起した憲法訴訟について連邦憲法裁判所が合憲判断を下すまでは強硬にこれを阻止しようとした政党である．判決後も，NATO の軍事活動を無条件に許容しようとはせず，国連や OSCE の決定を派兵条件とする立場にあった．B'90/Grüne は，SPD 以上に非戦主義的傾向が強い．このため両党会派内では，コソボ派兵の議会承認にあたり，与党としてコール政権からの外交方針の一貫性を維持しようとする現実派勢力と，従来の軍事抑制的原則を固守しようとする原理主義勢力との間で対応が混乱した．

また，FDP の一部にも反対を表明する議員も現れた．したがって，政府派遣承認案への各会派の対応は錯綜しており，各会派ごとの単純な整理はできないのであるが，最終的に多数の議員が賛成意見に収斂した経過を明瞭にするため，以下，PDS，B'90/Grüne，SPD の野党3会派（当時）の多数派意見を中心に整理を試みようと考える．

2 各会派の承認賛否の根拠

(1) コソボ派兵の国際法上の根拠の欠如と国連体制弱体化を
理由とする派遣反対論 ── PDS

PDS は，1998 年 10 月 16 日の派遣承認決議だけでなく，その後のコソボ関係の連邦軍派遣承認決議すべてについて，会派一体で反対の立場を一貫した．同会派は，政府の連邦軍派遣承認案（10 月 12 日付）に対抗して，16 日の本会議審議前日に3項目からなる独自の派遣反対決議案を提出していた [351]．

この派遣反対決議案においては，NATO によるコソボ作戦の国際法上の根拠の欠如が野党会派のなかで最も先鋭的に批判されている．同決議案は，その提案理由説明において，NATO が計画するコソボ作戦が国連憲章第 51 条に基づく自衛権によるものでも国際の平和および安全の維持・回復のため第 42 条による国連決議に基づくものでもない国際法違反の「侵略行為」であり，これへの連邦軍の参加は基本法違反であって，刑事処罰の対象になると批判する．そして，この違法性を連邦政府自身が認識していることの問題性を厳しく指摘している．

> 「ユーゴスラビアに対する軍事攻撃に国際法的根拠が欠けていることは，連邦政府も自覚している．政府［派遣承認］案……の中で，連邦政府は，軍事行動が正当化されるいくつかの『異常事態』について触れている．そしてこのような事態の一つとして，コソボに関する強制措置を内容とする国連安保理決議がこれ以上期待できないことを挙げる．ある軍事活動に国連のマンデイトが存在しないことを武力行使をも正当化する『特別な事情』とみなすのは，国際法の奇怪

な曲解である．加えて，国連安全保障理事会は，その決議1199号（1998）の中で，『この問題に関与し続け』（第17節）また，『この決議および決議1160号（1998）で要求された具体的措置がとられない場合には，この地域の平和と安定の維持または回復のためさらなる行動と追加的措置を講ずる．』（第16節）と述べているのである．つまり安全保障理事会は，自らが『手続の主体』（Herr des Verfahrens）であり続け，さらなる措置を決定すると定めているのである．……他方すべての民族が――アルバニア人も――自決権を有するのと同様，ユーゴスラビア連邦共和国も領土保全の権利を有する．NATOが不当にも武力の行使を威嚇し，行使を準備し，これを決定することは，一般国際法を侵害するだけでなく，国連安保理決議に違反することにもなる．……過去に南アフリカやキプロス，イラク，イスラエルその他の諸国に関して実行されなかった決議の場合と同様に，安全保障理事会の決議が履行されない場合に何がなされ，何がなされないかを決定するのは，安保理自身である．この強行的手続からの逸脱は，国際法に違反し，安全保障理事会を無力化することになる．」[352]

10月16日の本会議審議でPDSを代表し発言したU-J. ホイアー（Uwe-Jens Heuer）議員も，コソボ派兵承認決議が「世界の憲法秩序」たる国際法を脅かすものであり，「力が法に優先する」という原則が国際関係のなかに定着してしまうとして次のように述べる．

「［連邦軍派遣承認案を審査した］法務委員会では，任務を果たせないでいる『安全保障理事会の無能力』を口にする者がありました．それが意味するのは，安全保障理事会に成り代るということです．いまやNATOは，安保理による暴力独占を引き受けようというのです．これは許し難い権力強奪です．米国が望むならば，国連憲章上国際の平和と安全に中心的責任を負う安全保障理事会は排除され，NATOにとって代わられることになりましょう．」[353]

PDSは，NATOによる武力行使の自己授権が先例となり，これが国連憲章に基づく世界秩序を崩壊させるものと厳しく批判するが，同会派が提出した派遣反対案に同調する会派はなく，否決された．なお，PDSはこの決議案が否決され，政府派遣案が承認された後も反対姿勢を一貫し[354]，ユーゴ空爆作戦が開始された翌日（1999年3月25日）には，この派兵の差止の仮命令を求

め，派兵決定が基本法第87a条2項，第24条2項，第25条，第26条1項そして第79条1項および2項に違反し無効であるとして機関争訟を申し立てた．しかし，この訴えもまた，即日却下されている[355]．

(2) 国連安保理の制度的欠陥と国際法の発展継続を理由とする派遣賛成論 ── B'90/Grüne

SPDと共に次期政権を担うことになったB'90/Grüneも，1990年代前半には武力行使を目的とする同盟域外派兵に強く反対した政党であるだけに，党内で意見が割れた．解決し難い「緊急の人道的危機と世界平和の基礎にある国際法上の義務の間のディレンマ」を理由にW.ナハトヴァイ（Winfried Nachtwei），K.ミュラー（Kerstin Müller），V.ベック（Volker Beck）の3議員は投票を棄権するとともに，新内閣がこの派兵決定を今後のドイツの安保政策の先例とはせず，例外にとどめ，旧政権が残した負の遺産として克服すべき責任があると主張した[356]．しかし，同党からはJ.フィッシャーが新外相に就任することから，多くの議員が賛成票を投じた．

派遣賛成意見を述べた議員に特徴的なのは，NATOによる「人道的介入」を国連安保理の制度的欠陥を是正し国際法のさらなる発展を促す契機として位置づけようとしていることである．「非戦主義的基本確信」（pazifistische Grundüberzeugung）から賛成票を投じたG.ヘフナー（Gerald Häfner）議員とA.ケスター‐ロサック（Angelika Köster-Loßack）議員は，派遣賛成の理由を次のように説明している．

> 「非戦主義は，何十万という人々が迫害され，殺害され，例えば共産主義的全体主義の残骸の上に，今度は新たに人種主義的構想に基づく独裁制を築くようなことを許し，これを傍観するような，無情でイデオロギー的な道化であってはなりません．そうではなく，非戦主義的で非暴力的な基本姿勢は，何処であろうと可能であれば独裁者を増長させず，武装解除し，弁明させることを要求するのです．……本日の決議は，ヨーロッパにおける文明と法を野蛮と不法に対して守るために必要なのです．」[357]

この後，多くの反対論者が指摘する国際法上の根拠の欠如についてふれながら，それにもかかわらず派遣決定に同意した理由を述べる．

　「それでもなお，この［NATO作戦への参加承認］決議は必要なのです．国連と国際法をさらに発展させることが肝要なのです．国連は，大国・核保有国の排他的な権力手段から全世界の国民の手により平和を守り，平和を生み出す民主的手段に変わらなければなりません．個別国家のための拒否権は，このような民主的に形成された国連においては存在し得ず，これを正当化することはもはやできません．」[358]

国連安保理常任理事国の拒否権制度の批判を柱とするこの投票説明文は，NATO コソボ作戦参加承認決議が「緊急に必要となっている国連の改革と世界国内政策・世界平和政策の意味での国際法のさらなる発展を突き動かす」ことを期待すると締めくくられる．NATO による武力介入は，これまで採択された国連決議（1160 号，1199 号）の履行確保のために実施されるのであり，それ自体は正当なもので，むしろ問題はこれに明示的合法性を付与できなかった安全保障理事会の側にある．五大国が拒否権を有する国連安保理の制度的欠陥を是正するためにもコソボ派兵に同意すべきであるとする主張は，同じ会派に所属する H. リッペルト（Helmut Lippelt）以下 5 人の議員が連名で提出した投票説明文にも含まれている．国連のマンデイトを欠く NATO の行動が先例とされることへの危惧を滲ませながらも，派遣賛成の立場から次のように述べる．

　「世界平和秩序を発展させるため我々が有する最善の可能性が国連であるとしても，国連とその安全保障理事会は自然法が制度化されたものではありません．国際法は，歴史的に成長するものです．それは自然法からの演繹によるのではなく，判例法の方法により成長するのです．国連はファシズム・ドイツの軍事的制圧の後に構想されたものです．安全保障理事会はその時点での大国の勢力関係に沿うものなのです．したがって，安保理が世界最高法院（Welt-Areopag）のごとく行動せず，互いに邪魔をするようであれば，人種主義的行動を止めさせることを可

185

能にする『補助的構造』を模索することが正当化されます．我々自身の歴史を踏まえ，我々はこれを実行しなければならないのです．」[359]

　NATO によるコソボ紛争への介入が，国連安保理の制度的欠陥，とくに5常任理事国の拒否権制度の非合理性を告発し改善を促すために必要であるとする議論は，当時発表された派遣擁護派の論文にも見ることができる[360]．「コソボ問題を国連改革の契機とすべきである」とする B'90/Grüne のこの時の主張は，その後フィッシャー外相の行動により実行に移され，シュレーダー政権下のドイツの派兵政策を規定する基本方針にもなるのであるが，これについては第5章で検討する．

(3) 利益考量的派遣賛成論 ― SPD

　会派内で最も大きく賛否が分かれたのは，この決議の直前の総選挙で勝利し，次期政権の主力を担うことになっていた SPD であった．前コール政権は，ユーゴに対する NATO 航空作戦に賛成する立場を表明する以前に，次期首相シュレーダー（SPD）および次期外相フィッシャー（B'90/Grüne）と調整を済ませていたため，SPD 議員のほとんどは賛成票を投じた．しかし，すでに説明したように，同党は NATO と国連・OSCE との連携を重視する立場から，総選挙の選挙綱領（1998 年 4 月 17 日付）にも「集団防衛任務を超える NATO の活動には，国連または OSCE のマンデイトを必要とする」ことを明記していた[361]．このため，選挙公約違反を問題にする議員もあり[362]，反対票を投じる議員も少なくなかった．

　K. ギルゲス（Konrad Gilges）議員以下 15 名の SPD 左派議員は，派遣反対の立場から，連名で投票説明文を提出した．その第一の理由は，やはり派遣の国際法上の根拠の欠如である．

> 「国連安全保障理事会のしかるべき明確な授権がある場合にのみ軍事介入が正当化されるのであり，そうでなければ，これは主権国家に対する侵略戦争と理解されるべきものであろう．［国連安保理］決議1160号と1199号は，このような［軍事介入の］法的根拠を含んではいない．法的根拠を欠く介入は，これま

で一般に承認されてきた国連による暴力独占を無責任なやり方で害するもので
あり，また国際システムの安定にとって予見できない結果をもたらす先例とな
るであろう．」[363]

しかし，次期政権を担う SPD としては，このような原理原則論に固執する
あまり，同盟域外危機管理能力強化に向かう NATO や共通外交・安保政策を
推進する EU のなかで孤立することも回避しなければならないことから，政治
的妥協を迫られることになる．G. エァラー（Gernot Erler）議員以下 61 名の
議員が共同提出した派遣賛成の投票説明文 [364] には，同党の原理原則論と欧州
内での政治的孤立回避のための政治的妥協の相剋を見て取ることができる．こ
こに集約される意見が SPD の多数意見と見てよいと思われるが，派遣に対す
る反対論と賛成論それぞれの根拠が列挙され，その得失の比較考量が慎重にな
されている．その意味では，これまで見てきた諸会派の意見全体を集約するも
のともいえる [365]．

エァラー議員等の投票説明文は，まず反対論拠として考えられるデメリット
6 点を具体的に指摘している．

A) 国際法的根拠の欠如

ユーゴスラビア連邦共和国に対する軍事攻撃には，国連や OSCE のマンデイ
トがない．また，極度の脅威がある場合の緊急救助として国連憲章第 51 条
に依拠することもできない．NATO は，国連安保理決議 1160 号と 1199 号へ
の依拠と「異常事態」におけるその武力による貫徹を正当化するが，かりに
NATO が国連の政治的目的（人道的災害の防止と重大かつ組織的な人権侵害
の阻止）を共有するとしても，実際の軍事攻撃を行うには国際法上の根拠を
欠いているといわざるを得ない．

B) 武力行使の自己授権による国連の弱体化

NATO が自己授権により武力を行使してでも国連の目的を実現しようとした
背景には，コソボ事案についてロシアと中国が拒否権行使を予告したため，
安保理事会による授権を受けられないのが確実であったことがある．しかし，

187

第4章　連邦軍コソボ派遣をめぐる法と政治

このような自己授権は，これまで有効であった国連の決定手続を無視し，あるいは迂回する先例となり，後々国連を弱体化することになり得る．

C) NATO の変質による悪影響

NATOの任務と機能にとっても，これは先例となり得る．すなわち，国連の目的をその許可を受けることなく武力の行使により強行することは，NATOの国際的負託を変更することになり，それは予見できない政治的結果をもたらすであろう．

D) ロシアとの関係悪化

セルビアに対する武力措置を実施することに繰り返し警告を発してきたロシア連邦は，実際にNATOによる航空作戦が実施されることになれば，NATOとの関係を見直し，場合によっては「NATO-ロシア基本文書」の実施が不確実になることが予想される．

E) 武力行使がエスカレートする危険

NATOによる航空作戦は，限定的かつ段階的に実施されることになっているが，武力行使を実施したにもかかわらずセルビア側が態度を改めない場合には，武力行使がエスカレートする危険を伴う．空爆に限定したとしても，それで政治目的を達しないならば，NATOの威信を理由として，このような抑制を維持できなくなるであろう．

F) コソボ分離独立運動への影響

セルビアの軍隊や警察力を一方的かつ持続的に弱体化することにより，コソボ解放軍がユーゴスラビア連邦共和国からのコソボの分離独立を武力により達成しようとする試みを継続できることになる．これは，戦闘の長期化を招くとともに，コソボのアルバニア系住民のなかの急進勢力が考える完全自治の実現を助けることになる．このような結果は，西欧諸国の考えとは相容れない．

これに対して投票説明文は，ドイツがNATO航空作戦に参加しない場合に発生するであろう重大な危険を3点指摘する．

188

a) ドイツがNATO作戦に同意しなければ，セルビア指導部に対するこれまでの政治的圧力は信頼性を失う．ミロシェヴィチ大統領は，最近ようやく軍事攻撃の威嚇に反応を示したところであるが，ドイツがこの軍事攻撃に同意しないことになれば，NATOは結局のところ軍事攻撃を実行に移すことはできないという印象を与えることになり，交渉の結果結ばれた協定を履行するにあたり，また時間稼ぎの戦術に逆戻りすることになるだろう．それは，コソボ住民にとって酷い結果をもたらすことになる．そうなればドイツは，これまでの成果を無にした責任を負わなければならない．

b) やむを得ぬ場合に実施される空爆については，すでに他のNATO諸国のすべてが同意しており，またすべての欧州諸国がコソボ危機の解決に他の可能性を認めないようになった今，ドイツがこれを拒否することになれば，ドイツは完全に孤立し，その同盟能力および統合能力に対する疑念が湧き起こることになるであろう．

c) コソボ問題において欧州諸国の共同歩調からドイツが離脱することになれば，欧州の行動能力に対する疑念が増し，EUの共通外交・安保政策の目標は遠退くであろう．ここでまた欧州の問題が米国の外交上の強力な介入によってはじめて解決の方向に動き出すことができたという事実により，なおさらその感が強まる．

　このように，ドイツ連邦議会がコソボ派兵に同意した時に発生するリスクとこれを拒否した場合に生じるであろうリスクはともに重大なものであるが，これを比較した場合，「同意した場合に生じ得るネガティヴな結果を防除し，あるいは積極的施策によりこれを制御することの方がより可能性が高いと思われる．」として，投票説明文は，派遣賛成の理由と実施の具体的条件5点を挙げる．

i. 今のところ，威嚇を継続し，その信頼性を維持することこそが，コソボ紛争の解決を実現させ，準備中の航空作戦を不要にすることになる可能性が高いと考えられること．

189

ii. 国際法上十分に正当化されないNATOの行動に同意を与えることは，「異常事態」の事実認識においてのみ行い得るものである．この同意をNATOの将来の自己授権（Selbstmandatierung）や自己許可（Selbstautorisierung）の先例とはしないこと，そして，国連とその権限の強化という我々の目的は今後も変わりなく追求されることを明言したうえで行わなければならない．

iii. ロシアをコソボ問題解決への努力に全面的に引き込まなければならない．バルカン半島の永続的平和秩序の実現は，ロシアの関与なくしては不可能である．

iv. 政治的要求は，セルビア指導部に対してだけではなく，アルバニアの代表者に対しても同様に向けられなければならない．コソボ共和国大統領I. ルゴヴァ（Ibrahim Rugova）とコソボ議会がホルブルック協定を一部に限定して受諾し，ユーゴスラビア連邦共和国からのコソボの完全分離独立という要求に固執することが憂慮されるが，これは認められない．OSCE監視団は，セルビア治安部隊だけでなく，コソボ解放軍の行動も監視しなければならない．この任務を確かなものとするため，ドイツ連邦政府は，OSCE監視団に適当な派遣部隊をすみやかに提供すべきである．

v. 停戦協定をセルビア指導部に強制するために準備中の航空作戦の実施が万一期待に反して必要になった場合には，武力行使の自動的なエスカレートを回避するためにも，軍事行動に対する政治的な統制・指導が常に担保されなければならない．

　以上，SPD多数派を代表するエァラー議員等の投票説明文に示された利益考量に基づく派遣賛成論を見てきた．結果的にこの日の派遣承認がミロシェヴィチ大統領の譲歩とNATOによる空爆の回避をもたらすことはなかったが，NATOの自己授権を先例にしない点やロシアの関与がバルカン半島の永続的平和維持には不可欠である点など，空爆開始後の対処において重要な指針が連邦議会審議の内容に含まれている．予想外の空爆長期化により，NATO諸国

は 1999 年 4 月以降, ベオグラードに強力な影響力をもつロシアの協力を求め
ざるを得なくなるが, ドイツ政府・議会がすでに前年 10 月の派遣承認の段階
でロシアの協力が不可欠であることを認識していた点は特筆すべきであろう.
当初からユーゴスラビアへの軍事措置の授権に反対し, NATO 空爆を侵略と
非難したエリツィン大統領との困難な交渉の露払いをし, 1999 年 4 月 13 日
の米国務長官 M. オルブライト (Madeleine Albright) とロシア外相 I. イヴァ
ノフ (Igor Ivanov) のボンにおける会談を実現したのもドイツの力によると
ころが大きい. コソボ問題の一応の収拾をもたらしたチェルノムイルジン露大
統領特使とアハティサーリ・フィンランド大統領 (EU 特使) による折衝が成
功したのにも, こうした布石があったからである.

　1998 年 10 月 16 日のコソボ派兵承認論議における SPD の対応には, ドイ
ツ外交の一貫性維持のための前政権との事前調整の成功と政権政党としての柔
軟性が認められる. それとともに, 1990 年代に見せた非妥協的な非戦主義的
傾向が払拭され, SPD が冷戦後の欧州の安全保障環境のなかで現実的政権担
当能力を獲得したことが確認できる.

3 派兵承認をめぐる対立軸の変化

　ユーゴ空爆への参加はドイツの派兵政策にとって一大転機となった. それ
は, ただ単に連邦軍が戦後はじめて主権国家に対して武力行使を実施したと
いうだけでなく, その後の派兵決定に重要な変質をもたらしたという意味に
おいて画期的である. すなわち, コソボ派兵は, 同盟域外派兵をめぐる与野
党間の対立軸を, 連邦軍出動の法的要件の問題から政策的得失の問題に変質
させたのである.

　コソボ派兵以前のコール政権下では, 与野党間に「NATO 同盟域外派兵は
違憲か合憲か」, 合憲であるとしても「国連や OSCE の授権が条件となるのか
否か」という明確な法的対立軸が存在したが, この対立軸は 1994 年判決以後
IFOR/SFOR 参加からコソボ派兵に至る過程で次第に政治的に相対化され, 連

邦議会におけるコソボ派兵承認案の審議において超党派の合意が達成された
ことによりほぼ解消する．コソボ派兵の政府決定と議会承認が進められた時期
は，コール政権（保守中道連立）からシュレーダー政権（左派連立）への交代
時期にあたる．新政権は，欧州安全保障協力の拡大・深化とドイツの外交政策
上の一貫性の維持を優先するため，派遣の法的可否の問題をあえて争点化する
ことなく，人道的「異常事態」における例外として派兵に踏み切ることになっ
た．これにより，コソボ派兵以後の連邦軍派遣決定においては，派遣の法的可
否の問題よりも政策的得失が優先的に考慮される傾向が顕著となる．

　コソボ派兵で同盟域外武力行使に超党派の合意が得られたことで，以後派
遣の法的制約の問題が大きな争点となることはなくなったが，それは派遣決
定が容易になったことを意味するものではない．コソボ派兵以後の派兵決
定の経緯を見ればそのような単純な見方が許されないのは明らかである．コ
ソボ派兵直後に開始された東チモール活動（INTERFET），マケドニア平和
維持活動（ESSENTIAL HARVEST, AMBER FOX, ALLIED HARMONY,
CONCORDIA）から2001年9月11日の米国テロ事件後のアフガニスタン派
兵（ENDURING FREEDOM, ISAF），そして2003年のイラク戦争までのド
イツ政府の対応は，与野党間に法的論争があったコソボ派兵以前の時期以上に
複雑な要因による影響を受けている．そこでは対中・対米関係，EU－NATO
関係，欧州軍事統合の推進，ドイツ連邦軍の再編など様々な要因とともに
2002年秋の総選挙を意識した短期的な国内政治的要因が複雑に絡み合ってい
る．

［注］

265 Dieter S. Lutz, Wohin treibt (uns) die NATO ?, Politische und rechtliche Aspekte der gegenwärtige Entwicklung einer neuen Friedens- und Sicherheitsordnung, in: D. S. Lutz (Hrsg.), Der Kosovo-Krieg: Rechtliche und rechtsethische Aspekte, Nomos Verlagsgesellschaft, 1999/2000, S.111ff.

266 この点は，日本においても早くから指摘されている．1999 年新「戦略概念」により，NATO の活動と国連決議との関係がいっそう曖昧にされたとする批判として，定形　衛「コソヴォ危機と 50 年目の NATO」『法律時報』第 71 巻 9 号 (1999 年 8 月)，24 〜 28 頁，および豊下楢彦「NATO 新戦略と周辺事態法」『世界』1999 年 7 月号，57 〜 67 頁．

267 第 1 章 II .1., Fn.58.

268 第 1 章 II .2., 3.

269 1992 年 6 月 23 日の SPD 改憲案は，連邦軍の派遣対象を戦闘任務を伴わない国連平和維持活動や環境被害への対処，人道支援や災害救助活動に限定するものであった．SPD の改憲案について，詳しくは第 1 章 II .3.(2).

270 CDU/CSU の改憲案について詳しくは，第 1 章 II .4.(2).

271 B'90/Grüne の改憲案について，第 1 章 Fn.77.

272 政府派遣承認案：BT-Drs.13/1802. 連邦議会承認：Deutscher Bundestag, Stenographischer Bericht, 48. Sitzung, Bonn, Freitag, den 30. Juni 1995, Plenarprotokoll 13/48, 4017(A). ［賛成 386，反対 258，棄権 11］なお，1990 年代以降のドイツ連邦軍の派遣の背景および承認手続については，vgl. Florian Schröder, Das parlamentarische Zustimmungsverfahren zum Auslandeinsatz der Bundeswehr in der Praxis, Carl Heymanns Verlag, 2005, S.39-132 ; Peter Dreist, 50 Jahre Bundeswehr － Rahmenbedingungen für Einsätze im Ausland im Spannungsfeld zwischen Politik und Recht －, in: BWV 2005, H.2, S.29-38, H.3, S.49-60.

273 Vgl. Kerry Longhurst, Germany and the use of force. The evolution of German security policy 1990-2003, Manchester University Press, 2004, S.65f.

274 政府派遣承認案：BT-Drs.13/3122. 連邦議会承認：Deutscher Bundestag, Stenographischer Bericht, 76. Sitzung, Bonn, Mittwoch, den 6. Dezember 1995, Plenarprotokoll 13/76, 6673(B). ［賛成 543，反対 107，棄権 6］

275 政府派遣承認案：BT-Drs.13/6500. 連邦議会承認：Deutscher Bundestag, Stenographischer Bericht, 149. Sitzung, Bonn, Freitag, den 13. Dezember 1996, Plenarprotokoll 13/149,13519(A). ［賛成 499，反対 91，棄権 21］

276 K. Longhurst, Germany and the use of force [Fn.273], S.65f.

277 1997 年 12 月 3 日ハノーファー党大会において採択された A1 号決議 Aussen-, und Sicherheits- und Entwicklungspolitik (Beschluss A 1) は，以下の URL で閲覧．<http://www.dezember1997.spd-parteitag.de/beschluss.htm> (2005 年 8 月 2 日閲覧)

278 Roberta N. Haar, Nation State as Schizophrenics, Germany and Japan as Post-Cold War Actors, Praeger, 2001, S.157.

279 カッセル党大会について，<http://archiv.gruene-partei.de/gremien/bdk/97Kassel/index.

第 4 章　連邦軍コソボ派遣をめぐる法と政治

htm>（2005 年 7 月 16 日閲覧）カッセル党大会では，EU が進める WEU との融合に代え OSCE による全欧州的平和維持を強化すべきであるとし，EU 独自安保を推進するため政府が進めていた戦闘機ユーロファイター調達計画に反対する内容の決議を採択している．

280　マグデブルク党大会について，<http://archiv.gruene-partei.de/gremien/bdk/98Magdeburg/index.htm>（2005 年 7 月 16 日閲覧）．

281　BÜNDNIS 90/DIE GRÜNEN, grün ist der Wechsel, Programm zur Bundestagswahl 98.<http://archiv.gruene-partei.de/gremien/bdk/98Magdeburg/Wahlprog98/wahlprog.pdf>（2005 年 7 月 16 日閲覧）この綱領では，連邦軍の平和強制活動や戦闘への参加は拒否し，国連または OSCE が国連憲章第 6 章に基づき実施する平和維持活動に参加する多国籍部隊の設置が提案されている．

282　旧ユーゴ問題解決のため 1992 年 8 月に開催されたロンドン会議において活動を開始した米・英・仏・独・伊・露の 6 ヵ国グループ．

283　Vgl. Deutscher Bundestag, Stenographischer Bericht, 248. Sitzung, Freitag, den 16. Oktober 1998, Plenarprotokoll 13/248, 23127(C)ff.［賛成 500，反対 62，棄権 18］このコソボ派遣承認案の連邦議会審議については，次節で詳しく検討する．

284　S/RES/1203 (1998), 24 October 1998. 活動の承認にとどまり，授権を内容とする決議ではない．

285　Vgl. Deutscher Bundestag, Stenographischer Bericht, 22. Sitzung, Donnerstag, den 25. Februar 1999, Plenarprotokoll 14/22, 1699(A)ff.［賛成 533，反対 41，棄権 10］

286　①すべての軍事活動と殺戮の即時停止，②コソボからの軍隊・警察・非正規軍の撤退，③国際平和維持軍の駐留，④被追放者の無条件の帰還と人道支援組織のアクセス，⑤コソボのためランブイエ協定を基礎とする政治的フレームワーク合意の形成への協力の保障．その後，この 5 項目要求は，4 月 23 ～ 24 日のワシントンにおける NATO 首脳会議で採択された「コソボに関する声明」（Statement on Kosovo）にも取り入れられている．<http://www.nato.int/docu/pr/1999/p99-062e.htm>（2005 年 7 月 20 日閲覧）

287　このアハティサーリ・チェルノムイルジン和平案の内容は，ランブイエ合意案と大きく異なるものではなかったが，NATO に加えロシアが主力となる平和維持軍が駐留する点で，国連色がいっそう強くなっているといえる．

288　Statement by the Chairman on the conclusion of the meeting of the G8 Foreign Ministers on the Petersberg, 6. May 1999. <http://www.auswaertiges-amt.de/www/deausgabe_archiv?archiv_id=470>（2005 年 7 月 26 日閲覧）

289　コソボ紛争へのドイツ政府の対応については，vgl. Günter Joetze, Der letzte Krieg in Europa? Das Kosovo und die deutsche Politik, Deutsche Verlags-Anstalt, 2001. また主要外交文書は，vgl. Press- und Informationsamt der Bundesregierung, Stichworte zur Sicherheitspolitik, Juni 1999, Nr.6. <http://www.bundesregierung.de>「地域問題に関する G8 声明」等ケルン・サミットで採択された文書については外務省ホームページの以下の URL で閲覧 <http://www.mofa.go.jp/mofaj/gaiko/summit/cologne99/>．なお，安定協定の実施状況については，<http://www.stabilitypact.org/>（2005 年 7 月 26 日閲覧）．

290　S/RES/1244(1999), 10 June 1999. この決議の採択においても中国は棄権している．UN Press Release SC/6686, 10 June 1999 (Security Council, Welcoming Yugoslavia's acceptance of

Peace Principles, authorizes Civil, Security Presence in Kosovo). NATO による空爆を非難する２つの安保理常任理事国のうち，ロシアをコソボ問題解決の政治的プロセスに復帰させることには成功したが，中国については関係修復に時間がかかった．この時期ドイツと中国の間には人権問題をめぐって厳しい対立があったが，その後東チモールへの INTERFET の派遣を契機に関係改善の兆しが見えるようになる．この点については第５章で詳しく説明する．

291 政府派遣承認案：BT-Drs.14/1133. 連邦議会承認：Deutscher Bundestag, Stenographischer Bericht, 43. Sitzung, Bonn, Freitag, den 11. Juni 1999, Plenarprotokoll 14/43, 3584(D) ff. ［賛成 505，反対 24，棄権 1］

292 1994 年判決が示した派遣承認手続の原則と具体的承認事項については，第２章Ⅱ.3.(4).⑤および第６章Ⅰ.3 参照．

293 BT-Drs.13/11460.

294 BT-Drs.13/11469, S.2.

295 BT-Drs.13/11469, S.3.

296 Deutscher Bundestag, Stenografischer Bericht, 248, Sitzung, Bonn, Freitag, den 16. Oktober 1998, Plenarprotokoll 13/248, 23127(D)ff.

297 Plenarprotokoll 13/248, 23129(B)f. ユーゴ空爆作戦が以後先例とされるべきものではなく，例外的なものであるとする立場は，概ね NATO 諸国が共有するものでもあった．当時の NATO 事務総長 J. ソラナ（Javier Solana）もこの作戦を「規則に対する例外」であり，新しい国際法を創造するものではないと明言している．Vgl. Javier Solana, NATO's Success in Kosovo, Foreign Affairs, vol. 78, no.6, November/December 1999, S.118.

298 NATO 同盟域外派兵のための改憲論議における FDP の立場とキンケルの提案については，第１章Ⅱ.3.(3).

299 1998 年４月 17 日ライプツィヒ臨時党大会で採択された「労働，革新そして正義」(Arbeit, Innovation und Gerechtigkeit) と題する「SPD1998 年連邦議会選挙綱領」(SPD Wahlprogramm 1998) は，次のように連邦軍の活動について記述していた．「連邦軍は，国防および同盟国の防衛の任務を有しているが，これ以外では，例えばボスニア［における活動］のように，国連または OSCE の平和ミッションのためのマンデイトの範囲内でのみ派遣することができる．……NATO 拡大プロセスは，ロシアを排除することになってはならず，ヨーロッパを安全保障上新たに分割したり，軍備拡大に結びつくことがあってはならない．また，加えて，OSCE のための役割を強化するものでなければならない．NATO は防衛同盟であり，今後もそうあり続ける．世界平和維持のためのグローバルな暴力独占は専ら国連の下になされる．NATO の活動は，それが集団防衛任務を超えるものである場合には，国連または OSCE のマンデイトを必要とする．」<http://www-extern.spd.de/suche/archiv/pttleipzig/programm/> (2004 年５月 24 日閲覧)

300 Plenarprotokoll 13/248, 23130(D)ff.

301 基本法第１条「(1) 人間の尊厳は不可侵である．これを尊重し保護することは，すべての国家権力の義務である．(2) それゆえに，ドイツ国民は，世界のあらゆる人間共同体，平和及び正義の基礎として，不可侵であり，かつ譲り渡すことのできない人権を信奉する．［第３項省略］」．

302 Deutscher Bundestag, Stenographischer Bericht, 32. Sitzung, Bonn, Donnerstag, den 15. April 1999, Plenarprotokoll 14/32, 2621(B).

195

第4章　連邦軍コソボ派遣をめぐる法と政治

303　BT-Drs.14/3047 (Große Anfrage der Fraktion der PDS, Kriegsbilanz). 大 質 問 (Große Anfrage) とは，連邦議会で1会派または構成員の5%以上により，包括的に政治問題や特定の事案に関する情報を連邦政府に求め，その見解を質す手続である．連邦政府は書面をもってこれに答えなければならず，本会議においてこれについて討論することができるため，連邦政府に対する効果的な民主的統制手段として利用される．小質問 (Kleine Anfrage) も，特定事案に関する情報を連邦政府に求める手続であり，連邦政府は文書でこれに回答するが，本会議で審議されることはない．

304　BT-Drs.14/5677.

305　質問主意書 (大質問) は，I. 犠牲 (Opfer), II. 損害 (Schaden), III. 前史 (Vorgeschichte), IV. 法的諸問題 (Rechtsfragen), V. 戦争結果 (Kriegsergebnisse) の5部構成である．IV. 法的諸問題 (質問103から137) では，本文で取り上げた5つの質問のほか，様々な側面から政府の見解を質しているが，政府の回答内容は具体性を欠く．ユーゴ空爆が1974年12月14日の国連総会決議 A/3314 (XXXIX)「侵略の定義」(とくに第3条) の要件を満たすか否か (質問105, 106), NATO がかかわる紛争の平和的解決を定める NATO 条約第1条，同盟国に武力攻撃が生じた場合の支援に武力行使を限定する同条約第5条への抵触 (質問107) を質すのに対して，政府は具体的には答えず，ただ，NATO 作戦が国際法上許容されると繰り返すだけである．民間人・民用物の被害についてもハーグ陸戦条約，ジュネーヴ条約等への抵触に関して質問されたが (質問109以下)，答弁書は理由を詳述することなく，簡潔に違法性を否定している．

306　BT-Drs.14/3047, S.15f.; BT-Drs.14/5677, S.49.

307　BT-Drs.14/3047, S.16; BT-Drs.14/5677, S.49f.

308　BT-Drs.14/3047, S.19; BT-Drs.14/5677, S.56.

309　BT-Drs.14/3047, S.18; BT-Drs.14/5677, S.55.

310　BT-Drs.14/3047, S.19; BT-Drs.14/5677, S.55.

311　本文II.3.(2).①.

312　第3章で説明したように，PDS は，コソボ派兵と同時期に採択された NATO 新「戦略概念」の違憲性を主張して機関争訟を提起し，その判決が2001年11月22日に下されている．そのなかで連邦憲法裁判所は，同盟の新任務である同盟域外「危機対応活動」を国連憲章第8章の機能として説明しており，NATO を憲章第8章機関とみなすことで，ユーゴ空爆に兆候が見られたような国連の統制からの同盟戦略の逸脱を抑制する判断を示している．

313　コソボ紛争における「人道的介入」の国際法的根拠の当否を明らかにすることは，本章の目的ではない．ただ，一国内の人道的惨状を第三国や国際機構が停止させる場合に，既成の法制度に限界があることを確認すれば足りる．同様の観点からコソボ紛争以後の介入論を検討するものとして，以下の2つの研究を挙げておく．Michael J. Glennon, Limits of Law, Prerogatives of Power—Interventionism after Kosovo, Palgrave, 2001; David Chandler, From Kosovo to Kabul—Human Right and International Intervention, Plut Press, 2002.

314　BVerfGE 90, 286 [345ff.].

315　BVerfGE 90, 286 [349].

316　BVerfGE 90, 286 [345].

317　Michael Wild, Verfassungsrechtliche Möglichkeiten und Grenzen für Auslandseinsätze der Bundeswehr nach dem Kosovo-Krieg—Versuch einer Systematisierung—, in: DÖV 2000, S.627f. A. A. スタインカムもほぼ同様のコソボ派兵の合憲論を主張する. Arnim A. Steinkamm, Zur humanitären Intervention. Völker- und wehrrechtliche Aspekte des Kosovo-Konflikts 1999, in: K. Ipsen/Ch. Raap (Hrsg.), Wehrrecht und Friedenssicherung. Festschrift für Klaus Dau zum 65. Geburtstag, Luchterhand Verlag, 1999, S.283ff.

318 基本法第 26 条 1 項「諸国民の平和的共存を阻害し, とくに侵略戦争の遂行を準備するおそれがあり, かつ, このような意図をもってなされた行為は, 違憲である. このような行為は, これを処罰する」.

319 UN Press Release SC/6657, 24. March 1999.

320 PDS のコソボ派兵批判の論拠については後述, 本章Ⅲ .2.(1) 参照. また PDS は, 上述の質問主意書でも, コソボ派兵の基本法第 26 条 1 項違反を質した (質問 125) が, 政府の回答は「第 26 条 1 項の要件には該当しない」と簡単に違憲性を否定するだけであった (BT-Drs.14/5677, S.54.).

321 UN Press Release SG/SM/6938, 24. March, 1999 (Secretary-General's Statement on NATO Military Action against Yugoslavia). <http://www.globalpolicy.org/security/issues/kosovo2. htm> (2005 年 7 月 22 日閲覧)

322 S/1999/328.

323 S/1999/451.

324 S/1999/394. ユーゴ空爆直後の国連加盟国の反応については, UN Press Release SC/6657, 24. March 1999 (NATO Action against Serbian Military Targets prompts divergent Views as Security Council holds urgent Meeting on Situation in Kosovo) ; UN Press Release SC/6659, 26. March 1999 (Security Council Rejects Demand for Cessation of Use of Force against Federal Republic of Yugoslavia).

325 S/RES/1199(1998), 23. September 1998.

326 S/RES/1160(1998), 31. March 1998.

327 S/RES/1199(1998), Para.16.

328 S/RES/1244(1999), 10. June 1999.

329 日本においても「黙示的承認」論と同様の根拠からユーゴ空爆の合法性を推認する見解を主張するものがある. 参照, 星野俊也「米国のコソボ紛争介入―その道義性・合法性・正当性」『国際問題』№ 479 (2000 年 2 月), 17 〜 29 頁. また, 村瀬信也「武力不行使に関する国連憲章と一般国際法との適用関係―NATO のユーゴ空爆をめぐる議論を手掛かりとして―」『上智法学』第 43 巻 3 号 (1999 年 12 月), 1 〜 41 頁 (とくに 37 〜 38 頁). 筒井若水「国際連合と地域の安全―NATO によるユーゴスラビア空爆」『法学教室』238 号 (2000 年 7 月), 1 〜 13 頁 (とくに 12 頁). 「黙示的承認」論の論拠を批判するものとして, 松井芳郎「NATO によるユーゴ空爆と国際法」『国際問題』№ 493 (2001 年 4 月), 33 〜 47 頁. また, 松田武男「集団安全保障における正統性の危機」『法政論集』202 号 (2004 年 5 月), 33 〜 34 頁.

330 Natalino Ronzitti, Lessons of International Law from NATO's Armed Intervention against the Federal Republic of Yugoslavia, in: THE INTERNATIONAL SPECTATOR, VOL. XXXIV, No.3, July-September 1999, S.48-49. IAI (Istituto Affari Internazionali) のホームページより閲覧. <http://iai.it/pdf/articles/ronzitti.pdf> (2005 年 7 月 21 日閲覧). ロンジッティは, こ

197

第4章　連邦軍コソボ派遣をめぐる法と政治

の種の「黙示的承認」論を「詭弁の類」と批判する.

331　コソボ紛争当時主張された「人道的介入」論とその批判的検討として，上記 Fn.329 に挙げた
　　　論文のほか，以下の研究を参照．中山雅司「人道的介入と国連の課題―NATO によるユーゴ空
　　　爆が提起するもの」『創価法学』第 31 巻 1・2 号（2001 年 11 月），207 ～ 248 頁．小林宏晨
　　　「コソボ戦争における法と政治」『防衛法研究』第 25 号（2001 年 10 月），83 ～ 116 頁．アル
　　　ブレヒト・ランデルスホーファー（小林宏晨訳）「コソボ・ジレンマ：人権擁護対武力禁止」『日
　　　本法学』第 66 巻第 4 号（2001 年 2 月），329 ～ 346 頁．

332　国連による「人道的介入」は，冷戦後始まったものではなく，すでに冷戦期にも南ローデシア
　　　（1966 年），南アフリカ（1977 年）のケースがある．国連は 1990 年代以降，ボスニア・ヘル
　　　ツェゴビナ（1991 ～ 93 年），ソマリア（1992 年），ルワンダ（1994 年），ハイチ（1994 年）
　　　への介入に見られるように，非国際紛争に対してとられた軍事的強制措置の根拠として「人
　　　道的介入」の主張を展開しており，その介入基準も確立しつつある．国連による「人道的介
　　　入」とその介入基準については，Richard B. Lillich, Humanitarian Intervention through the
　　　United Nation: Towards the Development of Criteria, in: ZaöRV 53/3 (1993), S. 572. ま
　　　た参照，松井芳郎「国際連合と人道的援助および人道的干渉（上）（下）」『法律時報』第 68 巻
　　　（1996 年）第 4 号，46 ～ 54 頁，同第 7 号，66 ～ 74 頁．松隈　潤「国連による人道的干渉と
　　　国際法に関する一考察」『西南学院大学法学論集』第 30 巻第 1 号（1997 年 8 月），1 ～ 25 頁．

333　Vgl. Karl Doehring, Völkerrecht, 1999, G. F. Müller, Rdnr.1010 (S.432).

334　なお，個別国家（国家群）独自の決定に基づくものも，国連決議によるものも，英語表現は
　　　humanitarian intervention が用いられるが，日本においては国連によるものを「人道的介
　　　入」，個別国家（国家群）によるものを「人道的干渉」と訳し分けることが多い．これは，「介
　　　入」の用語が「干渉」に含意される行為の違法性を払拭し，その合法性を前提にしているため
　　　であるという．参照，望月康恵「ボスニア・ヘルツェゴヴィナと人道的介入」，日本国際連合学
　　　会編『人道的介入と国連』（国際書院，2001 年）所収，97 頁以下．ただこのような「人道的介
　　　入」の用語法が定着しているわけではないようで，1992 年のソマリア活動を含め，人権問題を
　　　理由とする国連安保理の活動全般を「人道的介入」とは呼ばず「人道的調停」（humanitarian
　　　intercession）の名称を用いる論者もある．Vgl. Bertrand G. Ramcharan, The Security
　　　Council and the Protection of Human Rights, Martinus Nijhoff Publishers, 2002, S.35-59.

335　Vgl. Ulrich Beyerlin, ”Humanitarian Intervention”, in: Rudolf Bernhardt (ed.),
　　　Encyclopedia of Public International Law Vol. 2, North-Holland Publishing Company,
　　　1995, S.926ff. また，参照，松井芳郎「現代国際法における人道的干渉」，藤田久一他編『人権
　　　法と人道法の新世紀』（東信堂，2001 年）所収，5 ～ 63 頁（とくに 10 ～ 28 頁）．外務省委託
　　　研究報告書『人道的介入に関する国際社会の議論状況』（財団法人日本国際フォーラム）（平成
　　　13 年 3 月），79 ～ 88 頁.

336　とくに米国がスタンレービル事件や在イラン米国大使館人質事件の際に行ったように，在外自
　　　国民保護を目的とする武力介入を「人道的介入［干渉］」論に包摂し，その根拠を補強しようと
　　　する試みがある．このような試みに対しては，「これ［人道的規準］を援用する側の政治性を隠
　　　蔽するイデオロギー機能」をもつものであり，「在外自国民の生命保護のための武力行使を人道
　　　的干渉とみなすことは，保護対象を拡大し，法的根拠を不明確にし，さらに国際違法行為に対
　　　する救済という側面を曖昧化する結果となる.」とする批判がある．参照，岩本誠吾「在外自国

198

民保護のための武力行使——アメリカの立場を素材として（一），（二・完）」，『六甲台論集』第
32巻第2号（1985年7月）135〜144頁，第33巻第1号（1986年4月）61〜85頁，と
くに（二・完）77頁以下参照.

337 ドイツ国内でユーゴ空爆前後に発表された論文は多数あるが，コソボ派兵との関係でこれ
を明確に国際法違反とする論文として，Dieter Deiseroth, "Humanitäre Intervention" und
Völkerrecht, in: NJW 1999, S.3084ff.; Rüdiger Zuck, Der Krieg gegen Jugoslawien, in:
ZRP 1999, S.225ff.; Hermann Weber, Die NATO-Aktion war unzulässig, in: D. S. Lutz
(Hrsg.), Der Kosovo-Krieg [Fn.265], S.65ff.

338 NATOによる介入に理解を示す論者のなかにも，この点を問題視するものは多い．Vgl. Georg
Nolte, Kosovo und Konstitutionalisierung: Zur humanitären Intervention der NATO-
Staaten, in: ZaöV 59/4 (1999), S.951.「人道的介入」を法的に支持するC．クレスも，これ
がとくに唯一の超大国である米国により覇権主義的に乱用される危険を併せて指摘する．Vgl.
Claus Kress, Staat und Individuum in Krieg und Bürgerkrieg, in: NJW 1999, S.3083.

339 K. デーリング [Fn.333] や G. ノルテ [Fn.338] のほか，コソボ派兵の合法性を肯定的に評価
するものとして，Arnim A. Steinkamm, Zur humanitären Intervention [Fn.317], S.261ff.;
C. Kress, NJW 1999 [Fn.338], S.3077ff.; Birgit Laubach, Angriffskrieg oder Humanitäre
Intervention?, in: ZRP 1999, S.276ff.; Winrich Kühne, Humanitäre NATO-Einsätze ohne
Mandat?, Ein Diskussionsbeitrag zur Fortentwicklung der UNO-Charta, in: D. S. Lutz
(Hrsg.), Der Kosovo-Krieg [Fn.265], S.79ff.; Heinrich Wilms, Der Kosovo-Einsatz und
das Völkerrecht, in: ZRP 1999, S.227ff. このほか，U. フィンクは，「人道的介入」肯定論に
理解を示しながらも，NATOのコソボ介入については判断を保留している．Vgl. Udo Fink,
Verfassungsrechtliche und verfassungsprozessrechtliche Fragen im Zusammenhang mit
dem Kosovo-Einsatz der Bundeswehr, in: JZ 1999, S.1016ff.

340 K. Doehring, Völkerrecht [Fn.333], Rdnr.1012 (S.433f.). NATOのコソボ介入はNATO諸国
の直接的な経済的権益や迫害犠牲者との特権的関係を主張することによりなされたものではな
い．G.ノルテは，過去の「人道的介入」の弊害を認識しつつ，コソボ介入を批判する者がこ
の点を看過していることを指摘する．Vgl. G. Nolte, ZaöV 59/4 (1999) [Fn.338], S.941f.

341 H. ヴィルムスは，国連決議によらない「人道的介入」が許容される要件として，①集団殺害や
大量追放の場合にのみ実力的措置が許されること，②措置は比例性の原則にしたがうこと，③
目的が達せられたならば措置は直ちに終了すること，の3点を挙げる．Vgl. H. Wilms, ZRP
1999 [Fn.339], S.230. A. ラウバッハは，より詳細に次の5点を要件に挙げる．①ニュルンベ
ルク裁判やジェノサイド条約などが示す人道的最低基準の重大な侵害の発生が直前に差し迫り，
あるいはすでに発生し，継続していること．②武力行使より敷居の低い紛争解決手段がすべて
実行されており，外交的解決の可能性が尽きていること．③国連や地域機関による制度化され
た介入の実施が不可能なこと．④対象国に対して最後通牒また絶対無条件な形式で要求がなさ
れ，これについて安保理事会に報告がなされること．⑤介入は人道的目的のみを追求するもの
であること．その期間と武力行使は最小限でなければならず，安保理事会に常時報告がなされ
なければならないこと．Vgl. B. Laubach, ZRP 1999 [Fn.339], S.279.

342 K. Doehring, Völkerrecht [Fn.333], Rdnr.1012 (S.433f.)；H. Wilms, ZRP 1999 [Fn.339],
S.230.

第 4 章　連邦軍コソボ派遣をめぐる法と政治

343　H. Wilms, ZRP 1999 [Fn.339], S.227.

344　K. Doehring, Völkerrecht [Fn.333], Rdnr.1015 (S.435); B. Laubach, ZRP 1999 [Fn.339], S.278.

345　G. Nolte, ZaöV 59/4 (1999) [Fn.338], S.948; K. Doehring, Völkerrecht [Fn.333], Rdnr.1014 (S.435); U. Fink, JZ 1999 [Fn.339], S.1021; H. Wilms, ZRP 1999 [Fn.339], S.230; B. Laubach, ZRP 1999 [Fn.339], S.278.

346　K. Doehring, Völkerrecht [Fn.333], Rdnr.1015 (S.436); W. Kühne, NATO-Einsätze [Fn.339], S.79ff.

347　コソボ派兵当時の連邦大統領 R. ヘルツォーク（Roman Herzog）は，コソボにおける NATO の作戦を「第三者，すなわちコソボのアルバニア系住民のための緊急救助・正当防衛の事例」と表現している．Vgl. "Ein Fall von Notwehr", in: SPIEGEL-ONLINE vom 5. APRIL 1999, auch in: DER SPIEGEL 14/1999 vom 5. 4. 1999, S.31.

348　なお，ここで問題にするコソボ介入についての政府説明やその是非に関する連邦議会諸会派の議論は，いうまでもなく武力介入の合法性と正当性をめぐるものであり，ius ad bellum に関する議論である．実際の武力行使の方法の妥当性に関しては，これとは切り離して ius in bello に照らした評価が必要である．この観点においては，空爆中使用されたクラスター爆弾や劣化ウラン弾の残した被害について多くの論者が問題を指摘するところである．「人道的介入」の政治的正当性により，その国際法的違法性の阻却を図るという方向性は，戦争開始原因には通用しても，個別的武力行使方法の違法性の阻却には通用するものではない．本章では，このような問題を検討することはできない．この点に関しては，とりあえず，篠田英朗「『新介入主義』の正当性：NATO のユーゴスラビア空爆を中心に」，広島市立大学広島平和研究所編『人道危機と国際介入』（有信堂，2003 年）所収，30 頁以下参照．また，介入の正当性がその効果を保証するものでないことも言をまたない．軍事的強制により非人道的状況が除去されても，もともと惨状を招いた原因が内戦であるだけに，国内統治能力の確立までは人道災害の火種は燻り続けることになる．この点に関して，参照，納家政嗣「国際政治構造の変容と人道的介入」，『人道的介入と国連』（国際書院，2001 年）所収，18 頁以下．

349　本章 Fn.283.

350　連邦議会議員は，表決にあたり口頭または書面により，自己の投票の説明を行うことができる．連邦議会議事規則第 31 条「(1) 討論終了後，連邦議会の各議員は，最終表決について，口頭による説明又は短い書面による説明を行うことができる．口頭による説明は 5 分以内とする．書面による説明は，本会議会議録に収録される．議長は，通常は表決前に説明のため発言を許す．(2) 連邦議会の各議員は，表決前に，表決に参加しないことを表明することができる」.

351　BT-Drs.13/11470. この PDS の決議案は，以下の 3 項目を要求するものであった．①ドイツ連邦議会は，ユーゴスラビア連邦共和国およびすべての当事者，コソボ内のすべてのグループおよび個人に対し，国連安保理決議 1199 号（1998）に列挙される要求のすべてを直ちに完全に履行することを求める．②ドイツ連邦議会は，ユーゴスラビア連邦共和国に対して NATO により計画され企図されている軍事行動に連邦軍を参加させることを拒否する．③ドイツ連邦議会は，ユーゴスラビア連邦共和国に対する軍事行動の開始に関する決定を撤回することを要求する．

352　BT-Drs.13/11470, S.2f.

353　Plenarprotokoll 13/248, 23160(C).

354 PDS は，空爆開始後の 1999 年 5 月 6 日にも，空爆の即時中止のほか 9 項目の要求を行う決議案を連邦議会に提出している（BT-Drs.14/997）．さらに，前節で検討した「戦争総括」に関する大質問以前にも，ユーゴ空爆により発生した被害状況やクラスター爆弾の使用状況について質す小質問を連邦議会に提出している．参照，「ユーゴスラビア連邦共和国に対する NATO 空爆による破壊に関する小質問」（1999 年 7 月 15 日付 BT-Drs.14/1419）および政府答弁書（1999 年 10 月 11 日付 BT-Drs.14/1788.）．「コソボ戦争における NATO によるクラスター爆弾の使用に関する小質問」（1999 年 7 月 15 日付 BT-Drs.14/1420）および政府答弁書（1999 年 9 月 22 日付 BT-Drs.14/1645）．加えて同党は，NATO の 1999 年 4 月の新「戦略概念」の採択にも異を唱える憲法訴訟を提起している．参照，第 3 章 II .2.(2).

355 BVerfGE 100，266 [268ff.] ．NATO ユーゴ空爆作戦への連邦軍の派遣決定により，連邦議会の権利も PDS 会派の権利も侵害されてはいないとして，本件申立てが不適法と連邦憲法裁判所は判断した．ドイツ連邦議会は，1998 年 10 月 16 日に連邦軍の出動に承認を与え，この決議はその後 2 回の連邦軍派遣決議（1998 年 11 月 13 日および 1999 年 2 月 22 日の決議）でも再確認されているのであるから，ドイツ連邦議会の権利は侵害されてはいない．派遣決定により PDS 会派の権利が侵害されたとする主張も認められない．連邦議会会派の権利は連邦議会内部領域においてのみ主張できるものであり，政府との関係において考慮されるものではないからである．

356 Plenarprotokoll 13/248, 23166 (B)ff., Anlage 2.

357 Plenarprotokoll 13/248, 23168(C)f., Anlage 2.

358 Plenarprotokoll 13/248, 23168(C)f., Anlage 2.

359 Plenarprotokoll 13/248, 23172(B)f., Anlage 5.

360 Vgl. W. Kühne, NATO-Einsätze [Fn.339], S.85.;H. Wilms, ZRP 1999 [Fn.339], S.227f. また，参照，第 3 章 Fn.238.

361 本章 Fn.299 参照．

362 選挙公約違反を問題にする K. ノイマン（Kurt Neumann）議員は，SPD を離党し無会派となって派遣反対の立場から口頭で意見を述べた．Vgl. Plenarprotokoll 13/248, 23158(A)f.

363 Plenarprotokoll 13/248, 23170(A)f., Anlage 3. 派遣反対論の共通の論拠は，その国際法上の根拠の欠落と個別国家（国家群）による武力行使の自己授権がもたらす弊害である．これは，与党・野党を問わない．たとえば，当時与党であった FDP の B. ヒルシュ（Burkhard Hirsch）議員ですら，次のように批判する．「NATO 条約［第 7 条］は，加盟国の国連憲章上の権利および義務が同条約により影響を受けることがないことを明記しております．私は，NATO による軍事行動が現行国際法上根拠の無いものであり，我々の今日の決定により，［悪しき］先例をつくり，今後他の者がこれに ―洋の東西を問わず― 便乗するような取り返しのつかないことになるものと確信いたします．そうなれば，我々は新たな平和秩序を創出するのではなく，国連設立以前の国際法の状態に逆戻りすることになるのです．私は，このようなことに共同責任を負うことはできませんし，負うつもりもありません．」（Plenarprotokoll 13/248, 23159(D)f.）

364 Plenarprotokoll 13/248, 23170(C)ff., Anlage 4.

365 このような利益考量論は，派遣の賛否にかかわらず他の議員の投票説明文にも見られる．SPD の M. ミュラー（Michael Müller）議員も以下に述べるエァラー議員らの見解と同様の利益考量に基づきながらも，派遣反対を主張する．一方，FDP の B. ホムブルガー（Birgit

Homburger）議員と J.v. エッセン（Jörg van Essen）議員の投票説明文は，ほぼ同様の得失の比較考量の結果，ミロシェヴィチ大統領に協定遵守を強制するために軍事的圧力を強化することに重きを置き，賛成票を投じている．Vgl. Plenarprotokoll 13/248, 23169(A)f.

ドイツ連邦軍の国外活動（1991年～2004年）

活動名称	関連国連安保理決議等	NATO等国際機関の決定	活動目的	閣議決定	連邦議会承認
UNSCOM	687号(1991年4月3日)		イラクにおけるNBC兵器査察		
	派遣上限・派遣期間等：ヘリコプターおよび査察チーム(1991年8月開始. 空輸1996年6月30日終了. 専門家2000年9月終了)				
UNAMIC	717号(1991年10月16日)		カンボディアにおける対話の促進と地雷除去	1991年10月25日，防衛大臣決定	
	派遣上限・派遣期間等：当初3人，後に6人，最後は15人の衛生兵(1991年11月開始，1992年5月終了)				
UNTAG	745号(1992年2月16日)		カンボディアにおける暫定統治および選挙準備	1992年4月8日	
	派遣上限・派遣期間等：約140人の衛生兵(1992年5月開始，1993年10月終了)				
SHARP GUARD	①713号(1991年9月25日)；757号(1992年5月30日)②787号(1992年11月16日)	①1992年7月10日②1992年11月20日(NATO・WEU理事会共同決定)	①アドリア海における禁輸措置の監視(旧ユーゴスラビア武器禁輸措置，セルビア・モンテネグロに対する通商禁止)②禁輸措置実施確保	①1992年7月15日事後閣議承認②1992年11月19日(事後閣議承認)＊1994年7月15日(連邦議会承認までの暫定的継続を閣議決定)	1994年7月22日
	派遣上限・派遣期間等：ドイツ艦隊および航空機による. ただし，ドイツは監視活動のみ参加，強制措置には不参加. (1992年7月27日開始，1996年10月1日終了)				
DENY FLIGHT	①781号(1992年10月9日)②816号(1993年3月31日)	①1992年9月10日および10月14日②1993年4月2日および8日(NATO理事会決定)	①ボスニア・ヘルツェゴビナ上空飛行禁止の監視②飛行禁止実施確保	①1992年10月21日(事後閣議承認)②1993年4月2日(事後閣議承認)＊1994年7月15日(連邦議会承認までの暫定的継続を閣議決定)	1994年7月22日
	派遣上限・派遣期間等：AWACS部隊所属のドイツ兵士参加. (1993年4月13日開始，1995年12月20日終了)				
UNOSOM II	814号(1993年3月25日)		ソマリア内戦の停止	1993年4月21日	1993年4月21日(1994年3月に活動がすでに終了していたため，1994年7月12日判決に則った正規の同意決議は行われず.)
	派遣上限・派遣期間等：約1,700人(1992年8月25日開始，1994年3月23日終了)				

第4章　連邦軍コソボ派遣をめぐる法と政治

活動名称	関連国連安保理決議等	NATO等国際機関の決定	活動目的	閣議決定	連邦議会承認
UNOMIG	881号(1993年11月4日), 892号(1993年12月22日), 1427号(2002年6月29日)		グルジア非武装監視団	①1994年2月2日 ②1994年7月19日 ③1998年4月1日	
派遣上限・派遣期間等：①軍事監視員4人,衛生兵2人,②4人増員,③副団長1人,衛生兵2人増員(1994年3月22日開始)					
DETERMINED EFFORT	998号(1995年6月16日)		ボスニア・ヘルツェゴビナ,クロアチア,スロヴェニアにおける国連保護軍撤退を含む緊急展開部隊の支援	1995年6月26日	1995年6月30日
派遣上限・派遣期間等：要員数上限記載なし(1995年8月開始,1995年12月20日終了)					
JOINT ENDEAVOR	1031号(1995年12月15日)		ボスニア・ヘルツェゴビナおよびクロアチアにおけるデイトン協定の実施,(IFOR)	1995年11月28日	1995年12月6日
派遣上限・派遣期間等：4,000人(1995年12月20日開始,1996年12月19日終了)					
UNTAES	1037号(1996年1月15日)	1996年1月26日(NATO理事会決定)	東スラヴォニア国連暫定統治機構支援	1996年2月7日	1996年2月9日
派遣上限・派遣期間等：IFOR派遣部隊を転用(1996年2月開始,1998年1月終了)					
JOINT GUARD	1088号(1996年12月12日)		旧ユーゴにおける和平プロセスの確保の継続(SFOR I)	1996年12月11日	1996年12月13日
派遣上限・派遣期間等：3,000人(1996年12月20日開始,1998年6月19日終了)					
LIBELLE			アルバニア(ティラナ)からのドイツ国民の救出	1997年3月14日:同18日急迫の危険を理由とする事後閣議承認	1997年3月20日
派遣上限・派遣期間等：323人の兵士が3月14日に出動					
JOINT FORGE	1174号(1998年6月15日), 1247号(1999年6月18日), 1305号(2000年6月21日), 1357号(2001年6月21日), 1423号(2002年7月12日)	1998年6月15日(NATO理事会決定)	デイトン協定の実施確保継続(SFOR II)	1998年6月17日	1998年6月19日
派遣上限・派遣期間等：3,000人(状況により300人を上限として増員可.1998年6月20日開始,2004年12月2日終了,EUFORに継承)					

活動名称	関連国連安保理決議等	NATO等国際機関の決定	活動目的	閣議決定	連邦議会承認
ALLIED FORCE	1160号(1998年3月13日),1199号(1998年9月23日),1203号(1998年10月24日)活動の授権なし	1998年10月8日(NATO理事会決定)	旧ユーゴに対する限定的・段階的航空作戦(空爆)	1998年10月12日	1998年10月16日
	派遣上限・派遣期間等:500人(ローテーションに際して一時的に超過することがあり得る.1999年3月24日開始,1999年6月10日終了)				
EAGLE EYE	1160号(1998年3月31日),1199号(1998年9月23日),1203号(1998年10月24日)活動の授権なし.	1998年10月22日(NATO理事会決定)	NATOコソボ空域監視活動	1998年11月4日	1998年11月13日
	派遣上限・派遣期間等:350人(ローテーションに際して一時的に超過することがあり得る.1998年12月31日開始,1999年7月2日終了,以後KFORに継承.)				
JOINT GUARANTOR	1160号(1998年3月31日),1199号(1998年9月23日),1203号(1998年10月24日)(すべて活動の授権を内容としない)	1998年10月25日(NATO理事会決定)	コソボ救出軍[OSCE監視員の解放](EXFOR I)	1998年11月18日	1998年11月19日
	派遣上限・派遣期間等:250人(ローテーションに際して一時的に超過することがあり得る.1998年12月開始,1999年6月終了,以後KFORに継承)				
OSCE-MISSION	OSCE監視団(文民のみ)	1998年10月25日(OSCE常任理事会決定)	OSCEコソボ地上査察団(OSCE-KVM)[複数の省庁職員,外務省に出向した軍人により構成]	1998年10月27日	
	派遣上限・派遣期間等:200人(1998年12月開始,1999年3月20日終了)				
JOINT GUARDIAN	ランブイエ協定,安保理新決議,受入国の同意	1999年2月17日(NATO理事会決定)	ランブイエ協定の実施確保(KFOR/EXFOR II)	1999年2月22日	1999年2月25日
	派遣上限・派遣期間等:4,500人(ローテーションの際に約500人程度超過があり得る.ALLIED FORCE,EAGLE EYEおよびEXFOR Iのためにすでに承認されている兵員による追加も可能.1999年2月開始,1999年6月終了,以後KFORに継承.コソボ駐留,マケドニアに待機.)				

第 4 章　連邦軍コソボ派遣をめぐる法と政治

活動名称	関連国連安保理決議等	NATO 等国際機関の決定	活動目的	閣議決定	連邦議会承認
ALLIED HARBOUR	1160号(1998年3月31日), 1199号(1998年9月23日), 1203号(1998年10月24日)すべて授権なし	1999年4月16日(NATO理事会決定)	アルバニアおよびマケドニアにおける人道支援(AFOR)	1999年5月4日	1999年5月7日
派遣上限・派遣期間等：1,000人(ALLIED FORCE, EAGLE EYE, EXFOR I, KFOR/EXFOR II, SFOR IIのためすでに承認済みの兵員に追加) 1999年4月13日開始, 1999年8月8日終了.					
JOINT GUARDIAN II	1244号(1999年6月10日)	1999年2月17日(NATO理事会決定)	コソボ国際治安維持部隊(KFOR)	①1999年6月7日[発効せず] ②1999年6月11日 ③2000年5月24日 ④2001年5月9日 ⑤2002年5月8日 ⑥2003年5月21日 ⑦2004年5月19日	①閣議決定発効せず ②1999年6月11日 ③2000年6月8日 ④2001年6月1日 ⑤2002年6月7日 ⑥2003年6月5日 ⑦2004年5月27日
派遣上限・派遣期間等：8,500人(JOINT FORGE, ALLIED HARBOURのためすでに承認されている兵員に加えて, ALLIED FORCE, EAGLE EYE, EXFORおよびKFOR Iの兵員を移動) 1999年6月12日開始. ③の議会承認の際の連邦政府の議事録説明：「会派の一が希望する場合, 連邦議会は, 12ヶ月経過前に, 本議決の文言にかかわらず, あらためて設権的決議を行うものとする.」					
INTERFET	1264号(1999年9月15日)		東チモールへの傷病者輸送・治療のためのエアバス派遣	1999年10月6日	1999年10月7日
派遣上限・派遣期間等：100人. 1999年10月17日開始, 2000年2月23日終了.					
			モザンピークにおける洪水災害復旧活動	2000年3月15日	
派遣上限・派遣期間等：2000年3月1日開始, 2000年3月31日終了.					
ESSENTIAL HARVEST	1345号(2001年3月21日), 2001年6月14日付マケドニア大統領書簡, 同月29日付NATO事務総長回答, その他, 7文書	2001年6月29日, 同年8月22日(NATO理事会決定)	マケドニアにおけるパルチザンの武装解除	2001年8月23日	2001年8月29日
派遣上限・派遣期間等：500人. 派遣期間30日. リードネーション：英国. 2001年8月29日開始, 2001年9月27日終了. 延長はNATO理事会決定によってのみ可能.					

活動名称	関連国連安保理決議等	NATO等国際機関の決定	活動目的	閣議決定	連邦議会承認
AMBER FOX	1345号(2001年3月21日), 1371号(2001年9月26日) ①2001年9月18日付マケドニア大統領書簡および同月26日付NATO事務総長回答, その他3文書 ②2001年12月3日付マケドニア大統領書簡, 他3文書 ③2002年2月8日付マケドニア大統領書簡, 他3文書 ④2002年4月28日付マケドニア大統領書簡, 他3文書 ⑤2002年10月8日付マケドニア大統領書簡, 他3文書	①2001年9月26日 ②2001年12月6日 ③2002年2月18日 ④2002年5月21日 ⑤2002年10月11日 (NATO理事会決定)	マケドニアにおけるEU, OSCEの国際監視団の支援および緊急救助	①2001年9月27日 ②2001年12月10日 ③2002年3月13日 ④2002年5月29日 ⑤2002年10月22日	①2001年9月27日 ②2001年12月13日 ③2002年3月22日 ④2002年6月14日 ⑤2002年10月23日
	派遣上限・派遣期間等：600人．2002年6月26日までドイツがリードネーション，その後はオランダが継承．2001年9月27日開始，3ヵ月ごとに延長更新．2001年9月27日の決議(BT-Drs.14/6970)により，派遣延長の閣議決定をうけ，防衛大臣が外務省の同意を得て暫定的に派兵を継続できる．12月16日終了．ALLIED HARMONYに継承．				
ALLIED HARMONY	2002年11月21日付マケドニア大統領書簡等		AMBER FOXの活動を継承．	2002年12月3日	2002年12月5日
	派遣上限・派遣期間等：70人．2002年12月16日開始．2003年3月31日，EUに指揮権移譲，CONCORDIAに継承．				
CONCORDIA	1371号(2001年9月26日) 2003年1月17日付マケドニア大統領書簡等	2003年3月18日 (EU理事会決定)	EUマケドニア監視団．ALLIED HARMONYの活動を継承．	2003年3月19日	2003年3月20日
	派遣上限・派遣期間等：70人．2003年3月31日開始．同年12月15日終了．				

第 4 章　連邦軍コソボ派遣をめぐる法と政治

活動名称	関連国連安保理決議等	NATO 等国際機関の決定	活動目的	閣議決定	連邦議会承認
ENDURING FREEDOM (当初 INFINITE JUSTICE と称する.) + ACTIVE ENDEAVOUR	1368号(2001年9月12日), 1373号(2001年9月28日), 1377号(2001年11月12日)	2001年10月4日(NATO理事会決定)	2001年9月11日米国テロ攻撃に対する共同対処	①2001年11月7日 ②2002年11月6日 ③2003年11月5日	①2001年11月16日 ②2002年11月15日 ③2003年11月14日
	派遣上限・派遣期間等：3,900人．2001年11月開始,当初12ヵ月(2002年11月15日まで)．12ヵ月経過後,延長の場合は改めて連邦議会の設権的関与が必要. 2001年11月14日外務委員会におけるフィッシャー外相の議事録説明：①連邦議会に対する継続的報告,遅くとも6ヵ月経過後に総括的報告を行うこと．②作戦の標的は,アル・カイダ・ネットワーク,ビン・ラディン,及びこれらを匿い支援する者に限る．③出動部隊の数的構成に大きな変更が生じる場合には,連邦議会議会派または連邦議会専門委員会の集会週間(Sitzungswoche)において協議を行う．④現在政府を持たないアフガニスタン以外の国に,連邦議会の関与無く武装ドイツ軍隊を出動させる意図は政府には無いこと．⑤武装ドイツ軍隊の出動は,交換プログラムの場合の他は,ドイツの指揮下にのみ置かれる. 2003年11月の延長の際,派遣上限は3,900人から3,100人に削減．地中海・ジブラルタル海峡における船舶保護のためのNATO作戦ACTIVE ENDEAVOURと合わせ一括承認. 2010年末マンデイト終了.				
ISAF	①1386号(2001年12月20日)授権 ②1413号(2002年5月23日)6ヵ月延長. ③1444号(2002年11月27日)再延長. ④1510号(2003年10月13日)その他の文書：2001年12月31日付の英国とアフガニスタン暫定政府の間の軍事実務協定(MTA),部隊提供国と英国との間の多国間了解覚書.		カブールおよびその近郊における治安維持によるアフガニスタン暫定政府支援と国連要員の安全確保.	①2001年12月21日 ②2002年6月5日 ③2002年12月3日 ④2003年10月15日	①2001年12月22日 ②2002年6月14日 ③2002年12月20日 ④2003年10月24日
	派遣上限・派遣期間等：派遣上限1,200人．リードネーション：英国[2002年3月末まで],以後トルコ,2003年2月からドイツ・オランダ,その後NATO指揮下．2004年8月9日欧州軍団(Eurokorps)に指揮権移譲. 2001年12月22日開始,当初6ヵ月. ②の派遣延長議会承認の際,(1)緊急ロヤジルガの警備,自己防衛の強化のため,あるいは部隊交代に際して,200人を上限に一時的に増員可能,(2)2002年6月6日以降さらに80人増員. ③の延長の際,2,500人に増員[うち1,000人までは司令部要員]. ④の延長の際,上限2,250人に減員(うち450人をクンドゥッ地区に派遣．警察任務を担当.)2014年12月末終了.				
ARTEMIS	1484号(2003年5月30日)	2003年6月5日(EU共同行動),同年6月12日(EU理事会決定)	EU主導によるコンゴ・ブニアにおける治安安定と人道的状況の改善のための活動．MONUCと協力.	2003年6月13日	2003年6月18日
	派遣上限・派遣期間等：350人．2003年6月12日開始,同年9月1日終了.				

208

活動名称	関連国連安保理決議等	NATO等国際機関の決定	活動目的	閣議決定	連邦議会承認
UNMEE	1507号(2003年9月12日)		国連エチオピア・エリトリアミッション。2000年6月のエチオピア・エリトリア両国の停戦協定の遵守と非武装地帯の監視	2004年1月28日	
	派遣上限・派遣期間等：2名の非武装監視員を派遣。派遣期間1年。				
ALTHEA (EUFOR)	1575号(2004年11月22日)	2004年7月12日(EU総務・外務理事会決定(共同行動))	ボスニア・ヘルツェゴビナにおける和平プロセスの安定化	2004年11月22日	2004年11月26日
	派遣上限・派遣期間等：3,000人を上限とする(ただし，KFORの要員による支援は可能)。				

＊この表は，ドイツ連邦軍のホームページ <http://www.bundeswehr.de/> およびドイツ連邦議会のホームページ <http://www.bundestag.de/> による検索結果に基づき，筆者が作成した（2004年7月末時点）

第5章
コソボ戦争以後の派兵決定をめぐる対立軸の変質

　コソボ戦争は，ドイツ政府に様々な課題を残した．後に連邦防衛大臣となる
SPD議員P.シュトルック（Peter Struck）は，国連安保理決議1244号に基づ
くコソボ治安維持部隊（KFOR，作戦名JOINT GUARDIAN II）への参加承
認案審議にあたり，コソボ戦争の経験から得た教訓を6点に総括している[366].

①コソボ紛争への軍事介入は正当かつ不可避であったこと．欧州は平和と人権
　を保障する義務を負うのであり，再び民族浄化や集団殺害を是認したり傍観
　したりすることは許されないこと．

②NATOの結束が，独裁者を最終的に屈服させた決定的要因であったという
　こと．

③欧州内の危機と紛争は，EUにより，欧州自身の監督と責任において解決で
　きるようになるべきであること．そのために，同盟内で米国と同等の権利を
　有する外交上行動能力のある欧州を必要としていること．

④EU独自の努力にもかかわらず，欧州への米国の関与は，ヨーロッパ大陸の
　安定にとって不可欠であること．バルカン半島における最近の危機は，米国
　の活動なくしては平和的解決を達成し得なかったこと．欧州の安全保障は，
　今日，そして将来も大西洋同盟（NATO）を基礎とすること．

⑤国連の強化が喫緊の課題であること．その政治的行動能力を改善するために
　は，とくに安保理の総合的改革が必要であること．常任理事国の構成だけで
　なく，拒否権制度も再検討を要すること．

⑥人道に対する犯罪は，一国家の内政問題ではなく，人間の保護と尊厳は国家

の主権要求に優位すること．

　このなかには，コソボ戦争以後のドイツの派兵政策を規定する重要な項目が含まれている．コソボ紛争の解決にあたり露呈した国連安全保障理事会の機能障害，とくに五大国の拒否権制度に伴う欠陥の是正がドイツにとって喫緊の課題と意識されているが，そこでとくに重要になるのが対中関係である．中国と欧州（とくにドイツ）は，バルカン半島問題をめぐり対立し，ユーゴ空爆以降最悪の状態になっていた．今後，人道問題を理由とする平和維持活動に中国の理解を得るために，また国連安保理改革を進めるためにも，中国との関係を改善することがドイツ政府にとって重要な課題となる．

　また，NATO の結束と米国の軍事力なくしてバルカン半島の平和実現は不可能であるという現状認識と共に，将来的には欧州の危機は EU 主体で解決する政治的・軍事的能力を備えるようになるべきであるとする目標が明確に意識されている．これは EU 諸国が欧州共通外交・安保政策（CFSP）あるいは欧州安保・防衛政策（ESDP）として追求するところであり，コソボ戦争以降この動きは加速することになる．コソボ戦争以後の連邦軍の派遣決定にあっては，こうした政策目的が重要なファクターとなり，それ以前に派遣論議の焦点であったような法的争点は目立たなくなる．

　本章では，コソボ派兵以後のドイツ連邦軍の国外派遣がどのような戦略目的のために実施されたのか，そしてそれがドイツの防衛憲法のさらなる具体化にいかなる影響を与えたのかを検証する．

I　国連政策上の戦略的意図 ― 東チモール国際軍

1 欧州と中国の確執

(1) ユーゴ紛争対処への中国の懸念

　NATO によるユーゴ空爆に反対した２つの安保理常任理事国のうち，ロ

シアについては第4章で説明したように，コソボ紛争解決プロセスに復帰し，戦後の平和維持活動においても協力を得ることになった．しかし中国に関しては，ユーゴ空爆後も欧州諸国との間に確執が続いた．コソボ戦争以後，安保理中心の国際平和維持に中国を復帰させることがドイツにとっても重要な政策課題となる．中国の協力なくして安保理決議による平和維持活動も，将来の安保理改革も不可能だからである．

　中国とNATO諸国との確執は，コソボ問題から始まったのではない．中国はそれ以前からバルカン半島におけるNATOの活動に懸念を抱いていた．国内少数民族に対する人権侵害を理由とする内政問題への国際社会の干渉が平和維持活動として定着するようなことがあれば，中国政府は苦しい立場に立つことになるからである．国連は，1992年4月にボスニア・ヘルツェゴビナに国連保護軍（UNPROFOR）を派遣したが，内戦の激化により活動停止を余儀なくされたため，1995年12月にNATOがこの活動を引き継いだ（IFOR/SFOR）．1998年に入ると，コソボ自治州において，セルビア人勢力によるアルバニア系住民に対する迫害が深刻化したため，コソボにおける人権侵害を停止させるために，NATOはユーゴスラビアへの圧力を強めた．中国は，コソボへのNATOの介入を内政干渉であるとして強く批判し，1998年に採択されたコソボ関係の3つの安保理決議（1160号，1199号，1203号）すべてに棄権票を投じた．その後，1999年3月末からNATOがユーゴ空爆を開始したことから，事態は中国にとってさらに思わしくない方向に進んでいった．NATOにより国連安保理の頭越しに実施されたコソボへの介入は，国際政治における中国の発言権を低下させるものであり，内政不干渉を基本原則と考える中国にとっては受け入れ難い行動であった．5月に在ユーゴ中国大使館が誤爆される事故も発生し，中国の態度はさらに硬化した．

　中国とNATOの関係が拗れた原因はこれだけではない．NATOが空爆を開始する1ヵ月ほど前（1999年2月），中国はマケドニアに派遣されていた国連予防展開部隊（UNPREDEP）の派遣期間延長に対して拒否権を行使した．

第5章　コソボ戦争以後の派兵決定をめぐる対立軸の変質

旧ユーゴ紛争のマケドニアへの拡大阻止のため UNPREDEP の活動継続を重視していた NATO 諸国は，安保理の紛争対応能力を阻害するものとして中国の態度を厳しく批判した [367]．

　このころから，ドイツのフィッシャー外相は，国際会議の場で中国の人権政策に対してとくに厳しい批判を向けるようになっていた．1999 年 3 月 23 日，ジュネーヴにおける国連人権委員会を前にした演説でも，基本的人権の侵害が日常的に行われている現状を憂慮し，ラチャク村における虐殺などコソボの現状に触れつつ，これに対する国際社会の緊急の対応の必要を訴えるとともに，中国国内における人権弾圧を名指しで批判し，EU を代表して中国政府に対して人権状況の改善と民主主義と法の支配の尊重を求めた [368]．

(2) 中国とドイツの思惑

　このような状況のなかで決定された東チモール国際軍（INTERFET）の派遣は，中国とドイツ双方にとって特別の意味をもっていた．中国にとっては，マケドニア平和維持活動に関してとった反対姿勢が，国連活動そのものに対する反対ではなく，むしろ国連安保理主導の紛争対処を中国は求めているのだということをあらためて明示し，さらに人権軽視の印象を打ち消す必要があった．中国が東チモール問題で国連の介入に消極姿勢をとれば，国連安保理の，ひいては常任理事国である中国自身の影響力をさらに低下させることになる．また，インドネシアではスハルト独裁時代の迫害により中国系住民にも多くの犠牲が出ていることから，参加に消極的である理由はない．中国は，INTERFET の派遣を決定した国連安保理決議 1264 号に賛成し，決議翌日（1999 年 9 月 16 日）直ちに文民警察官を派遣する意向を表明した．また，国連東チモール暫定行政機構（UNTAET）の設立を決めた決議 1272 号にも賛成している．ただ，インドネシアの主権尊重を決議に盛り込むことにも拘った．INTERFET の派遣や UNTAET の設立は，分離独立派の人権擁護を目的とする側面が強いため，国内の民族独立問題に苦慮し，人権問題を理由とする国際社会の内政干渉に反発してきた中国にとっては危険な選択でもあったのである．

214

一方，ドイツはじめ NATO 諸国にすれば，人権保護を理由とする平和維持活動がヨーロッパ域内にのみとどまるもので，他の地域には無関心であるという印象を与えることは避けたかった．バルカン半島では国連安保理による対処を先取りしてまでも「人道的介入」に邁進するが，他の地域については安保理が全会一致で決定した活動であっても参加しないというのでは態度が一貫していないことになる[369]．中国が積極姿勢を見せるなかで，ドイツが参加に及び腰であるならば，これまでの中国批判は意味をなさなくなる．

ドイツの INTERFET への参加は，このような政治情勢を背景に決定された．

2 INTERFETの派遣に関するフィッシャー外相の演説

(1) 中国への配慮

東チモールは宗主国ポルトガルが 1975 年に撤退した後インドネシア政府が統治していたが，分離独立派との間で内戦状態が続いていた．1999 年 8 月 30 日，インドネシア中央政府の承認のもと，国連の監視下で独立の是非を問う住民投票が実施され，圧倒的多数（78.5％の賛成）で独立が支持された．この選挙結果に反発を強めた独立反対派による暴動が発生し，インドネシア民兵，警察そして軍隊までもが独立派住民に攻撃を加え，一時大量殺戮というべき事態が生じた．国連安全保障理事会は 9 月 15 日，決議 1264 号を採択し INTERFET の派遣を決定した．これをうけ翌 16 日，ドイツ連邦議会が安保理決議の採択を歓迎し，即時の暴力行為の停止を求める超党派の議案[370] を可決した際，フィッシャー外相は次のような演説を行っている．特徴的なのは，スハルト政権下の虐殺の対象が中国系住民であったことを意識的に強調していることである．

> 「30年余りの独裁の後，インドネシアにおいてここ14ヵ月の間，困難を極める民主化プロセスが進行しておりました．独裁者は，1960年代を通して，何十万人という人々の死を要求する大量殺人により権力の座に就きました．この大量殺人者は，とりわけ中国系の少数派を標的としていました．［弾圧の理由とされた］

215

第5章　コソボ戦争以後の派兵決定をめぐる対立軸の変質

　　共産主義者の反乱の危険は，ただの口実でしかありませんでした．スハルト独
　　裁の終わり頃，中国系少数派が，まさしく文字通りの大量殺戮にあいました．今，
　　我々は，民主化プロセスに強い関心をもたなければなりません．」[371]

　この後，東チモールというドイツから遥か遠く離れた地域の平和維持活動に
ドイツが参加しなければならない理由が説明される．

　　「皆さん！　ドイツはここで引き下がることは許されません．財政削減が必要で
　　あっても，我々は政治的に目に見える貢献をしなければならないのです．これは
　　連帯の命ずるところであり，国際政治，とくに国連政策上の我が国の利益から生
　　じる要請でもあります．これに関して，我々は，ヨーロッパに限定することは許
　　されないのです．」[372]

　財政削減について言及しているのは，この時期，ドイツの防衛予算が1999
年度以降4年間で186億マルク削減されることになる一方で，バルカン半島
における連邦軍駐留経費が大きな負担となっており，野党CDU/CSU・FDP
両会派もINTERFET派遣費用を防衛予算から支出することに難色を示してい
たためである[373]．ドイツのプレゼンスをバルカン半島に限定しているイメー
ジを諸外国に与えること，とくに中国が積極的役割を果たした決議の実施にド
イツが参加しないことが国連政策上得策ではないことは，INTERFET派遣承
認案が審議された10月7日の連邦議会本会議における外相演説でも強調され
ている．

　　「この安保理決議1264号は，安保理の全理事国の合意のもとに成立したもので
　　す．その際，中華人民共和国も建設的役割を果たしました．その結果 ― 国連平和
　　維持軍ではありませんが ― 『有志連合』として国際平和維持軍が設置されること
　　になりました．フランス，イギリス，ポルトガル，イタリア，そしてノルウェー
　　やスウェーデンといった我々の最も重要なパートナーも，当初からこれに参加す
　　ることを宣言していました．……皆さん！　我々がここで参加しなかったならば，
　　ドイツ連邦共和国はヨーロッパの中に閉じ籠っている，ドイツはコソボでは持て
　　るすべての手段をもってあらゆる危険を顧みず介入するが，我々のヨーロッパの
　　パートナーとともに国連への連帯を示し，責任を負う用意はないという印象を与

216

えてしまうことになります．このような決定は，誤りでありましょう．」[374]

(2) 「地域主義」の原則

　もっとも，平和維持活動への参加の地理的範囲を無原則に拡大する意思はドイツ政府にはなかった．ドイツの INTERFET への参加は，政府派遣計画によれば，衛生兵 100 人からなる医療部隊のみであり，かなり控えめなものである．それはシンボリックな貢献というべきものであった[375]．その背景には，少なくとも古典的 PKO については，紛争周辺国による対処を基本とする地域的アプローチによるべきであるというドイツ政府の基本姿勢がある．フィッシャー外相は，9 月 16 日の議会演説で次のように述べている．

> 「もっとも，狭義の平和維持軍の場合には，我々は主に地域的アプローチによるべきであるという考えをもっております．我々は，距離が離れていることから生じる諸問題を過小に評価することはできません．そのような地域的平和維持軍の派遣に関しては，我々は，我々に可能な範囲で，しかし，利用できるすべての手段をもって国連を支援する所存です．」[376]

　連邦議会において上記 2 つの演説が行われたのと同じ頃，フィッシャー外相は，第 54 回国連総会（9 月 22 日）において行った演説でも東チモール問題に触れているが，そのなかでも地域的アプローチの重要性を強調していた．

> 「国際平和保障システムを効率的に形成するための第2のアプローチは，国連憲章第8章を介して，すなわち地域的安全保障システムの強化およびその国連との間での任務と権限の再均衡化（Neu-Austarierung）によるものです．地域機関にますます大きな補充的役割を付与できることが顕著になってきています．これは，地域機関の安全保障協力の能力とその国連との協力の強化を促進するものでもありましょう．その際，安保理の優位は譲ることはできません．……東チモールにおける災難は，行動力ある安保理と地域諸国の緊密な協力がいかに必要であるかを，まさに今我々に見せつけております．」[377]

　平和維持活動は紛争周辺国による対処が原則であるとしながら，東チモール

へのドイツ連邦軍の派遣が政策上重要であるとする一見矛盾を含む上述の政府説明は，国連政策上のドイツの国益，とくにコソボ紛争で険悪化した中国との関係修復という目的から説明がつくものであって，派遣の可否決定がコソボ戦争以後の課題解決のための外交政策的選択の問題に変質していることが明瞭に表れたケースといえよう[378].

(3) 国連安保理改革

一方，同じ国連総会演説でフィッシャー外相は，「人道的介入」の将来を論じ，コソボ紛争についても触れている．そこでは，安保理の許可を受けないNATOによるユーゴ空爆が例外的状況下での最終手段として避けられなかったことと共に，コソボのケースが先例として定着しないよう安保理が「人道的介入」を迅速に実施できる体制に生まれ変わらなければならないと説かれる．

　　「国連体制の外部で『人道的介入』の実行が形成されるのか．これは極めて問題であります．コソボへの介入は平和的解決のあらゆる試みが挫折した後，安全保障理事会が自己閉鎖（Selbstblockade）する状況下で，追放されたコソボ・アルバニア系住民の保護のための緊急救助，ウルティマ・ラチオとして実施されたものであります．……しかし，このよう特別な状況下でのみ正当化され得る措置は，合法的な国際的武力行使の許可を行う国連安保理の独占権を弱体化するための先例とされてはならず，ましてや人道を口実にして対外的武力行使を行う特許状とされてはならないのであります．このようなことは専横と無政府状態を放置することになり，19世紀の世界に逆戻りすることになりましょう．

　　したがって，このディレンマからの活路は，既成の国連体制が発展を遂げ，今後極めて重大な人権侵害が発生した場合において直ちに介入できるが，ただし，あらゆる平和的紛争解決手段が尽き，かつ……法的に厳格に限定され，統制された枠組みの中で実施するようになることであります．

　　個々の人間とその権利は，21世紀には国家の権利と並んで国際国家共同体の安全保障概念の中心に据えられなければならないのです．世界平和の保障のための中心的審議機関である国連安保理の改革は，これに照準を合わせたものでなければならないのであります．」[379]

フィッシャー外相の国連演説では，この後，拒否権制度の見直しや常任理事

国拡大など安保理改革の必要が訴えられている．コソボ紛争へのNATOの介入のような事案を繰り返さないためにも安保理改革が必要であり，安保理をこの方向に導くためにも中国が賛成し，欧州諸国が参加するINTERFETを成功させることがドイツ政府の優先課題であった．

　他方，国連改革，そのための前提としての中国との関係改善とともに，ドイツがコソボ戦争以後の重要課題としたのがEUの平和維持機能の強化である．欧州の平和維持については欧州自身が責任を負い，EUが主体となって対処すべきであるとする政策目標は，マケドニア平和維持活動への連邦軍派遣決定において端的に示される．

II EU政策上の戦略的意図—マケドニア平和維持活動

1 NATOによる平和維持活動

(1) ALLIED HARBOUR作戦

　1995年以降，マケドニアには周辺の内戦が波及しないよう国連が予防展開（UNPREDEP）を実施していたが，1999年2月に派遣延長のための安保理決議に対して中国が拒否権を行使したため，国連主体の活動が不可能となり，NATOが活動を継承した．コソボにおける1998年から翌年にかけての戦闘，そしてNATOによる空爆により大量の難民とアルバニア系武装集団がマケドニアに流入したことにより，同国の治安情勢は悪化の一途をたどった．NATOはこれまでの活動に加え，人道支援活動（ALLIED HARBOUR）を1999年4月13日から開始し，8月8日まで継続した[380]．

(2) ESSENTIAL HARVEST作戦

　2001年3月に発生したマケドニア軍・警察とアルバニア系住民との衝突の拡大を阻止するため，同年6月14日，マケドニア大統領B.トライコフスキ（Boris Trajkovski）は，アルバニア系武装集団の武装解除をNATOに要

219

第5章　コソボ戦争以後の派兵決定をめぐる対立軸の変質

請した．EU と NATO が紛争解決のフレームワークを設定した後，NATO 理事会は6月29日に ESSENTIAL HARVEST 作戦を決定，8月13日にマケドニア西部の都市オフリド（Ohrid）で政治的枠組協定が締結され，8月27日から約4,500人の NATO 軍兵士がアルバニア系武装集団の武器を押収し，破壊した．

ドイツ政府は，8月23日にこの活動への参加を閣議決定し，同日派遣承認案を連邦議会に提出した[381]．同月29日に連邦議会でこの議案の審議がなされたが，その際の政府による派遣趣旨説明においては，マケドニアが第二のコソボにならないようにするため，ヨーロッパ全体を安定に導く唯一の方法がNATO による早期の介入であり，そのためにバルカン半島におけるドイツのプレゼンスが重要であることが力説された．

フィッシャー外相は，この会議で次のように述べている．

　「外部からの支援がなければ，国際社会の決然たる出動がなければ，マケドニアの平和［が維持される］チャンスはほぼ失われるでありましょう．第一にこれはヨーロッパに関わる問題であり，この成長するヨーロッパの一部としてのドイツにも関わる問題であります．したがって，マケドニアの今後の展開が戦争に向かうか平和に向かうかは，ドイツ連邦議会の本日の決議にかかっているのです．……戦争は，マケドニアの人々にとっての災害にとどまりません．戦争は，その周辺地域における政治的地殻変動を惹き起こし，長年にわたる国際的な平和への努力の成果も水泡に帰することになり得ます．加えて，内戦は，コソボやアルバニア，ユーゴスラビア連邦共和国およびボスニア・ヘルツェゴビナ，他方ではブルガリア，ギリシャ，トルコ，したがって直接NATOやEUに対しても予見できない影響を及ぼすでありましょう．」[382]

表決の結果は，賛成497，反対130，棄権8であった[383]．反対票が意外に多かったのは，国連安保理を迂回する NATO の活動が続くことへの懸念から反対した PDS[384] のほか，政府の派兵政策にこの地域の将来についての長期的な構想が欠如していることや財政難を問題にした会派が多く[385]，与党からも反対票を投じた議員があったからである[386]．

220

(3) AMBER FOX 作戦, ALLIED HARMONY作戦

ESSENTIAL HARVEST 作戦は 2001 年 9 月 26 日に終了し, 翌 27 日には
マケドニアの政治改革を監視するための国連・OSCE 監視団の安全確保を任
務とする後継活動 AMBER FOX に引き継がれた. 派遣承認案は 9 月 27 日に
提出され, 即日連邦議会の承認を得た [387]. 約 700 人によるこの活動で, ド
イツは当初リード・ネーションを務め, 最初約 600 人, 終了時には約 200
人のドイツ軍人が参加した. このミッションは, 当初 3 ヵ月を予定してい
たが 4 度延長され, 規模を縮小しながら 2002 年 12 月 15 日まで継続した.
ESSENTIAL HARVEST も AMBER FOX も, 直接的にはマケドニア大統領の
派遣要請文書と NATO 事務総長の回答文書に基づくものであり, 国連決議に
よる授権があったわけではないが, 国連安保理がこれを歓迎し支持する決議を
採択している [388]. つまり, 地域紛争の発生拡大を予防するため NATO が主導
し, 後に国連の支持を得る形式がとられたのである.

その後もマケドニア政府の要請により, NATO 部隊の駐留が継続した.
ALLIED HARMONY と改称した活動は, 従来の任務に加えマケドニアの治安
と防衛の分野での自立を助けるアドヴァイザーとしての役割を期待された. ド
イツも参加を継続するが [389], 派遣規模は 70 人に縮小された. 2002 年 12 月
16 日に開始したこの活動は, 翌年 3 月 30 日まで続いた.

2 EUへの指揮権移譲

(1) 連邦議会会派の要請

AMBER FOX から ALLIED HARMONY に移行する直前の 2002 年 12 月
4 日, FDP 会派は一つの重要な議案を提出した [390]. これは, 欧州安保・防衛
政策 (ESDP) の一環としてマケドニア治安維持部隊の活動引き継ぎを求め
る EU の努力と, EU への指揮権移譲の可能性を認めた 2002 年 11 月 27 日の
NATO 理事会決定を支持し, 連邦政府にこれを推進するよう求めるものであっ
た. じつは, これと同様の議案は CDU/CSU 会派により AMBER FOX の 2 回

221

目の派遣延長の直前（2002年3月20日）にすでに提出されていた[391]．この議案は，2002年6月26日以降 AMBER FOX が延長される場合には，これをESDP の枠組みにおいて EU が実施するよう求める旨連邦議会が決議し，連邦政府にその努力を求めるものであったが，時期尚早ということもあり否決されていた[392]．否決されはしたが，CDU/CSU の議案が要望した方向に事態は動き，FDP 会派が議案を提出した段階では EU の用意も整い，実施が可能となっていたのである[393]．EU 主体の平和維持活動が可能となった背景を理解するために，ここで EU と NATO の安全保障面での協力関係の進展経過について説明しておく必要がある．

(2) EU - NATO間協力の促進

EU は冷戦後，域外地域紛争処理に積極姿勢を打ち出す一方で，外交政策面での統合を進めたが，欧州共通外交・安保政策（CFSP）の分野の進展は捗々しくなかった．バルカン半島紛争処理のため，最終的には米国の軍事力に依存せざるを得ない現状に直面し，EU（その軍事機構となった WEU）[394] はNATO との提携関係を模索することになった．EU-WEU と NATO の軍事協力の基礎となるスキームは，1996年6月3日にベルリンで開催された NATO閣僚理事会の最終コミュニケ[395]で決定された．それは，欧州人である NATO欧州連合軍最高司令官副官（Deputy SACEUR）が WEU の軍事作戦を指揮する場合に，NATO の指揮系統や NATO の保有するアセットを利用できるというものであった．「ベルリン・プラス」（Berlin plus）と呼ばれるこの方法は，その後，2000年11月13日のマルセイユ WEU 閣僚理事会で WEU の作戦任務を EU に完全に移管する決定が下された後も EU-NATO 間協力の基本的枠組みとして維持された[396]．NATO の作戦計画への EU のアクセスの確保，NATO の能力および共通のアセットを EU が利用できること，EU が指導する作戦に NATO 欧州司令部のオプションが提供されることなどがその柱とされている．

2002年12月16日の「欧州安保・防衛政策に関する NATO・EU 共同宣

言」[397] においては，両機構間の危機管理面での協力を「戦略的パートナーシップ」としつつ，NATO が EU と一貫して緊密かつ透明性ある関係を維持し，EU の ESDP の推進を支援することが確認されるとともに，EU 指揮下の軍事作戦計画のために，EU が NATO の計画立案能力にアクセスを確保することがあらためて約束された．また，EU 非加盟の欧州 NATO 加盟国がESDP の枠組みに十分関与できるようにすべきことも明記された．こうしてEU は次第に自立的能力を備えるようになり，2003 年 3 月 31 日にそれまでNATO が担当してきたマケドニアにおける監視活動 ALLIED HARMONY をCONCORDIA として引き継ぐまでになったのである．

(3) EUによる平和維持活動の拡大

EU が独自に軍事作戦を実施するのは，CONCORDIA がはじめてである．ドイツ政府は，派遣承認案を 2003 年 3 月 19 日に提出，翌 20 日に連邦議会で承認された [398]．全体の駐留人員は約 350 人，ドイツは約 70 人を派遣した．規模は小さいものの，欧州地域の平和維持に EU が責任を負う方向性を示す意味において，ドイツにとっては重要な活動であった．CONCORDIA（2003年 3 月 31 日から 12 月 15 日）の後，EU はコンゴにおける活動 ARTEMIS（2003 年 6 月 12 日から 9 月 1 日）を独自に行い，2004 年 12 月 1 日からはSFOR の後継活動として EUFOR（作戦名 ALTHEA）を実施している．NATOとの「戦略的パートナーシップ」のもとで EU が平和維持活動の分野でいっそうの自立を果たしたことを示すものであった．

なお，連邦議会は ALTHEA への連邦軍の参加を 2004 年 11 月 26 日に承認したが，その承認案には派遣期間は明示されてはいない [399]．これは，それ以前の NATO の活動でも同じであるが，バルカン半島における国際機構のプレゼンスが将来も継続する可能性が高いため，「国連安全保障理事会のマンデイトおよび EU［または NATO］理事会の当該決定ならびにドイツ連邦議会の設権的承認があるかぎりにおいて」活動が許されると記されるだけであった．つまり，連邦議会は派遣継続について定期的に関与することはなかったのである．

それだけに，活動継続中に事態が急変し当初承認した派遣条件を満たさなくなることがあった場合には，連邦議会が承認を撤回し，派遣中止を求めることができるようにする必要があることがこのころから意識されるようになる．連邦議会に承認撤回権が認められるか否かについては争いがあったため，この点を明確にするためにも軍隊国外派遣法の制定が具体的立法課題として再認識されるようになった[400]．

III 「人道的介入」から「対テロ戦争」へ
── アフガニスタン派兵からイラク戦争参加拒否

1 派兵決定への内政問題の影響

　ドイツがマケドニアで主導的役割を果たしている間に，世界は2001年9月11日を迎える．ドイツの外交・安保政策の重点も，9・11テロ事件後の米国への支援とアフガニスタンにおけるタリバン政権打倒・国際テロ組織アル・カイダ掃討作戦への参加に移っていく．

　上述のように，コソボ派兵から9・11テロ事件発生までのドイツの派兵政策については，コソボ戦争から得た教訓とそこから帰結する明確な目的（国連安保理の機能強化・組織改革，そのため必要となる外交課題として中国との関係改善，EUのCFSP/ESDPの推進）があり，コソボ紛争を契機に噴出した諸問題の解決と冷戦後のドイツの派兵政策の原則（国連のもとでの地域的機関による紛争解決・平和維持）との整合性の維持を指向していたことが分かる．しかし，9・11テロ事件後のアフガニスタン派兵から米国によるイラク戦争開始に至る過程で，ドイツの派兵政策はさらに異なるファクターの影響を受けることになる．ドイツの外交・安保政策の方針とは直接関係しない，純内政的要因の影響である．

　もちろん，アフガニスタン派兵以前の連邦軍派遣決定においても，議会承認が必要であるかぎり，内政問題が影響を与えないことはあり得ない．ただ，そ

れまでの派遣決定においては，国連や OSCE との連携，NATO の拡大と同盟国としての連帯の必要，EU 統合とその CFSP/ESDP の推進，人権保護の普遍化といった，より高次の，中・長期的政策方針に沿う形で派遣論議が収斂し，最終的には広範な支持を得て決定に至った．これら諸目的は，短期的には相互に衝突することはあったが，その齟齬の解消を新たな課題としながら辛うじて均衡を保ってきた．しかし，アフガニスタン派兵からイラク戦争に至る過程における派兵論議においては，こうした中・長期的諸方針相互間の予定調和が崩れ始める．対テロ戦争への対応をめぐる与党内の分裂からシュレーダー首相の政権維持に限界が見え始め，さらに 2002 年秋の総選挙を前に低迷する支持率を回復するための短期的な政治判断が優先されるようになったことから，派兵の是非に関する議論とは無関係の党派的利害が派兵決定に強く影響するようになるのである．

2 アフガニスタン派兵

(1) 派兵の政策目的
①米国の単独行動主義への懸念

　ドイツ政府の派兵政策の中・長期的諸方針の間の予定調和が崩れたきっかけは，9・11 米国テロ事件である．この事件以後ブッシュ政権の安保政策は，ネオ・コンと呼ばれる政治エリートの強いアメリカに対する優越的信念と，それに立脚した先制的軍事行動主義，そして「有志連合」型同盟形成への傾斜が鮮明になる．これは EU 諸国，とくにその推進役である独仏両国の多国間主義的アプローチと米国の立場との間に深い亀裂を生むことになった．

　テロ事件直後の 9 月 19 日，シュレーダー首相は米国に対する「無制限の連帯」を宣言し，連邦議会本会議においてテロリズムとその支援者に対処する NATO の活動への軍事的支援を約束した[401]．ドイツ政府の米国への連帯は，NATO の集団防衛メカニズム（NATO 条約第 5 条）の適用への支持を内容とするものであったが，米国側はこの「無制限の連帯」を 9・11 テロ首謀者討

伐のための米国の軍事行動に対する無条件の支持と解釈した．米国は，NATO
理事会による「同盟事態」の認定がなされる 10 月初旬までアフガニスタン戦
争の開始を待った[402]．ただ米国の戦略は，NATO 条約第 5 条の適用にもかか
わらず，軍事作戦を米国が指導する「有志連合」型で実施するものであった．
11 月に入りブッシュ大統領がドイツに正式に軍事的貢献を求めた時，シュ
レーダー首相のいう「無制限の連帯」が試されたのはこの文脈においてである．

　しかし，ドイツ国内ではエリート・レベルでも一般世論のレベルでも，米国
の単独行動主義に対する不信感が根強かった．それは，米国が過剰反応を示し，
国際テロ組織掃討を名目にして戦域を拡大することで，中東紛争の緊張が増幅
されるのではないかという懸念である．シュレーダー首相は，10 月 11 日の
声明ですでにアフガニスタン戦争への軍事的貢献を約束していたが[403]，与党
内部にすら強い反対論があった．9・11 テロ事件の首謀者を掃討する権利が米
国にあることを否定する PDS を除き，米国の軍事行動の合法性を問題にする
会派こそなかったものの，ドイツ自らがアフガニスタンにおいて危険を伴う軍
事行動に参加することには多くの議員が熱意を示さなかった．

② ENDURING FREEDOM作戦への派兵趣旨説明

　こうしたなかで，連邦政府は，11 月 7 日の閣議でアフガニスタンにおけ
る対テロ戦争に 3,900 人を上限として連邦軍を派遣する承認案を決定した[404]．
翌 8 日に開かれた連邦議会本会議における趣旨説明で，シュレーダー首相は，
この派遣の意義が単に NATO 同盟国としての義務を果たすにとどまらず，ド
イツが米国国民と共有する共通の政治的価値，ひいては文明社会を守ることに
あると強調し支持を求めている[405]．ただ他方で，テロ根絶のためには軍事的
措置だけでは不十分であることを併せて訴え，人道支援や政治・外交努力が
必要であること，アフガン復興の総合的措置が必要なことなど，派兵自体の重
要性を強調するより，むしろそれ以外の非軍事的対処の重要性を訴える内容と
なっているところが興味深い．

「国際テロリズムとの戦いは，軍事的手段だけでは勝利することはできないことを再度強調しておきたい．我々はこのことを承知しています．我々は，このような挑戦に対処するため，様々なレベルで長く努力を続けていかなければなりません．それゆえ［対テロ掃討作戦への］軍事的貢献は，このような総合的戦略，世界の安全と安定のための戦略と切り離して議論することはできないし，また許されないのです．」[406]

　この後タリバン政権打倒後の復興においてEUや国連が重要な役割を果たすべきことの説明に多くの時間が割かれる．こうした傾向は，シュレーダー首相に続いて演説したフィッシャー外相の発言にさらに顕著である．同盟国支援のための派兵に理解を求める演説であるにもかかわらず，フィッシャー演説には，むしろ米国批判ともとれる内容が含まれている．

「第一世界［欧米諸国］の単独主義への後退 ── 米国が徐々にこれに傾斜していったのですが ── は，9月11日の攻撃により中断されました．私にとって9・11テロ事件の教訓の一つとなったのは，米国が再び［単独行動主義に］衝き動かされることはあり得ないということであります．そのように理解しない者は，米国が欧州と共に紛争解決の大きなチャンスを有していることを見誤ることになります．そして，21世紀の平和政策が，とりわけ多国間で責任を負う政策（multinationle Verantwortungspolitik）を意味するのだということ，我々は二度と再び豊かな世界の後退を許してはならないのだということを理解しないのです．── 軍事行動を起こすべきか否かの決定に直面する時には，ほとんどはすでに遅すぎるのです．── むしろ我々は，予防的平和政策として，第三世界，とくにアジア，アフリカの問題に取り組まなければならないのです．強調しておきたいのは，軍事によってではなく，予防的に，豊かな世界の諸国は，これを共同で行わなければならないのです．

　それゆえ，我々は国連を強化しなければなりません．国連は，アフガニスタンにおいて重要な役割を果たすでありましょう．私は，今ようやく国連改革論議が始まると言いたい．またここで我々は，我々の決定権限の範囲内で，責任を引き受けなければなりません．『ドイツは参加しない』という決定は，欧州を弱体化することになりましょう．そして最終的には，それは我々が多国間による責任ある政策の形成に影響力を持ち得ないことを意味するのです．」[407]

227

フィッシャー外相の演説は，直截な表現ではないものの，9・11テロ事件を招いた原因が米国の単独行動主義的外交政策にあることを指摘し，今後は多国間の枠組みによる予防外交に重点を置く方針に米国を引き入れる必要があることを力説するものである．そして，9・11テロ事件が米国の外交方針を転換させる好機であり，それを実現するためにもここで米国を孤立させることなく，他の欧州諸国と共にドイツもアフガニスタンに派兵しなければならないことを強調する．派兵に理解を求めるフィッシャー外相のこの主張は，国連を中心とする多国間の枠組みによる紛争予防と，そのための国連改革の必要性を訴える点では，従来の彼の派兵趣旨説明との一貫性を維持してはいる．しかし，テロ事件以後さらに単独行動主義に盲進する米国政策の将来を見誤っている．派兵の必要性を国連強化論と結びつける彼に特徴的な論理も，INTERFET派遣の時ほどには説得力をもたず，現実との乖離のなかで，ここではすでに独善的とも映る．

(2) シュレーダー首相信任案と連邦軍派遣承認案の一体処理

アフガニスタン派兵承認案には米国との連帯を重視する野党CDU/CSUやFDPから広い支持を得られたが，一方で，反米的傾向の強いSPD左派議員とB'90/Grüneの一部の議員が反対にまわるおそれがあった．反対の理由は，国際テロリズムの原因に適切に対処するためには多国間主義による措置が重要であり，政治・社会的手段がENDURING FREEDOM作戦に組み入れられる必要があるというものであった．シュレーダー首相は，野党の賛成案に頼らず与党議員の多数による派兵承認を確実なものとするため，自らの信任投票と派兵承認を手続上結びつけ，一体としてその可否を問うことにし，当初11月14日に予定していた連邦軍派遣承認案審議を16日に延期した[408]．一方フィッシャー外相は，11月14日の外務委員会において野党や与党内反対派の要求を入れて，活動報告の約束など派遣の透明性を確保するよう政府派遣案に付帯条件を付けることに同意し，賛成多数確保の努力を続けた[409]．

11月16日に行われた本会議審議では，シュレーダー首相は，連邦軍派遣

承認案が首相信任投票と一体処理される理由を説明したうえで，ドイツの外交・安保政策が多国間主義に沿う一貫性のあるものであり，同盟国や友好国と共に国際の安全に貢献することが重要であること，これに国内の広い支持が必要であることを訴えた[410]．また，連邦軍の派遣がアフガニスタンに平和をもたらす広範な努力の一部をなすものであり，アフガニスタン再建の政治的・人道的努力のなかの一つの要素であることが強調された．SPD議員で2002年7月に連邦防衛大臣に就任するP. シュトルックの発言も同様の趣旨であったが[411]，連邦経済協力・開発大臣H. ヴィークチョレク-ツォイル（Heidemarie Wieczorek-Zeul）の演説ではアフガニスタンの戦後復興や人道支援の必要にほとんどの演説時間が割かれており，派兵の是非にはまったく触れてはいない[412]．フィッシャー外相の演説では，上述のような紛争予防政策や人道分野における貢献の重要性が強調されるほか，野党の批判を受け税制改革や財政再建，年金問題といった派兵の是非に直接関係しない問題にまで言及しており，論点が拡散している[413]．政府としては，一方では派兵に反対する与党内左派を刺激せず，他方で首相信任案に対する支持を得るため内政問題に関する野党の批判に答える必要から演説の論点が分散し，これまでの派遣承認案の審議に比べ，肝心の派遣の意義についての説明が手薄である印象を受ける．

　一方，野党CDU/CSUおよびFDP会派は，派遣自体には賛成したが，シュレーダー首相不信任の理由を述べるため，連立与党の統治能力不足に批判を集中させた．とくに，シュレーダー首相の米国への「無制限の連帯」宣言がかえってドイツの国際的名声と対米関係にダメージを与えたことを問題にし，シュレーダー政権の外交分野での未熟さを批判した．シュレーダー政権になってからの経済目標の未達成など内政面での失敗の責任も追及された[414]．PDS会派は，11月7日にアフガニスタンにおける戦闘の停止と連邦軍の派遣禁止を求める対抗議案を提出しており[415]，アフガニスタン戦争に厳しく反対し，それが取り組むべき最善の方法とはいえず，イスラム社会と西洋との間に新たな亀裂を生むだけであると主張する．

229

(3) シュレーダー首相の政治手法に対する批判

　最終的に与党からの造反は 4 人にとどまり首相信任・連邦軍派遣承認案は僅差で可決されたが[416]，首相の信任投票と連邦軍の派遣承認を結びつけたシュレーダーの強引な政治手法は，多くの議員から批判を浴びた．賛成票を投じた与党議員のうち 77 人が投票にあたり投票説明文を議長に提出しているが[417]，そのほとんどが首相信任案と派遣承認案の一体処理を批判している．与党議員のなかにも，連邦軍の派遣に関しては反対であったが連立内閣を維持するためにやむを得ず賛成票を投じた旨を説明している者もいた．派遣承認案に反対票を投じる予定であった B'90/Grüne の 8 人の議員は，派兵反対と連立内閣維持賛成に引き裂かれた自らの立場を強調し，シュレーダー首相の手法に抗議するため，4 人が賛成票，4 人が反対票を投じたことを明らかにした[418]．

　対テロ掃討作戦のためのアフガニスタンへの派兵については，PDS を除き野党 CDU/CSU と FDP のほとんどの議員が賛成しており[419]，かりに与党内に相当数の造反議員が出ても派遣承認案が可決される可能性はむしろ高かったはずである[420]．これをあえて首相信任投票と結びつけたのは，与党内に派兵反対者が多数いる状態で野党の助けを借りて派兵を実施したとなれば，その後の政策運営に支障が出ることは必至であることから，与党内の締めつけを図り連立政権を維持することが目的であったといえる．その意味では，シュレーダーの手法は，アフガニスタン派兵の可否決定の場を利用した政権防衛のための知略であったといえ，党利党略のために戦後最大規模の派兵に関する議会論議を軽視したと批判されたのも故無しとしない[421]．

　結果的にシュレーダーは派兵承認と信任確保に成功したが，アフガニスタン派兵承認をめぐるこの騒動により，その後の米国の対テロ戦争拡大に対するドイツ政府の姿勢は大きく制約されることになる．それとともに，派兵の正当性に関する議会論議が国内政局により歪められることの問題性が強く意識されることとなり，この後，軍隊国外派遣決定と議会承認手続の法制化に向け本格的に動き出す契機となった[422]．

Ⅳ イラク戦争不参加の態度決定要因

1 米国との距離

　アフガニスタン派兵後，米国は対テロ戦争の戦域を拡大し，イラク戦争へ国際社会を導こうとするようになる．ドイツ政府も米国主導の対テロ戦争拡大に対応を求められることになるが，当初からシュレーダー政権はこれを「冒険主義」と評し，協力に消極的であった．1991 年湾岸戦争後に採択された国連決議違反を軍事制裁の根拠にする米国の主張は説得力を欠いていたし，同盟国が攻撃を受けたわけでもないため，アフガニスタン派兵の場合とは異なり，軍隊派遣の憲法上の要件を満たしてはいない．また，ブッシュ政権による「ならず者国家」に対する「先制攻撃主義」，アドホックな「有志連合」型軍事行動は，いずれもドイツ基本法のもとで戦後形成されてきた安全保障の理念（国連を中心とする多国間主義と武力行使の抑制）に真向から対立するものであった．米国は対テロ戦争の延長でアフガニスタンからイラクへの流れを理解するが，ドイツには両者は異質なものに映った．

　戦後はじめて主権国家に対する武力行使に踏み切ったユーゴ空爆を実施したのも赤緑連立政府であったが，この時国連決議によることなく武力介入に参加したのは，これに人道的理由が濃厚であったためである [423]．武力行使を正当化するだけの高度の人道性，あるいは同盟国としての連帯の必要が存在し，戦後の紛争地域の民主的復興と安定のための政治的イニシャチヴをドイツ自らがとること ― これが赤緑連立政権下で実施された連邦軍の派遣に共通した要素であり，連邦議会で多数の支持を得るのに必要な要素でもあった．アフガニスタン派兵にもこの共通項は存在した．しかし，イラク派兵には，介入の人道的正当性は十分とはいえず，戦後復興のシナリオも描くことはできなかった．また，アフガニスタン派兵の議会承認の際のフィッシャー外相の演説から明らかなように，ドイツがアフガニスタンで米国に協力するのは，今後米国が単独行

動主義によらず，多国間の枠組みのなかでテロ撲滅に協力するようブッシュ政権の姿勢を矯正するためでもあった．その意味において，国連の十分な関与を待たず，同盟諸国の同意を得ずにイラク戦争に向かう米国の行動は，ドイツ政府の期待を裏切るものであり，同調できるものではなかった．

2 2002年秋の連邦議会選挙の影響

ただ，ドイツ政府が断固としてイラク攻撃反対を主張した理由は，このような法的理由や政策方針のためだけではない．シュレーダー首相は，米国がイラク制裁に動き出す初期段階から国連決議のない軍事攻撃に否定的であったが[424]，2002年夏以降，イラク派兵拒否の態度をさらに鮮明に打ち出し，NATOの決定による軍事行動への参加を否定しただけでなく[425]，新たな国連決議が採択された場合であっても対イラク軍事制裁には加わらないと宣言している[426]．この時期のシュレーダー首相の言行は，「同盟への連帯」や「国連中心主義」を常に掲げてきたこれまでのトーンとは明らかに様相が異なる．その原因は，2002年秋に実施される連邦議会選挙にある．選挙を直後に控え，シュレーダー首相は貧弱な経済実績とE. ストイバー（Edmund Stoiber）率いるCDU/CSUの強力な挑戦により支持率の低迷に悩んでいた[427]．対テロ戦争におけるドイツの役割についての国内のコンセンサスが揺らぐなかで，シュレーダー首相には新たな派兵を断行する余地は残されてはいなかった．逆に，イラク戦争不参加を鮮明に打ち出すことで国内世論の厭戦気分を利用して劣勢挽回を図ったのである．その結果，9月22日の選挙では，SPDはそれまでの選挙史上最小差で起死回生の勝利を得た[428]．イラク戦争不参加が米国の単独行動主義への批判の結果であるという点においては，シュレーダー首相の選択には従来の派兵政策との一貫性が認められる．しかし，国連決議やNATOの要請があっても軍事行動には一切参加しないと早々に明言した点に関しては，これまでのシュレーダー政権の派兵政策との一貫性を欠くといわざるを得ない[429]．これは，連邦議会選挙での自党の劣勢挽回のため，選挙対策上の理由

からする既定方針からの逸脱と理解すべきであろう[430].

V アフガニスタン派兵後の課題

1 「防衛」概念の定義拡大

コソボ派兵以前の連邦軍の同盟域外活動は，国連憲章第7章に基づく決議を実施するバルカン半島における平和維持活動が主であったが，コソボ派兵以降，連邦軍の活動はこの形式から離れ，「人道的介入」や「対テロ戦争」に派兵のスペクトルを拡大した．また派遣地域も規模も拡大し，国外活動が連邦軍の主要任務化する．とくに9・11米国テロ事件後のENDURING FREEDOM作戦とアフガニスタン国際治安支援部隊（ISAF）へのドイツの参加[431]は，ドイツ政府に重要な課題を残した．冷戦時代にドイツの国家領域と同盟地域の防衛を主任務としてきた連邦軍も，もはや旧来型の「国防軍」のままであることはできない．新たな脅威に対応し，NATOやEUの軍事活動の広域化・多様化に適応するため，防衛政策大綱を見直し，国外活動への即応性を高めるための連邦軍の再編，新装備調達計画を進めることになる．

その際問題になるのは，連邦軍の憲法上の地位との整合性がどのように説明されたかである．

ドイツ連邦軍の憲法上の設置目的とその主たる任務は「防衛」（Verteidigung）である（基本法第87a条1項・2項）．いかに安全保障上の脅威が変質し，同盟の戦略が変わろうとも，連邦軍の設置目的と主任務は基本法を改正しないかぎり法的には変わらない．このため，アフガニスタン派兵開始以後，連邦政府の連邦軍派遣趣旨説明では，派遣目的と連邦軍の設置目的との整合性を保つため，「防衛」概念を拡大再定義する傾向が顕著に見られるようになる．これは2003年度防衛予算案を審議していた2002年12月20日の連邦議会本会議におけるシュトルック防衛大臣のISAF派遣延長趣旨

233

説明のなかで明確に示される.

「我々の考えは,連邦軍の任務の重点が近い将来多国籍軍としての出動に置かれ,我が国の国境の外に置かれることになるであろうという前提に基づいております.幸いにして我が国の国境での防衛は想定し難いオプションとなりました.

　現実に何処が重要かを明確にするため,私は,我々の安全をヒンドゥークシにおいても守らなければならないと申しました.我々が,同盟国や友好国とともに,国際テロリズムが拠点とする場所で,軍事的手段をもってしてもこれと戦う時,ドイツの安全はより確かなものとなるのです.バルカン半島やアフガニスタンにおける民主的再建のために緊急に必要とされる安全な環境を創り出すことにより,ドイツ連邦軍がこれに参加し成果をあげる時,我々の安全はより大きなものとなるのです.南ヨーロッパの戦争と内乱の傷痕のなかで,ドイツ連邦軍が多国籍部隊の一員として長年活動することがなければ,我々は今日ヨーロッパのなかでどのような立場にいたでしょうか.安全保障と防衛の今日的理解は,共同行動により脅威と危機を寄せ付けないことを目的とするのです.今日,防衛は国境における防衛以上の内容を含んでいるのです……今日的防衛は,紛争と危機の予防を含むのです.防衛は,危機への共同対処を含んでいます.また防衛は,危機のアフターケアも含み,復興と国家建設への参加を含んでいます.現代の安全保障政策は,国連,NATO,EUそしてOSCEの枠組みのなかでの多角的安全対策を意味するのです.

　現代の安全保障政策に地理的境界はありません.なぜなら,今日の世界では,危機と脅威は国境を知らないからです.危機や脅威は,遥か彼方から我々を襲うこともあるのです.……防衛は今日,我々の安全が何処で脅かされようとも,これを守ることなのです.NATOプラハ・サミットのコミュニケがいうように,安全に対する挑戦が『いかなる方向から来ようとも』これに対処することが肝要なのであります.」[432]

　「ドイツの安全はヒンドゥークシにおいても守られる」とするシュトルックのこの発言は,ヒンドゥークシ・ドクトリン（またはシュトルック・ドクトリン）として9・11テロ事件後のドイツの安全保障政策を規定するものとなる.外部からの攻撃に対する「NATO同盟地域」の防衛といった地理的制約はもはや連邦軍の活動には存在せず,活動内容も紛争予防や共同危機対応,紛争地

域の復興と国家の民主的再建にまで及ぶ．それらがすべてドイツの「防衛」に
貢献するものであり，連邦軍の憲法上の任務とも合致する．

　こうした任務に即した防衛政策の基本方針と連邦軍の装備編成を早急に整備
する必要が生じた．

2 防衛政策大綱の見直しと連邦軍の再編

　防衛政策大綱の見直しと連邦防衛省・連邦軍の組織再編の検討は，アフガニ
スタン派兵後に始まったのではない．すでに前世紀末以降，ドイツ政府は冷戦
後激変した欧州の安全保障環境に対応すべく検討作業を続けてきた．2000 年
5 月 23 日には元連邦大統領 R. v. ヴァイツゼッカーを委員長とする諮問委員
会が報告書「共同安全保障と連邦軍の将来」[433] を発表，同年 6 月 14 日には，
連邦軍再編計画「連邦軍の概念的及び計画的再整備の柱」[434] が閣議決定され，
兵員数を 34 万人から 28 万 5,000 人に削減することが決まった．その後，同
年 9 月末には「連邦軍の再整備 ― 計画概要，結果と決定」[435]，2002 年 4 月
8 日には「連邦軍 2002 ― 現状と展望」[436] といった報告書がまとめられ，現
状分析とさらなる改革の検討が進められてきた[437]．

　ドイツの防衛政策と連邦軍再編の方向性は，2003 年 5 月 21 日の「防衛政
策大綱」[438] において確定した．この新大綱に基づき，シュトルック防衛大臣
は再編計画の具体化を進め，2004 年 3 月 11 日にその構想を連邦議会に説明
した．その詳細は，同年 8 月 10 日の「連邦軍構想の概要」[439] から明らかに
なる．改革の内容は多岐にわたるが，紛争予防，国際テロリズムとの戦いを含
む危機管理のための活動能力の強化を再編の主眼としており，これが結果とし
てドイツ本土の防衛にも貢献するという上述のヒンドゥークシ・ドクトリンが
基本にある．

　連邦軍の部隊編成も長期国外派遣を想定して大きく再編され，総兵員数も
28 万 5,000 人から 25 万人，文民定員は 12 万人から 7 万 5,000 人に大幅に
削減される．

部隊は，陸軍（Heer），海軍（Marine），空軍（Luftwaffe）の三軍および衛生部（Sanitätsdienst），軍基盤機構（Streitkräftebasis）の垣根を越え，機能別に以下の３つのカテゴリーに分割し，運用されることになった[440].

① 「介入兵力」（Eingreifskräfte）……平和強制活動により平和安定化活動の前提条件を創り出す三軍合同戦闘部隊であり，NATO対応軍（NATO-Response Force）およびEU戦闘群（EU-Battle Group）に提供されるほか，海外における救出活動にも従事する．3万5,000人．

② 「安定化兵力」（Stabilisierungskräfte）……低・中烈度でかつ長期にわたる平和安定化活動のための三軍合同部隊であり，一部は非国家主体による攻撃に対応できる戦闘力を備える．7万人．

③ 「支援兵力」（Unterstutzungskräfte）……「介入兵力」「安定化兵力」の活動をドイツ国内および派遣地域において支援するほか，連邦軍の基本的業務（指揮，教育・訓練等）を担当する．14万7,500人（予備役軍人2,500人を含む）．

「連邦軍構想の概要」によれば，国際的義務を果たすための兵員の提供枠として，NATO 対応軍（NRF）への参加にかかる要員約１万5,000人，欧州ヘッドライン・ゴールにかかる要員（初期派遣部隊，EU 戦闘群への参加要員を含む）１万8,000人以内，国連待機要員1,000人以内を予定していた[441].

以後，NATO に加え EU の軍事統合が進むことになれば，派兵の是非についてドイツ国内世論がいかなる動向を示すかにかかわりなく，NATO や EU が決定した作戦決定に迅速に対応することが政府に求められる．そうなれば，政府の派遣決定と議会承認手続に国内政局的要素が混入し，ドイツの国内事情で派兵が遅延し，あるいは中止される事態は回避しなければならない．この問題は，2001 年 11 月の ENDURING FREEDOM 作戦参加承認の際の混乱の経験から，すでに認識されていたものである．以後，この問題を解決するため派兵の迅速化と派兵決定への連邦議会の関与を確保する軍隊国外派遣法の制定が立法課題となる[442].

［注］

366 Deutscher Bundestag, Stenographischer Bericht, 43. Sitzung, Bonn, Freitag, den 11. Juni 1999, Plenarprotokoll 14/43, 3570(B)ff. なお，KFOR 派遣承認案は，vgl. BT-Drs.14/1133.

367 この時期の中国・欧州間の確執も含め，中国の東チモール国際軍（INTERFET）への参加に至る背景については，参照，飯田将史「東チモール PKO と中国」『国際安全保障』第 29 巻 1 号（2001 年 6 月），49 〜 67 頁.

368 UN Press Release HR/CN/878, 23. March 1999 (Ministers Speaking before Commission on Human Rights Outline National Policies, Review Problems Encounted).

369 「人道的介入」論との関連で東チモール問題を論じるものとして，山田哲也「人道的介入論と東ティモール」『国際問題』No. 493（2001 年 4 月）63 〜 75 頁.

370 BT-Drs.14/1603. PDS を除く全会派が共同提出した.

371 Deutscher Bundestag, Stenographischer Bericht, 55. Sitzung, Berlin, Donnerstag, den 16. September 1999, Plenarprotokoll 14/55, 4875(B)f.

372 Plenarprotokoll 14/55, 4875(D).

373 CDU/CSU と FDP の両会派は，それぞれ INTERFET 派遣費を防衛予算から支出することに反対する議案を提出している（CDU/CSU 議案：BT-Drs.14/1755，FDP 議案：BT-Drs.14/1770）が，いずれも否決された．Vgl. Plenarprotokoll 14/61, 5437(D), 5438(A).

374 Deutscher Bundestag, Stenographischer Bericht, 61. Sitzung, Berlin, Donnerstag, den 7. Oktober 1999, Plenarprotokoll 14/61, 5422(B).

375 もっとも，連邦軍医療部隊 100 人とは別に，ドイツは UNTAET に登記所の専門家チームを派遣し，戸籍制度を整備し，最初の民主的選挙の選挙人登録を行った．NGO マルタ騎士修道会救済団の医師も医療活動を行っている.

376 Plenarprotokoll 14/55, 4876(A). また，同様の地域主義的観点から CDU 議員 K. A. ラマーズ（Karl A. Lamers）は，派遣案に反対票を投じた（Plenarprotokoll 14/61, 5502(A), Anlage 3）. 財政難を理由に INTERFET 派遣費用を防衛予算から支出しないよう求めた CDU/CSU 提出議案（BT-Drs.14/1755）でも，「紛争の個々の事例において，支援措置または平和保障・平和維持活動へのドイツの参加は，地域的補充性の原則（Prinzipien der regionalen Subsidiarität）そしてドイツおよび欧州の利害状況ならびにドイツにおいて利用可能な財源に照らして，慎重に審査されなければならない。」として，紛争周辺国が当該地域の平和維持に第一次的責任を負うべきであるとの立場を示している.

377 Rede des Bundesministers des Auswärtigen Joschka Fischer vor der 54. Generalversammlung der Vereinten Nationen in New York, 22. September 1999, in: Press- und Informationsamt der Bundesregierung, Stichworte zur Sicherheitspolitik, September 1999, Nr.90, S.4.

378 なお，ユーゴ空爆以降，シュレーダー首相は対中関係を改善するいくつかの試みを実施した．その一つが 1999 年以降ドイツ法務省を中心に中国との間で続けられたプロジェクト「法治国家対話」（Rechtsstaatsdialog）である．このプロジェクトには，法務省のほか，外務省，内務省，経済協力・開発省，民間からはドイツ商工会議所連合会，ドイツ学術交流会（DAAD），フ

第5章　コソボ戦争以後の派兵決定をめぐる対立軸の変質

リードリヒ・エーベルト財団，コンラート・アデナウアー財団が参加している．このプロジェクトの目的は，ドイツ企業の中国における経済活動の前提を法的に確保し，これを援護することにあり，そのために行政法，民法，商法，労働法，社会保障法等の立法分野においてドイツの専門家が学術会議やシンポジウム，あるいは中国政府への直接のアドバイスを通じて中国の法制度の改革を促そうとするものである．政界・経済界・学会の統合的交流を通じて中国の法体系をドイツのそれに近いものにすることで，ドイツ企業の中国での活動を容易にする一方，アングロサクソン系の法体系を採用する競争国の中国での経済活動の拡大を困難にするというドイツ政府の戦略があるという．Vgl. Schröder verlangt Rechtssicherheit für Investoren in China, in: Financial Times Deutschland vom 02. 12. 2003. <http://www.german-foreign-policy.com/de/news/article/1072744404.php>（2005 年 1 月 15 日閲覧）

379　Stichworte zur Sicherheitspolitik, September 1999, Nr.90 [Fn.377], S.4. 既述のように，従来非戦主義的性格が強かった B'90/Grüne がコソボ紛争への武力介入を支持したのは，これを国連安保理改革の契機とすべきであるとする意思によるものであった．参照，第 4 章Ⅲ .2.(2).

380　もちろん ALLIED HARBOUR にはドイツも参加している．1999 年 5 月 4 日閣議決定，7 日に連邦議会で承認された．政府派遣承認案：BT-Drs.14/912. 連邦議会承認：Deutscher Bundestag, Stenographischer Bericht, 40. Sitzung, Bonn, Freitag, den 7. Mai 1999, Plenarprotokoll 14/40, 409(D). [賛成 565，反対 42，棄権 7]

381　政府派遣承認案 :BT-Drs.14/6830.

382　Deutscher Bundestag, Stenographischer Bericht, 184. Sitzung, Berlin, Mittwoch, den 29. August 2001, Plenarprotokoll 14/184,18177(D)f.

383　Plenarprotokoll 14/184, 18210(A)ff.

384　PDS 議員 W. ゲールケ（Wolfgang Gehrcke），G. ギジィ（Gregor Gyji）の発言：Plenarprotokoll 14/184, 18185(A)ff., 18199(A)ff.

385　SPD と B'90/Grüne は，政府にこの地域の安定のためより総合的な取り組みを求める議案を提出している（BT-Drs.14/6837）．FDP はこの地域の安定のため南東欧安保協力会議（Konferenz für Sicherheit und Zusammenarbeit in Südosteuropa）を招集するマンデイトを OSCE に付与するよう第 57 回国連総会でイニシャチヴをとることを政府に求める議案を提出した（BT-Drs.14/6838）．CDU/CSU の議案も同様に，マケドニアの政治・経済的安定への長期的戦略を政府に求めている（BT-Drs.14/6839）．これらの議案は，いずれも 2002 年 3 月 22 日に否決されている．Vgl. Plenarprotokoll 14/288, 22650(B)f.

386　反対票を投じた議員のなかには与党議員（SPD 議員 19 人，B'90/Grüne 議員 5 人）が含まれていた．このほか CDU/CSU 議員 61 人，FDP 議員 10 人，PDS 議員 35 人が反対票を投じた．党派にかかわりなくマケドニア派兵の是非については様々な意見があり，それは 30 もの投票説明文が提出されていることからも分かる．Vgl. Plenarprotokoll 14/184, 18213(C)ff.

387　政府派遣承認案 :BT-Drs.14/6970. 連邦議会承認：Deutscher Bundestag, Stenographischer Bericht, 190. Sitzung, Berlin, Donnerstag, den 27. September 2001, Plenarprotokoll 14/190, 18569(D). [賛成 528，反対 40，棄権 10]

388　S/RES/1345(2001), 21. March 2001; S/RES/1371(2001), 26. September 2001.

389　この活動の開始時にも，あらためて議会承認が求められた．2002 年 12 月 3 日に閣議決定，同 12 月 5 日に議会承認がなされた．政府派遣承認案：BT-Drs.15/127. 連邦議会承認：Deutscher

Bundestag, Stenografischer Bericht, 14. Sitzung, Berlin, Donnerstag, den 5. Dezember 2002, Plenarprotokoll 15/14, 1025(C).［賛成577，反対6，棄権2］この決議以降，派遣承認の際の反対票が一桁に激減しているのは，2002年9月の総選挙でこれまで常に反対票を投じてきたPDSが大幅に議席を失い，2議席に落ち込んだことによる．なおこの時，南東欧の政治情勢に関する報告書の提出を政府に求める議案も可決され，最初の報告書が2003年2月21日に提出されている（BT-Drs.15/508）.

390 FDP議案：BT-Drs.15/166.

391 CDU/CSU議案：BT-Drs.14/8637.

392 連邦議会表決：Deutscher Bundestag, Stenographischer Bericht, 228. Sitzung, Berlin, Freitag, den 22. März 2002, Plenarprotokoll 14/288, 22650(A).

393 この時期のEU-NATO関係について，vgl. Gunter Hauser, Sicherheitspolitik und Völkerrecht, Peter Lang, 2004, S.217-231.

394 WEUは，EU発足後その軍事的機能の移管を進めていたが，2009年EUリスボン条約に防衛支援条項が移植された結果，2010年3月末をもってブリュッセル条約は効力を停止し，WEUは2011年6月末をもって活動を終了した.

395 Press Communiqué M-NAC-1(96)63, Ministerial Meeting of the North Atlantic Council, Berlin 3. June 1996. <http://www.nato.int/docu/pr/1996/p96-063e.htm>（2004年7月1日閲覧）

396 「ベルリン・プラス」のほか，当時のNATO-EU関係については，vgl. Martin Reichard, EU-NATO Relationship. A legal and political Perspective, ASHAGATE, 2006, S.273-310; Fabien Terpan, EU-NATO Relations: Consistency as a Strategic Consideration and a Regal Recuirement, in: M. Teybus/N. D. White, European Security Law, Oxford University Press, 2007, S.270-294.

397 EU-NATO Declaration on ESDP. Press Release (2002) 140,13. Dec. 2002. < http://www.nato.int/docu/pr/2002/p02-142e.htm>（2004年7月1日閲覧）

398 政府派遣承認案：BT-Drs.15/696. 連邦議会承認：Deutscher Bundestag, Stenographischer Bericht, 35. Sitzung, Berlin, Donnerstag, den 20. März 2003, Plenarprotokoll 15/35, 2932(D).［賛成575，反対2，棄権2］

399 政府派遣承認案：BT-Drs.15/4245. 連邦議会承認：Deutscher Bundestag, Stenografischer Bericht, 143. Sitzung, Berlin, Freitag, den 26. November 2004, Plenarprotokoll 15/143, 13327(C)［賛成583，反対7］

400 1994年7月12日連邦憲法裁判所第二法廷判決は，連邦軍の国外派遣決定手続への連邦議会の関与の諸原則を示していたが，その詳細を法制化することは立法府の責務であるとしていた．この立法作業が具体化するのは，2004年3月以降のことである．軍隊国外派遣法の制定経過については，この後第6章で論じるが，連邦議会が一旦承認した活動がその後の事態の急変により当初の派遣条件を満たさなくなった場合の撤収要求権を法律で定めることも重要な論点とされた.

401 米国との連帯を訴え，国連およびNATOの決定を歓迎するシュレーダー演説を支持するため超党派（PDSを除く）で提出された議案（BT-Drs.14/6920）については，賛成565，反対40，棄権6の圧倒的多数で可決された．Deutscher Bundestag, Stenographischer Bericht, 187.

第5章　コソボ戦争以後の派兵決定をめぐる対立軸の変質

Sitzung, Berlin, Mittwoch, den 19. September 2001, Plenarprotokoll 14/187, 18337(C).

402　NATO 理事会は，9 月 12 日に，米国に対するテロ攻撃が米国の外部から指導されたものである場合には NATO 条約第 5 条の「同盟事態」の認定を行う旨の決定を下したが，正式に「同盟事態」を認定したのは 10 月 4 日であった．米国によるアフガニスタン攻撃は 10 月 7 日に開始された．なお，9・11 米国テロ事件発生時のドイツ政府の対応について，参照，松浦一夫「9・11 米国テロ事件以後のドイツ政府の対応と政策課題」『防衛法研究』第 26 号（2002 年 10 月），47〜83 頁.

403　2001 年 10 月 11 日シュレーダー声明：Deutscher Bundestag, Stenografischer Bericht, 192. Sitzung, Berlin, Donnerstag, den 11. Oktober 2001, Plenarprotokoll 14/192, 18680(B)ff.

404　BT-Drs.14/7296. また，政府派遣承認案の詳細については，第 6 章 I .3. 参照.

405　Deutscher Bundestag, Stenographischer Bericht, 198. Sitzung, Berlin, Donnerstag, den 8. November 2001, Plenarprotokoll 14/198, 19283(C)ff.

406　Plenarprotokoll 14/198, 19285(C).

407　Plenarprotokoll 14/198, 19296(B)f.

408　首相信任投票は，基本法第 68 条の規定による．基本法第 68 条「(1) 自己に信任を表明すべきことを求める連邦首相の動議が連邦議会構成員の過半数の同意を得られない場合には，連邦大統領は，連邦首相の提案に基づいて，21 日以内に連邦議会を解散することができる．この解散権は，連邦議会がその構成員の過半数により別の連邦首相を選出した場合には，直ちに消滅する．(2) その発議と選挙の間には，48 時間をおかなければならない」．首相信任案（BT-Drs.14/7440）は，11 月 13 日に提出されたため，当初 14 日に予定していた派遣承認案の表決は 16 日に延期された.

409　2001 年 11 月 14 日の外務委員会では，政府と連邦議会会派との間で以下の諸点を派遣の条件として追加することで合意がなされた（Vgl. BT-Drs.14/7447.）．①活動について派遣後関係委員会に継続して報告をすること．②派遣後 6 ヵ月経過時点で総合的な中間報告書を提出すること．③活動の標的をアル・カイダとその支援者に限定すること．④承認された派遣部隊の規模に重要な変更がある場合には，会派もしくは可能であれば関係委員会に報告すること．⑤活動地域は兵站業務等の必要上，広く柔軟に解釈されるが，連邦議会の承認なくアフガニスタン以外の国での武装軍隊の活動を許容するものではないこと．⑥活動に関する最終決定権は連邦政府にあること.

410　Deutscher Bundestag, Stenographischer Bericht, 202. Sitzung, Berlin, Freitag, den 16. November 2001, Plenarprotokoll 14/202, 19856(B)ff.

411　Plenarprotokoll 14/202, 19862(B)ff.

412　Plenarprotokoll 14/202, 19871(D)ff.

413　Plenarprotokoll 14/202, 19877(B)ff.

414　Plenarprotokoll 14/202, 19858(D)ff., 19865(C)ff., 19866(B)ff., 19873(D)ff., 19879(D)ff.

415　BT-Drs.14/7333（11 月 16 日否決）．なお PDS は，アフガニスタン派兵実施後も繰り返し派兵反対決議案を提出している．Vgl. BT-Drs.14/8270; BT-Drs.14/8664; BT-Drs.14/9876; BT-Drs.14/9877.

416　首相信任・連邦軍派遣承認案は，賛成 336，反対 326 で可決された．Vgl. Plenarprotokoll 14/202, 19893(A)ff.

240

417 Plenarprotokoll 14/202, 19898(B)-19915(B), Anlagen 3-6.

418 その割り振りは籤引きで決めたといわれる．この投票態度については，後に軍隊国外派遣法制定の際に，自国の軍人を生命の危険にさらすかもしれない重大な決定を愚弄する行為であるとして非難された．Vlg. Deutscher Bundestag, Stenografischer Bericht, 146. Sitzung, Berlin, Freitag, den 3. Dezember 2004, Plenarprotokoll 15/146, 13645(A)f.

419 CDU/CSU・FDP 両会派は，活動内容の透明性確保を前提とした派遣への支持とともに首相信任投票を派遣承認と結びつけたことに対する批判を内容とする決議案をそれぞれ提出した (CDU/CSU 議案：BT-Drs.14/7512, FDP 議案：BT-Drs.14/7503.). いずれも 11 月 16 日に否決された．

420 CDU/CSU および FDP 会派が派遣自体には反対しなかった背景には，アフガニスタン情勢の好転があったとされる．つまり，首相信任・派遣承認案の採決が行われた 11 月中旬までに，反タリバン勢力である北部同盟がカブールを制圧し，多くのタリバンの拠点がすでに弱体化していたため，本格的戦闘が短期で終わる可能性がすでに見えていたのである．Vgl. Kerry Longhurst, Germany and the Use of Force. The Evolution of German Security Policy 1990 − 2003, Manchester University Press, 2004, S.86.

421 なお，アフガニスタン派兵の政治的決定プロセスを詳細に分析する最近の政治学文献として，以下の研究が注目される．Ulf von Krause, Die Afghanistaneinsätze der Bundeswehr − Politischer Entscheidungsprozess mit Eskalationsdynamik, VS Verlag, 2011; Meiko Heller, Die Sicherheitspolitischen Positionen von CDU und SPD im Vergleich − Kann der Konsensgrad in den Positionen der Bundestagsfraktionen von CDU/CSU und SPD zum Afghanistaneinsatz der Bundeswehr durch Weltbilder erklärt werden?, LIT Verlag, 2011.

422 Berthold Meyer, Von der Entscheidungsmündigkeit zur Entscheidungsmüdigkeit? Nach zehn Jahren Parlamentsvorbehalt für Bundeswehreinsätze naht ein Beteiligungsgesetz (HSFK-Report4/2004), Hessische Stiftung Friedens- und Konfliktforschung, S.20.<www.hsfk.de>（2005 年 7 月 12 日閲覧）とくに 11 月 16 日の本会議審議においては，一度承認した派遣期間の途中で連邦議会が承認を撤回し，軍部隊の撤収を要求できるか否かについて，これを肯定する SPD 議員と否定する CDU/CSU 議員の間で意見の対立があった．Vgl. Plenarprotokoll 14/202, 19859(D)f., 19862(C), 19865(C)f., 19874(A)f., 19886(B), 19888(D). すでに述べたように（Fn.400），この承認撤回権に関しては以前から争いがあったが，2005 年 3 月 18 日「武装軍隊の国外出動に関する決定に際しての議会関与に関する法律」の制定により議会の承認撤回権が明文化され，最終解決が図られた．参照，第 6 章 II .2.(1). ③および (2). ⑦.

423 それゆえ当初コソボ派兵に賛成した B'90/Grüne は，空爆開始後，民間人への被害状況が明らかになり，その「人道性」に疑問が生じると，空爆停止を求めるようになった．1999 年 5 月 13 日にビーレフェルトで開かれた臨時党大会では，フィッシャー外相が提出した期限付空爆停止案と Ch. シュトレーベレ（Christian Ströbele）議員提出の無期限空爆停止案 2 つの決議案が審議され，前者が 444 票で採択されたが，後者も 318 票を獲得している．

424 SCHRÖDER KLARSTELLUNG: Keine Beteiligung an Irak-Feldzug ohne Uno-Mandat, in: SPIEGEL-ONLINE vom 15. März 2002.

425 MILITÄRSCHLAG GEGEN IRAK：Schröder will Nato-Entscheidung im September, in:

241

第5章　コソボ戦争以後の派兵決定をめぐる対立軸の変質

SPIEGEL-ONLINE vom 12. August 2002.

426 SPD ZU IRAK-KRIEG: Keine Beteiligung — selbst bei Uno-Mandat, in: SPIEGEL-ONLINE vom 05. August 2002.

427 総選挙直前のドイツ国内の政治状況については，参照，坪郷　實「シュレーダー政権とドイツの内政状況」『国際問題』No. 509（2002年8月）18～32頁.

428 SPDとCDU/CSUの獲得票差は僅か6,027票であった．BUNDESTAGSWAHL-ENDERGEBNIS：SPD hatte nur 6027 Stimmen Vorsprung vor der Union, in: SPIEGEL-ONLINE vom 09. Oktober　2002.

429 総選挙前の2002年夏からイラク戦争開戦までの間に示したドイツ政府の厳しい米国批判と派兵拒否の非妥協的態度は外交上の失策であったという評価があることは，ここで確認しておくべきであろう．あらゆる妥協や修正の余地を残さないシュレーダー首相の頑なな態度は，より抑制的アプローチをとるようブッシュ政権に圧力をかけることができたであろうチャンスをすべて失わせる結果となった．それは結果的にはドイツ政府を孤立させ，他の欧州諸国に対する影響力を弱め，イラク問題に関する欧州の分裂を生み，EUが「共通の立場」を採択することを不可能にした．イラク問題について共通意見を形成できなかったことにより，「EUは一貫性のある外交・安保政策を形成する能力を欠く」という疑念が生まれただけでなく，独仏の意見は欧州を代表するものとはみなされず，当時のEU25ヵ国内での独仏への求心力の減退が明らかにされた．ドイツ政府のイラク戦争への対応は，EUの欧州共通安保・防衛政策の将来とNATO内の米欧関係に困難な問題を残すこととなった．Vgl. K. Longhurst, Germany and the Use of Force [Fn.420], S.89-96.

430 ドイツは，イラク国内への連邦軍の派遣は実施しなかったものの，復興支援に関しては，アラブ首長国連邦内で，イラクの民主化安定のためのイラク人スタッフの教育・訓練を実施した．2004年には421人のイラクの警察官を養成し，4週間の課程のなかで証拠保全や現場検証作業を中心に訓練が行われた．また，イラク軍人120人が軍用車両の運転手・技師としての教育を受け，100両の軍用車両がイラクに供与された．イラク軍人の教育は，とくに工兵隊の教育や機雷除去の分野で2005年も続けられた．2005年1月30日に行われたイラク国民議会選挙では，ドイツ・フリードリヒ・エーベルト財団主催のセミナーで選挙監視員の養成を受けたイラクのNGOのメンバー120人が活躍した．イラクの中央省庁のスタッフ約200人，学生・科学者約300人，ジャーナリスト25人もドイツで教育を受けている．財政面でもドイツは47億ユーロの債務免除を約束している．Vgl. Rede von Dr. Klaus Scharioth, Staatssekretär im Auswärtigen Amt, auf dem "Aktuellen Forum zur　Sicherheitspolitik", Berlin, 24. Januar 2005, in: Presse -und Informationsamt der Bundesregierung, Stichworte zur Sicherheitspolitik, Nr.12/10, Dez.2004/Jan.2005, S.10ff.

431 ENDURING FREEDOM作戦への参加規模はその後大幅に縮小され，紅海からケニアまでの「アフリカの角」と呼ばれる地域沿岸の海上警備に限定された．一方，ISAFについては，当初2,250人であった派遣上限が3,000人に拡大された．2005年9月21日に派遣延長と増員が閣議決定され，9月28日に議会承認がなされている．政府派遣承認案：BT-Drs.15/5996. 連邦議会承認：Deutscher Bundestag, Stenografischer Bericht, 187. Sitzung, Berlin, Mittwoch, den 28. September 2005, Plenarprotokoll 15/187, 17586(A)

432 Deutscher Bundestag, Stenografischer Bericht, 17. Sitzung, Berlin, Freitag, den 20.

Dezember 2002, Plenarprotokoll 15/17, 1314(D)f.

433 Gemeinsame Sicherheit und Zukunft der Bundeswehr — Bericht der Kommission an die Bundeswehr.

434 Eckpfeiler der konzeptionellen und planarischen Neuausrichtung der Bundeswehr.

435 Der Bundesminister der Verteidigung, Neuausrichtung der Bundeswehr — Grobausplannung, Ergebnis und Entscheidung.

436 Bundesministerium der Verteidigung, Bundeswehr 2002—Sachstand und Perspektiven.

437 連邦軍改革の背景については，参照，岩間陽子「ドイツの安全保障政策と新たな課題」『国際問題』No. 509（2002 年 8 月）33 〜 46 頁，同「NATO/EU 拡大とドイツの安全保障政策」『国際問題』No. 537（2004 年 12 月）23 〜 38 頁．

438 Bundesministerium der Verteidigung, Verteidigungspolitische Richtlinien für den Geschäftsbereich des Bundesministers der Verteidigung.「防衛政策大綱」は，連邦防衛大臣がドイツの防衛政策と所管分野における業務の原則を定める基本文書であり，将来の防衛政策や連邦軍の任務について，防衛省企画部が作成する文書の内容や連邦軍総監の計画の指針となる．2003 年大綱までに 1972 年，1979 年，1992 年に定められている．

439 Bundesministerium der Verteidigung, Grundzüge der Konzeption der Bundeswehr.

440 A. a. O., S.23ff.

441 欧州ヘッドライン・ゴールとは，1999 年 12 月のヘルシンキ欧州理事会において合意された EU の軍事能力目標であり，2004 年 11 月 22 日に具体化された目標（13 の戦闘群の設置）のため，2007 年 1 月 1 日以降 6 万人の軍人が提供可能になった．EU 戦闘群は，1,500 人規模の即応部隊で，15 日以内に派遣できる態勢をとる．当時のシュトルック防衛大臣の説明によれば，2007 年以降オランダと編成している第 1 軍団（ミュンスター）を核にフィンランドを加えたグループ，2008 年半ば以降独仏旅団を核にベルギー，ルクセンブルク，スペインを加えたグループを組織する．2009 年以降は，ラトビア，スロバキア，ポーランドとグループを形成する予定であった．Vgl. Rede des Bundesministers der Verteidigung, Dr. Peter Struck, anläßlich des 15. Forums Bundeswehr " Gesellschaft der"WELT am SONNTAG"am 9. November 2004 in Berlin, in: Press- und Informationsamt der Bundesregierung, Stichworte zur Sicherheitspolitik, November 2004, Nr.11, S.25ff. (27f.) またドイツは，連邦軍の国外活動を指揮するポツダムにある活動指揮司令部（Einsatzführungskommando）に EU の軍事戦略司令部を併設した．同司令部では，EU 各国から派遣された作戦司令部要員の教育訓練が開始された．

442 本書では，1994 年判決から軍隊国外派遣法（議会関与法）制定までの期間の連邦議会における派遣承認論議を分析の対象とした．本書の記述には反映できなかったが，国外派兵決定における連邦議会の役割について分析する注目すべき最近の政治学研究として，vgl. Stefan Jungbauer, Parlamentarisierung der deutschen Sicherheits- und Verteidigungspolitik? — Die Rolle des Bundestags bei Auslandseinsätzen deutscher Streitkräfte, LIT Verlag, 2012.

第 3 部

軍隊国外派遣法の制定と
運用上の問題

議会関与法の制定と連邦憲法裁判所による
議会派兵承認権の拡張

第6章
「武装軍隊の国外出動に関する決定に際しての議会関与に関する法律（議会関与法）」の制定

　ドイツ連邦憲法裁判所 1994 年 7 月 12 日第二法廷判決（以下「1994 年判決」とする．）は，同盟戦略の新たな形成について連邦政府に広い裁量を認める一方で，その戦略に基づく武装軍隊の出動決定については議会関与を強化する判断を下し，軍隊出動承認権を憲法上の連邦議会の権利と位置づけた [443]．1994 年判決は，議会派兵承認手続がしたがうべき諸原則を示してはいたが，その詳細には立ち入らず，「議会の協力の形式と範囲をより詳細に形成することは立法府の責務」であるとして，派兵手続を具体的に定める連邦法の制定を勧告するにとどまった．そしてこれを実現したのが 2005 年 3 月 18 日の「武装軍隊の国外出動に関する決定に際しての議会関与に関する法律」（以下「議会関与法」とする．）の制定であった [444]．

　この章では，1994 年判決から議会関与法制定までの約 10 年間に実施された連邦軍国外派遣の実行の蓄積からどのような憲法慣例が成立してきたかをまず確認したうえで，これを取り入れ起草された与野党の各法案の内容と提案趣旨を検証する．そして，議会関与法制定までの連邦議会審議の経過をたどり，最後に議会関与法が定める派兵手続の概要を説明し，制定後の問題点を指摘することにしたい．

247

I 1994年判決以後の連邦軍国外派遣手続の慣例

1 1994年判決が示した手続原則

1994年判決は，武装軍隊の出動決定について議会承認手続がしたがうべき原則を判示したが，要約的に列記するならば，以下の諸点が挙げられる[445]．

①すべての武装軍隊の具体的出動に連邦議会の原則事前の設権的承認が必要であること．緊急の必要がある場合には事後承認も許されるが，事後遅滞なく承認決議が行われる必要があり，承認が得られない場合には直ちに軍隊は撤収すること．

②承認決議は，基本法第42条2項の規定にしたがい単純多数決で行うこと．

③議会承認手続は，ドイツ連邦共和国の軍事的防衛能力と同盟能力を損なうものであってはならないこと．

④連邦議会の派遣承認留保は，軍隊派遣の発案権を認めるものではないこと．派遣の方法，派遣部隊の規模および活動期間に関する決定に連邦会議が介入することはできないこと．

⑤「防衛事態」（基本法第115a条）がすでに立法府により認定されている場合，および武装して行う作戦行動にかかわらない非軍事的人道救援活動への参加の場合には，連邦議会の承認は必要ないこと．

判決が示した手続原則は，1994年当時までの派遣実行を前提としての判断であり，それも必要最小限度の基準を示したにすぎない．その後約10年間，ドイツ政府は数多くの国外派兵を実施してきた[446]．そのなかには，1994年判決当時の裁判官が審査の対象とした活動とは性格の異なるものが含まれている．1997年3月に無政府状態となったアルバニア・ティラナで実施された避難民救出作戦は，ドイツ単独による緊急行動であり，それまでの派兵とは異質であった[447]．1994年判決で審査の対象となったのはすべて国連安全保障理事会の決議に基づく活動への参加であったが[448]，1999年3月に実施されたコソボ

における人道的災害を停止させるための「人道的介入」は国連決議による武力行使の許可を得ない NATO による軍事作戦であり，その国際法適合性に問題が指摘されるなかでの派遣であった．また，2001 年 9 月 11 日の米国テロ事件の後実施されたテロ掃討作戦への参加も，同盟国である米国の支援のための集団的自衛権に基づくもので派遣の法的根拠に大きな争いはないとはいえ，国際テロ組織との「新たな戦争」（New warfare）という従来にない意義を伴うものであり，1994 年判決が想定していなかった事態に対応するものである．

　連邦議会の派兵承認手続を定める法律にどのような事項を定めるべきかが明らかになるまでには，この 10 年間の多種多様な派遣実行からの立法事項の抽出が必要であった．以下，議会承認の対象となる「武装軍隊の出動」の意味がどのように理解されてきたか，政府派遣承認案に盛り込むべき事項とその審査手続はどのように形成されてきたか，派遣期間が延長され，あるいは中止されるにはどのような手続が必要かについて要点を説明する．

2 「武装軍隊の出動」の属性

　1994 年 判 決 に お い て は，す べ て の「武 装 軍 隊 の 出 動」（Einsatz bewaffneter Streitkräfte）が連邦議会による承認の対象であり，この承認が派遣の必要条件であるとされた．この軍隊出動決定に関する「議会留保」（Parlamentsvorbehalt）は，政府による軍隊出動決定の是非を議会，ひいては国民世論の判断に委ねることにより，これを民主的に統制し，軍隊の乱用を防止するための極めて重要な憲法的要請である [449]．

　1994 年判決は，「議会留保」の対象となる軍隊出動の範囲を画定するにあたり，出動の「目的」という実質的ではあるが主観的な要素を基準とはせず，「武装」という形式的基準を採用した．しかし，どのような装備でどのような任務に就く部隊が「武装軍隊」なのか，必ずしも明らかではない．アフガニスタンで実施された ENDURING FREEDOM 作戦への参加のように，集団的自衛権に基づく戦闘部隊の派遣が「武装軍隊の出動」であることは自明であるが，

249

第6章 「武装軍隊の国外出動に関する決定に際しての議会関与に関する法律（議会関与法）」の制定

国連決議に基づく平和維持活動に関しても，憲章第7章による強制権限の有無や指揮構造の如何にかかわりなく議会承認が必要とであると1994年判決は述べている[450]．このため，SFOR，KFOR，INTERFET，ISAF等への参加も，すべて議会承認の対象となった．

他方，連邦軍軍人の派遣であっても，非武装の人道的活動への参加の場合には，連邦議会の承認は不要であり，閣議決定のみで実施できる．1994年3月以降実施されているグルジア軍事監視団（UNOMIG），1998年11月のコソボOSCE査察団への参加，2000年3月のモザンビーク水害の際の人道支援，2004年1月の国連エチオピア・エリトリア・ミッションへの非武装監視員の派遣は，いずれも閣議決定のみにより実施された．ただし，人道支援であっても，「軍人が武装して行う作戦行動に関与しないかぎりにおいて」議会承認が免除されるのであって[451]，武装軍事作戦に関係する可能性がある場合には，派遣目的が人道的なものであっても，議会承認が必要である．

もちろん，議会承認の要否の基準が「武装」という形式的属性であるからといって，派遣の「目的」が議会承認の際に考慮されないわけではない．派遣「目的」が憲法と国際法に適合することが必要条件であることはいうまでもない．基本法第87a条2項による防衛出動であれ，第24条2項による「相互集団安全保障機構」としての平和維持活動であれ，侵略戦争禁止（基本法第26条）を前提にすることは当然として，国連憲章第2条4項の武力行使禁止原則に照らして派遣の是非が問われなければならない[452]．これまでドイツが実施した国外派兵の国際法上の根拠は，集団的自衛権に基づくもの（ENDURING FREEDOM），国連のマンデイトに基づくもの（IFOR，SFOR，KFOR，INTERFET，ISAF等），派遣先国の要請または同意に基づくもの（ESSENTIAL HARVEST，AMBER FOX，アルバニアおよびマケドニアにおけるKFOR，アルバニアからの自国民救出作戦LIBELLE），「人道的介入」の理論に根拠を求めるもの（ALLIED FORCE）と様々である[453]．とくに，ユーゴ空爆作戦ALLIED FORCEへの参加については，その根拠とされた「人道的

250

介入」の国際法上の合法性に関していまだ評価が定まらないこともあって，その是非をめぐり議論を呼んだ[454]．

3 承認対象項目

　1994 年判決は，ドイツの「武装軍隊の出動」にあたり連邦議会の単純過半数による設権的承認が必要であるとするだけで，いかなる項目が承認の対象となるのか明確に示さなかった．このため，判決後初期の政府派遣承認案には，派遣の国際法上の根拠，任務，派遣要員，派遣の閣議決定の内容について簡単に示されるにすぎなかった[455]．

　しかし，1994 年判決は武装軍隊の「具体的出動」が議会承認の対象であるべきことを明確に求めている[456]．したがって，連邦憲法裁判所判決の要求を満たすには，政府派遣承認案は，特定の派遣に関して，重要項目についてできるだけ詳細な説明を含むものでなければならない．そうでなければ，連邦議会が派兵の是非を検討するのに必要な情報が与えられず，政府の独断専行による軍隊乱用の危険を議会が防止することを目的とする「議会留保」の意味が失われてしまう．このため，国外派兵を重ねるうちに，派遣承認案に記載される項目はより詳細なものとなっていった．

　政府の派遣承認案のなかで派遣の政治的必要性，活動期間等の派遣条件が詳しく説明されるようになったのは，旧ユーゴスラビアにおける和平プロセスの軍事的支援のための活動 SFOR I（JOINT GUARD）への参加（1996 年12 月）の承認案からである[457]．その後，派遣の特性に応じて，ローテーションによる部隊交代時の派遣人員上限の一時的超過やバルカン半島において他のオペレーションのために活動中の部隊との関係等の様々な要素が含まれるようになる[458]．2001 年 8 月のマケドニアにおけるパルチザン武装解除活動（ESSENTIAL HARVEST）への参加[459]以降，派遣承認案に概ね以下の項目を明記する方式が定着する．すなわち，①国際法上の根拠と政治的一般条件，②憲法上の根拠，③任務，④活動の授権，活動の開始と期間，⑤派遣人員数の上

第6章 「武装軍隊の国外出動に関する決定に際しての議会関与に関する法律（議会関与法）」の制定

限等活動のその他の条件，⑥出動部隊の地位と権利，⑦活動地域，⑧出動要員，
⑨特別国外勤務［派遣要員の給与法上の待遇］，⑩予算措置の 10 項目である．
たとえば，2001 年 11 月 16 日に連邦議会が承認したアフガニスタン対テロ軍
事作戦（ENDURING FREEDOM）の派遣承認案の内容は，以下のようなもの
であった．

ENDURING FREEDOM政府派遣承認案[460]

①国際法上の根拠と政治的一般条件：国連安保理決議1368号による「国際
　の平和および安全に対する脅威」の認定と個別的・集団的自衛権の確認，
　NATO理事会によるNATO条約第5条に基づく「同盟事態」の認定［2001年
　10月4日］，および，10月7日に開始されたENDURING FREEDOM作戦が
　国連安保理決議1368号およびこれを補完する1373号を実施するものである
　旨の国連安全保障理事会議長の声明（10月8日）に国際法上および政治的根
　拠が認められる．

②憲法上の根拠：連邦議会は，2001年10月19日の決議で，NATO条約第5条
　による支援義務を確認した．ドイツ軍は，基本法第24条2項にいう「相互集
　団安全保障機構」としての，その規則にしたがった個別的・集団的自衛権の
　行使として行われる国際テロリズムとの戦いに参加するものである．

③任務：国連安保理決議1368号にしたがい，あらゆる必要な措置をもって，
　テロ活動による世界平和と国際の安全に対する脅威と戦うことを任務とする．
　ドイツ軍は，米国およびその他の同盟国軍隊とともに，国連憲章第51条お
　よびNATO条約第5条に基づき，国際テロリズムとの軍事的戦闘に協力する
　ために，ENDURING FREEDOM作戦に参加する．

④活動の授権，開始および期間：連邦防衛大臣は，連邦外務大臣の同意を得て，
　連邦議会の設権的承認の後，以下⑤および⑧に掲げる兵力をENDURING
　FREEDOM作戦に参加させるため，出動させる権限を付与される．派遣期
　間は12ヵ月，延長の場合は再度の議会承認を必要とする．連邦議会の派兵

252

承認決議がなされた時点から，派遣期間は開始する．

⑤出動部隊：ENDURING FREEDOM作戦のために出動する兵力は，3,900人を上限とする．その内訳は，ABC［NBC］防護部隊約800人，衛生部隊約250人，特殊部隊約100人，航空輸送部隊約500人，海軍部隊（海軍航空隊を含む）約1,800人，必要とされる支援部隊約450人．要員の配分は，上限数の範囲内で，状況に応じて変更を認められる．

⑥地位と権利：軍事力の使用は，各活動地域に適用される国際法に基づく活動規則にしたがう．NATO諸国内で滞在中のドイツ軍人の地位と権利は，NATO諸国間で締結された協定にしたがう．NATO諸国以外での滞在に関しては，その地位と権利は，一般国際法が適用されないかぎりにおいて，ドイツ連邦共和国と各接受国の間で取り決められた協定によるか，同盟国が接受国との間でドイツ軍人に関して取り決めた協定によるものとする．

⑦活動地域：NATO条約第6条が定める地域，アラビア半島，中央アジア，北東アフリカおよびこれに接続する海域．アフガニスタン以外における対テロ活動については，当該国政府の同意を必要とする．

⑧出動要員：職業軍人および任期付軍人，とくに海外勤務を志願した者で，任意の追加兵役に就く基本兵役従事者．予備役軍人．現在は兵役義務を負わないが過去に軍人であった者．過去に軍人であったことがある女性ならびに軍務に就いたことのない女性で，職業に関係して業務を命ぜられる者．

⑨特別国外勤務：派遣される軍人には，連邦給与法第58a条の特別国外勤務の規定が適用される．ただし，専らNATO諸国内でのみ業務を行い，日常生活における通常の危険を超えるような脅威にさらされることがない軍人には，これは適用されない．

⑩予算措置：軍隊派遣にかかる予算は，今年度（2001年度）については，約5,000万マルク（約2,560万ユーロ）の追加予算が必要である．2002年度については，約5億マルク（約2億5,565万ユーロ）が対テロ予算から支出される[461]．

第6章 「武装軍隊の国外出動に関する決定に際しての議会関与に関する法律（議会関与法）」の制定

4 派遣承認案審査手続

　1994年判決では，派遣承認案の審査を正規の立法手続により行うことは求められてはいないが[462]，実際には法案審査手続に準じた処理が派遣承認案についても行われてきた．すなわち，閣議決定[463]の後，派遣規模，活動期間，活動地域，任務，国際法上の根拠等上記の項目を明記する派遣案が連邦議会文書（Bundestagsdrucksache［BT-Drs.］）として作成され，第一読会で審議された後，関係委員会に付託され，すべての委員会での採決の後，外務委員会による決議勧告（Beschlußempfehlung）が本会議になされ，第二，第三読会を経て採決される．

　手続が複雑であるからといって，必ずしも議案提出から本会議採決まで時間がかかるわけではない．これまでの例を見ると，最短で即日，遅くとも10日前後で承認決議が行われている．たとえば，KFOR（JOINT GUARDIAN II）への派遣の場合，1999年6月11日に提出された派遣承認案[464]は，即日外務委員会に付託され，法務委員会，防衛委員会，人権・人道支援委員会，経済協力・開発委員会，予算委員会の連合審査にかけられ，同じ日のうちに本会議に決議勧告が行われている[465]．ただ，正規の手続そのものには時間がかからなくても，それ以前の各会派との調整が不調に終わり，あるいは諸事情により閣議決定自体が遅れるか，閣議決定が発効しない可能性も否定できない．上記のKFOR派遣承認案も，当初1999年6月7日に行われた閣議決定の内容により連邦議会文書が作成されたが[466]，結局採決には至らず，6月11日に再度議案が提出されたものであり，最初の閣議決定から議会承認決議まで実質5日経過している[467]．

5 派遣期間の延長と中止

　1994年判決によれば，連邦議会の軍隊派遣決定への関与権は派遣の可否にのみかかわるものであり，派遣に関する発案権を含むものではなく，派遣目的，

254

派遣地，兵員数，費用などの決定に影響を与え，政府派遣計画に修正を加えることはできないとされた[468]．しかし，派遣後に活動状況が著しく変化しても，一旦承認したならば派遣の是非を再検討することがまったくできないとすれば，議会の派兵承認権は無意味なものになる．このため，派遣承認案には派遣期間を明示し[469]，当初期間終了時にあらためて派遣継続の承認決議を求めるのが通例となった[470]．例外的に派遣期間を明示しない場合もあるが，この場合でも派遣後1年を経過する前に議会に関与を許す何らかの可能性を認めている．たとえば，コソボ国際治安維持部隊KFORの派遣延長の場合，政府は2000年6月8日の連邦議会承認の際に派遣期間を派遣承認案には明示せず，「いずれかの会派が希望する場合，連邦議会は12ヵ月が経過する前にあらためて設権的決議を行う」ことを約束した[471]．その後，一年ごとに議会承認を得ている．これと同様に，EU主導で実施されたマケドニア派兵（CONCORDIA）も，マケドニア政府の要請とEUの決議ならびにドイツ連邦議会の設権的承認があるかぎりにおいて許されるとし，派遣承認案には派遣期間が定められていない[472]．しかし，2003年3月20日に派遣案が承認された際には，連邦議会への活動状況の定期的報告が求められており，マケドニアの治安状態が悪化した場合，連邦議会があらためて関与する必要があることを認めている[473]．

　これまで説明してきたように，1994年判決以後10年間の実行のなかで，判決が示した諸原則が具体化され，連邦軍派遣承認手続が憲法慣例として形成されてきた．実行上の手続は，詳細な承認事項を派遣承認案に盛り込み，また審査の慎重を期すべく法律案に準じた審議を実施するものであり，1994年判決が要求した以上に派遣決定の透明性に配慮したものであるといえる．他国と比較してもドイツは軍隊と社会の融和を重視する国であり，こうした承認手続の透明性は，軍隊派遣に広範な国民の合意を得るためにも概ね有効に働いてきたといえよう．

第6章 「武装軍隊の国外出動に関する決定に際しての議会関与に関する法律（議会関与法）」の制定

II 軍隊国外派遣法の制定に向けた各政党の対応と 与野党2法案の提出

1 各政党の動向

(1) シュレーダー首相による発案と連立与党内の対立

　ドイツ連邦軍の国外派遣手続に関する連邦法の制定は，1994年判決以後常に意識されてはいたが，政府がその必要性について公式に明言したのは，2002年4月8日にハノーファーで開催された連邦軍第39回年次司令官大会における首相演説が最初であった[474]．この時期シュレーダー首相が軍隊国外派遣法の必要に言及した理由は2つあると考えられる．

　第一の理由は，派遣手続の簡素化・迅速化が喫緊の課題として意識されるようになったことである．2001年11月，シュレーダー首相は，9・11米国テロ事件後のテロ掃討作戦 ENDURING FREEDOM への参加の議会承認で窮地に立たされた．派遣承認案は立法手続に準じた審査を行うため，与党内で意見が割れ造反議員が反対票を投じた場合には，本会議採決で否決され，派遣断念または延期になる可能性がある．ENDURING FREEDOM 作戦への連邦軍の参加は，まさにそのおそれのあるケースであった．この時の派遣承認案は2001年11月7日に連邦議会に提出され，当初は14日に採決の予定であったが，与党内の足並みが乱れ採決に踏み切れなかった．シュレーダー首相は，16日まで採決を延期したうえで自らの信任案と派遣承認案の採決を結びつけることで与党内の締めつけを図り難局を乗り切ったが，賛成336，反対326の僅差であった[475]．NATO や EU は域外紛争対処のため緊急対応部隊の能力を重視していることから[476]，今後かりにドイツが議会承認手続の停滞によりその派遣を遅らせることになれば，同盟国の信頼は大きく損なわれ，将来ドイツの同盟関係に悪影響を及ぼしかねない．派遣承認案の議会審議を混乱させないためにも，派遣承認手続法の制定が急がれるところとなった．

　第二の理由は，ドイツの国外派兵の是非を判断する際にしたがうべき原則を

再確認する必要が生じたことである．すでに述べたように，1994年判決で司法判断の対象とされた連邦軍の派遣は，いずれも国連決議に基づく平和維持活動であった．しかし，1999年3月末のコソボへの「人道的介入」，2001年11月の「対テロ戦争」のためのアフガニスタン派遣はこれらとは性格が異なる活動である．同盟の戦略転換とともに，連邦軍の国外派兵のスペクトルは拡大し，任務は複雑になった．議会承認をめぐる紛糾の原因もそこにある．とくに，シュレーダー首相が軍隊国外派遣法制定への意欲を明らかにした2002年4月頃は，ブッシュ米国大統領がイラクに対テロ戦争の戦域を拡大する意向を示し始めた時期である．結果的にイラク戦争不参加の態度を貫いたドイツであるが，派兵の原則を確認する必要が意識され始めていた時期でもあった．軍隊国外派遣法自体は派遣承認手続における議会関与の方法を定める手続法であるが，その立法論議は連邦軍がどのような活動に参加できるのか，参加できない活動はどのようなものかについての国際法と憲法に照らした実体的検討と不可分である．

　軍隊国外派遣法制定の必要については，あらゆる派兵に全面的に反対するPDSを除き諸会派に合意があったものの，その内容については大きな隔たりがあった．先に触れた2002年4月8日のシュレーダー演説は，派兵迅速化のために議会関与の制限を主張するものであったため，SPDの連立パートナーであるB'90/Grüneは，派兵の安易な拡大につながるとして直ちに反発した[477]．というのも同党は，2002年3月17日に連邦代議員大会で採択された綱領「未来は緑」（Die Zukunft ist Grün）において，連邦軍の派遣承認の際の「議会留保」を制限することに明確に反対し，むしろこれを強化するため，憲法改正により派遣承認を連邦議会の3分の2の多数の賛成によらしめることを要求していたからである[478]．連立与党間の調整は難航し，2002年10月16日の両党の連立政権協定にも軍隊国外派遣法の制定は政策課題として取り上げられることはなかった[479]．

(2) CDU/CSUの提言
① CDU議員グループによる提言

　他方，一部の保守系野党議員は，早くから軍隊国外派遣法の制定に向けて動き出していた．最大野党 CDU/CSU 内では，一部議員から積極的な提言がなされた．そのなかでも K. ラマーズ（Karl Lamers），W. ショイブレ（Wolfgang Schäuble），R. ショルツ（Rupert Scholz）の 3 議員が 2002 年初頭に発表した提言「安全保障の将来構想」（Zukunftskonzept Sicherheit）は，軍隊国外派遣法についてこの時点で他党の提案にない先鋭的内容を含んでいた [480].

　ラマーズ議員等の提言がとくに問題視しているのは，従来の派遣手続の非効率性である．これまでの派兵承認手続では，NATO や EU の機関が軍事活動を決定するにあたり，ドイツ政府がこれに同意しても，その後連邦議会が承認しなければ派遣はできない．これは，ドイツの同盟能力を損なうおそれがある．とくに，EU の緊急対応軍の設置により，このような障害は深刻な事態を惹き起こしかねない．そこで，このような事態を回避するために，連邦政府が国際機関の行う軍事活動への連邦軍の参加に同意するにあたり，秘密委員会を通じて連邦議会に適時に通知する方法が提案される．これにより，連邦政府は，国際機関の決定を迅速確実に実行に移すことができる．一方，連邦議会は，国際機関の決定の段階で派遣を思いとどまるよう政府に働きかける可能性を得ることにもなる [481].

　ラマーズ議員等の提案によれば，欧州軍部隊（Europäische Verbände）の出動に関して決定するのは EU 内の民主的正当性を有する機関である．一方，ドイツ一国による危機対応部隊（Krisenverbände）の国内外への出動，国連，NATO およびアドホック連合の枠内での出動，ならびにラント政府の要請に基づく地方・郷土防衛隊（Territorial- und Heimatschutz）の出動については，ドイツ連邦政府が決定する．連邦政府の決定には，議会承認が必要とされる．連邦政府は，原則として秘密委員会を通じて連邦議会に継続的に報告を行う．急迫の危険がある場合に議会との協議なく下された出動決定に関しては，すみ

やかな事後承認が必要とされる．詳細は出動法（Einsatzgesetz）に規定されることになるが，派遣承認を撤回する連邦議会の権利を法律に定めることを求めている点が注目される[482]．

② 「新『議会関与法』のためのCDU/CSU要綱案」

　その後，CDU/CSUは，軍隊国外派遣法の制定に向けて要綱案を作成した[483]．軍隊国外派遣手続において争点となるのは，連邦議会の設権的承認権と連邦政府の外交上の行動の自由・安全保障上の決定の自由の中核領域をどのように調和させるかである．この要綱案のなかで同党が強調しているのは，1994年判決が武装軍隊の活動の烈度に応じて議会関与の強度を段階づけるべきであるとしている点である．すなわち，秘密保全を必要とする活動，急迫の危険に対応して行う活動，戦闘行動に直接関与しない活動については，議会の権利よりも連邦政府の決定の自由が優位することを連邦憲法裁判所は認めているのであり，新しい議会関与法もこの点を考慮したものでなければならないと主張するのである．また，NATO対応軍やEU戦闘群のような緊急介入部隊については，事前に一般的な派遣承認を与え，個々の派遣の際には事前の承認決議を不要とするよう提案されている．

　CDU/CSU要綱案は，以下の8項目を法案に盛り込むべきとしている．

　　a) 基本法への定礎：議会関与法の重要性を明確にし，その憲法上の根拠を明示するために，新法を憲法に投錨すべきである．たとえば，基本法第87a条と結びつく第24条2項に，「武装軍隊の国外への出動について，詳細は連邦法律で定める．」といった新たな一文を挿入することが考えられる．その場合，GSG9［連邦警察特殊部隊］の出動のように軍事的性格を有する武装警察の国外出動も議会承認の対象とすべきかを検討すべきである．

　　b) 議会による政治的一般条件の設定：連邦議会は，以後実施される武装軍隊の出動の政治的一般条件を事前に設定できる状態になければならない．そのために，政治的目標とともに，あらゆる外交手段，最終的には軍事的手段をもってする危機解決への関与の地域的・時間的条件を設定できなければならない．連邦政府は，設定された政治的枠組みのなかで，慎重に武装軍隊の出動を処理し，こ

第6章 「武装軍隊の国外出動に関する決定に際しての議会関与に関する法律（議会関与法）」の制定

れを例外とし，通例とすることがないようにする必要がある．一方，軍隊を何時どのように出動させるかは，執行府の自己責任の中核的領域に属する．それゆえ，国際的連合軍にドイツ軍が統合される程度が高く，直接的な戦闘行動への関与の程度が低い場合には，連邦政府が自己責任において行動する余地は広くなる．短い準備期間で出動するNATO対応軍やEU欧州介入軍の設置を考慮し，連邦政府は国際機関においてより迅速に決定を下し，直接実施することができるようにすべきである．

c) 議会の早期の関与：連邦政府がNATO対応軍や欧州介入軍を原則として投入可能であることを内容とする連邦議会の決議が直ちに行われるべきである．この一般決議は，欧州および大西洋パートナーシップの枠内で，国際共同体や安全保障共同体における通常全会一致の議決としかるべきマンデイトに基づき，再度連邦議会が事前に関与することなく，危機管理のためにドイツ軍隊を出動させることを委託するものである（準明示的な「委託決議」（Beauftragungsbeschluss））．

d) 撤回権：このような早期の「委託決議」には，必然的に派兵承認撤回権が対応する．連邦議会は，この撤回権により，武装軍隊の出動に対する特別の責任に応えることができる．

e) 連邦政府の報告義務：武装軍隊の出動に対する議会統制の前提は，連邦議会に対して連邦政府が適時に，かつ包括的に報告義務を負うことである．現在の連邦政府の実行は，委員会での定例報告とともに，現在進行中の活動に関する秘密事項について選任された議員サークルに報告がなされているにすぎないが，これでは不十分である．

f) 「活動委員会」の新設：連邦議会に，「活動委員会」（Einsatzausschuss）を特別委員会として設置する．この委員会は，防衛・外務・予算の各委員会の委員長と理事により構成されるが，連邦議会の多数派状況を適切に反映させる必要がある．同委員会が秘密会を開催する場合には，たとえば議会統制委員会のような既存の委員会に準ずる方法をとる．これにより，特殊部隊による人質救出作戦のように秘密保全を要する場合，その他緊急を要し急迫の危険がある場合等には，連邦議会全体に代わり，略式手続により迅速かつ秘密裏に決定が下されることができる．

g) 軽微な出動は当初は政府単独の決定により可能：新しい議会関与法においては，どのような場合に連邦議会の承認が必要とされないのかも明確にしなけれ

ばならない．派遣要員数や派遣期間が限定された出動，純粋に人道的性格の出動，先遣隊や調査隊，あるいは国際司令部や国際部隊および艦船への要員の派遣は，「活動委員会」への情報提供が十分であれば略式承認手続により実施できる．この場合でも，連邦議会は，出動決定を再度連邦議会に引き戻す権能を保持しなければならない．

h) 出動期間の限定：武装軍隊の出動についての連邦議会のマンデイトは，将来に対して期間を限定できるものとする．活動地域の状況の展開により，1会派の申立てにより，6ヵ月経過後，遅くとも1年後には連邦議会による再審査が行われるべきである．

連邦政府の派遣決定に早期に影響を与えることを目的とする秘密委員会の設置や「委託決議」制度の導入による議会承認手続の簡略化などラマーズ議員等のグループや CDU/CSU の提言が求める派兵手続の変更は，連邦憲法裁判所 1994 年判決が示した原則に抵触する要素を含む．その実現には憲法改正が必要であり，この点で 1994 年判決が示した原則の枠内で問題の解決を目指す他党との見解の相違がある．他方，秘密保全が必要な出動の議会承認のための特別委員会の設置や軽微な出動に関する略式承認手続の導入，承認撤回権の明記などの点で，この後説明する FDP 案や与党案と共通する点も多い．CDU/CSU が独自案の提出に至らなかったのも，これが一因であると考えられる．

(3) FDPの立法請求議案

FDP は，諸政党のなかで最も積極的に軍隊国外派遣法の制定を政府に働きかけ，独自の法案を与党に先駆け提出している．

同党は，2002 年 6 月 12 日に「ドイツ軍隊の武装出動に法的安定性を創り出す」ことを求める議案を連邦議会に提出している[484]．この議案は，同年秋に総選挙があったため十分な審議がなされないままとなったが，同年 11 月 6 日にほぼ同文の議案が再提出された[485]．それは，連邦軍の国外出動に関して次の事項を連邦政府に要求するものであった．

① すみやかに法的安定性を確立し，連邦軍の武装国外出動に際しての連邦議会の

第6章 「武装軍隊の国外出動に関する決定に際しての議会関与に関する法律（議会関与法）」の制定

　　関与に関する法律案を提出すること．
② この法案において，「出動」あるいは「武装軍隊の出動」の概念を定義すること．
③ 加えて，軍事計画の策定および武装軍隊の国外出動の準備の段階，ならびに出動それ自体の段階で，連邦議会がどのような形式で関与するのかを明確にすること．［調査隊の派遣など議会関与が考えられる具体的事例を12例示］
④ 法案の作成にあたり，連邦政府は，連邦憲法裁判所の1994年7月12日判決にしたがい，ドイツ連邦議会が武装軍隊の出動を決定するという判決の主旨を尊重すること．本会議による決定というこの原則の例外は，予見可能な危険が軽微である場合，ならびに，所定の同盟実務手続や準備措置のやむを得ぬ必要上それが避けられない場合にのみ許されるべきである．これに加え，秘密保全や急迫の危険がある若干の事例がしかるべく考慮されなければならない．
⑤ 上記の諸点以外に次の事項が法案に盛り込まれるべきである．
　・原則として，ドイツ連邦議会がその構成員の過半数（絶対多数）をもってドイツ武装軍隊の出動に関して決定を下すこと．
　・ただし，連邦防衛大臣は，閣議決定後，ドイツ軍隊の国外への武装出動のため遅延を許されない計画策定と準備のための措置をとることができる．これについて，ドイツ連邦議会は適当な形式により報告を受けなければならない．
　・武装軍隊の国外出動の全体について秘密保全の必要がある場合には，ドイツ連邦議会の第一次的決定権限は，同議会議長が長を務める特別委員会に委譲される．同委員会はドイツ連邦議会の多数派状況を反映して構成されるが，委員長以外の委員は，ドイツ連邦議会から秘密選挙により決定される．
　・武装軍隊の国外出動の一部について秘密保全の必要がある場合には，この委員会は，適当な方法で連邦政府を通じて案件に関与しなければならない．
　・万一，急迫の危険があるためドイツ連邦議会の関与が不可能である場合にも，第一次的決定はこの委員会の責務となる．
　このほか，法律制定に伴う議事規則の改正が求められる．

　議会承認の対象となる「武装軍隊の出動」の定義の明確化を求め，本会議による承認を原則とするFDPの方針は，概ね1994年判決が示した原則とその後10年間の派遣実行から明らかとなった問題点を踏まえたもので穏当な内容といえる．しかし，この議案が要求する一部の項目については若干の問題が指

262

摘された.

第一の問題点は，連邦議会による派遣承認の多数決条件を構成員の過半数とし，絶対多数としたことである．1994 年判決では承認案の採決を基本法第42 条 2 項によるものとしており，基本法が別段の定めを置かないかぎり投票数の過半数を可決条件としている．したがって，FDP の要求を実現するには基本法の改正が必要になるはずである.

第二の問題点は，秘密委員会の権限である．派遣に秘密保全の必要がある場合，この委員会に第一次的決定権限が連邦議会から委譲されるとしているが，その場合委譲可能な権限は，当然のことながら連邦議会が有する権限にかぎられる．ところが，FDP の提案ではこの秘密委員会の権限とされる事項のなかに「万一急迫の危険があるためドイツ連邦議会の関与が不可能である場合」の承認が含まれている．1994 年判決では，このような急迫の危険がある場合には，連邦議会の承認を後回しにして，暫定的に連邦政府単独の決定による行動の自由があることを認めていた．それは「外交的行動のため憲法が意図した執行府の行動権限と責任の固有領域」[486] であり，これを法律で変更することはできないはずである [487].

この議案は，2002 年 11 月 14 日に連邦議会本会議で審議された．そのなかで，軍隊派遣決定における「議会留保」の法制度化について諸会派の原則的合意が得られ，以後関係委員会で審議を継続することが約束された [488].

(4) 与野党 2 法案の提出

その後 FDP は，政府与党に先駆け 2003 年 11 月 12 日に「連邦軍の国外出動に際してのドイツ連邦議会の協働に関する法律（国外出動協働法）」案 [489] を提出した．与党 SPD も，党内にワーキング・グループを設け，独自案の作成に動き出す．SPD 党内案は 2003 年 10 月末に完成されたが [490]，同案は連立パートナー B'90/Grüne との合意を経て，CDU/CSU とも調整がなされた．若干の修正の後，SPD・B'90/Grüne は，2004 年 3 月 23 日に「武装軍隊の国外出動に関する決定に際しての議会関与に関する法律（議会関与法）」案 [491] を

263

連邦議会に提出した．

　FDP案と与党案は，ともに1994年判決が定める諸原則と過去10年間の派遣実行が形成した慣例に基づきつつ問題解決を目指す点で共通している．したがって，法案に盛り込まれる内容も共通しており，類似点も多い．ただ，いくつかの点で重要な相違がある．まず次節では両法案の概要を，法案に添付された提案理由書に基づいて説明することにしたい [492]．

2　FDP案と与党（SPD・B'90/Grüne）案

(1) FDP「国外出動協働法」案
① 議会承認の対象

　FDPの「国外出動協働法」案では，議会承認手続の対象となる連邦軍の出動をドイツ連邦共和国の領域外への派遣に限定し，国外への武装軍隊のあらゆる出動を議会承認の対象とするとしたうえで（第1条1項），これまで曖昧であった「武装軍隊の出動」の概念について，「連邦軍の軍人が武装して行う作戦行動に関与し，又は武装して行う作戦行動に関与することが予期される場合」にこれが認められると定義している（第1条2項）．その具体例として提案理由書は以下の7例を示す．(i) 先遣隊（Vorauskommando）の派遣，(ii) 治安部隊を伴う人道援助活動，(iii) 保安部隊を伴っての兵站基盤の設立，(iv) ドイツ本国の指揮下にない二国間ないし多国間の参謀本部（Stäbe）もしくは部隊本体（Truppenkörper）における軍事活動へのドイツ軍人の参加，(v) その準備，開始および実施に秘密保全を必要とする武装軍隊の出動，(vi) 急迫の危険がある場合の武装軍隊の出動，(vii) 武装軍隊の正規の出動．ただし，（ア）「武装軍隊の出動の必要性を明らかにするため，その計画策定及び教育訓練上並びに兵站業務上の準備のため不可欠である措置」（第2条1項）および（イ）「人道支援措置及び災害救助措置」（第2条2項）については，議会承認は不要とされた [493]．（ア）の例としては，(a) 武装出動の準備のための作戦計画の策定（Contingency Plan），(b) 派遣準備のための特殊教育訓練プログラム

の実施，(c) 待機場所または派遣場所への軍隊の移動ためのスペースの準備または借受け，(d) 調査隊 (Erkundungskommando)・現地調査チーム（Fact Finding Team）の派遣の4例が挙げられている[494].

② 派遣承認案記載事項

　連邦議会が派遣の可否を判断するには，計画中の派遣の条件や態様を具体的に知り得なければならない．このため，連邦政府が提出する派遣承認案には，少なくとも出動の根拠，目的，任務，規模，活動地域および活動期間と費用・予算措置が明記されなければならない（第3条）．これらの記載項目は，あくまで最小限度であり，必要に応じてこれ以外の項目を追加することも考えられる．既述のように，これまでの派遣実行により，派遣承認案に記載すべき項目については一定の様式がすでに定着しており，法案第3条はこれを再確認するものといえよう．派遣承認案は，この法律や将来の議事規則が特段の定めをしないかぎりにおいて，通常の議案取扱手続により処理される．議院運営委員会（Ältestenrat）における全会派の合意により公開の導入審議が不要とされた場合には，略式手続がとられ，所管の委員会に直接付託される．これまでどおり，外務委員会が主管委員会（federführender Ausschuss）であり，防衛委員会および必要に応じその他の委員会が審査にあたる．外務委員会の報告と決議勧告をうけ，本会議で最終審議がなされた後に表決に付される．

　この通常の手続には一つ例外がある．新設される特別国外出動委員会（Ausschuss für besondere Auslandeinsätze）に派遣承認案の審査と決定が授権される場合である（第6条1項・2項）［後述④］.

③ 承認撤回権

　注目されるのは，一度与えた派兵への同意を撤回する権利（Rückholrecht）を連邦議会に与えたことである（第4条）．連邦憲法裁判所1994年判決においては，連邦軍の派遣に関する連邦議会の発案権が否定され，ただ，「連邦政府が企図した軍隊出動に対して同意を拒否するか，または例外的に連邦議会の同意なくすでに出動が開始されている場合において，これを停止することがで

265

きるにすぎない」[495] とされた．このため，一度承認した派遣を，すでに承認された派遣期間の途中で中止させる発案を連邦議会がなし得るか否かについては明らかではなく，むしろ事前承認を与えた場合には，承認した派遣期間終了までは撤収を要求できないと理解するのが自然のようにも考えられた．実行上も，それまで派遣承認の際に議会の承認撤回権を認めた例はない．

　しかし，派遣承認後短期間で状況が一変し，派遣継続をめぐり政府と議会が対立することも考えられる．このような場合，連邦議会の撤収要求が連邦政府の意思に優位すべきであると考えるのが，1994 年判決が示した「議会の軍隊」（Parlamentsheer）[496] 論の本旨であるとも考えられる．また，基本法には他に議会の発案により軍隊の出動を終了させる規定があることから[497]，国外派遣についても連邦議会の承認撤回権（部隊撤収要求権）を確立すべきであるとの意見があった[498]．FDP は法案の提案理由書で，「設権的議会留保は，これから行われる武装軍隊の国外出動への一度の同意行為で尽きてしまうものではなく，その承認した『議会の軍隊』の派遣の経過に対する連邦議会の共同責任にも及ぶ」との立場から，承認撤回権規定を設けるものであると説明している[499]．FDP 案によれば，国外への武装軍隊の特定の出動に対する承認を撤回する議案を提出するには，連邦議会構成員の 4 分の 1 の支持を必要とする（第 4 条 2 項）．表決は記名投票で行われ，基本法第 42 条 2 項 1 文により投票数の過半数の賛成を必要とする．承認撤回議案が可決された場合には，連邦政府は，遅滞なく派遣を終了しなければならない（第 4 条 3 項）．

④ 特別国外出動委員会による承認

　FDP 案によれば，連邦議会に新たに特別国外出動委員会が設置される．これは各会派の代表からなる小委員会で，委員は連邦議会議員から選出され，11 人を上限とし（第 5 条 1 項），すべての会派が少なくとも 1 人の委員を送る（第 5 条 2 項）[500]．この委員会は，すべての軍隊国外出動承認議案を処理するものではなく，秘密保全や緊急の必要等の理由から小委員会で扱うのが適当とされた議案にかぎり審査の対象とする．つまり，これは連邦議会による一

般的な派遣承認案審査手続の例外である．連邦政府により派遣承認案が，(a) GEHEIM 以上の秘密区分の指定がなされているか[501]，(b) 急迫の危険のためとくに緊急を要すると指定されているか，または (c) 国連，OSCE，NATO その他基本法第 24 条 2 項にいう相互集団安全保障機構もしくは EU による武装出動への個々のドイツ軍人の参加のため提出されたものである場合には，連邦議会議長から特別国外出動委員会に派遣承認案が直接付託され，同委員会が連邦議会にかわりこれに同意を与えることができる（第 6 条 1 項，第 7 条 1 項）．アルバニア・ティラナでの避難民救出活動のような人命救出のため緊急を要する場合，あるいは国連や OSCE の監視団に少人数を派遣するような場合には，本会議における導入審議と関係専門委員会での審査および本会議での討論と採決という通常手続は煩雑にすぎ，時間の浪費との批判があった．また，秘密保全を要する出動の場合，本会議での公開審議にはなじまない．特別国外出動委員会の設置は，このような不都合を解決するためのものである．

　GEHEIM 以上の秘密区分の指定を受けた派遣承認案は，連邦議会秘密保全規則（連邦議会議事規則付録 3）にしたがって処理される（第 9 条 1 項）．特別国外出動委員会により派遣承認案が GEHEIM 以上の指定を受けていることが連邦議会に報告されるのは，秘密保全の必要がなくなり，秘密指定が解除された後である（第 9 条 2 項）．

　一方，連邦議会自らが特別国外出動委員会による派遣承認案の審査が適当と認め，派遣承認案を同委員会に付託し，承認の最終的決定を授権する場合もある（第 6 条 2 項）．特別国外出動委員会に付託すべきか否かの決定は，議院運営委員会の提案に基づく．これは，重要性の低い派遣の場合や，議会内に反対の少ない派遣継続の承認の場合などを想定した規定である．

　連邦議会が特別国外出動委員会に対して派遣承認案に同意を与えることを一旦許可した場合でも，この許可を撤回し，自ら決定を下すこともできる．政府が急迫の危険を理由に特別国外出動委員会に派遣承認案を直接付託した場合（第 6 条 1 項 b）でも，連邦議会の求めにより通常手続でこれを審議・議決す

第6章 「武装軍隊の国外出動に関する決定に際しての議会関与に関する法律（議会関与法）」の制定

ることができる（第6条3項）．連邦政府が主張する「急迫の危険」が客観的には認められない場合や，議会全体が遅滞なく承認手続をとり得る状態にないことが明白ではない場合には，政府の決定にもかかわらず，連邦議会が自ら決定を下すことができるようにし，政府の独断専行を阻止できるようにするため，このような規定が置かれたのである．なお，特別国外出動委員会に派遣承認案が付託され，同委員会により承認の決定が下された場合には，第4条の承認撤回権も同委員会に付与される（第4条1項）．また，同委員会は，被選期間を超えて活動し，総選挙後に新たに委員が任命されるまで活動を継続する（第5条3項）．

⑤ 報告義務その他

特別国外出動委員会の各委員は，同委員会の招集および同委員会による報告を求めることができる（第7条2項）．この委員の権利は，国外活動の情勢の変化に柔軟かつ適切に対応するために必要とされる．また同委員会は，連邦議会に対して委員会の活動について年次報告を行う．同委員会は，秘密保全に反しないかぎりにおいて，その承認した出動のすべてについて連邦議会に公表し，かつ出動終了後には報告書を提出する（第7条3項）．

一方，連邦政府も，派遣承認案において派遣内容を説明するにとどまらず，派遣中の活動についても報告義務を負う．連邦政府は，承認された出動に関して特別国外出動委員会に継続して報告しなければならない．活動終了後には，連邦議会に対して最終報告書を提出する（第8条1項）．本会議による審査に適さないとして特別国外出動委員会が承認した活動の期間中に，連邦政府による公式の報告が連邦議会全体に対してなされるのは不合理である．このため，活動中の報告先は同委員会のみとし，連邦議会全体には活動終了後に報告書を提出することにした．連邦政府は，求めに応じ，特別国外出動委員会に対して，同委員会が承認した武装軍隊の出動に直接関係する文書やデータを閲覧させ，派遣業務従事者から聴取ができるようにしなければならない（第8条2項）．

(2) 与党（SPD・B'90/Grüne）「議会関与法」案

　2004 年 3 月 23 日に提出された与党の「武装軍隊の国外出動に関する決定に際しての議会関与に関する法律（議会関与法）」案の内容は，全体的に見てFDP 案との共通点も見られるが，いくつかの点で重要な相違が確認される．

① 総　則

　与党案はまず，第 1 条に総則規定を置く．この法律は，武装ドイツ軍隊の国外への出動に際しての連邦議会の関与の形式と範囲を定めるものであり，基本法第 115a 条（「防衛事態」）はこの法律の適用対象から除外される（第 1 条 1 項）．この法律はあくまで連邦軍の国外派遣手続における議会関与の方法を規定するものであり，派遣の実体的要件は国際法と基本法に照らし判断される．基本法の適用区域外への武装ドイツ軍隊の出動には，連邦議会の承認が必要とされる（同条 2 項）．

　法律の適用対象をドイツ領域外への出動に限定した点は，FDP 案と同じである．ここで確認しなければならないのは，1994 年判決では，軍隊の国外出動に限定せず，あらゆる「武装軍隊の出動」に連邦議会の承認が必要であるとしていたことである．したがって，たとえばドイツの領域が武力攻撃を受けた場合に軍隊がドイツ領域内に出動する場合でも，議会承認は必要である．とくに，連邦軍の防衛出動の決定の段階で，まだ基本法第 115a 条 1 項により「防衛事態」が認定されていない場合には，出動自体に対する議会承認が必要となる．ただし，「防衛事態」がすでに認定されている場合には，同事態認定に必要とされる連邦議会の同意（投票数の 3 分の 2 以上，少なくとも構成員の過半数による賛成）に軍隊出動の承認が含まれるものとされる [502]．

　このように，自国に対する武力攻撃がある場合の防衛出動は「防衛事態」の認定手続と複雑に絡むため，与野党の法案ともに適用対象から除外したものと考えられる．

② 議会承認の対象

　議会承認の対象となる「武装軍隊の出動」の定義について，与党案は FDP

案と同じ定義を採用する．すなわち「連邦軍の軍人が武装して行う作戦行動に関与し，又は武装して行う作戦行動に関与することが予期される場合」に「武装軍隊の出動」の存在が認定されることになる（第2条1項）．ただし，派遣準備のための措置や計画策定はこの法律でいう「出動」ではなく，議会承認は不要とされている（第2条2項）．実際上，NATOのような国際的軍事組織においては，抽象的な計画策定と実施を前提とした具体的な計画策定を明確に区別することはほとんど不可能であり，策定された計画文書が後に現実に使用されることを事前に予測するのは難しい．この規定はこのような実情に配慮したものである．連邦軍が軍事同盟に所属する範囲内で計画策定に参加し，場合によってはそれが「武装して行う作戦行動」に影響を与え得ることはこの法案も想定しているが，しかし，それは専ら連邦政府の責任において行われ得るものである．具体的な軍事的出動がなされる場合にはじめて議会承認の必要が生じる．これまでの実行によれば，NATOのように統合的編成をとる多国籍的な常設参謀本部・総司令部へのドイツ軍人の参加は，「武装軍隊の出動」とはみなされてはいない．ただし，具体的な武装出動のために特別に設置されるNATO等の参謀本部・総司令部にドイツ軍人が参加する場合には，議会承認が必要となる．

　また，議会承認の対象は，軍事的行動（militärische Aktionen）に限定される．したがって，派遣された軍人が，「武装して行う作戦行動」に関与することが予期されない場合で，自衛目的のためにのみ武器を携行するような，軍隊による人道救援活動および救助活動（Humanitäre Hilfsdienste und Hilfsleistungen）―たとえば災害救助活動― にも議会承認は必要とはされない（第2条2項）．

③ 派遣承認案記載事項

　連邦政府は，出動開始前に適時に軍隊の出動に承認を求める議案を連邦議会に提出する（第3条1項）．この議案には，以下の事項が記載される．①出動任務，②活動地域，③出動の法的根拠，④出動する軍人の上限数，⑤出動する

軍隊の能力，⑥予定活動期間，⑦費用見積および予算措置（第3条2項）．法案の文言では，「特に以下の事項について記載するものとする.」となっており，上に列記した記載事項は最小限度の項目であって，これ以外に連邦政府が議会の審議に有用であると考える事項を記載することを妨げない．

連邦議会は，この議案を承認するか，または否決することはできるが，議案の修正は許されない（第3条3項）．1994年判決においても，派遣の方法，規模および期間に関する決定は，連邦政府の専権事項とされていた．連邦議会には派遣の発案権は付与されず，政府の計画する派遣に同意を拒否するか，緊急の必要により例外的に議会承認なく開始した派遣を中止させることができるだけであると判決は説明していた[503]．しかし，これにより政府派遣案に是か非かの二者択一しか連邦議会には許されないと硬直的に理解するべきではなく，議会の自律性に基づきその承認内容の詳細を決定することはできる[504]．つまり，条件付きないし限定的な承認を与えることは可能である．これまでも，連邦議会が承認にあたり派遣案の実施に追加条件を政府に要求し，「議事録説明」という形で明文化することが行われてきた[505]．この法案の成立により，このような条件付き承認方式をとることが妨げられることはない[506]．

④ 略式承認手続

連邦憲法裁判所1994年判決は，出動内容の特性に応じて，議会関与の形式と範囲を細分化する可能性を立法府に認めていた[507]．FDP案は，このために特別国外出動委員会を設置することで派遣の迅速化や秘密保全の必要に応えることにしたが，与党案はこの方法を採用せず，手続の簡略化で対応した．与党案第4条が規定する略式承認手続がそれである．

烈度・影響度が低い出動（Einsätze von geringer Intensität und Tragweite）については，大幅に議会審議を省く略式手続により派遣案に承認が与えられる．この場合，連邦政府は，予定される出動が烈度・影響度の低いものであると評価する理由を明らかにしなければならない．連邦議会議長は，各会派の院内総務，外務委員会および防衛委員会の委員長，およびこれら委員会に委員を送る

271

第6章　「武装軍隊の国外出動に関する決定に際しての議会関与に関する法律（議会関与法）」の制定

各会派により指名され委員長と共に委員会業務を調整する理事（Obleute）それぞれに議案を伝達し，かつ，連邦議会文書として議案を連邦議会構成員全員に配布する．文書配布後7日以内に一会派または連邦議会構成員の5％以上が連邦議会の関与を要求しない場合には，議案は承認されたものとみなされる[508]．連邦議会の関与が求められた場合には，通常の承認手続にしたがって連邦議会が議案について決定を下す（第4条1項）．

　この略式承認手続には，2つの目的がある．第一に，内容的に重要であるか，または政治的に争いがある派遣についてのみ連邦議会本会議が処理するようにすることで，本会議審議の重要性を考慮すること，第二は，烈度・影響度が低く異論のない出動の承認のために，休会中に本会議や無駄な特別会を開くことを避けたいという実際上の必要である[509]．

　略式手続による承認の対象となる「烈度・影響度が低い出動」とは，少人数の軍人の派遣やその他の付随する事情から明らかに重要性が低いと認められ，かつ，戦争への参加に関係しない派遣である（第4条2項）．とくに以下の3つのケースは，原則として「烈度・影響度が低い出動」とみなされる．(a) 自衛目的のためにのみ武器を携帯する調査隊の派遣，(b) 交換協定に基づき同盟国軍隊において勤務する個々の軍人の派遣，(c) 国連，NATO，EUまたは国連の任務を実施する組織による活動の範囲内で使用される個々の軍人の派遣（第4条3項）[510]．この3例は限定列挙ではなく，これ以外のケースでも「烈度・影響度が低い出動」と判断される場合がある．また，この3例に該当する場合であっても，略式手続をとらず，通常手続による承認を行うことも妨げられない．いずれにせよ，1994年判決が言う「1918年以来のドイツ憲法の伝統」として議会が常に関与してきた「戦争と平和に関する運命的決定」が略式手続により承認されることはあり得ない[511]．

　派遣内容に変更がなく派遣承認決議の効力を延長する場合には，第4条の略式手続により承認がなされる（第7条1項）．この場合，承認議案の内容が変更されないだけでなく，出動の一般的条件も大きく変化していないことが前

提条件である．連邦政府が連邦議会休会中に活動の延長を提案した場合には，派遣は次の会議までは承認されたものとみなされる．派遣延長案が第4条の略式手続により提出された場合には，同条1項4文が定める期間（承認議案配布後7日以内）が終了するまでは承認されたものとみなされる（第7条2項）．とくに国連決議がしばしば短期間で発せられることがあるため，このような規定を置くことが重要であると提案理由書は説明する．

⑤ **緊急出動の際の事後承認手続**

ドイツの軍事的防衛能力および同盟能力を確実なものにするには，軍隊派遣の遅延は許されない．このため与党案は，急迫の危険がある場合の特別手続を定める．すなわち，急迫の危険があり，遅滞を許されない出動は，連邦議会の事前の承認を必要としない．とくに危険な状態にある人々の救出についても，連邦議会の公開の関与が救出すべき人の生命を危うくする場合には，事前の議会承認は必要とされない（第5条1項）．この場合でも，連邦議会は，出動開始前および活動期間中，適当な方法により報告を受ける（第5条2項）．この場合，連邦政府は，なぜこのような事後承認手続がとられる必要があったのか理由を明らかにしなければならない．また，事後遅滞なく出動に承認を求める議案が提出され，連邦議会がこれを否決した場合には，出動を中止しなければならない（第5条3項）．これは，概ね1997年3月にアルバニア・ティラナでの救出活動の時にとられた方法を想定しているものと考えられる．

⑥ **報告義務**

連邦政府は，連邦議会に対して，活動の経過および活動地域の情勢の変化について定期的に報告する（第6条1項）．この報告は書面で行われる．加えて，連邦政府は，毎年各活動および活動地域の全体的政治情勢の変化に関する報告書を連邦議会に提出する．秘密保全の必要がある事項は，報告書には記載されない．こうした秘密事項については，外務委員会と防衛委員会の理事が，適当な方法で報告を受けることになる．

略式承認手続（第4条1項）をとった場合には，連邦政府は，所管委員会

および理事に遅滞なく報告する．第4条1項4文が定める期間内（派遣承認議案配布後7日以内）に外務委員会または防衛委員会が開かれない場合には，これら委員会の理事が報告を受けることになる．活動終了後，連邦政府は，活動の軍事的側面のみならず政治的側面も説明し，評価する報告書を提出する．

⑦ 承認撤回権

FDP案と同じように，与党案も，一度与えた派遣承認を撤回し，出動部隊の撤収を求める権利を連邦議会に与えている（第8条）．ただし，派遣承認撤回議案の提出に関してFDP案に見られたような詳しい規定はない．

III 議会関与法の制定

1 委員会審議の経過

両法案は，2004年3月25日の本会議における第1回審議[512]の後，委員会に付託された[513]．選挙審査・議員特権および議事規則委員会（第一委員会）を主管委員会として，2004年4月1日および29日，5月6日，6月17日（公聴会），7月11日に会議が開催された．6月17日の公聴会における意見聴取は，委員会がまとめた問題一覧に基づいて実施された．連邦憲法裁判所1994年判決と従来の派遣実行により設定されてきた基準，「武装軍隊の出動」の法的定義に求められるもの，政府が提出する派遣承認議案の内容，議会によるその修正の可能性，略式承認手続が満たすべき条件，NATO等同盟機構の枠内で実施される活動を通常手続とは別扱いにすることの可否などについて公述人の意見が聴取された[514]．

第一委員会のほかに，外務，内務，法務，防衛，経済協力・開発，人権・人道支援，予算の7つの委員会も法案の審査にあたった．いずれの委員会も2004年10月27日の会議で法案を審査したが，与党案を承認しFDP案を否決する勧告を第一委員会に行った．この後，第一委員会は11月11日に審議

を終了し，第7条2項に一部修正[515]を加えたうえで与党案を採択するよう連邦議会に決議勧告を行った．

2 本会議審議の争点

　与野党2法案の本会議審議は，2004年3月25日の第1回審議の後，同年12月3日[516]に行われた．両法案の提案理由と各条項の内容に関しては，すでに前節で検討したところである．ここでは，本会議審議で争点となった問題に関して，各会派がどのような見解を主張したかを見ていくことにしたい．

(1) 承認手続合理化の方法に関する争点
　　― 特別委員会の新設か承認手続簡略化か

　すでに述べたように，提出された与野党2法案は，1994年判決の設定した法的枠組みのもとで蓄積された慣例を基本とし，概ね過去10年間の派兵実行に沿った内容であり，共通点も多い．議会の承認撤回権（撤収要求権）や政府の活動報告義務など従来未解決とされた問題についても，両法案の対応には類似点がある．最大の相違点は，承認手続合理化のための方法の選択 ―特別国外出動委員会（FDP案）か略式承認手続（与党案）か― である．

① 特別国外出動委員会の設置（FDP案）に対する批判

　FDP案は，本会議の審議と表決による従来の承認手続を基本としつつも，特別国外出動委員会の新設を提案していた．これは，作戦行動の成功や派遣隊員の安全確保のため，秘密保全や緊急を要する出動承認案件の処理には公開で行われる通常の本会議審議はなじまないと考えられるためであった．とくに作戦の内容から開始時期，場合によってはその存在自体まで，すべてにおいて秘密保全が強く求められる特殊部隊の活動については，この特別委員会の役割が重要といえる．しかしそれは，軍事的必要性を理由として議会関与の透明性をある程度減ずるものでもある．

　他方，特別国外出動委員会は，可能なかぎり政府単独による出動決定を回避することを目的とするものでもある．連邦憲法裁判所1994年判決は，急迫の

275

第6章 「武装軍隊の国外出動に関する決定に際しての議会関与に関する法律（議会関与法）」の制定

危険がある場合に連邦政府単独の決定による派遣を認め，派遣後すみやかに議会承認を得ることとしていた．ただ，この場合でも事後承認が得られなければ，政府は派遣を中止し，軍隊を撤収させなければならない．それゆえ，緊急を要する場合でも，可能なかぎり派遣前に議会の同意を得ておくことが望ましい．急迫の危険があった実例とされる 1997 年 3 月のアルバニア・ティラナにおける避難民救出作戦の際にも，本会議の事前承認はなかったものの，各会派の理事には事前に通知されていた．今後も同様の救出作戦が行われる可能性はある．

またこの種の救出作戦の場合でも，時間的には事前の議会関与が可能な場合もある．実際，2003 年 2 月サハラ砂漠でドイツ人観光客が誘拐されたときも [517]，アルジェリア政府の同意が得られた場合のドイツ政府による救出作戦の可能性が検討され，4 月以降連邦軍が派遣された．しかし，この救出作戦については，派遣までに時間的余裕があったにもかかわらず，秘密保全を理由に連邦議会では事前に十分な議論ができなかった．このような事案を考えれば，今後も発生し得る同様の事態に備えるために，派遣の緊急性と秘密性の要請に応え得る特別委員会を設置することは有意義であると FDP は考えたのである [518]．

しかし，SPD や B'90/Grüne の反対論者は，このような秘密委員会による派遣承認案審査は，連邦憲法裁判所が 1994 年判決で確立した議会留保原則を侵すものであると批判した．ティラナにおける救出作戦の場合には，事後に本会議で承認決議がなされたが，FDP 案が予定する特別国外出動委員会を設置すると，この委員会が承認した場合には，本会議が関与する余地がなくなる．本会議審議を迂回するためにこの特別委員会が悪用されるおそれがある [519]．かつて米国が南米で行ったように，議会が作戦行動の開始を知らされないまま秘密裏に戦争に道を開くことになりはしないかと懸念する意見もあった [520]．

一方，CDU/CSU 議員からは，特別国外出動委員会が秘密審議のなかで，本来は政府の専権事項であるべき問題にまで深入りし，出動の可否決定のみならず，活動の実施内容の決定にまで立ち入り，議会が執行府の権限領域に過剰に

介入することになりはしないかと危惧する意見もあった[521]．確かに与党案第3条3項が政府派遣承認案の連邦議会による修正を禁じる旨明記しているのに対して，FDP案にはこのような規定がない．特別国外出動委員会は，承認済みの出動についても政府に継続的な情報提供を求め，文書・データの閲覧，関係者の聴取などを実施できること（FDP案第8条）から見て，このような心配にも理由がないではない．

ただ，FDP案自体は連邦憲法裁判所1994年判決が示した原則を前提として作成されており，特別国外出動委員会を含め，議会が決定するのは基本的には派遣の可否のみのはずである[522]．FDP案は，この特別委員会が派遣中の軍隊の活動を常時監視し，十分な情報を得ることで，当該活動について派遣継続の是非を適切に判断できるよう配慮したものである．それは特別国外出動委員会の設置による派遣の秘密性の増大が設権的議会留保の意義を損なうことのないよう配慮した結果と評価すべきであろう[523]．

② 略式承認手続（与党案）に対する批判

与党案が承認手続の合理化のために導入を提案した略式承認手続は，少人数の軍人の派遣や実施中の派遣の延長等「烈度・影響度が低い出動」について議会審議を省略するものである（与党案第4条）．この手続をとくに厳しく批判したのは，PDSの2人の議員であった．というのも，この案が採用された場合，PDS議員は派遣に異議を唱える機会を奪われるからである．与党案第4条1項によれば，略式承認手続がとられた場合でも，連邦議会の一会派または構成員の5％以上が本会議による承認を求めた場合には，通常の手続がとられることになっている．しかし，PDSは当時（第15選挙期）2議席を有するだけで会派を構成できず，構成員の5％にも満たないため，本会議による通常手続を求めることは単独ではできない．それゆえPDSに所属する無会派議員は，与党案を「PDS排除のための法案である」と批判し[524]，「議会関与法」という名称自体が「詐称」（Etikettenschwindel）であり，「連邦軍をできるだけ支障なく全世界に派遣できるようにし，議会の関与をできるだけ少なくする」もので

第6章 「武装軍隊の国外出動に関する決定に際しての議会関与に関する法律（議会関与法）」の制定

あって，「国外への軍隊の電撃的出動と国内における軽薄な民主主義」がその
正体であると批判する [525].

　しかし PDS 以外の野党会派は，与党案に対しとくに具体的な批判を向ける
ことはなかった．CDU/CSU は，この後説明するように，従来の派遣決定手続
と議会承認の慣例の根本的再検討を求めており，いわば同じ土俵で議論するこ
とをはじめから避けていたため，とくに与党案の略式承認手続を取り上げての
個別的批判はなかった．FDP はむしろ与党側からの批判に対して自案の特別
国外出動委員会を弁護する発言のみが目立ち，やはり与党案の略式承認手続
への立ち入った批判はなされなかった．ただ，与党案についても重要な問題が
―それも SPD 議員から― 提起されていたことも，ここで言及しておくべきで
あろう．

　2004 年 12 月 3 日の審議の際，採決にあたり連邦議会議事規則第 31 条 [526]
に基づき 2 つ投票説明文が提出された．とくに R. レスペル（René Röspel）
議員，A. ベルク（Axel Berg）議員ほか 18 人の SPD 議員が連名で提出した
文書は，与党内にも議会関与法案に疑問があったことを明らかにしている [527].
この投票説明文は，与党の議会関与法案が軍隊出動手続の法的明瞭性と透明性
の確立に努力していることを認めつつも，「これまで成果をあげ，かつ有意義
であった手続方法を損ない，連邦議会による統制の可能性を制限する危険をは
らんでいる」として，以下の 5 点について疑問を提示している．

(ア) 議会関与法案第2条2項では，「人道救援活動及び救助活動」への派遣で，
　　 自己防衛のためにのみ武器を携帯し，軍人が武装軍事行動に関与することが
　　 予期されない場合には，連邦議会の承認は必要ないものとされている．しか
　　 し，自己防衛のためにのみ武器を携帯する人道救援・救助活動と低烈度の戦
　　 闘の境界は事前には明確に区画できるものではなく，出動中に曖昧なものと
　　 なり得る．イラクやアフガニスタン，スーダンなど，国内の暴力独占が機能
　　 していない戦後社会においては，こうしたことが起こり得る．

(イ) 同法案では，戦闘任務を伴わない偵察隊や監視団への個々の軍人の派遣

など，重要度の低い出動 ―いわゆる「軽微な出動」（Bagatelleinsätze）―
が議会承認の対象から除外されることになっている．しかし，これは如何様
にでも解釈が可能であり，どのような場合に「派遣される軍人の数が僅か」
といえるのか，客観化が難しい．

(ウ) 「急迫の危険」も十分に客観化することは難しい．

(エ) 政府派遣承認案の配付後，一会派または連邦議会構成員の5%以上により
連邦議会による承認が要求されない場合に承認は与えられたものとみなされ
るという略式承認手続は，与党会派の議員にとっては事実上の障害（ハード
ル）を意味する．なぜなら，承認の拒絶はすなわち自党の政府への不信任投
票と理解されるからである．

(オ) 活動期間を予め定めておくことは，各活動の合目的性と意義を定期的に審
査するうえで有意義な手段であったし，現にそうである．イラクやアフガニ
スタンの例を見ても分かるように，派遣地域の治安状況は短期間のうちに大
きく変化することがあり得る．それゆえ，連邦議会が一定期間経過後にドイ
ツ軍隊の出動それぞれを再検討する必要がある．その意味で，法案第7条が
採用する活動の「自動延長メカニズム」には問題がある．

　上記の問題提起のうち，とくに（エ）は，略式承認手続が与党議員に与える
心理的影響の観点からの重要な指摘といえよう．従来の手続によれば，議員は
派遣承認案が委員会を通過し本会議審議にかけられた後，最終的に採決の段階
で態度を決定すればよかった．実際これまでの派遣承認の際にも，与党側から
反対票を投じる議員も少なからずあった．しかし，与党の議会関与法が成立し
た場合，このような態度決定は難しくなる．政府が略式承認手続を選択した場
合，かりに与党内に相当数の反対議員がいたとしても，連邦議会構成員の5%
（第15選挙期においては31名）未満であれば，その議員の立場を表明する手
段はない．また，5%以上の与党議員が自然承認に異を唱え，本会議審議を求
めることになれば，それはすなわち本会議審議を求めた段階で造反とみなさ
れ，政府に対する不信任ととられかねない．その意味で，略式承認手続は，与

党内の派遣反対議員を事前に抑制する効果をもつ．これは2001年11月の
ENDURING FREEDOM 作戦への参加の際に政府が経験したような危機的状
況を回避するには有効かもしれないが，野党のみならず与党議員にとっても態
度決定の自由度を狭めるものであるといえる．

　投票説明文を提出した18人の議員は，党の決定にしたがい与党案に賛成票
を投じはしたが，「歴史的に生成した議会の権限と統制権が政府に都合の良い
ように軽率に放棄されないよう，よりいっそう注意をしなければならない.」
と警告している．

(2) NATO対応軍・EU戦闘群への参加に関する争点
― CDU/CSUが独自案を提出しなかった理由
① CDU/CSUの関心

　与党案の作成にあたり中心的役割を果たした SPD 議員 D. ヴィーフェルス
ピュッツ（Dieter Wiefelspütz）は，軍隊国外派遣法の問題について重要な論
文を多数発表してきたこの分野のエキスパートであり[528]，連邦議会における
法案審議でも最も積極的な発言者であった[529]．彼は他会派の発言者の意見を
評して「軍事専門的合理性が絶対的なものとして措定されている印象を受け
る」と批判し，「いかなる説得技術を弄そうとも，連邦議会が決して軍事的機
能性や合理性と思われているものに従属することがないことを願う」と述べて，
同盟戦略に対応するため軍隊派遣の迅速性を重視する CDU/CSU や作戦成功
のため秘密保全を優先する FDP を牽制している[530]．「ドイツにおける政治的
価値の重要な構成要素である軍隊出動決定に関する設権的議会留保を強化する
こと」が与党案の目的であり，このため連邦議会に情報請求権や承認撤回権を
付与し，略式承認手続をとる場合でも一会派または構成員の5％の要求があ
れば本会議の審議の対象とされることを強調して，与党案の優位性を力説し
た[531]．

　CDU/CSU のなかにも与党案を評価する議員は一部に存在したが[532]，結果
的に同党は2法案どちらにも賛成せず，修正案も独自の法案も提出しなかった．

このような同党の態度に対して他の会派からは厳しい批判が向けられた．なぜ対案を示さず，法案審議に積極姿勢を見せなかったのか．それには CDU/CSU なりの理由もある．

CDU/CSU 会派の多くの議員が問題にしたのは，ドイツ連邦軍が参加を予定している NATO 対応軍（NRF）や EU 戦闘群のような他国軍隊と編成する統合部隊の特性に対して両法案ともに配慮が欠けている点である [533].

連邦軍はすでに 2003 年 5 月 21 日の「防衛政策大綱」およびこれを具体化する 2004 年 3 月 11 日の「連邦軍構想の概要」に基づき紛争予防や国際テロ対処を含む危機管理に対応する組織再編を進めており [534]，21 世紀のネットワーク化した安全保障政策への対応を始めているが，与党案はこれに対応していない [535]．NRF や EU 戦闘群の出動は，国際機関の派遣決定から実際の派遣実施までの準備期間が通常数日しかなく，与党法案が予定する通常の議会承認手続をとる時間的余裕がなくなる可能性がある．また，ドイツ政府が国際機関における意思決定の段階で部隊の緊急派遣に賛成しておきながら，その後連邦議会がこれに異を唱えるようなことがあれば，ドイツ政府の国際的信用は大きく損なわれる．結果が予測できないドイツ議会の承認に国際統合部隊の出動の可否が左右されることになれば，ドイツ一国の都合により同盟全体の軍事的能力が損なわれることになる [536]．ドイツがこれら国際部隊において中心的役割を果たし，その政治的・軍事的実効性を保障すべき立場にあるならば，同盟機関の決定にしたがいより迅速かつ確実に連邦軍が出動できる態勢を整える必要がある．NATO や EU の派兵決定がドイツ軍の参加のもとですみやかに実施に移され，議会承認手続がこの足枷にならないようにすることが CDU/CSU の中心的関心事であった [537]．

② 派遣の緊急性に関する疑問

もっとも，NRF や EU 戦闘群の派遣の緊急性を理由とする CDU/CSU の与党案批判に対しては，反論もあった．

かりに国際機関の派遣決定から派遣の実施までに数日の準備期間しかないと

第6章 「武装軍隊の国外出動に関する決定に際しての議会関与に関する法律（議会関与法）」の制定

しても，決定に至るまでの加盟国間の調整プロセスやNATO理事会等の国際
機関の審議には相当の期間を要するのであり，一夜にして派遣決定が下される
ことはない．また，その決定にはドイツ政府も参加しているのであるから，国
際機関の決定とドイツ側の閣議決定・議会承認準備作業は並行して進められる．
これまでも，緊急を要する派遣承認については，連邦議会は極めて迅速な対応
をしてきた．それまでの30回を超える派遣承認のうち，3分の2は閣議決定
から議会承認まで4日以内である．閣議決定と同じ日に承認が与えられた例
も8例ある．したがって，ドイツ側の派遣承認の遅延によりNATOやEUの
今後の活動に支障をきたすことは考えられない．軍人の生死にかかわる軍隊派
遣決定を政府単独で下すのを常態化することは問題である．かりに出動に緊急
の必要があり，議会承認が間に合わない場合が例外的にあったとしても，与党
案は事後承認手続を定めており，実際に避難民救出のための出動についてはそ
の先例がある．CDU/CSU議員は，緊急の必要を理由に軍隊派遣の一般的授権
決議を事前に行う方法を提案するが（後述），これは派遣の是非についての具
体的審査の機会を連邦議会から奪い，設権的議会留保の意義を蔑ろにするもの
である．与党議員の多くは，以上のような意見であった[538]．

　ただ，国際機関の統合部隊出動決定に要する日数についての見解は様々であ
り，与党案が定める手続で対応に支障がないか否かについては議員の間でも評
価が分かれた．また，連邦議会休会中に国際機関がNRFやEU戦闘群の出動
を決定した場合には，与党案では対応できない事態も予想される[539]．

　いずれにせよNRFは当時まだ稼働が始まって間もない段階であり，EU戦
闘群にいたってはまだ活動を開始していなかったため，従来の派遣承認手続の
経験から評価を下すのはこの段階では難しかった．

③ 対案の可能性

　NRFやEU戦闘群としてドイツ連邦軍が緊急出動する場合には議会承認に
時間的余裕がないとするCDU/CSUの主張に対して，与党側からは事後承認
規定（与党案第5条）で対応できるという反論があったことは先にも述べた．

即応部隊の派遣手続の問題が時間的逼迫にあるのならば，事後承認で対応すればよいと考えるのも一つの案ではあろう．しかし，CDU/CSU 議員からは，与党案第 5 条による対応は不可能であると指摘された．与党案第 5 条が想定しているのは，「急迫の危険」（Gefahr im Verzug）がある場合 ―たとえば国外で危機に瀕する自国民の救出のための出動のようなケース― であって，NRF や EU 戦闘群の派遣に要する緊急性はこれとは異質のものだからである．

　NATO や EU が設置する統合部隊の活動は，国際機関が予め合意し，ドイツ政府も参加を宣言した一般的活動である．その派遣は迅速に実施される必要があるが，その緊急性は自国民救出のような不測の事態に対応する場合とは性格が異なる．与党案第 5 条が「急迫の危険」がある場合に事後承認を容認するのは，本来事前に得るべき議会承認を，危険の急迫を理由に事後承認にすることを許すという意味で，一般原則の例外を定めるものである．しかし，NRF や EU 戦闘群の出動は，緊急の必要があるとしても，NATO や EU の機関が戦略目的に即して決定した一般的活動なのであり，同盟活動の例外ではない．また，NRF 等の派遣は，軍事的観点において「急迫の危険」が明確に存在することを要件とするものではなく，危機の発生を予防したり，停戦交渉を支援したりするため有用であるといった政治的理由から国際機関が出動を決定することもあり得るのである．連邦憲法裁判所が「急迫の危険」を理由に事後承認を認めたのは，あくまで例外としてであって，NRF 等の派遣についての通常的承認にこの例外的ルールを適用することは憲法上許されないはずである[540].

　事後承認手続による対処が不適当であるならば，どのような対案が考えられるのか．CDU の R. ポファッラ議員は，「ドイツの国際法的義務に応ずる出動については，一般的，抽象的な承認が法律上推認される」として NRF 等の活動を法律に定め，派遣ごとの議会承認を省略することができると考える[541]．また，同党 E.v. クレーデン議員は，立法期のはじめに一般的な議会承認決議を行い，その後は承認撤回権や情報請求権の付与により連邦議会の統制権を強

第6章 「武装軍隊の国外出動に関する決定に際しての議会関与に関する法律（議会関与法）」の制定

化することで，より効果的な承認手続が考案できるという[542]．この2者の意見がCDU/CSUの多数意見であった[543]．

問題は，クレーデン議員が提案するような，事前決議による一般的承認方法が，1994年判決により示された原則の枠内で可能かどうかである．

(3) 連邦憲法裁判所1994年判決が示した立法指針の再確認

1994年判決で連邦憲法裁判所は，軍隊国外派遣法制定に関連づけて，すでに同盟設立条約が規定する軍事統合プログラム（加盟国軍隊の多国籍的構造への編入）により予定される規制の密度にしたがって軍隊派遣承認に際しての議会関与の程度を段階的なものにする可能性を示唆していた．ここでその箇所を確認しておく．

> 「憲法により連邦政府に認められる執行府の行動権限と責任の固有の領域は，議会留保によっては影響を受けない．とくにこれは，出動の方法，規模および期間，国際機構の機関内および機関との間で必要となる調整について当てはまる．……議会留保の最小限度の要求と限界の外において，連邦議会の関与の手続と強度は，憲法には細目は定められてはいない．議会の協力の形式と範囲をより詳細に形成することは，立法府の責務である．武装軍隊の出動の原因と一般条件により，さまざまな協力の形式が考えられる．<u>とくに出動の様々な種類に照らして，とりわけ遅延が許されない出動や明らかに重要度が低い出動の場合には，いつの時点で議会による統制がなされるか，議会統制の強度をどの程度にするかを，より詳細に定めるのが望ましい．その場合，国際法上の義務の枠内で，軍隊の可能な出動の種類がすでに条約上規定された軍事統合プログラムにより指定されているならば，その規制の密度に応じて，議会の関与を段階的なものにするのが妥当である</u>」[544]．（下線は筆者による．）

ドイツが基本法第24条2項により「相互集団安全保障機構」に加入するには，第59条2項1文により立法府の承認を必要とする．1994年判決は，立法府が「相互集団安全保障機構」への加入を承認したならば，この承認にはドイツの軍隊を機構の統合部隊に編入し，あるいはドイツの軍人が機構の指揮権のもとで行われる軍事活動に参加することへの同意も ―この「編入」や「参

284

加」が機構の設立条約や憲章に規定されているかぎりにおいて— 含まれていると理解していた．「ドイツの立法府は，NATO 条約への加入により，NATO 統合部隊へのドイツ軍隊の編入に同意したのである」[545]．そうであるならば，「条約上規定された軍事統合プログラムにより指定されている出動形態については，議会の関与の強度を段階的なものにするのが妥当である．」とする1994 年判決の勧告に応えて，NATO や EU の統合部隊としての軍隊の出動については，個々の出動の際の議会承認を省略し，事前に一括的に承認決議を行うことでこれにかえる方法も許されるのではないか．CDU/CSU の議員達は，そう考えたのであろう．

　ただ，1994 年判決は上記の引用とは別の箇所で，ドイツ軍人の「具体的出動」について連邦議会が承認する必要があると強調しているのを看過することはできない．

> 「基本法は，防衛のために軍隊を設置し，相互集団安全保障機構に加入する権限を連邦に与えている．これには自国の軍隊をもってこの［相互集団安全保障］機構の枠内で予定され，その規則にしたがい実施される出動に参加する権限も含まれている．しかし，これとは別に，武装軍隊の出動には，原則として，連邦議会の事前の設権的承認が必要である．」[546]
> 「議会関与の対象となるのは，武装軍隊の出動である．同盟国に対する攻撃があった場合において，議会はすでに基本法第59条2項により必要とされる法律の形式で支援義務を負うことを承認しているのであり，それによりドイツの軍隊が同盟事態の発生に際して出動することに承認を与えているのである．しかし，この場合でも，さらに……現にある同盟義務にしたがって具体的出動に関する議会による決定が必要である．」[547]

ここで言及しているのは同盟設立条約の防衛支援条項（NATO 条約第 5 条，ブリュッセル条約第 5 条）に基づく出動である．同盟設立条約に明記された同盟事態におけるドイツ軍隊の出動においてすら「具体的出動」に関する議会承認が要求されるのであるから，設立条約が当初 —少なくとも明文上は— 予定せず，加盟国にとって条約上義務的性格が弱いはずの同盟域外「危機対応活

動」への参加（NRF 等としての出動）については，当然に「具体的出動」への議会承認が必要であるとも考えられる．

しかし，他方で 1994 年判決は，設権的議会留保が「ドイツ連邦共和国の軍事的防衛能力や同盟能力を損なうものであってはならない[548]」とも述べている．NRF や EU 戦闘群は，冷戦後，とくに 9・11 米国テロ事件後の同盟戦略において枢要な機能を担うものであり，今日ある意味では締約国への武力攻撃がある場合（「同盟事態」）における防衛支援のための出動以上に現実的には重要である．また，NRF 等の統合部隊の出動は，「同盟事態」における防衛出動の際の各国部隊に比較しても統合の程度が格段に高い．議会派遣承認手続の遅滞により NRF 等への参加に支障が出ることでドイツの同盟能力を損なうことになるとすれば，1994 年判決の要求に応えていないことになる．

また，「具体的出動」は「個別の出動」と同義ではない．1994 年判決が議会承認手続をとるよう求めた「具体的出動」が「個別の出動」を意味するものではなく，任務や機能が具体的に明示された出動形態への承認を求める趣旨であるとすれば，NRF や EU 戦闘群について出動形態を軍隊国外派遣法のなかに定め，あるいは立法期の最初に一括的に議会決議により承認を与え，個別の出動については承認手続を省略する方法も，1994 年判決の主旨に反するものではないとも考えられた[549]．

IV 議会関与法による派兵承認手続と制定後の問題

1 議会関与法による派兵議会承認手続

「武装軍隊の国外出動に関する決定に際しての議会関与に関する法律（議会関与法）」は 2004 年 12 月 3 日可決成立し，2005 年 3 月 18 日公布，3 月 23 日に施行された．これにより，1994 年判決以来の軍隊国外派遣法論議に一応の決着がつけられ，ドイツの派兵政策の新たな展開に向けた法制面での前提条

件が整った.

　ここで，議会関与法による連邦議会承認手続についてもう一度整理・要約しておく（本章末尾の資料3参照）.

　同法は，「通常承認手続」と「略式承認手続」の2つの承認手続を定める．「通常承認手続」は，議会関与法制定以前から1994年判決が示した指針に基づき実行されてきたものである．国連やOSCE，NATO，EUといった基本法第24条2項の「相互集団安全保障機構」が決定したミッションへの参加要請を受け，連邦政府が外務省と連邦防衛省に派遣承認議案を作成させ，これを閣議決定するところから手続が始まる．派遣承認議案には最小限，①出動任務，②活動地域，③出動の法的根拠，④出動する軍人の上限数，⑤出動する軍隊の能力，⑥予定活動期間，⑦費用見積および予算措置が明示されなければならない（議会関与法第3条2項）．これ以外にも派遣の是非を評価するにあたり重要な事項として，派遣対象要員の地位や権利等の項目が記載されることがある.

　連邦議会は，派遣承認議案の内容に修正を加えることはできない（第3条3項）．これは，軍隊使用決定における権力分立原理に基づく執行府と立法府の間の権限配分から，立法府には出動の発案権を認めず，出動の可否のみを決定することができるとした1994年判決の判旨によるものである．ただ実際には，政府派遣承認議案に対して可否二者択一的意思表示のみが連邦議会に許されるのでもない．議会関与法制定以前から，承認にあたり連邦議会が追加条件を政府に要求し，「議事録説明」という形で明文化することが行われてきた.

　派遣承認議案は，連邦議会に提出され，本会議において第1回審議（第1読会）にかけられる．ここで政府側から派遣の趣旨説明がなされ，各会派から意見が述べられる．その後，委員会審査に付される．外務委員会が主管委員会であり，防衛委員会が審議に必ず加わる．このほか，派遣内容に応じて，経済協力・開発委員会，人権・人道支援委員会，法務委員会，予算委員会においても付随的審議がなされる．すべての委員会審議が終了した後，外務委員会が本会議に対して決議勧告を行う．勧告をうけ，本会議第2回審議（第2読会）

第6章 「武装軍隊の国外出動に関する決定に際しての議会関与に関する法律（議会関与法）」の制定

においてさらに踏み込んだ討論がなされ，引き続き第3読会において表決（単純多数決）が行われる．

「略式承認手続」は，少人数の派遣や本隊派遣前の調査隊の派遣等について，これを「烈度・影響度が低い出動」として議会審議を省略するもので，議会関与法により新たに導入されたものである（第4条）．連邦政府がこの手続をとる場合，まず連邦議会に対して派遣が「烈度・影響度が低い出動」である理由を説明しなければならない．そのうえで，派遣承認議案を連邦議会に送付し，会派の長，外務委員会および防衛委員会の委員長，各会派の理事の各々に議案を伝達し，連邦議会文書にして連邦議会構成員全員に配布する．配布後7日以内に一会派または構成員の5％以上が異議を申し立てた場合には，「通常承認手続」による連邦議会の審議が求められる．異議がない場合には，そのまま承認されたものとして，派遣が認められる．内容の変更を伴わない派遣延長の承認についても，「略式承認手続」が適用される（第7条）．

いずれの手続による承認の場合であっても，連邦議会はいつでも承認を撤回し，派遣中止を求めることができる（第8条）．緊急を要する場合には，連邦議会の承認を事後にすることもできる（第5条）．事後の承認が得られない場合には，軍隊は直ちに撤収しなければならない．

なお，1994年判決は「あらゆる武装軍隊の出動」に議会承認が必要であるとしており，ドイツ連邦領域への武力攻撃がすでに発生し，またはこれが急迫している場合に命ぜられる防衛出動にも原則として事前の承認が必要であると考えられる．ただし，1994年判決は，基本法第115a条にしたがい「防衛事態」が認定されている場合には，この議会承認は不要であるとしている．さらに武力攻撃がすでに発生している場合には，「防衛事態」は認定され，公布されたものとみなされるため（基本法第115a条4項），この場合についても議会承認は不要ということになる．この点を考慮し，議会関与法は，「基本法第115a条はこの法律により影響を受けない．」と定めている（第1条1項）．

288

2 法律制定後の問題

　与党 SPD・B'90/Grüne は，過去 10 年間のドイツ連邦軍の派遣承認手続の実績を高く評価し，基本的には軍隊出動に対する政治統制を確保するうえで優れた方法であると見るのに対して，CDU/CSU はこれを自画自賛するほどの成功ではないと考える．与党は軍隊の国外出動をあくまでドイツの外交・安保政策の例外，最終手段と位置づけ，その派遣に慎重姿勢を見せているのに対して，CDU/CSU はこれを欧州外交・安保政策の重要な構成要素と位置づけ，派遣をより確実・迅速なものにしようとする．両者の間にある政治的立脚点の違いは根本的なものであり，議論は最後まで噛み合わなかった．CDU/CSU は，結局対案・修正案を提出することはなかった．与党案が近い将来の NATO・EU の必要を考慮していないことを批判するポレンツ議員は，遅くとも 2 年以内に再度法改正を議論しなければならなくなるだろうと予想した [550]．

　実際，議会関与法制定後も，その運用をめぐって，法改正の動きがあった．その一つが，対テロ特殊部隊の派遣にかかわる秘密保全と議会承認の問題である．ドイツ連邦軍には陸軍と海軍に特殊部隊が設置されている [551]．とくに陸軍特殊部隊 KSK は，これまで国外での対テロ掃討作戦や治安維持活動への参加のため頻繁に使用されてきた．特殊部隊は，その作戦行動全体の秘密保全を必要とし，派遣部隊の規模，任務，派遣時期と活動期間および活動場所等の秘匿を必要とする．それは作戦を成功裡に進めるためだけでなく，隊員やその家族等，関係者の安全を確保するうえでも必要である．このため，その派遣承認は公開の議会審議にはなじまず，議会関与法による正規の手続によらず，連邦防衛省が連邦議会防衛委員会において各会派の理事に内密に情報を提供し，その承諾を得るという非公式の手続をとることになった．

　しかし，この方法は，1994 年判決が求めた議会承認手続の条件を満たすものではなく，議会関与法からの逸脱であるとの強い批判があがった．これをうけ，政府は，情報提供対象者を，防衛委員会と外務委員会の委員長・副委員長

289

および各会派の理事に拡大し，提供を受けた情報を各会派の院内総務に内密に伝達する許可を与えるとともに，少なくとも6ヵ月ごとに活動状況について報告を行う義務を政府が負うことを内容とする提案を連邦議会諸会派に示した（連邦議会各会派院内総務宛連邦外務大臣および連邦防衛大臣2006年12月8日付書簡）．だが，このような改善を行ったとしても，1994年判決が示した連邦議会本会議の包括的議会留保原則を逸脱する非公式手続であることにかわりはなく，違憲の疑いは拭いきれなかった．

このような違憲の疑義を除去するため，FDP会派は，議会関与法の改正案を提出した[552]．この改正法案の要点は，以前廃案となった「国外出動協働法」案の特別国外出動委員会に関する規定を復活させることであった（改正法案第5条）．同委員会は，とくに秘密保全を必要とする派遣について政府が議案をGEHEIM以上の秘密区分に指定した場合には，ドイツ連邦議会秘密保全規則による手続がとられることになっていた（改正法案第9条1項）．

派遣の秘密保全や緊急性の要請に対応しようとするこのFDP改正案は，連邦による諜報活動の議会統制に関する法律[553]が設置する議会統制委員会の構成に倣ったものであり，秘密を要する特殊部隊等の派遣議案の議会審議のモデルとして，従来の慣例の違憲性を是正するに有効と考えられた．ただ，すでに前回の法案についても指摘されたとおり，1994年判決が求めたのは基本法第42条2項が定める手続による承認であり，それは本会議による審議・表決を求めているため，FDP改正案の特別委員会による承認手続も違憲の疑いを完全には払拭できないおそれがあり，採用には至らなかった[554]．

議会関与法の運用上，さらに問題になったのは，同法が用いる「武装軍隊の出動」「武装して行う作戦行動への関与」の語義の曖昧さから生じる連邦政府による議会関与の迂回の可能性である．この問題は，2003年春に米英軍によるイラク攻撃に際してNATO軍が実施したAWACS部隊によるトルコ領空警備活動への連邦軍の参加にあたり現実のものとなり，憲法訴訟に発展した．次章では，この訴訟で示された連邦憲法裁判所による議会承認対象の「議会親和

的」拡張について論じることにする．

[注]

443 BVerfGE 90, 286 [381ff.]．もっとも，基本法には軍隊出動決定に関する「防衛憲法上の議会留保」（承認権）の直接的根拠となる規定がないため，従来の防衛憲法における議会関与の重要性を示す諸規定と宣戦講和に議会の関与を認めた「1918 年以来のドイツ憲法の伝統」からこれを演繹したにとどまる．第 2 章Ⅱ.3.(4). ①〜③参照．

444 Gesetz über die parlamentarische Beteiligung bei der Entscheidung über den Einsatz bewaffneter Streitkräfte im Ausland (Parlamentsbeteiligungsgesetz) vom 18. März 2005 (BGBl. I S.775).

445 BVerfGE 90, 286 [387ff.]．より詳しくは，第 2 章Ⅱ.3.(4). ⑤参照．

446 議会関与法の制定までにドイツ連邦軍が参加した国際平和協力活動とその派遣の際の議会関与については，第 4 章末尾の資料「ドイツ連邦軍の国外活動（1991 年〜2004 年）」参照．議会関与法案が審議されていた当時（2004 年 7 月 1 日時点）活動中の派遣人員数は以下のとおり（いずれも概数．括弧内は女性の数．ISAF（アフガニスタン，ウズベキスタン）約 1,970 人（66 人），KFOR（コソボ）約 3,280 人（106 人），SFOR（ボスニア・ヘルツェゴビナ）約 1,250 人（52 人），UNOMIG（グルジア）11 人，ENDURING FREEDOM（「アフリカの角」と呼ばれる北東アフリカ地域）300 人（12 人），国連エチオピア・エリトリア・ミッション（UNMEE）2 人．このほか，医療上の理由からドイツ国内に待機中の兵士 67 人および対テロ活動の一環としての地中海・ジブラルタル海峡での船舶保護活動（ACTIVE ENDEAVOR）参加中の 430 人を含め，約 7,300 人の連邦軍軍人が国外活動に従事していた．<http://www.bundeswehr.de/forces/print/einsatzzahlen.php>（2004 年 7 月 17 日閲覧）

447 1997 年 3 月 14 日，無政府状態となったアルバニアの首都ティラナから約 120 名（日本人 10 人を含む）の避難民がボスニア派遣中のドイツ空軍の輸送ヘリコプターにより救出された事件．緊急の出動命令であったため，事前の議会承認は得ず，作戦実施 6 日後に事後の承認決議が行われた．

448 1994 年判決で審査の対象とされたのは，安保理決議 713 号・757 号に基づくセルビア・モンテネグロに対する禁輸措置監視のための海軍艦艇のアドリア海への派遣（1992 年 7 月），決議 781 号・816 号によるボスニア・ヘルツェゴビナ上空軍用機飛行禁止監視活動への参加（1993 年 4 月），決議 814 号に基づく第 2 次国連ソマリア活動（UNOSOM Ⅱ）への参加（1993 年 4 月）であった．

449 BVerfGE 90, 286 [385f.].

450 BVerfGE 90, 286 [387]. 1994 年判決がこのように判示したのは，1990 年代以降の平和維持

第6章　「武装軍隊の国外出動に関する決定に際しての議会関与に関する法律（議会関与法）」の制定

活動が平和維持部隊の任務遂行を実力により妨害する者に対する積極的武力行使を許していることに鑑みて，伝統的ブルーヘルメットと武力による保安措置の権限を伴う平和維持活動との区別が現実において流動的になっていると考えたからであった．この判決の主旨から逆に推論するならば，業務妨害排除のための武器使用はせず，ただ要員の生命・身体の安全確保のための武器使用のみを許す活動に関しては，完全非武装ではなくても議会承認を不要としても判決の主旨に反しないとも考えられる．Vgl. Dieter Wiefelspütz, Der Einsatz der Streitkräfte und die konstitutive Beteiligung des Deutschen Bundestages, in: NZWehrr 2003, S.142.　この後述べるように，与党（SPD・B'90/Grüne）提出の「議会関与法」案でも，自己防衛のみを目的とする武器を携帯する人道的派遣には議会承認は不要であるとしている（与党案第2条2項）．

451　1994年判決の原文では次のような表現になっている．"sofern die Soldaten dabei nicht in bewaffnete Unternehmungen einbezogen sind." (BVerfGE 90, 286 [387f.]) bewaffnete Unternehmungen が何を意味するのか，1994年判決の説明は必ずしも十分なものではないが，本章IIで取り上げる軍隊国外派遣法案では，与野党ともbewaffnete Unternehmungen に武装した連邦軍軍人が関与し，または関与することが予期される場合には，派遣に議会承認が必要であると理解している．戦闘任務を伴う出動が「武装軍隊の出動」に該当するのは当然として，それほどの烈度ではなくてもこの概念に含まれるものがあると考えられる．たとえば野党FDPの「国外出動協働法」案では，治安部隊を伴う人道援助活動や保安部隊を伴っての兵站基盤の設立のための派遣もbewaffnete Unternehmungen に関与するものとみなしている．一方，与党の「議会関与法」案では，「軍事的行動」（militärische Aktionen）のみを議会承認の対象とするとの説明があり，同じbewaffnete Unternehmungen の概念を用いながらも，この点で与野党に微妙な違いがあった．いずれにしても，要員の自己防衛のみを目的とする武器の携行は，bewaffnete Unternehmungen には該当しない．なお，独語のUnternehmen, Unternehmung は，一般的には「企て」を意味するが，軍事用語としては英語の operation, activity に対応するものである．Vgl. Rainer Oestmann, Multinationale Befehlsausgabe, English for Military Leaders, Walhalla Fachverlag, 1996, S.157. 本書では，bewaffnete Unternehmungen を「武装して行う作戦行動」と訳した．

452　この後本章IIで説明する与党（SPD・B'90/Grüne）「議会関与法」案（2004年3月23日）の提出に際しても，同法案が「ただ議会関与の形式と範囲を規律する」手続法であり，実体法については「武装軍隊の出動はこれまでどおり専ら憲法と国際法に基づき実施する」と説明されている．Vgl. BT-Drs.15/2742, S. 4f.

453　D. ヴィーフェルスピュッツは，外国における自国民（および外国人）保護のための出動も，「人道的」出動とみなす．Vgl. D.Wiefelspütz, NZWehrr 2003 [Fn.450], S.142. 確かに領域国の同意を得ない自国民救出活動を「人道的介入」と説明する論者は少なからずある．Vgl. Ulrich Beyerlin, "Humanitarian Intervention", in: Rudolf Bernhardt (ed.), Encyclopedia of Public International Law Vol.2, North-Holland Publishing Company, 1995, S.926ff. ただ，アルバニア・ティラナからの自国民救出作戦の場合，ドイツの派遣以前にアルバニア政府が国内治安回復のため外国の介入を求め，イタリアが行う航空避難活動に同意を与えていたことから，アルバニア政府の同意があったと考えられる．Vgl. Volker Epping, Die Evakuierung deutscher Staatsbürger im Ausland als neues Kapitel der Bundeswehrgeschichte ohne rechtliche Grundlage ?—Der Tirana-Einsatz der Bundeswehr auf der rechtlichen Prüfstand, in: AöR

1999, S.464ff. 領域国の同意がない場合であっても，自国民救出活動についてはその根拠を自衛権で説明するものが多い．P. ドライストも，LIBELLE の基本法上の根拠を第87a 条 2 項に求める．Vgl. Peter Dreist, Prüfschema: Einsatz bewaffneter deutscher Streitkräfte im Ausland, in: NZWehrr 2003, S.163f.

454 1999 年 3 月 24 日から実施されたコソボ紛争への軍事介入の国際法適合性と基本法上の根拠をめぐる論議については，第 4 章Ⅲ.3. 参照．

455 初期の類型に属するものとして，NATO・WEU によるセルビア・モンテネグロに対する禁輸措置監視活動（SHAPE GUARD）およびボスニア・ヘルツェゴビナ上空軍用機飛行禁止監視活動（DENY FLIGHT）[BT-Drs.12/8203]（以上，1994 年判決後に事後承認），旧ユーゴスラビアにおける国連保護軍撤退を含む緊急展開部隊の支援活動（DETERMINED EFFORT）[BT Drs.13/1802]，ボスニア・ヘルツェゴビナおよびクロアチアにおけるデイトン合意の実施（JOINT ENDEAVOR）[BT-Drs.13/3122]，東スラヴォニア国連暫定統治機構（UNTAES）支援活動 [BT-Drs.13/3708] が挙げられる．

456 BVerfGE 90, 286 [387].

457 JOINT GUARD 派遣承認案：BT-Drs.13/6500.

458 たとえば，コソボにおける人道的災害除去のための NATO 航空作戦（ALLIED FORCE）[BT-Drs.13/11469]，NATO コソボ空域監視活動（EAGLE EYE）[BT-Drs.14/16]，ランブイエ協定の実施確保活動・緊急軍の枠内での NATO 活動（JOINT GUARDIAN）[BT-Drs.14/397]，コソボ国際治安維持部隊（KFOR）への参加（JOINT GUARDIAN Ⅱ）[BT-Drs.14/1133] といった一連のコソボ派兵承認案がこれに該当する．

459 ESSENTIAL HARVEST 派遣承認案：BT-Drs.14/6830.

460 ENDURING FREEDOM 派遣承認案：BT-Drs.14/7296. 本文で訳出したのは，派遣承認案の要旨であり，全文ではない．

461 2001 年 11 月 16 日に連邦議会が承認を与えるに際しては，これに加え，連邦議会に対して派遣期間中継続的に報告がなされるべきこと，派遣開始から 6 ヵ月を経過した時中間報告を行うこと，活動の標的はビン・ラディンとアルカイダ・ネットワークおよびその支援者に限定されること，派遣兵員の数的細目が大きく変更される場合には，連邦議会会派と協議し，あるいは専門委員会において協議すること等が「議事録説明」（Protokollerklärung）として文書化された．Vgl. BT-Drs.14/7447, S.4. 軍隊派遣に関する連邦議会の発案権を否定する 1994 年判決の主旨にしたがい，連邦議会は連邦政府の派遣承認案に修正を加えることができないと一般的には理解されているが，実際には「議事録説明」として派遣に付帯条件を付加することが許されてきた．

462 BVerfGE 90, 286 [387ff.].

463 1994 年判決は，「連邦政府」を軍隊派遣の決定主体とみなしている（BVerfGE 90, 286 [388ff.]）．このため，通説では合議体としての内閣が連邦軍派遣決定の主体であると考えられ，閣議決定が必要であると解されている．連邦政府執務規程第 24 条 1 項によれば，連邦政府は，連邦首相と連邦大臣の過半数の出席により決定を下すことになっている．したがって，平時の最高指揮官である連邦防衛大臣の単独による決定はできない．ところが，1997 年 3 月に実施されたアルバニアからの避難民救出作戦の決定は，連邦首相と防衛・外務両連邦大臣の 3 者で決定され，閣議決定によらなかった．厳密にいえば，アルバニア作戦の派遣決定は，この点で 1994 年判決の主旨に反するとも考えられる．アルバニア救出作戦の派遣決定手続の問題につい

293

第6章 「武装軍隊の国外出動に関する決定に際しての議会関与に関する法律（議会関与法）」の制定

ては，vgl. V.Epping, AöR 1999 [Fn.453], S.452ff.

464 BT-Drs.14/1133.

465 BT-Drs.14/1136.

466 BT-Drs.14/1111.

467 KFOR は，ユーゴスラビア軍隊・警察の撤退により権力の空白が生じ，アルバニア系住民がセルビア系住民に対して報復を行うことがないよう，コソボ航空作戦終了後直ちに開始する必要があった．このため，当事国との間の軍事実務協定の締結（1999年6月7日）および根拠となる国連安保理決定1244号の採択（同年6月10日）とドイツ国内の派遣の閣議決定および連邦議会承認手続を並行して進める必要があった．6月7日の閣議決定が発効せず，再度11日に再決定されたのは，このような特殊事情による．この点を含め，KFOR派遣をめぐる法的諸問題に関しては，vgl. P.Dreist, Rechtliche Aspekte des KFOR-Einsatzes, in: NZWehrr 2001, S.1ff.

468 BVerfGE 90, 286 [389].

469 通常1年以内．1996年12月11日のSFOR I 派遣承認案［BT-Drs.13/6500］（同13日連邦議会承認）派遣期間を18ヵ月としていたが，これは例外に属する．

470 なお，派遣承認案に明記された派遣期間が経過した場合，派遣延長の承認があらためて求められることになるが，承認された派遣期間中でも，派遣条件の重大な変更がある場合には，再度連邦議会の承認を得る必要があるとする説も以前からあった．Vgl. Michael Wild, Verfassungsrechtliche Möglichkeiten und Grenzen für Auslandeinsätze der Bundeswehr nach dem Kosovo-Krieg, in: DÖV 2000, S.624. この後説明するように，与野党の提出した軍隊国外派遣法案では，議会の承認撤回権が規定されており，すでに承認した派遣期間中でも，その承認を撤回し，部隊の撤収を求めることができるように配慮されている．

471 2000年5月24日に決定されたKFOR（JOINT GUARDIAN II）派遣継続の承認案 [BT-Drs. 14/3454] は，2000年6月11日で失効する派遣当初の連邦議会の承認がその後も効力を維持するとする一方で，12ヵ月経過ごとに派遣継続について連邦議会が関与することを認めていた [BT-Drs.14/3550].

472 BT-Drs.15/696.

473 Deutscher Bundestag, Stenografischer Bericht, 35. Sitzung. Berlin, Donnerstag, den 20. März 2003, Plenarprotokoll 15/35, 2925 (B).

474 <http://www.bundeskanzler.de/Kanzler-News-.7698.64290/Schroeder-Notwendigkeit-einer-Reform-der-Streitk...htm> ただし，連邦政府広報が発表した首相演説全文では，軍隊国外派遣法に関する言及箇所が削除されている．<http://www.bundesregierung.de/Anlage258640/Nr.+25-1.pdf>;<http://www.bundeskanzler.de/Kanzler-News-.7698.64299/Rede-von-Bundeskanzler-Gerhard-Schroeder-bei-der...htm> (2004年7月21日閲覧) メディア報道によれば，この時のシュレーダーの発言には，連邦政府が事前の議会承認なく単独で派遣決定を行い得るようにすべきとの主張が含まれていたとされ，SPDの連立パートナーB' 90/Grüne がこれに反発したことが削除の理由であると考えられる．

475 第5章III .2.(2),(3) 参照.

476 NATO は，2002年11月21～22日に開催されたプラハ・サミットで即応軍（NATO Response Force [NRF]）の設置について合意し，なるべく早期に，遅くとも2004年10月ま

294

でに設置されることになった．NRF は 5 日以内に地球規模で展開し，30 日間の活動継続能力を備える 2 万 1,000 人規模の部隊である．すでに 2003 年 10 月 15 日に北部軍集団（AFNORTH）司令部内に立ち上げられ，2006 年 10 月までにフル稼働する予定であった．<http://www.nato.int/shape/issues/shape_nrf/nrf_intro.htm>（2004 年 7 月 20 日閲覧）．NATO だけでなく EU も緊急展開部隊の強化に乗り出している．1992 年 6 月 19 日の「ペータースベルク宣言」で WEU は「人道・救難任務，平和維持任務，和平達成のための措置を含む危機対処における戦闘任務」（いわゆるペータースベルク任務）の実施を目標として掲げたが，1999 年 12 月 10 ～ 11 日の EU ヘルシンキ首脳会議では，その実施のため，60 日以内に紛争地域に展開する 5 ～ 6 万人規模の部隊を設置し，2003 年までに作戦可能な状態にすることを決定していた．2004 年 2 月 11 日には，英独仏 3 ヵ国が EU 緊急展開軍の中核となる前方展開能力を強化した戦闘部隊の創設を提案した．規模は 1,500 人，15 日以内の派遣と 30 日間の作戦継続能力を備えるもので，2007 年までの設置を目標にしていた．これが実現すれば，ドイツ連邦軍の派遣の閣議決定から派遣実施までの間に時間的余裕はなく，従来の承認手続がドイツの同盟国としての能力発揮に支障となる可能性があった．

477　Vgl. SPD und Grüne uneins über Hürden für Auslandeinsätze, in: Die Welt vom 10. April 2002,S.4.

478　Grundsatzprogramm von Bündnis 90/Die Grünen,"Die Zukunft ist Grün", S.162. <http://archiv.gruene-partei.de/dokumente/grundsatzprogramm-bundesverband.pdf> (2004 年 7 月 21 日閲覧)

479　　2002 年 10 月 16 日の SPD と B'90/Grüne の連立政権協定は SPD のホームページを参照．<http://www.spd.de/servlet/PB/show/1023294/Koalitionsvertrag.pdf>（2004 年 7 月 21 日閲覧）

480　Karl Lamers, Dr. Wolfgang Schäuble, Prof. Dr. Rupert Scholz,"Zukunftskonzept Sicherheit". ショイブレ議員のホームページを参照．<http://www.wolfgang-schaeuble.de/positionspapiere/zukunftskonzsich.pdf>(2004 年 7 月 22 日閲覧)

481　Zukunftskonzept Sicherheit, Ziffer 7.

482　Zukunftskonzept Sicherheit, Ziffer 8. 提案者の一人ショイブレ議員は，この提言をまとめる以前は，米国戦争権限法に倣い，政府が単独で軍隊派遣を決定し，派遣後 30 日ないし 60 日経過後に連邦議会が派遣中止を要求することができる手続を改憲により導入することを提案している．ショルツ議員も政府単独の派遣決定と議会の事後承認を原則とすべきことを提案していた．Vgl. P.Dreist, Offene Fragen des Einsatzes bewaffneter deutscher Streitkräfte, in: NZWehrr 2002, S.134.

483　Entwurf für Eckpunktepapier der CDU/CSU für ein neues Parlamentsbeteiligungsgesetz (Stand: 11. 11. 2003). 筆者は，Ph. シェーレルの著書に資料として収録されたものを参照した．Vgl. Philipp Scherrer, Das Parlament und sein Heer, Duncker & Humblot, 2010, S.372ff.

484　BT-Drs.14/9402.

485　BT-Drs.15/36.

486　BVerfGE 90, 286 [389f.].

487　以上 2 つの問題点を指摘するものとして，vgl. Christian Burkiczak, Ein Entsendegesetz für die Bundeswehr ?, in: ZRP 2003, S.85f.

295

第6章 「武装軍隊の国外出動に関する決定に際しての議会関与に関する法律（議会関与法）」の制定

488 Deutscher Bundestag, Stenografischer Bericht, 10. Sitzung, Berlin, Donnerstag, den 14. November 2002. Plenarprotokoll 15/10, 632(D)-643(D).

489 Entwurf eines Gesetzes zur Mitwirkung des Deutchen Bundestages bei Auslandeinsätzen der Bundeswehr (Auslandeinsätzemitwirkungsgesetz)[BT-Drs.15/1985] （本章末尾　資料1）

490 SPD の党内案の全文と解説は，vgl. Frankfurter Rundschau (Dokumentationsseite), 31. Oktober 2003. Der Einsatz deutscher Streitkräfte im Ausland. Welche Rolle soll und muss das Parlament bei den Entscheidungen spielen? Erläuterungen einer SPD-Arbeitsgruppe. 筆者はカッセル大学平和研究所のホームページ "Friedenspolitischer Ratschlag" に掲載されたものを参考にした．<http://www.uni-kassel.de/fb10/frieden/themen/Bundeswehr/gesetz.html>(2004 年 7 月 7 日閲覧)

491 Entwurf eines Gesetzes über die parlamentarische Beteiligung bei der Entscheidung über den Einsatz bewaffneter Streitkräfte im Ausland (Parlamentsbeteiligungsgesetz)［BT-Drs.15/2742］（本章末尾　資料2）

492 法案内容および条文解釈に関する以下の説明において，とくに出典注記がない箇所は提案理由書による．Vgl. BT-Drs.15/1985, S.4-8; BT-Drs.15/2742, S.4-6.

493 （イ）「人道支援措置及び災害救助措置」については，そもそも「武装軍隊の出動」ではなく，議会承認を必要とはしない．これは，1994 年判決においてすでに，「国外における救援活動・救助活動のための連邦軍要員の使用で，武装して行う作戦行動に関わらない範囲において行われるもの」は，連邦議会の承認を必要としないとされていたことにも合致する（BVerfGE 90, 286 [388]）．

494 BT-Drs.15/36, S.2; BT-Drs.15/1985, S.5.

495 BVerfGE 90, 286 [389].

496 ドイツ基本法のもとで，軍隊が政府の指揮下にあるだけでなく，議会により統制され，議会がその組織編成や活動決定に関与すべきことを意味するこの言葉は，1994 年判決以後，連邦憲法裁判所がしばしば用いるようになった．Vgl. BVerfGE 90, 86 [382]; 108, 34 [44]; 121, 135 [161]. その法的意義を議会関与法の制定に関連させつつ体系的に説明するものとして，vgl. Dieter Wiefelspütz, Das Parlamentsheer — Der Einsatz bewaffneter deutscher Streitkräfte im Ausland, der konstitutive Parlamentsvorbehalt und Parlamentsbeteiligungsgesetz, Berliner Wissenschafts-Verlag, 2005.

497 基本法第 87a 条 4 項（連邦もしくはラントの存立，または自由民主的基本秩序に対する急迫の危険を防止するための軍隊の出動），第 35 条 3 項（広域的災害緊急事態における軍隊の出動）．

498 Vgl. Konrad Hummel, Rückrufrecht des Bundestages bei Auslandseinsätzen der Streitkräfte, in: NZWehrr 2001, S.226.

499 1999 年の NATO 新「戦略概念」の採択に関連して，NATO 条約の執行に際しての連邦議会の責任に言及した 2001 年 11 月 22 日の連邦憲法裁判所判決における同様の議論（BVerfGE104, 151 [209]）が連邦議会の承認撤回権を支持すると提案理由書は説明する．Vgl. BT-Drs.15/1985, S.6.

500 法案にも提案理由書にも，委員の選出方法や配分についての説明はない．しかし，委員が各会派の議席数に応じて比例配分されること，選出は連邦議会の秘密選挙によることが 2002 年 11 月 6 日提出の議案ですでに説明されている．Vgl. BT-Drs.15/36, S.3.

501 連邦議会秘密保全規則第2条によれば，秘密度は次の4段階に区分される．① STRENG GEHEIM（権限のない者に知られることにより，ドイツ連邦共和国またはそのラントの存立が脅かされるおそれのある事項），② GEHEIM（権限のない者に知られることによりドイツ連邦共和国またはそのラントの安全が脅かされ，その利益またはその信望を大きく損ない，あるいは他国を大きく利することになるおそれのある事項），③ VS-VERTRAULICH（権限のない者に知られることによりドイツ連邦共和国またはそのラントの利益または信望を損ない，または他国を利する可能性がある事項），④ VS-NUR FÜR DEN DIENSTGEBRAUCH（①～③のいずれの区分にも属さないが，非公開とすべき事項）．なお，日本の秘密保全関係法令では秘密区分の段階は「機密」，「極秘」，「秘」で分類されるが，定義が微妙に異なるため，あえてこれに対応させることはせずドイツ語のまま記した．

502 BVerfGE 90, 286 [387].

503 BVerfGE 90, 286 [389].

504 これは SPD 党内のワーキング・グループが作成した中間案段階での説明による（本章 Fn.490 参照）．

505 たとえば ENDURING FREEDOM 作戦への派遣承認の際の「議事録説明」について，本章 Fn.461 参照．

506 BT-Drs.15/2742, S.5.

507 BVerfGE 90, 286 [389].

508 連邦議会の会派（Fraktion）は連邦議会構成員数の5％以上の議員により構成される．第15選挙期の構成員数は603人であるため，その5％は31人である．SPD（251人），CDU/CSU（248人），B'90/Grüne（55人），FDP（47人）が会派を構成するが，2議席しかもたないPDS は会派ではなく，全体の5％にも遠く及ばないため，少なくとも第15選挙期の議席配分ではPDS が単独で略式手続に反対し，連邦議会の審議を求めることはできないことになる．ちなみに，PDS は，第14選挙期においては37名の議員を擁する会派であった．

509 BT-Drs.15/2742, S.5.

510 いわゆるパートナーシップ交換プログラム（Partnership Exchange Programm [PEP]）に基づきドイツ軍人は数多くの友好国の軍隊で勤務している．参加にあたっては，了解覚書が交わされ，派遣国（ドイツ）が明示的に許容せず，派遣国の利益に反する戦闘その他の出動には参加できない旨明記される．したがって，同じ軍事行動にドイツ連邦軍が参加していないかぎり，友好国の軍隊の一員として PEP 参加兵士が出動することはできない．ただし，国連や NATO, EU としての平和維持活動への参加は許容されているようである．Vgl. P. Dreist, NZWehrr 2002 [Fn.482], S.146.

511 Vgl. BVerfGE 90, 286 [384].

512 Deutscher Bundestag, Stenografischer Bericht, 100. Sitzung. Berlin, Donnerstag, den 25. März 2004, Plenarprotokoll 15/100, 8977(C)-8990(D).

513 以下，委員会審議の経過については，vgl. BT-Drs.15/4264.

514 Vgl. Ausschussdrucksache 15-G-37 vom 5. Juli 2004. キール大学教授 E. シュミット - ヨルツィヒ（Edzard Schmidt-Jortzig），ミュンヘン大学教授・元連邦防衛大臣 R. ショルツ（Rupert Scholz），元連邦憲法裁判所判事 H. H. クライン（Hans Hugo Klein），エルフルト大学教授 M. バルデュス（Manfred Baldus），マックス・プランク研究所研究員 V. レーベン（Volker

297

第6章 「武装軍隊の国外出動に関する決定に際しての議会関与に関する法律（議会関与法）」の制定

Röben), フランクフルト・アム・マイン大学教授 J. ヴィーラント (Joachim Wieland) および
連邦軍副総監（陸軍中将）H-H. ディーター (Hans-Heinrich Dieter) が意見を述べた.

515 第一委員会の審議の過程で，与党 SPD および B'90/Grüne から与党案第 7 条 2 項の修正が提案
された. 修正案ではこの条項は次のような文言となる.
　「(2) 連邦政府が活動の延長を提議した場合には，議案が連邦議会文書として配付された後，
2 開会日が経過するまでは，[当該] 活動は承認されたものとみなされる. 第 4 条の略式手続に
より議案が提出された場合には，第 4 条 1 項 4 文が定める期間 [議案配付後 7 日間] が経過す
るまでは，承認されたものとみなされる. この期間内に連邦議会の関与が要求された場合には，
要求があった週の次の開会週が経過するまでは，承認されたものとみなされる. 当初の承認の
有効期間は，1 文および 2 文の規定による影響を受けない.」
　与党原案では，第 7 条 2 項は「連邦政府が活動の延長を提議した場合には，連邦議会の次の
会議までは [当該] 活動は承認されたものとみなされる. 第 4 条の略式手続により議案が提出
された場合には，第 4 条 1 項 4 文が定める期間が経過するまでは，承認されたものとみなされ
る.」となっていた. これでは，当初の出動承認期間が終了する直前になって連邦政府が派遣延
長承認議案を提出した場合に，状況によっては承認期間に空白が生じるおそれがある. 修正に
より，たとえばある週の水曜日に派遣延長承認議案が提出され連邦議会文書として配布された
活動については，この週の金曜日まで承認されたものとみなされることが可能になる. これに
より，委員会および本会議における通常の審議が確実に行われることになる. 第 2 文の補充は，
略式承認手続が適用された場合に，第 4 条 1 項 4 文の議案配付後 7 日という期間の終了直前に
なって連邦議会の審議が求められた場合にも，議会審議に十分な時間を残すことを目的として
いる. 議会審議が求められなければ，7 日の期間が経過した後に第 4 条により派遣延長議案は
承認されたものとみなされることになる. 3 文は，連邦政府が当初承認期間が終了するかなり
前に派遣延長承認議案を提出した場合でも，上述の規則が当初の承認の有効期間を短縮するも
のではないことを明確にしたものである.

516 第 2 回，第 3 回審議：Deutscher Bundestag, Stenografischer Bericht, 146. Sitzung, Berlin,
Freitag, den 3. Dezember 2004, Plenarprotokoll 15/146, 13635(D)ff.

517 2003 年 2 月末，32 人の欧州からの旅行者がアルジェリア（サハラ砂漠）でイスラム武装集団
に拉致された事件. 17 人は 5 月中旬に解放されたが，途中 1 人が死亡，8 月 18 日に救出され
るまで 14 人（ドイツ人 9 人を含む）が拘束された. ドイツ連邦軍も捜索活動に参加し，解放
された旅行者のドイツへの輸送も担当した. Vgl. Bundeswehr war an Geiselsuche beteiligt,
in: DIE WELT. de vom 29. Juni 2003.

518 FDP 議員 J.v. エッセン（Jörg van Essen）の発言：Plenarprotokoll 15/100, 8984(D)ff.,
Plenarprotokoll 15/146, 13641(D).

519 B'90/Grüne 議員 H-Ch. ストレーベレ (Hans-Christian Ströbele) の発言：Plenarprotokoll
15/146, 13642(B). SPD 議員 H-P. バルテルス (Hans-Peter Bartels) の発言（Plenarprotokoll
15/146, 13650(A)f.），B'90/Grüne 議員 W. ナハトヴァイ（Winfried Nachtwei）の発言
(Plenarprotokoll 15/100, 8983(B)) も同じ趣旨.

520 B'90/Grüne 議員 V. ベック（Volker Beck）の発言：Plenarprotokoll 15/146, 13639(C)f. しか
し，J.v. エッセン議員が反論するように，FDP 案では承認権が特別国外出動委員会に付与され
た場合でも，本会議が関与することが適当と考えた場合には派遣承認案を審査することができ

298

るため（FDP案第6条第3項），上述の批判は不当であると思われる.

521 CDU議員 E.v. クレーデン（Eckart von Klaeden）の発言：Plenarprotokoll 15/100, 8981(A) f.

522 ただし，すでに繰り返し説明しているように，政府の派遣案自体の修正は許されないとしても，承認にあたり連邦議会が「議事録説明」として派遣案に付帯条件を付けることは可能であり，これまでも行われてきた．従来のこのような慣例を認めることは委員会審議のなかでも確認されていた.

523 本文で取り上げた論点のほか，特別国外出動委員会については，CDUのR.ポファッラ（Ronald Pofalla）議員から，同委員会への承認の授権が広範でありすぎる点が指摘された．「基本法第45条に基づき決定権限を付与されている欧州連合問題委員会は別格として，委員会への広範な授権は憲法の予定しないところである.」と同議員は疑問を発している．Vgl. Plenarprotokoll 15/100, 8988(D)ff.

524 G.レッチュ（Gesine Lötzsch）議員の発言：Plenarprotokoll 15/100, 8989(D)ff.

525 P.パウ（Petra Pau）議員の発言：Plenarprotokoll 15/146, 13648(B)ff.

526 連邦議会議事規則第31条「(1) 討論終了後，連邦議会の各議員は，最終投票のため，口頭説明を行い，又は短い文書による説明を提出することができる．口頭説明は5分以内とする．説明文は本会議会議録に収録される．［以下省略］」.

527 Plenarprotokoll 15/146, 13708(C)ff. Anlage 4. もう一つの投票説明文は，同じSPD議員R.シュトレープ-ヘッセ（Rita Streb-Hesse）が単独で提出したものであるが，趣旨はR.レスペル議員等と同じである．なお，この投票説明文で指摘された点のほか，「武装軍隊の出動」概念の定義が明確でない点など与党案を批判的に検討するものとして，vgl. Wolfgang Weiß, Die Beteiligung des Bundestags bei Einsätzen der Bunderswehr im Ausland—eine kritische Würdigung des Parlamentsbeteiligungsgesetz, in: NZWehrr 2005, S.100ff.

528 Dieter Wiefelspütz, NZWehrr 2003[Fn.450], S.133ff.; ders., Der Einsatz bewaffneter deutscher Streitkräfte und der Bundestag, in: BWV 2003, S.193ff.; ders., Der Einsatz bewaffneter deutscher Streitkräfte und der konstitutive Parlamentsvorbehalt, Nomos Verlagsgesellschaft, 2003; ders., Die militärische Integration der Bundeswehr und der konstitutive Parlamentsvorbehalt, in: ZaöRV 64/2(2004), S.363ff.;ders., Das Parlamentsheer[Fn.496].

529 Vgl. Plenarprotokoll 15/100, 8978(B)ff.,8981(C)ff.usw.; Plenarprotokoll 15/146, 13639(A) f., 13642(D)ff., 13643(A)ff., 13646(C)ff.

530 Plenarprotokoll 15/146, 13643(C). もっとも彼は，自らの論文のなかではFDP案の採用する特別委員会方式やCDU/CSU議員が考える一括事前承認方式（後述）による派遣承認手続の合理化も一つの選択肢として認めており，必ずしも否定しているわけではない．Vgl. D. Wiefelspütz , ZaöRV 64/2(2004) [Fn.528], S.383ff.

531 Plenarprotokoll 15/146, 13644(A)ff.

532 R.ポファッラ議員は，CDU/CSUが独自案を提出しなかった理由はSPDとCDU/CSUの立場の相違がそれほど大きくなかったからであるとまで言う．Vgl. Plenarprotokoll 15/100, 8989(C). CDU/CSUの要綱案には，与野党2法案との共通点も多いことは，すでに述べた（本章II .1.(2)).

299

第6章 「武装軍隊の国外出動に関する決定に際しての議会関与に関する法律（議会関与法）」の制定

533 CDU/CSU のこの点に関する批判は，委員会審議の段階から一貫している．Vgl BT-Drs.15/4264, S.6.

534 第5章IV.2.

535 CDU 議員 E.v. クレーデンの発言：Plenarprotokoll 15/100, 8981(A).

536 この点を指摘する論者は学界にも多い．代表的なものとして，vgl. Roman Schmidt-Radefeldt, Parlamentarische Kontrolle der internationalen Streitkräfteintegration, Duncker & Humblot, 2005, S.189ff.

537 すでに説明したように，CDU/CSU は党としては法案を取りまとめることはできなかったが，K. ラマーズ，W. ショイブレ，R. ショルツの3議員が派遣法の素案を提言文書にまとめていた．そのなかでも従来の議会承認手続が EU 緊急対応軍の出動の支障となり，ドイツの同盟能力を損なうおそれがあることを指摘し，欧州軍部隊の出動については EU 機関に決定権を移譲する構想を提示していた．また，CDU/CSU 要綱案でも，NRF や EU 戦闘群の出動については事前の一括的な「委託決議」を行い，個別の派遣承認を省略することが提案されていた．参照，本章II.1.(2).

538 第1回審議における SPD 議員 G. エァラー（Plenarprotokoll 15/100, 8979(A)f.），W. ナハトヴァイ（Plenarprotokoll 15/100, 8983(C))，H-P. バルテルス（Plenarprotokoll 15/100, 8987(B)) の発言．第2回審議における B'90/Grüne 議員 V. ベック（Plenarprotokoll 15/146, 13639(C)ff.），SPD 議員 H-P. バルテルス議員（Plenarprotokoll 15/146, 13650(C)) の発言．また，vgl. D. Wiefelspütz，ZaöRV 64/2(2004) [Fn.528], S.381.

539 CDU 議員 R. ポレンツ（Ruprecht Polenz）の発言：Plenarprotokoll 15/100, 13651(C)f.

540 R. ポレンツ議員の発言：Plenarprotokoll 15/146, 13651(D)ff. および E.v. クレーデン議員の発言：Plenarprotokoll 15/146, 13646(A)f.

541 Plenarprotokoll 15/100, 8989(A)f. また，R. ポファッラ議員の意見に関して詳しくは，vgl. Roland Pofalla, Die Bundeswehr im Ausland － Eine Zwischenbilanz des Gesetzgebungsverfahrens, in: ZRP 2004, S.221ff.

542 Plenarprotokoll 15/100, 8981(B).

543 ただ，一部には Ch. シュミット（Christian Schmidt）議員のように，派遣後30日以内に連邦議会の承認を得る事後承認手続を考えている者もあり（Plenarprotokoll 15/146, 13637(D)ff.），会派内の意見を集約できていないようであった．

544 BVerfGE 90, 286 [389].

545 BVerfGE 90, 286 [355].

546 BVerfGE 90, 286 [381].

547 BVerfGE90, 286 [387].

548 BVerfGE 90, 286 [388].

549 CDU/CSU 議員が提案するこのような「事前決定」（Vorabentscheidung）あるいは「ストック決議」（Vorratsbeschlüsse）方式に関しては，SPD 議員ヴィーフェルスピュッツも法的には容認できると評価している．ただ，法律により，あらゆる武装軍隊の出動に事前承認を与え，議会に承認撤回権のみを付与しておく「一般的事前決定」（generelle Vorabentscheidung）方式に関しては，彼も違憲と考える．Vgl. D. Wiefelspütz，ZaöRV 64/2(2004) [Fn.528], S.385f. このような方法は「具体的出動」に承認を与える連邦議会の憲法上の権利を侵害するものであ

300

り，改憲によらないかぎり採用できないはずであるというのがその理由である．いずれにせよ，CDU/CSU がここで検討した対案は，議会関与を重視し 2003 年イラク戦争時の政府単独による AWACS 派遣を違憲とした 2008 年 5 月 7 日第二法廷判決で，その可能性が完全に否定された．2008 年判決については，第 7 章で詳しく検討する．

550 Plenarprotokoll 15/146, 13651(D)ff. なお，議会関与法が積み残した問題として，連邦警察の国外派遣の問題がある．ドイツ政府は，今後国際活動に連邦警察部隊を積極的に活用し，治安維持任務や対テロ活動にあたらせる計画があることを明らかにしていた．Vgl. Interview mit dem Bundesminister der Verteidigung, Dr. Peter Struck, im"Deutschlandradio"am 13. Juni 2005"Die Bundespolizei auch im Ausland einsetzen", in: Press- und Informationsamt der Bundesregierung, Stichworte zur Sicherheitspolitik, Mai/Juni 2005, Nr.05/06, S.40ff. 連邦軍軍人がこうした活動に参加するのに議会承認が必要である一方で，派遣要員が国際法上戦闘員とみなされる任務に連邦警察部隊を派遣しながら，これには議会承認が求められないのは均衡を欠くとする問題提起が議会関与法案審議のなかでもあった．Vgl. Plenarprotokoll 15/146, 13646(A)f. この点は，すでに CDU/CSU 要綱案でも指摘されていた．参照，本章Ⅱ.1.(2).②．

551 陸軍 KSK(Kommando Spezialkräfte) と海軍 SEK(Die Spezialisierten Einsatzkräfte Marine).

552 2006 年 11 月 8 日付連邦議会文書「議会関与法改正法案」(BT-Drs.16/3342).

553 Gesetz über die parlamentarische Kontrolle nachrichtendienstlicher Tätigkeit des Bundes (Kontrollgremiumgesetz) vom 11. April 1978 (BGBl. Ⅰ S.1254). なお，議会統制委員会は，2009 年 7 月 17 日の第 55 次改正法律により，基本法第 45d 条に憲法機関として定められた．

554 特殊部隊等の派遣承認案件について一般的に特別委員会が本会議にかわり議決を行い得るかの問題につき vgl. Georg Axer, Das"Kommando Spezialkräfte"zwischen Geheimschutzinteresse und Parlamentsvorbehalt, in: ZRP 2007, S.82ff. なお，議会関与法の改正や運用の改善については，左派党（DIE LINKE）会派および B'90/Grüne 会派も議案を提出した (BT-Drs.16/6646; BT-Drs.16/6770).

第6章 「武装軍隊の国外出動に関する決定に際しての議会関与に関する法律（議会関与法）」の制定

（資料1）　　　　　　　　　自由民主党（FDP）案

「連邦軍の国外出動に際してのドイツ連邦議会の協働に関する法律
（国外出動協働法）」案

　連邦議会は，以下の法律を可決した．

第1条　［議会留保］
(1) 国外への武装軍隊の出動は，この法律が別段の定めをし，又は許容しない限り，すべて連邦議会の承認を必要とする．
(2) 連邦軍の軍人が武装して行う作戦行動に関与し，又は武装して行う作戦行動に関与することが予期される場合には，武装軍隊の出動と認められる．

第2条　［議会留保の限度］
(1) 武装軍隊の出動の必要性を明らかにするため，その計画策定及び教育訓練上並びに兵站業務上の準備のため不可欠である措置は，連邦議会の承認を必要としない．
(2) 人道支援措置及び災害救助措置は，この法律にいう武装軍隊の出動ではない．

第3条　［連邦政府の議案］
連邦議会は，連邦政府の議案に基づいて決定を下す．この議案には，少なくとも，出動根拠，出動目的，出動任務，出動規模，活動地域，活動期間及び活動費用並びにその予算措置が記載されなければならない．

第4条　［撤回権］
(1) 連邦議会は，国外への武装軍隊の出動への承認を撤回することができる．第6条1項aの場合においては，特別国外出動委員会のみが撤回権を有する．第6条1項bの場合には，第6条3項により連邦議会が自ら処理することとしない限り，特別国外出動委員会が撤回権を有する．
(2) 特定の武装軍隊の国外出動への承認を撤回する動議は，連邦議会構成員の4分の1の支持を必要とする．
(3) 連邦議会が国外への武装軍隊の出動への承認を撤回した場合には，連邦政府は遅滞なく出動を終了しなければならない．

302

第5条　［特別国外出動委員会］

(1) 連邦議会は，議員の中から特別国外出動委員会を選出する．この委員会は，11 人以下の委員により構成される．

(2) 各会派は，特別国外出動委員会に少なくとも 1 人の委員を代表として送る．

(3) 特別国外出動委員会は，連邦議会の被選期間の終了後も，連邦議会が 1 項及び 2 項による決定を行うまでの間，活動を継続する．

第6条　［承認の授権］

(1) 連邦政府の提出した議案が次の各号に該当する場合には，特別国外出動委員会が，これに承認を与える権限を有する．

　　a)　GEHEIM 以上の秘密区分にあたる秘密事項として指定されている場合．

　　b)　急迫の危険があるため，特に緊急を要するものと指定されている場合．

　　c)　国連，欧州安保協力機構，北大西洋条約機構その他基本法第 24 条 2 項にいう相互集団安全保障機構又は欧州連合による武装出動への個々のドイツ軍人の参加に関するものである場合．

(2) 連邦議会は，連邦政府の議案に承認を与える権限を，特別国外出動委員会に与えることができる．

(3) 連邦議会は，1 項 b 又は 2 項により承認権が［特別国外出動委員会に］与えられている連邦政府の議案について，それを自ら審議し，議決することができる．

第7条　［特別国外出動委員会の手続］

(1) 連邦議会議長は，第 6 条 1 項による連邦政府の議案については，直接に特別国外出動委員会に付託する．特別国外出動委員会は，連邦議会が第 6 条 3 項により自己の権利を行使しない限りにおいて，最終的審議を行う．

(2) 各委員は，特別国外出動委員会の招集及び報告を求めることができる．

(3) 特別国外出動委員会は，連邦議会に対して，毎年報告を行う．特別国外出動委員会は，秘密保全に反しない限りにおいて，その承認した各出動について連邦議会に通知し，かつ，出動終了後に報告書を提出しなければならない．

第8条　［連邦政府の情報提供］

(1) 連邦政府は，特別国外出動委員会に対して，その承認した出動に関して継続的に報告しなければならない．活動終了後，連邦政府は，最終報告書を連邦議会に提出

第 6 章　「武装軍隊の国外出動に関する決定に際しての議会関与に関する法律（議会関与法）」の制定

する．

(2) 連邦政府は，求めに応じ，特別国外出動委員会が，その承認した武装軍隊の出動と直接関係する文書及びデータを閲覧し，及び［派遣業務に］従事する者からの聴取ができるようにしなければならない．

第9条　［秘密保全］

(1) 連邦政府が，その議案を GEHEIM 以上の秘密区分の秘密事項に指定した場合には，ドイツ連邦議会秘密保全規則の規定による手続がとられなければならない．

(2) 特別国外出動委員会は，GEHEIM 以上の秘密区分に指定された出動に関しては，その秘密保全の必要がなくなった後に，連邦議会に報告する．

第10条　［施行］

この法律は，公布の日の翌日から施行する．

　ベルリン，2003 年 11 月 12 日

　［提案者名省略］

（資料2）社会民主党（SPD）・90年連合/緑の党（B'90/ Grüne）案

「武装軍隊の国外出動に関する決定に際しての議会関与に関する法律
（議会関与法）」案

連邦議会は，以下の法律を可決した．

第1条　［総則］
(1) この法律は，国外への武装ドイツ軍隊の出動に際しての連邦議会の関与の形式と範囲を規律する．基本法第115a条は，この法律により影響を受けない．
(2) 基本法の適用区域外への武装ドイツ軍隊の出動は，連邦議会の承認を必要とする．

第2条　［概念定義］
(1) 連邦軍の軍人が武装して行う作戦行動に関与し，又は武装して行う作戦行動に関与することが予期される場合には，武装軍隊の出動と認められる．
(2) 準備措置及び計画策定は，この法律にいう出動ではない．準備措置及び計画策定には，連邦議会の承認を必要としない．軍隊による人道救援活動及び救助活動で，自己防衛のためにのみ武器を携帯するものについても，軍人が武装軍事行動に関与することが予期されない場合には，連邦議会の承認は必要ない．

第3条　［議案］
(1) 連邦政府は，出動開始前，適時に，軍隊出動承認議案を連邦議会に送付する．
(2) 連邦政府の議案は，特に以下の事項について記載するものとする．
　　－出動任務
　　－活動地域
　　－出動の法的根拠
　　－出動する軍人の上限数
　　－出動する軍隊の能力
　　－予定活動期間
　　－費用見積り及び予算措置
(3) 連邦議会は，議案を承認するか，又はこれを否決することができる．議案の修正は許されない．

305

第6章 「武装軍隊の国外出動に関する決定に際しての議会関与に関する法律（議会関与法）」の制定

第4条 ［略式承認手続］

(1) 烈度及び影響度が低い出動の場合には，略式手続により承認を行うことができる．
［この場合においては，］連邦政府は，予定される出動がいかなる理由により烈度と影響度が低いものであるかを明らかにしなければならない．ドイツ連邦議会議長は，会派の長並びに外務委員会及び防衛委員会の委員長，及びこれらの委員会に委員を送る会派により任命された代表者（理事）の各々に議案を伝達し，かつ，議案を連邦議会文書として連邦議会の構成員全員に配布する．文書配布後7日以内に，一会派又は連邦議会構成員の5％［以上］により，連邦議会の関与が求められない場合には，承認が与えられたものとみなされる．連邦議会の関与が求められた場合には，連邦議会が決定する．

(2) 派遣される軍人が少数である場合，その他付随する事情に基づき明らかに重要性が低いものであり，かつ，戦争への参加ではない場合には，その出動は烈度と影響度が低いものである．

(3) 次の場合は，原則として，烈度と影響度が低い出動である．

　－自己防衛のためにのみ武器を携帯する調査隊［の派遣］である場合
　－交換協定に基づき同盟国軍隊において勤務する個々の軍人に関するものである場合
　－国連，NATO，EU又は国連の任務を実施する組織の活動の範囲内で個々の軍人が使用される場合

第5条 ［事後承認］

(1) 急迫の危険があり，遅滞を許されない出動は，連邦議会の事前の承認を必要としない．特に危険な状態からの人の救出のための出動は，連邦議会が公開で関与することにより，救出すべき人の生命が脅かされる場合には，連邦議会の事前の承認を必要としない．

(2) 連邦議会は，出動開始前及び活動期間中，適当な方法で報告を受ける．

(3) 出動承認議案は，事後遅滞なく提出されなければならない．連邦議会が議案を否決した場合には，活動を終了しなければならない．

第6条 ［報告義務］

(1) 連邦政府は，活動の経過及び活動地域の情勢の変化に関して，連邦議会に定期的に報告する．

306

(2) 第4条1項（略式承認手続）の場合には，連邦政府は，所管の委員会及び理事に遅滞なく報告する．

第7条　[活動の延長]
(1) 第4条による手続は，内容の変更を伴わない承認決議の延長にも適用される．
(2) 連邦政府が活動の延長を提議した場合には，連邦議会の次の会議までは［当該］活動は承認されたものとみなされる．第4条の略式手続により議案が提出された場合には，第4条1項4文が定める期間が経過するまでは，承認されたものとみなされる．（※）

第8条　[撤回権]
連邦議会は，武装軍隊の出動への承認を，撤回することができる．

第9条　[施行]
この法律は，公布の日の翌日から施行する．

　ベルリン，2004年3月23日
［提案者名省略］

※第7条2項は法案審議過程で，下記のように修正されたうえで成案となった．
「(2) 連邦政府が活動の延長を提議した場合には，議案が連邦議会文書として配付された後，2開会日が経過するまでは，［当該］活動は承認されたものとみなされる．第4条の略式手続により議案が提出された場合には，第4条1項4文が定める期間［議案配付後7日間］が経過するまでは，承認されたものとみなされる．この期間内に連邦議会の関与が要求された場合には，要求があった週の次の開会週が経過するまでは，承認されたものとみなされる．当初の承認の有効期間は，1文及び2文の規定による影響を受けない．」

第6章 「武装軍隊の国外出動に関する決定に際しての議会関与に関する法律（議会関与法）」の制定

（資料3）　　連邦軍の国外出動決定及び任務・権限付与手続

国連、OSCE、NATO、EU などの国際ミッションによる出動の場合	軽微な「烈度・影響度が低い出動」の場合 調査隊、交換プログラム・統合部隊への個々の軍人の派遣、内容の変更を伴わない派遣延長など

連 邦 政 府

外務省と連邦防衛省が派遣案を作成 ⇒閣議決定	「烈度・影響度が低い出動」であることの理由説明

派遣案の提出・送付

ド イ ツ 連 邦 議 会

通常承認手続	略式承認手続
提出： 第1回審議（第1読会） ↓ 外務委員会（主管審議） ＋ その他の委員会による付随審議⇒決議勧告 ↓ 第2回審議（第2読会） ↓ 表決（第3読会）⇒単純多数決	送付： 会派の長、外務委員会および防衛委員会の委員長および理事への議案伝達、全議員への連邦議会文書の配布 ↓ 異議申立期間： 7日以内に一会派または構成員の5%以上が異議を申立てた場合には、連邦議会の審議を求めることができる.
異議あり	異議なし

任務・権限付与

マンデイトは期限付きのものであり、その延長には新たな決議が必要となる。派遣期間中は、連邦議会は継続的に報告を受ける。連邦議会はその承認をいつでも撤回できる。

第7章
軍隊国外出動決定への議会関与の射程
（2008年5月7日第二法廷判決）

　連邦軍 NATO 同盟域外派兵を合憲とする判断を下した 1994 年 7 月 12 日判決 [555]（以下「1994 年判決」とする.）において，連邦憲法裁判所第二法廷は，派遣決定手続の立法指針となる諸原則を明示しており，以後約 10 年間この諸原則にしたがい，政府の軍隊出動決定への連邦議会の承認が求められてきた．2005 年 3 月には，同判決が勧告していた軍隊国外派遣法（「武装軍隊の国外出動に関する決定に際しての議会関与に関する法律」[556] 以下，「議会関与法」とする.）が制定され，従来の議会承認手続が法制化されたのに加え，新たに「烈度・影響度が低い」軽微な出動や活動内容の変更を伴わない派遣延長の承認について略式承認手続が新設され [557]，いっそう円滑な派遣決定が行われるようになった.

　1994 年判決は，「武装して行う作戦行動」（bewaffnete Unternehmung）に関与するあらゆる「武装軍隊の出動」（Einsatz bewaffneter Streitkräfte）の決定に連邦議会が原則として事前に承認を与えることを求めており，議会関与法もこれを明文化している [558]．しかし，いかなる部隊が「武装軍隊」とみなされ，どのような活動が「武装して行う作戦行動への関与」に該当するのか，その法律上の概念定義や従来の判例からは明らかにならない部分が残されていた.

　本章で検討する連邦憲法裁判所第二法廷 2008 年 5 月 7 日判決 [559] は，2003 年イラク戦争時の同盟国トルコ領空警備への参加に関連してこの問題を争点と

309

第 7 章　軍隊国外出動決定への議会関与の射程（2008 年 5 月 7 日第二法廷判決）

するものであり，議会関与の重要性を強調するその判旨は，以後政府の派兵政策にも大きく影響を与えることになる．

Ⅰ　訴訟に至る事実経過

事実は次のとおりである[560]．2003 年春の米英軍によるイラク攻撃の際，トルコ議会はこれに反対し，同年 3 月 1 日にはトルコ国内への米国部隊の駐留を拒否し，トルコから北イラクへの米軍の地上攻撃が阻止された．ただ，同盟国の軍用機による領空通過は認めた．

イラク戦争開始前，イラク政府は，この地域にある米国の同盟国はすべてイラクの軍事作戦の標的であると宣言していた．脅威を感じたトルコ政府は，2003 年 2 月 10 日付書簡により，NATO 加盟国の協議を申し入れた．この協議は，NATO 条約第 4 条[561] に基づくものであり，この時 NATO 史上はじめてこの規定に基づく協議が行われた．NATO 諸国の協議に基づき，NATO 防衛計画委員会は，同年 2 月 19 日，NATO 軍事当局に「抑止顕示作戦」（"Operation Display Deterrence" 以下，ODD とする[562]．）実施期間中，トルコに対するミサイル攻撃と生物化学兵器による攻撃を防御するために，AWACS と PATRIOT 防空システムを配備することを承認した．

AWACS は，航空機その他の飛翔体の早期発見のための航空支援警戒監視システムである．AWACS 自体は武器を装備してはいないが，部隊に指揮・統制機能を提供する．そのレーダーの監視範囲は，通常飛行高度（10,000 メートル）では 400 〜 450 キロメートルに及ぶが，出動地域上空の状況と飛行高度により変わる．PATRIOT 防空システムは，レーダー・システムとの連携により，ミサイル攻撃を防御し，敵機を破壊し得る兵器システムである．NATO・AWACS 部隊は，その約 3 分の 1 がドイツ連邦軍軍人により構成されている．同年 2 月 26 日に AWACS 2 機，その後さらに 2 機が追加され計 4 機がドイツのガイレンキルヒェン（Geilenkirchen）空軍基地からトルコのコンヤ

(Konya) 空軍基地に移動し，同年4月17日までトルコ領空監視のため活動した．この間，AWACS は 105 回出動し，そのすべてがドイツ軍人により実施された．同年4月30日，NATO は ODD の終了を公式に発表した．

　なお，AWACS および PATRIOT のトルコへの移動とともに，NATO 諸国，とくにオランダとトルコ自身が戦闘機を追加的にエスキシェヒル（Eskisehir）近郊の NATO 空軍基地に移動している．この基地には，防空作戦の指揮所が置かれ，AWACS との間に通信連絡が結ばれていた．

　米英軍によるイラク攻撃開始直前の 2003 年 3 月 19 日に NATO 防衛計画委員会が承認し翌日発効した交戦規則（ROE）は，トルコ上空での領空監視および領空防衛のため，NATO 指揮下にあるすべての部隊に適用されたが，とくに，トルコ国民およびトルコ国家領域の防衛のため必要最小限度の実力を行使すること，ならびに，明らかに敵対する意図をもった航空機に対する攻撃が許容されることが明記されていた．当時の NATO 事務総長 L. ロバートソン（Lord Robertson）は，同年 3 月 20 日，事態の変化に対応するため，ROE を変更したことを発表したが，その際，「NATO の展開は純粋に防衛的措置であり，この地域の他の軍事作戦［米英主導のイラク攻撃］から厳格に区別されなければならない．」としつつも，「トルコが攻撃されるようなことがあれば，NATO はそのワシントン条約下の義務を果たすであろう．」ことを確認している．

　上述の AWACS の活動へのドイツ軍人の参加と連邦議会によるその承認については，2003 年 1 月以降，連邦議会において議論されていた．当時の自由民主党（FDP）会派院内総務は，同年 3 月 14 日付書簡により，当時の連邦首相 G. シュレーダーに対して，イラクで武力紛争が発生した場合には，ドイツ軍人の派遣について，すみやかに連邦議会の承認を得るよう申し入れた．しかし，シュレーダー首相は，AWACS の派遣による同盟国領空警備は同盟の通常業務であり，連邦議会の承認の対象となるべき出動ではないとして，この提案を拒絶した．2003 年 3 月 19 日の連邦議会における演説においてシュレーダー

首相が説明するには，AWACS による活動は，NATO 防衛計画委員会の決定に基づくトルコ上空での厳格に防衛的な領空監視であり，通常的航空業務である．ROE からも明らかなように，AWACS は，イラク国内での，あるいはイラクに対する軍事作戦行動を支援するものでは決してない．欧州連合軍最高司令官 (SACEUR) の指揮下に置かれることにより，イラク戦争を指揮する米国中央司令部司令官 T. R. フランクス大将（General Tommy R. Franks）の任務領域との間に厳格な境界線が引かれている．フランクス司令官は，約 100 機もの米軍の AWACS を対イラク軍事作戦に使用し得るという専門家の見方もある．NATO の AWACS は，領域的にもこれから区別され，まったく異なる任務をもってトルコ領空の監視と安全確保を行うものである．

　2003 年 3 月 20 日イラク侵攻作戦開始後，イラク軍によるトルコ領空侵犯は発生せず，AWACS による監視期間中，トルコ軍による北イラクへの地上攻撃も行われることはなかった．

II FDP会派による機関争訟と 2003年3月25日仮命令申立棄却決定

　2003 年 3 月 20 日，FDP 会派および同会派所属議員は，AWACS のトルコ派遣へのドイツ軍人の参加について，AWACS が要撃機出動のための戦闘指揮所としての機能を担い得るものであり，その活動の決定が下された協議も NATO 条約第 4 条に基づき行われていることから通常業務とはいえず，連邦議会の設権的承認を求めるべきであると提案したが，本会議において賛成 274，反対 303，棄権 6 で否決された[563]．

　2003 年 3 月 22 日，FDP 会派は，連邦議会の承認を経ずに AWACS 部隊のトルコへの派遣を実施したことにより，武装軍隊の出動に関する連邦議会の設権的承認権を連邦政府が侵害したとして連邦憲法裁判所に機関争訟を申し立てるとともに，本案判決に至るまで，AWACS 部隊へのドイツ連邦軍軍人の参加

は，連邦議会がこれを承認する場合，またはそのかぎりにおいてのみ継続でき，連邦政府が派遣継続を望むならば，すみやかにしかるべき承認決議を求めるべきことを確認する仮命令を求め申し立てた．

　しかし，連邦憲法裁判所第二法廷は，2003年3月25日の決定[564]において，武装軍隊の出動に関する連邦議会の設権的議会留保の重要性を強調しつつも，以下のような政策的利益考量に基づき仮命令の申立てを棄却した．

　　「設権的議会留保は，連邦軍が議会の軍隊（Parlamentsheer）であるがゆえに，極めて重要である．これにより連邦軍は，民主的・法治国家的憲法秩序に組み込まれる……．したがって，連邦議会の承認を経ることなくドイツ軍人が武装して行う作戦行動に関与することは，原則的には，議会の権利を深く侵害するものである．……他方，執行府の外交上の責任は，その決定の自由の固有の中核的領域を伴うものである．議会留保が介入しないかぎりにおいて，2003年2月19日のNATO防衛計画委員会の決定の実施にドイツ連邦共和国がどの程度まで関与するかを決定する権限を有するのは，連邦政府のみである．連邦政府は，求められている仮命令が発せられた場合，差し迫った外交政策上の危機状況のなかで ―実際には必要ない― 連邦議会の政治的同意を得ようと努めるか，あるいは ―これを回避すべきである場合― ドイツ軍人を当該NATO統合部隊から撤収させなければならないことになる．このようなことを強制するならば，連邦政府の外交政策的・安全保障政策的責任の中核的領域が深く侵害されることになるであろう．
　　連邦政府は，外交政策的に切迫した状況において，政治的に不確実で，おそらくは時間を要するであろう議会の同意を得るよう努力するか，あるいは……NATO統合AWACS部隊からのドイツ軍人の引き揚げと，それに伴なう部隊の機能低下がもたらす同盟政策上のリスクを負うのか，選択を迫られることになるであろう．」[565]

　第二法廷は，仮命令の申立てを斥けたとはいえ，本件派遣が議会承認を求めるべき「武装軍隊の出動」である可能性を否定したわけではない．むしろ，本案判決で検討すべき事項として，連邦議会の設権的承認の対象となる「武装軍隊の出動」の意味，「武装して行う作戦行動」への関与の範囲，議会関与が求められる時期等の問題を具体的に挙げている．

313

「それゆえ，本案争訟においては，いつ『武装軍隊の出動』がなされたと認めるべきか，とくに，どの段階でドイツ軍人が『武装して行う作戦行動に関与』したことになるのか，という問題に取り組まなければならない……．具体的事案について解明されるべき問題としては，たとえば次のような問題が考えられる．NATO統合部隊としての出動は，いつの時点から，どの範囲まで議会留保の適用対象となる武装出動とみなされるのか．この部隊が交戦国の領域に直接国境を接している同盟国の領空を監視する時点なのか，あるいは，監視活動が［同盟国の領域を］超えて，武力紛争に関係している国の領域にまで及んだ時点なのか，という問題である．

さらには，武装して行う作戦行動への間接的関与も議会留保の適用対象とされるのであれば，それはどの範囲においてなのかが解明される必要がある．その領域の安全を確保すべき同盟国自体が交戦国となるような展開があり得る本件のような事案においては，これはとくに重要である．」[566]

III 2008年5月7日機関争訟本案判決

1 申立人（FDP会派・同会派所属議員）と 被申立人（連邦政府）の主張

(1) 申立人の主張

FDP会派等の主張[567]によれば，1994年判決において連邦憲法裁判所は，連邦軍の国外出動への議会承認の必要を，法治国家と民主制の憲法原理のなかに投錨した．議会承認が必要であるか否かの決定は，本質性理論（Wesentlichkeitstheorie）に基づいて下される．武力の行使や武力による威嚇により軍事力を発揮させるような，国家にとって極めて深刻かつ重大な決定は，執行府だけの手に委ねることはできない．伝統的な宣戦布告や防衛事態の認定が議会承認のもとに置かれるにとどまらず，変化した戦略環境における連邦軍の新種の出動についても，議会承認は重要なものとなる．

1994年判決は，「武装して行う作戦行動への関与」が認められる出動に連邦議会の関与が必要であるとしているが，そのかぎりにおいて，個々の事案に

ついて，マンデイトがそのような関与を可能にするものであるか否かが問われなければならない．その際，軍事的戦闘行動がその出動の中核を形成しているか否かが重要なのではなく，武力行使が具体的に起こり得ると考えられるか否かだけが重要である．NATO 史上はじめて NATO 条約第 4 条による協議に基づき措置を講じていることから，いつでも攻撃が発生する具体的可能性があると NATO が考えていたことは明らかである．AWACS の活動は，同盟国領空警備のための単なる通常業務ではなく，航空戦のための指揮機能と通信支援確保のための有効な手段を提供する集団自衛のための措置である．ROE によりトルコ領内に侵入する飛翔体への武力行使が授権されていることからも，これは裏づけられる．

(2) 被申立人の主張

連邦政府の見解[568] は異なる．1994 年判決は，事実上の武力行使をもって公式の戦争開始と同一視すべきであり，これが「戦争と平和に関する運命的な政治決定」を具現するものとして議会によって下されなければならないと理解した．連邦憲法裁判所が認めた設権的議会留保の意味においては，ドイツ軍人が武力行使に関与するであろう時にはじめて「武装軍隊の出動」が存在するものと認められるのである．申立人は，1994 年判決がボスニア・ヘルツェゴビナ上空での AWACS による監視活動に議会承認が必要と認めたことを理由に，本件 AWACS の活動も議会承認の対象であるべきと主張するが，前者は国連憲章第 7 章による強制権限実施のための活動であり，武力行使の可能性が内包されていたのであって，紛争地域ではない同盟国領空で監視活動を実施する通常業務である後者（本件トルコ上空監視活動）とは比較できない．

すでに連邦憲法裁判所が「NATO 二重決定判決」[569] のなかで明らかにしたように，基本法が定める国家権力の分立と調整の秩序は，民主制原理から導出される包括的議会留保の形式をとる権力一元論によって効力を奪われることは許されない．議会留保については，疑義がある場合には連邦軍のあらゆる使用を議会の同意によらしめる，というルールは通用しない．むしろ，疑義ある場

第 7 章　軍隊国外出動決定への議会関与の射程（2008 年 5 月 7 日第二法廷判決）

合には，政府がドイツ軍人の使用について決定を下すのである．なぜなら，起こり得る武力抗争の前の段階にあり，何ら軍事的敵対者との接触がないところで，ドイツ軍人のあらゆる通常的活動が連邦議会の同意に従属せられるならば，それは権力分立原理と合致しないからである．

　連邦憲法裁判所がすでに判示するように，同盟国への攻撃があった場合の，同盟義務による武装軍隊の具体的出動のみが，議会承認を必要とするのである．NATO 統合部隊へのドイツ軍の編入，あるいは，この機構の軍事的指揮下で行われる軍事行動への参加は，それが NATO 設立条約で定められているかぎりにおいて，NATO 条約への同意法律に包含されており，武力行使に結びつかないかぎり，あらためてのドイツ連邦議会の承認は必要ない．

　2003 年 3 月 19 日に拡大された ROE は，武力行使の広範な授権を含むものではなく，一般国際法により認められた自衛権を指摘しているにすぎない．同盟が武力行使の決定を下した時はじめて，古典的国際法による宣戦布告の形式における戦争と平和に関する政治決定にこれは対応することになるのであり，そうなれば，ドイツ連邦議会の承認を求めることになるのである．

2 判決の要点

　判決は，被申立人たる連邦政府が，2003 年 2 月 26 日から 4 月 17 日まで，トルコ領空警備のための NATO の措置へのドイツ軍人の参加について，ドイツ連邦議会の承認を得ることを怠ったことにより，武装軍隊の出動に対する設権的承認の形式における防衛憲法上[570]のドイツ連邦議会の関与権を侵害したものと認めた．これにより，外観上，同盟義務に基づく通常業務に見えるものであっても，武力抗争への関与が具体的に予見できるものについては，連邦軍の派遣に連邦議会の承認が必要であることが明確にされた．

(1) 申立ての利益

　判決は，申立人である FDP 会派と同会派所属議員の訴訟適格を認め，本件機関争訟を申し立てる要件となる申立人の権利保護の必要性を認めた．現実に

はAWACS部隊活動中，憂慮されたイラクによるトルコに対する攻撃が発生することはなかった．イラク戦争が終わってすでに5年が経過した2008年になって本案判決を下す意味はどこにあるのか．この点について，第二法廷は，「連邦軍の国外出動が，以後同様の状況において，将来もドイツ連邦議会の承認［決議］に付されないおそれがあることに鑑みても，防衛憲法上の議会留保の射程を明らかにする客観的利益が存在する[571]」と考えた．

この利益は，2005年3月18日の議会関与法が施行されたことによっても消滅することはない．「同法第2条1項の『武装軍隊の出動』の定義[572]は，1994年判決の概念定義に密接に依拠しているが，それは，防衛憲法上の議会留保の適用分野を完結的に輪郭づけるものではない．つまり，議会関与法は，軍隊の出動についての議会関与の精確な射程を明らかにしていないのである」[573]．判決理由においても，すでに2003年3月25日の仮命令申立棄却決定において「憲法から直接効力を与えられた防衛憲法における設権的議会留保」がいかなる範囲に及ぶのか本案判決で解明されるべきであるとしていたことに触れつつ，「武装軍隊の出動」が憲法上の概念であり，「法律による制度の形成が，個別事案において，憲法に直接的に基づくその射程に示唆を与えることができるとしても，憲法より下位にある法律（議会関与法第2条参照）により，拘束力をもって具体化されることはできない．」と説明している[574]．

もっとも，武装軍隊の出動手続について基本法には明文の規定はない．1994年判決において第二法廷が設権的議会留保を導出した根拠は，基本法の防衛・軍事関連規定[575]に確認される議会統制重視の一般的傾向と「1918年以来のドイツ憲法の伝統」[576]にすぎない．つまり，武装軍隊の出動への議会関与権は，実定憲法規定の欠落を連邦憲法裁判所がその判例法により補填した結果として導出されたものであり，したがって，この設権的議会留保の範囲を画定するのも，連邦憲法裁判所の手によらねばならないということであろう．

第 7 章　軍隊国外出動決定への議会関与の射程 (2008 年 5 月 7 日第二法廷判決)

(2) NATO条約の統合プログラムとその継続的形成における連邦議会と連邦政府の権限関係

　1994 年判決は, 基本法の相互集団安全保障機構 [577] 加入規定 (第 24 条 2 項) が, その機構の規則にしたがい行われる活動への連邦軍の派遣の根拠をも提供すると判示した. しかし, すでに 2003 年 3 月 25 日の決定で述べられたように, 基本法第 24 条 2 項に含まれる軍隊国外出動の実体的正当性の根拠は, どの機関が国内において憲法上そうした出動の決定を下さなければならないのか, という問題を解明するものではない. この問題を考えるにあたり, 軍隊国外出動決定を含む外交権の分野における立法府と執行府の権限関係が検討されなければならないが, 基本法においてはただ第 59 条 2 項 1 文に手掛かりとなる明文規定があるにすぎない. 第二法廷は, 同盟条約の締結と同盟機関の決定に基づく具体的な軍隊派遣決定における立法府と執行府の権限と責任の分担について, 以下のように述べる.

　　「第59条2項1文によれば, ドイツ連邦議会は, 相互集団安全保障機構の条約基礎について, 同意を与えなければならない. 基本法第59条2項1文 [および] 第24条2項により制定されたNATO条約同意法律は, 相互集団安全保障機構の統合プログラムを定める. ……この統合プログラムとそれに伴うドイツ連邦共和国の政治的拘束には, 立法機関によって重要な共同責任が負担せられる. 連邦議会と連邦参議院は, 条約法律への同意により, 条約に根拠を置く拘束の範囲を決定し, これについて国民に対する政治責任を負うのである. ……議会の法的および政治的責任は, そのかぎりにおいて, 一度かぎりの同意行為に尽きるのではなく, その後の条約執行にまで及ぶのである. それにもかかわらず, 連邦政府は, 条約を国際法の形式においてさらに発展させる権能を付与されている. ……連邦政府の協力のもとでなされるNATOの発展は, 連邦政府が同意法律による授権を踰越し, 越権行為 (ultra vires) を行う場合にのみ, ドイツ連邦議会を外交権への関与権において侵害するのである. ……これは同時に, 変転する世界政治の一般条件と, これに伴い変化する危機状況への相互集団安全保障機構の適応が, 第一に, 連邦政府の責務であることを意味する. この適応は, それが条約の基礎に影響を与えるかぎりにおいても, 基本法第59条2項1文にしたがい新たな同意を必要とするで

318

あろう改正条約が存在せず，また，機構の発展が，条約上の統合プログラムを離れ，それゆえ同様に新たな議会関与なしには許されないものでないかぎりにおいては，通常は，ドイツ連邦議会が能動的に関与することなく行われる．1989年以降の世界政治の転換以来NATOの枠内でなされ，多くの政治的戦略概念に記録されてきたような，この限界内にとどまる条約の継続的形成プロセスに基本法第59条2項1文に規定された議会同意の必要を拡大することを，本法廷は否定してきた．」[578]

ここで連邦政府の権能とされる同盟条約の「継続的形成」とは，とくに冷戦終結後の NATO の戦略転換に伴う同盟活動の拡大を意味する．これまで，連邦政府の協力により同盟戦略が転換・拡大される度ごとに，これに立法府の承認を得ていないことの違憲性を主張する機関争訟が連邦議会会派により提起されたが，連邦憲法裁判所はいずれの訴えも斥けている．

NATO はワルシャワ条約機構に対する西側集団防衛のための同盟であったが，1991 年 11 月 7 ～ 8 日のローマ・サミットで採択された「同盟の戦略概念」では，NATO が共同防衛を主たる任務とする同盟であることを確認しつつも，国連や CSCE の平和維持決議を実施する同盟域外危機管理任務を積極的に実施する方針を打ち出した．この政策転換が立法府の承認を経ない実質的な NATO 条約の改正であり違憲であるとする社会民主党（SPD）会派の主張は 1994 年 7 月 12 日第二法廷判決で斥けられ，連邦政府単独による採択の合憲性が認められた [579]．その後，1999 年 4 月 23 ～ 24 日ワシントン・サミットで採択された新たな「同盟の戦略概念」は，テロリズム，国際組織犯罪，大量難民の発生などを同盟に対する脅威と認め，これに対する危機対応活動を戦略として打ち出した．これに対して民主社会党（PDS）会派は，SPD会派が 1991 年「戦略概念」について提起したと同様の機関争訟を申し立てたが，2001 年 11 月 22 日の第二法廷判決で NATO 条約の継続的発展の範囲内であることが再度確認された [580]．2001 年判決後，2006 年 11 月 28 ～ 29 日にリガ・サミットで NATO が「グローバルな安全奉仕者」（globaler Sicherheitsdienstleister）となる新機軸を打ち出し，アフガニスタンの ISAF

第 7 章　軍隊国外出動決定への議会関与の射程 (2008 年 5 月 7 日第二法廷判決)

強化を決定した際,「欧州 - 大西洋地域」での危機対応活動を謳う 1999 年「戦略概念」の枠を超えており,「1955 年の NATO 条約同意法律の授権範囲を踰越した」として,戦略拡大に同意した連邦政府の行為と偵察機のアフガニスタン派遣の違憲確認を求め,民主社会党・左派党 (PDS/Die LINKE) 会派が機関争訟を提起したが,この訴えもまた認められなかった[581].

　このように,安全保障環境の変化に伴う新たな脅威認識に基づく安保政策の転換とこれに対応する同盟条約の枠内での活動任務の拡大について,連邦憲法裁判所は,連邦政府の裁量(「形成の自由」)を広く認め,連邦議会の関与をあえて求めなかった.とはいえ,こうした連邦政府による同盟条約の「継続的形成」に対しても連邦議会の統制がまったく及ばないわけではない.連邦議会は,基本法第 43 条 1 項[582]による一般的議会統制権に基づき NATO 機関内での政府の行動について説明を求めることはできるし,同盟軍部隊設置へのドイツの貢献義務を引き受けることになれば,連邦政府は,議会の予算議決権を考慮に入れ,その同意を得る努力をしなければならない.また,NATO への新規加盟国の受容には,加盟議定書の締結が必要であり,これにはあらためて立法府の同意を得なければならない[583].

　しかし,NATO 等の相互集団安全保障機構の発展に対して議会が一定の責任を引き受けることが憲法上求められるとしても,実際上困難に遭遇する.なぜなら政府は議会よりも先に情報を取得し,同盟機構内での協力条件を知ることにより,直接行為者のメリットを享受するからである.たとえば,国連安保理や NATO の委員会において協調的意思形成に参加するのは連邦政府のみである.決定が下された後に,連邦議会がこの決定から一方的に離反させようとすれば,同盟やドイツ連邦共和国に対して必ず政治的な損害を生じさせることになる.そのため,結局,連邦議会は連邦政府の決定に追随するしかなくなるのである[584].

(3) 軍隊出動決定に関する設権的議会留保の意義

　それだけに,同盟機関の決定に基づく連邦軍の「具体的出動」について求め

られる連邦議会の設権的承認の意義は大きなものとなる．第二法廷は，外交権の分野における上述の立法府と執行府の権限配分を踏まえつつ，政府の同盟政策の民主的統制のため，軍隊出動決定への議会関与の重要性を強調し，その対象を狭く限定することなく，政府と議会の権限分野のいずれに属するか疑義がある場合には，「議会親和的」（parlamentsfreundlich）に解釈しなければならないと判示する．

　　「武装軍隊の出動についての防衛憲法上の議会留保は，まさに，このような同盟
　　政策的状況の枠内にあっても，連邦議会の権利を守る．……同盟の具体的出動に
　　関する戦略的な全体方針とその意思形成へのドイツの協力は，そのほとんどが連
　　邦政府により掌握されている．これは確かに，外交権の分野において政府に特別
　　の自由領域を開く憲法上の権限配分に矛盾するものではない．なぜならそれは，
　　機関に適した機能配分の原則に即しているからである．……しかし，連邦政府に
　　よる同盟政策の形成の自由は，国内において，何者が同盟内で決定された具体的
　　出動に連邦軍軍人が参加するか否かを判断するのかについての決定を含むもので
　　はない．同盟システムの政治的動態性ゆえに，武装軍隊の出動に対してより大な
　　る責任を国民代表機関［連邦議会］が引き受けることがますます重要になる．」585

ドイツ連邦議会は，武装軍隊の出動に際して，連邦政府に追随し，間接的に指導・統制するにすぎないような機関の役割にのみ任ぜられるのではなく，軍隊出動の基礎となる権限創設的決定の任務を与えられるのであり，連邦軍の武装国外出動に対する責任を負うのは，連邦議会の責務である．そのかぎりにおいて，連邦軍は「議会の軍隊」なのである586．

　　「外交の分野における国家権力の機能適正配分は……，相互集団安全保障機構に
　　関しては，議会がその共同決定権により，一方では同機構の条約上の基礎に対し
　　て根本的責任を引き受け，他方では，具体的な武装軍隊の出動に関する決定への
　　責任を負うよう形成される．その他の点では，具体的出動計画と同様，同盟政策
　　をより詳細に企画構成することは，構想責任（Konzeptverantwortung）として，
　　連邦政府の責務である．この様な議会と政府の間の責任配分は，起こり得る武装
　　軍隊の出動の限界事例をいかに評価すべきかの問題に影響を与える．……防衛憲

第7章　軍隊国外出動決定への議会関与の射程 (2008 年 5 月 7 日第二法廷判決)

法上の議会留保の機能と意義に照らし，その射程が制限的に規定されることは許されない．むしろ議会留保は，本件手続で被申立人［連邦政府］により主張された見解とは逆に，疑わしい場合には，連邦憲法裁判所により，議会親和的に解釈されなければならない．」[587]

(4) 議会関与が求められる時期

　上述のように，連邦政府は，ドイツ軍人が武力を実際に行使する時にはじめて，かつ，その場合にのみ軍隊出動への議会の関与が求められると主張した．しかし第二法廷は，「防衛憲法上の議会留保をこのように狭く解するならば，ドイツ連邦議会は連邦軍の使用に対して法的に重要な影響を十分に与えることができない」として，この主張を斥ける．

　　「防衛憲法上の議会留保にとっては，武力抗争がすでに戦闘発生という意味で現実化しているか否かが重要なのではなく，その度毎の出動との関係，そして個別の法的および事実的情況により，ドイツ軍人が武力抗争に関与することが具体的に予期せられ，それゆえにドイツ軍人が武装して行う作戦行動に関与しているか否かが重要なのである．この様な区別は，武力抗争への関与ではなく，『武装して行う作戦行動』への関与……と述べることにより，本法廷がすでに1994年7月12日判決において基礎としてきたところである．後者［武装して行う作戦行動］は，すでにその語意からしても，実際に戦闘行動に至っていなければならないことを意味しない．むしろ，本法廷が確認したのは，武装して行う作戦行動への関与の問題については，個々の事案において，出動目的と出動権限がより詳しく検討されなければならない，ということである．したがって，たとえば，出動目的からみて，ドイツ軍人が具体的出動経過にかかわりなく，武力を行使することが当初から計画されている場合には，出動決定時点ですでに武装軍隊の出動があることを前提としなければならないのである．」[588]

　ただ，ここにいう「武装して行う作戦行動への関与が予期される」ことは，単に「武力抗争に至る可能性がある」のとは異なる．「武力抗争に至る可能性」は，軍隊が作戦行動をとるところでは常に伴うものである．判決によれば，単なる「武力抗争に至る可能性」から区別され「武装して行う作戦行動への関与

が予期される」ものとみなし得るには、「出動が、その目的、具体的な政治的および軍事的情況、ならびに出動権限により、武力行使に至り得る十分に明瞭な事実上の根拠が必要」であり、「武力行使にとくに近接している」ことが必要である[589].

しかし、議会が武装軍隊の使用に共同決定権をもって政治的影響力を及ぼし得るのは、軍隊の軍事作戦行動が開始され、軍事的合理性が決定的に重要となる以前の段階までである。武力行使の実質的決定が下される前の時点で議会関与が求められなければならない。さもなければ、議会の軍隊出動決定関与権は無価値なものとなり、「防衛憲法上の根本決定に反して個々の出動を議会の責任から切り離す」ことになる。

加えて、出動決定への連邦議会の事前の関与は、連邦議会の権利を守るだけではない。議会が出動実施後にドイツ軍人の撤収を求めるよりも、ドイツ連邦共和国の外交的行動能力と同盟能力をより厚く保護する選択肢でもある[590].

(5) 派遣軍人の武装の有無と「武装して行う作戦行動への関与」の関係

ところで、1994年判決と議会関与法が求めているのは、「武装軍隊」の「武装して行う作戦行動への関与」が予期される出動に連邦議会が承認を与えることである。ここで問題となるのは、ドイツ派遣部隊が自ら武装しているか否かが議会承認の必要の存否に影響するのかどうかである。AWACS自体は偵察・管制機であり、攻撃型兵器を搭載しているわけではない。しかし、すでに指摘されたように、AWACSは、要撃戦闘機や地上戦闘指揮所との情報リンクにより航空戦指揮所機能を担い得るのであり、その意味においては自身の武装の有無とは無関係に、その業務が武力行使の一環をなす可能性もある。

第二法廷は、AWACSの活動の「武装して行う作戦行動への関与」について、以下のように判断を下した。

> 「[1994年判決は、非軍事的性格の人道支援・救助活動である場合、自衛のために武器を携帯していても、連邦議会による承認は必要ないと判断していたが、本

323

第7章　軍隊国外出動決定への議会関与の射程（2008 年 5 月 7 日第二法廷判決）

件トルコ領空警備は］領土や特定の対象を攻撃から守ることが問題となっていることから，出動が本来的に軍事的特質を有し，かつ，より詳細な事情から，戦闘に巻き込まれることが示唆される場合，出動に参加する連邦軍軍人自身が非武装であるとしても，武装出動を実施する統合軍事システムの枢要部分として取り扱われるならば，武装して行う作戦行動への関与が認められる．武力抗争の範囲内で，たとえば，武力投入に重要な情報を提供し，武装作戦行動を直接指導する偵察を行い，あるいはその軍事的機能の範囲内で，武力投入を命じ得るものは，自らが武器を携帯していなくても，武装して行う作戦行動に関与しているのである．」[591]

　最後に判決は，本件においては外交分野における執行府の行動の優位性のため司法判断回避の理由となる「評価または予測の余地」（Einschätzungs- oder Prognosespielraum）は連邦政府には与えられてはおらず，「武装して行う作戦行動」へのドイツ軍人の「関与」の存否について，裁判所は完全に審査できることを説明したうえで，申立人の主張をほぼそのまま認める結論を導き出す[592]．この結論を導き出すにあたり，第二法廷が重視したのは，NATO の統合防衛システム内で，AWACS がその偵察情報と攻撃誘導機能により，軍事的防御対応の際に重要かつ必要な役割を演じていたであろうということである．連邦軍副総監 J-G ドラ大将（General Johann-Georg Dora）が法廷で証言したように，2003 年 3 月 18 日以降，イラクにおける戦闘開始が予期されており，トルコ領空監視活動もこの日を境に，それまで 1 日 8 時間から 10 時間であったものが終日 24 時間実施されるまでに強化されていた．イラクによるトルコ攻撃があった場合には，ドイツ連邦共和国も自動的に戦闘の直接的な当事者になったであろう．つまり，ドイツ軍人の武力抗争への関与は直接に予期されていたのである．防衛憲法上の議会留保にとっては，出動任務が防衛的なものか否かは重要ではない．ドイツ連邦議会は，例外なく，あらゆる武装軍隊の出動に同意を与えなければならないのである[593]．

324

Ⅳ 本判決の意義

　本判決は，2つの点で重要である．第一に，軍隊の使用を含む同盟政策の立案と実施の分野における執行府と立法府の権限関係を詳述し，同盟条約の枠内での政策形成に政府の「形成の自由」を広く認める一方で，これに対するカウンター・チェックとして軍隊出動決定の最終段階にかかわる議会承認の重要性を明確に位置づけたことにより，1994年判決以来の同裁判所の立場を総括するとともに，その一貫性を確認した点である．第二に，第一の点を踏まえ，同盟条約上の義務として実施される通常的業務と，個別に議会承認を必要とする「武装軍隊の出動」の境界を画する基準である「武装して行う作戦行動への関与」の有無がいかに判断されるべきかを具体的に示し，政府の単独決定による武装軍隊の派遣を強く抑制した点である．とくに，軍隊派遣承認を憲法上の議会の権利と捉え，通常立法によるその例外規定を排除した点は，今後の立法政策に少なからず影響を与えることになるであろう．

　議会関与法制定当時野党であった CDU/CSU は，NATO の緊急対応軍（NRF）や EU の戦闘群（Battle-Group）のような緊急展開部隊の派遣に対応するにあたり，現行の議会承認手続が派遣決定の遅滞を招き，同盟政策の実施に支障をきたすおそれがあることを当初から指摘していた．このため CDU/CSU は，同法案の議会審議において，SPD・B'90/Grüne の連立与党案にも FDP による対案にも同調せず，緊急を要する部隊派遣について個別の議会承認を省略する方法を独自に模索していた[594]．本判決と同じ 2008 年 5 月 7 日に CDU/CSU 連邦議会会派が提出した政策綱領「ドイツ国家のための安全保障戦略」（Eine Sicherheitsstrategie für Deutschland）では，緊急展開部隊派遣承認手続について，その迅速化のため議会関与法の改正を目指す旨の記述が見られるが，本判決の判旨に照らし考えるならば，その選択肢は狭まった[595]．

　1990 年代初頭，連邦軍の NATO 同盟域外派遣の是非をめぐる改憲論議は結論に至ることなく，連邦憲法裁判所に判断を委ねた．その結果として，議会

325

第7章　軍隊国外出動決定への議会関与の射程（2008年5月7日第二法廷判決）

関与法も，憲法判例法の枠内での立法と法運用が求められることになった．新たな脅威に対応する同盟戦略の急速な変化とこれに応えるべきドイツ国内の軍隊派遣決定方式の間に仮に間隙が生じた場合，事後的に形成される憲法判例法がその補填にどこまで対応できるものか，本判決の判旨への積極的評価とは別に，疑問も残る．

［注］

555　BVerfGE 90, 286. 1994年判決に至る背景と判決内容および問題点については，第1章および第2章参照．

556　Gesetz über die parlamentarische Beteiligung bei der Entscheidung über den Einsatz bewaffneter Streitkräfte im Ausland (Parlamentsbeteiligungsgesetz) vom 18.März 2005 (BGBl. I S. 775).

557　議会関与法第4条および第7条．議会関与法の条文は，第6章末（資料2）参照．

558　議会関与法第1条および第2条．なお，1994年判決が示した立法指針と議会関与法制定の政治的背景および立法内容については，第6章参照．

559　BVerfG, 2 BvE 1/03 vom 7. 5. 2008 (BVerfGE 121, 135).

560　BVerfGE 121, 135 [136ff.].

561　NATO条約第4条「締約国は，いずれかの締約国の領土保全，政治的独立又は安全が脅かされていると，いずれかの締約国が認めた時は，いつでも協議する」．

562　NATO条約第4条による協議とODDについては，NATOのホームページを参照．<http://www.nato.int/docu/pr/2003/p03-040e.htm>（2015年11月10日閲覧）

563　Deutscher Bundestag, Stenografischer Bericht, 35. Sitzung, Berlin, Donnerstag, den 20. März 2003, Plenarprotokoll 15/35, 2926(D).

564　BVerfGE 108, 34.

565　BVerfGE 108, 34 [44].

566　BVerfGE 108, 34 [43].

567　BVerfGE 121, 135 [142ff.].

568　BVerfGE 121, 135 [146ff.].

569　BVerfGE 68, 1 [89, 108f.]「NATO二重決定判決」は，ドイツ国内に駐留する米軍がパーシングⅡ型中距離核ミサイルと巡航ミサイルを配備することについて，連邦政府が憲法上求めるべき連邦議会による法律形式の同意を得なかったことにより，基本法第24条1項，第25条と結

びつく第79条1項1文ならびに第20条3項と結びつく第59条2項1文による連邦議会の
権利を侵害したことの確認を求める機関争訟に関する1984年12月18日第二法廷判決である。
前年（1983年）にはじめて連邦議会に進出した緑の党（Die Grünen）会派が提起したが，申
立ては却下された。判決のなかで第二法廷は，政府固有の責任領域の限界を「恣意禁止」に認め，
政府の決定に明白な恣意性がないかぎり，政府の外交・防衛政策の司法判断に消極的立場を明
らかにしていた。「外交政策および防衛政策的性格を有する判断と評価は，連邦政府の責務であ
る。基本法は，そのかぎりにおいて連邦政府に帰属する評価権限に，明らかな恣意という限界
のみを課している。この局限的限界の範囲内においては，連邦憲法裁判所は，連邦政府の判断
または評価が妥当か否かを審査することはできない。なぜならば，そのかぎりでは法的基準が
欠如しているからである。それは政治的に解答せられ得るものである（主文第3項）。」

570　第二法廷は判決文のなかで「設権的議会留保の形式における防衛憲法上の関与
権　」（wehrverfassungsrechtliches Beteiligungsrecht in Form des konstitutiven
Parlamentsvorbehalts）あるいは「防衛憲法上の議会留保」（wehrverfassungsrechtlicher
Parlamentsvorbehalt）といった表現で，軍隊出動決定への議会関与に Wehrverfassungsrecht
(-lich) という語を伴わせている。本文でも述べるように，ドイツ軍隊の出動決定手続における
設権的議会留保は，1994年判決が基本法上の防衛制度と1918年以来のドイツ憲法の伝統にお
ける軍事事項への議会関与の重視から導出した憲法判例法的原理である。このため，軍隊出動
への議会の関与権が憲法上の概念であることを強調すべき文脈で「防衛憲法（上の）」という表
現が用いられる。

571　BVerfGE 121, 135 [152]。この点は，すでに2003年3月25日の仮命令申立棄却決定でも述べ
られている。Vgl. BVerfGE 108, 34 [43]。

572　議会関与法第2条 [概念定義]「(1) 連邦軍の軍人が武装して行う作戦行動に関与し，又は武装
して行う作戦行動に関与することが予期される場合には，武装軍隊の出動と認められる」（以
下省略）。

573　BVerfGE 121, 135 [152]。

574　BVerfGE 121, 135 [155f.]。

575　1994年判決で第二法廷が設権的議会留保の憲法上の根拠として挙げたのは以下の条文であ
る。基本法第87a条3項 [防衛事態の議会認定後の民用物保護・交通規制のための軍隊の出動]，
同条4項 [武装叛徒の鎮圧，民用物保護を目的とする警察力支援のための軍隊の出動の連邦議
会または連邦参議院による中止]，第35条3項 [広域的災害緊急事態における警察支援のための
の軍隊出動の連邦参議院による中止]，第45a条 [連邦議会防衛委員会]，第45b条 [連邦議会
防衛監督委員]，第87a条1項 [軍隊の組織大綱と兵力の予算案への明示]。ここでの議会留保
の演繹の問題点については，第2章II.3.(4). ①～③参照。

576　1994年判決は，1918年10月28日帝国憲法改正法第11条2項 [宣戦布告における連邦参議
院と帝国議会の同意]，ヴァイマル共和国憲法第45条2項4文 [ライヒ法律による宣戦・講和]
を挙げる。Vgl. BVerfGE 90, 286 [381ff.]。

577　連邦憲法裁判所は，基本法第24条2項の「相互集団安全保障機構」(ein System gegenseitiger
kollektiver Sicherheit) の概念について，グローバルな集団安全保障機構である国連，地域的
機構である CSCE[OSCE] のほか，平和の維持に寄与するかぎりにおいて NATO 等の集団防

327

第7章　軍隊国外出動決定への議会関与の射程（2008 年 5 月 7 日第二法廷判決）

衛同盟もこの概念に含まれるものと解釈した．Vgl. BVerfGE 90, 286 [350f.] 第 2 章 II .2.(3);
BVerfGE 104, 151 [209]; BVerfGE 118, 244 [261f.]

578　BVerfGE 121, 135 [157f.].

579　BVefGE 90, 286 [359ff.]. 第 2 章 II .3.(3). ①.

580　BVefGE 104,151 [199ff.]. 第 3 章 II .2.(1).

581　2007 年 3 月 29 日の第二法廷決定で派遣中止の仮命令申立棄却 (BVerfG, 2 BvE2/07 vom 29.
3. 2007 (BVerfGE 118, 79)), 同年 7 月 3 日の第二法廷判決で機関争訟も棄却 (BVerfG, 2 BvE
2/07 vom 3. 7. 2007 (BVerfGE 118, 244)).

582　基本法第 43 条 1 項「連邦議会及びその委員会は，連邦政府のどの構成員に対しても，出席を
求めることができる」．

583　BVerfGE 121, 135 [158f.].

584　BVerfGE 121, 135 [159f.].

585　BVerfGE 121, 135 [160f.].

586　BVerfGE 121, 135 [161].

587　BVerfGE 121, 135 [161f.].

588　BVerfGE 121, 135 [164f.].

589　BVerfGE 121, 135 [165f.].

590　BVerfGE 121, 135 [167].

591　BVerfGE 121, 135 [167f.].

592　BVerfGE 121, 135 [169].「この基準に照らしてみると，2003 年 2 月 26 日から 4 月 17 日まで
実施された NATO によるトルコ領空監視へのドイツ軍人の参加は，武装軍隊の出動であり，防
衛憲法上の議会留保にしたがい，連邦議会の承認を必要とした．[実際には] 戦闘が発生しなか
ったこととは無関係に，ドイツ軍隊は，この出動への参加により，武装して行う作戦行動に関
与したのである．」

593　BVerfGE 121, 135 [172f.].

594　議会関与法の制定に冷淡な態度をとった CDU/CSU の関心と議会承認省略の意図について，第
6 章 III .2.(2) 参照．

595　「連邦軍が，多国籍介入部隊の確固たる構成部分として軍事的危機対処のため使用される場合，
かつそのかぎりにおいて，これも早急に派遣できなければならない．このため，議会関与法は
しかるべく適合されなければならない．」Vgl.“Ein Sicherheitsstrategie für Deutschland”—
Beschluss der CDU/CSU-Bundestagsfraktion vom 6. Mai 2008, S. 12. 当初案では，緊急を
要する部隊派遣については議会承認を省略する旨の記述があったが，本判決を受けて削除され
たとされる．参照，国立国会図書館調査及び立法考査局『外国の立法』No.236-1（2008 年 7
月）：山口和人「立法情報【ドイツ】ドイツ版「国家安全保障会議」設立構想と連邦議会での議
論」．

第4部

航空テロ攻撃への武力対処を
めぐる憲法訴訟

航空安全法テロ対処規定違憲判決と
判例変更の意義

第8章
航空安全法テロ対処規定に関する憲法問題

　テロリストが満員の旅客機をハイジャックし，これを武器として地上の標的を狙い自爆攻撃を実行する危険が急迫し，この攻撃が成功した場合，機内の乗客よりはるかに多数の犠牲者が生じることが明らかである時，国は攻撃を未然に阻止するため，この旅客機を空軍機により撃墜することができるのか．たとえば，3,000人の命を救助するために機内の300人の無辜の人々の命を奪うことが許されるのか．このような非人間的な決断が迫られる事態は想像もしたくはないが，2001年9月11日の米国テロ事件以後，各国政府が対応を想定しておかなければならないものとなった．

　ドイツでも，このような最悪の事態に備えるため，航空安全法[596]にハイジャック機に対する軍事的対処規定を置き，最終手段として空軍機による撃墜が可能であることを明確にした．しかし，この規定については，法案審議中から違憲性が指摘され，学説においても否定的見解が多くあったことから，連邦大統領H. ケーラー（Horst Köhler）は，法律の認証にあたり憲法適合性に疑義があることを表明し，連邦憲法裁判所の判断を求めるよう勧告する異例の事態となった．この後提起された憲法異議[597]に対する判決が2006年2月15日にあり，航空安全法の武力行使規定に違憲無効の判断が下された[598]．

　本章ではまず，航空安全法の制定に至る背景と，いわゆる「転向事態」(Renegade-Fall)[599]について同法が規定する軍事的対処の法構造を明らかにする．さらに，軍隊の国内出動に関する憲法規定と学説上の問題点を踏まえ，憲法異議の争点を明確にする．そして次章で2006年2月15日判決の内容に

ついて検討し，判決後のドイツ政府・議会の対応について論じることにしたい．

Ⅰ 航空安全法制定の背景

1 航空テロの脅威認識

航空安全法の制定の背景にあるのは，いうまでもなく 2001 年 9 月 11 日の米国同時多発テロ事件である（以下「9・11 米国テロ事件」とする．）．この事件については，ここで詳しく述べる必要もないであろう[600]．世界を震撼させたこの大事件以来，各国は同様のテロ攻撃を未然に防止するため，多くの立法措置を講じることになった[601]．ただ，9・11 米国テロ事件のような最悪の事態の発生が直前に迫った場合を想定した緊急対処措置については，事件後直ちに対処方針が決定されたわけではなかった．9・11 米国テロ事件は極めて稀なケースであり，まず必要なのは日常的な安全管理体制の強化であって，そちらが先決問題であると考えたこともあろう．しかし，航空テロの危険は必ずしもこのような安全対策だけでは防ぐことができないことを，程なくドイツ国民は知ることになる．

ドイツ国内で米国と同様のテロ攻撃があった場合の対処措置の必要が強く意識され，法制化に動き出す契機となったのは，2003 年 1 月 5 日の事件であった[602]．この日，武装した男がモーター・グライダーを強奪し，フランクフルト・アム・マインの高層ビル群周辺上空を旋回しながら，米国に電話をかけさせるよう要求，応じなければ欧州中央銀行ビルに衝突させると脅迫した．警察は，高層ビル内および周辺地区から市民を避難させ，警察のヘリコプターと空軍の要撃機が出動し対応した．事件発生から約 1 時間半後，犯人に精神病歴があることが判明した．犯人は，要求を満たした後，ライン・マイン空港に着陸，逮捕された．大事には至らなかったものの，欧州の金融経済の心臓部で起こったこの事件により，9・11 米国テロ型の攻撃がドイツにおいても起こり得

ることを思い知らされた．また，2006年には，ドイツ各地でワールドカップ・サッカー大会が開催されることから，空からのテロ攻撃阻止に万全を期すためにも，必要措置の法制化が求められることになった．

ドイツは，1972年のミュンヘン・オリンピックの際にも上空からのテロ攻撃の危険に直面したことがある．9月5日にこの大会で起こったパレスチナ・ゲリラによるイスラエル選手殺害事件はよく知られるが[603]，9月11日の閉幕式の際にもテロリストがシュトゥットガルトからミュンヘンに向かう小型機からオリンピック・スタジアムに爆弾を投下するとの情報があり，空軍機の哨戒飛行が実施された．しかし，結局この情報は誤りであり，実際には不審機はフィンランド航空の旅客機であることが判明し事なきを得た．この事件は，元連邦防衛大臣 G. レーバー（Georg Leber）が1979年に出版した回顧録のなかで明らかにするまで公に語られることはなく，この種のテロ攻撃への対処措置については2001年の米国テロ事件まで議論されることはなかった[604]．

2003年1月のフランクフルト・アム・マインでの事件を契機に，こうした過去の記憶も甦り，航空テロ対処体制整備に向けた動きが活発になる．

2 領空警備態勢の強化

フランクフルトでの事件後，法整備の問題とは別に，実施面では早期に新機関の設置により「転向事態」対処態勢の向上が図られた．ノルトライン・ウェストファーレン州カルカー（Kalkar）にあるドイツ空軍フォン・セイドリッツ営舎（Von Seydlitz-Kaserne）内に設置された「『領空における安全』国家情勢分析・指揮センター」（NLFZ）が，すでに2003年10月1日から — つまり航空安全法施行の1年以上前から — 業務を開始し，24時間体制でドイツ領空内の不審機を監視し，ハイジャックされた民間航空機によるテロ攻撃を防止する態勢をとっている[605]．同センターは，連邦防衛大臣，連邦内務大臣，連邦交通・建設・住宅制度大臣が共同所管する省庁横断的機関であり，連邦軍，連邦国境警備隊（連邦警察）[606]，ドイツ航空管制会社[607]の職員が勤

務している.

通常の空域監視業務は NATO が行い，第一次的対処は NATO 統合防空司令部のもとで実施される．航空機が針路から逸脱し，または無線連絡が途絶した場合には，要撃機（通常2機）がニーダーザクセン州北端ヴィトムント（Wittmund）基地またはバイエルン州ノイブルク（Neuburg）基地から緊急発進し，不審機を確認する．これが軍用機であった場合には NATO による対処が継続されるが，不審機が民間航空機であることが判明し，「転向事態」とみなされた場合には，対処権限がドイツ政府に移り，連邦防衛大臣のもとで空軍総監が対処指揮にあたる．NLFZ は，常時 NATO の関係部署と協力しつつ，緊急事態発生時に情報を集約し，空軍総監を通じて対処措置の決定に必要となる情報を決定権者（連邦防衛大臣）に伝達するとともに，連邦とラントの航空保安諸機関が迅速かつ円滑に協力できるよう，場合によっては連邦情報局（Bundesnachrichtendienst [BND]），連邦刑事庁（Bundeskriminalamt [BKA]）のほか，ラントの警察機関とも情報の共有を図ることになっている[608].

3 航空安全法制定までの経過

「転向事態」対処のための国内法が未整備の段階でも軍事組織上の改変を急ぐ必要があったのは，欧州中央に位置し，多くの国が国境を接するドイツの領空警備が十分に機能しなければ，航空テロ攻撃の発生を防止できないという現実があるからである．

EU は，2002年12月16日の「欧州航空安全規則」（欧州議会・理事会規則第2320号）[609] により，加盟各国に対して9・11米国テロ事件以後明らかとなった危険について航空の安全確保のための共通の措置をとるようガイドランを示している．この規則は，民間航空への不法な侵害の阻止のため共通の基準を定め，国際民間航空条約（シカゴ条約）の関係規定の解釈の統一を目的とするものであって，各国の権限分野に属する軍隊の使用に関しては，とくに触れてはいない．しかし，当時採択が検討されていた欧州憲法条約草案の第I-

42 条は，一加盟国がテロ攻撃または自然災害・人為的災害に対処するにあた
り，EU と加盟国が共同で連帯の精神のもとに行動すると定め，加盟国の領域
内でのテロの脅威を除去するために，軍事的資源を含め，利用できるすべての
手段を発動する旨規定していた[610]．ドイツの隣国フランスやポーランドにお
いても 9・11 米国テロ型攻撃への武力対処の方針は明確であり，最悪の事態
を回避するための最終手段として「転向機」の撃墜を認めている[611]．

　ドイツ政府は，2004 年 1 月 14 日，「欧州航空安全規則」の要請にしたがい，
これまで航空法に含まれていた航空保安関係規定を統合・補充し，その他必
要となる関係法律の改正を行うため，「航空保安任務の新規定のための法律」
案[612] を提出した．同法案の主たる部分（第 1 条）が航空安全法である[613]．同
法案は，1 月 30 日に連邦議会において第 1 回本会議審議が行われた後[614]，委
員会審議（主管委員会は内務委員会）の過程で一部修正が加えられ[615]，6 月
18 日の第 2 回，第 3 回審議を経て可決された[616]．

　一方，連邦参議院は，これより前 2003 年 12 月 19 日の会議で，基本法第
76 条 2 項に基づき，同法案の内容に疑義を提起し多くの修正を求める「見解」
（Stellungnahme）を議決していた[617]．連邦議会可決後の 2004 年 7 月 9 日，
連邦参議院は，基本法第 77 条 2 項に基づき両院協議会の招集を求め，航空安
全法の成立には基本法第 84 条 1 項および第 87d 条 2 項により連邦参議院の
同意を必要とするとの同院の見解を表明した[618]．結局，両院協議会でも合意
に至らなかったため，連邦参議院は同年 9 月 24 日，法案可決に対する「異議」
（Einspruch）を申し立てた[619]．これに対し連邦議会与党会派は異議却下の動
議を提出し[620]，これが賛成 303，反対 278 で可決されたため，同法は成立し
た[621]．

　こうして航空安全法を含む「航空保安任務の新規定のための法律」は，
2005 年 1 月 11 日公布され，15 日に施行された．

335

II 航空安全法に基づく不審機対処の法構造

航空安全法は，「航空の安全に対する攻撃，とくにハイジャック，破壊工作およびテロ攻撃からの保護」に資するため制定されたものである（同法第1条）[622]．同法は，第1章［総則］（第1条・第2条），第2章［保安措置］（第3～12条），第3章［軍隊による支援と職務共助］（第13～15条），第4章［権限と手続］（第16条・第17条），第5章［過料規定および罰則規定］（第18～20条），第6章［末尾規定］（第21条）から構成される．本章の目的は航空安全法の内容全体を概説することにはなく[623]，同法の武力行使規定に関する憲法訴訟の争点を確認することが目的であるため，ここでは第3章「軍隊による支援と職務共助」の諸規定についてのみその内容を概説し[624]，2006年2月15日判決の論点を検討することにしたい[625]．

1 軍隊出動の一般的要件

航空安全法第13条1項によれば，重大な航空インシデント（Luftzwischenfall）により，基本法第35条2項2文または3項にいう「特に重大な事故」が急迫していると推定し得る事実が存在する場合には，ラントの警察力を支援するため，効果的な対処をするために必要であるかぎりにおいて，危険防御[626]の範囲内で，領空においてこの事故の発生を阻止するために，軍隊を出動させることができる．

第13条1項にいう航空インシデントとは，「正常な飛行運転からのあらゆる逸脱」を意味する用語である[627]．航空機自体を攻撃武器として悪用する場合 ― いわゆる「転向事態」― だけでなく，気球，ロケット等その他の飛行体，すなわちドイツ航空法第1条2項にいう航空機による規則違反行為はすべて航空インシデントである[628]．ただし，すべての航空インシデントが軍隊出動の原因となるのではなく，「特に重大な事故」の発生の急迫がそこから予測されるような航空インシデントのみが軍隊出動の根拠となり得る．ハイジャック

された旅客機が，高層ビルや危険な工業施設，原子力発電所などを標的とする自爆攻撃に利用される場合等は，当然にこれに該当する[629]．

　軍隊による措置の目的は，危険防御の範囲内で，「特に重大な事故」の発生を防止することにある．航空インシデントそのものへの対処は，航空保安官庁の一般的任務であることに変わりはない（航空安全法第2条）．また，「危険防御の範囲内で」，「ラントの警察力を支援するため」そして「効果的な対処をするため必要となる限りにおいて」といった第13条1項の表現から，危険防御に権限を有する官署の所轄権限は不変であることが明らかとなる．とくに，この法律により，非軍事（文民）官署に対する指図権が軍隊に付与されることはない．軍隊による措置は，物理的・時間的に，危険防御官署がその保有する手段によっては対処できないような危険状況に限定される．危険防御官署が一時的に対応不能であっても，同官署が再び対処可能となれば，直ちに軍隊の出動は終了しなければならない[630]．

2 軍隊出動決定権限と決定手続

(1) 局地的災害緊急事態における軍隊出動決定

　基本法第35条2項2文が対処措置を定める，いわゆる局地的災害緊急事態（regionaler Katastrophennotstand），すなわち一ラント領域内で発生する自然災害・大事故の場合については，軍隊の出動は，当該ラントの要請に基づき，連邦防衛大臣（代理が任命されている場合にはその任にある連邦政府構成員）が連邦内務大臣と協議のうえで決定を行う（航空安全法第13条2項）．

　当該ラントの要請に基づくことは，基本法第35条2項が求めるところである．軍隊出動の決定権限が連邦防衛大臣にあることは，分担管理原則を定める基本法第65条2項および平時の軍隊命令・司令権が連邦防衛大臣に帰属することを定める第65a条1項から見て当然である．ただ，航空安全法による連邦軍の活動が，危険防御の範囲内で，警察力支援のために行われるものであることから，連邦防衛大臣は，連邦内務大臣と協議のうえで決定を下すよう求め

られる. ここで「協議のうえ」(im Benehmen mit) とは,「合意の成立に努力すること」を意味し, 必ずしも連邦内務大臣の同意が決定に不可欠であるわけではない. これは, 連邦政府の過去の経験から「空域における危険への対処には時間的に極めて僅かな行動の余地しかない」ことを考慮したものであるという[631]. さらに緊急を要し,「協議」をする時間的余裕もなく, 即時の対応が求められる場合には, 連邦防衛大臣は直ちに決定を下し, 連邦内務省に遅滞なく通知する (航空安全法第13条2項2文)[632].

(2) 広域的災害緊急事態における軍隊出動決定

2003年1月のフランクフルト・アム・マインでの事件は, 上述の局地的災害緊急事態の適用ケースであろう. しかし, 旅客機による「転向事態」を想定した場合, 現在の航空機の飛行速度と航続距離に鑑みて, 重大航空インシデント (ハイジャック) の発生および事故発生の急迫から実際の被害発生までが一ラントの領域内で完結するケースはむしろ稀であり, 通常は複数のラントの領域に関係することが予想される[633]. これは, 基本法第35条3項が定める広域的災害緊急事態 (überregionaler Katastrophennotstand), すなわち複数のラントの領域に波及する自然災害・大事故のケースに該当する. このような航空事故に対処する場合には, 当該ラントとの協議により, 連邦政府が軍隊出動の決定を下す (航空安全法第13条3項1文). ただ, 自然災害や事故後の救出活動とは異なり, 航空機による事故発生を未然に阻止するための措置の決定には時間的余裕は少なく, 合議体としての連邦政府が適時に出動決定を行い得る可能性はむしろ低い. 連邦政府が適時に決定を下すことができない場合に備え, 航空安全法第13条3項2文は, 連邦防衛大臣 (代理が任命されている場合にはその任にある連邦政府構成員) が連邦内務大臣と協議のうえで決定するものと定めている. ただし, 憲法上の決定権限の主体は連邦政府であることから, 事後遅滞なく連邦政府の決定が行われなければならない (同3文). さらに, 局地的災害緊急事態の場合と同様に, 即時の対処行動が求められる場合には, 当該ラントおよび連邦内務省に遅滞なく通知されなければならない (同

4文).

　なお，局地的であれ広域的であれ，災害緊急事態における軍隊出動決定の際には，連邦大臣間あるいは連邦政府とラント政府の間の協議が行われ，即時の対処行動が求められる場合には，連邦内務省等への通知がなされるが，この協議および通知にかかわる手続の詳細（たとえば権限あるすべての官署の脅威判断の集約，協議開催手続，通知方法等）については，連邦とラントの間の規律に委ねている（航空安全法第13条4項1文）.

　また軍隊による支援は，航空安全法の規定による出動の範囲内で実施される（同2文）. 航空機によるテロ攻撃は通常一ラント内で完結することはなく，またラントの危険防御法には空域に関する特別の規則は含まれないことから，危険防御措置の実施は連邦法にしたがい，連邦の官署により行われることを明示したものである.

3 不審機への対処措置

　出動時に軍隊がとることを許される強制措置とその選択に適用される諸原則については航空安全法第14条が定めるが，強制措置の発動以前に基本法第35条1項による職務共助として航空保安官署の要請に基づき軍隊が実施する措置を第15条1項が定める.

(1) 検査・警告・迂回措置（第15条）

　領空にある航空機に対して検査，警告および迂回を実施する任務は，航空の安全確保（航空管制）に権限を有する連邦交通・建設・住宅制度省の所管である. しかし，航空機との無線通信が途絶し，あるいは物的装備（哨戒機や低空飛行レーダー）の不足等の理由により，同省の委託を受けた航空管制機関がこの任務を果たし得ない場合が実際に発生し得る. 第15条1項は，このような事態において，連邦交通・建設・住宅制度省が軍隊に職務共助を要請できることを定める. この場合，検査，警告および迂回を実施する際に強制措置をとることはない. 職務共助の要請については，一般的要請が認められ，その内容に

339

ついて事前に協定で定めることができる（航空安全法第15条1項4文）．協定の内容としては，必要となる情報交換，そのために利用される方法等が考えられる[634]．連邦防衛大臣は，この職務共助にかかわる措置を命ずる一般的権限を，空軍総監に付与することができる（同第15条2項1文）．

(2) 強制措置（第14条）

航空インシデントが発生し，第15条1項による検査・警告・迂回の措置がすでにとられたにもかかわらず当該航空機が指示にしたがわず，状況と経過から見て「特に重大な事故」—すなわち「転向機」による自爆テロ攻撃—の発生が差し迫っていることが予測できる場合，軍隊は第14条1項および3項による措置をとることになる．第14条による措置は，第15条1項による措置がすでにとられ，これが成果を収めないことが明らかとなって以後はじめて実施を許される．したがって，直接出動指揮にあたる空軍総監は，第15条1項の措置をとりつつ，第14条1項および3項による措置をとるに至る可能性のある状況について，遅滞なく連邦防衛大臣に報告しなければならない（航空安全法第15条2項2文）．

① 針路変更・着陸の強制・武力行使の警告（警告射撃）

第14条1項は，航空機に対する武力行使までには至らない，これより下位の様々な措置を，とるべき順序にしたがい挙示している．軍隊は，領空において，当該航空機の針路を変更させ，着陸を強制し，武力の行使を予告して威嚇し，または警告射撃を行うことができる．上述の措置のうち，どれをとるかの選択には，比例適合性の原則が適用される（同第14条2項）．すなわち「複数のとりうる措置のうち，個人および公衆に対し最も侵害の少ないと予想される措置」を選択しなければならず，またこの措置は，「目的を達するに必要とされる限りにおいてのみ」実施を許される．加えて，この措置は，「求められる成果に対して明らかに均衡を欠く不利益を生じさせる」ものであってはならない．対処措置の選択にあたり比例適合性を考慮すべきことは，航空安全法第4条が一般原則としてすでに定めるところだが，国民に対する最高度の侵害措

340

置にかかわる第14条でこれを再度確認したものである.

② 武力行使

第14条1項による措置がいずれも効果をあげない場合に，最終手段として，当該航空機に対する武力行使が認められる．第14条3項は，航空機が人命に対する攻撃に用いられ，かつ，この現在の危険を防除する唯一の手段であることが状況から明らかである場合にかぎり，軍隊による当該航空機に対する「武力による直接的作用」(Die unmittelbare Einwirkung mit Waffengewalt) が許されると定める.「武力による直接的作用」とは婉曲表現であるが，実効射撃のことであり，その結果として撃墜の可能性が高い措置である．武力行使が許されるのは，当該航空機それ自体がテロ攻撃の実行武器として利用される場合であり，犯行のための単なる補助手段として利用されるだけでは不十分である[635].加えて，航空機内にある人間の生命だけでなく，他の人間の生命もテロ攻撃の標的にされていることが，空軍機による武力行使が許容される必要条件である[636].

③ 決定権者

以上の第14条1項および3項による措置は，連邦防衛大臣（代理が任命されている場合にはその任にある連邦政府構成員）が命ずるが，「武力による直接的作用」までに至らない下位の措置（第14条1項の措置）については，命令権を空軍総監に委任することができる（航空安全法第14条4項2文）．これは通常の軍隊指揮命令構造に沿う委任である．しかし，「武力による直接的作用」の命令は，連邦防衛大臣（またはその代理たる連邦政府構成員）のみが下すことができ，他者への権限の委任は認められない（同第14条4項1文）.

4 連邦大統領の疑義

連邦大統領 H. ケーラーは，2005年1月11日，基本法第82条1項に基づく航空安全法の認証にあたり，この法律の第13条および第14条3項の規定について憲法適合性に重大な疑義があることを表明し，その所見を連邦政府お

第8章　航空安全法テロ対処規定に関する憲法問題

よび連邦議会と連邦参議院の議長に宛てた書簡で伝えるとともに，その憲法適否について連邦憲法裁判所が明確にするよう訴訟提起の勧告を行った[637]．

　連邦大統領が航空安全法の武力行使規定に違憲の疑いを指摘した理由は2つある[638]．

　第一に，航空安全法第14条3項が定める武力行使が，撃墜の対象となるハイジャック機の乗客・乗員の人間の尊厳（基本法第1条1項）と生命権（同第2条2項）を侵害する点である．テロリストに乗っ取られた旅客機それ自体が武器として攻撃に使用される差し迫った危険を回避するため，最終手段として「武力による直接的作用」が許されるとする航空安全法のこの規定は，対象機の撃墜を許可するものであり，それはほぼ確実に同機の乗客・乗員の死を結果する．テロ攻撃の標的とされる地上の人々の命を救うためハイジャック機内の乗客・乗員の命を犠牲にするこの措置は，いわば人の命を秤にかける行為であり，このような「人命と人命の衡量」（eine Abwägung Leben gegen Leben）は，従来の憲法判例や憲法学説においても認められてはいないはずである，というのが連邦大統領の主張である．

　第二は，軍隊出動の憲法上の根拠に関する疑義である．基本法第87a条2項によれば，軍隊は，「防衛のため」の出動のほかは，基本法が明文で許容する場合にのみ出動できる．航空安全法は，同法による軍隊の出動を基本法第35条2項および3項に基づかせる一方で，これを職務共助として位置づけている．職務共助として軍隊が被災ラントに派遣される場合，従来の原則によれば，派遣先のラント当局の目的に照らし，当該ラント法（とくに秩序違反法や警察法）に基づき活動することになっている．しかし，航空安全法第14条3項による武力行使権限は，ラント警察法等が定めることのない種類のものである．このような権限をラント法から切り離して連邦が定める立法権限が存在するのか，疑問であると大統領は考える．

　この2つの論点は，前者は基本法の最重要理念である人間の尊厳と生命権の問題，後者は軍隊出動の憲法上の根拠，とくに国内出動の憲法留保にかかわ

342

る問題であり，一見関係性の薄いもののように見える．しかし，国家社会主義時代の恐怖政治の経験から，戦後ドイツ基本法が人間の尊厳という宗教的・哲学的概念をその根本理念に据え，また，再軍備以来軍隊の国内出動を厳格な憲法の留保のもとに置き，軍隊が権力手段として乱用されないよう考慮したのも，第二次大戦までのドイツの歴史への深い反省がその背景にある．その意味において，この2つの論点はともに基本法の根幹にかかわる重要問題である．

　2006年2月15日の連邦憲法裁判所判決の検討に入る前に，次節では，憲法異議の争点の一つである軍隊の国内出動の憲法による抑制を歴史的視点から捉え直したうえで[639]，航空テロ攻撃対処のための軍隊使用の憲法上の根拠と攻撃阻止を目的とする「転向機」撃墜の許容性に関する主な問題点を，航空安全法制定前後に発表された学説に依拠しつつ検討することにしたい．

III ドイツ基本法における軍隊出動の根拠と制約

1 軍隊の政治介入への危惧

(1) 改憲への消極姿勢

　軍部の政治介入に苦しんだ経験がある諸国では，テロ対処のための軍隊の国内使用の可否を考える場合，ただ単に「警察力で不十分ならば軍隊を使う」「警察の装備を新たに拡充するより，莫大な防衛予算を投じている軍隊の装備を用いるべき」といった単純な機能効率や費用対効果の問題として割り切れない微妙な問題を伴う．とくにドイツ基本法のもとでは，軍隊の出動を明文で許容する憲法規定がなければ，新たな出動任務を法律で創出することはできない（基本法第87a条2項）．したがって，警察力では対処できないテロ攻撃を防御するため軍隊の出動が必要になっても，現行憲法にその根拠となる規定が存在しなければ，改憲によりこれを創り出すことが必要になる．

　9・11米国テロ事件後，同様のテロ攻撃に対処する軍隊の出動を可能にす

第8章　航空安全法テロ対処規定に関する憲法問題

るための憲法改正の動きは早くからあった．バイエルン州とザクセン州政府は，2001年11月23日に改憲案を連邦参議院に提出している．また2004年3月9日には，航空安全法案を提出したシュレーダー政権（SPDとB'90/Grüneの連立）に対抗し，当時野党であったCDU/CSU会派も改憲案を連邦議会に提出している[640]．しかし，軍隊の国内出動任務を改憲により拡大することについては，2005年9月の総選挙後，大連立政権の樹立により与党にとどまったSPDとともに，野党（FDP, B'90/Grüne, Die LINKE）いずれも消極的である．その背景には，軍隊の国内使用の可能性が広がれば，国内治安維持を任務とする警察と対外的防衛を主任務とする軍隊の機能区分が曖昧になり，ドイツ国民がかつて経験したように，国内治安維持の軍事化を招き，軍隊が政府の権力手段として利用され，やがては内政問題への軍部の介入を招くのではないかという根深い危惧がある[641]．

(2) 憲法史的背景

　ドイツにおいて警察と軍隊の機能分化は，歴史上曲折を経て今日の基本法における厳格な分離に至っている[642]．それは軍隊の治安維持任務に関する憲法規定の変遷から読み取ることができる．1794年2月5日のプロイセン一般ラント法（ALR）第1条2項10号は，「軍隊職員及び文民職員は，専ら国家の安全，善良の秩序並びに安寧の維持及び促進を助けることを任務とする．」と定め，治安維持手段として文民機関と軍隊を並置していた．このため，国内治安維持において文民機関を支援するだけでなく，反乱鎮圧のため軍隊独自の介入権限が認められていた．その後，初期立憲主義の時代には治安維持に関する文民機関の優越的地位が法定されたこともあったが，実際には騒擾・反乱の鎮圧について軍隊は独自の権限を維持していた．1848/49年の革命のなかでも，プロイセン軍は反革命の力となる．

　1850年1月31日のプロイセン王国憲法第36条1文は，はじめて警察的任務における軍隊の行動を法律の留保のもとに置き，「国内の暴動の鎮圧及び法律の執行のための軍隊の出動は，法律が定める場合及び［法律の］形式に

おいて，かつ，文民官庁の要請に基づいてのみ許される．」と定めた．しかし，同条2文は文民官庁の要請について法律で例外を定めることを許容しており，軍隊独自の介入の余地は残された．1871年4月16日のドイツ帝国憲法（ビスマルク憲法）第66条2項は，「[連邦の各君主およびハンザ同盟都市政府が任命する] 将校は，警察目的のために，自己の部隊を使用できるだけでなく，その邦領域に配置されている帝国軍の他のすべての部隊を要請する権利を有する．」と定め，軍隊による治安維持を一般的に許容した．1871年オーバーシュレジアの炭鉱ストライキ，1872年のエッセンとオーバーハウゼンでのストライキおよびベルリン暴動，1876年の農民暴動，1889年ルール地方でのストライキ等，多くの大衆運動を軍隊が鎮圧し，死者を出した．1914年第一次大戦開戦とともに戒厳状態が布告され，国内の軍隊の大部分はプロイセン戦争省に移管した．これとともに軍指導部は，戦争期間中，内政上重要な役割を担い，当初 P. v. ヒンデンブルク（Paul von Hindenburg），戦争後半期は E. ルーデンドルフ（Erich Ludendorff）のもとで第三陸軍最高司令部（3. Oberste Heeresleitung）が独裁的国内統治を行った．

　1919年8月11日のヴァイマル共和国憲法第48条2項は，公共の安全と秩序に著しい障害が生じ，またはそのおそれがある場合には，その回復のため，必要措置を講じることができ，「必要な場合には，武装兵力を用いて介入する」ことも認めた．ヴァイマル共和国初期の不穏な時代には，共和国軍（Reichswehr）による暴動鎮圧が頻繁に行われたが，これにはしばしば非正規部隊 — 義勇軍（Freikorp）やいわゆる闇軍隊（Schwarze Reichswehr）— が協力していた．主要政党も配下に擬似軍隊組織を保有しており，内政の軍事化を自ら招いた．軍部の頻繁な政治介入の結果，軍隊は「第四権力」として内政に発言力を得て，民主的憲法体制の権力分立と均衡を破壊する要因となっていった．ヴァイマル共和国崩壊後の経緯は，ここで説明の必要もなかろう．

　第二次大戦後，再軍備と緊急事態憲法により導入された基本法の軍事規定は，このような軍隊の反動的内政介入の歴史への反省から生まれたものである．

第8章 航空安全法テロ対処規定に関する憲法問題

2 テロ攻撃対処のための軍隊国内出動の根拠となり得る現行憲法規定

上述のような経験を踏まえ，現在のドイツ基本法は，再軍備以降，警察と軍隊の機能を厳しく峻別した．基本法により，軍隊の主任務である防衛（対外的安全保障）は連邦の権限とされ（第73条1号，第87a条1項），警察・刑事訴追（国内治安維持）はラントの責務とされている（第30条，第70条1項，第74条1号）[643]．1968年6月24日の第17次基本法補充法律による緊急事態憲法の導入の際に，軍隊に警察的任務のための出動を一部認めることになったが，例外的に，かつ厳格な要件のもとに，ラント警察力の支援に限定して許容する制度を採用した．ただ警察機関が危険を防御できないという理由だけで軍隊の出動が許されるという不文の憲法律は存在しない[644]．

本来対外的防衛を任務とする軍隊がドイツ国内でテロ攻撃対処のため出動する場合，現行基本法のどの条項を根拠とすることが考えられるのであろうか．

(1) 「防衛のため」の出動

ドイツ連邦軍は，防衛のために設置され，防衛のための出動を主たる任務とする（基本法第87a条1項・2項）．基本法の「防衛」概念は，本来は戦闘員資格を有する者による外部からの武力攻撃に対する国家の軍事的防衛を意味するものであり，非国家主体によるテロ攻撃を想定してはいない．9・11米国テロ事件以後変化した安全保障環境を踏まえ，この種のテロ攻撃を国際法上の「武力攻撃」とみなし得るか否か，基本法の「防衛」概念に非国家主体による攻撃の防御を含める方向で解釈すべきか，そしてこの攻撃を防御するための軍隊の出動を基本法第87a条2項による防衛出動として行い得るかについて議論があり，これを肯定するものもある[645]．

もっとも，航空機によるテロ攻撃の国際法的・憲法的評価は，その航空機が国外からドイツ国内に向かうものか，国内のみを運行するものか，さらには，テロ攻撃がドイツ国内の組織あるいは個人によるものか，国外にある組織により指導されているか，その背後に第三国の関与が認められるか否か，その関与

346

はどの程度か等の要因によって様々に変わる．その評価は，テロ攻撃発生後の軍事的対処の可否の判断において重要である．ただ，航空安全法の軍隊出動規定に関しては，とりあえずこの問題は棚上げすることが許されよう．国際線であれ国内線であれ，かりに事後に第三国や国外にある組織に主導されたテロ攻撃であったことが判明し，これへの対処が国際法上の自衛権によるものであり，憲法上の「防衛」であると評価できたとしても，航空安全法による措置発動の時点ではそれを裏づける事実関係は多くの場合不明である[646]．テロ組織やテロ支援国家が攻撃の意図を実行前に明らかにすることは考え難い．通常は対処措置の決定・発令の時点において，それが警察の所管か軍隊の所管かを確信をもって判断できる状態にはないであろう．

「外部からの武力攻撃」であることが事前に明確に判断できない場合，旅客機が民間人によりハイジャックされ自爆攻撃を実行するようなケースにおいて，このテロ攻撃の阻止を目的とする措置を行う憲法上の根拠を問うならば，それは防衛出動ではなく，第一次的には公共の安全のための危険防御的警察行動とみなすべきである[647]．そうであるならば，航空テロ対処措置も，本来は警察機関が担当すべき任務である．しかし，烈度の高い大規模テロ攻撃の場合，警察機関が有する施設・装備では有効な対処は通常不可能であり，とくに航空テロ攻撃の場合，空軍が対処措置を実施せざるを得ない．とはいえ，ドイツにおいてこれを実施するには，「憲法が禁じていない」というだけでは法的に許容されない．テロ攻撃の事前阻止を目的とする軍隊の出動は，第87a条以外に，これを「明文で許容」する根拠がなければならないのである（第87a条2項）．

(2) 基本法上「明文で許容」された出動

ドイツ基本法の基礎にあるのは，軍隊の国内出動を拡大することへの制憲者の不信感であり，それは過去軍隊が政治に介入したことへの嫌悪でもある．基本法が許容する軍隊の国内出動は，次の事例にかぎられる．いずれも緊急時における軍隊の補充的任務であり，厳格な要件のもとに，その目的と期間を限定された活動である．

第8章　航空安全法テロ対処規定に関する憲法問題

① 災害緊急事態における出動（第35条2項2文および3項1文）

(ア) 一ラントが自然災害または特に重大な事故の際に援助をうけるため，当該
ラントは他のラントの警察力，他の行政官庁の人員・施設，ならびに連邦国
境警備隊（連邦警察）および軍隊の人員と施設の提供を要請することができ
る（局地的災害緊急事態）．

(イ) 複数のラントに自然災害または特に重大な事故の危険が及ぶ場合には，連
邦政府は，これに有効に対処するのに必要となるかぎりにおいて，ラント政
府に対し，他のラントのために警察力を提供するよう指図し，また，警察
力を支援するために，連邦警察および軍隊の部隊を出動させることができる
（広域的災害緊急事態）．

② 「緊迫事態」および「防衛事態」における民用物保護・交通規制
のための出動（第87a条3項）

国際的緊張が高まり「緊迫事態」（第80a条1項）が認定され，またはドイ
ツ連邦領域に対する武力攻撃が急迫し，あるいはすでに発生して「防衛事態」
（第115a条1項）が認定された場合には，防衛任務の遂行に必要となるかぎ
りにおいて，軍隊は，民用物の保護または交通規制のために出動することが
できる．また，警察による措置を支援するため，民用物の保護を行うことが
できる．

③ 国内緊急事態における出動（第87a条4項および第91条2項）

連邦またはラントの存立もしくは自由民主的基本秩序に急迫の危険があり，
これを防止するのにラントの警察力および連邦警察では不十分な場合に，これ
を支援するため，軍隊は，民用物の保護のため，および組織化され軍事的に武
装した叛徒の鎮圧のために出動できる（連邦議会または連邦参議院の要求があ
れば中止）．

テロ攻撃が大きな破壊力を伴うものであり，同時多発的なものであったとし
ても，各攻撃は地域的・時間的に限定されたものであるため，伝統的な戦争を
想定し，長期戦のための国力動員を目的とする「緊迫事態」や「防衛事態」の

348

認定は適当ではなく，時間的にも不可能である．また，テロ攻撃は，連邦やラントの存立，自由民主的基本秩序の除去までも狙ったものとはいえず，武装テロ組織の戦闘継続能力も国家に比肩する程のものではないことから，②，③の選択肢は除外される[648]．

(3) 「使用」としての派遣および職務共助

すでに述べたように，基本法第87a条2項により，軍隊の「出動」はすべて憲法留保のもとに置かれる．ただ，軍隊が使用される場合，そのすべてが「出動」に該当するわけではない．基本法にいう「出動」（Einsatz）とは，武装の有無にかかわらず，国家の執行権の機関としての軍隊の高権的行為であり，戦闘はもとより，その他の規制的・侵害的・強制的措置を実施する活動を目的とする派遣を意味する[649]．テロ攻撃の標的となる民用物の保護を目的とする活動も「出動」とみなされる[650]．しかし，この基準を満たさない軍隊の派遣は，基本法第87a条2項の憲法留保から除外され，軍隊の「使用」（Verwendung）として憲法上の明示の根拠がなくても認められる可能性が残されている[651]．

他方，基本法第35条1項は，連邦およびラントのすべての官庁が，相互に法律上および職務上の援助を行うと定める．職務共助は，連邦制的関係において連邦とラントの円滑な国家活動の実施を確保するためのものであり，国家機構の統一性を表現するものである[652]．職務共助に国民の権利への侵害が伴う場合には，基本法第35条1項はその授権根拠とはならない．この条項は，ただ国家官庁間の義務を規定するにすぎず，形式的性格のものだからである[653]．

軍隊も，職務共助として他官庁の支援のために派遣されることがある．ただし，職務共助は，援助を要請する官庁が有する権限の範囲内で援助実施官庁が行うものであり，援助要請官庁が有しない権限を軍隊が行使することは許されない．また軍隊は，基本法に明示的根拠のない「出動」を職務共助として実施することはできない．そうでなければ，軍隊の国内出動に明文の憲法上の根拠を求め，これを厳格な要件のもとに置く基本法第87a条2項を無意味化し，職務共助を理由に軍隊の国内での侵害的活動を容易に拡大できることになって

しまう．第35条1項は，軍隊の「出動」を授権する根拠にはならないのである[654]．

これまで軍隊が警察に対して職務共助として実施してきたのは，警察が有する装備では不足がある場合の軍隊の装備の提供，たとえば，警察官への宿泊施設や食糧，輸送手段の提供，あるいは，衛生・医療要員，爆発物処理や化学防護の専門家の派遣などである[655]．つまり，これまで一般的職務共助として軍隊が実施したのは，技術的・科学的・補給的業務の支援にかぎられている[656]．

基本法第35条2項による局地的災害緊急事態時の支援のための軍隊の出動も職務共助であり[657]，軍隊独自の任務と権限をもって実施するのではなく，危険防御官庁の任務実施を補充的に支援するものであって，既存の権限秩序を変更するものではない．ただ，第35条2項による災害派遣は ― 1項の一般的職務共助の場合と異なり ―「出動」であるため，たとえば夜間の行方不明者捜索や水害の際の堤防監視のための赤外線暗視装置を装備した航空機の提供など技術的援助を行うだけでなく[658]，派遣時の軍隊の権限に警察的強制措置が含まれることがある．その場合でも，本来派遣先ラントの警察機関の権限にはない強制措置をとることはできない（後述）．

広域的災害緊急事態（基本法第35条3項）は，例外的に被災ラントの要請を派遣の要件とはせず，連邦政府が独自の決定により派遣を実施するものであるが，「警察力を支援するため」に実施するものであり，局地的災害緊急事態の際の軍隊派遣と上述の点で異なるところはない[659]．

(4) 政府見解

以上，テロ攻撃防御を目的とする軍隊の派遣の根拠となり得る基本法の条項を見てきたが，すでに説明したように，航空安全法の軍隊出動規定は，災害緊急事態規定（基本法第35条2項2文および3項1文）に憲法上の根拠を置くものである．すなわち，航空機による自爆テロ攻撃による被害を同条の「特に重大な事故」とみなし，その危険防御を目的として，ラント警察力の支援のために軍隊を出動させるのである．連邦政府は，連邦軍によるテロ対処の法的

350

根拠について，次のように説明している．

　「ドイツ連邦共和国に対する攻撃ではないかぎりにおいて，軍隊出動の法的根拠は基本法第35条2項及び3項（特に重大な事故の際の援助）である．これに対して，連邦軍が所轄の警察官署を，ただ技術的職務共助により支援する場合には，基本法第35条1項が法的根拠となる．技術的職務共助の措置は，憲法上，国内への出動ではなく，常時許されるものである．……基本法第35条2項および3項の枠組みを蹂越するテロ対処のための国内出動を行うには，憲法改正を必要とする．」[660]

　この見解から明らかになるのは，次の4点である．

①当該テロ攻撃が「ドイツ連邦共和国に対する攻撃」とみなし得る場合には，基本法第35条とは別の法的根拠が考えられること．（明言はしていないが，この場合には「防衛」関係規定に基づく対処が考えられる．）

②①以外のテロ対処のための連邦軍の「出動」は，基本法第35条2項および3項の枠組みのなかで実施されること．（航空テロ攻撃に関しては，航空安全法第14条による出動措置（強制着陸，武力行使の警告・警告射撃，武力行使の措置）が実施されること．）

③「出動」の属性を伴わない単なる技術的職務共助として実施される警察支援は，基本法第35条1項に基づき実施されること．（航空テロが疑われる不審機対処に関しては，航空安全法第15条に基づく強制措置を伴わない措置（検査，迂回，警告）が実施されること．）

④上述の憲法的枠組み内で不可能な出動措置は，憲法改正を必要とすること[661]．

　もっとも，航空安全法第3章による軍隊の出動を基本法第35条の災害緊急事態規定に依拠させることには，当初から問題点も指摘されていた．航空安全法案を提出した当時の政府与党であるSPDとB'90/Grüneは，CDU/CSUとは異なり，改憲によるテロ対処任務の憲法明文化に反対であった．政府与党が航空安全法の軍隊出動規定の憲法上の根拠を第35条に読み込んだのは，改憲により軍隊の国内出動の可能性が拡大することで再軍備以来一貫してきた警察

機能と防衛機能の憲法的分離原則が放棄されることへの危惧と、テロの脅威への軍事的対処の現実的必要性の間で迫られた苦肉の策ともいえる．

次節では，航空安全法第3章の軍隊出動規定の憲法上の根拠を基本法第35条に求めたことから生じる問題点，および航空安全法第14条3項による「転向機」に対する武力行使と人間の尊厳（基本法第1条1項）およびこれと関係する生命権（同法第2条2項）への抵触の問題点を検討する．これこそがまさに航空安全法の認証の際にケーラー連邦大統領が提起した問題であり，その勧告にしたがい提起された憲法異議の争点でもある．

IV 航空安全法武力行使規定の憲法適合性への疑問点

1 災害緊急事態対処規定を根拠とすることから生ずる争点

(1) 災害緊急事態派遣時の軍隊の権限

基本法第35条は，他の軍隊国内出動規定とともに1968年6月24日の第17次基本法補充法律により，いわゆる緊急事態憲法の一部として改正・導入された規定である．いうまでもなく9・11米国テロ事件のようなケースは，緊急事態憲法導入の際に憲法改正者が想定していなかった事態である．それゆえ，従来型の危機を想定した基本法の緊急事態規定を根拠に新たな危機への対処を構想する場合，どこかに無理が生ずることは避けられない．問題は，その「無理」が憲法解釈の許容限度内であるかどうかである．

緊急事態憲法に災害緊急事態規定を導入する必要が認識された背景には，1962年の北ドイツ水害の際にラント警察と連邦国境警備隊および連邦軍の災害出動について憲法上・法律上の不備が明らかになったことがある[662]．緊急事態憲法草案は，1963年1月11日のアデナウアー政府案以降，成立までに数年を要することになるが，キージンガー政府案に関する1968年5月9日の連邦議会法務委員会の報告書（レンツ・レポート）において今日の文言とな

る．レンツ・レポートによれば，基本法第35条が想定する「援助のための」軍隊の出動は，たとえば，危険な土地の封鎖や交通規制といった警察的任務を実施するものであり，被災ラントに派遣された他ラントや連邦の要員は，連邦軍軍人を含め，派遣先ラントの法規範にしたがうことになると説明されている．したがって，ラント警察支援のための出動の際には，ラント法，とくに警察法により認められる措置のみが軍隊に許されると考えられ，特殊軍事的兵器を用いることは許されないと理解されてきたのである[663]．学説もこの見解を通説としてきた[664]．

ところが，航空安全法第14条3項により最終手段として武力行使が実施される場合，空軍機が標準装備する兵器が用いられる．これはラント警察法が使用を認めてはいない特殊軍事的兵器である．災害緊急事態においてラントが要請できる「援助」はラント自身がとることが許される措置に限定されるのであり，特殊軍事的武装による武力行使は基本法第35条が本来想定する適用事例から大きくかけ離れている．

そもそも，警察の装備では対処できない事態に備え，軍隊の出動を定めることが航空安全法の目的なのである[665]．航空安全法は，航空テロ対処を定めるラント法の不存在と複数のラントに活動範囲が及ぶことを理由に，特別法として連邦法によりこれを規律し，航空安全法にしたがって軍隊の支援を実施することを明記することで，ラント法の適用はないことを明らかにしたのである[666]．問題は，このような連邦の特別立法が，基本法第35条2項および3項のもとで許容されるべきものかどうかである．

(2) 出動決定の時期の問題

航空安全法第14条による出動を基本法第35条に依拠させる場合の問題点として，派遣決定の時期の問題がある．災害緊急事態の際の軍隊の出動が，災害・事故の発生後にはじめて許されるのか，その急迫の段階でも許されるのか．出動決定の時期に関しては，学説に争いがある．「特に重大な事故に際して (bei)」（第35条2項2文），「複数のラントの領域に危険を及ぼす

第8章　航空安全法テロ対処規定に関する憲法問題

(gefährdet)」（同条第3項1文）という文言から，災害や事故がすでに発生していることが軍隊出動の前提であるとする説が有力に主張される一方で，不可抗力により発生する災害であれ，故意に惹き起こされる事故であれ，被害発生が明白でありながら軍隊の派遣を決定できないのは不合理であるとする説も説得力を有し，両説の賛否は相半ばしている[667]．

　航空安全法の軍隊出動規定は，ハイジャック機によるテロ攻撃発生後の災害救助を目的とするものではなく，被害発生を最小限に食い止める危険防御を目的とする．かりに，事故発生前の出動決定が基本法第35条に違反するのであれば，航空安全法第14条の出動決定手続には違憲の疑義が向けられることになる[668]．

2 「転向機」撃墜命令と乗客・乗員の人間の尊厳・生命権

　空域におけるテロ攻撃防御のための軍隊の出動を基本法第35条2項2文または3項1文に依拠させることがかりに認められるとしても，これだけで航空安全法による対処措置の合憲性を認めるには不十分である．航空安全法によるテロ攻撃防御の最終手段は実効射撃であり，それはほとんどの場合，当該航空機の撃墜を結果することになる．これは，機内に乗客・乗員がある場合，その死を意味するのであり，これ以上重度の権利侵害はない．これまで連邦－ラント関係において認められていない連邦の権限を創出し，無辜の人々を殺害することまでも許容するまでに基本法第35条を拡大解釈することが，いかなる理由により可能なのか．このような権利侵害を憲法上認めることができるのか，その根拠を検討する必要がある．

　基本法第2条2項が保障する生命権は，第一に防御権（Abwehrrecht）であり，高権的行為により直接殺害されること，すなわち国家による能動的殺害から人を保護する効果を有する．それは殺害の目的の如何を問わない．危険発生源となっている人々を，その危険を防除するために殺害せざるを得ない場合でも，それは生命権の侵害であり，憲法上それを正当化する根拠を必要とす

354

る [669]．第二に，生命権は，国家による殺害を禁じるだけでなく，他者による殺害や生命の危険に対し国家がこれを保護する責任と義務を負うことを意味する．生命権の保護は，基本法第 1 条 1 項の人間の尊厳と共に，基本法の最も重要な憲法価値に位置づけられる [670]．

　旅客機を乗っ取り，乗客・乗員を人質にして地上の標的に自爆テロ攻撃を行おうとする犯人を殺害することは，それが攻撃対象とされた人々の生命に対する現在の危険を除去する唯一の手段である場合に正当化される [671]．しかし，旅客機内にある無辜の人々の命を奪うことは，かりにそれが他の人々の命を救うためであったとしても許されるのか．航空安全法第 14 条 3 項によれば，テロ攻撃が完遂した場合に発生する犠牲者より，攻撃前に撃墜することにより生じる犠牲が少ないと判断される場合に撃墜命令が下されることになるが，このような人命の比較衡量が許されるものなのか．

　連邦憲法裁判所は，過去に全国民的利益のために個人に対する国家の生命保護義務が免除されるかどうか判断を迫られ，公衆の安全のため個人の生命保護を犠牲にすることを国家に認めた例はある．1977 年 9 月に発生したシュライヤー事件 [672] の際，赤軍派に誘拐されたシュライヤー氏を解放させるため，彼の訴訟代理人は，誘拐犯の要求に応じて収監中のテロリストを釈放するよう政府に求める仮命令を申し立て，この要求の根拠として基本法第 1 条 1 項 2 文および第 2 条 2 項 1 文を挙げた．連邦憲法裁判所は，1977 年 10 月 16 日第一法廷決定 [673] において次のように述べ，申立てを斥けた．

　　「国家機関が，生命を効果的に保護するその義務をどのように果たすかは，原則として国家機関により自己責任において決定される．効果的な生命保護を実施するため，どのような保護措置が目的に適い，また必要であるかについては，国家機関が判断する．……基本法は，個人に対してのみならず，国民全体に対しての保護義務の根拠となる．この義務を効果的に果たすためには，権限ある国家機関が個別の事件それぞれの状況に適切に対処することができなければならない．このことからして，［国家機関の対処措置を］特定の手段に拘束することは禁じら

れる．さらに，このような拘束は，憲法により実施することはできない．なぜなら，［このような拘束がなされれば］国家の対応が最初からテロリストにとり予測可能なものとなってしまうからである．そうなれば，国家が効果的に国民を保護することは不可能となるであろう．……このような憲法状況に鑑みて，連邦憲法裁判所は，権限ある国家機関に特定の決定を下すよう指示することはできないのである．」[674]

しかし，航空安全法の武力行使規定は，シュライヤー事件とは異なり，多数者の生命保護義務を果たすため少数者の生命保護義務を国家から免除するにとどまらず，後者を殺害する能動的権限までも認めているのである．司法がこのような措置を認めた例はない．むしろ連邦憲法裁判所は過去の判決において，国民の生命相互間の保護の衝突に関しては，国民各人の生命は同じ価値を有し，人命と人命を比較衡量することは原則として許されないことを明言している．受胎後 12 週間以内の妊娠中絶を一定の条件のもとで不処罰とした第 5 次刑法改正法の違憲性を審査した連邦憲法裁判所第一法廷 1975 年 2 月 25 日判決 ― いわゆる第 1 次堕胎判決 [675] ― においては，以下のように説明されている．

> 「人命と人命を一括的に衡量することは，外観上より多数の者を生存させるために，おそらくはより少数の者を殺害することを許す結果となる．これは，個々具体的な人命のそれぞれを個別的に保護する義務とは相容れないのである．……他の生命を救うという，それ自体尊重すべき目的を追求するという理由により，個々の生命の保護を放棄することは許されない．人命はそれぞれ ―漸く育ち始めた［胎児の］生命であっても― それ自体同じ価値を有するものであり，何らかの性質の異なる評価を受け，あるいは，数的秤量を受けることはできないのである．」[676]

いずれにせよ，航空安全法第 14 条 3 項による撃墜措置から生じる生命権への重大な侵害を正当化する憲法上の根拠は明らかではない．捕らわれの身にあり行動の自由を奪われた無辜の人々の命を国家が奪うことを法的に認める類例はない [677]．一部には，共同体の存立が危機に瀕し，国家を救済する唯一の手

段が国民の犠牲によってのみ可能な場合には国民に献身義務が発生し，基本権が放棄されたものと推定される，といった極論もあるが，支持は少ない[678]．また，「国家が何もせずテロ攻撃が成功すれば，ハイジャック機の乗客はいずれにせよ命を失う．攻撃の標的となる地上の人々を保護するためには，撃墜による犠牲はある程度やむをえない．」といった主張[679] も，はたして人間の尊厳の理念に沿うものといえるのか．人の生命が「いずれにせよ失われる」という言明は，それ自体はただ事実の予測にすぎない．規範的構成要素が欠如する点において，この言明は，法解釈学的論拠にも法倫理的論拠にもならない[680]．

　この論点に関しては，これまで学説も判例も立ち入った検討を避けており，未解決な点が多い．標的となる地上の人々の生命を救助するため，テロリストにハイジャックされ自爆攻撃に悪用される旅客機を撃墜すること —— これが乗客・乗員の生命権や人間の尊厳の保障の観点からどのように評価されるのか，連邦憲法裁判所の判断に注目が集まった．

[注]

596 Luftsicherheitsgesetz vom 11. Januar 2005 (BGBl. I S.78).

597 憲法異議：公権力により，その基本権またはその他の憲法上の権利が侵害されたと思料する市民は，原則として許容されるすべての法的救済手段が尽きていることを前提として，憲法異議を提起できる（基本法第 93 条 1 項 4a 号，連邦憲法裁判所法第 90 条）．行政による措置のほか，法律や裁判所の判決による基本権の侵害も，憲法異議の対象となる．

598 BVerfG, 1 BvR 357/05 vom 15. 2. 2006 (BVerfGE 115, 118).

599 航空機がテロリストにより乗っ取られ，針路から外れて飛行し，地上の標的に向け自爆テロを行う疑いのある事態をこのように呼ぶ．自爆テロのために武器として悪用されるおそれのある航空機を「転向機」（Renegade-Flugzeug）とも呼ぶ．9・11 米国テロ事件以後，この用語法が一般に定着した．

600 9・11 米国テロ事件の概要と米国政府の対応については，宮脇岑生「9・11 米国中枢同時多発テロ事件におけるアメリカの対応」『防衛法研究』第 26 号（2002 年 10 月），30 頁以下参照．

357

第8章　航空安全法テロ対処規定に関する憲法問題

601　9・11 米国テロ事件後の主要国のテロ対策法の整備状況については，国立国会図書館調査及び
立法考査局『外国の立法』（特集：テロリズム対策）No. 228（2006 年 5 月）が詳しい．

602　Flugzeug-Entführung, Irrflug versetzt Frankfurt in Angst und Schrecken, in: FAZ.NET vom
05. Januar 2003; Terrorgefahren, Struck erwägt Abschuss von Irrfliegern, in: FAZ.NET
vom 06. Januar 2003.

603　1972 年 9 月 5 日，オリンピック会場内のイスラエル選手村に，パレスチナ武装組織（「黒い 9
月」）のメンバーが侵入し，イスラエル人コーチ・選手 2 人を殺害，9 人を人質として立てこ
もり，イスラエルに収監されているパレスチナ人 234 人の解放を要求した事件．解放作戦の際，
銃撃戦により人質となった 9 人全員および警察官 1 人が死亡するなどして最悪の結果に終わっ
た．

604　Peter Dreist, Terroristenbekämpfung als Streitkräfteauftrag—zu den verfassungsrechtlichen
Grenzen polizeilichen Handelns der Bundeswehr im Innern, in: NZWehr 2004, S.92ff.
G. レーバーの回顧録の記述については，vgl. Georg Leber, Vom Frieden, Seewald Verlag,
1979, S.227ff.

605　Nationales Lage- und Führungszentrum "Sicherheit im Luftraum" [NLFZ "SiLuRa"].　同
センターは 2003 年 7 月に設置され，10 月以降領空監視業務を開始した．航空安全法の制
定を待たず，任務の法的根拠が明確にされない機関を設置したことについては，問題が指
摘されなかったわけではない．2004 年 3 月 10 日の連邦議会本会議において，P. パウ議
員（PDS）［その後 Die LINKE に移籍］がこの問題について質問している．Vgl. Deutscher
Bundestag, Stenografischer Bericht, 96. Sitzung, Berlin, Mittwoch, den 10. März 2004,
Plenarprotokoll 15/96, 8384(D)ff.

606　2005 年 7 月 1 日以降，連邦国境警備隊（Bundesgrenzschutz）は連邦警察（Bundespolizei）
に改称された．2005 年 6 月 21 の法律 (BGBl. I S.1818) 参照．ただし，憲法上の名称は，
Bundesgrenzschutz のままである．

607　ドイツ航空法（Luftverkehrsgesetz, in der Fassung der Bekanntmachung vom 27. März
1999 (BGBl. I S.550) 第 31b 条「連邦交通・建設・住宅制度省は，法規命令により，連邦参議
院の同意なく，連邦のみが株式を保有する有限会社に，第 27c 条に列記する航空管制の任務
の実施を委託する権限を与えられる（航空管制会社）．さらに，同省は，第 27c 条による個別
の任務の実施を適当な自然人に委託することができる」．ドイツ航空管制会社（Die Deutsche
Flugsicherung GmbH）は，この規定に基づき設立されたものである．詳しくは同社のホーム
ページ参照．<http://www.dfs/internet/deutsch/index.html>（2003 年 10 月 25 日閲覧）

608　NLFZ について，詳しくは，同センター設置当時の連邦防衛省ホームページを参照．<http://
www.verteidigungsministerium.de/forces/Luftwaffe/031021_NLFZ_Kalkar.php >（2003 年
10 月 25 日閲覧）

609　Verordnung (EG) Nr. 2320/2002 des Europäischen Parlaments und des Rates vom
16. Dezember 2002 zur Festlegung gemeinsamer Vorschrift für die Sicherheit in der
Zivilluftfahrt, in: Amtsblatt der Europäischen Gemeinschaften L.355 vom 30. 12. 2002,
S.1-21.

610　欧州憲法条約草案（CIG86/04 [2004 年 6 月 25 日政府間交渉事務局作成暫定版]）
第 I-42 条［連帯条項］

1．連合及び構成国は，いずれかの構成国がテロ攻撃又は自然災害若しくは人為的災害の被害を受けたときは，連帯の精神により，共同して行動するものとする．連合は，次の目的のために，構成国の提供する軍事的資源を含め，連合が利用できるあらゆる手段を発動するものとする．

　　(a) －構成国領域内でのテロの脅威を防止すること．

　　　　－民主的機関及び文民たる住民をあらゆるテロ攻撃から保護すること．

　　　　－テロ攻撃があった場合，構成国の政治機関の要請を受けて，当該国をその領域内において支援すること．

　　(b) －自然災害若しくは人為的災害があった場合，構成国の政治機関の要請を受けて，当該国をその領域内において支援すること．

　　協力実施に関して，EU憲法条約草案第Ⅲ-214条2項参照．

611 Vgl. Tödliche Gefahr über Europas Himmel, in: SPIEGEL-ONLINE vom 17. Februar 2006. また，ロシア下院は，ハイジャックされた航空機・船舶がテロ攻撃に利用される危険がある場合の武力措置を許可する法案を可決した．Vgl. Duma gibt Flugzeuge und Schiffe zum Abschuss frei, in: SPIEGEL-ONLINE vom 26. Februar 2006.

612 Entwurf eines Gesetzes zur Neuregelung von Luftsicherheitsaufgaben (BT-Drs. 15/2361).

613 一部修正の後成立した「航空保安任務の新規定のための法律」は，以下の9条からなる．第1条「航空安全法」(Luftsicherheitsgesetz)，第2条「航空法の改正」(Änderung des Luftverkehrsgesetzes)，第3条「連邦国境警備隊法の改正」(Änderung des Bundesgrenzschutzgesetzes)，第4条「外国人中央登録簿法の改正」(Änderung des Gesetzes über das Ausländerzentralregister)，第5条「外国人中央登録簿法施行令の改正」(Änderung der AZRG-Durchführungsverordnung)，第6条「連邦中央登録簿法の改正」(Änderung des Bundeszentralregistergesetzes)，第7条「航空交通許可令の改正」(Änderung der Luftverkehrs-zulassungsverordnung)，第8条「統一的な命令等級への復帰」(Rückkehr zum einheitlichen Verordnungsrang)，第9条「施行」(Inkrafttreten)．

614 Deutscher Bundestag, Stenografischer Bericht, 89. Sitzung, Berlin, Freitag, den 30. Januar 2004, Plenarprotokoll 15/89, 7881(B)ff.

615 BT-Drs.15/3338.

616 Deutscher Bundestag, Stenografischer Bericht, 115. Sitzung, Berlin, Freitag, den 18. Juni 2004, Plenarprotokoll 15/115, 10536(A)ff.

617 BR-Drs.827/03 (Beschluss); BT-Drs.15/2361, Anlage 2.

618 BR-Drs.509/04.

619 BT-Drs.15/3759.

620 BT-Drs.15/3761.

621 Deutscher Bundestag, Stenografischer Bericht, 127. Sitzung, Berlin, Freitag, den 24. September 2004, Plenarprotokoll 15/127, 10536(A)ff.

622 航空安全法案の提案理由書参照．Vgl. BT-Drs.15/2361, S.14.

623 航空安全法の全体的構造については，vgl. Anton Meyer, Wirksamer Schutz des Luftverkehrs durch ein Luftsicherheitsgesetz?, in: ZRP 2004, S.203ff. 我が国でもすでに同法の概要が紹介されている．参照，渡邉斉志「ドイツにおけるテロ対策への軍の関与 ― 航空安全法の制定」『外国の立法』№223（2005年2月），38～50頁．また，航空安全法制定後のテロ対策の動

359

第8章　航空安全法テロ対処規定に関する憲法問題

向について，同「ドイツにおけるテロリズム対策の現況」『外国の立法』228 号（2006 年 5 月），133 ～ 144 頁.

624　航空安全法第 3 章（第 13 ～ 15 条）他関連法文邦訳は，本章末尾の資料参照.

625　以下，連邦政府が法案提出にあたり添付した提案理由書を主な手掛かりにして航空安全法第 3 章（第 13 ～ 15 条）の解説を行う（vgl. BT-Drs.15/2361, S.20f.）. なお，航空安全法のコンメンタールとして，vgl. E.Giemulla/H.van Scyndel, Kommentar zum Luftsicherheitsgesetz, Luchterhand Verlag, 2006, S.287-412.

626　危険防御（Gefahrenabwehr）とは，人または物から発生する危険を回避し，または危険を軽減するための措置の準備および実施を意味し，刑事訴追と共に警察官庁の任務である. 警察法的危険防御の意義について，ここで詳しく説明することはできない. ドイツ警察法における危険防御概念に関する最近の研究として，参照，米田雅宏「現代国家における警察法理論の可能性（一）—危険防御の規範構造の研究・序説」『法学』（東北大学法学会）第 70 巻第 1 号（2006 年 4 月），32 ～ 84 頁.

627　BT-Drs.15/2361, S.20.

628　BT-Drs.15/2361, S.20. なお，ドイツ航空法第 1 条 2 項によれば，航空機（Luftfahrzeuge）とは，①飛行機（Flugzeuge），②回転翼機（Drehflügler），③飛行船（Luftschiffe），④グライダー（Segelflugzeuge），⑤モーター・グライダー（Motorsegler），⑥自由気球および係留気球（Frei- und Fesselballone），⑦凧（Drachen），⑧脱出用パラシュート（Rettungsfallschirme），⑨［リモコン］模型飛行機（Flugmodelle），⑩空のスポーツ用具（Luftsportgeräte），⑪空域の利用を目的とするその他の器具で，地上または水面上 30 メートルを超える高度で操縦できるものを指す. また，宇宙船，ロケット，その他類似の飛翔体も，領空内にあるかぎりにおいて航空機とみなされる.

629　BT-Drs.15/2361, S.20.

630　BT-Drs.15/2361, S.21.

631　BT-Drs.15/2361, S.20f.

632　ここで「遅滞なく」（unverzüglich）とは，故意・過失等による「有責の躊躇なく」という意味である. Vgl. BT-Drs.15/2361, S.21.

633　BT-Drs.15/2361, S.21. このような政府の想定に対して，J. ヴィーラントは，かりに「転向機」が複数のラントの上空を飛行したとしても，その攻撃により発生する事故被害は一ラント内で起こることが多いと考えられ，被害が複数のラントに及ぶのは攻撃対象が原子力施設の場合くらいであろうことから，広域的災害緊急事態としての対処を原則化することには否定的である. Vgl. Joachim Wieland, Verfassungsrechtliche Grundlagen polizeiähnlicher Einsätze der Bundeswehr, in: Dieter Fleck (Hrsg.), Rechtsfragen der Terrorismusbekämpfung durch Streitkräfte, Nomos Verlagsgesellschaft, 2004, S.179. T.M. シュプランガーも同様の指摘をする. Vgl. Tade Matthias Spranger, Einsatz der Streitkräfte zur Abwehr terroristischer Bedrohungen im Luftraum, in: Dieter Fleck (Hrsg.), a. a. O., S.194.

634　BT-Drs.15/2361, S.22.

635　法案の提案理由書はこのように説明するが，「当該航空機それ自体がテロ攻撃の実行武器として利用される場合」に限定して武力行使を許容することについては，問題も指摘される. たとえば，T.M. シュプランガーは，爆弾を投下したり危険物質を散布するために使用されることが

360

明らかな航空機が武力行使の対象から除外されることになり，不合理であると指摘する．Vgl. T.M.Spranger, Einsatz der Streitkräfte [Fn.633], S.198.

636 BT-Drs.15/2361, S.21.

637 ケーラー大統領は，一部規定に違憲の疑義があったにもかかわらずこの法律を認証した理由について，大統領の認証は一部規定にかぎりこれを拒むことはできず，また，違憲の疑いがあると思われる規定以外の航空保安措置は高まるテロの脅威状況のなかで緊急に必要とされているためであると述べている．大統領の認証がなされなければ，連邦憲法裁判所の違憲審査手続が開始できないことも理由であろう．Vgl. Bundespräsident Horst Köhler unterzeichnet Luftsicherheitsgesetz zugleich Zweifel an Verfassungsmäßigkeit von Einzelvorschriften (12. 01. 2005) . <http://www.bundespraesident.de > (2006 年 4 月 11 日閲覧)

638 Vgl. Michael Droege, Die Zweifel des Bundespräsidenten—Das Luftsicherheitsgesetz und die überforderte Verfassung, in: NZWehrr 2005, S.199ff.

639 「人間の尊厳」条項導入の歴史的背景についてもここで説明すべきところであるが，先行研究に譲る．参照，田口精一「ボン基本法における人間の尊厳について」『法学研究』（慶應義塾大学法学研究会）第 33 巻第 12 号（1960 年 12 月），167 ～ 201 頁．クラウス・シュテルン（小林宏晨訳）「人間とその尊厳」『比較憲法学研究』第 2 号（1990 年 9 月），142 ～ 155 頁．また，E-W. ベッケンフェルデは，航空安全法武力行使規定違憲判決にも触れつつ，「人間の尊厳」の起源と保障内容そして現代的危機を論じるエッセイを発表している．Vgl. Ernst-Wolfgang Böckenförde, Die Garantie der Menschenwürde (Erschienen am 8. Mai 2006), in: Blickpunkt-Bundestag Online. <http://www.bundestag.de/blickpunkt/101_debatte/0604/0604053.htm> （2006 年 7 月 26 日閲覧）

640 バイエルン州・ザクセン州改憲案：BR-Drs.993/01. CDU/CSU 改憲案：BT-Drs.15/2649. 前者は連邦議会への提出が見送られ，後者は否決されている．このほか，2006 年 2 月 15 日判決前後に発表された改憲案については，第 9 章 II .3 で論じる．

641 国内治安維持の軍事化に対する懸念は野党に根強く残っている．Die LINKE が提出した「連邦軍の国内出動」に関する小質問（2005 年 11 月 18 日）[BT-Drs.16/73] および政府答弁書(2005 年 12 月 6 日)[BT-Drs.16/143],「連邦軍の国内出動とワールドカップ・サッカー大会のための内政の軍事化のおそれ」に関する小質問（2006 年 3 月 31 日）[BT-Drs.16/1103] および政府答弁書(2006 年 4 月 25 日)[BT-Drs.16/1286] ならびに FDP が提出した連邦軍の追加的国内出動に反対し，連邦軍が警察を代替することへの反対を内容とする決議案（2006 年 2 月 8 日）[BT-Drs.16/563] 参照．

642 とくに国内治安維持の軍事化に対する警戒を歴史的事件に基づき強調するものとして，vgl. J.Wieland, Verfassungsrechtliche Grundlagen [Fn.633], S.169ff. ; Michael Haid, Der "Eisbrecher" Luftsicherheitsgesetz: Bundeswehreinsätze im Inland, in: IMI-Analyse 2006/003, S.2f.; Peter Dreist, Bundeswehreinsatz für die Fußball-WM 2006 als Verfassungsfrage, in: NZWehrr 2006, S.52ff.; Tobias Linke, Innere Sicherheit durch die Bundeswehr? Zu Möglichkeiten und Grenzen der Inlandsverwendung der Streitkräfte, in: AöR 2004, S.496ff. 以下，ドイツにおける軍隊の政治介入の歴史的説明は，これらの所論を参考にした．

643 ただし，刑事警察，憲法擁護，武力行使またはその準備行為により連邦共和国の外交利益を脅

361

かし得る連邦領域内での企図に対する保護，連邦刑事庁の設置，国際犯罪の対処に関する連邦
とラントの協力に関する立法権限は連邦に専属する（第73条10号）．なお，基本法第73条は，
2006年8月28日の第52次基本法改正法律により2項が追加されたため，従来の文言が1項
となった．本書では，訴訟提起時点での旧表記で記述するが，[旧]第73条1号は改正後の現
行規定では第73条1項1号である．

644 Christof Gramm, Die Aufgabe der Bundeswehr und ihre Grenzen in der Verfassung,
in: NZWehrr 2005, S.140f.; Dieter Wiefelspütz, Sicherheit vor den Gefahren des
internationalen Terrorismus durch den Einsatz der Streitkräfte?, in: NZWehrr 2003, S.55f.

645 Vgl. Christian Lutze, Abwehr terroristischer Angriffe als Verteidigungsaufgabe der
Bundeswehr, in: NZWehrr 2003, S.111ff.; Günter Krings/Christian Burkiczak, Bedingt
abwehrbereit?—Verfassungs- und völkerrechtliche Aspekte des Einsatzes der Bundeswehr
zur Bekämpfung neuer terroristischer Gefahren im In- und Ausland, in: DÖV 2002, S.511.
D. ヴィーフェルスピュッツは，ドイツ国内で犯罪を実行しようとする武装集団やテロリストに
よる国境侵犯を阻止することはラント警察や連邦国境警備隊［連邦警察］の任務であるとしつ
つも，9・11米国テロ事件のように，警察力によっては対処できない場合には，軍隊の防衛任
務として攻撃の防除をすることが可能であると述べる．Vgl. D.Wiefelspütz, NZWehrr 2003
[Fn.644], S.55f.

646 9・11米国テロ攻撃類似のケースへの対処を基本法の「防衛」に関係づけることの問題性につ
いて，vgl. T.M.Spranger, Einsatz der Streitkräfte [Fn.633], S.190f.; M. Droege, NZWehrr
2005 [Fn.638], S.206.

647 Ch.Gramm, Bundeswehr als Luftpolizei: Aufgabenzuwachs ohne Verfassungsänderung?,
in: NZWehrr 2003, S.91.; P.Dreist, NZWehrr 2004 [Fn.604], S.96f.

648 G.Krings/Ch.Burkiczak, DÖV 2002 [Fn.645], S.511; Ch.Lutze, NZWehrr 2003 [Fn.645],
S.103f.; P.Dreist, NZWehrr 2004 [Fn.604], S.100f.; D.Wiefelspütz, NZWehrr 2003
[Fn.644], S.59. 少なくとも，航空安全法が想定する航空機による自爆テロの場合には，本文の
ような評価が妥当であろう．ただし，テロ組織がNBC兵器を使用することが予想される場合に
は，その攻撃と被害の規模によっては防衛上の緊急事態の認定を考えるべき状況もあり得る．

649 基本法第87a条2項の「出動」（Einsatz）概念については，これまで様々な解釈が主張さ
れたが，本文のような説明が通説である．テロ対処との関連においてこれまでの学説状況
を説明するものとして，vgl. Jan-Peter Fiebig, Der Einsatz der Bundeswehr im Innern—
Verfassungsrechtliche Zulässigkeit von innerstaatlichen Verwendungen der Streitkräfte
bei Großveranstaltungen und terroristischen Bedrohungen, Duncker & Humblot, 2004,
S.106ff., 206ff.

650 Ch.Lutze, Bewachung der Euro-Geldtransporte durch Bundeswehr?, in: NZWehrr 2001,
S.119, 121f.; ders., NZWehrr 2003 [Fn.645], S.102.

651 「出動」と「使用」の区別については，vgl. T.Linke, AöR 2004 [Fn.642], S.493ff. また，平和
維持活動への参加の可否との関連においても，これが争点となったことがある．参照，第2章
I .2.(2). ①．

652 Walter Rudolf, in: J.Isensee/P.Kirchhoff, Handbuch des Staatsrecht der Bundesrepublik
Deutschland, Bd. IV , C.F.Müller, 1990, §105 Kooperation im Bundesstaat,, Rdnr.25

（S.1102ff.）. 職務共助の細則は，連邦の行政手続法第4～8条および各ラントの行政手続法が定める.

653 Manfred Gubelt, in: Ingo von Münch/Philip Kunig, Grundgesetz-Kommentar, Bd. 2, 4./5., neubearbeitete Aufl., C.H.Beck, 2001, Art.35. Rdnr.1 (S.588f.).

654 Vgl. Karsten Fehn/Miriam Brauns, Bundeswehr und innere Sicherheit, Verlag für Polizeiwissenschaft, 2003, S.17; Ch.Lutze, NZWehr 2003 [Fn.645], S.105f.; Ch.Gramm, NZWehrr 2003 [Fn.647], S.93; T.Linke, Zur Rolle des Art. 35 GG in dem Entwurf eines Gesetzes zur Neuregelung von Luftsicherheitsaufgaben,in: NZWehrr 2004, S.120; ders., AöR 2004 [Fn.642], S.518; G.Krings/Ch.Burkiczak, DÖV 2002 [Fn.645], S.512.; Edzard Schmidt-Jortzig, Verfassungsänderung für Bundeswehreinsätze im Innern Deutschlands?, in: DÖV 2002, S.775f.; M.Droege, NZWehrr 2005 [Fn.638], S.207. 国外からのテロ攻撃の危険防御を軍隊の防衛任務に含める可能性を模索する D. ヴィーフェルスピュッツも，この通説に立つ. Vgl. D.Wiefelspütz, Bundeswehr und Amtshilfe für die Polizei, in: BWV 2004, S.123. これに対して R. ショルツは，連邦軍が第35条1項の一般的職務共助の枠内で例外的に「出動」を許される場合があるとして，対外的安全保障ないし国家防衛の問題が国内治安維持の問題と混交するようなケース，たとえば国境での重大な危険，いわゆる国家テロリズムによる脅威，危機状況にあるドイツ国民の避難，哨戒機による犯罪対処のケースを例示する. Vgl. Rupert Scholz, in: Maunz-Dürig-Herzog-Scholz, Grundgesetz, Bd.II, 38. ergänzende Lieferung, 2001 März, Art.12a, Rdnr.10. 本文に述べた理由により，学説のほとんどはショルツの解釈に批判的である.

655 D.Wiefelspütz, NZWehrr 2003 [Fn.644], S.58. ; ders., BWV 2004 [Fn.654], S.123.

656 P.Dreist, NZWehrr 2004 [Fn.604], S.103f.; Ch.Gramm, NZWehrr 2003 [Fn.647], S.93.

657 W.Rudolf, in: Handbuch des Staatsrecht [Fn.652],§105, Rdnr.26 (S.1103f.). S- ヨルツィヒは，軍隊出動の憲法留保を定める第87a条2項を，第35条1項の「特別法」(lexs pecialis) と位置づける. Vgl. E. S-Jortzig, DÖV 2002 [Fn.654], S.776. この説によるならば，災害緊急事態における軍隊の出動（基本法第35条2項2文・3項1文）は，警察・防災機関の支援を行う職務共助としての活動のうち，規制的・侵害的・強制的権限を伴うものであるといえる.

658 K.Fehn/M.Brauns, Bundeswehr und innere Sicherheit [Fn.654], S.31ff.

659 M.Gubelt, in: Grundgesetz-Kommentar [Fn.653], Art.35, Rdnr.29f., (S.603) . この後説明する 2006 年2月 15 日判決でも，第35条2項による派遣と3項による派遣の法的性格は同じであるとする. 参照，第9章 Fn.702.

660 Die LINKE 所属の連邦議会議員 U. イェルプケ (Ulla Jelpke)，P. シェーファー (Paul Schäfer) および同党会派が提出した「連邦軍の国内出動」に関する質問主意書（小質問）に対する政府答弁書（2005 年 12 月6日）. Vgl. BT-Drs.14/143, S.3, Antwort auf die Frage 6.a) und b).

661 この政府答弁書では，別の箇所で，航空安全法に関する連邦憲法裁判所判決後に，改憲の必要性を検討する旨を回答している. Vgl. BT-Drs.14/143, S.2, Antwort auf die Frage 5.

662 BT-Drs.III /1800, S.3; BT-Drs.V/1879, S.23.

663 BT-Drs.V /2873, S.10. また，レンツ・レポートの要旨について，参照，林 茂夫編『日本の有事法制 ― 西ドイツ非常事態法研究』（出版社・出版年不詳），584 頁以下，とくに 606 ～ 608

第8章　航空安全法テロ対処規定に関する憲法問題

頁．なお，基本法第35条による災害派遣においては，派遣元である連邦機関・ラント機関の派遣部隊に対する指図権は支援活動の期間中も維持されるが，支援部隊の使用については，防災を所管する派遣先ラント当局の目的に適合させなければならないとされる．連邦警察部隊の災害派遣について，連邦警察に関する法律（Gesetz über die Bundespolizei vom 19. Oktober 1994 (BGBl. I S.2978)）第11条2項1文参照．災害派遣の際に軍隊がラントの任務の範囲内で活動する点については，連邦防衛省令にも明らかにされた．「自然災害又は特に重大な事故の際の緊急非常救援としての連邦軍の救援活動」（1988年11月8日）によれば，災害緊急事態において派遣される連邦軍の活動は，「自然災害および特に重大な事故の際の管轄の州官庁の職務の範囲内において行われる．この際に，連邦軍には，救援活動の実施に必要な限りにおいて，法律に基づき警察的性質のものも含む高権的権限が帰属する」（A.5）．ただ，軍隊派遣要員がラント法のみにしたがうのか，連邦法によることもできるかについては明らかではない．Vgl. Erlass "Hilfeleistungen der Bundeswehr bei Naturkatastrophen oder besonderes schweren Unglücksfallen und im Rahmen der dringenden Nothilfe", 8. November 1988, VR III-2-Az 13-29, VMBl, 1988, S.279, A.5.（山田敏行（訳），『外国の立法』第95巻1・2号 (1995年7月)，152～158頁）．一部には，連邦法にしたがうとする見解もある．Vgl. Wolfgang Speth, Rechtsfragen des Einsatzes der Bundeswehr unter besonderer Berücksichtigung sekundärer Verwendungen, J. Schweitzer Verlag, 1985, S.138 f.; Eckard Busch, Zu den sekundären Verwendungen der Bundeswehr, in: NZWehr 1986, S.111ff.

664　学説の多くも本文で説明した見解を支持する．Vgl. J. Wieland, Verfassungsrechtliche Grundlagen [Fn.633], S.178; T. Linke, NZWehrr 2004 [Fn.654], S.122f. Anm.53 u. 62. もっとも，単なる危険防御のための派遣であっても，「連邦軍の手段と能力の全てを機能と状況に応じて用いるのが原則である」とし，テロ攻撃による特に重大な事故の際の支援にあたり「任務を全うするため必要となる技術的装備や兵器を使用しないわけにはいかない．」と主張する説もある．Vgl. D. Wiefelspütz, NZWehrr 2003 [Fn.644], S.61; ders., Pro & Contra: Einsatz der Bundeswehr in inneren Krisen [H. クラインとの対論], in: ZRP 2003, S.140. ヴィーフェルスピュッツは安全保障法制を専門とするSPD議員であり，航空安全法案の作成にも指導的役割を果たしたと考えられる．

665　Ch.Gramm, NZWehrr 2003 [Fn.647], S.93; T.Linke, AöR 2004 [Fn.642], S.519; M.Droege, NZWehrr 2005 [Fn.638], S.207.

666　航空安全法第13条4項に関する提案理由説明．Vgl. BT-Drs.15/2361, S.21.T.M. シュプランガーは，これを肯定的に評価する．「ラントの境界を越えた脅威が発生した場合には，軍隊の出動は統一的な法的準則に基づき評価され，異なるラントの境界を越え飛行することにより，関係する法体制が常に変化する結果にならないようにすることを保障しなければならない」．Vgl. T.M.Spranger, Einsatz der Streitkräfte [Fn.633], S.199. P. ドライストも，これとは別の文脈においてではあるが，災害緊急事態の際に軍隊に派遣先ラント法が適用されるとする1968年緊急事態憲法導入時の憲法改正者の意図は，はじめから非現実的であるという．第35条による派遣に備え，軍人は平常から各ラントの警察法の規定に習熟しなければならないが，16あるラントの警察法すべてを習得することは現実には不可能であり，災害派遣に適用される他の諸法律にも習熟しなければならないことを考えるならば，軍人に過大な負担を強いるものであると批判する．Vgl. P.Dreist, NZWehrr 2006 [Fn.642], S.59ff.

667 災害発生前の出動は許されないとするのは, Ch.Lutze, NZWehrr 2003 [Fn.645], S.105; P.Dreist, NZWehrr 2006 [Fn.642], S.60, 65; G.Krings/Ch.Burkiczak, DÖV 2002 [Fn.645], S.512; Burkhard Hirsch, Echo: Einsatz der Bundeswehr in inneren Krisen [ヴィーフェルス ピュッツとクラインの対論へのコメント], in: ZRP 2003, S.378.; J-P.Fiebig, Der Einsatz der Bundeswehr im Innern [Fn.649], S.27f.; M.Droege, NZWehrr 2005 [Fn.638], S.208. 事故発生の急迫の危険があれば出動可能であるとするものとして, Martin Hochhuth, Militärische Bundesintervention bei inlandischem Terrorakt—Verfassungsänderungspläne aus Anlass der Flugzeugentführungen vom 11. September 2001, in: NZWehrr 2002, S.156ff; Ch.Gramm, NZWehrr 2003 [Fn.647], S.93f.; D.Wiefelspütz, NZWehrr 2003 [Fn.644], S.62;J.Wieland, Verfassungsrechtliche Grundlagen [Fn.633], S.177ff.; T.M.Spranger, Einsatz der Streitkräfte [Fn.633], S.193f.; T.Linke, NZWehrr 2004 [Fn.654], S.119.

668 本文で述べた問題点のほか, 「転向機」による自爆攻撃防御に関する軍隊の恒常的権限を定める航空安全法第3章が, その憲法上の根拠を災害緊急事態という時間的に限定された警察支援のための例外的規定に求めることの問題も指摘されている. Vgl. Ch.Gramm, NZWehrr 2003 [Fn.647], S.95ff.; ders., NZWehrr 2005 [Fn.644], S.141.

669 Philip Kunig, in: Ingo von Münch/Philip Kunig, Grundgesetz-Kommentar, Bd.1, 5., neubearbeitete Aufl., C.H.Beck, 2000, Art.2, Rdnr.51 (S.157); Rdnr.85 (S.182f.).

670 Ph.Kunig, in: Grundgesetz-Kommentar [Fn.699], Art.2, Rdnr.54ff.(S.158ff.).

671 P.Dreist, NZWehrr 2004 [Fn.604], S.108f. この後説明するように, 連邦憲法裁判所判決も「転向機」内に犯人のみがいる場合には, 撃墜によりこれを死に至らしめても, 犯人の人間の尊厳を侵害することにはならないと判断する.

672 1977年9月, 西ドイツ工業連盟会長 H-M.シュライヤー (Hans-Martin Schleyer) がドイツ赤軍派により誘拐された. 実行犯は, 獄中にある同派メンバー11人の釈放と出国などを要求し, これに応じなければシュライヤー氏を「処刑する」と脅迫したが, 連邦政府はこの要求を拒否した. 赤軍派グループは10月にはルフトハンザ機をハイジャックし要求に応じるよう迫った. シュライヤー氏の代理人は, ハイジャック事件解決後に誘拐犯の要求に応じるよう連邦政府に命じる仮命令を求め連邦憲法裁判所に申し立てた. この際, 代理人は, 基本法第1条1項2文および第2条2項1文を根拠にシュライヤー氏の生命を保護する政府の義務を主張したが, 申立ては斥けられた. 政府は, モガジシオ空港に特殊部隊 (GSG9) を派遣し乗客を救出した. この時実行犯3人を射殺, 1人を逮捕した. この後, 釈放要求のあった赤軍派メンバーが獄中で自殺したことが発表され, その翌日, シュライヤー氏の死体が発見された.

673 BVerfGE 46, 160.

674 BVerfGE 46, 160 [164f.].

675 BVerfGE 39, 1.

676 BVerfGE 39, 1 [58].

677 平時において, 犯罪に直接関与しない人に対して連邦軍が武器使用により危害を加えることを法律上認める例はある. 連邦軍の自己防衛のための警察権限を定める「連邦軍及び同盟軍軍人並びに文民警備員による直接強制の実施と特別権限の行使に関する法律 (直接強制法)」(Gesetz über die Anwendung unmittelbaren Zwanges und die Ausübung besonderer Befugnisse durch Soldaten der Bundeswehr und verbündeter Streitkräfte sowie ziviler Wachpersonen

第8章　航空安全法テロ対処規定に関する憲法問題

vom 12. August 1965 (BGBl. I, S.796.)）は，第15〜17条で対人武器使用を定める．同法
第16条2項によれば，銃器の使用は，連邦軍・同盟軍に対する犯罪を行う者の攻撃能力・逃
走能力を奪うことのみを目的として許されるものであり，「行為者に対する銃器の使用により，
無関係の者（Unbeteiligte）に明らかに危険が及ぶ可能性が高い場合」には，発砲は禁じられ
る．ただ，群衆に対する措置の際にこれが回避できない場合には，このかぎりではなく，第三
者に危害が及ぶことも容認される（2文）．群衆に対する銃器の使用は，群衆により，または群
衆から，暴力により連邦軍・同盟軍に対する犯罪行為がなされ，または犯罪行為が切迫し，個
人に対する直接強制では目的を達し得ず，あるいは明らかに成果を期待することができない
場合にのみ許される（第15条2項）．群衆に対する銃器使用にあたっては，事前に警告が繰
り返し行われなければならない（第17条1項）．たとえば大規模集会の最中にこれが暴徒化
し，連邦軍・同盟軍に対する犯罪行為に及ぶ場合に，犯行を阻止するため，群衆に対し銃器を
使用する場合が考えられる．直接強制法による対人武器使用について，vgl.Rechtsgrundlagen
Feldjägerdienst, 5., aktualisierte Aufl., Walhalla Fachverlag, 2001, S.66-84. しかし，このよ
うなケースと航空安全法の武力行使規定が想定するケースは，状況的にまったく異なるもので
ある．ハイジャック犯人と同じ「転向機」内にいる乗客・乗員は直接強制法のいうような「群
衆」ではなく，そこから暴力的犯罪行為が発生するわけではない．乗客・乗員の数にかかわり
なく航空機自体を武器として攻撃がなされるのである．また，乗客・乗員に行動の自由はない．
集会が暴徒化するような場合には，事前の警告射撃で無関係の者は現場を立ち去り，危険を回
避することもできよう．しかし，「転向機」内の人々にはそのような余地はないのである．

678　Vgl. Michael Pawlik, §14 Abs.3 des Luftsicherheitsgesetz—ein Tabubruch?, in: JZ 2004,
　　　S.1052ff.

679　航空安全法制定当時の連邦内務大臣 O. シリー（Otto Schily）は，ケーラー大統領の批判に
　　　対して，このような趣旨の反論をする．Vgl. Luftsicherheitsgesetz kann in Kraft treten,
　　　in: Pressmitteilung der Bundesregierung vom 12. 1. 2005. この内務大臣の主張を支持
　　　するものとして，Matthias G. Sicher, Ist das Luftsicherheitsgesetz verfassungswidrig?,
　　　in: Das Parlament, Nr. 04 vom 24. 01. 2005. <http://www.das-parlament.de/2005/04/
　　　ThemeaderWoche/001.html.> (2006年4月11日閲覧) ただし，ジッヒャーは，航空安全法
　　　による軍隊の出動は，憲法上の根拠を欠き違憲であるとする立場である．

680　Vgl. M.Pawlik, JZ 2004 [Fn.678], S.1049f. 後述のように，連邦憲法裁判所判決は，国家の不
　　　作為により機内の人々の生命が「いずれにせよ失われる」であろうという「事実の予測」が確
　　　実性をもってなされることに懐疑的である（第9章 I 2.(3) 参照）．

（資料）　　　　　　　　航空安全法（抄）

第13条［連邦政府の決定］

（1）重大な航空インシデントを理由として，危険防御の範囲内で，基本法第35条2項2文又は3項による特に重大な事故の発生が切迫していると推定するに足る根拠となる事実が存在する場合には，効果的な対処をするため必要となる限りにおいて，この事故［の発生］を阻止するため領空においてラントの警察力を支援するために，軍隊を出動させることができる．

（2）基本法第35条2項2文による出動に関する決定は，当該ラントの要請に基づき，連邦防衛大臣（代理が任命されている場合には，その任にある連邦政府構成員）が，連邦内務大臣と協議のうえ下す．即時の対処行動が求められる場合には，連邦内務省に遅滞なく通知がなされなければならない．

（3）基本法第35条3項による出動に関する決定は，連邦政府が当該ラントと協議のうえ行う．連邦政府が適時の決定を行えない場合には，連邦防衛大臣（代理が任命されている場合には，その任にある連邦政府構成員）が，連邦内務大臣と協議のうえ決定する．連邦政府の決定は，事後遅滞なく行われなければならない．即時の対処行動が求められる場合には，当該ラント及び連邦内務省に遅滞なく通知がなされなければならない．［⇒2文・3文は，2013年3月20日第二法廷決定により違憲無効］

（4）詳細は，連邦とラントの間で定める．軍隊による支援は，この法律の規定に従い行われる．

第14条［出動措置，命令権限］

（1）特に重大な事故の発生を阻止するため，軍隊は，領空において，航空機の針路を変更させ，着陸を強制し，武力の行使を予告して威嚇し，または警告射撃を行うことができる．

（2）複数の執りうる措置のうち，個人及び公衆に対し最も侵害の少ないと予想される措置を選択しなければならない．この措置は，目的を達するに必要とされる限りにおいてのみ，実施を許される．この措置は，求められる成果に対して明らかに均衡を欠く不利益を生じさせるものであってはならない．

（3）武力による直接的作用は，航空機が人命に対する［攻撃に］用いられ，かつ，この現在の危険を防御する唯一の手段であることが，状況から明らかである場合にのみ許される．［⇒2006年2月15日第一法廷判決により違憲無効］

第8章　航空安全法テロ対処規定に関する憲法問題

（4）3項による措置は，連邦防衛大臣（代理が任命されている場合には，その任に
ある連邦政府構成員）のみが命ずることができる．この他において，連邦防衛大臣は，
1項による措置を命ずる一般的権限を，空軍総監に与えることができる．

第15条［その他の措置］

（1）第14条1項及び3項による措置は，検査並びに警告や迂回の試みが効果をあ
げないことが明らかとなった後に，はじめて執ることが許される．この目的のため，
軍隊は，航空の安全確保に権限を有する官署の要請に基づき，領空において，航空機
を検査し，迂回させ，あるいは警告することができる．この要請は，一般的なもので
あってもよい．この場合，活動の要件は，事前に協定により定められる．

（2）連邦防衛大臣は，第1項による措置を命ずる一般的権限を，空軍総監に与える
ことができる．空軍総監は，第14条1項及び3項による措置を執るに至る可能性の
ある状況について，遅滞なく連邦防衛大臣に報告しなければならない．

（3）他の規則や職務共助の原則は，影響を受けない．

第16条［管轄］

（1）省略

（2）本法律及び民間航空における安全のための共通規則の制定に関する2002年12
月16日の欧州議会及び理事会規則（EC）2320/2002号（EC官報L355号1頁）に
よる航空保安官庁の任務は，3項及び4項において別段の定めがある場合を除き，連
邦の委託により，ラントが実施する．

（3）［1文省略］この他，本法律による航空保安官庁の任務は，保安措置の連邦統一
的実施を確保する必要がある場合には，連邦固有行政において実施される．2文の場
合において，この任務は，連邦内務省が指定した連邦官庁により行われる．連邦内務
省は，任務の引き継ぎ並びに所轄の連邦官庁を連邦官報に公示する．

第9章
2006年2月15日連邦憲法裁判所第一法廷判決と判決後の対応

　ケーラー連邦大統領の勧告をうけ，元ノルトライン・ウェストファーレン州内務大臣であり連邦議会副議長を務めた経験もある B. ヒルシュ（Burkhard Hirsch）を訴訟代理人として，元連邦内務大臣 G. バウム（Gerhard Baum）（両者いずれも FDP），旅客機機長 H. アルプレヒト（Hans Albrecht）ほか，弁護士・弁理士3名の計6名により憲法異議が提起された [681]．

　異議申立人は，航空安全法第14条3項が，犯罪の実行者のみならず，その犠牲となった人々をも故意に殺害することを政府に許すことにおいて，基本法第19条2項（基本権の本質的内容保障）と結びつく第1条1項（人間の尊厳の保障），第2条2項1文（生命権）の権利を侵害するものであること，そもそも航空安全法自体が連邦参議院の同意を得ずに成立していることにおいて基本法第87d条2項にも違反していることを理由に，この規定の違憲無効を主張した [682]．

　連邦憲法裁判所第一法廷は，航空安全法が連邦参議院の同意を得ずに成立したことが基本法第87d条2項に違反するとの異議申立人の主張は訴訟要件を満たしていないとして斥ける一方 [683]，航空安全法第14条3項の武力行使規定が基本法第1条1項および第2条2項1文の権利を侵害するとの異議については，異議申立人がその職業上の必要から日常頻繁に旅客機を利用するため，ハイジャックに遭遇し，武力行使の被害を受ける可能性があることから，訴訟適格を認めた [684]．そのうえで，航空安全法第14条3項が，基本法第87a条

369

2項，第35条2項および3項ならびに第1条1項と結びつく第2条2項に違反し，無効であると判断した[685].

≪判旨≫

①連邦は，基本法第35条2項2文および3項1文を直接の根拠として，自然災害および特に重大な事故への対処に際してのこの規定による軍隊の出動および関係諸ラントとの協力に関する詳細を定める規則についての立法権を有する．特に重大な事故の概念は，災害がほぼ確実に発生することが予期される事象をも含む．

②基本法第35条2項2文および3項1文は，自然災害および特に重大な事故への対処に際して，特殊軍事的兵器を装備して軍隊を出動させることを連邦に許容することはない．

③航空安全法第14条3項により，人命に対して差し向けられる航空機を武力による直接的作用によって狙撃することを軍隊に授権することは，それにより犯行とは無関係の航空機内にある人々が関係するかぎりにおいて，基本法第1条1項の人間の尊厳の保障と結びつく同法第2条2項1文の生命に対する権利と適合しない．

I 武力行使規定（航空安全法第14条3項）の違憲理由

1 武力行使規定に関する連邦の立法権限の不存在

　基本法第2条2項1文は，自由権としての生命に対する権利を保障している．この権利により，人間それぞれの生物学的・身体的生存が，その誕生から死に至るまで，個々人の生活状況，その肉体的・精神的状態にかかわりなく，国家による侵害から保護される．各人の命は，それ自体は等価値である．もっとも，基本法秩序において最高の価値を有するとはいえ，この権利も基本法第2条2項3文により法律の留保のもとにあり，生命に対する基本権も，議会制定法

に基づき侵害されることはあり得る．しかしそれは，当該法律が，あらゆる観点において基本法の要求を満たしていることが条件である．権限適合的に公布され，基本権の本質的内容を侵害することなく（基本法第19条2項），かつ，憲法の基本的決定に矛盾しないものでなければならないのである[686]．

しかし，航空安全法第14条3項の規定は，これらの基準を満たしてはいない．この規定による「武力による直接的作用」は，実際上，常にこの航空機の墜落を結果することになり，ほぼその乗客・乗員全員の死をもたらすことになる．このような侵害を正当化する憲法上の根拠は存在しない．第一に，航空安全法第14条3項の規定は，形式的観点において，基本法第35条2項・3項を根拠とする連邦の立法権限には基づくことができない．第二に，この規定は，航空機を武器として悪用しようとする者のみならず，重大な航空インシデントの発生に責任を負わない人々にも危害を加えるかぎりにおいて，実体的にも基本法第2条2項1文に抵触する．

以下，この二つの論点についての連邦憲法裁判所の判決理由を詳しく検討する．

(1) 航空安全法第3章の諸規定に関する連邦の立法権限の憲法的根拠

まず，連邦憲法裁判所は，航空安全法第3章の軍隊出動規定に関する連邦の立法権限の憲法的根拠が基本法第35条2項2文および3項にあることを明らかにしたうえで，航空安全法第14条3項の武力行使規定が憲法により制定を許されない性格のものであることを指摘する．

連邦政府は，航空安全法の立法権限が連邦にある根拠として，航空交通行政を連邦固有行政と定める第87d条1項1文により連邦固有の機関が航空の安全について配慮する権限を有していること，とくに軍隊の出動に関するかぎり基本法第73条1号および6号（外務ならびに文民保護を含む防衛および航空交通に関する連邦の専属的立法権限）に基づくものであると主張した．さらには，航空安全法が定める軍隊の出動が基本法第35条2項および3項の範囲内で災害防止のため実施されるものであることから，両規定と結びつく第87a

条1項および2項からも連邦の行政権限が導かれ，立法権限が連邦に帰属すると主張していた[687]．

　これに対し判決は，航空安全法の軍隊出動規定が基本法第35条2項2文および3項の想定する状況における軍隊出動の実施規定であり，その立法権限は基本法第73条1号および6号に基づくのではないとする見解をとり，その理由を次のように述べる．

　　「aa)航空安全法第14条3項は，同法第3章の諸規定の一部である．この章の見出しは『軍隊による支援と職務共助』であることから，同法第13条から第15条に規定されるような軍隊の活動に際しては，本来連邦の独自の任務を実施するのではなく，『危険防御の範囲内で』かつ『ラントの警察力を支援する』範囲内で（航空安全法第13条1項）ラントの責務である任務を完遂するにあたり援助を行うものであることは明らかである．この援助は，航空安全法第13条が1項から3項で詳細を示しているように，一方において基本法第35条2項2文にしたがって，他方において第35条3項により実施される．これらの条項が基本法第87a条2項にいう防衛以外の軍隊の出動を明文で許容する基本法の規定であることは異論のないところであることから……，航空安全法第14条3項の規定については，同法第3章の他の規定と同じく基本法第73条1号の権限規範の意味においても，防衛が問題とされるのではないのである．……

　　　同じく，基本法第73条6号による航空交通に関する連邦の立法権限に航空安全法第14条3項を依拠させることもできない．……この法律の考え方によれば，同法第13条から第15条で問題となるのは，ラントによる危険防御の際の支援である．……つまり，基本法第35条2項2文および3項が想定する状況における軍隊出動のための実施規定なのである．これに関する連邦の立法権限は，基本法第73条6号からは生じない．……局地的または広域的災害緊急事態の克服のため，関係ラントとの協力において軍隊を出動させることに関する細目を定める連邦の規則制定権限は，むしろ基本法第35条2項2文および3項自体から直接生じるのである．」[688]

(2) 災害緊急事態における軍隊出動決定時期の問題

　航空安全法の軍隊出動規定が基本法第35条2項2文および3項の実施規定であるとして，次に問題となるのは，その出動決定がどの時点で許されるのか

である．「特に重大な事故」がすでに発生していることを出動の要件にしているのか，事故発生の急迫の段階で出動命令を下すことが許されるのか，出動下令時期について学説に争いがあったことはすでに述べた[689]．この訴訟においても，バイエルン州政府とヘッセン州政府が共同提出した意見書は，「特に重大な事故がすでに発生している場合にのみ軍隊の支援出動が可能である」とする見解をとっていた[690]．しかし，航空安全法第3章の軍隊出動規定はこの解釈に立脚せず，「特に重大な事故」がいまだ発生していない時点で軍隊の出動が命令され，対処措置が実施されることになっている．この点について，判決は，災害の発生がほぼ確実に予測される事象も基本法第35条の災害緊急事態の概念に包摂されるとして，その理由を次のように述べる．

> 「基本法第35条2項2文による軍隊の要請とその出動は，自然災害に『際して』『援助のために』，および特に重大な事故に『際して』実施されることから，その都度損害事件がすでに発生していることを必要条件としなければならないわけではない．この規定の意味は，同じく次のように解釈することが許される．すなわち，短時間の内にほぼ確実に損害事態が発生すると認められる場合，つまり，警察法的意味において，現在の危険が存在する場合には，援助が要請され，援助を実施することができるという解釈である．基本法第35条3項1文は，第35条2項2文と結びつき，自然災害または大事故が複数のラントの領域に『危険を及ぼす』場合について連邦政府の権限を拡大するのであるが，この規定も上述のような解釈を前提としていると認められる．したがって，広域的災害事態におけると同様に，基本法第35条2項2文による局地的災害緊急事態の際にも，軍隊が出動するには現在の危険が存在すれば十分であるとみなすことができるのである．」[691]

(3) 特殊軍事的兵器投入の違憲性

以上のように判決は，基本法第35条2項2文および3項に基づく災害緊急事態における軍隊の出動の細則について連邦の立法権限を認め，航空安全法の軍隊出動規定が災害や事故の発生前の出動を認めることについても，被害発生の「現在の危険」が認められる場合には基本法に抵触しないと評価した．しかし，同法第14条3項の武力行使規定については，防衛憲法の前提と合致せず，

373

その枠組みを踰越するものであり，違憲であると判断する[692]．航空安全法第14条3項による措置は，空軍機が装備する特殊軍事的兵器により実施されるが，基本法第35条2項2文はそのような戦闘的出動を許容する根拠にはなり得ないからである．

> 「基本法第35条2項2文にいう『援助』（Hilfe）とは，諸ラントがその責務としている自然災害や特に重大な事故の処理を効果的に果たし得るように，ラントに与えられるものである．航空安全法第13条1項も，正当にもここから出発している．同条項によれば，軍隊の出動は，危険防御の範囲内で，特に重大な事故の発生を阻止するにあたり，効果的な対処に必要となるかぎりにおいて，諸ラントの警察力を支援することに資するものである．ラントの危険防御官庁の所管分野にあるこの任務に準拠していることから，……必然的に援助を目的とする軍隊の出動の際に使用を許される援助手段の種類も定まることになる．それは，ラントの警察力がその任務を果たすために本来使用するものと質的に異なるものであってはならない．すなわち，軍隊が基本法第35条2項2文によりラントの要請に基づき『援助のために』出動する場合には，軍隊は，当該ラントの法がその警察力について規定する武器を使用することは確かに許される．これに対して，軍事的戦闘手段，たとえば航空安全法第14条3項による措置に必要となるような戦闘機の搭載兵器などは，使用を許されないのである．」[693]

　基本法第35条2項2文により自然災害や重大事故の際の軍隊によるラント警察力への援助が実施される場合，派遣軍部隊には派遣先のラント法（とくに警察法）が適用され，その実施に用い得る手段も本来この任務を果たすべきラント警察が用いるものと同質のものに限定され，戦闘兵器を用いることはできない．この見解をとる根拠として，判決は，基本法第35条2項2文の規定の体系的位置とその成立過程を重視する．

　基本法第35条の災害緊急事態対処規定は，1968年6月24日の第17次基本法補充法律（緊急事態憲法）により導入されたものであるが，当初，連邦政府が提出した緊急事態憲法案においては，いわゆる「国内緊急事態」（innerer Notstand）とともに第91条に規定されることになっていた[694]．そ

れは，軍隊の国内出動を，国民に対し，かつ，基本法による権限配分を考慮しながら，局地的災害緊急事態についても憲法上許容することを目的としていた[695]．この案では，軍隊が「警察力として」(als Polizeikräfte) 提供されると明示的に定められており，軍隊がただ警察的任務のために，ラント警察法に規定された権限を伴って，国民に対して使用できることを確実にしようとしたのである[696]．

もっとも，その後実際に制定された憲法条文には，「警察力として」軍隊を使用するという制限的文言はない．この制限的表現は，災害緊急事態におけるラントへの援助は基本法第35条2項および3項に，国内緊急事態の際のラントへの支援については基本法第87a条4項および第91条に，異なる専門的関係性において規定するよう求めた連邦議会内務委員会の提案により削除されたのである[697]．ただし，この修正の意図は，局地的災害緊急事態において軍隊が使用できる手段を警察的手段に制限せず，特殊軍事的な兵器に拡大することにあったのではない．法務委員会はむしろ，武力としての軍隊の出動のハードルを当初の政府案よりも高く設定し，第87a条4項において連邦軍の国内武装出動が許容されるケースを軍事的に武装した叛徒集団への対処に限定し，極限的危機状況においてのみこれを許容することにしたのである[698]．災害緊急事態を定める第35条が「連邦およびラント」に関する基本法第2章に置かれ，軍隊の軍事的使用を定める第8章には置かれなかったことからも，この趣旨は明らかである．つまり，基本法改正者の考えでは，基本法第35条2項による「援助のための」軍隊の出動は，局地的災害出動の範囲内で，その際負うことになる任務を果たすこと，たとえば危険になった土地を封鎖し，交通規制を行うなど警察的強制権限を行使することを連邦軍ができるようにすることに限定されているのである[699]．

以上のような災害緊急事態対処規定導入の経緯から，判決は，「ラントの任務領域における軍隊の出動に際しては，特殊軍事的兵器を用いることは禁じられる．[700]」と断定するのである[701]．

375

第9章　2006年2月15日連邦憲法裁判所第一法廷判決と判決後の対応

(4) 広域的災害緊急事態対処規定への抵触

「災害緊急事態における援助のための軍隊の出動に際しては，特殊軍事的兵器の使用は許されない」とする上述の違憲理由は，局地的災害緊急事態についてだけでなく，広域的災害緊急事態についても当てはまる[702]．ただ，広域的災害緊急事態の場合には，違憲理由がもう一つ加わる．それは，航空安全法第13条3項に基づく軍隊の活動について，同規定が連邦政府による事前の出動決定があることを絶対要件とはせず，例外を認めていることから生じる違憲の疑義である[703]．

　基本法第35条3項1文によれば，広域的災害緊急事態における軍隊の出動決定権は，「連邦政府」にのみ帰属する．連邦政府は，連邦首相と連邦大臣から構成される合議体である（基本法第62条）．したがって，広域的災害緊急事態における軍隊の出動には，必ず閣議決定が必要である．ところが，航空安全法第13条3項は，出動決定について1文で「連邦政府が当該ラントと協議のうえ行う」としながら，2文で「連邦政府が適時の決定を行えない場合には，連邦防衛大臣（代理が任命されている場合にはその任にある連邦政府構成員）が，連邦内務大臣と協議のうえ決定する」として，緊急の際には一人の連邦大臣によって決定が下されることを許容している．しかも，政府の法案提案理由書によれば，一人の連邦大臣による派遣決定の臨時代行を認めた理由について，「連邦政府の決定が適時に行われることは通常時間的に不可能であるため[704]」と説明していることから，連邦防衛大臣（またはその代理人たる連邦政府構成員）の決定による出動は「例外」ではなく「通例」として定められたものといえる．事後遅滞なく連邦政府が決定を行うことになっているとはいえ，緊急の必要を理由とする航空安全法第13条3項の出動決定臨時代行規定は，軍隊の出動を厳格な要件のもとに置き，必ず閣議決定によらしめることを求める基本法第35条3項の趣旨に明らかに反する．「[対処に]時間的余裕がないこと(das knappe Zeitbudget) は，……まさに，航空安全法第14条3項に定められた種類の措置が，基本法第35条3項1文が予定する方法によっては通常は

処理できないものであることを明らかにするのである」[705].

　このように判決は，特殊軍事的兵器による武力行使を許容する航空安全法第14条3項の規定が，基本法第35条の災害緊急事態における支援活動の実施規則として連邦が定めることができない性格のものであること，加えて，とくに広域的災害緊急事態における軍隊出動決定手続（航空安全法第13条3項）が基本法第35条3項に違反することを示し，航空安全法の軍隊出動・武力行使規定の形式的違憲性を明らかにした．

　判決が次に問題にしたのは，武力行使規定の実体的違憲性である．

2 人間の尊厳および生命権の侵害

(1) 人間の尊厳・生命権の保障と国家の保護義務

　判決によれば，航空安全法第14条3項は，航空インシデントの発生に関与しない第三者が内部にいる航空機の撃墜を軍隊に許容するかぎりにおいて，その人間の尊厳の保障（基本法第1条1項）と結びつく生命権（同第2条2項1文）を侵害し，実体的にも違憲である．ただし，武力行使が無人の航空機，あるいは航空の安全への攻撃の責任を負うべき者のみに対して向けられるかぎりにおいて，この規定は実体憲法上の疑義を免れる[706].

　基本法第2条2項1文が保障する生命への基本権は，法律の留保のもとにあり，法律による制限が認められる（同第2条2項3文）．しかし，生命権を制限する法律は，この権利およびこれと密接に結びつく人間の尊厳の保障に照らして評価されなければならない．人命は，根本的憲法原理たる人間の尊厳の重要な基礎であり，かつ最高の憲法価値である．人間はそれぞれその身分，肉体的・精神的状態，その能力や社会的地位にかかわりなく，人格としてこの尊厳を保有するのである．人間からこの尊厳を奪い取ることはできない．それは，個人の命の予想される長さにも左右されるものではない．死後ですら，人間の尊厳の尊重を求め得る．このことは，これまで連邦憲法裁判所が繰り返し確認してきたところである[707].

第9章　2006年2月15日連邦憲法裁判所第一法廷判決と判決後の対応

　生命権と人間の尊厳とのこのような関係に照らしてみるならば，国家が自ら
の措置により生命権を侵害することは許されない．他方で，国家は，あらゆる
人命を保護する義務を負い，国家とその機関は，すべての個人の生命を保護
し，促進することを求められる．とくに第三者による違法な攻撃や侵害からこ
れを保護しなければならない．この保護義務の憲法上の根拠もまた，基本法第
1条1項2文に求められる[708]．

(2) 人間を客体・対象物として扱うことの禁止

　判決はさらにここから，人間を単なる対象物として扱い，その主体性を否定
するような措置をとることが国家に禁じられると述べる[709]．

　　　「自由に自己を規定し，自己を発展させることが人間の本質に属すること，そ
　　　して共同体のなかで，原則として独自の価値を有する平等な構成員として承認さ
　　　れることを個人が要求できること，それが基本法制定者の考えであったが……，
　　　ここから出発するならば，むしろ人間の尊厳を尊重し保護する義務は，人間を国
　　　家の単なる客体（Objekt）とすることを一般的に禁じるのである……．こうして，
　　　自らのために，その人格としての存在により人間それぞれに帰属する価値を軽視
　　　することにより……，人間の主体性，権利主体としての地位を脅かすような公権
　　　力による人間の取り扱いは，絶対に禁じられる……．」[710]

　この基準に照らし見るならば，乗客・乗員として機内にあり，航空インシデ
ントの発生に関与してもいない人々に対して被害が及ぶかぎりにおいて，航空
安全法第14条3項による撃墜措置は，人間の尊厳と結びつく生命権を侵害す
るものであり，基本法第1条1項と結びつく第2条2項に違反するものといえ
える．

　法案提案理由書の説明によれば，航空安全法第14条3項による武力行使は，
ハイジャックにあった航空機が人命に対する攻撃に武器として使用されること
を要件としている[711]．この場合，当該航空機は，攻撃の補助手段としてでは
なく，実行武器として，航空機が自爆攻撃を実行するに至る地域内にある人々
の生命に照準を絞り使用されるのでなければならない[712]．自爆テロの手段と

378

されるこのような極限状態にあって，機内の乗客・乗員は，逃げ場のない状況に置かれ，他者から独立して自己決定により自身の生存環境に影響を与えることはできない．これは，犯人が機内の人々を客体にするだけではない．航空安全法第14条3項による措置をとる国家も，他の人々を保護する救助活動のために，機内の人々を単なる客体として取り扱うことになるのである．

> 「犠牲となる当該航空機内の人々の置かれる状況は逃げ場のない絶望的なものであるが，それは航空機の撃墜を命じ，これを実施する者に対しても存在する．航空機の乗客・乗員は，どのようにしても彼らが制御できない所与の状況ゆえに，この国家行為から逃れることはできない．彼らは，身を守ることも，助けを求めることもできず，国家の行為に身を委ね，航空機とともに狙撃され，その結果ほぼ確実に殺害されることになるのである．このような取り扱いは，尊厳と不可譲の人権を有する主体であるべき関係者を蔑ろにするものである．彼らは，その死が他者を救うための手段として利用されることにより，物として扱われ（verdinglicht），また権利を奪われる（entrechtlicht）のである．その命が国家のために一方的に利用されることにより，自ら犠牲者として保護を必要としている航空機内の人々は，人間であるがゆえに人に与えられるべき価値を否定されるのである．」[713]

(3) 武力行使決定の基礎となる情報の不確実性

このように判決は，航空安全法第14条3項による措置が人間の尊厳と生命権を侵害するものであることを論証したのであるが，さらに裁判官がここでとくに重視したのは，武力行使の決定が十分に客観的な事実認識と正しい評価に基づき下されることが実際上困難であると主張するコックピット協会および独立客室乗務員機構の意見である[714]．

コックピット協会の指摘によれば，航空安全法第13条1項にいう重大な航空インシデントが発生し，かつ，この事件が「特に重大な事故」に至る危険があることの根拠の認定からして，状況によっては不確実であり，この認定が確信をもってなされることはむしろ稀であると考えられる[715]．状況判断にあたりとくに問題となるのは，不測の事態にあいおそらく動揺している乗員が，地

第9章　2006年2月15日連邦憲法裁判所第一法廷判決と判決後の対応

上の措置決定権者にハイジャックの発生状況を通報することがどの程度可能か
である．十分に正確な通報ができない場合には，措置決定の事実根拠は，はじ
めから誤解に基づくものになる．航空安全法第14条の措置をとる前に実施さ
れる第15条による哨戒・検査により得られる事実確認も，コックピット協会
の意見によれば，理想的気象条件のもとですら，せいぜい漠然としたものであ
る．要撃機が不審機に接近するにも危険を考えれば限界があり，目視ができる
場合ですら，機内の状況を確認できる可能性は限定的である．ハイジャック犯
人の動機や目的に関しての捜査事実に基づく評価は，一般的にはこのような状
況下では最後まで推測にとどまる．判決は，航空機パイロットの実務経験に基
づく以上のような見解を重視し，次のように述べる．

　　「したがって，航空安全法第14条3項の適用にあたり，以下の点に危険が存在す
　　る．すなわち，通常は極めて僅かな時間枠の中で，それでもなお適時に，成功の
　　見込みをもって，無関係の第三者を過度の危険にさらすことなく武力行使が実施
　　されるべき場合に，不確実な事実根拠に基づいて撃墜命令が早計に下されてしま
　　うところである．それゆえ，このような武力の発動を効果的なものにするために，
　　もしかしたら［発動後に］この措置がまったく不要であったことを初めから甘受
　　しなければならないであろう．換言すれば，しばしば過剰反応をしなければなら
　　なくなるであろう．」[716]

　コックピット協会の意見を否定し，これを反証する根拠が訴訟手続中に提示
されることがなかったばかりか，独立客室乗務員機構も上述の所見を補強する
意見を述べている．
　独立客室乗務員機構は，ハイジャックされた航空機内の客室乗務員とコック
ピットの間，コックピットと地上の措置決定権者の間の連絡経路が複雑で誤り
が生じやすいこと，そして，数分，数秒のうちに機内の状況が変化し得ること
を考えるならば，「極度の時間的圧迫のなかで，地上で決定を下さざるを得な
い人々にとって，実際に航空安全法第14条3項の要件が満たされているか否
かを確かな信頼性をもって判断することは不可能である．」と断言する[717]．

380

判決は，以上のような旅客機操縦士や客室乗務員の意見を，説得力を有するものと認め，次のように述べる．

「このような評価は，本法廷にはとりわけ説得力あるものと思われる．というのも，航空安全法第14条3項による措置をとることができるようになるまでに，第13条から第15条により踏まねばならない複雑で多くの段階に分かれ，かつ，多数の決定権者と関係者に頼らざるを得ない手続きにより，深刻な事態においてかなり長い時間を費やすことを求められるからである．ドイツ連邦共和国の上空飛行区域が比較的狭いことに鑑みるならば，決定に大きな時間的圧迫があるというだけでなく，早計な決定を下す危険もある．

ccc)かりに危険防御の分野において，度々予測の不確実性が完全には回避されないのであれば，法律の授権により，しかも場合によってはそのような計量不可能性を甘受しつつ，乗っ取られた航空機の乗員および乗客のように絶望的状況におかれている無辜の人々を故意に殺害することなど，基本法第1条1項の効力のもとでは全く思いもよらないことである．それにもかかわらず実施された撃墜とこれにかかわる命令が，どのような刑法上の評価を受けるかは，ここは決められない．……憲法上の評価にとって決定的に重要なことは，ただ，立法府が無関係の無辜の人々に対して航空安全法第14条3項に規定された種類の措置をとる権限を与え，このような措置をこのような方法で適法とみなすことはできず，ゆえに許容できないということである．このような措置は，非戦争的性格を有する軍隊の出動としては，生命権と人間の尊厳を尊重し保護する国家の義務に相容れないのである．」[718]

(4)「転向機」撃墜合法論への批判

この後判決は，「転向機」の撃墜を合法化しようとする様々な主張を取り上げ，そのすべてを斥ける．航空インシデントに巻き込まれ狙撃の対象とされた乗客・乗員は，撃墜と自身の死に同意したものとみなされるとする一部の見解については，「このような仮定は何ら現実的背景をもたず，浮世離れしたフィクションにすぎない．」と否定する[719]．また，他者の生命への攻撃に武器として利用される航空機の内部にいる人々は，テロ攻撃が実行されたならばいずれにせよ死ぬことになるとする主張も，「人命と人間の尊厳は個々の人間の肉体

381

第9章　2006年2月15日連邦憲法裁判所第一法廷判決と判決後の対応

的生存の持続時間とは無関係に同等の憲法上の保護を享受する.」との理由により，撃墜措置の違憲性を減ずる根拠とはならないと述べる[720]. 上述のように航空安全法第13条から第15条による措置に常に伴う状況判断の不確実性から，「転向機」内にいる人々の生存・救出のチャンスがどの程度あるのかについての予測は困難であり，この人々の命が「いずれにせよ失われる」と断言することは通常できない[721]. まして，他の人々の命への攻撃の武器として利用される航空機内にいる人々を「彼ら自身がこの武器の一部であり，そのようなものとして取り扱わざるを得ない.」などとする意見は，事件の犠牲者を人間として認めず，物の一部として扱うものであり，基本法が基礎とする人間観に反する[722].

「法的に組織された公共団体を，その破滅と破壊を狙う攻撃から守ることが，この方法によってのみ可能である場合には，必要とあれば個人は国家全体のために命を犠牲にする義務を負う.」とする一部学説[723]も，撃墜措置の合憲性の根拠とはならない. 航空安全法第13条から第15条は，基本法第35条2項2文および3項1文にいう「特に重大な事故」の発生を阻止することを目的としている. この人為的航空機事故は，政治的動機によることもあるが，政治的意図をもたない犯罪者あるいは精神障害のある単独犯によることもあり得る[724]. 政治的動機による事件であったとしても，航空安全法による対処措置自体が基本法第35条の災害対処システムに組み込まれていることが示すように，国家自体の存立を脅かすことを目的とはしない事件を前提としているのは明らかである. したがって，航空安全法第14条3項の適用領域においては，公共団体の除去や国家の法秩序・自由秩序の廃絶を目的とする攻撃の防御は問題にはならないのであり，上述の学説が主張するような連帯保証義務（solidarische Einstandspflicht）を論じる余地はない[725].

最後に判決は，「転向機」が攻撃の対象とする人々を守る国家の保護義務によっても，航空安全法第14条3項の措置を正当化することはできないという. この保護義務を履行するにあたり，国家とその機関には広い判断，評価および

形成の領域（Einschätzungs-, Wertungs- und Gestaltungsbereich）が与えられる．国家機関がこの義務をどのように果たすかは，原則としてその自己責任において決定される．ただし，常に憲法に適合する発動手段のみ選択することを許される．航空安全法第14条3項には，これが欠如している．同規定による撃墜措置の発動は，航空機内の人々も国家に保護を求める権利を有することを無視しており，国家によりこの保護が拒否されるばかりか，国家自らこれらの人々の生命を侵害するのである．人間の主体的地位，そこから帰結する国家による殺害禁止を人間の尊厳に反する方法で無視するこの措置が，他の人々の生命を保護するという目的により正当化されることはない[726]．

(5) 無人航空機および航空機を攻撃に悪用しようとする者のみが
　機内にある航空機に対する武力行使の評価

　　航空安全法案に連立与党の立場から賛成した連邦議会 B'90/Grüne 会派は，同法第14条3項による政府の措置によって無辜の乗客・乗員が死亡することがないことを条件に法案を了承したと自らの立場を裁判所に対して説明している[727]．第一法廷判決は，機内に事件とは無関係の乗客・乗員がいる航空機に対する武力行使規定の適用については，その実体的違憲性を明確に示したが，航空機をテロ攻撃に利用しようとする者のみが機内にいることが明らかな場合や無人機による攻撃への対処については，また別の評価が考えられる．

　　判決は，航空安全法第14条3項による「武力による直接的作用」が無人の航空機，または航空機を他者の命を奪うため攻撃武器として悪用する者のみが機内にいる航空機を対象とするかぎりにおいては，人間の尊厳の保障に反することはないと評価する．

　　　「人命を奪うための武器として航空機を悪用しようとする者のように，他者の法益を違法に攻撃する者は，違法な攻撃に対し国家が防戦し，［違法な攻撃により］生命を絶たれることになる人々に対して国家がその保護義務を履行し，これを阻止しようとするとき，国家行為の単なる客体としてその主体的特質を脅かされることは原則的にはない……．逆に，攻撃者がその自己決定による行動の結果

第9章　2006年2月15日連邦憲法裁判所第一法廷判決と判決後の対応

の責任を個人的に負い，かつ，この攻撃者により惹起された事件の責任を負う場合には，それはまさに攻撃者の主体としての地位に沿うものである．それゆえ攻撃者は自身の人間の尊厳の尊重を求める権利を侵害されることはないのである．」[728]

航空安全法第14条3項による措置実施要件が満たされているか否かの事実審査に付随する既述の不確実性も，この場合には重要な問題にはならない．航空機を意のままに操縦する者が，これを武器として使用する意思がなく，その嫌疑の根拠がない場合には，撃墜措置以前に航空安全法第15条1項および第14条1項によりとるべき措置，たとえば武力行使の警告や警告射撃により，機体の針路変更や着陸に協力することによって危害を回避できることを容易に知らせることができる．また，乗客・乗員が同乗している場合に想定されるような客室乗務員とコックピットの間，コックピットと地上の措置決定権者の間のコミュニケーションに関して生じ得る特殊な困難も除かれる．したがって，ここでは航空機が武器として悪用される危険が急迫していることを，十分確実かつ適時に確認することが可能である[729]．

最後に判決は，航空安全法第14条3項を，適当性（Geeignetheit），必要性（Erforderlichkeit）および比例適合性（Verhältnismäßigkeit）の基準に照らし評価し，航空インシデントの原因となり，この事件に関与した者のみが航空機内にいることが確認され，航空機による攻撃の対象となる人々の生命の危険が同機の撃墜により除去され，かつ地上の人々に被害が及ばないことが確実である場合について，これら三基準を満たすと判断する[730]．そして，第三者の重要な保護法益が犯人に対する武力行使による基本権の侵害を正当化し，かつ比例適合性の原則が守られるかぎりにおいて，上述のケースにおいては，基本法第2条2項の生命権の「本質的内容」までは侵害されることはなく，この措置が基本法第19条2項により禁止されることもないと評価する[731]．

以上のように，判決は，無人航空機または事件の犯人のみが機内にある航空機に対する武力行使については，実体的憲法適合性を認める．しかし，この場合であっても航空安全法第14条3項の規定自体に関して連邦の立法権限が存

384

在しないことから，いずれにせよ結論的には同規定は違憲であり，無効である
というのが連邦憲法裁判所の結論である.

II 判決後の対応

1 違憲判決による航空テロ抑止力低下への不安

連邦政府は，航空安全法の武力行使規定の合憲性を主張しつつも，この規定
が旅客機に対して適用され，撃墜の事態に至ることは実際上ほとんど考えられ
ないと説明していた．人口稠密度の高いドイツの国土において，撃墜による地
上被害の発生が回避されることはまず困難であり，航空安全法第14条3項の
厳格な適用要件を満たす可能性は極めて低いというのがその理由である[732].

連邦政府が言うように，航空安全法の武力行使規定が適用されるケースは極
めて稀な例外的事態である．それにもかかわらずこの規定をあえて法律に定め
たのは，ドイツ政府・議会が9・11米国テロ事件と同じような攻撃を計画す
る者に対して断固たる姿勢で臨むことを示すことにより，これを抑止する狙い
があったのであろう．だが，違憲判決により，この抑止力が失われるおそれが
生じた．「転向機」に対する対処は欧州諸国間で統一されてはいない．かりに
航空テロを計画するテロリストが隣国ポーランドやフランスでハイジャックを
実行したとしても，両国政府は「転向機」の撃墜を認めているため，撃墜の危
険性の少ないドイツ国内に自爆攻撃の標的を定める危険が増すことも考えられ
る[733]．航空テロ攻撃を招き入れるようなことにならないためにも，ドイツの
「転向事態」対処体制には不備があるという印象を国内外に与えることはでき
ない.

無辜の乗客・乗員が機内にある航空機による自爆テロの最終局面において，
その阻止のため撃墜を命ずることが違憲であり，不可能であるとすれば，国家
は被害甚大なテロ攻撃の実行を前に不作為を求められることになる．しかし，

司法による国家の自縄自縛は，テロ攻撃に対する国家の対応を予測可能なものとし，結果としてテロリストを利することになる．連邦憲法裁判所は，そのようなテロリストを利する危険を，かつてシュライヤー事件決定において排除しようとしていたはずである[734]．

2 憲法運用による対応の可能性

(1) 防衛関連憲法規定の拡大解釈

　与党 SPD は判決後も改憲に消極的な姿勢を変えないものの，上述のような危惧からか，同党所属の議員のなかには，防衛関係規定の適用拡大により「転向事態」の一部について武力対処が可能であるとする解釈を強調する動きがあった[735]．安全保障法制の専門家 D. ヴィーフェルスピュッツは，9・11 米国テロ攻撃について国連安保理が米国の軍事的自衛権行使を間接的表現ながら承認し，NATO 理事会が NATO 条約第 5 条による「同盟事態」を認定したことを挙げ，警察的手段によっては防御できず，損害の規模において戦闘員による伝統的な軍事攻撃と同等の外部からの武力攻撃の防御にあたっては，国防のための憲法規定が適用されるべきであると主張する．連邦憲法裁判所の違憲判決は，「非戦争的」航空インシデントに関する評価であり[736]，国外でハイジャックされドイツ国内でテロ攻撃に利用される航空機については「防衛事態」として武力対処が現行憲法のもとでも可能であると彼は述べる[737]．ただ，この立場をとるとしても国内線旅客機によるテロ攻撃への対処根拠が曖昧であるうえ，「転向事態」に防衛出動で対処するには既述のような問題もあり[738]，「防衛事態」や防衛出動に関する規定の拡大解釈には限界があると思われる．

(2) 超法規的緊急権の主張

　「他に手段がないのであれば，我が国民を保護するため撃墜命令を下すであろう．その際，難しい法的評価にもかかわらず撃墜命令にしたがう覚悟のある軍人のみを動員する．」連邦防衛大臣 F-J. ユング（Franz-Josef Jung）は，このために超法規的緊急権によるテロ機撃墜を主張する[739]．この発言に向けら

れた批判を意識しつつも，2007 年 9 月 19 日の連邦議会本会議における説明では，連邦憲法裁判所が「公共団体の除去や国の法秩序，自由秩序の破壊を狙った攻撃」の防御にあたり法状態がいかなるものであるかの問題については触れないと説明していた[740] ことを理由に，この種の攻撃に対する緊急権による対処の余地があることを主張した[741].

このような超法規的緊急権への依拠については，支持する論者も少なくないが，基本法第 87a 条 2 項の明文性の留保を軽視するものとして批判も多い[742]. 超法規的緊急権は，かりに依拠できるとしても，およそ想定し得ない事態に直面した場合にのみ認められるべきものである．航空テロ攻撃の危険は，1972 年 9 月 11 日ミュンヘン・オリンピック閉会式の際にもドイツでも現実に起こり得るものとして意識されていたし，先にも触れた 2003 年 1 月 5 日のフランクフルト・アム・マインでの事件でも認識されていた[743]. 立法府の意図的な立法不作為（この場合，改憲への消極姿勢）は，緊急権発動の根拠とはならない．また，「共同社会の除去や国の法秩序，自由秩序の破壊を狙った攻撃」が具体的にどのような事態を指すかは，ユング防衛大臣自身も明確に説明できていない.

かりにユング防衛大臣が主張するように，テロ攻撃を行う航空機を撃墜する命令を下し得たとしても，その受命者たる軍人は極めて複雑な立場に置かれることになる．ドイツ軍人法[744] によれば，「職務上の目的」を欠く命令，「人間の尊厳」に反する命令，犯罪行為を内容とする命令には拘束力はなく，したがう必要はないか，あるいは，したがってはならないからである[745].

命令は「職務上の目的」のためにのみ下し得る（軍人法第 10 条 4 項）．基本法に定められた連邦軍の任務を実施するために必要である場合には「職務上の目的」があると認められるが，このような目的を伴わない場合には命令に拘束力はない（同法第 11 条 1 項 3 文）．航空安全法が規定した航空機撃墜措置は災害緊急事態規定（基本法第 35 条 2 項・3 項）に憲法上の根拠を置くとされたが，連邦憲法裁判所がこれをすでに違憲と判断したため，撃墜命令に「職

務上の目的」は認められない[746].

　また，命令を実施することにより他者の「人間の尊厳」を侵害するような場合には，その命令には拘束力がないばかりか，実施されてはならない．連邦憲法裁判所は，航空安全法第14条3項による撃墜授権根拠について基本法第1条1項に違反すると判断したことから，犯行に無関係の無辜の第三者を確実に死に至らしめる撃墜命令も「人間の尊厳」を侵害するものであり，これにしたがうべきでないことになる．

　さらに，命令実施が犯罪を構成する場合も，命令に拘束力はなく，かつ，したがってはならない（軍人法第11条2項1文）．ハイジャックされた航空機の乗客・乗員が確実に死亡する場合，その撃墜は殺人罪（刑法212条）に問われる可能性があり，撃墜命令は犯罪命令として，したがってはならないことになる．テロ実行犯の殺害については，攻撃の標的とされた人々の命を救うため必要かつ不可欠である場合には刑法第32条による正当防衛もしくは緊急救助に該当する可能性はある．ただその場合であっても，軍隊の出動が憲法上の根拠を欠く場合には刑法的評価とは別の問題が残る．刑法規範は違憲行為を行う根拠とはなり得ないのであり，刑法第32条は防衛任務以外の軍隊の出動を許容する根拠とはならないからである[747]．また，刑法第34条（正当緊急避難）の利益衡量の枠内において人命の量と質による衡量を行うことも許されないとする見解が有力である．いずれにせよ，違法性阻却事由が国家行為の授権根拠として機能し得るか否かという極めて争いの多い問題が提起される[748]．

　対処措置の法的安定性を保障しないまま，国家の無能力の責任を職務権者個人の決断能力に転嫁しようとするのは不当である．憲法尊重擁護を宣誓した職務権者に，憲法を破り，その最高価値である「人間の尊厳」を侵害してまでも適時の対処措置をとるよう期待するのは理不尽ともいえる．

　ユング防衛大臣は，連邦憲法裁判所判決において無人機またはテロリストのみが機内にいる航空機による自爆攻撃への武力対処について，乗客・乗員が同乗する旅客機の場合とは異なる評価を受けていることを強調し，このよ

うな事態が発生した場合には撃墜は可能であると明言している [749]. しかし, 判決の主旨はテロリストのみが機内にある航空機への武力対処がテロリストの人間の尊厳や生命権の保障に反しないという点にあり, 空軍機による武力行使の憲法上の根拠の不存在はこの場合も変わりはない. 乗客・乗員が機内にいない場合であっても, 基本法が改正され連邦軍の国内での軍事的対処根拠が明文化された場合でなければ, 武力対処はできないと判決の主旨を理解すべきであろう [750].

一連のユング防衛大臣の発言は, 航空安全法の武力行使規定が違憲無効となったからといってドイツ政府のテロ対応が手緩いものにはならないことを顕示し, 違憲判決がドイツのテロ抑止力を殺ぐことにならないようにする政治的な意図からなされたものと理解すべきであろう.

いずれにせよ, 判決後, 現行基本法のもとでの「転向事態」対処に限界が明らかになったことから, 議論の中心は改憲論を含む新たな立法論に移行することになる. 改憲推進派の連邦内務大臣 W. ショイブレ (CDU) は, 連邦憲法裁判所判決が「改憲の必要を明らかにした」ものと捉え, 意欲を新たにした [751].

3 改憲提案

(1) CDU/CSU与党4州および同党連邦議会会派改憲案 (2004年3月5日)

成文憲法の欠缺を補填するため超法規的緊急権に依拠し, あるいは憲法解釈技術を駆使して軍隊の出動の可能性を新たに創出することは, 軍隊の出動に憲法明文上の根拠を要求し, 厳格に防衛憲法規定を解釈するという基本法が制定以来堅持してきた原則を根本から放棄することになる. 警察と軍隊の機能峻別という従来の憲法原則の是非を問うためにも, 憲法改正論議は避けられない. CDU/CSU が政権を担当していたラントからは, 早い時期から改憲案が提示されていた. また, 同党連邦議会会派も, シュレーダー内閣が提出した航空安全法案の対案として改憲案を提出している.

バイエルン州とザクセン州は, 9・11 米国テロ事件直後の 2001 年 11 月 23

第9章 2006年2月15日連邦憲法裁判所第一法廷判決と判決後の対応

日，基本法第35条改正案を連邦参議院に提出した[752]．しかし，改憲に消極的な赤緑連立政権下ではこの改憲案が支持を得られる見通しは立たず，同年12月20日に連邦議会への提出を見送る決定が下された．その後，2004年3月5日に，バイエルン，ヘッセン，ザクセン，テューリンゲンの4州が，「基本法（第35条および第87a条）改正法案」を連邦参議院に提出した[753]．同年3月9日には，W. ボスバッハ，W. ショイブレ等議員とCDU/CSU連邦議会会派が同文の改正案を連邦議会に提出している[754]．この改憲案は，政府が提出した航空安全法案の対案として提出されたものであるが，同法成立と同じ会議において否決されたものの[755]，航空安全法施行後の2005年1月18日に再提出された[756]．

この改憲案によれば，基本法第35条2項・3項および第87a条2項は，以下のような文言になる．（下線部が改正部分）

第35条2項・3項
「(2) 公共の安全又は秩序を維持し，又は回復するために，ラントは，
　1 特別の重要性を有する事態において，ラント警察が連邦国境警備隊の支援がなければ任務を遂行し得ず，又は任務の遂行に著しい困難をきたす場合において，ラント警察の支援のために，連邦国境警備隊の人員及び施設［の提供］を求めることができる．
　2 テロリズムの脅威がある場合において，民用物を保護するにあたり，1号による連邦国境警備隊の人員及び施設による支援が十分でない場合には，ラント警察の支援のために軍隊［の派遣］を求めることができる．
直前に差し迫った災害又は直前に差し迫った特に重大な事故を防止するにあたり，若しくはその結果を克服するにあたり，ラントは，他のラントの警察力，他の行政機関並びに連邦国境警備隊及び軍隊の人員及び施設［の提供を］求めることができる．
1項による職務共助の義務は，影響を受けない．
　(3) 災害又は特に重大な事故が複数のラントの領域に危険を及ぼす場合には，連邦政府は，これに有効に対処するため必要である限りにおいて，ラント政府に対して，他のラントに警察力を提供するよう指図し，並びに，警察力を支援する

ために，連邦国境警備隊及び軍隊の部隊を出動させることができる．1文による連邦政府の措置は，連邦参議院の要求があるときはいつでも，その他の場合には危険が除去された後遅滞なく，これを中止しなければならない．」

第87a条2項

　「防衛のため，及び空と海からの危険であって，これに有効に対処するため軍隊の出動が必要であるものを防御するため以外では，軍隊は，この基本法が明文で許容する限度においてのみ，出動することが許される．」

　改憲案の基本法第35条2項1文1号の文言は，現行規定第35条2項1文と同文である．新たに加えられる1文2号は，テロリズムの脅威がある場合に，公共の安全，秩序の維持または回復のため1号による連邦国境警備隊［連邦警察］の支援が十分でない場合に，民用物を保護するにあたり，ラント警察の支援のために軍隊を要請することを可能にするものである．具体的には，多数の物件が緊急の脅威にさらされ，ラントおよび連邦の警察の負担を緩和するために軍隊による支援が必要な場合，脅威の種類により軍隊の特別な能力や手段が物件保護に必要となる場合が考えられる[757]．

　改憲案第35条2項2文は，この規定による職務上の援助が，災害や特に重大な事故がすでに発生しており，その被害の克服のために支援が許される場合のみならず，災害・大事故が直前に差し迫り，その発生を未然に防止するために措置をとる必要がある場合にも許されることを明確にしたものである．すでに述べたように，現行規定では，軍隊の出動が許されるのは災害・大事故の発生後であるか，その発生が明らかに切迫している段階でも許されるか，解釈上の曖昧さを残していた[758]．改正案はこれを明確にするものである．なお，現行憲法規定2項2文および3項1文で用いられる「自然災害」が，改正案では「災害」に修正されている．これにより，自然的原因だけでなく，人為的事件や様々な原因から複合的に生じる災害をすべて含むことを明確にし，適用の幅を拡大する狙いがある[759]．

　軍隊による一般的職務共助は，輸送車両，医療衛生車両，NBC防護・調

391

第9章　2006年2月15日連邦憲法裁判所第一法廷判決と判決後の対応

査のための施設およびその運用のための人員の提供などにより実施されるが，これは基本法第87a条2項の「出動」に該当しないかぎりにおいて ― 言い換えれば第三者に対する高権的権限の行使を伴わないかぎりにおいて ― 実施できるものである．新たに「1項による職務共助の義務は，影響を受けない．」とする3文を挿入したのは，この原則が不変であることを確認したものである[760]．

　第87a条2項の改正の要点は，「防衛のため」の出動に加え，空と海からの脅威への対処のための出動を明記したところにある．ただし，その他の軍隊出動に関する憲法留保の原則は従来と変わらない．空からの攻撃に対する防御は，ドイツ連邦軍と同盟軍の空軍力のみが果たし得る任務である．防空の全分野，すなわち，航空機の同定および資格なく，あるいは敵意をもってドイツ領空内に侵入する航空機への対処は，防衛任務に属する．もっとも，軍隊の権限は，その攻撃の主体が何か，どこから企てられたものか（国外からか国内からか），とくに攻撃が軍事的なものか，その他の性質のものかといった要素により評価が変わる．このため，これまでは防衛任務としての軍隊の出動の許容性に不確実性が生じるおそれがあった．有効な対処を確実にするには，上述のような不確定要素から独立して軍隊の所轄権限を定める必要がある．改正案は，「有効な対処に軍隊の出動が必要」である空からの危険に対処できることを明記することによりこの問題を解決し，「法的明瞭性と法的安定性」を創り出すものである[761]．

　なお，海からの脅威に対処する出動も同様に認められることになるが，改憲案提案理由書によれば，海上で許されない武器供与が行われたり，環境犯罪があり，警察力では十分な対処ができない場合における軍隊による海上検査活動を想定している．これは当時立法が計画されていた海上安全法（Seesicherheitsgesetz）の憲法上の根拠を提供するものとなることが期待された[762]．

392

(2) CDU/CSU と SPD の連立政権協定（2005年11月11日）

2005 年 9 月の総選挙で勢力相半ばした CDU/CSU 党首・首相 A. メルケル（Angela Merkel）と SPD 党首 F. ミュンテフェーリンク（Franz Müntefering）が大連立政権を組む際結んだ連立政権協定「ドイツ国家のため共に」（Gemeinsam für Deutschland）[763] においても，テロリズムの脅威に対応するための改憲と法整備への意欲が確認される．同協定第 8 章「市民の安全」では，連邦軍の国内出動について次のような言及がある．

> 「国際テロリズムの脅威に鑑みて，対外的安全保障と国内治安維持は，ますます相互に密接に関係し合うものとなった．それにもかかわらず，警察の任務と軍隊の任務は，原則的に分離される．我々は，航空安全法に関する連邦憲法裁判所の判決をまって，憲法に規定をおく必要があるのか，あるとすればどの程度の規定が必要かについて検討することになるだろう．これに関連して，我々は，海上安全法の発案も行うことになるであろう．」[764]

また，連立政権協定の第 11 章「欧州と世界において責任を自覚するパートナーとしてのドイツ」においては，次のような言及がある．

> 「変化した条件と任務設定のもとで，国際紛争への対処に参加することと並んで，国防が連邦軍の憲法上の中核的任務であることは変わらない．とくにテロ活動がもたらす脅威の非対称的形態に鑑みるならば，対外的安全保障と国内治安維持を厳密に区別することはできない．我が国の安全に対する特別な脅威について法律上または憲法上の規則制定の必要があるかぎりにおいて，連邦政府は法案を提出するであろう．」[765]

警察と軍隊の機能峻別という憲法原則は，国内においては軍事機関の政治への介入を防止するため維持されてきたが，今日の軍隊機能の変化を見ると，かつてほど単純な理解を受けつけないものとなっている．本来，軍隊の国内治安出動は一般警察力補充のための例外的措置であり，軍隊の主任務ではない．今日，ドイツ連邦軍も国内における内乱鎮圧を想定した教育は実施していない[766]．他方，当時すでに 10 年を超える国際平和維持活動と 9・11 米国テロ事件以降

393

の国際的対テロ戦争のなかで，国外の不安定地域における治安維持任務は連邦軍の主要な活動分野になっていた[767]．テロ攻撃の国際化，凶悪化，大規模化は，ドイツ国内においても国内治安維持と対外的安全保障の区別を相対化し，警察と軍隊の伝統的機能区分を困難にしている．連立政権協定は，このような現状を憲法政策的に解決することを政府の課題として明らかにしたものといえる．

2006年2月15日の違憲判決により，現行憲法がテロ攻撃への軍事的対処に十分な根拠を提供しないことが明らかにされた以上は，判決の主旨に照らしつつ憲法規定をどう補正するかが以後の議論の争点となる．

(3) ショイブレ連邦内務大臣改憲私案（2007年1月2日）

2006年2月15日の違憲判決後，国内治安維持の最高責任者である連邦内務大臣 W. ショイブレは，基本法第87a条2項の改正により「準防衛事態」（Quasi-Verteidigungsfall）を新たに導入し，以下のような文言にすることを提案している[768]．

> 「防衛のため，並びに公共団体の基礎に対するその他の攻撃の直接的防御の他，軍隊は，この基本法が明文で許容する限度においてのみ出動を許される．」（下線部分が新たに挿入された語句）

ショイブレの提案の第一の目的は，テロ対処に関する連邦の立法権限の「防衛」との関係を明確化することにある．つまり，原子力発電所など重要施設や市街地への航空自爆テロ攻撃等を「公共団体の基礎に対する攻撃」とみなし，「防衛事態」に準ずるものとして戦争法に基づく武力行使を可能にするとともに，「防衛」に関する連邦の専属的立法権限によりこれを包摂するのである．これにより，航空安全法第14条3項の立法権限を基本法第73条1号後段から導くことなく，「防衛」との関係づけを認めず，災害緊急事態対処規定（基本法第35条2項・3項）の施行法とみなして連邦の立法権限の不存在を指摘した連邦憲法裁判所の違憲理由[769]を除去できることになる．また，基本法第35条3項との関係を断つことで，緊急時に連邦防衛大臣一人に軍隊出動

決定権限を付与することの違憲性も回避される[770].

　改憲案の第二の目的は，「準防衛事態」における戦争法の適用により，武力行使に伴う生命権侵害の違憲性を回避することである．ショイブレの見解によれば，「準防衛事態」では，連邦軍の活動に戦時国際法が適用され得る．戦時において文民は保護されるが，ジュネーヴ条約にあっても軍事目標の攻撃に付随する非戦闘員への被害は，比例適合性原則を厳守するかぎりで許容される[771]．航空安全法違憲判決は「非戦争的」航空インシデント事案のみを審査対象にしており，戦争状態における対処については審査の対象とはしていない[772]．

　ただ，ショイブレの案には問題点も指摘された．まず，「公共団体の基礎」が何を意味するのか，それへの攻撃の態様も想定される被害規模も特定されず，連邦軍が武力行使可能な事態がどのような要件のもとに認められるのか，不明確である[773]．航空安全法違憲判決を契機とするショイブレの改憲案が主に想定する事態は，9・11米国テロ事件と同種の攻撃（国際テロ組織により国外から指導された大規模航空テロ攻撃）だと思われるが，改憲案の文言から見て，航空テロ対処以外の他の国内出動の可能性を拡大するおそれもある．他方，航空テロ攻撃には，ショイブレが想定するような組織的大規模テロ以外の場合もあり得る．航空安全法が対処すべき航空インシデントには，たとえば2003年1月5日にフランクフルト・アム・マインで発生した事件のように，精神錯乱者単独による小型機による事件も含まれているが，「公共団体の基礎」を脅かす程度のものでなければ「準防衛事態」の対象範囲外となり，対処根拠が明らかにならない不都合も生じる．

　また，改憲により「準防衛事態」を新設すれば，その国内的事態認定により，ある航空インシデントが戦争状態と認められ，戦時国際法が適用できると考える思考方法には疑問が残る．外国による武力攻撃が発生する事態以外に連邦軍の防衛出動を可能にする新種の事態を憲法に規定することで，連邦憲法裁判所が「非戦争的」航空インシデントと評価したものが「戦争的」事案に変質する

第9章　2006 年 2 月 15 日連邦憲法裁判所第一法廷判決と判決後の対応

理由が不明である．

　加えて，連邦憲法裁判所は，人間の尊厳の不可侵を最高価値とする基本法の
もとでは，国が「救いのない状況にある無辜の人々を故意に殺害することなど
全く考えられない」と指摘している [774]．ある生命が他の生命より重要である
と決定できる者はいないのであり，他者を救うために無辜の人々を殺害するこ
とは，人間を国家行為の単なる客体として扱うもので，それは人間を「物とし
て扱い」「権利を奪う」行為であって，その生命が国家により一方的に奪われ
ることにより，自らが犠牲者として保護を必要としている乗客・乗員は人間と
して与えられるべき価値を否定されるとして，撃墜措置が人間の尊厳に反する
と評価しているのである [775]．この意味において，人間の尊厳の絶対不可侵性
が平時と同様に戦時においても保障されるべきものと判決が考えているとすれ
ば，「非戦争的」航空インシデントも「戦争的」事案も区別なく撃墜措置の法
的評価は同じものとなるはずである [776]．そして，人間の尊厳の不可侵性は「永
久条項」として改正を禁じられている（基本法第 79 条 3 項）ため，新たに国
内テロ対処のための軍隊出動規定を改憲によって導入しても，撃墜措置の違憲
性は変わらないことになる．

　もっとも，連邦憲法裁判所は，上述の見解を「危険防御」の分野に限定して
いるため，「防衛」分野では人間の尊厳保障の基準が異なる可能性はある．と
くに装備上警察力では対処できない航空テロ攻撃については，国外に本拠を
置く国際テロ組織により指導され，かつ，一定の烈度を超える攻撃に対しては，
「防衛」任務として軍事的対処が可能と考える説はドイツにおいても有力であ
る [777]．しかし，前述のショイブレの改憲案は，必ずしもテロ首謀者が国外に
いることを「準防衛事態」の認定要件にはしていないと解釈できる．また，あ
る航空テロ攻撃が国外から指導されたものか否かを攻撃発生前に把握すること
は，ほとんどの場合困難であり，その発生を未然に防ぐには，結局，攻撃が外
部から指導されたか否かを特定することなく ― つまり「危険防御」と「防衛」
を区別せず ― 軍事的措置を一般的に許容するほかなくなる．これは軍事領域

の法的統制，とくに国内への軍隊出動に関する憲法留保を厳格に制度化する基本法の本来の理念とは合致しない．

　結局，ショイブレの改憲案は，航空安全法違憲判決が指摘した連邦の立法権限の不存在と連邦軍の国内出動の憲法上の根拠の欠落を満たすことはできるが，基本権（人間の尊厳保障と結びつく生命権）の侵害の違憲性を完全に除去できるものか，疑問が残る．むしろ，国内治安維持と対外的安全保障の区別，犯罪対処と戦争指導の区別を取り去るショイブレの考えは，「新時代の安全保障」どころか，「皇帝が国内を戦争状態化できたビスマルク帝国時代への退行」であると批判されることになる[778]．

(4) その他の提言

　学界からも様々な改憲案が提示されている．

　たとえばP. ドライスト（Peter Dreist）は，基本法第87a条2項を以下のように改正することを提案している[779]．

> 「(2) 防衛のため以外では，軍隊は，相互集団安全保障機構の枠内で，かつ，その規則にしたがい行われる出動，緊急事態及び災害の防止及び除去のための出動，並びに国際的に活動するテロリズムへの対処のための出動を許される．詳細は法律で定める．」

　この改正案の特徴は，テロ対処のための出動を明記するだけでなく，現行基本法のもとで連邦軍が実施可能な出動類型をすべて第87a条2項に一纏めに列記した点にある．連邦軍の国外出動に関しても，1994年7月12日の連邦憲法裁判所第二法廷判決以後，基本法第24条2項を根拠に「相互集団安全保障機構の枠内で，かつ，その規則にしたがい実施される」活動を継続してきたが，学説上第24条2項を軍隊の出動根拠規定とみなすことには批判もあった[780]．このような曖昧な点を解消し，基本法各所に散在する出動根拠規定を一つの条項にまとめると共に，基本法第35条2項・3項および第87a条2項から4項に基づく軍隊国内出動の際の連邦軍の任務と権限を定める連邦軍任務法（Bundeswehraufgabengesetz）を制定するのが彼の構想である．

またT. リンケ（Tobias Linke）は，基本法第87a条に新たに次のような3項を加えることを提案する[781].

「(3) 資格なく国境を侵犯し，又は航空機を利用して実行される重大犯罪を防御するために，権限ある文民機関がその任を全うできないことが明らかであるかぎりにおいて，連邦参議院の同意を必要とする法律により，ドイツ連邦共和国の領空の保安を軍隊に委任することができる.」

Ch. グラム（Christof Gramm）は，具体的条文案は示さないものの，航空警察任務のうち警察の装備では対処できない航空機や飛翔体による攻撃の防御にかぎり軍隊の任務とする規定を基本法第87d条2項に挿入すべきであると提案する[782].

4 国際的観点からの疑問

最後に，航空安全法武力行使規定違憲判決の国際的評価についても検討すべき点は多くある. ドイツ政府が「転向事態」という特定の脅威形態について国民を保護するための対処能力をもたない旨公式に明らかにするならば，理論的には他国がドイツ国内にいる自国民を ― 場合によっては軍事的手段をもってしても ― 保護できることになると指摘する論者もある[783]. たとえば，独仏国境近くにある都市ザールブリュッケン市内のビル内にいる自国民を保護するため，フランス政府が空軍機を出動させるような事態を想定しつつ，連邦憲法裁判所の判断が欧州人権条約に基づくものであったか，他のEU諸国が人間の尊厳について連邦憲法裁判所とは解釈を異にし，欧州人権裁判所の立場と根本的に相違することになりはしないかを問題にする.

他方，2009年EUリスボン条約により新設された「連帯条項」（EU運営条約第222条）はEU構成諸国内でのテロ対処について重要な指針となる. これによれば，「EUとその構成諸国は，いずれかの構成国がテロ攻撃の標的となり，又は，自然災害若しくは人為的災害を被った場合には，連帯の精神により共同して行動する」ものとされ，軍事的資源を含め，加盟国により提供さ

れるすべての手段を活用することになる[784]. このEUとその構成国の役割は，基本法第35条の職務共助に基づく連邦軍の任務では対応できない可能性もある. かりにドイツ連邦軍が憲法上自国内でのテロ攻撃対処ができないことを理由に，「連帯条項」により近隣諸国の軍事的支援を要請する一方で，他国を支援するのに憲法上の支障があるのであれば，国際信義に反し，EU構成国としての信頼を損なうことになりかねない.

いずれにせよ問題解決のためには基本法の改正が必要になるが，SPDが改憲反対の方針を転換しないかぎり，連立政権内での議論の進展は見込めない状況は続く. 判決後，改憲を求めるCDU/CSUとこれに反対するSPDおよび野党の溝は埋まることはなく[785]，むしろワールドカップ・サッカー大会警備のための連邦軍の派遣をめぐる議論を通じて，各党間および党内の議員間の立場の相違はいっそう際立つことになった[786]. 基本法の改正には連邦議会だけでなく連邦参議院の3分の2の多数の賛成が必要である. 改憲のみならず連邦軍の国内出動の拡大自体を厳しく批判しているFDPとDie LINKEが当時5つのラントで与党であったため，かりに連邦議会内でSPDの協力が得られても，改憲は困難であった.

とはいえ，テロ攻撃対処のための軍隊国内出動拡大の必要については，主要政党の間で共通の認識がある. 改憲によるにせよ，法律レベルでの立法措置によるにせよ，再軍備以来一貫して厳格に分離されてきた対外的安全保障と国内治安維持，軍隊と警察の機能が，テロリズムの脅威のなかで接近し，軍隊の統制のあり方も変化の岐路に立たされていることだけは確かである.

399

第9章　2006年2月15日連邦憲法裁判所第一法廷判決と判決後の対応

[注]

681 Bundesverfassungsgericht-Pressestelle, Pressemitteilung Nr.101/2005 vom 17. Oktober 2005.

682 BVerfG, 1 BvR 357/05 vom 15. 2. 2006 (BVerfGE 115, 118 [126ff.]). なお，この憲法異議には，航空安全法を成立させたドイツ連邦議会，連邦政府，法案を違憲とし改憲案を提出したバイエルン州政府およびヘッセン州政府（意見書共同提出），軍事対処の実施者である連邦軍軍人の立場を代表するドイツ連邦軍連盟（Bundeswehrverband），撃墜の被害者となり得るパイロット・客室乗務員の立場を代表するコックピット協会（Die Vereinigung Cockpit）および独立客室乗務員機構（Die Unabhängige Flugbegleiter Organisation [UFO]）が，それぞれ書面により意見を表明し，一部は口頭弁論において意見を陳述している．その所見は，判決の随所で重要な判断材料にされている．

683 BVerfGE 115, 118 [135ff.].

684 BVerfGE 115, 118 [136ff.].

685 BVerfGE 115, 118 [139ff.].

686 BVerfGE 115, 118 [139].

687 BVerfGE 115, 118 [132].

688 BVerfGE 115, 118 [140f.].

689 第8章IV .1.(2).

690 BVerfGE 115, 118 [133].

691 BVerfGE 115, 118 [145f.]. また，vgl. BVerfGE 115, 118 [148f.].

692 BVerfGE 115, 118 [141f., 150f.].

693 BVerfGE 115, 118 [146f.].

694 BT-Drs.V/1879, S.3.　1967年4月7日提出された政府案の詳細については，林　茂夫編『日本の有事法制―ドイツ非常事態法研究』（出版社・出版年不詳），397頁以下．第91条については401〜402頁参照．

695 Vgl. BT-Drs.V/1879, S.23 zu Art.91, Abs.1. 林　茂夫編，前掲書，468〜469頁．

696 Vgl. BT-Drs.V/1879, S.23 zu Art.91, Abs.2. 林　茂夫編，前掲書，469〜471頁．

697 Vgl. BT-Drs.V/2873, S.2 unter B, S.9 zu§1 Nr. 2c.) 林　茂夫編，前掲書，579頁，587頁，606頁．

698 Vgl. BT-Drs.V/2873, S.2 unter B. 林　茂夫編，前掲書，587頁．

699 Vgl. BT-Drs.V/2873, S.10 zu Art.35 Abs.2. 林　茂夫編，前掲書，606〜607頁．

700 BVerfGE 115, 118 [147].

701 なお，「特殊軍事的兵器」が何を意味するのか，判決は明確な定義を与えないが，その殺傷力や制圧力から見て厳格な比例適合性原則に準拠した警察的危険防御には不適当と思われる兵器を意味すると考えられる．災害緊急事態における警察的武器と軍事的兵器の使用の区別の意味を問題視するものとして，vgl. Tobias Linke, Die "militärische Waffe", Ein Begriffsgespenst im Wehrverfassungs- und im Recht der inneren Sicherheit?, in: NZWehrr 2006, S.177-191. また，警察法と戦争法の原理的相違と連邦憲法裁判所によるその適用の問題点を論じるも

のとして，vgl. Kay Waechter, Polizeirecht und Kriegsrecht, in: JZ 2007, S.61ff.

702 BVerfGE 115, 118 [150f.]. 広域的災害緊急事態対処規定（基本法第35条3項）が局地的災害緊急事態対処規定（同第35条2項）と異なるのは，複数のラントを脅かす危険が存在することと，広域の緊急状態に有効に対処するため対処措置発動のイニシャチヴを連邦政府に移し，ラント警察支援の権限を拡大していることの2点のみであって，軍隊による支援活動自体の法的性格は両者同じであると判決は述べる．基本法第35条3項1文で軍隊出動目的を表現するラント警察力の「支援のため」(zur Unterstützung) という用語は，同条2項2文で用いられる「援助のため」(zur Hilfe) と同義であり，局地的災害緊急事態対処規定と同じ理由から，広域的災害緊急事態において支援のため出動した軍隊も特殊軍事的兵器を装備して活動することは許されないと解するべきである．判決は，これを裏づけるため，基本法第35条の成立史を再度検討するとともに，連邦防衛大臣援助実施方針「自然災害又は特に重大な事故の際の緊急非常救援としての連邦軍の救援活動」(1988年11月8日)［第8章Fn.663］を参照し，実際の運用もこのような解釈にしたがっていることを示している．

703 BVerfGE 115, 118 [149f.].

704 BT-Drs.15/2361, S.21.

705 BVerfGE 115, 118 [150].

706 BVerfGE 115, 118 [151f.].

707 BVerfGE 30, 173 [194]; 39, 1 [42]; 72, 105 [115]; 87, 209 [228]; 96, 375 [399]; 109, 279 [311].

708 BVerfGE 115, 118 [151ff.].

709 連邦政府は，裁判所に提出した意見書のなかで，ハイジャック機が攻撃武器として利用されようとする場合，機内にある乗客・乗員が「武器の一部」であることを考慮すべきであると主張している (BVerfGE 115, 118 [131f.]). このような主張は，乗客・乗員を物として扱うものであり，人間の尊厳を侵害すると判決は批判する．

710 BVerfGE 115, 118 [153].

711 BT-Drs.15/2361, S.20.

712 BT-Drs.15/2361, S.21.

713 BVerfGE 115, 118 [154].

714 コックピット協会は，ドイツの全航空会社の約8,200人の航空機操縦士およびエンジニアの利益を代表する組合組織である <http://wwwvcockpit.de/start.php>. コックピット協会による意見陳述については，Luftsicherheitsgesetz - VC äußert Bedenken vor Bundesverfassungsgericht (Presse-Archiv vom 09. 11. 2005). また，判決に対する評価について，Luftsicherheitsgesetz: Vereinigung Cockpit begrüßt Entscheidung des Bundesverfassungsgerichts (Presse-Archiv vom 15. 02. 2006).<http://www.vcockpit. de/suche.php> 独立客室乗務員機構は，旅客機客室乗務員の労働組合であり，組合員数は10,000人を超える <http://www.ufo-online.com/cms.index.php>. 独立客室乗務員機構の判決に対する評価につき，vgl. Bundesverfassungsgericht stoppt Luftsicherheitsgesetz (UFO-Luftfahrt-News vom 15. Feb. 2006)<http://www.ufo-online.com/cms/luftfahrt/ article_2006_02_15_3957.php> (2006年7月24日閲覧)

715 BVerfGE 115, 118 [155f.].

第9章　2006年2月15日連邦憲法裁判所第一法廷判決と判決後の対応

716　BVerfGE 115, 118 [155f.].

717　BVerfGE 115, 118 [156].

718　BVerfGE 115, 118 [156f.].

719　BVerfGE 115, 118 [157].

720　BVerfGE 115, 118 [158].

721　BVerfGE 115, 118 [158].

722　BVerfGE 115, 118 [158f.].

723　BVerfGE 115, 118 [159]. 判決はここで，Ch. エンデルスの解釈を例示する．Vgl. Christoph Enders, in: Karl Heinrich Friauf/Wolfgang Höfling (Hrsg.),Berliner Kommentar zum Grundgesetz Bd. I , Erich Schmidt Verlag, Art.1, Rdnr.93<Stand: Juli 2005>.

724　BT-Drs.15/2361, S.14.

725　BVerfGE 115, 118 [159].

726　BVerfGE 115, 118 [159f.].

727　B'90/Grüne 会派は，連邦議会とは別に独自の意見書を裁判所に提出している．そのなかで同会派は次のような見解を明らかにした．「航空安全法第14条3項は，人命と人命の量的あるいは質的衡量を定めるものではない．いずれにせよ，航空機の撃墜は，その行動により特に重大な事故を発生させようとしている『妨害者』(Störer) のみが機内にいる場合に憲法上許容されるのである．しかし，［航空事故の発生に］関与しない者を狙った故意の殺害は，基本法第1条1項と結びつく第2条2項により禁じられるのである．」(BVerfGE 115, 118 [130])

728　BVerfGE 115, 118 [161].

729　BVerfGE 115, 118 [161].

730　BVerfGE 115, 118 [162ff.].

731　BVerfGE 115, 118 [165].

732　BVerfGE 115, 118 [129, 131]. 武力行使規定が適用されることはほとんどないとする見解は，ケーラー連邦大統領の疑義表明以降，政府閣僚により繰り返し強調された．Vgl. Verfassungsbeschwerde: Köhler verärgert die Regierung, in: SUEDDEUTSCE.DE vom 12. 01. 2005.

733　欧州諸国における軍隊によるテロ対処につき，vgl. José Martinez Soria, Polizeiliche Verwendungen der Streitkräfte—Möglichkeiten und Grenzen eines Einsatzes der Bundeswehr im Inneren, in: DVBl 2004, S.597f ドイツ以外の欧州主要国は，軍隊の国内出動を広く認めている．9・11 米国テロと同種の攻撃に対する武力対処措置についても，オーストリー，フランス，スイス，イギリス，ロシアなど，根拠法令を有する国は多い．Vgl. Elmar Giemulla/Heiko van Schyndel, Luftsicherheitsgesetz Kommentar, Luchterhand Verlag, 2006, S.291ff.

734　第8章Ⅳ.2参照．

735　2006年2月17日連邦議会本会議での SPD 議員 F.R. ケルパー（Fritz Rudolf Körper）の発言：Deutscher Bundestag, Stenografischer Bericht, 20. Sitzung, Berlin, Freitag, den 17. Februar 2006, Plenarprotokoll 16/20, 1564(D)ff. ただ，この日の審議における各党議員の発言は，判決の2日後ということもあり，判決内容を細かく分析し対応を考えたというより，従来の立場の繰り返しに終始している．航空安全成立時与党であった B'90/Grüne はこの時は

野党であり，当時野党であった CDU/CSU は与党となっているため，互いの責任転嫁の場となっており，将来に向けての有益な議論があったとはいえない．

736 2006 年 2 月 15 日判決では，「航空安全法第 14 条 3 項が予定する非戦争的航空インシデントの惹起」(die Herbeiführung des in § 14 Abs.3 LuftSiG vorausgesetzten nichtkriegerischen Luftzwischenfalls),「非戦争的性格を有する軍隊の出動」(Streitkräfteeinsätze nichtkriegerischer Art) といった表現が用いられる．Vgl. BVerfGE 115, 118 [153, 157]. この点を踏まえ，「非戦争的」航空インシデントに対処する場合の旅客機への武力行使を違憲と判断する連邦憲法裁判所も，「戦争的」航空インシデントへの軍事的対処措置については，判決とは異なる評価を下す可能性を黙示的に示したと理解する論者もある．Vgl. Ch. M. Burkiczak, Das Luftsicherheitsgesetz vor dem Bundesverfassungsgericht, in: NZWehrr 2006, S.101.

737 Schleichweg zum Inlandseinsatz, in: SPIEGEL-ONLINE vom 20. Februar 2006. D. ヴィーフェルスピュッツは，違憲判決直後に刊行された『連邦防衛行政』誌 2006 年 3 月号掲載の論文でも，国外からのテロ攻撃に対して警察機関が対処能力を欠く場合には，その防御は「国防」として軍隊が実施できると主張する．Vgl. D. Wiefelspütz, Landesverteidigung gegen den grenzüberschreitenden internationalen Terrorismus, in: BWV 2006, S.49ff. W. ショイブレも，戦争法を考慮に入れることに賛成であることをサッカー・ワールドカップ大会警備に関連して言及している．連邦憲法裁判所が人命と人命を秤にかけることを禁じていることに触れつつ，「戦時国際法においてはこのような衡量禁止は適用されず，比例適合性の原理が適用される」として，「防衛事態」においては人命と人命の衡量が可能であると述べる．Vgl. Fußball-WM: Stoiber erklärt Ahmadinedschad zur unerwünschten Person, in: SPIEGEL-ONLINE vom 08. April 2006. ただし，ショイブレはこれを改憲により明確にすべきであると主張し，2007 年年頭には改憲私案を発表している（後述）．ヴィーフェルスピュッツとの見解の相違点を含め，ショイブレの対テロ政策全般に関する考えについては，vgl. Neue Herausforderungen der Sicherheitspolitik in einer globalisierten Welt, Rede von Bundesminister Dr. Wolfgang Schäuble beim Rechtspolitischen Kongress 2006 des Bundesarbeitskreises Christlich-Demokratischer Juristen am 11. März 2006 in Karlsruhe (Internetredaktion des Bundesministerium des Innern, publiziert am 08. Mai 2006).

738 第 8 章Ⅲ. 2. (1) 参照．

739 "Berufung auf Notstand—Jung würde entführtes Flugzeug abschießen lassen" in: SPIEGEL-ONLINE vom 16. September 2007; "Minister-Alarmismus—Schäuble und Jung spielen mit dem Entsetzen" in: SPIEGEL-ONLINE vom 17. September 2007.

740 BVerfGE115, 118 [159].

741 Deutcher Bundestag, Stenografischer Bericht, 114.Sitzung, Berlin, Mittwoch,den 19. September 2007, Plenarprotokoll 16/114, 11777(A)-(D).

742 Vgl. Manuel Ladiges, Flugzeugabschuss auf Grundlage des übergesetzlichen Notstandes? Verfassungs- und befehlsrechtliche Beurteilung, in: NZWehrr 2008, S.6ff.

743 参照，第 8 章 I. 1.

744 Gesetz über die Rechtsstellung der Soldaten vom 19. März 1956, in der Fassung der Bekanntmachung vom 30. Mai 2005 (BGBl. I S.1482).

745 Dieter Walz/Klaus Eichen/Stefan Sohm, Soldatengesetz, C. F. Müller, 2006, S.178ff.; Frank

第9章　2006年2月15日連邦憲法裁判所第一法廷判決と判決後の対応

Weniger, Soldatengesetz-Kommentar, Walhalla Fachverlag, 2008, S.143ff.

746 　もっとも，撃墜命令が，連邦軍の防衛任務（第87a条1項・2項）に属するか，組織化され武装した叛徒への対処のための措置（第87a条4項，第91条）の一環として下されるような場合には，「職務上の目的」が認められる可能性はあるが，9・11米国テロ攻撃の経験から見ても，テロ攻撃の主体と目的が下命時点で確認できることは稀であろう．

747 　刑法上の違法性阻却規範が公法上の権限規範を代替するものでないにもかかわらず，連邦憲法裁判所は，テロ機撃墜命令とその実施の刑法的評価について未解決の問題としている（BVerfGE115, 118 [157]）．

748 　撃墜措置の刑法的評価につき，詳しくは，vgl. Horst Dreier, Grenzen des Tötungsverbotes—Teil 1・2, in: JZ 2007, S.263f.; Einiko Benno Franz, Der Bundeswehreinsatz im Innern und die Tötung Unschuldiger im Kreuzfeuer von Menschenwürde und Recht auf Leben, in: Der Staat 2007, S.534.

749 　Vgl. Jung will Terror-Flugzeuge trotz Karlsruher Urteil abschießen, in: SPIEGEL-ONLINE vom 17. Februar 2006.

750 　この点に関しては，与党議員は正しい理解を示している．2006年2月17日の連邦議会本会議における CDU 議員 W. ボスバッハ（Wolfgang Bosbach），SPD 議員 F. ホフマン（Frank Hofmann），CDU 議員 H. グレーエ（Hans Gröhe），SPD 議員 J. ティーセン（Jörn Thießen），CSU 議員 W. ゲツァー（Wolfgang Götzer）の発言参照．Vgl. Plenarprotokoll 16/20, 1563(B), 1570(A), 1571(B)f.,1572(A)f.,1573(A). しかし，次章で説明するように，連邦憲法裁判所第二法廷は，後に第一法廷とは異なる憲法解釈により判例を変更し，連邦の立法権限の存在を認めるとともに，災害緊急事態における特殊軍事的兵器の使用を合憲と評価した．参照，第10章Ⅱ. 3. (1) およびⅢ. 1. (1).

751 　Bundeswehreinsatz im Innern: Union beharrt auf Grundgesetzänderung, in: SPIEGEL-ONLINE vom 16. Februar 2006. また，2006年2月17日連邦議会本会議でのショイブレ内務大臣の発言参照．Vgl. Plenarprotokoll 16/20, 1567(A)f.

752 　BR-Drs.993/01.この改憲案は，第35条2項を以下のように改正するものであった．
　　2項1文を次のように改正する．
　　「ラントは，公共の安全及び秩序を維持し又は回復するために，特別の重要性を有する事態において，
　　　1 ラント警察が連邦国境警備隊の支援がなければ任務を遂行し得ず，又は任務の遂行に著しい困難をきたす場合において，ラント警察の支援のために，連邦国境警備隊の人員及び施設［の提供］を求めることができる．
　　　2 民用物を保護するにあたり，1号による連邦国境警備隊の人員及び施設による支援が十分でない場合には，ラント警察の支援のために軍隊［の派遣］を求めることができる．軍隊の防衛任務（第87a条1項）の範囲内で行われる軍隊の措置，とくに空からの攻撃の防御のための措置は，影響を受けない．」
　　2項2文は従来どおりとし，以下の文言の3文を挿入する．
　　「1項による職務共助の義務は，影響を受けない．」
　　軍隊による民用物保護は，現行規定では，「緊迫事態」または「防衛事態」の認定（第87a条3項）あるいは「連邦又はラントの存立若しくは自由民主的基本秩序に対する差し迫った危険」

がある場合（同条4項）にかぎられている．この改正案は，これ以外にも軍隊による民用物保護の可能性を拡大することを企図するものである．第35条2項2文および3項の現行規定も，特に重大な事故の際ラントを支援するため必要があれば，民用物の保護を実施することを禁じてはいないようにも読める．しかし，現行規定の場合，自然災害や大事故がすでに発生しているか，発生が急迫していなければ軍隊の派遣が許されない．この改正案は，このような軍隊派遣の厳格な要件を緩和するものであった．なお，この改憲案では，航空テロ攻撃対処を軍隊の防衛任務とみなしている．

753　BR-Drs.181/04.

754　BT-Drs.15/2649.

755　Plenarprotokoll 15/155, 10545(D).

756　BT-Drs.15/4658.

757　以下，この改憲案の趣旨に関する説明は，提案理由書による．Vgl. BT-Drs.15/2649, S.4.

758　第8章Ⅳ.1.(2).

759　BT-Drs.15/2649, S.4.

760　BT-Drs.15/2649, S.5. 第8章Ⅲ.2.(3) 参照．ただし，基本法第35条1項の一般的職務共助において連邦軍がとり得る措置についても，単なる技術支援と侵害的措置の境界が曖昧になりつつある．2007年ハイリゲンダムG8サミット警備の際には，反対デモの進行状況を偵察するため，偵察機や偵察車両による情報収集を職務共助として実施したが，これによるデモ参加者の個人情報の収集と行政機関による2次使用が自己情報決定権を侵害するおそれがあるとの指摘がある．Vgl. Roman Schmidt-Radefeldt, Die Wehrverfassung in schlechter Verfassung？ Inlandeinsätze der Bundeswehr auf dem Prüfstein der Wehrverfassung, in: NZWehrr 2008, S.223f.

761　BT-Drs.15/2649, S.5.

762　海上安全法の必要性を論じるものとして，vgl. Almut Lüder, Es fehlt ein Seesicherheitsgesetz — Die neuen Aufgaben der Deutschen Marine, in: Das Parlament, Nr. 25, 2006, vom 19. 06. 2006.

763　Gemeinsam für Deutschland - mit Mut und Menschlichkeit, Koalitionsvertrag zwischen CDU, CSU und SPD vom 11. 11. 2005. [Koalitionsvertrag] <http://koalitionsvertrag.spd. de/servlet/PB/show/1645854/111105_Koalitionsvertrag.pdf> （2006年6月22日閲覧）

764　Koalitionsvertrag , Kapitel Ⅷ. Sicherheit für Bürger, 1. Innenpolitik: Deutschland - ein sicheres und freies Land, S.135.

765　Koalitionsvertrag, Kapitel Ⅺ. Deutschland als verantwortungsbewußter Partner in Europa und der Welt, 3. Bundeswehr als Instrument nationaler und internationaler Sicherheit, S.154.

766　Die LINKE 提出の「連邦軍の国内出動」に関する質問主意書に対する政府答弁書において，「警察と連邦軍の間で叛徒鎮圧任務のための協力が現在なされているか．」という質問に対して，政府は，「国内における叛徒鎮圧任務のため連邦軍軍人と警察官の合同教育訓練は実施されていない．」とし，装備のうえでの協力関係もないと答えている．Vgl. BT-Drs.16/143, S.2.

767　José Martínez Soria, DVBl 2004 [Fn.733], S.597.

768　SZ 2. Januar 2007, S.1, 6. ショイブレの提案に対する各界の反応については，FAZ 3. Januar

405

第9章　2006年2月15日連邦憲法裁判所第一法廷判決と判決後の対応

2007, S.4; FAZ 4. Januar 2007, S.4; SZ 3. Januar 2007, S.5; SZ 5./6./7.Januar 2007, S.6.

769　BVerfGE 115, 118 [140f.]. 本章Ⅰ. 1.(1).

770　連邦憲法裁判所は，軍隊出動決定権限を合議体としての「連邦政府」に与える基本法第35条3項1文に根拠を置く航空安全法が，第13条3項においてこの権限を連邦防衛大臣一人に付与することを違憲と判断した（BVerfGE115, 118 [149f.]）．また参照，本章Ⅰ.1.(4).

771　ジュネーヴ条約第一追加議定書第51条5項b号．また，欧州人権条約第15条2項参照．「防衛事態」において敵軍に対して国際法に適合しつつ兵器が使用された場合に，基本法第2条2項の保護が文民に及ばないことがあり得ることについては，連邦憲法裁判所もその「化学兵器判決」で言及している（BVerfGE 77, 170 [221]）．

772　BVerfGE115,118 [153,157,159]. 判決は，「公共団体の除去や国の法秩序，自由秩序の破壊を狙った攻撃の防御」が問題となる場合に，個人が国家全体の利益のために生命を犠牲にする義務を負う可能性を完全には否定しないが，詳しい検討もなく航空テロ攻撃が国家の存立を脅かすことはないと断定する．

773　Ulrich Sittard / Martin Ulbrich, Neuer Anlauf zu einem Luftsicherheitsgesetz － Ein Schuss in die Luft?, in: NZWehrr 2007, S.66.

774　BVerfGE115,118 [157].

775　BVerfGE115,118 [154]. 人間の尊厳保障が，人間を国家行為の単なる「客体」とすることを禁ずるものであることは，G. デューリヒ（Günther Dürig）の「客体公式」(Objekt-Formel)の影響を受けた連邦憲法裁判所が，これまで繰り返し言及してきたところである．Vgl. BVerfGE27, 1 [6]; 30, 1 [25]; 96, 375 [399]. ただし，航空安全法違憲判決における客体公式の適用方法については，デューリヒ自身の考えに反するとする批判もある．Vgl. Ulrich Palm, Der wehrlose Staat? Der Einsatz der Streitkräfte im Innern nach der Entscheidung des Bundesverfassungsgerichts zum Luftsicherheitsgesetz, in: AöR 2007, S.108f.

776　U. Sittard / M. Ulbrich, NZWehrr 2007 [Fn.773], S.67f. 人間の尊厳保障の基準が平時と戦時で同一であるか，異なるかについては，戦時国際法（ジュネーヴ条約第一追加議定書第35条，第75条等）に照らし，さらに詳しい検討が必要である．この点を論じるものとして，vgl. Andreas Zimmermann/Robin Geiß, Die Tötung unbeteiligter Zivilisten: Menschenwürde im Frieden—Menschenwürdig im Krieg?, in: Der Staat 2007, S.377ff.

777　国外から指導されたテロリストによる攻撃への対処を —たとえそれが特定の国家との結びつきがなくても—「防衛」任務とする見解は，ドイツでも有力である．Vgl. D. Wiefelspütz, Der Auslandseinsatz der Bundeswehr gegen den grenzüberschreitenden internationalen Terrorismus, in: ZaöRV 65/4 (2005), S.825; ders., Verteidigung und Terrorismusbekämpfung durch die Streitkräfte, in: NZWehrr 2007, S.14f., 18ff.; U. Palm, AöR 2007 [Fn.775], S.104f.; J-P. Fiebig, Der Einsatz der Bundeswehr in Innern: verfassungsrechtliche Zulässigkeit von innerstaatlichen Verwendung der Streitkräfte bei Grossveranstaltungen und terroristischen Bedrohungen, Dunker & Humbldot, 2004, S.275ff. また，本章 Fn.737 参照.

778　「我々の伝統的，古典的関係，国内治安と対外的安全保障の間の区別は，ますます時代遅れとなっている．……古典的な防衛概念は今日の国際テロリズムの脅威には対応していない．」と基本法の改正を求めるショイブレに対して，航空安全法違憲訴訟の訴訟代理人であった B. ヒルシ

ュは，ショイブレの考えを，1871年のドイツ帝国憲法第68条により皇帝が「帝国のいかなる
部分も戦争状態におく」ことができ，臣民の市民的権利を停止することができた時代に逆戻り
させるものであると批判する Vgl. Wolfgang Schäuble, Aktuelle Sicherheitspolitik im Lichte
des Verfassungsrechts, in: ZRP 2007, S.210ff.(211, 213)；Burkhard Hirsch, Aktuelle
Sicherheitspolitik im Lichte des Verfassungsrechts—Eine notwendige Entgegnung, in: ZRP
2008, S.24f.(25).

779 Peter Dreist, Bundeswehreinsatz für die Fußball-WM 2006 als Verfassungsfrage, in:
NZWehrr 2006, S.69.

780 参照，第2章I.2.(2)④および第3章I.1.(1)〜(3)．

781 Vgl. T. Linke, Zur Rolle des Art. 35 GG in dem Entwurf eines Gesetzes zur Neuregelung
von Luftsicherheitsaufgaben, in: NZWehrr 2004, S.124f.

782 Christof Gramm, Bundeswehr als Luftpolizei: Aufgabenzuwachs ohne
Verfassungsänderung?, in: NZWehrr 2003, S.100.

783 Vgl. Alexander Poretschkin, Anmerkung, in: NZWehrr 2006, S. 123f.

784 庄司克也「リスボン条約（EU）の概要と評価」『慶應法学』第10号（2008年3月），246
頁以下．この「連帯条項」は，欧州憲法条約草案から継受されたものである．参照，第8章
Fn.610．

785 判決直後のCDU改憲推進派ショイブレ連邦内務大臣とSPDの前連邦防衛大臣P.シュトル
ック（Peter Struck）の対立につき，vgl. Union drängt auf Grundgesetzänderung: Struck
ermahnt Schäuble zur Umkehr, in: SPIEGEL-ONLINE vom 15. Februar 2006.

786 Große Koalition im Verteidigungsfall, in: SPIEGEL-ONLINE vom 08. Mai 2006.

第10章
2012年7月3日総会決定と2013年3月20日
第二法廷決定による判例変更

　ドイツ航空安全法[787]のテロ対処規定については，攻撃手段として利用されるおそれのあるハイジャック機の撃墜を許可する同法第14条3項が無辜の乗客・乗員の生命を犠牲にする可能性が高いものであることから，基本権の本質的内容保障（基本法第19条2項）と関連する人間の尊厳の保障（同法第1条1項）および生命権（同法第2条2項1文）を侵害するものであり，違憲無効であるとの判決が2006年2月15日に連邦憲法裁判所第一法廷によりすでに下されている[788]．これは，元ノルトライン・ウェストファーレン州内務大臣B.ヒルシュ等が提起した憲法異議についての判決であった．

　航空安全法のテロ対処規定については，この憲法異議とは別に，バイエルン州・ヘッセン州の両州政府により，抽象的規範統制手続[789]が申し立てられていた．この申立ては，航空安全法第13条から第15条が基本法第35条2項2文および3項と結びつく第87a条2項に違反すること，航空安全法第16条2項および3項2文・3文が「連邦親和的態度の原則」と関連する基本法第87d条2項に違反し無効であることの確認を求めるものである[790]．

　この抽象的規範統制手続は，すでに2005年4月28日に第二法廷に提起されていたが，第一法廷により憲法異議に関する判決が下されるまで審査が中断され，さらに2006年2月15日第一法廷判決（以下「第一法廷判決」とする．）が示した憲法解釈とは異なる見解を第二法廷が採用しようとしたため，総会による見解の統一が必要になったことにより大幅に遅れた[791]．

409

第10章　2012年7月3日総会決定と2013年3月20日第二法廷決定による判例変更

　2012年7月3日，総会はようやく第一法廷判決を一部修正する決定を下した（以下「総会決定」とする．）[792]．これをうけ第二法廷は，2013年3月20日，抽象的規範統制に関する決定を下した（以下「第二法廷決定」とする．）[793]．

　この第二法廷決定は，第一法廷判決では判断が示されなかった航空安全法の立法手続の違憲性の存否について連邦憲法裁判所の見解を明らかにした点と，航空テロ攻撃に利用されるおそれがある不審機に対して軍隊がとることが許される強制手段について第一法廷の憲法解釈を一部修正している点において重要である．この章では，総会決定の主旨を踏まえつつ，第二法廷決定の意義を検討することにしたい．

I　第二法廷決定による判例変更に至る経過

1 抽象的規範統制の争点

(1) 申立人の主張

　申立人であるバイエルン州・ヘッセン州両州政府が違憲審査を申し立てたのは，2001年9・11米国テロ事件を典型例とする航空機に起因する「特に重大な事故」（基本法第35条2項・3項）への対処のための軍隊の使用に関する航空安全法の諸規定（第13条から第15条）および航空保安任務を連邦からの委託行政として諸ラントにより実施されるものとしつつも，別段の定めを置き，連邦内務省の決定によりこの委託を撤回し，その指定する連邦官庁により実施することを定める航空安全法の諸規定（航空保安任務の新規定に関する法律第2条10号と結びつく航空安全法第16条2項および3項2文・3文）である[794]．

① 連邦の立法権限の不存在

　申立人の主張によれば，航空安全法第13条から第15条については，連邦

には立法権限はない[795]. これらの条項が規定する軍事的対処措置は, 外交・防衛に関する連邦の専属的立法権限を認める基本法第73条1号[796] および軍隊の設置目的を定める第87a条1項にいう「防衛」に資するものではない. 国境外からの航空機による攻撃への対処のための空軍機の出動が基本法第87a条2項により「防衛のため」の出動と認められるのは, 他の国家または事実上の政体 (De-facto-Regime) による攻撃である場合, または, 国際テロ組織による攻撃であり, かつ, それが国連憲章第51条により自衛権を発動し得る規模にまで達している場合だけである. 2006年2月15日の第一法廷判決が判示するように, 航空機を用いて行われるテロ攻撃に際しての軍隊による航空保安任務の実施は, 警察的危険防御の分野においてラントを支援するものであって, そのための立法権限は基本法第35条2項2文および3項1文から直接導き出されるものである[797].

② 特殊軍事的兵器投入の違憲性

このため, 航空安全法のような連邦法律により特殊軍事的兵器で武装した軍隊の出動を規律することは, 基本法の許容する限度を超えるものである. 基本法第35条による軍隊の支援活動においては, 警察的任務のためラント法が認める権限のみを行使できるのであって, 特殊軍事的兵器を装備して実施される軍隊の出動を連邦法律により認めることはできない.「転向機」[798] の「進路を変更させ, 着陸を強制し, 武力の行使を予告して脅威し, または警告射撃を行う」ことを空軍機に認める航空安全法第14条1項は, 武力としての特性と能力において軍隊の出動を定めるものであり, 特殊軍事的兵器の使用を許容するものであることから違憲である[799].

③ 連邦防衛大臣の緊急権限の違憲性

また, 緊急を要し, かつ, 連邦政府が適時に軍隊出動決定を下せない場合に, 連邦防衛大臣に, 連邦内務大臣と協議のうえ暫定的に軍隊の出動を決定する権限を認める航空安全法第13条3項2文から4文は, すでに第一法廷が確認したように[800], 合議機関としての連邦政府[801] にのみ出動決定権限を付与する基

411

第10章　2012年7月3日総会決定と2013年3月20日第二法廷決定による判例変更

本法第35条3項に適合しない．

　第一法廷判決により違憲無効とされた航空安全法第14条3項（「転向機」に対する武力行使を認める規定）に関係するかぎりにおいて，航空安全法第14条4項ならびに第15条1項1文と2項2文は不要となる[802]．

④ 立法手続と航空保安任務委託撤回手続の違憲性

　航空安全法による航空保安任務を，連邦の委託によりラントが実施するものとしつつも，「保安措置の連邦統一的実施を確保する必要がある場合」に委託を撤回し，連邦固有行政として連邦が自ら実施することを可能とし，その任務を連邦内務省が指定する連邦官庁が実施する旨定める航空安全法第16条2項および3項2文・3文ならびに航空保安任務の新規定に関する法律第2条10号を制定するには，基本法第87d条2項により，連邦参議院の同意を必要とする．航空交通行政という連邦固有の任務（基本法第87d条1項）を委託行政としてラントに委任する連邦の権限（同2項）は，この任務の全部または一部について委託を撤回する権限をも含んでいる．しかし，委託撤回の要件は，法律により明確な方法で予め指定されていなければならない．しかるに，航空安全法第16条3項2文は，十分に明確で予測可能な基準のない裁量的決定を許すものである．

　また，制定に連邦参議院の同意を必要とする法律を改正する法律は，改正を受ける法律が同院の同意を要する理由となる点を変更する場合には，やはり連邦参議院の同意が必要である．航空保安任務の新規定に関する法律第2条10号は，1999年3月27日の航空法第31条2項を改正するものであった．この改正により削除された同法第31条2項19号[803]は，法律により航空保安任務を連邦の委託により諸ラントが実施するものと定めており，連邦固有行政としてこれを連邦が実施する場合には，ラントの申立てに基づかなければならないことになっていた．航空安全法第16条3項は，ラント側の申立てに基づかず，連邦内務省の一方的な委託撤回により航空保安任務を連邦に取り戻すものであり，このような法律規定を制定するには連邦参議院の同意が必要であるは

ずであった．それにもかかわらず，航空安全法および航空保安任務の新規定に関する法律は，連邦参議院の同意なく制定されており，基本法第87d条2項に違反する．

また，連邦による任務委託の撤回により，その任務の実施のために必要な人的・物的準備措置を講じるラントの組織的・財政的利益が損なわれることから，航空安全法第16条2項および3項2文・3文は，「連邦親和的態度の原則」[804]にも反する[805]．

(2) 連邦政府の主張

以上のような申立人の主張に対して，連邦政府は，本件規範統制の申立てに理由はないと主張した[806]．航空安全法第13条から第15条を制定する連邦の立法権限は，外交・防衛に関して専属的立法権限が連邦にあることを定める基本法第73条1号および基本法第35条2項・3項から導き出される．また，航空交通に関する連邦の専属的立法権限を定める基本法第73条6号もその補助的根拠となる．

かりに第一法廷判決が判示したように，連邦の立法権限が基本法第35条2項2文と3項1文から導き出されることを前提にしたとしても[807]，この規定が特殊軍事的兵器を装備した軍隊の戦闘出動を許容しないことにより，連邦に立法権限があることが否定されることにはならない．「転向機」に対する武力行使を最終手段として認めた航空安全法第14条3項が無効とされて以後，これを除く同法第13条から第15条が定める諸措置は，軍事的兵器を使用せず，第14条1項が許容する武力行使の予告による威嚇や警告射撃は，ラントの法がその警察力に使用を許容する武器のみによって実施されるものと解釈できる．

連邦政府による適時の決定が不可能な場合について，連邦内務大臣と協議のうえで連邦防衛大臣が暫定的に軍隊の出動を決定することを可能にする航空安全法第13条3項が定める「緊急権限」（Eilkompetenz）は，基本法第35条3項1文が許容する範囲内にある．この憲法規定は，危険防御のための連邦の措置を許容するかぎりにおいて，この措置を有効にとるため必要となる手続の

第10章　2012 年 7 月 3 日総会決定と 2013 年 3 月 20 日第二法廷決定による判例変更

規律にも及ぶのであり，航空安全法第 13 条 3 項 3 文は，事後遅滞なく連邦政
府が決定を下すよう求めることにより，連邦政府が原則的に決定権を留保する
旨を最大限考慮している．

　航空安全法の制定には，連邦参議院の同意は必要ない．航空交通行政の任務
をラントに委託するには，連邦参議院の同意が必要である．しかし，委託され
た任務に関する改正法が連邦参議院の同意を必要とするのは，すでに委託され
ている任務が質的に変更される場合，つまり，この任務に本質的に異なる意味
と射程が付与される場合だけである．本件の場合これには該当しない．すでに
航空法第 31 条 2 項 19 号により航空の安全に対する攻撃の防御の任務全体が
委託事項としてラントに委任されているのであり，新規則はこれを踰越するも
のではない．連邦参議院が当該任務を負うことについてすでに過去に同意して
いるのであれば，任務の量的割り当ては連邦参議院の同意を必要とする理由に
はならない．基本法第 87d 条 2 項が委託についてのみ連邦参議院の同意を条
件としていることからも，航空安全法第 16 条 3 項 2 文・3 文が定める委託撤
回に関する規則の制定には連邦参議院の同意は必要ない．任務の委託撤回は，
保護されるべきラントの利益を侵害するものではなく，「連邦親和的態度の原
則」も連邦参議院が同意を留保する根拠とはならない．

2 総会への付託

　連邦憲法裁判所第二法廷は，2006 年 2 月 15 日の第一法廷判決とは異なる
憲法解釈を採用しようとしたため，解釈統一のため総会の開会を求めた[808]．

　第二法廷が第一法廷とは異なる見解を示そうとした論点は，以下の 3 点で
ある．総会は，この 3 つの見解の当否について回答を求められることになった．

　① 2005 年 1 月 11 日の航空保安任務の新規定に関する法律（連邦法律公報Ⅰ，
　　 78 頁）第 1 条の文言における航空安全法第 13 条から第 15 条に関する立法権
　　 限を，基本法第 73 条 1 号または第 73 条 6 号に基づかせることなく，基本法
　　 第 35 条 2 項 2 文および 3 項にのみ基づかせること（連邦憲法裁判所判例集第

414

115 巻 118 頁〈140 頁以下〉），［第 1 問］

② 基本法第 35 条 2 項 2 文および 3 項が特殊軍事的兵器を装備する軍隊の出動を
許容しないこと（連邦憲法裁判所判例集第 115 巻 118 頁〈146 頁以下，150
頁以下〉），［第 2 問］

③ 航空安全法第 13 条 3 項 2 文および 3 文は，それが連邦防衛大臣の緊急権限を
基本法第 35 条 3 項についても定めるかぎりにおいて，基本法第 35 条 3 項 1
文に適合しないこと（連邦憲法裁判所判例集第 115 巻 118 頁〈149 頁以下〉）.
［第 3 問］

　総会は，2012 年 7 月 3 日の決定において，上記 3 問について以下の見解を
示した[809].

　［**第1問について**］
　　2005年1月11日の航空保安任務の新規定に関する法律（連邦法律公報Ⅰ，78
頁）第1条の文言における航空安全法第13条から第15条に関する立法権限は，
2006年8月28日の基本法（第22条，第23条，第33条，第52条，第72条，第73条，
第74条，第74a条，第75条，第84条，第85条，第87c条，第91a条，第91b条，第
93条，第98条，第104a条，第104b条，第105条，第107条，第109条，第125a条，
第125b条，第125c条，第143c条）改正法律施行まで有効であった文言における
基本法第73条6号［航空交通に関する連邦の専属的立法権限］から生じる.
　［**第2問について**］
　　基本法第35条2項2文および3項は，これらの規定による軍隊の出動に際して，
特殊軍事的兵器の使用を原則として妨げるものではないが，基本法第87a条4項に
より軍隊の国内への出動に課している厳格な制限が回避されないことを確保する
狭い要件のもとでのみ許容される.
　［**第3問について**］
　　基本法第35条3項1文による軍隊の出動は，緊急を要する事態においても，合議
機関としての連邦政府の決定に基づいてのみ許容される.

　つまり総会は，第 3 問（連邦防衛大臣の緊急権限の違憲性）については第
一法廷と同じ見解をとるが，第 1 問（連邦の立法権限の憲法上の根拠）と第 2
問（災害出動時の軍隊による特殊軍事的兵器の使用の許容性）については見解
を修正した．第一法廷が航空安全法テロ対処規定の立法権限を憲法の災害緊急

415

第10章　2012年7月3日総会決定と2013年3月20日第二法廷決定による判例変更

事態対処規定（基本法第35条2項・3項）から直接導き出し，「転向機」に
対する措置に際して特殊軍事的兵器を使用することは違憲違法であるとしたの
に対して，総会は航空交通に関する連邦の専属的立法権限を定める第73条6
号に立法権限の根拠を認めるとともに，国内緊急事態における警察力補完のた
めの軍隊の出動を定める基本法第87a条4項が課す厳格な制約を無意味なも
のにすることがないかぎりにおいて，特殊軍事的兵器の使用を原則として認め
たのである．

II 第二法廷決定理由

1 第二法廷決定主文

　上述の総会決定を踏まえ，第二法廷は，2013年3月20日に抽象的規範統
制に関する決定を下した．このなかで，第一法廷判決がすでに違憲無効とした
航空安全法の武力行使規定（第14条3項）との関係において審査対象から除
外されるべき範囲を示すとともに，広域的災害緊急事態（基本法第35条3項）
における軍隊の出動決定について，連邦政府が適時に決定できない場合に，連
邦内務大臣と協議のうえで連邦防衛大臣が暫定的に決定を下す緊急権限を付与
する航空安全法の規定（第13条3項2文・3文）に関係するかぎりにおいて
申立てに理由を認め違憲無効としたが，その他の申立てについては理由を認め
ず，憲法に適合するものと判断した．
　主文は以下のとおりである[810]．

　　① 2005年1月11日の航空保安任務の新規定に関する法律（連邦法律公報I，
　　　 78頁）第1条の文言における航空安全法第14条3項に申立てが関係するかぎ
　　　 りにおいて，手続は中止される．
　　② 2005年1月11日の航空保安任務の新規定に関する法律（連邦法律公報I，
　　　 78頁）第1条の文言における航空安全法第13条3項2文および3文は，基

本法第 35 条 3 項 1 文に適合せず，無効である．
③このほか，2009 年 7 月 29 日の連邦航空安全監督局の設置およびその他の規定
の改正と適合のための法律（連邦法律公報 I，2424 頁）第 7 条 2 号により改
正された航空保安任務の新規定に関する法律（連邦法律公報 I，78 頁）第 1
条の文言における航空安全法第 13 条から第 15 条は，2006 年 2 月 15 日の連
邦憲法裁判所第一法廷判決—1 BvR357/05—による航空安全法第 14 条 3 項の
無効宣告の結果として対象のないものとなった部分（航空安全法第 14 条 4 項
1 文および同法第 15 条 1 項および 2 項に含まれる同法第 14 条 3 項との関連
づけ）以外は，上記の文言において基本法に適合する．
④航空保安任務の新規定に関する法律（連邦法律公報 I，78 頁）第 1 条の文言に
おける航空安全法第 16 条 2 項および 3 項 2 文と 3 文ならびに航空保安任務の
新規定に関する法律第 2 条 10 号は，基本法に適合する．

　第二法廷がこのような結論をどのように導き出したか，総会決定の関連箇所
を引きつつ，検討することにしたい．

2 連邦防衛大臣の緊急権限の違憲無効

　航空安全法では，航空インシデントの発生に際して，広域的災害緊急事態
（基本法第 35 条 3 項）において通常は権限を有する連邦政府が適時に軍隊の
出動を決定できない場合について，連邦防衛大臣（またはその代理人たる連邦
政府構成員）が連邦内務大臣と協議のうえで決定を下し，事後遅滞なく連邦政
府が決定を下すことになっていた（航空安全法第 13 条 3 項）．この規定につ
いては，合議機関たる連邦政府のみが軍隊出動決定を下す権限を有するもので，
個別大臣による決定は基本法第 35 条 3 項 1 文に抵触することが第一法廷でも
すでに指摘され[811]，総会決定においてもその違憲性が確認された．第二法廷
決定は，その理由につき総会決定の関係箇所を示すにとどまる[812]．したがって，
ここで総会決定を引きつつ補足説明を加える必要がある．

　総会決定は，この問題（第二法廷より付託された前記第 3 問）について，
基本法の体系的解釈に基づき，災害緊急事態における軍隊出動決定権が合議機

第10章　2012年7月3日総会決定と2013年3月20日第二法廷決定による判例変更

関としての連邦政府にのみ帰属し，個別の大臣にこの決定を委任することはできないとして以下のように説明する．

> 「基本法は，体系的に連邦政府の権限および管轄と個々の連邦大臣のそれを区別している（たとえば一方で［連邦政府のものとして］基本法第84条2項，第87a条4項1文，第91条2項3文，第108条7項，他方で［各連邦大臣のものとして］第65条2文，第65a条，第95条2項，第112条1文を見よ）．基本法第35条3項1文は，広域的災害緊急事態において軍部隊を出動させる権限を連邦政府に付与している．基本法第62条によれば，連邦政府は連邦首相および連邦大臣から構成される．したがって，広域的災害緊急事態における軍隊の出動は，合議体としての連邦政府の決定を前提としている……．これは，国内緊急事態における軍隊の出動と異なるところはなく，基本法第87a条4項1文についても同様に連邦政府の決定管轄が定められており，［この場合の軍隊の出動も］議論の余地なく閣議決定に基づいてのみ許容される……．
>
> 　連邦政府には，付与された決定管轄を個々の構成員［連邦大臣］に委任する……権限はない．国家組織法上の権限は，原則としてその保有者が自由に処分できるものではない……．それゆえ，この権限は，原則として放棄することも，任意に委任することもできないのである．この点で，その保有者が原則として自由に処分できる主観的権利とは異なるのである．」[813]

第二法廷決定は，以上の総会決定の違憲理由を確認したうえで，違憲判断の結果が当該規定の「無効」のみであり，一定期間内に合憲状態を確立するよう立法府に求める単なる「憲法不適合」宣言は選択肢にはならないと説明する．

違憲規定が期限付きで違憲判決以後も効力を維持するよりも，無効宣告を下した場合に発生する状況の方が憲法秩序からさらに大きく乖離してしまうような場合には，単なる不適合宣言を下さなければならない場合がある．とりわけ，「保護の欠落」が生じてしまう場合には，「憲法不適合」宣言にとどめ違憲規定の効力を暫時維持する必要がある．広域的災害緊急事態における連邦防衛大臣の緊急権限に関する航空安全法の規定を「無効」と宣告することにより，軍隊による対処が遅滞することで重大な「保護の欠落」が発生するおそれはある．しかし，「このような保護の欠落は通常法律により生じたのではなく，憲法自

418

体により生じたものである」ため「憲法不適合」宣告を選択することはできない.「連邦憲法裁判所は,憲法により予め定められた法的状況を憲法から乖離したものであると評価する権限はない」からである[814].

3 その他の審査対象となる法律規定の合憲性

このほか,申立人が審査を求めた法律規定(審査の対象にできるかぎりにおける航空安全法第13条から第15条,第16条2項および3項2文・3文,航空保安任務の新規定のための法律第2条10号)は,形式的にも実質的にも憲法に適合すると評価された.

(1) 連邦の立法権限の所在

まず形式的観点において,審査対象となった法律規定に関する連邦の立法権限の存否については,総会の見解にしたがい,航空交通に関する連邦の専属的立法権限を定める基本法第73条6号を根拠としてこれを認める[815].ここでも第二法廷決定は,総会決定の関係箇所を示すのみで具体的検討はそちらに譲っているため,総会の決定理由について,ここで説明する必要がある.

すでに述べたように,2006年2月15日の第一法廷判決は,航空安全法のテロ対処規定に関する連邦の立法権限を,災害緊急事態における軍隊の出動を定める基本法第35条2項2文と3項から直接導き出していた[816].総会はこれを修正し,航空交通について連邦に専属的立法権限を付与する基本法第73条6号に由来する付属的権限と考える.一方,連邦政府が主張するように,防衛に関する連邦の専属的立法権限を定める基本法第73条1号がここで考慮され得るか否かについては検討の必要を認めず,判断を控えた[817].

まず総会決定は,第一法廷判決とは異なり,「基本法第35条2項および3項は災害緊急事態における軍隊の出動を規律する連邦法に明示的な権限根拠を提供するものではない」として,以下のように述べる.

「この規定は,その文言によれば,軍隊の出動に関するかぎりでは,そうした軍

第10章　2012年7月3日総会決定と2013年3月20日第二法廷決定による判例変更

隊の出動について実体的および手続的要件を定めるものである．基本法第7章（第70条以下）の外で実体規範（Sachnorm）の中に連邦の不文の立法権限を見出すことは，体系的観点においても，連邦制的管轄秩序の保護の目的に照らしても，不自然である．連邦制的管轄秩序は，原則として実体憲法規範によってではなく，厳格に解釈され……，かつ，その射程において実体法的準則から独立した特別の権限規定によって定められるべきものである．加えて，このような［実体憲法規範による］権限付与に対しては，付与された［立法］権限の法的性格 ― 専属的か競合的か ― に関する明瞭性をそこから獲得することが困難であることも反対論拠となる．」[818]

　総会決定は，このように第一法廷判決の論拠を批判したうえで，航空安全法第13条から第15条に関する連邦の立法権限が基本法第73条6号を根拠とする理由を説明する．

「これまで継承され，基本的に争いのない解釈によれば，連邦が特定の専門分野について立法権限を有するかぎりにおいて，付属権限としてその分野における安全と秩序の維持のため，これと必要不可欠の関係にある規則についての立法権限が連邦に付与される……．これは，『航空交通』という専門分野についてもあてはまる．ゆえに，航空交通に関する立法権限は，いずれにせよ，航空交通に直接起因する危険の防御のために規則を制定する権限を付属物として含むのである．」[819]

　このように総会決定は，航空安全法の前記諸規定の立法権限を航空交通に関する連邦の立法管轄から派生する権限と位置づける．もっとも，連邦に付与された特定専門分野の立法権限と当該分野の安全と秩序の維持のための関連規則の制定とは「必要不可欠」な関係になければならず，その必要性は厳格な審査を受ける必要がある．航空安全法が目的とする航空交通に起因する特殊な危険の防御については，個々のラントの立法によっては防御効果が期待できないことが明白であるため，この「必要不可欠」な関係が認められる[820]．

　以上のように審査の対象となる法律規定に関する連邦の立法権限を認めたうえで，第二法廷は，航空安全法第13条から第15条の審査対象部分が，連邦

420

防衛大臣の緊急権限に関する規定（第13条3項）を除き，実質的にも憲法に適合する理由を説明する.

(2) 第14条による航空機の針路変更・着陸強制・警告射撃等の措置の合憲性

まず第二法廷は，「転向機」である疑いのある航空機への対処措置を定める航空安全法第14条1項について，特殊軍事的兵器の使用による措置の合憲性を認める．ただこれが許容されるのは，「基本法第87a条4項により軍隊の国内への出動に課している厳格な制限が回避されないことを確保する狭い要件のもと」においてであり，この要件に抵触する軍隊の出動は許されない（基本法第87a条4項の「遮断効果」(Sperrwirkung)）.

第二法廷のこの見解は，災害緊急事態における出動部隊による特殊軍事的兵器の使用を違憲とする第一法廷判決を修正し，「基本法第35条2項2文および3項は，これらの規定による軍隊の出動に際して，特殊軍事的兵器の使用を原則として妨げるものではない」とする総会決定を踏まえた判断である[821].

総会決定がどのような理由により第一法廷判決の核心部分を修正したのか．どのような憲法解釈に基づき，そのような結論を導き出したのか．この論点は，今回の判例変更の最大の争点であり，総会決定でも理論構成は極めて複雑であるため，ここでは第二法廷決定の結論を確認するにとどめ，次節であらためて詳しく検討することにしたい.

第二法廷決定は，以下のように基本法第87a条4項と第35条2項・3項の関係を説明している.

> 「航空安全法第13条と結びつく第14条1項によれば，詳細に定められた要件のもとで，軍隊は領空内で航空機の針路を変更させ，着陸を強制し，武力の行使を予告して威嚇し，または警告射撃を行うことが許される．これにより，特殊軍事的手段を伴う軍隊の出動が許容される.
>
> 　(a)こうした出動を許容することは，基本法第87a条4項の遮断効果に抵触するものではない．国内緊急事態における軍隊の出動を規律するこの規定は，確かに第87a条4項が定めるような例外状況において，ここで軍隊の出動に課せられる狭

第10章　2012年7月3日総会決定と2013年3月20日第二法廷決定による判例変更

い要件を，たとえばこの規定に代えて基本法第35条2項または3項に基づき出動が実施されることにより掻い潜ることを許さないという意味で遮断効果を発揮する（2012年7月3日総会決定第45段）．しかし，基本法第87a条4項により規律されない種類の例外状況においては，攻撃者への対処のためにも，基本法第35条2項および3項に基づく軍隊の出動が許容され得る（同決定第46段）．航空安全法第13条，第14条による危険の防御の場合，このような例外状況に該当する．」[822]

　航空安全法第13条と第14条による措置は，基本法第35条2項・3項に基づく出動として実施されるものであるが，これが許容されるのは「特に重大な事故」という出動要件が満たされる場合だけであり，カタストローフと呼べる次元の極度の例外的事件の場合にかぎられる[823]．航空安全法第13条1項と第14条1項は，「特に重大な事故」の要件メルクマールに結びつくことで，基本法第35条に含まれるすべての制約を受け入れることになる[824]．これにより，軍隊の出動自体の「可否」の決定要件が狭く限定されるばかりか，具体的投入手段を含めその「方法」についても対処に必要不可欠なものに厳格に制限されることになる[825]．この制限に照らしてみても航空安全法第13条1項および第14条1項が基本法第35条2項・3項から逸脱するものではないと総会は判断し，第二法廷もこれにしたがったのである．

(3) 第14条による対処措置を命じる権限の空軍総監への委任の合憲性

　航空安全法第14条1項による措置を命じる一般的権限を空軍総監に委任することを認めること（同法第14条4項2文）も基本法に適合する．

「個々のラントの領域に限定される危険を防御する［局地的災害緊急事態の］事案（基本法第35条2項2文）については，［軍隊の］出動自体に関する決定（航空安全法第13条）も具体的にとられる出動措置（同第14条）に関する決定についても，基本法は特定の機関権限を定めてはいない．広域的災害緊急事態の事案について，基本法第35条3項1文は，確かに出動に関する基本決定を下す役割を連邦政府に負わせているが，連邦政府が同意した出動の範囲内で誰が具体的措置を命ずる権限を有するかについては明らかにはしていない．したがって立法者は，第35

条が定める出動のいずれの事案についても，個別の出動措置に関する権限を — それが一般的なものであっても — 空軍総監に委任することを妨げられない.」[826]

(4) 第15条による検査・迂回・警告措置の合憲性

軍隊は，航空の安全確保の権限を有する官署の要請により，領空において航空機を検査し，迂回させ，または警告することができる（航空安全法第15条1項2文）. これは，航空安全法第14条による対処措置が実施される前にとられるべき措置である[827]. 第二法廷決定によれば，第15条による措置は基本法第35条1項による職務共助として実施されるものであり，合憲であるとして次のように説明する[828].

> 「立法者は，上述の航空安全法第14条1項による措置とは異なり，［同法第15条による措置を］基本法第35条2項および3項に基づく出動として構想したのではない……. 航空保安任務の新規定のための法律政府法案提案理由書においては，第15条について，同規定1項により優先的にとられる措置は航空安全法第14条による出動の前段階でとるべき措置であり，単なる職務共助が問題とされていると述べられている（参照，連邦参議院文書872/03，39頁，連邦議会文書15/2361，21頁……）.
>
> 査察や支援情報の提供の措置を，軍隊出動（基本法第35条2項および3項）の必要条件の適用を受けない単なる職務共助（同法第35条1項）として法的に分類することは，憲法上の区画に対応するものである. 基本法第87a条2項は軍隊の人的および物的資源の使用のすべてを基本法による明文の授権と結びつけるのではないのであって，侵害に関連して執行権の手段としてのその使用［＝出動］のみを［明文の授権に］結びつけているのである. これにしたがうならば，航空インシデントには純技術的-支援的機能において対応がなされ得る. これは，基本法第35条1項の範囲内にとどまるのであり，同第35条2項および3項による軍隊の出動に適用される制限に関わるものではないのである.」[829]

ただし，実行上は「技術的-支援的機能」において実施される航空安全法第15条1項による軍隊の使用（＝職務共助）と執行権による侵害的使用（＝出動）の区別は流動的なプロセスのなかで変化するため，軍隊の技術支援的「使用」がどの段階から侵害的「出動」に移行したとみなし得るのかについては，

423

第10章　2012 年 7 月 3 日総会決定と 2013 年 3 月 20 日第二法廷決定による判例変更

より詳細な定義が必要となる．総会決定は，出動とみなし得る軍隊の行動がどの段階で存在すると認められるかについて，以下のように指摘していた．

> 「侵害に関連しての使用［＝出動］は，強制を伴う具体的措置がとられた時にはじめて存在するのではなく，軍隊の人的および物的手段がその威嚇・威圧能力において利用される時にはすでに存在するのである．」[830]

第二法廷決定は，航空安全法第 14 条による強制措置と，その前段階においてとられる第 15 条による職務共助措置の境界について，さらに具体的に次のように説明している．

> 「航空安全法第15条1項2文により発進した要撃機による航空機の検査は，通常は［その航空機の］攻撃の意図（転向事態）を暴くに至ることはなく，― 例えば通信連絡の途絶やその他の技術的問題により ― 誘導の必要性の確認に至るのであり，これに対しては警告信号やライン信号により対応できる．このことを考えるならば，相当な航空インシデントの場合には，通常はまず事態の解明やそうした信号を送るための要撃機の使用は，軍隊をその威嚇・威圧能力において使用するのではなく，技術的-支援的措置であることを前提とすることが許される．しかしながら，検査から転向事態の存在が明らかとなったならば，以後もこれを単なる［技術的］支援として説明することはできなくなる．そうなれば，［軍隊の］行動は投入された軍事的手段の威嚇・威圧能力の発揮としか理解できない．したがって，その継続はもはや航空安全法第15条に基づくのではなく，これに必要な決定が下されたならば直ちに，同法第13条および第14条による出動として許可されるほかないのである．」[831]

(5) 立法手続・航空保安任務委託撤回手続の合憲性

委託行政としてラントに実施させている航空保安任務（基本法第 87d 条 2 項）を，保安措置の連邦統一的実施を確保するため必要となる場合に，連邦内務省の一方的決定により委託を撤回し連邦機関により実施させることを認める航空安全法第 16 条 2 項，同条 3 項 2 文・3 文および航空保安任務の新規定に関する法律第 2 条 10 号も，基本法に適合する．

航空安全法第16条3項2文は，委託撤回の実体法的要件を一般条項として定めるが，それにより特定の法的結果を導き得る法文の明確性を求める「法治国家的特定性原理」(Der rechtstaatliche Bestimmtheitsgrundsatz) が侵害されることはない[832]．また，委託撤回の可能性を当該ラントの要請に結びつけていないことも，「連邦親和的態度の原則」に違反しない．基本法第87d条2項は，航空交通行政任務を連邦の委託によりラントに実施させるか否か，どの程度において委託するのかを連邦立法者の判断に委ねている．委託の撤回についても同様である．憲法制定者は，任務配分の確定をラントの了解に直接結びつけてはいない．連邦の委託行政としてラントが引き受けた任務を，当該ラントの同意がなくても再び連邦固有行政に移管させることを法律により行うからといって，連邦による権限の乱用や「連邦親和的態度の原則」から生じる手続的要求への違反が認められることはない[833]．

III 総会付託第2問に関する多数意見と ガイアー裁判官の反対意見

1 第2問に関する多数意見

2006年2月15日第一法廷判決は，災害緊急事態（基本法第35条2項・3項）における支援のための軍隊の出動にあたっては，派遣先ラントの危険防御法（警察法）が付与する権限のみを行使でき，その許容する手段のみを使用することを許されるのであり，空軍機が標準装備する特殊軍事的兵器を使用することはできないとする見解をとった．これに対して総会は，「特殊軍事的兵器の使用は原則として禁じられることはない」として判例を修正した．ただし，国内抗争における戦闘のための軍隊の出動に基本法第87a条4項が課す厳格な制限を無意味なものとすることがないかぎりで武装出動が許容されるとして，その可能性を狭く限定し，軍隊の乱用を戒めた．災害緊急事態における軍隊の出動を国内緊急事態におけるそれと関連づけるこの修正点については，説明が

第10章　2012年7月3日総会決定と2013年3月20日第二法廷決定による判例変更

極めて複雑であり，また，R. ガィァー（Reinhard Gaier）裁判官[834]が厳しい反対意見を展開した論点でもあるため，少し詳しく説明する必要がある.

(1) 災害緊急事態における特殊軍事的兵器投入の許容性

① 憲法解釈上の根拠

基本法第87a条2項は，軍隊の出動を，「防衛のため」以外では，基本法に明文の授権がある場合にのみ許容している．憲法が許容しない軍隊の出動は認められない．とくに軍隊の国内出動については，かつて軍隊の政治介入が多くの惨禍を招いた反省から，基本法が許容する軍隊の出動は例外的事例に限定されている[835]．

2006年2月15日判決で，第一法廷は，軍隊の国内出動に対するドイツ憲法のこのような謙抑的性格を考慮し，災害緊急事態の際の軍隊の出動において使用できる手段はラント危険防御法により警察が用いることができる手段に限定されるとの立場に立ったのであるが，総会はこの見解を否定した．第一法廷がとった解釈は，基本法第35条2項2文と3項の文言および基本法の体系的解釈からは必ずしも既定のものとはいえず，また，この憲法規定を導入した憲法改正者の意図するところでもないと総会は考える.

> 「体系的に検討するならば，［警察力の『援助』のため，あるいは『支援するため』の軍隊の出動を認める］基本法第35条2項および3項により定められる軍隊の支援機能からは，現在認められている，あるいは認められる可能性がある警察法が許容する投入手段に［災害出動中の軍隊がとり得る手段が］限定されるとの結論が導かれることはない．なぜならば，基本法第87a条4項もまた，そこに記される国内緊急事態については，ラント警察および連邦警察を『支援するため』にのみ軍隊の出動を許容するが，通説によれば，少なくとも組織化され軍事的に武装した叛徒の鎮圧が問題となる限りにおいては，そこに規定される出動を，支援を受ける警察が使用する手段にはじめから限定するものではないからである……．［第35条2項・3項と第87a条4項の］用語法の同一性からみても，それが用いられる関連が異なるものであるとしても，異なる意味を付与すべきではない．これらの規定が，立法過程において元来は単一の規定を分割して成立したものであり，

立法者には文言の一致がはっきりとは認識できていなかったとは想定できないがゆえに，なおさらのことである．

　加えて考慮すべきは，把握された災害事態において軍隊の出動が許容されるのは，効果的な危険防御を可能にするためである，という点である．基本法第35条3項1文は，『有効に対処する』のに必要なことに関連づけて，この点を強調している．それゆえ，総会の見解によれば，基本法第35条による軍隊の出動が総じて考慮される狭い要件の下において……，軍隊に特有の手段の使用が一般的には排除されないという解釈を採ることには，より優れた根拠があるのである．」[836]

　つまり総会は，基本法の災害緊急事態規定（第35条2項・3項）と国内緊急事態規定（第87a条4項）がその成立過程から見て本来は単一の規定であったものが分割されたことを根拠に，そこで用いられる警察力の「支援」の語意も同じと解釈すべきこと，そして第87a条4項に基づき出動する軍隊は，警察支援として武装叛徒鎮圧を有効に実施するために軍事的兵器の使用が認められているのであるから，第35条2項・3項に基づき出動する軍隊も同様に，航空テロ攻撃のような警察力では十分な対処ができない危険に有効に対処するためであれば，軍事的兵器の使用は禁じられることはない，というのである．

② 憲法改正者意思の不明瞭

　もっとも，災害緊急事態規定を導入した1968年6月24日第17次基本法補充法律（緊急事態憲法）の制定者は，1962年に発生した北ドイツ大水害のような事案を想定していたのであり，航空安全法の軍隊出動規定が想定する航空テロのような種類の危険を明確に認識していたわけではない．また，緊急事態憲法導入時に政府原案が災害緊急事態と内乱等の国内緊急事態を一括的に規定しようとしたところ，憲法改正者が災害緊急事態対処を国内緊急事態対処から明瞭に区別するために前者を後者から切り離したのであり，改憲に関与した論者の一部が災害派遣時に軍隊がとり得る手段をラント警察法により制限することを考えていたのも事実である．

　それにもかかわらず，総会は，緊急事態憲法導入当時の法務委員会報告書な

第10章　2012年7月3日総会決定と2013年3月20日第二法廷決定による判例変更

どの立法資料を検討した結果からは災害出動時に軍隊に許容される投入手段について「明確な示唆」を得ることはできず，「憲法改正者の特定の意思を仮定できるような明瞭な表象は明らかにはならない」として，緊急事態憲法導入時に想定したものとは異なる航空テロのような種類の脅威状況に上述のような総会の憲法解釈を適用できないことにはならないと主張する[837]．

　「［緊急事態憲法の］立法史からは，基本法第35条2項および3項の事態における投入手段に関して，憲法改正者の明確な意思も，適用可能な法の問題についての明瞭な構想も確認されなかった．この検討結果に照らすならば，特殊軍事的兵器を伴う軍隊の出動……は，基本法第35条2項および3項の範囲内で，文理解釈，体系的解釈および目的論的解釈により排除されることはないのであり，それを必要とする具体的危険が歴史上憲法改正者の念頭にはなかったというだけで許されないものと評価できることにはならないのである．」[838]

(2) 特殊軍事的兵器の使用抑制
① 軍隊の国内出動を狭く制限する基本法の構造

　こうして総会は，災害出動時に軍隊が使用し得る手段には特殊軍事的兵器が含まれ，航空安全法のテロ対処規定による措置においても空軍機に装備される兵器の使用も許容されるとの見解に立つ．これにより軍隊出動時にとり得る手段の制限は大幅に緩和されることになる．しかし一方で，総会は，特殊軍事的兵器の投入は極めて狭く限定された要件のもとでのみ許されるべきであるとして，軍隊の国内武装出動は謙抑的であるべきであることを強調する．

　総会決定は，この軍事的手段投入要件の厳格性を，軍隊の「出動」に基本法上の明文の根拠を求める基本法第87a条2項の目的と国内緊急事態における軍隊の出動を規律する同条4項との関係から導き出す．また，災害出動時に軍事的兵器の使用を認めることで国内緊急事態とその対処方法の類似性が生じることから，軍隊の国内における軍事行動を強く抑制する憲法の基本構造が掘り崩されることがないよう総会は配慮する．

428

「基本法第35条2項および3項が軍隊の出動を許容する要件を解釈適用する際には，基本法第87a条2項の目的と，災害緊急事態に関する諸規定と国内緊急事態における軍隊出動の憲法的準則（第87a条4項）との関係が考慮されなければならない．基本法第87a条2項は，軍隊の国内出動の可能性を制限することを目的としている……．基本法第87a条4項は，歴史の経験を背景として，国内抗争鎮圧のための軍隊の出動をとくに厳格な制限のもとに置くものである……．［軍隊の］出動が，基本法第87a条4項にかえて第35条2項および3項に基づき実施されることにより，この制限を回避することは許されない．その出動の範囲内で特殊軍事的兵器が使用されるのであれば，なおさらのことである．」[839]

② 災害と「特に重大な事故」の相関

災害緊急事態における軍事行動の抑制は，基本法第35条の規範構造からも導き出される．第35条の成立過程を見ると，この規定で用いられる「自然災害」と「特に重大な事故」の2つの概念は，当初は「大災害」（Katastrophe）の概念に一括されていた．このことから，航空安全法が軍事的対処を予定する航空インシデントは「大災害」次元の甚大な被害の発生が予想されるものにかぎられることになる．

「a)このような背景から，災害緊急事態における軍隊の出動には，基本法第35条2項2文に明記され，第35条3項1文により関連づけられる特に重大な事故の要件によって狭い限界が設定される．
　　aa)前記諸規定は，自然災害と特に重大な事故を区別している．この2つの事件類型は，すでに立法過程において大災害の概念のもとに一括されていた……．このことから，そしてまた基本法第35条2項と3項において自然災害と特に重大な事故を規範的に並立させたことからも，ここで用いられる特に重大な事故の概念が，大災害次元の事件のみを内容とすることが明らかとなる……．すでにこの理由からだけでも，とくにラントがその警察力によって制御できないような危険状況であれば，そのすべてが軍隊の出動を許容する基本法第35条2項2文および3項にいう特に重大な事故に該当することにはならない．……．むしろ特に重大な事故は，非常例外状態である．ゆえに，基本法第35条2項2文および3項1文に依拠して，そのような特別な状況の克服の範囲を逸脱して，危険防御任務を軍隊に委任することはできないのである．」[840]

第10章　2012年7月3日総会決定と2013年3月20日第二法廷決定による判例変更

③ 軍隊出動の急迫必要性・補完性・最終性

　基本法第35条2項・3項による軍隊の災害出動と軍事的手段の投入は，第一次的に対応を求められるラントによる措置が尽くされており，その不足を補完する必要があり，その必要が急迫する場合に最終手段としてのみ許容される．これについて総会決定は，どの時点で軍隊の災害出動が許容されるかを説明するなかで，以下のように述べる．

　　「cc) 基本法第35条2項2文と3項1文の文言に明瞭に表現されているように，事故の克服またはその被害への対処のために軍隊の出動が許容されるには，すでに事故は存在していなければならない．このことは，損害がすでに発生していなければならないことを意味するものではない……．予想される被害はまだ発生してはいないが，しかし，事故の進行がすでに始まっており，かつ，災害による被害の発生が直前に差し迫っている場合にも，事故を問題にし得るのである．大災害がすでに進行しており，かつ，いよいよそれが軍隊の出動によるほか止めることができないとなれば，被害が現実化するまで待つ必要はない．しかし，被害の発生が切迫していなければならない．災害の被害が，これに適時に対処しなければ短時間のうちにほぼ確実に発生する場合がこれに該当する……．災害発生以前の段階で軍隊の出動を求めることは許されない．」[841]

　　「b) 加えて，軍隊の出動も特殊軍事的手段の投入も，そのような危険状況においても最終手段としてのみ許容される．基本法第35条3項1文は，広域的災害事態について，軍隊が自然災害または特に重大な事故により惹起された危険への有効な対処に必要であるかぎりにおいて許されると明示的に定めている．基本法第35条3項1文の必要性条項は，連邦の介入が諸ラントとの関係において補完的であることを示すのを狙いとしている……．さらに［軍隊の出動を危険への対処に］必要な場合に厳格に限定したことは ―［軍隊出動の］可否ばかりでなく，具体的投入手段を含むその方法に関しても ― 基本法第35条3項1文による出動と同様に，基本法第35条2項2文による出動も，許容される軍隊の国内出動を狭く制限しようとする基本法第87a条2項に表現される憲法制定者の意思に応えるものである……．」[842]

④ 基本法第87a条4項による「遮断効果」

　本来は国内緊急事態規定により厳格な要件のもとで軍隊を出動させるべき事

案について，この要件を掻い潜るために，災害緊急事態規定を根拠に軍事的に対処することは不適切である．そのため総会決定は，基本法第87a条4項が発揮すべき「遮断効果」に言及する．内乱・騒擾といった群衆行動から生じる危険に対処するため，そこから発生する被害を「特に重大な事故」とみなして第35条2項・3項により軍隊を派遣し，その鎮圧にあたらせることは厳に禁じられる．これにより，軍隊の武装出動に高いハードルを設定する第87a条4項は，第35条に基づく不当な武装出動を遮断する効果を発揮するのである．

> 「(1) 基本法第91条2項1文と結びつく第87a条4項は，連邦またはラントの存立もしくは自由民主的基本秩序への危険があり，ラントが自らこの危険に対処することができず，または，その用意がない場合に，この危険を防御するための軍隊の出動を定めている．その際，基本法第87a条4項は，組織化され，かつ，軍事的に武装した叛徒の鎮圧にあたり，警察を支援するための軍隊の出動を許容している．これにより，非国家的攻撃者に起因する国内騒擾の防御の規律は，基本法第91条と結びつく第87a条4項に定められる……．ゆえに，そのかぎりにおいてこの規定は，原則としてその他の規定による軍隊の出動に対して，遮断効果を発揮する……．
>
> (2) ……基本法第91条と結びつく第87a条4項において非国家的敵対者の軍事的制圧が規律されることに鑑みて，軍隊は，基本法第87a条4項に定められた種類のものではない例外状況においてのみ，基本法第35条2項および3項に基づき攻撃者鎮圧のために出動することが許される．つまり，示威行動を行う群衆から，または，この群衆により脅かされる人または物に対する危険は，基本法第35条の意味において，この規定に基づき軍隊の出動を正当化するに足る特に重大な事故には該当しないのである．なぜなら，基本法第87a条4項1文によれば，当該ラントが危険に対処する用意がなく，あるいは対処できない……場合であっても，組織化され，かつ，軍事的に武装した叛徒の鎮圧のためでさえ，連邦またはラントの存立または自由民主的基本秩序に対する危険が存在するという要件のもとでのみ，軍隊の出動が許容されるからである……．」[843]

2 ガイァー裁判官の反対意見

第一法廷に所属し，航空安全法テロ対処規定に関する2006年2月15日の

第10章　2012年7月3日総会決定と2013年3月20日第二法廷決定による判例変更

憲法異議判決に関与したガイアー裁判官は，第1問と第3問については総会の多数意見にしたがうが，第2問については同意できないとして長文の反対意見を提出した．その冒頭で同判事は，「連邦憲法裁判所は，しばしば代替立法者（Ersatzgesetzgeber）と呼ばれるが，今回の総会の裁判により，将来裁判所は代替憲法改正者（verfassungsändernder Ersatzgesetzgeber）としての役割を負わされる危険を冒すことになる．」と警告を発する．総会は，第2問への回答において，「自身の裁判の法解釈の準則に十分な注意を払わない」ばかりか，「関連憲法規範の文言をその成立史を十分に考慮に入れて評価することをせず，『最重要解釈原理』としての憲法の統一性に照らした体系的解釈を行ってもいない」．その結果，「総会決定が第2問への回答にあたり基礎とした災害緊急事態に関する規定の解釈は，憲法改正の効力を有するものになっている」からである[844]．

(1) 軍隊国内出動の憲法による抑制の歴史的背景

　ガイアー裁判官によれば，基本法の根底には「第二次世界大戦における想像を絶する恐怖と幾百万もの死者をもたらしたドイツ軍国主義への拒絶」がある．このため，再軍備に伴い防衛憲法が導入されるにあたっても，1956年当時の第143条により，軍隊の国内出動の権限は緊急事態においてすら与えられてはいなかった．1968年緊急事態憲法の導入とともに国内への軍隊の出動が許容されたが，これには基本法による明文の許容が必要であり（第87a条2項），許容されるケースは極めて狭く制限されている（第35条2項・3項，第87a条3項・4項）．これらの国内出動においていかなる手段を軍隊が投入し得るかについて基本法は言及していないが，ガイアー裁判官はドイツの歴史的経験に照らし，警察と軍隊の機能を峻別することの重要性を確認する．

　　「とくに緊急事態憲法が制定されて以後，軍隊の国内出動はもはや全く許容されないものではなくなったが，厳格な制限が求められ続けた．軍隊は国内政治の権力手段として決して投入されないことが保証されなければならない．組織化され軍事的に武装した叛徒の鎮圧のためにのみ，最終手段として軍隊の国内への戦闘

出動も許容される（第87a条4項）．このような国家緊急事態の極度の例外事態を除き，国内治安の維持は警察のみの任務である．その機能は危険防御であり，警察はこれに適し，かつ，必要な武器のみを使用できる．これに対して軍隊の戦闘出動は，敵対者の殲滅（Vernichtung）を目的としており，特殊軍事的兵器を必要とする．この2つの任務は厳格に区別されなければならない．こうして我々の憲法は，歴史の経験から適正な結論を導き出し，軍隊の国内への出動を原則として禁じることを国家機構の基本原理としたのである．換言すれば，軍隊と警察の峻別は，この国の遺伝子コードの一部なのである ……」[845]

(2) 連邦憲法裁判所の越権

軍隊と警察の機能峻別という基本原理を変更しようとするのであれば，基本法を改正する必要がある．第一法廷が航空安全法武力行使規定違憲判決を下した後，9・11米国同時多発テロ攻撃を典型例とする危険に有効に対処するため，大連立政府は「特に重大な事故」において一般的に軍事的手段を投入できるよう憲法改正を企図したが，挫折した．今回総会が災害緊急事態において軍隊に特殊軍事的兵器の使用を認めることは，連邦政府が改憲を断念し実現できなかったことを可能にするものである．「テロ攻撃が発生した時，軍隊が何もせず傍観者であり続けなければならないことは耐えられないと感じたとしても，これを是正すべく干渉することは，連邦憲法裁判所の任務でもなければ，そのような権限もない」[846]．

ガイアー裁判官は，このように総会の越権行為を批判し，災害緊急事態における軍隊の出動にあたり特殊軍事的兵器を使用することは憲法上禁じられるとする第一法廷判決の判断を固守する．

(3) 憲法改正者意思の明瞭性

総会は，災害緊急事態規定を導入した際の立法資料を検討した結果，公聴会で意見聴取を受けた専門家の間には様々な意見があり，「全体として」憲法改正者が災害出動時に許容される投入手段について特定の意思を共有していたと仮定できるような「明瞭な表象は明らかにはならない」として，特殊軍事的兵器の使用を排除することは憲法改正者の明確な意思ではないと評価した．しか

し，ガイァー裁判官は，この見解に与することはできないとして以下のように述べる．

「確かに，そこ［立法資料］に記録された意見聴取を受けた様々な専門家の意見が，軍事的兵器投入の許容性に関する様々な見解を再現しているということは妥当である．さらには，この公聴会が法務委員会報告書の基礎となり，これが憲法改正のための連邦議会の法律決議の基礎となったというのも妥当である．しかし，一つの公聴会の統一性のない意見が，そのまま変わらず法務委員会の表決に流入したというのは何ら根拠はなく，そもそも的外れである．その逆が正しい．法務委員会は ― いずれにせよその構成員の票の多数をもって ― 明確な決定を下さなければならなかったのであり，またこれを実行したのである．」[847]

法務委員会は，災害緊急事態における軍隊の出動は非武装であるべきことを明記すべきとする専門家の意見を取り入れ，武装国内出動が許される事態を第87a条4項の武装叛徒鎮圧のケースに限定した旨をその報告書に明記している．「政府案との主な相違点は，武力として軍隊を出動させる敷居を高くした点にある．法務委員会は，連邦軍の武装出動を，それが武装叛徒集団の鎮圧に必要である場合にのみ許容することを提案するのである（第87a条4項）」[848]．法務委員会報告書のこの箇所は，緊急事態憲法の当初の政府案で「国内緊急事態の諸事例」（Fälle des Inneren Notstandes）のなかに含まれていた災害緊急事態を国内緊急事態から分離して独立させ規定することを論じる文脈のなかで述べられたものである．国内緊急事態において叛徒鎮圧のために軍隊の戦闘出動を認める緊急事態憲法に対しては，当時世論の厳しい批判があった．これを考慮し，より敷居が低い災害緊急事態を名目にして治安上の国内緊急事態を鎮圧することになるのではないかという危惧を払拭するために，災害緊急事態と国内緊急事態を一括的に定める政府案が法務委員会により見直され，両者を分離して規定することになったのである．このことから，軍隊が国内に出動する2つの事態が，重複することのない完全に異なる適用領域を有しており，両者が混同され，災害緊急事態においても特殊軍事的兵器の使用を許容するこ

とがないようにしたのである．それゆえに，法務委員会の報告者であった C. O. レンツ（Carl Otto Lenz）議員は，1971 年に出版した緊急事態憲法のコンメンタールのなかで，基本法第 35 条 2 項について，軍隊が行い得る支援は「非武装の技術的支援活動」であると記したのである [849]．法務委員会報告書も，基本法第 35 条 2 項 2 文により提供される他ラントまたは連邦の要員は「派遣先ラントで効力を有するラント警察法の適用を受ける [850]」と記し，第 35 条 3 項についてもこの記述の参照を求めていることも，この見解を裏づけている．要するに，「災害緊急事態の［局地的・広域的］2 つの事例について，ラント警察法にしたがうことにより軍隊が非軍事的な災害防護に包摂されるための前提が創出され，警察的措置だけは可能になるものの，軍事的戦闘出動は可能とはならない」のである [851]．

(4) 軍隊出動決定権の連邦政府への帰属による制約

ガイアー裁判官の見解によれば，災害緊急事態における軍隊の出動にあたり特殊軍事的兵器の使用が当初から想定されていなかったことは，とくに広域的災害緊急事態（基本法第 35 条 3 項 1 文）における出動発案権が合議機関としての連邦政府にのみ帰属することからも裏づけられるという [852]．

広域的災害緊急事態における軍隊の出動について決定を下し得るのは合議機関としての連邦政府のみであり，これにかわる緊急決定権を個別の連邦大臣に付与する航空安全法第 13 条 3 項を違憲とする点で第一法廷判決も総会決定も見解は一致している．軍隊出動発案権を連邦政府のみに付与した憲法改正者の決断は，第 35 条 3 項 1 文に基づき出動する軍隊が投入を許される手段についても解釈上の示唆を与えるとガイアー裁判官は説明する．合議機関の決定は，個別大臣の決定よりもより時間がかかる鈍重なものとなり，迅速な危機対処には重大なデメリットとなり得る．しかし，基本法第 35 条 2 項・3 項が軍隊の出動による対処を想定する災害や事故の場合，その決定にある程度の時間的余裕が残されているところに特徴がある．そうであるからこそ憲法改正者は，合議機関としての連邦政府にのみ軍隊出動決定権を認めることが災害対処に大き

第10章 2012年7月3日総会決定と2013年3月20日第二法廷決定による判例変更

なデメリットにはならないと考えたのである．だが，危険対処に時間的余裕
がない場合には，決定の遅延は重大な失敗をもたらす．航空テロ攻撃への対処
はまさにそのような事態であり，強力な手段による措置を迅速にとる必要があ
る．このような事態を基本法第35条2項・3項は想定しておらず，それゆえ
決定権を合議機関としての連邦政府にのみ付与しているのであるから，結果と
して特殊軍事的兵器の投入が必要な事態は基本法第35条の想定外にあるとガ
イァー裁判官は考えるのである．

> 「……その破壊力において警察法上許容される武装を上回る武器の投入によって
> のみ効果的に対処できるような危険については，まさに極めて短い時間内に決定
> を下す避けがたい圧力があることが常である．特殊軍事的兵器は，その破壊力に
> より敵対者の殲滅を狙うものである．戦争的抗争以外で，そのような殲滅力を危
> 険防御のために投入することが比例性原則に照らして適当であり，かつ，とくに
> 必要でもあるとすれば，典型的には ― 攻撃兵器として投入するため航空機がハ
> イジャックされる場合（「転向」事態）のように ― ［事件の］経過が短時間の
> うちに妨げられることなく進行した場合，多数の人命が失われ，あるいは甚大な
> 被害が予想され，それゆえ，強力な手段を投入することによってのみ停止できる，
> そのような経過がすでに開始していることになる．つまり，そのような危険状態
> は，あらゆる時間的遅延がその除去に有害であることを特徴とする．そうである
> ならば，決定を下すに比較的鈍重である合議機関に措置発動の発案権を委ねる
> ことは，まさしく機能障害の原因となるのであり，憲法改正者が『効果的対処』
> を追求していたことに照らしてみても，管轄権の決定として不適切である．した
> がって ― 基本法第35条3項1文でなされるように ― 憲法改正者が合議機関として
> の連邦政府に出動決定権限を付与した時，はじめから特殊軍事的兵器の投入を必
> 要とはみなしておらず，したがってそれを正当化するつもりはなかったという結
> 論だけが導かれ得るのである．」[853]

(5) 基本法第87a条4項の「遮断効果」の不確実性

総会決定は，本来は禁じられるべき災害緊急事態における特殊軍事的兵器
の使用を許容する一方で，それが許される事例を基本法第87a条4項による
「遮断効果」により例外的限界事例に限定することで，その乱用を防ごうとし

436

た．しかしガイァー裁判官の考えによれば，総会の決定理由自体がこの「遮断効果」を反故にしており，基本法第87a条4項が設定する国内緊急事態の狭い要件を，より緩い災害緊急事態の要件により迂回することを阻止できないという．総会決定の表現によれば，第87a条4項の「遮断効果」は「原則的に」効力を与えられているにすぎず，また軍隊の武装出動が許容される要件も「短時間のうちにほぼ確実に」発生する「甚大な被害」の防御に必要であるという極めて曖昧なものだからである[854]．

> 「たとえば ― 2007年6月のハイリゲンダムG8サミットを契機としたような ― 政府を批判する大規模デモに関連して，個々の参加グループが攻撃性を有するおそれがあるという理由で『短時間のうちにほぼ確実に』発生する『甚大な被害』を伴う激しい暴力行為が推定され，それを理由に連邦軍の武装部隊を進軍させることをいかにして阻止できるのか．『示威行動を行う群衆から，または，この群衆により脅かされる』危険だけでは［災害緊急事態規定に基づき武装軍隊を出動させるには］不十分であると総会が指摘するだけでは，このような事例において自らが定義した出動要件を効果的に停止することは，ほとんど不可能である．」[855]

特殊軍事的兵器による「転向機」への対処を合憲と認めたとしても，航空安全法第14条3項が人間の尊厳の侵害を理由に無効となった今，機内にいる無辜の乗客・乗員の生命身体を害する措置をとれないことに変わりはない．それ以外の無人機による攻撃あるいはテロ実行犯のみが乗る航空機による攻撃の場合であっても，合議機関としての連邦政府のみが軍隊出動決定を下し得る現状では，決定までに時間がかかり，航空テロ攻撃を阻止する機敏な措置をとることは期待できない．結局総会は，「実際には実現できない僅かな安全の獲得のために，国内政治的目的のための軍隊の出動を排除できないような漠然とした法概念を用いて国内への軍隊の出動の許容性を拡大したのである．ほとんど計測不可能な利益のために，根本原則を放棄したのである」[856]．

第10章　2012年7月3日総会決定と2013年3月20日第二法廷決定による判例変更

IV 判例変更の意義

　連邦憲法裁判所による判例変更は，実行上，一部メディアが誇張するほどの航空保安任務の一大転換をもたらすものではない [857]．軍隊の国内出動の新たな類型が生み出されたわけではなく，これを例外的限界事例に限定する従来の憲法構造の特性を変更するものでもない．総会と第二法廷の決定により，「転向機」に対する進路変更，着陸強制，警告射撃等の措置に特殊軍事的兵器の使用が認められたとしても，災害緊急事態における軍隊出動全般を抑制する厳しい要件が幾重にも課されており，災害派遣の必要を口実として内政の軍事化を招かぬよう配慮が慎重になされている．

　また，総会と第二法廷の決定は，2006年第一法廷判決の核心部分を何も変更してはいない．「転向機」内の無辜の乗客・乗員の生命を犠牲にする可能性が高い「武力による直接的作用」（撃墜措置）が人間の尊厳と結びつく生命権を侵害するもので違憲であるとする点は，今回の抽象的規範審査の大前提であり，これを変更することはあり得ない．

　しかし，今回の判例変更が今後の軍隊による保安任務に与える影響は小さくないと考えられる．第一法廷判決においても，実行犯のみが乗る航空機または無人機によるテロ攻撃の危険に対して撃墜措置を実施することについては，人間の尊厳原理への抵触は問題にならないと評価されていた．航空機内に事件に関与する者のみがいることが確認され，この航空機による攻撃の対象となる人々の生命の危険が同機の撃墜により除去され，かつ，地上の人々に被害が及ばないことが確実である場合には，同機に対する武力行使の可能性は否定されてはいなかった．このような事案にかぎっていえば，災害緊急事態規定（基本法第35条2項・3項）を根拠として出動した軍隊に特殊軍事的兵器による武力行使を許容する連邦の立法権限が憲法上認められないという理由だけで航空安全法の武力行使規定（第14条3項）が違憲とされ，撃墜が不可能であったのである [858]．今回の判例変更により，災害緊急事態規定に基づき出動する軍

438

隊にも，極めて厳格な要件のもとではあるが，特殊軍事的兵器の使用が認められたことにより，無辜の第三者が同乗しない航空機によるテロ攻撃の危険に限定して，被害回避のために撃墜措置を認めるための立法措置をとる可能性は残されたと考えられる．

他方，総会と第二法廷の決定においても，広域的災害緊急事態対処規定（基本法第35条3項）に基づく軍隊の出動を決定するのは合議機関としての連邦政府のみであるとされ，緊急を要する航空テロ攻撃への対処には依然障害が残された．連邦防衛大臣による緊急決定権限（航空安全法第13条3項）の違憲性を除くためには，連邦政府による軍隊出動決定を原則としつつ，緊急を要する場合に権限ある連邦大臣が暫定的に決定を下し，事後遅滞なく連邦政府がこれについて決定を下すことができるように基本法第35条3項を一部改正する必要がある[859]．

こうした立法措置が実現すれば，第一法廷判決以後失われていた航空テロ攻撃への法的抑止力を一部回復することはできるであろう．ただし，ガイアー裁判官が指摘するように，緊急事態憲法制定者が想定しなかった新たな危険への対処を可能にするために，連邦憲法裁判所がいわゆる「解釈改憲」を積み重ねる手法には限界があることもあらためて確認されてしかるべきである．

冷戦期のドイツでは，再軍備以降1968年6月24日の第17次基本法改正（緊急事態憲法の導入）まで，改憲による防衛憲法の拡充が着実に行われてきたが，冷戦終結以後，女性の戦闘職種への就職を可能にするための2000年12月19日第48次基本法改正[860]のほか，重要な防衛憲法の変更は行われていない．これは，憲法改正の必要がなかったことを意味しない．冷戦終結後，NATO同盟域外派兵を開始するにあたり，改憲による解決が目指されはしたが失敗に終わり，結局，連邦憲法裁判所が1994年7月12日判決でこれを合憲と認定し，連邦軍派遣決定・議会承認手続に関する指針を示すことで安保政策の変更の必要に対応した．しかし，ここで採用された基本法第24条2項の新解釈については，憲法制定者の意思を忠実に反映するものではなく，「解釈

第10章　2012年7月3日総会決定と2013年3月20日第二法廷決定による判例変更

改憲」であると批判も多かった[861]．今回も，航空安全法武力行使規定違憲判決後，航空保安任務における特殊軍事的兵器の使用を可能にする改憲が合意に至らなかった結果生じる不都合を，「解釈改憲」による判例変更によって手当した印象は否めない．

　基本法の明文改正によらず，連邦憲法裁判所の判例法により防衛憲法を補充・拡大することには自ずと限界があるはずである．判例による「防衛憲法の変遷」(Wehrverfassungswandel) はどこまで許容されるのか．それは成文憲法の規範力を奪うことになりはしないか．新たな疑問も生まれてくる．

[注]

787 Luftsicherheitsgesetz vom 11. Januar 2005 (BGBl. I S.78).

788　BVerfG, 1 BvR 357/05 vom 15. 2. 2006 (BVerfGE 115, 118). 航空安全法武力行使規定違憲判決とその後提起された問題については，第9章参照．

789　抽象的規範統制：連邦政府，ラント政府または連邦議会構成員の4分の1の申立てに基づき，連邦もしくはラントの法が，形式上および実質上，基本法と適合するか否か，または，ラント法がその他の連邦法と適合するか否かについて，意見の相違または疑義がある場合，連邦憲法裁判所が決定する（基本法第93条1項2号，連邦憲法裁判所法第76～79条）．

790　ドイツ基本法の条文は巻末資料，航空安全法の条文は第8章末尾の資料を参照のこと．なお，航空安全法が連邦参議院の同意を得ずに制定されたことが基本法第87d条2項に違反するとの主張は，憲法異議においてもなされたが，第一法廷判決はこれを不適法として却下していた．

791　連邦憲法裁判所法第16条1項「一の法廷が，一の法律問題について他の法廷の判決に含まれている法的見解と異なる見解を示そうとするときは，連邦憲法裁判所の総会（Plenum）がこれについて決定する」．参照，初宿正典・須賀博志［編訳］『原典対訳・連邦憲法裁判所法』（成文堂，2003年），107頁以下．この対訳書にしたがい，本書では Plenum に「総会」の訳語を当てたが，「大法廷」「合同部」等の訳語が用いられる場合もある．

792　BVerfG, 2 PBvU 1/11 vom 3. 7. 2012 (BVerfGE 132, 1).

793　BVerfG, 2 BvU 1/05 vom 20. 3. 2013 (BVerfGE 133, 241).

794　航空保安任務の新規定に関する法律（Gesetz zur Neuregelung von Luftsicherheitsaufgaben vom 11. Januar 2005 (BGBl I S.78)）の第1条が航空安全法（Fn.787）である．

795 BVerfGE 133, 241 [247f.].

796 連邦の専属的立法権限を定める基本法第73条は，2006年8月28日の第52次基本法改正法律で2項が追加されたため，従来の文言が1項となった．本章では，改正前の申立提起時点の旧表記で記述するが，［旧］第73条1号は，現行規定では第73条1項1号である．

797 Vgl. BVerfGE115, 118 [140]. 第9章I .1.(1).

798 「転向機」(Renegade-Flugzeug) とは，9・11米国同時多発テロ事件のように，ハイジャックされ地上の標的に対して自爆攻撃を行うおそれのある民間航空機を指す．この種の事件を「転向事態」(Renegade-Fall) とも呼ぶ．

799 BVerfGE 133, 241 [248]. この点についても，すでに第一法廷判決が違憲性を認めている．Vgl. BVerfGE115, 118 [146f.]. 第9章I. 1.(3).

800 BVerfGE115, 118 [149f.]. 第9章I. 1.(4).

801 基本法第62条「連邦政府は，連邦首相及び連邦大臣でこれを構成する」．

802 BVerfGE 133, 241 [248].

803 Luftverkehrsgesetz (LuftVG) in der Fassung der Bekanntmachung vom 27. März 1999 (BGBl. I S.550). 航空保安任務の新規定に関する法律第2条10号により削除される前の航空法第31条2項19号の文言は以下のとおりである．「(2) ラントは，連邦の委託により，この法律の以下の任務を実施する．……19. 航空の安全への攻撃に対する保護（第29c条，第29d条）．ラントの申立てにより，連邦は，この任務を連邦固有行政において実施することができる．この場合，この任務は，連邦内務省により指定された連邦国境警備官庁により引き受けられるが，第29c条1項3文は影響を受けない．連邦内務省は，航空の安全への攻撃に対する保護を連邦固有行政に引き受けること，並びに，権限を有する連邦国境警備官庁を，連邦官報に公示する」．

804 「連邦親和的態度の原則」(Der Grundsatz des bundesfreundlichen Verhaltens) とは，連邦とラントの双方がその権限を行使するにあたり，連邦国家の全体的利益とラントの利益をともに配慮することを求められ，期待されるとする連邦憲法裁判所が確立した判例原則である．Vgl. BVerfGE81,310 [337].

805 BVerfGE 133, 241 [248f.].

806 BVerfGE 133, 241 [249ff.].

807 本章 Fn.797 参照．

808 BVerfG, 2 BvF 1/05 vom 3. 5. 2011 (BVerfGE 128, 325).

809 BVerfGE 132, 1 (Nr. 1-3 des Tenors).

810 BVerfGE 133, 241 [241f.] (Nr. 1-4 des Tenors).

811 本章 Fn.799 参照．

812 BVerfGE 133, 241 [260f.].

813 BVerfGE 132, 1 [21f.].

814 BVerfGE 133, 241 [260f.].

815 BVerfGE 132, 1 (Nr.1 des Tenors); BVerfGE 133, 241 [261].

816 本章 Fn.797 参照．

817 BVerfGE 132, 1 [9].

818 BVerfGE 132, 1 [5f.].

819 BVerfGE 132, 1 [6].

第10章　2012年7月3日総会決定と2013年3月20日第二法廷決定による判例変更

820　BVerfGE 132, 1 [6f.]. なお，連邦からの委託行政としてラントにより実施されている航空保安任務を再度連邦が直接実施できるようにする手続を定める航空安全法第16条および航空保安任務の新規定に関する法律第2条10号については，連邦の立法権限は基本法第87d条2項に基づくものとされた．

821　BVerfGE 132, 1 (Nr.2 des Tenors).

822　BVerfGE 133, 241 [262f.].

823　BVerfGE 132, 1 [9f., 16f., 18, 20].

824　BVerfGE 133, 241 [265]. また，本章Ⅲ .1.(2). ②③参照．

825　BVerfGE 132, 1 [19].

826　BVerfGE 133, 241 [268].

827　この点を含め，航空安全法による不審機対処措置の法的構造については，第8章Ⅱ参照．

828　基本法第87a条2項は，軍隊の人的・物的資源の「使用」(Verwendung) をすべて基本法による明文の許容に結びつけるものではなく，侵害作用を伴う執行権の手段として軍隊を使用すること―すなわち「出動」(Einsatz) ―のみ憲法の留保の下に置くものである．したがって，職務共助 (Amtshilfe) として実施される軍隊の純然たる技術的支援には基本法第35条2項・3項による軍隊の出動に課せられる制限がかかわることはない．この点は総会決定でも確認されていた．Vgl. BVerfGE 132, 1 [19f.].

829　BVerfGE 133, 241 [268f.].

830　BVerfGE 132, 1 [20].

831　BVerfGE 133, 241 [270].

832　BVerfGE 133, 241 [270f.].

833　BVerfGE 133, 241 [271f.].

834　ガイアー裁判官は，2004年11月より第一法廷に所属し，総会決定時，同法廷に所属する裁判官のなかで唯一2006年2月15日の航空安全法武力行使規定違憲判決に直接関係した判事である．

835　BVerfGE 132, 1 [9f.]. また，第8章Ⅲ参照．

836　BVerfGE 132, 1 [11f.].

837　BVerfGE 132, 1 [12f.].

838　BVerfGE 132, 1 [15f.].

839　BVerfGE 132, 1 [16].

840　BVerfGE 132, 1 [16f.].

841　BVerfGE 132, 1 [18f.]. 航空安全法第13条・第14条による軍隊の出動は，特に重大な事故が発生してはじめて許容されるのではなく，特に重大な事故の「発生が切迫」しており（航空安全法第13条1項），かつ，その「発生を阻止」するため（同第14条1項）措置が必要となる時点で許容される．この点に憲法上問題がないことにおいても第一法廷判決と総会決定の見解は一致している．もっとも総会決定では，事故に対処し，または，その被害に対処するために軍隊の出動が許容されるためには，事故が「すでに存在していなければならない」と述べ，第一法廷判決とは若干異なる表現を用いているため，一見すると見解の相違があるかのように見える．しかし総会決定でも，特に重大な事故の存在の認定には，被害がすでに発生していなければならないわけではなく，予想される被害はまだ発生していないが，事故の経過がすでに開

始しており，甚大な被害の発生が切迫し，かつ，軍隊の出動によるほかその発生を阻止できない場合には，特に重大な事故の存在は認定できると説明している．この点は「短時間のうちにほぼ確実に損害事態が発生すると認められる場合，つまり，警察法的意味において，現在の危険が存在する場合」に軍隊の出動を決定できるとする第一法廷判決の主旨と何ら変化はない．Vgl. BVerfGE 133, 241 [263ff.]. 第 9 章 I. 1.(2) 参照．

842 BVerfGE 132, 1 [19].

843 BVerfGE 132, 1 [17f.]. 以上説明した総会決定多数意見について，積極的に評価する論考として，vgl. Dieter Wiefelspütz, Die Plenarentscheidung des Bundesverfassungsgerichts zum Einsatz der Streitkräfte im Innern, NZWehrr 2013, S.1ff.; Bernd Walter, Annährung an die Realitäten – neue Einsichten des Bundesverfassungsgerichtes zum Einsatz der Streitkräfte im Innern, in: NZWehrr 2013, S. 221ff.

844 BVerfGE 132, 1 [24].

845 BVerfGE 132, 1 [25f.].

846 BVerfGE 132, 1 [26f.].

847 BVerfGE 132, 1 [27f.].

848 BT-Drs. V /2873, S.2.

849 Carl Otto Lenz, Notstandsverfassung des Grundgesetzes : Kommentar, Athenäum Verlag, 1971, Art.35, Rdnr.9.

850 BT-Drs. V /2873, S.10.

851 BVerfGE 132, 1 [31].

852 BVerfGE 132, 1 [32f.].

853 BVerfGE 132, 1 [32f.].

854 BVerfGE 132, 1 [33f.].

855 BVerfGE 132, 1 [36f.].

856 BVerfGE 132, 1 [38f.]. ガイアー裁判官の反対意見を支持し，これを補強する論考として，vgl. Kathrin Bünnigmann, Anmerkung zur Plenarentscheidung des Bundesverfassungsgerichts vom 03. 07. 2012: » Allein es steht in einem anderen Buch « —zum Einsatz militärspezifischer Mittel im Rahmen polizeirechtlicher Gefahrenabwehr, in: DVBl 2013, S.621ff.

857 メディアの関連報道として，以下の記事・論説（電子版）を参照．"Verfassungsrichter für Bundeswehreinsatz im Innern" (DIE WELT vom 23. Dezember 2010); "Was sich mit der Karlsruher Entscheidung ändert" (Süddeutsche.de vom 17. August 2012); "Mit vollem Potential in den Anti-Terrorkampf" (Süddeutsche.de vom 17. August 2012); "Karlsruhe erlaubt Bundeswehr Waffeneinsatz im Inland" (Süddeutsche.de vom 17. August 2012); "Karlsruhe fällt Katastrophen-Entscheidung" (Süddeutsche.de vom 17. August 2012); "Verfassungsrichter erlaubt Waffeneinsatz im Inland" (SPIEGEL-ONLINE vom 17. August 2012); "Karlsruher Unschärfe"(SPIEGEL-ONLINE vom 17. August 2012); "Goggelmoggel in Karlsruhe" (Frankfurter Rundschau vom 17. August 2012); "Verfassungsgericht revidiert Urteil"(Frankfurter Rundschau vom 17. August 2012); "Karlsruhe billigt militärischen Einsatz im Inland"(Frankfurter Allgemeine vom 17. August 2012); "Schwarz-

第10章　2012年7月3日総会決定と2013年3月20日第二法廷決定による判例変更

Gelb will Grundgesetz nicht ändern"(Frankfurter Rundschau vom 21. August 2012);"Nur Bundesregierung darf Bundeswehr im Innern einsetzen" (Süddeutsche. de vom 18. April 2013); "Nur Bundesregierung darf Terrorflugzeuge abschließen lassen"(SPIEGEL-ONLINE vom 18. April 2013).

858　BVerfGE115, 118 [140,160ff.]. 第9章 I. 2.(5).

859　D. ヴィーフェルスピュッツは，次のような基本法第35条3項以下の改正を提案する．「(3) 自然災害又は事故が複数のラントの領域に危険を及ぼす場合には，連邦政府は，これに有効に対処するために必要となる限りにおいて，ラント政府に対して，他のラントに警察力を提供するよう指図し，並びに，警察力を支援するために，連邦警察及び軍隊の部隊を出動させることができる．危険が切迫している場合には，権限ある大臣がこの決定を下す．連邦政府の決定が事後遅滞なく行われなければならない．1文による連邦政府の措置は，連邦参議院の要求があればいつでも廃止しなければならず，また，その他の場合も，危険が除去された後，遅滞なく廃止しなければならない．(4) 詳細は連邦法律で定める．」Vgl. Dieter Wiefelspütz, NZWehrr 2013 [Fn.843], S.18.

860　序章 Fn.24 参照.

861　第2章 II. 2.(1) および第3章 I. 1.(3) 参照.

終　章 ― 総括と要約

I 総　括

　立憲主義の発現形態は各国・各時代により様々であり，これを一義的に定式
化することは難しい．イギリスにおいて，それは君主の意思が法とされる絶対
王政に対して伝統的諸制度や慣習法による抑制を主張する法曹貴族の対抗原理
として登場し，次第に議会主権と国民主権を確立する思想的淵源となった．独
立あるいは革命により近代国家を誕生させたアメリカやフランスにおいては，
立憲主義は，憲法制定会議による成文憲法の制定を通じて自由民主主義の要請
と結びつき，成文憲法による国家権力の創設と組織化の原理（権力分立制）に
具現化された[862]．

　このような各国の立憲主義理解の多様性を捨象し，あえて一般的に定義する
ならば，近代立憲主義憲法は，統治者の恣意的専断を排し，政府の政治的決断
とこれへの被治者の参加ならびに政府の決断の制度的拘束とその結果生じる被
治者の自由の関係を規律する制度枠組であり，政治的決断とその制度的拘束の
バランスを最適化することにより，国内紛争を最小化する規範体系であるとい
える[863]．概括的にいえば，制限政府と権力抑制的統治機構，法の支配，被治
者の政治参加と統治者の政治責任，人権保障といった諸要素が近代立憲主義憲
法を構成する要素であるとされる．

1 憲法典と国家

　近代立憲主義憲法思想においては，国家の専制に対抗して個人の自由・権利

445

終　章 — 総括と要約

を保障するため，憲法典が国家権力を創設し，国家の任務・組織・権限は憲法典により創設的に規律されるものと観念されることがある．とくに，旧王政を革命により打倒したフランスや独立戦争により新国家を建設したアメリカにおいては，社会契約説的国家観を基礎として，このような理解が支持されやすい．成文憲法典のみを法源と認める法実証主義理論も，このような憲法観の理論的前提ともなる．

　しかし，憲法典は，社会的事実としての国家の存在を前提として，これに統治制度の法的枠組みを与えるものにすぎず，憲法典の制定をもって国家の社会的実在が生み出されるわけではない．歴史的に生成した国家の社会的存在の事実なくして憲法典は効力を持ち得ず，国家が消滅すれば憲法典も消滅する．しかし，憲法典の消滅が国家の生命を終わらせることはない．憲法典は国家固有の政治的「権力」を法的「権限」に置換し，その行使の態様を規律することはできても，国家「権力」自体を生み出すものではない．近代立憲主義の原理は，抑制されるべき「権力」の存在とその実効的行使を前提にしてはじめて意味をなす．憲法典は，社会的統治団体としての国家の実在があってはじめてその効果を発揮するのであり，「社会的実在としての国家」を前提とした場合にのみ「規範概念としての国家」に対する法の先在性・優越性を認める意味がある[864]．

　実在する社会的統治団体として，いかなる要件を満たす団体が「国家」と認められるかについて，国家学は，国民・領土・主権的権力の３つの要素を具備するものであると説明してきた[865]．この三要素説によれば，国家とは，長期存続し，その構成員の交代にかかわりなく，そのなかに結集する人間を国民として統合する，法人格を有する組織化された統治団体であり，画定された領土（国家領域）を有し，かつ，その領域内において他の団体に対して優位し，共同体利益の実現のために，その構成員（国民）やその領域内にある他の人間（外国人・無国籍者）に対して包括的統治権力を行使できるものをいう．国際法も，この三要素説に依拠しつつ，領土の不可侵とその保全，政治的独立の権利を主権国家に認めてきた[866]．

2 立憲主義と国家主権

　国家は，他の社会的権威により拘束されることなく自立的統治組織をもって統治作用を行う地位と能力を有し，対外的にもその政治的独立と領土保全を可能とする地位と能力を有するという意味で主権的でなければならない．憲法典は，固有の領土と国民を有する国家が主権を保持することを前提として制定される．国家の社会的実在とその主権性は，憲法典を有効ならしめる根拠であり，その逆は成り立たない．

　この点は，EU による地域統合が進むヨーロッパにおいても変わらない．欧州統合に伴い，しばしば「国家主権の相対化」が言われる．しかし，1950 年代半ば以降の欧州諸共同体の発展においては，構成国の「主権」自体が共同体に吸収されたのではなく，加盟国が共同体の意思決定に参加する権利が拡大・強化された結果，この決定への自己拘束により国家の自律的権利の外延が縮減したにすぎない．2009 年リスボン条約により EU はその統合度をいっそう高めたが，加盟国は EU 機関にその「主権」（Souveränität）全体を移譲するのではなく，全加盟国が同意する条約に基づきその管轄権を限定的・個別的に EU 機関に授権するにすぎないのであり，EU 自体が自立的な自己正当化主体になったわけではない．ドイツ基本法においても，EU に移譲されるのは，「主権」ではなく「高権的諸権利」（Hoheitsrechte）であることが明記されている（基本法第 23 条 1 項）．連邦憲法裁判所も，EU 条約に関する判決において，EU が「国家の結合体」（Staatenverbund）であり，構成国の主権国家性（souveräne Staatlichkeit）は維持され続けることを繰り返し強調してきたのである [867]．

　EU 加盟に伴いドイツの領域高権（Gebietshoheit）が移譲されたとしても，ドイツが領域主権（territoriale Souveränität）を喪失するわけではない [868]．対外主権に関していえば，EU リスボン条約においても，各構成国の領土保全が尊重され，国家安全保障は各構成国の責務であり続ける（EU 条約第 4 条 2

項）869. EU 域内で「四つの自由移動」政策がいかに推進されようとも，それにより構成国の国家領域が変化し，国境線が変更・消滅するものではないことはいうまでもない870.

また EU 共通外交安保政策（CFSP）・欧州安保防衛政策（ESDP）は，政府間協力の枠組みにすぎない．EU 構成国が武力攻撃の被害にあった場合には，他の構成国は国連憲章第 51 条にしたがい集団的自衛権の行使により被害国を援助・支援する義務を負う（EU 条約第 42 条 7 項）．この機能において EU は，冷戦時代から西欧諸国の防衛の中核機能を担ってきた NATO と同じ性格を有する集団防衛同盟である．したがって，NATO による共同防衛を尊重し，EU の政策はこれと両立することが求められる（同条 2 項後段）．

3 立憲主義と国民主権

国家の社会的実在とその主権性が憲法典を有効ならしめる根拠であることは，国民主権との関係についても，ドイツ基本法の用語法から，より明確に理解できる．

ドイツ基本法においては，ドイツ国家を指す語として「ドイツ国」(Deutschland) という語を用いる条項と「ドイツ連邦共和国」(Bundesrepublik Deutschland) または単に「連邦共和国」(Bundesrepublik) の語を用いる条項とが区別されている871. これらの条項の用語法を見ると，「ドイツ国」は基本法制定以前から存在し，国際法主体として国際社会に承認され継承されてきた「社会的実在としての国家」であり，前憲法的あるいは憲法外的なものといえる．他方，「ドイツ連邦共和国」（または「連邦共和国」）は，基本法が法的統治体制を創設した「規範概念としての国家」を「ドイツ国」の属性として付与したものであり，後憲法的なものであるといえる．基本法は社会的実在としての「ドイツ国」に「連邦共和国」という統治体制を与える法であり，かくして基本法第 20 条 1 項・2 項は次のように定める．

(1) ドイツ連邦共和国は，民主的かつ社会的連邦国家である．

(2) すべての国家権力は，国民（Volk）に由来する．国家権力は，国民により，選挙および投票によって，ならびに立法，執行権および司法の個別の機関を通じて行使される．（下線は筆者による．）

つまり，国家権力の淵源が国民にあるだけでなく，国民自らがこの権力を行使するのであり，国家機関は国民による権力行使の制度的手段にすぎない．ここにいう国民は，憲法制定権力によりこの基本法を制定した「社会的実在としての国家」の一要素であるドイツ「国民」である．

基本法第1条が定める「人間の尊厳」保障と人権の効力の構造も，これに関連づけて読むとその意味がより明瞭になる．すなわち，「人間の尊厳」は不可侵であり，国家権力はこれを尊重し保護しなければならない（1項）．その国家権力の淵源であり行使主体であるドイツ国民は，それゆえに，「人間の尊厳」を具体化する不可侵・不可譲の基本的人権を「世界のあらゆる人間社会，平和と正義の基礎」として認める（2項）．その結果，国民に発し，国民が行使すべき立法・執行・司法の各権力はこれに拘束されることになる．

そして，第1条と第20条の基本原則は，憲法制定権者の根本的決断として，実定憲法典の改正によっても変更できない永続性を保障されるのである（第79条3項）．

4 国家の分断と二重性

憲法上，歴史的に生成した社会的実在としての「ドイツ国」と基本法のもとで成立した規範概念としての「（ドイツ）連邦共和国」が区別されるのは，戦後ドイツが分断国家となり，西ドイツが国家主権を制限されていたことと深く関係する．両者の区別は，戦後結ばれた国際条約にも頻繁に現れる．外国軍隊の西ドイツ国内への駐留に関する条約にも，この区別は確認できる[872]．

戦勝3ヵ国（米英仏）による西ドイツ占領統治は，いわゆるパリ諸条約（1954年10月23日）が1955年5月5日に発効し，一応は終結した．これ以降，西ドイツに駐留する米英仏三国軍隊の駐留については，二重の根拠が存

終　章 — 総括と要約

在していた．すなわち，三国は，西ドイツ（ドイツ連邦共和国）への軍隊駐留に関しては，パリ諸条約の一つとして締結された「ドイツ連邦共和国内への外国軍隊の駐留に関する条約（軍隊駐留条約）」[873] に国際法上の駐留権の根拠を置くようになったのであるが，他方で，東西両ドイツを含む全体としての「ドイツ国」の一部としての「ドイツ連邦共和国」に対しては，三国は依然として軍隊駐留条約以前の戦争法上・信託関係上の占領軍としての駐留権を維持していた[874]．このような二重根拠が顕著に示されるのは，1954 年 10 月 23 日に改定された 1952 年 5 月 26 日の「ドイツ連邦共和国と三国の関係に関する条約（ドイツ条約）」[875] である．この条約においては，「ドイツ国における」（in Deutschland）駐留（第 2 条 2 文，第 4 条 2 項 1 文）と「（ドイツ）連邦共和国における」（in der Bundesrepublik [Deutschland]）軍隊の駐留（第 4 条 2 項 2 文，3 文）とが明確に区別されている[876]．

　米英仏三国は，戦勝国として，ドイツの地位と領土を決定する権利を，（旧）ソ連とともに，またソ連に対して主張するために，戦争法上・信託関係上の駐留権に基づき全体「ドイツ国」の一部としての西ドイツに軍隊を駐留させる．この駐留権が前条約的性格を有することは，ドイツ条約第 9 条 3 項が，「ドイツ国」全体に関する軍隊駐留権にかかわる紛争を，ドイツ条約に関する紛争解決のため設置する仲裁裁判所の管轄から除外していることからも明らかとなる[877]．他方で，三国は，西側同盟国として，ドイツ連邦軍とともに自由主義陣営を共同して防衛するために，軍隊駐留条約に基づき西ドイツに軍隊を駐留させる．パリ諸条約発効以降，ドイツ再統一までは，西ドイツ国内に駐留する米英仏三国の軍隊は，このような複雑な地位に置かれていたのである．

　このような主権制限のもとにある「ドイツ連邦共和国」（西ドイツ）の基本法は，ドイツ国民の憲法制定権力により制定されたものではあるが，それは「ドイツ国」再統一までの「過渡期の間，国家生活に一つの新しい秩序を与えるため」のものであり，「全ドイツ国民は，自由な自己決定によりドイツの統一と自由を完成することを引き続き要請されている」ことが東西ドイツ統一前

450

の基本法前文に明記されていた．1990年10月3日，旧東ドイツ諸邦は基本法（旧）第23条[878]により連邦共和国に加入したため，再統一後も基本法が全ドイツに適用されることになったが，今もこれが暫定憲法としての性格を残していることは，現行第146条の文言から明らかである[879]．

5 立憲主義と安全保障法制

憲法典が規律する「規範概念としての国家」が，制定後何らかの理由によりその存立基盤である「社会的実在としての国家」と齟齬をきたし，その主権性を阻害するに至った時，それを解消するには憲法典を改正する必要がある．しかし，これが円滑に実現できるとはかぎらない．様々な政治的事情により，現実の国家生活が憲法規範から乖離したまま継続せざるを得ないことはある．このような場合，成文憲法典のみを法源と認める法実証主義理論では，「社会的実在としての国家」の動態を把捉し憲法解釈に反映する術をもたないがゆえに，憲法典の形骸化を国家の「非立憲化」と嘆くよりほかない．しかし，ここで国家とその主権が憲法典の効力の根拠であるにとどまらず，成文法源から独立した不文の法源としての地位を認められ，憲法典の規定を修正し，法的効果を指示するものとして憲法典に優位することが認められるとすれば，憲法解釈の可能性は広がる[880]．

成文憲法規範からの国家生活の乖離は，国際関係の変化に影響される防衛・安全保障の分野について成文憲法典による制約を厳格に定める国において，とくに顕著に現れやすい．

国の内外から武力により脅威する勢力に対して国家の主権を維持し，国民を守護するためには，国家は相応の実力組織を必要とするのであり，その最終的担保として究極的には軍隊を保有することが必要となる．世界の多くの国が憲法に軍隊の設置を定め，その任務や最高指揮権に関する規定を置いていることは，あらためて述べるまでもない．

政府による国家権力行使への不信からこれを抑制し，その乱用を防止すると

いう立憲主義の本旨に照らしてみれば，政府権力の中核をなす軍隊の法的抑制は「立憲主義の第一義的要請」である[881]．しかし，立憲主義は，「権力からの自由」を絶対的価値とし，国家機関に掣肘を加えることのみを目的とする思想ではない．国民の生命・自由・権利を脅かすのは，政府権力だけではないからである．この軍隊を憲法秩序に編入し，国民を保護するために政府が権力を効果的に機能させ，軍隊を実効的に運用することも立憲主義の要請である．実効的国家統治と統治権乱用の抑制，軍事力による効果的な国家安全保障と軍事力の乱用による侵害からの国民の保護．この2つはいずれも等しく重要な立憲主義の要請であり，両者を均衡させ，適正化するのが文民統制の原理であり，軍事に対する「政治優位」制の原理である．そして，国を取り巻く安全保障環境に適応させつつこれを制度化することが，安全保障法制の課題である．

6 連邦憲法裁判所による防衛憲法の判例法的形成

これまで述べてきた観点からドイツにおける冷戦後の防衛憲法の変化を見ると，その意味が浮き彫りにされるように思われる．

国家（群）対国家（群）の対決図式が明瞭であった冷戦時代には，安全保障の法的枠組の構築は比較的簡潔なスキームにより説明できた．しかし，冷戦後この構造が崩れ，さらに9・11米国テロ事件以降，国家（群）対非国家主体の対決が加わる複合的構図が現れると，従来の二項対立的論理で安全保障法制の概念構成を論じることは困難になる．「集団防衛」と「集団安全保障」，「国内治安維持」（警察）と「対外的防衛・安全保障」（軍隊）の機能がいわばシームレス化する現代の安全保障環境にあって，両者を異質なものとして峻別し二極対抗的に捉える古典的法理解を固守するかぎり，現実的な安全保障立法のための建設的な合意形成は困難になった．ドイツにおいて冷戦後，改憲論議が不調に終わった原因はここにある．

結局ドイツは，安全保障環境の変化に対して，従来の憲法の防衛関連規定に明文改正を加えることなく，立法・執行・司法の各機関の相互作用のなかで派

兵の憲法的制約要件を再定義することにより，外部環境に適応しながら派兵政策を決定し，なおかつこの政策を制定当初からの憲法の規範理念の発展的実現として説明することに努力した．この「法」と「政治」の相互作用において両者の関係が破綻の危機に瀕した時，連邦憲法裁判所が果たした役割は極めて重要であった．本来，憲法改正により問題を解決すべきところ，政党間の調整が不調に終わりこれが政治的に挫折した時，連邦憲法裁判所が種々の憲法訴訟手続のなかで判例法の形成を通じてこの障害を除き，同盟戦略の現実的要請と立憲主義憲法秩序の維持を辛うじて両立させてきたのである．

　憲法規範は，国家の安全保障政策の決定を抑制する機能を営むだけではない．それは，あるべき国際秩序への世界の発展に寄与することを企図するものでもある．ドイツ基本法が制定当初から保有する第24条2項の規定は，そのような性格の憲法規範として冷戦後機能してきた．連邦憲法裁判所は，こうした基本法第24条2項の規範目的から政府の派兵政策が逸脱することがないよう，同規定の「相互集団安全保障機構」を国連とその地域的機関を意味するものと解釈し，NATOを国連憲章第8章の地域的取極・機関としての権利を有し義務を負うものと位置づける判例法を形成した．しかし，その判決理由の論理には不合理な点も認められ，いわば司法による「解釈改憲」ともいえるものであった．また，9・11米国テロ事件のような航空テロ攻撃への軍事的対処を定める航空安全法の憲法適否の判断においても，連邦憲法裁判所は，軍隊国内出動規定の柔軟な解釈により，文理解釈上可能な範囲で現実的な対応を認める判例変更を行った．しかしこれも，軍隊を国内権力手段として利用することを危惧する憲法制定者意思を軽視するものであるとして批判された．

　こうした連邦憲法裁判所による柔軟な憲法解釈を，権力分立制の破壊，立憲主義の侵食と否定的に捉えるか，三権機関相互間の協働の成功と積極的に評価するかは立場により異なるであろうが，いずれにせよ連邦憲法裁判所は，欧州全体の平和維持と一体であるドイツの国家存立を維持するために，政治的権力ファクターとして必要な安全保障立法の指針を提示し，これを先導してきたの

終　章 ― 総括と要約

である.

　ドイツにおける冷戦期の基本法改正による防衛憲法の形成と冷戦後の連邦憲
法裁判所の判例法によるその発展過程は，立憲主義と安全保障法制のあり方に
ついて，多くの示唆を含んでいる.

Ⅱ 要　約

(1) 軍隊の出動に憲法明文上の根拠を必要とするドイツにおいては，安全保
　　障政策の変更に伴う軍隊任務の拡大は，必然的に憲法改正問題を生じさせ
　　る．1991年以降のユーゴスラビア紛争への対処，そして2001年9・11米
　　国同時多発テロ以後の国際テロ組織への対処において，憲法明文改正によ
　　りドイツ連邦軍の新任務規定を導入すべきところ，政党間の合意形成が困
　　難であることから従来の規定のまま政策が強行された結果，憲法訴訟が提
　　起され，司法判断による決着が求められた．連邦憲法裁判所は基本法制定
　　当初は予期しなかった新たな安全保障問題に現実的な憲法判断を求められ,
　　憲法規定の新解釈を提示しこの要請に応えてきた．しかし，こうした対応
　　については，憲法制定者意思を軽視した「解釈改憲」ともいえる越権的判
　　決を下したとの批判も多い.

(2) 冷戦後，連邦憲法裁判所が判例により防衛憲法に新たな要素を加え，連
　　邦政府による憲法解釈の変更と安全保障政策の新指向を支持し，新規の立
　　法を促した第1の事例として，1994年7月12日第二法廷判決が挙げられる．
　　ドイツ基本法第87a条は，「防衛のため」に軍隊を設置し（1項），防衛
　　のために出動するほか，軍隊の出動が可能であるのは，「この基本法が明
　　文で許容する限りにおいて」であると定める（2項）．冷戦時代には，こ
　　の条文が許容する国外出動は ― 解釈には諸説あるものの ― 防衛目的以
　　外にはあり得ず，基本的には西ドイツの国家領域の防衛を主たる任務と
　　し，少なくともNATO条約第5条および6条が画定する共同防衛地域の外

454

への派兵は憲法が許容するところではないと考えられてきたし，冷戦終結までは政府もそのような立場を明らかにしてきた．しかし，冷戦が終わりドイツが再統一を果たすとともに，ワルシャワ条約機構が解体するに伴い，NATOの戦略は変化し，NATO防衛地域外，とくにバルカン半島で発生した内戦への対応に乗り出すことになり，従来の憲法解釈を維持することが難しくなった．

(3) 地域紛争の解決や国際平和維持のために採択された国連や欧州安保協力会議［機構］（CSCE [OSCE]）の決議を実施するための活動は，基本法が許容する自国（および同盟国）の「防衛のため」の出動には該当しない．これを新たに許容するためには基本法の改正が必要であることは，当時H．コール政権下の連立与党CDU/CSU・FDPと最大野党SPDの間で一致していた．しかし，一貫して武力行使を伴わない平和維持活動に限定して派兵を許容する立場のSPDと武力行使を伴う国連の軍事的制裁措置への参加のみならず集団的自衛権に基づく同盟軍としての軍事派兵にも道を開こうとするCDU/CSUとの間に隔たりが大きく，また，与党内にはNATOやWEUの枠内で実施されるかぎり「現行憲法のままでも基本法第24条2項（平和維持のための相互集団安全保障機構への加入と高権的諸権利の制限）により法的には同盟域外派兵は可能である」との意見もあった．あるいは軍隊の国外派遣については，侵略戦争準備行為の禁止・処罰を定める第26条による制約以外に基本法にはとくに規律はなく，第32条1項による外交関係の処理として連邦政府の決定に委ねられるとする有力学説も主張されていたため，政権与党内には，改憲を経ずとも派兵は可能であり，むしろ野党との協議による改憲は政府の安全保障政策を過度に制約することになるという警戒感もあった．

(4) 結局，改憲論議は頓挫し，コール政権は改憲を待つことなく1992年7月にはアドリア海域における武器禁輸措置の監視，1993年4月にはボスニア・ヘルツェゴビナ上空監視活動，同年6月にはソマリア平和維持活動

455

終 章 ― 総括と要約

（UNOSOMⅡ）への参加のため連邦軍部隊を派遣した．これらの派兵決定に対しては，野党SPD連邦議会会派ばかりか，一部については連立与党のFDP会派までもが派遣差止の仮命令を求め，併せて連邦議会の同意を得ない派兵決定が会派の権利を侵害するものであるとしてその違憲性を訴え機関争訟を提起したため，NATO同盟域外派兵問題の解決は連邦憲法裁判所に委ねられることになった．

(5) 1994年7月12日の第二法廷判決は，NATOやWEUを主体として実施する活動への参加のための国外派兵の憲法上の根拠を，平和維持のための「相互集団安全保障機構」への加入と高権的諸権利の制限を定める基本法第24条2項に認める一方で，派兵決定の議会承認を重視する詳細な立法指針を提示した．すべての「武装軍隊」の「具体的出動」に原則事前の連邦議会の「設権的承認」が必要であること，承認決議は基本法第42条2項にしたがい単純過半数をもって行うこと，連邦議会の関与は「ドイツ連邦共和国の軍事的防衛能力と同盟能力」を損なうものであってはならないため，緊急を要する場合には議会承認は事後にすることもできるが，承認が得られない場合には直ちに撤収すること，連邦議会には軍隊出動の発案権はなく，派遣の方法，規模および期間等の決定に関する連邦政府の権限行使に介入することはできないこと，武装作戦行動に関与せず行われる救援活動・救助活動への派遣に連邦議会の承認決議は不要であること等，後の軍隊国外派遣法の制定の指針となる重要項目がここで示された．

(6) しかし，その判決理由については様々な問題が当初から指摘されていた．連邦軍を「議会の軍隊」と位置づけ，軍事に対する「政治優位」を貫徹するため，連邦議会による事前承認を派兵の必要条件とするその主旨は理解できるとしても，個々の軍隊の出動に原則事前の「設権的承認」が必要であることの明示的根拠となる条文は基本法には存在しない．判決は，開戦と講和の決定に際して議会の同意を求めてきた「1918年以来のドイツ憲法の伝統」や治安緊急事態や災害緊急事態の際の軍隊の国内出動を停止さ

456

せる議会の事後的関与に関する基本法の諸規定を議会関与重視の根拠とし て挙げるが，いずれも国際協力を目的とする軍隊国外派遣手続とは直接関 係しない事項ばかりであり，国外派兵に対する事前の議会承認を裏づける 根拠にはなり得ない．そもそも基本法第24条2項は「相互集団安全保障機 構」へ加入のみを授権するのであり，軍隊の出動を明示的に授権する規定 ではない．また国連憲章もNATO条約も，国際平和維持のために軍隊を出 動させる加盟国の義務を定めてはいない．このため，第一法廷の判決理由 は，憲法制定者意思から乖離し，憲法規定の文理解釈としても不合理であ ると批判された．

(7) 判決理由に多くの疑問を残す1994年第二法廷判決ではあったが，連邦 政府は判決後約10年間，この判決が勧告した派兵決定・議会承認手続に したがい，NATOやWEU（後にEU）の枠組みのなかで連邦軍の国外活 動を継続した．その活動が，国連やOSCEの決議を実施するかぎりでは， 1994年判決が同盟域外派兵に課した要件と齟齬をきたすことはなかった． しかし，コソボ紛争を契機として「国連中心主義」の限界が露呈すると， 以後派兵根拠としての基本法第24条2項の役割は変化する．この規定が目 指す「相互集団安全保障機構」（＝世界機構としての国連とその地域的機 関）による平和維持を実現するため，その理想から乖離した現実世界をあ るべき姿に引き戻し，規範目的実現の阻害要因を除去するためにドイツ連 邦軍の派兵が必要である，とする議論が派兵決定において重要になり始め る．具体的には，国連安保理の機能回復とそのための改革，NATOの東方 拡大と新たな危機への対処のための戦略，EU独自の危機管理・軍事能力 の強化，米国の単独行動主義の多国間主義への矯正などの政策目的を追求 するため，ドイツ連邦軍の派兵が必要であるとの議論が派兵理由の要点と なってくる．連邦憲法裁判所は，こうした基本法第24条2項の規範目的か ら政府の派兵政策が逸脱することがないよう，同規定の「相互集団安全保 障機構」を国連とその地域的機関を意味するものと解釈し，NATOを国連

終　章 — 総括と要約

憲章第8章の地域的取極・機関としての権利を有し，また義務を負うものと位置づけた．

(8) 連邦憲法裁判所1994年判決は，軍隊派遣議会承認手続法を制定するよう勧告していたが，その後10年間法制化がなされないまま，判決の設定した枠組みのなかで手続が慣例的に形成された．2002年4月以降，この慣例的手続を立法化すべくシュレーダー政権は動く．野党FDPと連立与党（SPDおよびB'90/Grüne）がそれぞれ提出した軍隊国外派遣法案は，ともに1994年判決とその後10年間の派遣実行を踏まえたものであり共通点が多いが，承認手続の合理化・効率化の方法に各案の特徴が示された．最終的に与党案が2005年3月18日に「武装軍隊の国外出動に関する決定に際しての議会関与に関する法律（議会関与法）」として公布された．この法律は，1994年判決が勧告した立法内容を具体化するだけではなく，同一活動継続のための派遣延長の承認や烈度が低く政治的影響が少ない派兵の承認のため「略式承認手続」を新設するなど，連邦軍の国際協力業務をいっそう円滑化する内容となっている．

(9) 1994年判決は，政府の派兵政策を推進する要素ばかりではなく，これを制約し，民主的に統制する要素も含んでいた．判決が許容した同盟域外派兵は，「平和の維持のため，相互集団安全保障機構の枠内で，その規則にしたがって」実施されることが条件であるため，国際平和の維持に寄与せず，国際法に違反するおそれのある国際機構の活動には当然に参加は許されない．この点は，1999年3月，国連決議による授権を伴わず国際法違反であるとの指摘のあったNATOによるユーゴ空爆作戦への参加にあたり，国内で論争を呼んだ．この争点は，空爆開始直後の1999年4月にNATOワシントン・サミットで採択された新たな「同盟の戦略概念」に関する機関争訟でも問題となった．NATOの任務を大幅に拡大する同盟戦略の改定がNATO設立条約の枠を超え出るものであり，連邦議会の承認を経ずに政府単独でこれを採択するのは違憲であるとする申立てに対して，連邦憲法裁

判所は2001年11月22日判決においてこれをNATO条約の継続的発展の範囲内にあるとして政府の裁量を広く認め，訴え自体は棄却した．

(10) 一方で，2008年5月7日の判決においては，個別の派兵決定に際しての連邦議会の承認対象となるべき「武装軍隊の出動」「武装して行う作戦行動への関与」の意味については広義に解釈し，「議会親和的」な憲法解釈を採用して2003年イラク戦争の際に実施したトルコ上空監視活動へのAWACSの派遣には議会承認が必要であった旨の申立てを認め，政府単独の派遣決定を違憲と評価した．つまり，同盟条約の枠内での政策形成については連邦政府に柔軟な「形成の自由」を広く認めつつも，個々の軍隊派遣決定に対する連邦議会の関与権を広く認めることにより，執行府と立法府の均衡をとり，連邦議会承認手続を通じて政府の派兵政策の暴走を制止できるよう配慮したのである．

(11) 1994年判決は，連邦軍の活動を同盟域外に広げ，平和維持・危機管理活動から対テロ戦争へその国外任務を拡大させたが，2001年9月の米国同時多発テロ事件以降，国内においても連邦軍がテロ対処任務に就くことが期待されるようになる．「航空の安全に対する攻撃，とくにハイジャック，破壊工作およびテロ攻撃からの保護」のため，2005年1月11日に航空安全法が公布されたが，同法第3章（第13～15条）は，ハイジャック機による自爆テロ攻撃が疑われる事態における空軍機による対処措置を定めていた．同法第14条3項は，航空機が「人命に対する攻撃に用いられ，かつ，この現在の危険を防除する唯一の手段であることが状況から明らかである場合」に，当該航空機に対する武力行使を認めるものであった．

(12) 武力行使の対象が民間旅客機である場合，このような武力行使が無辜の乗客・乗員の生命を犠牲にする可能性が高いことから，ノルトライン・ウェストファーレン州元内務大臣B.ヒルシュ等により憲法異議が申し立てられた．連邦憲法裁判所は，2006年2月15日の第一法廷判決において，航空安全法第14条3項による武力対処措置が，基本法において不可侵と

される「人間の尊厳」（基本法第1条1項）と結びつく生命権（同第2条2項）を侵害するものであり，かつ，空軍機の出動が災害緊急事態規定（同第35条2項・3項）を根拠とすることから，出動した軍隊の権限は派遣先ラントの危険防御法（警察法）により認められる範囲に限定されるため，「特殊軍事的兵器」の使用は許されない等の理由により，違憲無効と判断した．この判決により，欧州諸国の多くが法的に容認するテロ実行機への軍事的措置は，ドイツにおいては実施できないことになった．

(13) テロ実行機に対する軍事的措置が違憲とされたことで，9・11米国テロ事件のようなケースにおいて，国家のテロ攻撃阻止行動により一般市民が巻き添えになる危険はなくなった．しかし一方で，航空機による自爆テロ攻撃は，これを撃墜により阻止できる国よりも，これが不可能となったドイツにおいてより実行しやすいというメッセージをテロリストに与えることになりかねない不都合が生じた．連邦内務大臣W.ショイブレは，航空テロ攻撃を「防衛事態」（基本法第115a条1項）に準ずる「準防衛事態」と位置づけることにより，航空安全法第14条3項の立法権限を防衛に関する連邦の専属的立法権限（基本法第73条1号）から導き出し，戦争法に基づく「特殊軍事的兵器」による武力対処を可能にする改憲を提案した．また，連邦防衛大臣F-J.ユングは，超法規的緊急権によりテロ攻撃に対する武力行使も辞さない考えを表明したが，いずれも法的論拠には問題があった．

(14) 2006年2月15日第一法廷判決は，航空安全法の軍隊出動規定に関する立法権限を災害緊急事態規定（基本法第35条2項・3項）から直接導き出し，災害出動中の軍隊の権限はラントの危険防御法の範囲を超えることがあってはならないと評価したため，乗客・乗員が機中にある旅客機だけでなく，テロ実行犯のみが乗る航空機や無人機であっても，空軍機が標準装備する「特殊軍事的兵器」を用いてこれに対処することはできないことになった．これは，政府の対応策を過度に制約し，むしろテロリストを利す

る結果になり得る．常識的に考えてテロ実行犯が操縦する航空機や無人機による攻撃を実行最終段階で阻止できず，攻撃の対象となった人々の生命が犠牲になるのを傍観しろというのは，あまりに不条理である．

(15) 航空テロ攻撃対処のための軍隊出動の基本法上の根拠とされた災害緊急事態規定は，1968年6月に導入された緊急事態憲法の一部として現行規定の文言になったのであるが，制定時に主に想定していたのは1962年2月に発生した北ドイツ大洪水のような大規模自然災害への対応であり，テロ攻撃の阻止といった状況にこの規定を適用することは想定外であった．新たなテロ攻撃の脅威への対応において基本法が足枷になるべきでないならば，少なくとも「人間の尊厳」の侵害に至らない範囲での軍事的措置を許容できる体制を整える必要がある．基本法が従来想定しない災害危機に対応できるようにするには，本来は改憲により軍隊の新たな国内任務を定める必要があった．しかし，戦後，軍隊の政治介入の苦い経験を経て警察と軍隊の憲法上の機能を峻別し，軍隊の国内出動を許容することに極めて慎重な姿勢をとってきたドイツ国民にとってハードルは高く，実現は困難であった．

(16) 航空安全法が航空テロ攻撃対処のための軍隊出動の根拠を従来からある災害緊急事態規定に読み込んだのは，改憲により新任務規定を導入するのが困難だったからである．現行の災害緊急事態規定の範囲内で航空テロ攻撃への武力対処を可能にするには，まずは「特殊軍事的兵器」の使用を違憲と判断した第一法廷判決の根拠となる憲法解釈を変更する必要がある．そのためには，軍隊の災害出動時の権限をラント危険防御法による制約から外すことが必要であり，軍事的兵器の使用を認める連邦の立法権限を論証できる新たな憲法解釈を示す必要があった．そして連邦憲法裁判所は，第一法廷判決から6年以上が経過した2012年7月3日，総会決定においてこれを提示する．

(17) 2006年の第一法廷判決は憲法異議に関するものであったが，これとは

終　章 — 総括と要約

　　別にバイエルン州とヘッセン州の2つの州政府が抽象的規範統制手続を申
　　し立てていた．これは航空安全法の軍隊支援規定（第13〜15条）が基本
　　法の災害緊急事態規定と関連する基本法第87a条2項（軍隊出動に関する
　　憲法留保）に違反し無効であること等の確認を求めるものであった．この
　　規範統制手続を担当した第二法廷は，先に第一法廷判決が採用した憲法解
　　釈とは異なる解釈を採用しようとしたため，総会による解釈の統一が求め
　　られ，その決定が2012年7月3日に下された．この総会決定は，航空安全
　　法第13条から15条に関する立法権限の根拠が航空交通に関する連邦の専
　　属的立法権限（基本法第73条6号）にあると認め，災害緊急事態規定との
　　関係を否定するとともに，災害緊急事態規定に基づく軍隊の出動の際には
　　「特殊軍事的兵器」の使用は，国内抗争における戦闘のための軍隊の国内
　　出動を厳格に制限する基本法第87a条4項が設定する要件を無意味化しな
　　いかぎりにおいて，原則として許容されるものと判断し，判例を変更した．
（18）しかし，総会のこの判例変更に対して，R. ガイァー裁判官は，軍隊の
　　国内出動の抑制と警察との機能峻別の維持の観点において緊急事態憲法導
　　入時の憲法改正者の意思は明確であり，総会多数意見は誤りであるとして
　　2006年第一法廷判決の正当性を力説した．軍隊と警察の機能峻別という
　　基本原理を変更するのであれば，基本法を改正する必要がある．しかし，
　　2006年第一法廷判決後，大連立政府は改憲を企図したものの挫折してい
　　る．総会による憲法解釈の変更は，政治が実現できなかったことを可能に
　　するための越権行為であり，連邦憲法裁判所は憲法改正者に成りかわるこ
　　とはできないとガイァー裁判官は批判した．
（19）立憲主義の目的は，国家権力の乱用から国民を守るためにこれを法的
　　に拘束することだけにあるのではなく，国外からの侵害に対し国民を守る
　　ため，政府による国家権力の行使を機能効率的に制度化することにもある．
　　この観点から，ドイツ連邦憲法裁判所が，冷戦終結後，安全保障分野にお
　　いていかに判例法を形成し，憲法解釈を修正してきたかを分析することは，

立憲民主制の下での防衛憲法と安全保障法制のあり方を考えるうえで，多くの示唆を含んでいる．

[注]

862 阿部　斉「立憲主義について ─ その政治学的考察」，下山瑛二・高柳信一・和田英夫編『アメリカ憲法の現代的展開2・統治機構』（東京大学出版会，1978年）所収，9～12頁，14～30頁．

863 中川　剛『立憲主義の研究（増補版）』（法律文化社，1986年）2～4頁．

864 国家と立憲主義および憲法典の関係について，小嶋和司「法源としての憲法典の価値について」『田中二郎先生古稀記念　公法の理論（下）Ⅰ』（有斐閣，1977年）所収，1445頁以下，とくに1467頁以下．「憲法典は，その［根本法の名称で呼ばれる法の］中でもっとも根本的と考えられる国家の生命原理でもなければ，それを表示するものでもない．……国家の生命原理とは，国家あるかぎり存するもので，立憲主義とか，いわんや憲法典をまって存在するものではない．憲法典は，国家に生命原理の存することを前提として，その組織と国政の内容について常態的場合における行使のあり方を制約するものにすぎない」（1470頁）．また，防衛・安全保障法制が基礎とすべき立憲主義の理解について，参照，小針　司『憲法講義（全）』［改訂新版］（信山社，1998年），25～31頁．同『文民統制の憲法学的研究』（信山社，1990年），5～7頁．同「立憲主義と軍隊」『小嶋和司博士東北大学退職記念　憲法と行政法』（良書普及会，1987年）所収，245～254頁．

865 Georg Jellinek, Allgemeine Staatslehre, 3. Aufl., Verlag von O. Haring, 1914, S.394ff. G・イェリネック［芦部信喜・阿部照哉他訳］『一般国家学』第三版（学陽書房，1974年）第13章，323頁以下．

866 三要素に加え，外交関係を処理する能力を備えることを国家の要件とする．1933年12月26日国家の権利及び義務に関する条約（モンテビデオ条約）第1条［国家の要件］，第11条［領土の不可侵］，また国連憲章2条4項参照．国家にとって，国家領域はその管轄権の及ぶ範囲であり，支配の必須の要素であり，他国との関係においてはその生存の基礎である．Vgl. Klaus Stern, Das Staatsrecht der Bundesrepublik Deutschland, Bd. 1, 2. Aufl., C. H. Beck, 1984, §7, Ⅰ3 (S.235). それゆえ諸外国の憲法の多くは，国家領域に関する憲法規定を設け，その法的性格，構成要素，国境と領土の保全および国境の変更手続等を規律している．諸外国憲法の領土関連規定について，参照，松浦一夫「領域主権・憲法・安全保障 ─ 各国憲法領土関連規定の比較分析」『憲法研究』第46号（2014年6月），1～22頁．

867 Vgl. BVerfGE 123, 267 [344ff., 381]. EUと構成国の関係に関する連邦憲法裁判所の理

終　章 ― 総括と要約

解は，マーストリヒト条約判決以来変化していない．Vgl. Robert Chr. Van Ooyen, Die Staatstheorie des Bundesverfassungsgerichts und Europa − Von Solange über Maastricht zu Lissabon − und zurück mit Mangold/Honeywell ?, 4.Aufl., Nomos Verlagsgesellschaft, 2011, S.87ff.

868　領域高権とは，一国家がその領域内で，他国に妨げられることなく，人や物を支配する権利を有することを意味する．これに対して，領域主権とは，ある領域が一国家にその国家領域として国際法上帰属すること，領域主権を有する国家のみがその国家領域を使用・処分する権利を行使できることを意味する．領域高権が，ある領域に於ける空間的管轄権であり国家の事実上の支配であるのに対して，領域主権は，国家が統治する領域に対する権利を含む概念である．条約による制限がないかぎり，領域主権を有する国がその領域内で領域高権を排他的に行使するのが原則であり，領域国の同意なく他国が高権的権力を行使することはできない．その意味では，領域高権は領域主権の固有の属性であり，その一側面である．ただし，領域国が自国領域に関して個別的権能を条約により他国あるいは国際機関に授権し，あるいは一地域の統治権を付与することにより，特定分野・特定地域について領域主権と領域高権の帰属先が異なることはある．しかし，これにより領域国の領有権が変更されることはない．領域主権と領域高権の関係について，vgl. Deutsches Rechtslexikon, 3.Aufl., Bd.3, C. H. Beck, 2001, S.4140 ; Wolfgang G. Vitzthum, in: J. Isensee/P. Kirchhof, Handbuch des Staatsrecht der Bundesrepublik Deutschland, Bd. I, C. H. Beck, 1987, §16 Staatsgebiet, Rdnr.4 (S.711f.) . 領域主権と領域高権のこの区別は，民法上の所有と占有のアナロジーにより説明される．Vgl. W. G. Vitzthum (Hrsg.), Völkerrecht, 5. Aufl., De Gruyter Rechtswissenschaft Verlag, 2010, 3. Abschnitt, Rdnr. 129f. (S.201f.).

869　冷戦後の NATO と EU の東方拡大により，ドイツに対する敵性国家による武力攻撃の危険は現状において大きく低減したが，それでも冷戦時代に導入された「緊急事態憲法」を不要であるとして廃止することはなかった．領土の防衛が国家の最も基本的な責務であるならば，そのための憲法規定を廃止する理由はないからである．再軍備以来維持してきた義務兵役制も，2011 年夏に運用は停止されたが，憲法上の兵役規定（基本法 12a 条）は維持されており，武力攻撃の危険が高まれば運用は再開される．参照，松浦一夫「ドイツにおける義務兵役制停止の背景」『防衛法研究』第 35 号 [Fn.24]，145 頁以下．冷戦時代に導入された防衛憲法規定に変化はない．

870　ドイツ連邦憲法裁判所も，リスボン条約判決において次のように指摘する．「リスボン条約同意法律は，ドイツ連邦共和国の国家領域を放棄するものではない．確かに，国家領域での他国の統治権行使を原則として阻止する領土の境界によりとくに明確になる国家領域の限定要素は意味を失った．既存の第一次法を改正し補充する条約により，とくに域内市場（EC 条約第 14 条 2 項）が創設され，いわゆるシェンゲン地域内の国境検問が廃止された．また，リスボン条約は，EU の『域外国境』に関する統合管理体制を導入することにより，［国家領域の］限定要素の相対化を継続している（EU 運営条約第 77 条 1 項 c，2 項 d）．しかし，EU は，リスボン条約同意法律において移譲された管轄権に基づき，ドイツ国において高権的権力を行使するのであり，したがってドイツ連邦共和国の明示的許諾なしにそれを行使するのではない．領域に関係する国家権力（参照，イェリネック『一般国家学』第 3 版，1921 年，394 頁）は，国境を越えた移動の変化した状況のもとにあっても，変わらず存続しているのである．」(BVerfGE 123,

464

267 [402f.].)

871 "Deutschland" を用いる条項は，第104a条6項，第116条2項および第146条であり，
"Bundesrepublik Deutschland"（または単に "Bundesrepublik"）を用いる条項は，第20条1
項，第21条2項，第22条1項および第23条1項・6項，第73条1項10号c，第79条1項，
第87条1項，第109条2項，第137条2項である．

872 戦後ドイツにおける外国軍隊の地位については，参照，松浦一夫「ドイツにおける外国軍隊の
駐留に関する法制 ―1993年NATO軍地位協定・補足協定改定とその適用の国内法との関係を
中心にして― 」，本間　浩編『各国間地位協定の適用に関する比較論考察』（内外出版，2003
年），49〜102頁（第2章），とくに49〜55頁．

873 Vertrag über den Aufenthalt ausländischer Streitkräfte in der Bundesrepublik Deutschland
vom 23. Oktober 1954(BGBl. II S.253).

874 Vgl. Christian Raap, Die in der Bundesrepublik Deutschland stationierten verbündeten
Streitkräfte, in: NZWehrr 1992, S.2, Anm.8.

875 Vertrag über die Beziehungen zwischen der Bundesrepublik Deutschland und den
Drei Mächten ―Deutschlandvertrag― vom 26. Mai 1952 in der gemäß Liste I zu
dem am 23. Oktober 1954 in Paris unterzeichneten Protokoll über die Beendung des
Besatzungsregimes in der Bundesrepublik Deutschland geänderten Fassung (BGBl. II
S.305).

876 ドイツ条約第2条「これまでドイツ国再統一と平和条約締結を妨げてきた国際情勢に鑑みて，
三国は，ドイツ国再統一および平和条約の締結を含め，ベルリンおよび全体としてのドイツ国
に関して，これまで行使し，あるいは保有してきた権利および責任を，［今後も］保持し続ける．
ドイツ国における軍隊の駐留に関し三国が保有する権利と責任およびこの軍隊の安全の保護は，
この条約の第4条および第5条により規定される」．

　　第4条1項・2項「(1) ドイツの防衛貢献に関する協定の発効にいたるまでは，三国は，これ
まで行使し，または保有してきた連邦共和国における軍隊の駐留に関するその権利を，今後も
保持し続ける．この軍隊の任務は，連邦共和国とベルリンが属するところの自由世界の防衛と
なるであろう．この条約の第5条2項を条件として，この軍隊の権利および義務は，この条約
第8条1項に示されたドイツ連邦共和国における外国軍隊およびその構成員の権利および義務
に関する条約にしたがって規定される．

　　(2) 三国によりこれまで行使され，保有され，かつ今後も保持されるべきドイツ国における軍
隊の駐留に関する権利は，それが，この条約の第2条1文に掲げる［地位・領土問題に関する］
権利の行使に必要となる限りにおいて，本条により影響を受けない．これにより，連邦共和国
は，ドイツの防衛貢献に関する協定が発効した後，この発効時点と同じ国籍と実効兵力の軍隊
が，連邦共和国内に駐留できることに同意する．この条約の第1条2項に定められた連邦共和
国の地位に鑑みて，また，三国が連邦共和国内への軍隊の駐留に関するその権利を，同国が関
係する限りにおいて，連邦共和国の完全なる同意の下でのみ行使することを欲したことに鑑み
て，この問題［西ドイツへの軍隊の駐留］は，別途条約［軍隊駐留条約］に規律される」．（下
線は筆者による．）

877 ドイツ条約第9条3項「第2条，第4条1項1文および2文，第5条2項1文および2文に
規定された三国の権利またはこの権利に基づく措置に関わる紛争は，仲裁裁判所またはその他

終　章 ― 総括と要約

の裁判所の裁判権には属さない」.

878　ドイツ再統一前の基本法第23条旧規定の文言によれば，基本法は，さしあたり西ドイツ諸州の
領域に適用されるが，「ドイツ国の他の部分については，その［連邦共和国への］加入後に効力
を生じるものとする.」と定められていた.

879　基本法第146条「この基本法は，ドイツの統一と自由達成の後は，全ドイツ国民に適用される
が，ドイツ国民が自由な決断で議決した憲法が施行される日に，その効力を失う」.

880　小嶋和司，前掲論文，1467頁.いうまでもなく，このような憲法解釈の可能性を認めることは，
法実証主義が自然法論を批判したように，「論者の主観によって成文法源の権威を左右する」こ
とを安易に認めることにもつながりかねない危険を伴う.小嶋博士は，かつての「国体論」が
たどった「非立憲化への坂道」となることへの批判を意識しつつも，「憲法学は，昔日の自戒と
法実証主義の形骸をまもってこの不文のものに正当な地位を認めることをしていないが，今後
は，その主要関心を，この不文のものに注ぐべきではなかろうか.」と示唆される（1472頁）.

881　小針　司『文民統制の憲法学的研究』[Fn.864], 7頁.

あとがき

　筆者はこれまで一貫してドイツの防衛・安全保障法制を研究しており，本書に関連する論文を『防衛法研究』や『防衛大学校紀要』等にすでに発表している．本書は，これらの研究論文を整理し直すことにより，ドイツ連邦憲法裁判所による冷戦後の防衛憲法の判例法的形成とこれに基づく安全保障立法の特徴および同盟政策の影響を明らかにしようとするものである．本書の元となった初出論文は，以下のとおりである．

- 松浦一夫『ドイツ基本法と安全保障の再定義－連邦軍「NATO 域外派兵」をめぐる憲法政策－』（成文堂，1998 年 4 月）第 1 章第 3 節，第 2 章，第 3 章第 3 節および第 5 章.
- 同「ドイツ連邦軍域外派遣の法と政治―『NATO 域外派兵』合憲判決（1994 年 7 月 12 日）以後の実行と軍隊域外派遣法（Ⅰ）－」『防衛法研究』第 28 号 （2004 年 10 月），5 〜 96 頁.
- 同「ドイツ連邦軍域外派遣の法と政治―『NATO 域外派兵』合憲判決（1994 年 7 月 12 日）以後の実行と軍隊域外派遣法（Ⅱ・完）－」『防衛法研究』第 29 号（2005 年 10 月），267 〜 367 頁.
- 同「航空テロ攻撃への武力対処と『人間の尊厳』―ドイツ航空安全法武力行使規定違憲判決（2006 年 2 月 15 日連邦憲法裁判所第一法廷判決）を中心に－」『防衛法研究』第 30 号（2006 年 10 月），119 〜 182 頁.
- 同「ドイツ連邦議会の軍隊国外出動決定への関与の射程－2008 年 5 月 7 日連邦憲法裁判所第二法廷判決について－」『防衛大学校紀要』（社会科学分冊）第 98 輯（2009 年 3 月），103 〜 124 頁.
- 同「ドイツ連邦軍の対テロ活動と議会統制―対テロリズム安全保障と『議会の軍隊』をめぐる憲法問題―」『比較憲法学研究』第 21 号（2009 年 10 月），59 〜 85 頁.

あとがき

● 同「航空安全法のテロ対処規定に関する抽象的規範統制決定—連邦憲法裁判所
　2012年7月3日総会決定と2013年3月20日第二法廷決定—」『防衛大学校
　紀要』（社会科学分冊）第108輯（2014年3月），19～58頁.
※上記の他に，叙述が重複する既出論文がある場合には，脚注に記した.

　これらの論文のなかにはドイツ国内での立法作業や訴訟手続と同時並行的
に執筆されたものもあり，それゆえに不完全さを残すものであった．今回本
書をまとめ直すにあたり，誤記の修正や用語の統一のほか，叙述の簡素化に
も努めた.

　本書で扱ったテーマについては，拙稿発表後にドイツ国内でも数多くの優
れた研究書が刊行されている．また，議会関与法の制定から10年が経った今,
同法の運用についても論ずべきことは多い．本書を執筆するにあたり，ドイツ
の最新の研究成果を反映させ，議会関与法制定後の国外派兵の実施状況の分析
を加筆しようとも考えたが，全体が冗長になりすぎ，論点が拡散するおそれ
もあるため断念し，注目すべき最新の研究について脚注で付記するにとどめた.
したがって，本書の論旨自体は，基本的に初出時のままである．ドイツ連邦軍
の国外派遣の最近の動向については，また別の機会に発表することにしたい.

＊

　本書を執筆している期間，我が国では平和安全法制整備法案をめぐり，多く
の憲法学者がこれを違憲として制定に反対し，国会議事堂前の反対集会の様子
が繰り返しメディアに取り上げられていた.
　日本は戦後，憲法改正によらずに，政府による憲法第9条2項の「戦力」
の再定義により実質的再軍備を果たした．1952年に警察予備隊から保安隊・
警備隊になった時には，「戦力」とは「近代戦争の遂行に役立つ程度の装備編
成を備えるもの」であり，保安隊・警備隊はこの程度には達していないから合
憲であるといい，1954年に自衛隊が創設された時には「自衛のための必要最

小限度を超える実力」のみが保持を禁じられる「戦力」に該当し，自衛隊はこの限度内にある「自衛力」として合憲であるとされ，今日に至っている．つまり，日本の防衛・安全保障法制は，最初からいわゆる「解釈改憲」の上に成立したものであり，「憲法が明示的に保持を禁じている戦力ではないから合憲」という消極的根拠に基づいているにすぎない．

　このような解釈論理のもとに創設された自衛隊は，「自衛のための必要最小限度」の実力組織として，自国防衛のため最小限の範囲内での活動のみを許容されるのであるから，何がその範囲内に含まれ，何がその範囲外であるかを繰り返し問われてきた．「主権国家である日本国は，集団的自衛権を保持はするが，その行使は自衛のための必要最小限度の範囲を超え違憲」とする政府見解も，そのような問いに対する回答の一つである．

　しばしば引用される 1972 年 10 月 14 日の政府見解（参議院決算委員会提出資料）も，憲法前文第 2 段の「平和的生存権」および第 13 条に言及しつつ，憲法により「自国の平和と安全を維持しその存立を全うするために必要な自衛の措置をとること」は禁じられてはいないとする一方で，それは「外国の武力攻撃によって国民の生命，自由及び幸福追求の権利が根底からくつがえされるという急迫，不正の事態に対処し，国民のこれらの権利を守るための止むを得ない措置としてはじめて容認されるものであるから，その措置は，右の事態を排除するためとられるべき必要最小限度の範囲にとどまるべきもの」とされる．その結果，「他国に加えられた武力攻撃を阻止することをその内容とするいわゆる集団的自衛権の行使」は違憲であるということになる．この見解は，その後，1981 年 5 月 29 日の稲葉誠一衆議院議員質問主意書に対する答弁書等においても再確認され維持されてきた．このように集団的自衛権行使違憲の見解が採用されたのは，当時の冷戦状況下で，日本の外交・防衛政策を規定する諸要素を総合的に勘案して，国家の存立と国民の平和的生存を確保するためには，日本が直接攻撃された場合にのみ自衛権行使の要件を限定することが「自衛のための必要最小限度」であり，それで必要十分との政策判断があったからであ

あとがき

ろう.

しかし,憲法が許容すべき「自衛のための必要最小限度」の基準は相対的であり,具体的にどのような措置を限度とするかは,世界の安全保障環境の変化とともに変わる.日本をとり巻く安全保障環境が変化し(中国の軍事的台頭,過激派勢力による中東・アフリカの不安定化,米国の「世界の警察官」としての役割の後退等),現状において日本の国家・国民の安全確保のために自衛権の個別的行使のみでは不十分であり,国際協調主義のもと,同盟国や他の友好国との連携が必要であって,自国防衛に必要な範囲内において自衛権の集団的行使が不可欠であると評価されることになれば,日本がとりうる「必要最小限度」の自衛措置に集団的自衛権の行使を含める法的可能性は考え得る.ただ,具体的にどのような措置が「必要最小限度」内にあるかの評価・判断は,法的問題ではなく,政策問題であり,内閣と国会の責任において行われるべきことである.

繰り返すが,自衛隊を用いて政府が実施する自衛措置は,あくまで外部からの武力攻撃によって日本国民の生命,自由および幸福追求の権利が根底からくつがえされるという急迫・不正の事態に対処し,国民のこれらの権利を守るための止むを得ない措置としてはじめて容認される「自衛のための必要最小限度」のものでなければならない.この点は従来から一貫しており,今回の政府法案はこの枠組み内にあると考える.かりに「存立危機事態」における政府の自衛隊派遣決定がこの基準を満たさないと考えられるのであれば,自衛隊の防衛出動に対し,国会は同意を拒否し,これを阻止することができるし,その必要がある.

＊　　　　　　　　　　　＊

敗戦後の非武装状態から再軍備を実施する場合,憲法に軍隊の設置を明記し,あるいは最高指揮権者に関する規定を設けるのが通例である.軍隊の対外的行

動は単純な国内法の執行ではなく，政府の対外的権力の行使として他の行政機関の運用にはない特殊な性格を伴うからである．一般的に，軍隊指揮権の行使は執行府の専権事項とされ，立法府は軍事作戦の具体的内容の決定にまで介入することはできない．議会に関与が許されるのは，伝統的な宣戦手続における承認のほか，派兵承認手続において政府が決定した派兵目的に可否を表明することと，派遣中軍隊の活動について十分な報告を要求し，また自らが調査を行うこと，派遣後に議会承認条件からの逸脱があった場合に派遣を中止し，軍隊の撤収を求めることである．諸外国のなかでもとくに国外派兵への議会の統制が重視され，議会承認事項を広く設定するドイツにおいても，議会の派兵承認権留保がドイツ国家の「軍事的防衛能力と同盟能力」を損なうものであってはならず，「外交上の行為について政府に認められている執行府の行動権限と責任の固有の領域」に影響を与えるものではないことが強調されていた.

　戦後，改憲による再軍備を行ったドイツとは異なり，日本は改憲を経ることなく実質上の再軍備を進めたため，非武装状態にあった時代と同じ憲法規定のなかに自衛隊の設置根拠を読み込まざるを得なかった．自衛隊は「行政各部」（憲法第 72 条）の一部であり，自衛隊の指揮監督は内閣が行うべき「他の一般行政事務」として，内閣を代表する内閣総理大臣がその責任を負う．自衛隊法の内閣総理大臣自衛隊最高指揮監督権規定（第 7 条）はこれを確認するものであり，自衛隊の活動には，―「法律による行政の原理」がストレートに適用されるべきかに争いはあるものの―国内における行動のみならず，対外的行動に関しても個別の根拠法が必要であると理解され，国際法が許容する作戦レベルの決定であっても，その国内法的是非が問題にされることがある．その結果，安全保障上の新たな必要に応えるため自衛隊の活動を拡大する度ごとに，その法的要件を新設し，それを厳格に定義するため細分化する必要が生じた．日本の領域防衛にかぎってみても，事態対処法制定時（2003 年）には「武力攻撃事態」，「武力攻撃切迫事態」，「武力攻撃予測事態」，「緊急対処事態」と事態別対応が定められ，その事態認定と自衛隊の行動が結びつけられること

471

で，軍事行動の法的制約が図られた．今回，日本の領域への武力攻撃の存在や
その直接的切迫を要件としない「存立危機事態」が加わり，さらに，日本周辺
地域での地域紛争に対応する米軍への支援を行うために1999年に法律化され
た「周辺事態」が「重要影響事態」として拡大再定義されたことにより，我が
国の安全保障法制の構造はより複雑なものとなった．

　平和安全法制整備法案を審議した国会でも，「事態が乱立して理解し難い」
「立法事実がはっきりしない」等の批判を浴び，国民からも「政府は説明不足」
といった指摘を受けたのも上述のような事情があるからである．各事態の認定
の前提となる事実や事態相互間の関係について判然としない部分が残るのは，
もともと軍隊の指揮・運用というものが国内行政の運営とは異なる性格のもの
だからである．国の防衛のために軍事的対処が必要となる事態の発生とその推
移は敵対者の意思と行動に依存するため，予測の難しい状況の変化に臨機応変
に柔軟に対応することが政府に求められる．議会が立法により事前にこれを把
捉し，整然とこれを規律することは難しい．それができたとしても，事前の規
律が行われることにより，国の防衛能力と同盟能力を阻害する結果を招くおそ
れがある．「それが軍事を否定する日本国憲法の要請である」というのであれ
ば，もはや現行憲法の下での現実的な安全保障議論の余地はない．

＊　　　　　＊　　　　　＊

　ところで，K.レーヴェンシュタインは，本書冒頭で引用した主著『憲法論』
(1959) において，20世紀中葉に顕著となった「立憲民主主義における成文
憲法の価値低下」について言及している．国民の憲法制定権力によって制定さ
れた憲法は，憲法所定の手続により改正されないかぎり，権力保持者である政
府・議会・裁判所と被治者である国民の双方を拘束し続ける．これが立憲民主
主義の基本的前提である．にもかかわらず，権力保持者が，憲法の規定を無視
して，憲法によって課せられた義務を公然と怠る場合がある．レーヴェンシュ

タインは，このような「憲法運用における意識的怠慢」行為が発生するケースとして，政府が憲法規定の適用を自分たちの特殊利益に反すると確信している場合，立法府を統制する諸政党の勢力状況が当該規定の適用を阻害する場合，対外政策的な理由がある場合，改憲手続により問題のある規定を取り除くために必要な多数の賛成が得られず，あるいはこれが可能である場合でも，大所高所から見て黙って無視した方が賢明である場合，といった政治的理由をあげている[ii].

　同じ箇所でレーヴェンシュタインは，日本の再軍備過程に言及し，1950年代末の状況を次のように説明している．

　　「1946年の日本国憲法は，アメリカ占領軍の絶対命令によって制定されたために『マッカーサー憲法』と呼ばれているが，日本は『陸海空軍その他の戦力は，これを保持しない』と厳粛に規定している．しかし，アメリカの圧力のもとに，日本は『自衛隊』という意味論的なレッテルのもとに軍事力を再建している．この問題をめぐる論争は，憲法改正による解決をみないままに，何年間も活発に行われてきている．1956年の選挙までは，この規定を除去するための憲法改正の発議に必要な多数は，両院で欠けていた．その後も参議院においては，依然として欠けている．なされたことといえば，憲法調査会の設立だけである．」[iii]

　国家の主権性は憲法典を有効ならしめる根拠である．占領統治下の国家は主権を制限されており，ゆえに占領下で制定された憲法の正統性には問題が伴い，その存立基盤は脆弱なものとならざるを得ない．その脆弱性の克服は，憲法の改正によるほかない．「アメリカ占領軍の絶対命令」により制定された戦力不保持をうたう憲法第9条のもとで，同じく「アメリカの圧力のもとに」再軍備が行われるという矛盾した現実に対して，第9条2項を改正し規範と現実を一致させるための政治的努力が不足していることをレーヴェンシュタインは「憲法運用における意識的怠慢」と批判したのであるが，それ以降もこの問題は根本的解決に至らぬまま，冷戦終結後も法律レベルの対応により自衛隊は国外派遣任務を拡大し続け，今日，集団的自衛権を行使する段階を迎えている．

あとがき

　多くの憲法学者が主張するように，「自衛のための必要最小限度」を超える
ものとして従来違憲とされてきた集団的自衛権の行使を容認する「解釈改憲」
が立憲主義の理念に悖る暴挙であるというのであれば，憲法改正を経ずに自
衛隊を設立した60年前に遡って憲法の在り方を根本から議論すべきであろう．
政府による憲法第9条の拡大解釈が安全保障法制の安定性を損ない，軍隊の
運用が非立憲的に拡大されることに歯止めをかける手立てがないのであれば，
それは現行憲法の制度設計自体に欠陥があると考えるべきではないのか．レー
ヴェンシュタインは，立憲民主主義を危機に陥れているのは，権力保持者に
よる憲法無視だけではなく，「憲法に対する憲法名宛人大衆の驚くべき無関心，
すなわち，究極的には憲法意識の萎縮にも導きかねない心理的態度」であるこ
とを併せて指摘している[iv]．今日の日本において立憲主義の危機があるとすれ
ば，それは「憲法第9条が戦後の日本の平和を守ってきた」という漠然とし
た共同幻想のなかで，領土保全と国民の安全を確保する有効な具体的対案もな
く，真剣な改憲論議を回避し続けた結果であることを認識すべきである．

　ドイツでは冷戦後の安全保障環境の変化と同盟戦略の変質に対応するため，
各政党，政治家個人，州政府，憲法学者が積極的に改憲を提案し，真摯な議論
が積み重ねられてきた．結果として改憲が実現しなかったとしても，改憲論議
が国民の憲法意識の高揚にも寄与し，連邦憲法裁判所の判決にも影響を与えた．
国の統治機構も所属する同盟の特性も異なるドイツではあるが，日本の憲法と
安全保障法制の今後の展開を考えるうえで，冷戦後のドイツの取り組みには参
考になる点が多いと考える．

　　　　　　　　　2015年　秋　　　　　　　　　　　　著　者

［注］

i 本書第 2 章 II .3.(4). ④ ，第 6 章 III .2.(3). この点を含め，米国戦争権限法による軍隊派遣決定
における執行府と立法府の関係について，浜谷英博『米国戦争権限法の研究』（成文堂，1990
年）第 1 章．また，米国とカナダの事例を日本との比較において論じるものとして，富井幸雄
『海外派兵と議会—日本，アメリカ，カナダの比較憲法的考察—』（成文堂，2013 年），とくに
621 頁以下．

ii Vgl.Karl Loewenstein, Verfassungslehre, S.157ff. 前掲訳書 193 頁以下［序章 Fn.1］．レーヴェ
ンシュタインは，憲法規定が死文化する原因として，政治的理由による国の意識的怠慢だけで
なく，ある憲法の規定が「最初から実行不可能であった」可能性も認めている（A,a,O.,S.158,
前掲訳書 , 194 頁）．

iii K. Loewenstein, a. a. O., S. 159. 前掲訳書 195 頁．日本国憲法の制定過程については，日本の
憲法学者もその問題性を指摘してきたところである．参照，西　修『日本国憲法成立過程の研
究』（成文堂，2004 年），第 9 条の成立経緯については第 2 部（217 〜 324 頁）．

iv K. Loewenstein, a. a. O., S. 127f. 前掲訳書 193 頁．

ドイツ連邦共和国基本法（抄）

前文

ドイツ国民は，神と人間に対する責任を自覚し，統一欧州における同権を有する一員として，世界平和に奉仕せんとする意思に満ちて，その憲法制定権力により，この基本法を制定した．……これにより，この基本法は，全ドイツ国民に適用される．

第1条　［人間の尊厳，基本権による国家権力の拘束］

(1) 人間の尊厳は不可侵である．これを尊重し保護することは，すべての国家権力の義務である．

(2) それゆえに，ドイツ国民は，世界のあらゆる人間共同体，平和及び正義の基礎として，不可侵であり，かつ譲り渡すことのできない人権を信奉する．

(3) 以下の基本権は，直接に効力を有する法として，立法，執行権及び司法を拘束する．

第2条　［人格の自由，生命権・身体保全権］

(1) 何人も，他人の権利を侵害せず，かつ憲法秩序又は道徳律に違反しない限り，自らの人格を自由に発展させる権利を有する．

(2) 何人も，生命に対する権利及び身体を害されない権利を有する．人身の自由は不可侵である．これらの権利は，ただ法律に基づいてのみ侵すことができる．

第4条　［信教の自由，良心的軍務拒否］

(1) 信仰及び良心の自由，並びに宗教及び世界観の告白の自由は，不可侵である．

(2) 妨げられることなく宗教活動を行うことが保障される．

(3) 何人も，その良心に反して，武器をもってする軍務を強制されない．詳細は，連邦法律で定める．

第12a条　［兵役その他の役務従事義務］

(1) 男子に対しては，満18歳から軍隊，連邦国境警備隊又は文民保護隊における役務を義務として課すことができる．

(2) 良心上の理由から，武器をもってする軍務を拒否する者には，代替役務を義務づけることができる．代替役務の期間は，兵役の期間を超えてはならない．詳細は法律で定めるが，その法律は，良心の決定の自由を侵害してはならず，かつ，軍隊及び連邦国境警備隊の諸部隊と無関係の代替役務の可能性をも規定しなければならない．

(3) 1項又は2項による役務に動員されていない兵役義務者に対しては，防衛事態において，法律により，又は法律の根拠に基づいて，文民たる住民の保護を含む防衛の目的のための非軍事的役務給付の義務を労働関係において課すことができるが，公法上の勤務関係における義務づけは，警察的任務の遂行，又は公法上の勤務関係においてのみ引き受け得るような，公行政の高権的任務の遂行のためにのみ許される．1文による労働関係は，軍隊のもとで，その給養の分野において，並びに公行政において設定することができるが，文民たる住民の給養の分野での労働関係において義務を課すことは，住民の生活に必須の需要を充足し，又はその保護を確保するためにのみ許される．

(4) 防衛事態において，非軍事的衛生施設及び治療施設並びに固定野戦病院組織における非軍事的役務給付の需要を志願に基づいて充足することができないときは，満18歳から満55歳までの女子を，法律により，又は法律の根拠に基づいて，この種の役務給付のために徴用することができる．女子は，いかなる場合にも武器をもってする役務に従事することを義務づけられない．

(5) 防衛事態の発生前においては，3項の義務は，第80a条1項にしたがってのみ課すことができる．3項による役務給付で，特別の知識又は熟練を必要と

477

するものの準備のために，法律により，又は法律の根拠に基づいて，専門教育養成行事への参加を義務づけることができる．その限りにおいて，1文は適用されない．

(6) 防衛事態において，3項2文に掲げた諸分野のための労働力の需要が志願に基づいて充足されないときは，この需要を満たすために，法律により，又は法律の根拠に基づいて，職業活動又は職場を放棄するドイツ人の自由を制限することができる．防衛事態の発生前においては，5項1文を準用する．

第19条　［基本権の制限，権利侵害の救済］

(1) この基本法によって，基本権が法律により，又は法律に基づいて制限され得る限りにおいて，その法律は，一般的効力を有するものでなければならず，かつ，個別の場合にのみ適用されるものであってはならない．さらに，その法律は，［制限される］基本権の条項を挙示しなければならない．

(2) いかなる場合においても，基本権はその本質的内容において侵害されてはならない．

(3) 基本権は，その本質上，適用され得る限りにおいて，国内の法人にも適用される．

(4) 何人も，公権力によりその基本権が侵害されたときは，出訴の道が開かれている．他［機関］の管轄が認められない限りにおいて，通常裁判所に出訴が認められる．第10条2項2文は，影響を受けない．

第20条　［民主的・社会的連邦国家，抵抗権］

(1) ドイツ連邦共和国は，民主的かつ社会的連邦国家である．

(2) すべての国家権力は，国民に由来する．国家権力は，国民により，選挙及び投票によって，並びに立法，執行権及び司法の個別の機関を通じて行使される．

(3) 立法は，憲法秩序に拘束され，執行権及び司法は，法律と法に拘束される．

(4) すべてのドイツ人は，この秩序を除去しようと企てる何人に対しても，他の救済手段が存在しないときは，抵抗権を有する．

第21条　[政党]

(1) 政党は，国民の政治的意思形成に協力する．その設立は自由である．政党の内部秩序は，民主主義の諸原則に適合していなければならない．政党は，その資金の出所及び使途について，並びにその財産について，公に報告しなければならない．

(2) 政党で，その目的又は支持者の行動が自由民主的基本秩序を侵害若しくは除去し，又はドイツ連邦共和国の存立を危くすることを目指すものは，違憲である．違憲の問題については，連邦憲法裁判所が決定する．

(3) 詳細は，連邦法律で定める．

第23条 [欧州連合]

(1) 統一欧州の実現のため，ドイツ連邦共和国は，欧州連合の発展に協力するが，この欧州連合は，民主的，法治国家的，社会的及び連邦制的な諸原則及び補充性の原則に拘束され，かつ，本質的にこの基本法と同等の基本権保護を行うものとする．このために，連邦は，連邦参議院の同意を得た法律により，高権的諸権利を移譲することができる．欧州連合の設立について，並びに，その条約上の基礎及びこれと同等の規則の変更であって，この基本法がその内容において変更され又は補充されるもの，若しくは，そのような変更や補充が可能となるようなものについては，第79条２項及び３項が適用される．

[以下省略]

第24条　[高権的諸権利の移譲・制限]

(1) 連邦は，法律により，高権的諸権利を国際機構に移譲することができる．

(1a) ラントが国家的権限の行使及び国家的任務の遂行の権限を有する限りに

おいて，ラントは，連邦政府の同意を得て，境界を隣接する機構に高権的諸権利を移譲することができる．

(2) 連邦は，平和を維持するために，相互集団安全保障機構に加入することができる．この場合，連邦は，欧州及び世界の諸国民の間に平和で永続的な秩序をもたらし，かつ保障するために，その高権的諸権利の制限に同意するであろう．

(3) 国際紛争を規律するために，連邦は，一般的，包括的，義務的，国際仲裁裁判に関する協定に加入するであろう．

第25条 [国際法と連邦法]

国際法の一般規則は，連邦法の構成部分である．それは，法律に優位し，連邦領域の住民に対して直接に権利及び義務を生じさせる．

第26条 [侵略戦争の準備の禁止]

(1) 諸国民の平和的共存を阻害し，特に侵略戦争の遂行を準備するおそれがあり，かつ，このような意図をもってなされた行為は，違憲である．このような行為は，これを処罰する．

(2) 戦争遂行のための武器は，連邦政府の許可を得ることによってのみ，製造し，運搬し，及び取引することができる．詳細は，連邦法律で定める．

第35条 [司法共助及び職務共助，災害救援]

(1) 連邦及びラントのすべての官庁は，相互に法的共助及び職務共助を行う．

(2) 公共の安全又は秩序を維持し，又は回復するために，ラントは，特別の重要性を有する事態において，［ラント］警察が連邦国境警備隊の支援がなければ任務を遂行し得ず，又は任務の遂行に著しい困難をきたす場合において，［ラント］警察の支援のために，連邦国境警備隊の人員及び施設［の提供］を求めることができる．自然災害又は特に重大な事故の際の援助のために，ラン

トは，他ラントの警察力，他の行政官庁の人員及び施設，並びに連邦国境警備隊及び軍隊の人員及び施設［の提供］を求めることができる．

(3) 自然災害又は事故が，複数のラントの領域に危険を及ぼす場合には，連邦政府は，これに有効に対処するために必要となる限りにおいて，ラント政府に対し，他のラントに警察力を提供するよう指図し，並びに，警察力を支援するために，連邦国境警備隊及び軍隊の部隊を出動させることができる．1文による連邦政府の措置は，連邦参議院の要求があればいつでも廃止しなければならず，また，その他の場合も，危険が除去された後遅滞なく廃止しなければならない．

第42条 [議事の公開・多数決]

(1) 連邦議会は，公開で議事を行う．その構成員の10分の1の申立てにより，又は連邦政府の申立てにより，3分の2の多数をもって，公開を禁ずることができる．この申立てについては，非公開の会議でこれを決定する．

(2) 連邦議会の議決には，この基本法に特段の定めがある場合を除いては，投票数の過半数を必要とする．連邦議会が行うべき選挙については，議事規則により例外を許すことができる．

(3) 連邦議会及びその委員会の公開の会議に関して，真実に基づく報告をしても，いかなる責任も問われることはない．

第45a条 [外務委員会・防衛委員会]

(1) 連邦議会は，外務に関する委員会及び防衛に関する委員会を設置する．

(2) 防衛委員会は，調査委員会の権利をも有する．防衛委員会は，4分の1の委員の申立てがあるときは，ある事項をその調査の対象とする義務を負う．

(3) 第44条1項［公開の議事において証拠を調べる調査委員会の設置］は，防衛の分野には適用されない．

481

ドイツ連邦共和国基本法（抄）

第45b条 [防衛監察委員]

基本権の保護のために，及び議会による統制を行うに際しての連邦議会の補助機関として，連邦議会の防衛監察委員が任命される．詳細は，連邦法律で定める．

第45d条 [議会統制委員会]

(1) 連邦議会は，連邦の秘密情報活動を統制するための委員会を設置する．

(2) 詳細は，連邦法律で定める．

第53a条 [合同委員会]

(1) 合同委員会は，その3分の2を連邦議会議員，その3分の1を連邦参議院構成員をもって組織する．その [連邦議会] 議員は，会派の議員数の割合に応じて連邦議会により決定されるが，その議員は，連邦政府の構成員であってはならない．各ラントは，自ら任命する1名の連邦参議院構成員をもって代表されるが，これらの構成員は，[ラントの] 指図に拘束されない．合同委員会の組織及び手続は，連邦議会が議決し，かつ，連邦参議院の同意を必要とする議事規則でこれを定める．

(2) 連邦政府は，防衛事態のためのその計画について，合同委員会に報告しなければならない．第43条1項による連邦議会及びその委員会の諸権利は，影響を受けない．

第54条 [連邦大統領の選挙・在任期間等]

(1) 連邦大統領は，討論を経ずに，連邦会議によって選挙される．連邦議会の選挙権を有し，かつ，満40歳以上のすべてのドイツ人は，被選挙権を有する．

(2) 連邦大統領の任期は，5年とする．連続しての再選は，1回に限り許される．

(3) 連邦会議は，連邦議会構成員，及びラントの議会により比例選挙の原則に従い選出されたこれと同数の構成員によって構成される．

482

[以下省略]

第59条 [連邦の国際法上の代表]

(1) 連邦大統領は，国際法上，連邦を代表する．連邦大統領は，連邦の名において，外国と条約を締結する．連邦大統領は，使節を信任し，接受する．

(2) 連邦の政治的関係を規律し，又は連邦の立法対象に関わる条約は，それぞれ連邦の立法について権限を有する機関の，連邦法律の形式での同意又は協力を必要とする．行政協定については，連邦行政に関する規定が準用される．

第61条 [連邦憲法裁判所への連邦大統領の訴追]

(1) 連邦議会又は連邦参議院は，基本法又はその他の連邦法律に対する故意の違反を理由として，連邦憲法裁判所に連邦大統領の訴追を行うことができる．訴追提起の動議は，少なくとも，連邦議会構成員の4分の1又は連邦参議院の表決数の4分の1によって提出されなければならない．訴追提起の議決は，連邦議会構成員の3分の2の多数又は連邦参議院の表決数の3分の2の多数を必要とする．訴追は，訴追する議院の委託を受けた者が代表して行う．

(2) 連邦憲法裁判所は，連邦大統領が基本法又はその他の連邦法律に故意に違反したことについて有責であると認定したときは，連邦大統領に対し，その職の喪失を宣告することができる．連邦憲法裁判所は，訴追後，仮命令によって連邦大統領の職務の執行を停止することを定めることができる．

第62条 ［連邦政府の構成］

連邦政府は，連邦首相及び連邦大臣から構成される．

第63条 [連邦首相の選挙]

(1) 連邦首相は，連邦大統領の提案に基づき，討論を経ずに，連邦議会によって選出される．

(2) 連邦議会構成員の過半数の投票を得た者が，連邦首相に選出される．選出された者は，連邦大統領によって任命される．

(3) ［連邦大統領が首相として］提案した者が選出されないときは，連邦議会は，選挙後 14 日以内に，構成員の過半数をもって，連邦首相を選挙することができる．

(4) 選挙がこの期間内に成立しないときは，遅滞なく新たな選挙手続が行われ，最も多くの票を獲得した者が選出される．選出された者が連邦議会構成員の過半数の票を得ているときは，連邦大統領は，選挙後 7 日以内に，この者を任命しなければならない．選出された者が過半数の票を得ていないときは，連邦大統領は，7 日以内に，この者を任命するか，又は連邦議会を解散しなければならない．

第65条 [連邦首相の権限と責任]

連邦首相は，政策の基本方針を定め，これに責任を負う．この基本方針の範囲内において，各連邦大臣は独立して，かつ自らの責任において，自己の所管分野を指揮する．連邦大臣の間での意見の相違については，連邦政府がこれを決定する．連邦首相は，連邦政府が決定し，かつ連邦大統領が認可した執務規程に従って，連邦政府の事務を指揮する．

第65a条 [軍隊命令・司令権]

(1) 連邦防衛大臣は，軍隊に対する命令権及び司令権を有する．

(2) 削除

第67条 [建設的不信任決議]

(1) 連邦議会は，その構成員の過半数をもって連邦首相の後任者を選挙し，かつ，連邦大統領に連邦首相を罷免すべきことを求めることによってのみ，連邦首相に対する不信任を表明することができる．連邦大統領は，この求めに従い，

選出された者を任命しなければならない.

(2) その発議と選挙の間には，48時間をおかなければならない.

第68条 [信任決議，連邦議会の解散]

(1) 自己に信任を表明すべきことを求める連邦首相の動議が連邦議会構成員の過半数の同意を得られない場合には，連邦大統領は，連邦首相の提案に基づいて，21日以内に連邦議会を解散することができる．この解散権は，連邦議会がその構成員の過半数により別の連邦首相を選出した場合には，直ちに消滅する.

(2) その発議と選挙の間には，48時間をおかなければならない.

第73条 [連邦の専属的立法分野]

(1) 連邦は，次の事項について専属的立法権限を有する.

1. 外務並びに文民たる住民の保護を含む防衛

……

6. 航空交通

[以下省略]

第79条 [基本法の改正]

(1) 基本法は，基本法の文言を明文で改正又は補充する法律によってのみ，変更することができる．講和の規律，講和の規律の準備若しくは占領法秩序の解除を対象とする国際条約，又は連邦共和国の防衛に役立つべき国際条約の場合には，基本法の規定が条約の締結及び発効に反しないことを明らかにするには，そのことを明らかにするだけの基本法の文言の補充で足りる.

(2) このような法律は，連邦議会構成員の3分の2及び連邦参議院の表決数の3分の2の同意を必要とする.

(3) 連邦のラントへの区分，立法における諸ラントの原則的協力，又は第1条

485

ドイツ連邦共和国基本法（抄）

及び第 20 条に定められている諸原則に抵触するようなこの基本法の改正は，許されない．

第80a条 [緊迫事態における法令の適用]

(1) この基本法において，又は文民たる住民の保護を含む防衛に関する連邦法律において，本条の基準に従ってのみ法規を適用することができると規定されているときは，その適用は，防衛事態の場合を除いては，連邦議会が緊迫事態の発生を認定した場合，又は連邦議会がその適用に特別の同意を与えた場合にのみ，許容される．緊迫事態の認定及び第 12a 条 5 項 1 文及び 6 項 2 文の場合における特別の同意に関しては，投票数の 3 分の 2 の多数を必要とする．

(2) 1 項による法規に基づく措置は，連邦議会の要求があれば，廃止しなければならない．

(3) 1 項の規定にかかわらず，このような法規の適用は，同盟条約の範囲内で国際機関が連邦政府の同意を得て行った決議に基づいて，かつこれを基準として行うことも許される．本項の措置は，連邦議会が構成員の過半数をもって要求したときは，廃止しなければならない．

第81条 [立法緊急事態]

(1) 第 68 条の場合において連邦議会が解散されないとき，連邦政府がある法律案が緊急を要すると指定したにもかかわらず，連邦議会がこれを否決したときは，連邦大統領は，連邦政府の申立てにより，連邦参議院の同意を得て，この法律案について立法緊急事態を宣告することができる．連邦首相がある法律案を第 68 条の動議と結合したにもかかわらず，これが拒否された場合も同様とする．

(2) 連邦議会が立法緊急事態の宣告後に再び法律案を否決し，あるいは，連邦議会が連邦政府が受け入れられないと表明した案文でこれを採択しても，連邦参議院の同意がある限り，その法律は成立したものと見なされる．連邦議会が，

法律案の再提出後 4 週間以内に可決しなかったときも，同様とする．

(3) 連邦首相の任期中においては，立法緊急事態の第一回の宣告後 6 ヵ月の期間内は，連邦議会によって否決された他の法律案も，すべて 1 項及び 2 項にしたがって成立させることができる．この期間の経過後は，同一連邦首相の任期中に立法緊急事態の再度の宣告は許されない．

(4) 2 項によって成立した法律により，基本法を改正し，全部又は一部の効力失わせ，若しくは適用を停止してはならない．

第87a条 [軍隊の設置と権限]

(1) 連邦は，防衛のために軍隊を設置する．軍隊の兵員数とその組織大綱は，予算案から明かになるのでなければならない．

(2) 軍隊は，防衛のため［に出動する場合］のほかは，この基本法が明文で許容する限度においてのみ，出動することが許される．

(3) 軍隊は，防衛事態及び緊迫事態において，防衛任務を遂行するために必要な限度において，民用物を保護し，及び交通規制の任務を遂行する権限を有する．その他，防衛事態及び緊迫事態において，警察による措置の支援のためにも，民用物の保護を軍隊に委任することができる．この場合，軍隊は，所管の官庁と協力する．

(4) 連邦又はラントの存立若しくはその自由民主的基本秩序への差し迫った危険の防御のために，連邦政府は，第 91 条 2 項の要件が満たされ，かつ，民用物の保護に際し，並びに，組織されかつ軍事的に武装した叛徒を鎮圧するに際して，警察力及び連邦国境警備隊では十分でない場合には，警察及び連邦国境警備隊の支援のために，軍隊を出動させることができる．軍隊の出動は，連邦議会又は連邦参議院の要求があれば，中止しなければならない．

第87d条 ［航空交通行政］

(1) 航空交通行政は，連邦行政において行う．航空の安全確保の任務は，欧州

共同体法により認められた外国の航空安全確保組織により実施されることもできる．詳細は，連邦法律で定める．

(2) 連邦参議院の同意を必要とする連邦法律により，航空交通行政の任務を，委託行政としてラントに委任することができる．

第91条 [国内緊急事態]

(1) 連邦又はラントの存立若しくはその自由民主的基本秩序への差し迫った危険を防御するため，ラントは，他の諸ラントの警察力並びに他の行政機関及び連邦国境警備隊の人員と施設［の提供］を求めることができる．

(2) 危険が切迫しているラントが自ら危険に対処する用意がなく，又は対処できる状態にないときは，連邦政府は，当該ラントの警察及び他の諸ラントの警察を指揮し，並びに，連邦国境警備隊の部隊を出動させることができる．この命令は，危険が除去された後に廃止されなければならないが，そうでなくても連邦参議院の要求があるときはいつでも廃止しなければならない．危険が複数のラントの領域に及ぶときは，連邦政府は，有効な対処のために必要な限度において，ラント政府に指示を与えることができる．［この場合，］1文及び2文は，影響を受けない．

第93条 [連邦憲法裁判所の権限]

(1) 連邦憲法裁判所が決定するのは，以下の事項である．

1. 最高連邦機関又はこの基本法若しくは最高連邦機関の執務規程によって固有の権利を付与されたその他の関係機関の権利及び義務の範囲に関する争訟を契機とするこの基本法の解釈

2. 連邦政府，ラント政府又は連邦議会構成員の4分の1による申立に基づき，連邦法若しくはラント法がこの基本法に形式的及び実質的に適合するかどうか，又はラント法がその他の連邦法と適合するかどうかについて意見の相違又は疑義がある場合

2a. 連邦参議院, ラント政府又はラント議会の申立てに基づき, 法律が第72条2項[競合的立法分野における連邦の立法権限]の要件に適合しているかどうかについて意見の相違がある場合

3. 連邦及びラントの権利及び義務に関する意見の相違, とくにラントによる連邦法の執行の際及び連邦監督の実施の際の権利及び義務に関する意見の相違

4. 他に出訴の方途がない限りにおいて, 連邦とラントの間, 異なるラントの間, 又は一ラント内部におけるその他の公法上の争訟

4a. 何人も, 公権力によってその基本権又は第20条4項, 第33条, 第38条, 第101条, 第103条及び第104条に含まれるその権利を侵害されたとの主張によって提起することができる憲法異議

4b. 法律による第28条の自治権が侵害されたことを理由とする, 市町村及び市町村連合による憲法異議. ただし, ラントの法律[による侵害]については, そのラントの憲法裁判所に異議を提起することができない場合に限る.

4c. 連邦議会選挙のために政党として公認されなかったことに対し[提起された]結社による異議

5. この基本法に規定するその他の場合

[以下省略]

第94条 [連邦憲法裁判所の組織]

(1) 連邦憲法裁判所は, 連邦裁判官及びその他の構成員により構成される. 連邦憲法裁判所の構成員は, 連邦議会と連邦参議院により, それぞれ半数ずつ選出される. 構成員は, 連邦議会, 連邦参議院, 連邦政府に所属することは許されず, また, これに相当するラントの機関にも所属することは許されない.

[以下省略]

第100条 [具体的規範統制]

(1) 裁判所が, 裁判において, その効力が問題となる法律が違憲であると考え

るときは，手続を中止し，ラントの憲法に対する違反が問題になっている場合には，ラントの憲法争訟についての権限を有する裁判所の裁判を求め，この基本法に対する違反が問題となっている場合には，連邦憲法裁判所の裁判を求めなければならない．ラント法によるこの基本法に対する違反，又はラントの法律の連邦法律との不一致が問題となるときも，同様とする．

(2) 法律上の争訟において，国際法の規則が連邦法の構成部分であるかどうか，及びそれが個人に対して直接権利及び義務を生じさせる（第25条）かどうかについて疑義があるときは，裁判所は，連邦憲法裁判所の裁判を求めなければならない．

(3) ラントの憲法裁判所が，基本法の解釈にあたり，連邦憲法裁判所又は他のラントの憲法裁判所の裁判と異なる［判断を］しようとするときは，当該憲法裁判所は，連邦憲法裁判所の裁判を求めなければならない．

第115a条 [防衛事態の概念及び認定]

(1) 連邦の領域が武力で攻撃されたこと，又はこのような攻撃が直接切迫していること（防衛事態）の認定は，連邦議会が連邦参議院の同意を得て行う．この認定は，連邦政府の申立てに基づいて行われ，投票数の3分の2の多数，かつ連邦議会構成員の少なくとも過半数を必要とする．

(2) 状況から即時の行動が不可避的に求められ，かつ，連邦議会の適時の集会に克服し難い障害があり，又は議決不能のときは，合同委員会が投票数の3分の2の多数，かつ構成員の少なくとも過半数をもってこの認定を行う．

(3) ［防衛事態の］認定は，連邦大統領により，第82条に従い連邦法律公報において公布される．これが適時にできないときは，他の方法によって公布されるが，可能な状況になったときは，直ちに連邦法律公報で追加公布しなければならない．

(4) 連邦の領域が武力で攻撃され，かつ，権限を有する連邦機関が1項1文による認定を即時に行うことができる状態にないときは，この認定は行われたも

のとみなされ，かつ，攻撃が開始された時点で公布されたものとみなされる．連邦大統領は，事情が許せば，直ちにこの時点を告知する．

(5) 防衛事態の認定が公布され，かつ，連邦の領域が武力で攻撃されたときは，連邦大統領は，連邦議会の同意を得て，防衛事態の存在についての国際法上の宣言を発することができる．2項の要件のもとにおいては，合同委員会が連邦議会に代わるものとする．

第115b条 [命令権・司令権の連邦首相への移行]
防衛事態の公布とともに，軍隊に対する命令権及び司令権は，連邦首相に移行する．

第115c条 [連邦の立法権限の拡張]
(1) 連邦は，防衛事態について，ラントの立法権限に属する対象分野においても，競合的立法権を有する．これらの法律は，連邦参議院の同意を必要とする．

(2) 連邦は，防衛事態の間，事情が必要とする限りにおいて，連邦法律により，防衛事態のために次のことを行うことができる．

1. 公用収用に際して，補償について暫定的に第14条3項2文とは異なる規律を行うこと．

2. 自由剥奪に関して，裁判官が平常時に適用される期間内では活動することができないとき，第104条2項3文及び3項1文とは異なる期間を，4日間を上限として定めること．

(3) 現在の攻撃又は直接切迫した攻撃を防御するために必要な限りにおいて，防衛事態について，連邦参議院の同意を得た連邦法律により，連邦及びラントの行政及び財政制度について，第8章，第8a章及び第10章と異なる規律を行うことができるが，この場合，ラント，市町村及び市町村連合の生存能力が，とくに財政的な観点からも保持されなければならない．

(4) 1項及び2項1号による連邦法律は，その執行の準備のために，防衛事態

491

ドイツ連邦共和国基本法（抄）

の発生前であっても適用することが許される．

第115d条 [緊急立法]

(1) 連邦の立法について，防衛事態においては，第76条2項，第77条1項2文及び2項から4項まで，第78条及び第82条1項によらず，［本条］2項及び3項の規定を適用する．

(2) 連邦政府が緊急を要するものと指定した連邦政府の法律案は，連邦議会に提出されるのと同時に連邦参議院にも送付される．連邦議会と連邦参議院は，これらの法律案を遅滞なく合同で審議する．法律に連邦参議院の同意を必要とする限りにおいて，その法律の成立には，連邦参議院の投票の過半数の同意を必要とする．詳細は議事規則で定めるが，これは，連邦議会が議決し，かつ，連邦参議院が同意することを必要とする

(3) 法律の公布については，第115a条3項2文を準用する．

第115e条 [合同委員会の権限]

(1) 合同委員会が，防衛事態において，投票数の3分の2の多数，かつ，少なくともその構成員の過半数により，連邦議会が適時に集会することに克服し難い障害があり，又は議決不能であることを認定したときは，合同委員会は，連邦議会及び連邦参議院の地位を有し，かつ，その諸権利を一致して行使する．

(2) 合同委員会の法律によって，基本法を改正し，基本法の全部又は一部の効力を失わせ，若しくは適用を停止することは許されない．第23条1項2文，第24条1項又は第29条による法律を制定する権限は合同委員会にはない．

第115f条 [連邦政府の権限]

(1) 連邦政府は，防衛事態において，事情が必要とする限りにおいて，次のことを行うことができる．

1. 連邦国境警備隊を連邦の全領域に出動させること．

2．連邦行政［官庁］のほか，ラント政府及び連邦政府が緊急を要すると認めるときは，ラントの官庁に対しても指示を与えること，及び連邦政府が指定するラント政府の構成員にこの権限を委譲すること．

(2) 1 項によってとられた措置は，遅滞なく，連邦議会，連邦参議院及び合同委員会に報告しなければならない．

第115g条 ［連邦憲法裁判所の地位］

連邦憲法裁判所とその裁判官の憲法上の地位及び憲法上の任務の遂行は，妨げられてはならない．連邦憲法裁判所法を合同委員会の法律によって改正することができるのは，それが連邦憲法裁判所の見解によっても，この裁判所の機能の維持のために必要であるとされる場合に限られる．このような法律が制定されるまでの間，連邦憲法裁判所は，裁判所の活動能力の維持のために必要な措置をとることができる．連邦憲法裁判所は，出席裁判官の過半数で，2 文及び 3 文の決定を行う．

第115h条 ［憲法機関の機能］

(1) 防衛事態の期間中に満了する連邦議会又はラント議会の議員の任期は，防衛事態の終了後 6 ヵ月を経て終了する．防衛事態の期間中に満了する連邦大統領の任期，並びに，連邦大統領が任期満了前に欠けたときの連邦参議院議長による連邦大統領の権限の行使は，防衛事態の終了後 9 ヵ月を経て終了する．

(2) 合同委員会による連邦首相の改選が必要となったときは，合同委員会がその構成員の過半数をもって新連邦首相を選出するものとするが，この場合，連邦大統領が合同委員会に［候補者を］提案する．合同委員会は，構成員の 3 分の 2 の多数で後任者を選出することによってのみ，連邦首相に対し不信任を表明することができる．

(3) 防衛事態の期間中は，連邦議会の解散は禁止される．

ドイツ連邦共和国基本法（抄）

第115i条 [ラント政府の権限]

(1) 権限を有する連邦機関が危険を防止するための必要な措置をとることができる状況になく，かつ，連邦領域の個別の部分における即時の自主的な行動が不可避的に必要であるときは，ラント政府又はラント政府が指定する官庁若しくは受託者が，第115f条1項の意味における措置を管轄の分野についてとる権限を有する．

(2) 1項による措置は，連邦政府により，またラント官庁及び下級の連邦官庁との関係においては，ラントの首相によっても，いつでも廃止することができる．

第115k条 [緊急事態における法令の効力]

(1) 第115c条，第115e条及び第115g条による法律，並びにこれらの法律に基づいて制定された法規命令は，それが適用されている期間中は，これに反する法の適用を排除する．ただし，第115c条，第115e条及び第115g条に基づいて以前に制定された法律については，この限りでない．

(2) 合同委員会が議決した法律及びこれらの法律に基づいて制定された法規命令は，遅くとも防衛事態の終了の6ヵ月後に失効する．

(3) 第91a条，第91b条，第104a条，第106条及び第107条と異なる規律を含む法律は，遅くとも防衛事態が終了した後の翌々会計年度末までを限度としてのみ効力を有する．このような法律は，防衛事態の終了後，第8a章及び第10章による規律に移行させるために，連邦参議院の同意を得た連邦法律により改正することができる．

第115l条 [防衛事態における法律及び措置の廃止，防衛事態の終了，講和]

(1) 連邦議会は，連邦参議院の同意を得て，いつでも合同委員会の法律を廃止することができる．連邦参議院は，連邦議会がこれに関する議決を行うように要求することができる．合同委員会又は連邦政府が危険防止のためにとったそ

の他の措置は，連邦議会及び連邦参議院の議決により廃止される．

(2) 連邦議会は，連邦参議院の同意を得て，いつでも，連邦大統領が公布する議決によって防衛事態の終了を宣言することができる．連邦参議院は，連邦議会がこの議決を行うように要求することができる．防衛事態は，その認定の前提となった条件が存在しなくなったときは，遅滞なくその終了を宣言しなければならない．

(3) 講和については，連邦法律で決定する．

第146条 [基本法の失効]

この基本法は，ドイツ国の統一と自由が達成された後は全ドイツ国民に適用されるが，ドイツ国民が自由な決断により議決した憲法が施行される日に，その効力を失う．

（2014 年 12 月 23 日第 60 次改正時点の文言による）

事項索引

あ

アフガニスタン派兵 13, 111, 141, 192,
224, 225, 228, 230, 231, 233, 235, 240,
241

アフリカ統一機構（OAU）143

アムステルダム条約 136

新たな戦争 111, 249

アラブ連盟（LAS）86, 115, 143, 144

アルカイダ 293

安全保障法制 364, 386, 452, 454, 463,
467, 469, 472, 474

安定化兵力 236

い

イラク戦争 13, 14, 35, 37, 40, 141, 192,
224, 225, 231, 232, 242, 257, 301, 309,
310, 312, 317, 459

イラン・イラク戦争 35, 37, 40

う

ヴァイマル共和国憲法 98, 99, 109, 345

お

欧州安保協力会議（機構）（CSCE [OSCE]）
25, 28-32, 42, 44, 47, 61, 63, 85, 88, 89,
94, 95, 97, 107, 112, 126-129, 137, 140,
143, 145, 147, 155-158, 164, 171, 175,
181, 186, 187, 190, 191, 194, 195, 221,

225, 234, 238, 250, 267, 287, 319, 327,
455, 457

欧州安保・防衛政策（ESDP）212, 221-
225, 239, 448

欧州共通外交・安保政策（CFSP）26,
154, 212, 222, 224, 225, 448

欧州憲法条約草案 334, 358, 407

欧州航空安全規則 334, 335

欧州ヘッドライン・ゴール 236, 243

欧州防衛共同体 4

か

解釈改憲 10, 12, 439, 440, 453, 454, 469,
474

介入兵力 236

外務委員会 228, 240, 254, 265, 271, 273,
274, 287-289

仮命令 48-52, 54, 55, 57-59, 67, 146, 153,
183, 312, 313, 317, 327, 328, 355, 365,
456

完全指揮権 108

き

議会関与法（武装軍隊の国外出動に関す
る決定に際しての議会関与に関する法
律）14, 243, 247, 259, 260, 263, 269, 274,
277-279, 286-292, 296, 301, 309, 317,
323, 325-328, 458, 468

議会統制委員会 260, 290, 301

議会の軍隊 58, 254, 266, 313, 321, 323, 456, 467

議会評議会 3, 16, 86, 87, 114–118, 142

議会留保 249, 251, 257, 263, 266, 276, 277, 280, 282, 284, 286, 290, 291, 313–315, 317, 320–322, 324, 327, 328

議事録説明 271, 287, 293, 297, 299

機関争訟 12, 18, 49, 55, 57, 65, 67, 71, 72, 74, 77, 84, 91, 94, 102, 108, 131, 136, 145, 153, 184, 196, 312, 314, 316, 319, 320, 327, 328, 456, 458

危機対応活動 12, 13, 120, 128, 129, 132–141, 144, 161, 196, 285, 319, 320

危険防御 336, 337, 339, 347, 350, 354, 360, 363, 364, 372, 374, 381, 396, 400, 411, 413, 425–427, 429, 433, 436, 460, 461

義務兵役制 4, 17, 18, 41, 464

局地的災害緊急事態 9, 337, 338, 348, 350, 373, 375, 376, 401, 422

拒否権 47, 146, 176, 185–187, 211–213, 218, 219

緊急事態憲法 5, 6, 9, 16, 17, 23, 89, 90, 98, 99, 101, 109, 345, 346, 352, 364, 374, 427, 428, 432, 434, 435, 439, 461, 462, 464

緊迫事態 6–8, 17, 75, 348, 404

く

空軍総監 334, 340, 341, 422, 423

具体的規範統制 18

軍事的強制措置 41, 42, 45, 65, 84, 119, 124, 126, 175, 198

軍事的必要性 275

軍隊国外派遣法 13, 224, 236, 239, 241, 243, 256–259, 261, 280, 284, 286, 292, 294, 309, 456, 458

軍隊命令・司令権 5, 7, 337

け

警告射撃 340, 351, 366, 384, 411, 413, 421, 438

憲法異議 14, 18, 331, 343, 352, 357, 369, 400, 409, 432, 440, 459, 461

憲法の番人 10, 52

こ

広域的災害緊急事態 9, 296, 327, 338, 348, 350, 360, 372, 376, 377, 401, 416–418, 422, 435, 439

交換公文 74, 80, 92, 93

航空安全法 12, 14, 331–344, 347, 350–356, 358–366, 369–374, 376–385, 387–390, 393–395, 397, 398, 400, 402, 403, 406, 409–425, 427–429, 431, 433, 435, 437–440, 442, 453, 459, 460–462, 467, 468

航空インシデント 336–338, 340, 371, 377–379, 381, 384, 386, 395, 396, 403, 417, 423, 424, 429

航空テロ攻撃 14, 334, 343, 347, 351, 385, 387, 395, 396, 405, 406, 410, 427, 436,

索 引

437, 439, 453, 460, 461, 467

航空保安任務の新規定のための法律　335,
359, 419, 423

高権的諸権利　41, 44, 55, 64, 73, 81–85,
91–93, 111, 116, 447, 455, 456

合同委員会　7, 17

国際民間航空条約（シカゴ条約）334

国内緊急事態　5, 6, 8, 16, 75, 89, 90, 105,
348, 374, 375, 416, 418, 421, 425–430,
434, 437

国連中心主義　141, 145, 151, 163, 164,
232, 457

国連難民高等弁務官事務所（UNHCR）
160

国連東チモール暫定行政機構（UNTAET）
214, 237

コソボ解放軍（KLA）156, 188, 190

コソボ国連暫定統治ミッション（UNMIK）
160

コソボ紛争　13, 111, 137, 140, 152,
155, 156, 158–160, 162, 165, 169, 172,
173, 176, 178, 186, 189, 194, 196–198,
211–213, 218, 219, 224, 238, 293, 457

国家社会主義　10, 76, 343

コックピット協会　379, 380, 400, 401

コンタクト・グループ　157

さ

在イラン米国大使館人質事件　198

作戦指揮権　41, 62, 68, 73, 84, 85, 107,
108

作戦統制権　62, 84, 85, 93, 108

し

自衛権　27, 46, 61, 62, 72, 77–79, 87–89,
105, 108, 111, 113–116, 118, 139, 142,
168, 177–179, 182, 249, 250, 252, 293,
316, 347, 386, 411, 448, 455, 469, 470,
473, 474

ジェノサイド条約　179, 199

支援兵力　236

自国民救出　177, 250, 283, 292, 293

自然災害　9, 100, 335, 337, 338, 348, 359,
364, 370, 373, 374, 391, 398, 401, 405,
429, 430, 444, 461

集団安全保障　4, 13, 24, 25, 27, 41, 43, 44,
64–66, 73, 79–94, 97, 107, 108, 111–120,
125, 126, 129, 135, 138, 140–142, 144,
151, 153, 161, 167, 169–173, 176, 180,
197, 250, 252, 267, 284, 285, 287, 318,
320, 321, 327, 397, 452, 453, 455–458

集団防衛　12, 23, 26, 27, 29, 30, 61, 79,
85–89, 112–116, 118–120, 122, 123, 126,
131, 134, 136, 139, 141, 142, 151, 164,
169, 170, 172, 186, 195, 225, 319, 327,
448, 452

シュライヤー事件　355, 356, 386

準防衛事態　394–396, 460

職務共助　6, 336, 339, 340, 342, 349–351,
363, 372, 390–392, 399, 404, 405, 423,
424, 442

人道的介入　111, 128, 140, 146, 164, 165,

498

168, 169, 171, 176–178, 180, 184, 196, 198–200, 215, 218, 224, 233, 237, 249, 250, 257, 292

侵略戦争禁止 132, 250

す

スタンレービル事件 198

せ

政治の軍事に対する優位（政治優位制）3, 15, 16, 74, 101, 452, 456

生命権 14, 342, 352, 354–357, 369, 377–379, 381, 384, 389, 395, 397, 409, 438, 460

設権的議会留保（同意・承認）81, 98, 100, 101, 223, 248, 251, 252, 255, 259, 266, 277, 280, 282, 285, 286, 312, 313, 315–317, 320, 321, 327, 456

絶対主義 3

先遣隊 54, 261, 264

宣戦布告 98, 99, 314, 316, 327

そ

相互集団安全保障機構 4, 13, 41, 44, 64, 65, 73, 79–92, 97, 108, 111–118, 126, 135, 138, 142, 144, 153, 161, 167, 169, 170–173, 180, 250, 252, 267, 284, 285, 287, 318, 320, 321, 327, 397, 453, 455–458

ソビエト連邦 24, 27–29

た

大量破壊兵器 134

単独行動主義 225–228, 231, 232, 457

ち

抽象的規範統制 18, 409, 410, 416, 440, 462, 468

調査委員会 5

調査隊 54, 261, 262, 265, 272, 288

朝鮮戦争 4

超法規的緊急権 386, 387, 389

て

テロ掃討作戦 111, 227, 230, 249, 256, 289

転向機（転向事態）331, 333–336, 338, 340, 343, 352, 354, 357, 360, 365, 366, 381, 382, 385, 386, 389, 398, 411–413, 416, 421, 424, 437, 438, 441

と

ドイツ航空管制会社 333, 358

ドイツ条約 4, 6, 17, 450, 465

ドイツ帝国憲法（ビスマルク憲法）98, 109, 345, 407

同意法律 74, 91–94, 96, 102, 135, 136, 139, 316, 318, 320, 464

同盟事態 7, 8, 88, 98–100, 102, 115, 129, 130, 226, 240, 252, 285, 286, 386

同盟の戦略概念 28, 29, 63, 91, 94, 95, 97, 111, 127, 319, 458

499

特別協定 80, 84, 121

独立客室乗務員機構 379, 380, 400, 401

な

内政不干渉 213

内乱罪 16, 89

に

人間の尊厳 10, 14, 141, 166, 195, 342,
343, 352, 354, 355, 357, 361, 365, 369,
370, 377–379, 381, 383, 384, 387–389,
396–398, 401, 406, 409, 437, 438, 449,
460, 461, 467

は

ハイジャック 331, 333, 336, 338, 342,
347, 354, 357, 359, 365, 366, 369, 378,
380, 385, 386, 388, 401, 409, 436, 441,
459

パレスチナ・ゲリラ（武装組織）333, 358

犯罪命令 388

判例変更 15, 409, 410, 421, 438, 440,
453, 462

ひ

非国家主体 128, 177, 236, 346, 452

秘密委員会 258, 261, 263, 276

秘密保全 259–264, 266–268, 271, 273,
275, 276, 280, 289, 290, 297

比例適合性 139, 340, 384, 395, 400, 403

ヒンドゥークシ・ドクトリン 234, 235

ふ

武装叛徒 9, 327, 427, 434

ブリュッセル条約（WEU 条約）30, 63,
86, 87, 113, 115, 144, 239, 285

プロイセン一般ラント法（ALR）344

プロイセン王国憲法 344

へ

兵役義務者 5, 17, 39

米国同時多発テロ事件 9, 11, 14, 111,
141, 192, 225, 233, 240, 249, 256, 286,
331–334, 343, 346, 352, 357, 358, 362,
385, 389, 393, 395, 410, 441, 452, 453,
459, 460

米州機構（OAS）143, 144

平和への課題 119, 123

ペータースベルク宣言 31, 51, 91, 94, 95,
295

ベルリン・プラス 222, 239

ほ

防衛委員会 5, 101, 254, 265, 271, 273,
274, 287–289, 327

防衛監察委員 5, 16, 101, 327

防衛憲法 3–6, 9, 12, 15, 17, 212, 291, 316,
317, 321–324, 327, 328, 373, 389, 432,
439, 440, 452, 454, 463, 464, 467

防衛事態 6, 7, 17, 41, 67, 75, 98–101, 103,
109, 248, 269, 288, 314, 327, 348, 386,
394–396, 403, 404, 406, 460

法治国家的特定性原理 425

法律の留保 74, 344, 370, 377

み

ミュンヘン・オリンピック 333, 387

民用物 7, 100, 196, 327, 348, 349, 390, 391, 404, 405

む

無人機 15, 383, 388, 437, 438, 460, 461

も

モザンビーク水害 250

ゆ

ユーゴ空爆 13, 137, 138, 151, 152, 154, 158–161, 166, 167, 169, 171–178, 180, 183, 191, 195–199, 201, 212, 213, 218, 231, 237, 250

有志連合 216, 225, 226, 231

よ

四つの自由移動 448

予備役 236, 253

ら

ラント警察 342, 346, 350, 352, 353, 362, 374, 375, 390, 391, 401, 404, 426, 427, 435

ランブイエ協定 194, 293

り

リスボン条約 239, 398, 407, 447, 464

立憲主義 2, 3, 15, 74, 76, 344, 445–448, 451–454, 462, 463, 474

領域高権 447, 464

領域主権 447, 463, 464

両院協議会 335

良心的軍務拒否 4

領土保全 141, 144, 158, 183, 326, 447, 474

れ

連帯条項 358, 398, 399, 407

レンツ・レポート 352, 353, 363

連邦議会秘密保全規則 267, 290, 297

連邦刑事庁 334, 362

連邦国境警備隊（連邦警察）7–9, 100, 259, 301, 333, 348, 352, 358, 362, 364, 390, 391, 404, 426, 444

連邦首相 5, 7, 67, 99, 100, 240, 293, 311, 376, 418, 441

連邦情報局 334

連邦親和的態度の原則 409, 413, 414, 425, 441

連邦大統領 7, 18, 49, 67, 160, 200, 235, 240, 331, 341, 342, 352, 369, 402

わ

ワールドカップ・サッカー大会 333, 361, 399

ワシントン条約（NATO条約）26, 31, 113, 129, 311

ワルシャワ条約機構 26–29, 319, 455

湾岸多国籍軍 35, 108, 125

501

索 引

A

ALLIED FORCE 158, 250, 293

ALLIED HARBOUR 219, 238

ALLIED HARMONY 192, 221, 223

ALTHEA（EUFOR）223

AMBER FOX 192, 221, 222, 250

AWACS 27, 45, 48–53, 55–59, 65, 67, 68, 91, 113, 290, 301, 310–313, 315, 317, 323, 324, 459

B

B'90/Grüne 65, 146, 152–156, 181, 182, 184, 186, 193, 228, 230, 238, 241, 257, 263, 264, 269, 276, 289, 292, 294, 295, 297, 298, 300, 301, 325, 344, 351, 383, 402, 458

C

CDU/CSU 33–36, 41–44, 46–49, 67, 83, 109, 153, 161, 164, 193, 216, 221, 222, 228–230, 237–239, 241, 242, 258, 259, 261, 263, 276, 278, 280–285, 289, 295, 297, 299–301, 325, 328, 344, 351, 361, 389, 390, 393, 399, 403, 455

CONCORDIA 192, 223, 255

D

DENY FLIGHT 293

DETERMINED EFFORT 293

Die LINKE 344, 358, 361, 363, 399, 405

E

EAGLE EYE 157, 293

ENDURING FREEDOM 192, 226, 228, 233, 236, 242, 249, 250, 252, 253, 256, 280, 291, 293, 297

erga-omnes 179

ESSENTIAL HARVEST 192, 219–221, 250, 251, 293

EU（欧州連合）25, 26, 31, 32, 36, 61, 62, 64, 84, 94, 95, 117, 136, 137, 142, 147, 154, 158-160, 187, 189, 191, 192, 194, 211, 212, 214, 219-225, 227, 233, 234, 236, 239, 242, 243, 255, 256, 258-260, 267, 272, 280-283, 285-287, 289, 295, 297, 299, 300, 312, 325, 334, 335, 359, 398, 399, 407, 447, 448, 457, 463, 464

──戦闘群 236, 243, 259, 280–283, 286, 300

F

FDP 33, 35–37, 41–44, 46–50, 65, 71, 84, 109, 153, 164, 182, 195, 201, 216, 221, 222, 228–230, 237–239, 241, 261–264, 266, 269, 271, 274–278, 280, 290, 292, 297–299, 311, 312, 314, 316, 325, 344, 361, 369, 399, 455, 456, 458

G

GSG9 259, 365

I

INTERFET 192, 195, 214–217, 219, 228, 237, 250

ISAF 192, 233, 242, 250, 291, 319

ius cogens 179

J

JOINT ENDEAVOR 293

JOINT GUARD 158, 160, 211, 251, 254, 293, 294

JOINT GUARDIAN 158, 160, 211, 254, 293, 294

JOINT GUARDIAN II 160, 211, 254, 293, 294

L

LIBELLE 250, 293

N

NACC（北大西洋協力会議）28, 63

NATO（北大西洋条約機構）4, 8, 12, 13, 25–36, 38, 39, 42, 44–51, 59, 61–66, 71, 72, 74, 79, 80, 84–89, 91, 93–97, 99, 100, 102, 104, 107–109, 111–116, 118–120, 123–142, 144–147, 151–154, 156–165, 167–178, 180–201, 211–215, 218–223, 225, 226, 232–234, 236, 239, 240, 242, 243, 249, 252, 253, 256, 258–260, 267, 270, 272, 274, 280–283, 285, 287, 289, 290, 293–297, 309–316, 318–320, 324–328, 334, 386, 439, 448, 453–459, 464, 465, 467

——対応軍 236, 259, 260, 280, 281

——同盟域外派兵 12, 27, 32, 33, 35, 36, 38, 59, 64, 104, 152, 181, 191, 195, 309, 439, 456

——二重決定判決 108, 315, 326

——防衛計画委員会 310–313

——理事会 8, 26, 29, 48, 50, 51, 64, 135, 138, 156, 157, 161, 162, 220, 221, 226, 240, 252, 282

NATO-ロシア基本文書 188

NBC 兵器 362

O

OSCE 非武装監視団（KVM）157

P

PATRIOT 310, 311

PDS 66, 131, 132, 136, 137, 145, 146, 166, 169, 170, 171, 173, 181–183, 196, 197, 200, 201, 220, 226, 229, 230, 237–240, 257, 277, 278, 297, 319, 320, 358

R

ROE 311, 312, 315, 316

S

SHAPE GUARD 293

SPD 33–38, 40–50, 54–57, 59, 60, 65–69, 71, 84, 94, 109, 116, 117, 132, 152–156, 164, 181, 182, 184, 186, 187, 190, 191, 193, 195, 201, 211, 228, 229, 232, 238,

241, 242, 257, 263, 264, 269, 276, 278,
280, 289, 292, 294–300, 319, 325, 344,
351, 364, 386, 393, 399, 402, 404, 405,
407, 455, 456, 458

U

UNITAF 53

UNOMIG 250, 291

UNOSOM II 44, 45, 53–56, 58, 68, 71,
73, 84, 85, 91–93, 456

UNPREDEP 213, 214, 219

UNPROFOR 29, 124, 125, 153, 154, 213

UNTAES 293

W

WEU（西欧同盟）4, 12, 25, 26, 30–34,
36, 39, 42, 44, 47, 51, 63, 64, 65, 72, 79,
80, 84–87, 89, 91, 93–97, 107, 112–116,
119, 120, 123, 125-127, 142, 144, 146,
147, 151, 158, 172, 194, 222, 239, 293,
295, 455–457

人名索引

ア

アデナウアー（Konrad Adenauer）4,
238, 352
アナン（Kofi Atta Annan）159, 171, 174
アハティサーリ（Martti Ahtisaari）159,
160, 191, 194

イ

イヴァノフ（Igor Ivanov）191

ウ

ヴァイツゼッカー（Richard von
Weizsäcker）49, 235
ヴィーフェルスピュッツ（Dieter
Wiefelspütz）280, 292, 300, 362–365,
386, 403, 444
ヴェルナー（Manfred Wörner）35

エ

エングホルム（Björn Engholm）38, 43

オ

オルブライト（Madeleine Albright）191

カ

ガイァー（Reinhard Gaier）425, 426,
431–437, 439, 442, 443, 462

キ

キンケル（Klaus Kinkel）41–43, 47, 60,
65, 66, 163–165, 195

ケ

ケーラー（Horst Köhler）331, 341, 352,
361, 366, 369, 402
ゲンシャー（Hans-Dietrich Genscher）
35–37, 65

コ

コール（Helmut Kohl）33, 34, 36, 64,
153–156, 161, 164, 181, 186, 191, 192, 455

シ

シャルピング（Rudolf Scharping）60
シュトルック（Peter Struck）211, 229,
233–235, 243, 407
シュミート（Carlo Schmid）86, 115–117
シュレーダー（Gerhard Schröder）155,
156, 158, 159, 165, 186, 192, 225–232,
237, 239, 240, 242, 256, 257, 294, 311,
344, 389, 458
ショイブレ（Wolfgang Schäuble）258,
295, 300, 389, 390, 394–397, 403–407, 460
ショルツ（Rupert Scholz）66, 77, 258,
295, 297, 300, 363
シリー（Otto Schily）366

索 引

ス
ストイバー（Edmund Stoiber）232

ソ
ソラナ（Javier Solana）195

チ
チェルノムイルジン（Viktor Chernomyrdin）159, 160, 191, 194

ヒ
ヒルシュ（Burkhard Hirsch）65, 201, 369, 406, 409, 459

ヒンデンブルク（Paul von Hindenburg）345

フ
フィッシャー（Joschka [Joseph] Fischer）155, 159, 184, 186, 214, 215, 217, 218, 220, 227–229, 231, 241

フェアホイゲン（Günther Verheugen）69

フォン・マンゴルト（v. Mangoldt）86, 115, 117, 142

フランクス大将（General Tommy R. Franks）312

ブラント（Willi Brandt）37, 38

ヘ
ヘルツォーク（Roman Herzog）49, 200

ホ
ホルブルック（Richard Holbrooke）157, 163, 190

ミ
ミュンテフェーリンク（Franz Müntefering）393

ミロシェヴィチ（Slobodan Milošević）138, 157–160, 163–165, 175, 189, 190, 202

メ
メルケル（Angela Merkel）393

ユ
ユング（Franz-Josef Jung）386–389, 460

ヨ
ヨバノビッチ（Vladislav Jovanovic）173

ラ
ラフォンテーヌ（Oskar Lafontaine）38

ラムズドルフ（Otto Graf Lambsdorff）43

リ
リムバッハ（Jtta Limbach）18, 96, 146

リューエ（Volker Rühe）34, 66

ル

ルーデンドルフ（Erich Ludendorff）345
ルゴヴァ（Ibrahim Rugova）190

レ

レーバー（Georg Leber）333, 358
レンツ（Carl Otto Lenz）54, 289, 300,
352, 353, 363, 435

ロ

ロバートソン（Lord Robertson）311

【著者略歴】

松浦一夫（まつうら・かずお）

1959年生まれ。静岡県出身。1982年早稲田大学政治経済学部卒業。防衛大学校講師、助教授を経て2007年より防衛大学校公共政策学科・総合安全保障研究科教授。専門分野は、憲法、安全保障法。

立憲主義と安全保障法制
同盟戦略に対応するドイツ連邦憲法裁判所の判例法形成

2016年4月27日 第1版第1刷発行	著 者 松 浦 一 夫 ©2016 K.Matsuura

発行者　高 橋　考
発 行　三 和 書 籍

〒112-0013　東京都文京区音羽2-2-2
電話 03-5395-4630　FAX 03-5395-4632
郵便振替 00180-3-38459
info@sanwa-co.com
http://www.sanwa-co.com/

印刷／製本　中央精版印刷株式会社

乱丁、落丁本はお取替えいたします。定価はカバーに表示しています。　　　　　ISBN978-4-86251-196-6 C3031
本書の一部または全部を無断で複写、複製転載することを禁じます。

本書の電子版（PDF形式）はBook Pubの下記URLにてお買い求めいただけます。
http://bookpub.jp/books/bp/432